NOMS DES LIBRAIRES

Chez lesquels se trouve cet Ouvrage.

Paris.
- CLAUDE-ANTOINE JOMBERT, fils aîné, *rue Dauphine*.
- ALEXANDRE JOMBERT jeune, *rue Dauphine*.
- PISSOT, *quai des Augustins*.
- DURAND, neveu, *rue Galande*.

Versailles. BLAIZOT.

Lyon.
- LOUIS ROSSET.
- J.M. BRUYSET, pere & fils.
- BERNUZET.
- LE ROY.
- BARRET.

Bordeaux.
- Les Freres LABOTTIERE.
- CHAPPUIS, freres.
- PALLANDRE, l'aîné.

Rouen.
- Vᶜ· DUMESNIL & L'ABBÉ.
- LE BOUCHER.
- BESOGNE.
- L. P. MACHUEL.

Brest. MALASSIS.

Marseille.
- MOSSY.
- SUBE & LA PORTE.

Nantes.
- MALASSIS.
- DESPILLY.
- BRUN, fils aîné.
- BRUN & Compagnie.

Rochefort.
- BONHOMME & Compag.
- FAYE.

La Rochelle.
- CHABOCEAU GRAND'-MAISON.
- PAVIE.

Caën. LE ROY.

Le Havre.
- FAURE.
- L'AIGUILLON.

L'Orient. BAUDOUIN.

Vannes. Veuve GALLES & Fils.

St. Malo.
- HOVIUS, pere & fils.
- VALAIS.

Rennes.
- ROBIQUET.
- REMELIN.

Bayonne.
- FAUVEL.
- TREBOSC.

Dunkerque. LAURENZ.

Toulon. RAIMOND MALLARD.

Amsterdam. Les Héritiers VAN HARRWET.

La Haye. GOSSE.

Hambourg. KONIG.

Londres.
- EMSLEY.
- NOURSE.
- CADELL.

Madrid.
- ORCEL, freres.
- FERNANDEZ.
- DE MENA.

Cadix.
- CARIS & BERTRAND.
- KERMIL, freres.

Lisbonne.
- Veuve BERTRAND & fils.
- BOREL & Compagnie.
- DUBEUX.
- REYCEND.
- MARTIN.

EXAMEN MARITIME,

THÉORIQUE ET PRATIQUE,

OU

TRAITÉ DE MÉCHANIQUE,

APPLIQUÉ

A LA CONSTRUCTION ET A LA MANŒUVRE

des Vaisseaux & autres Bâtiments.

Par Don GEORGES JUAN, Commandeur d'Aliaga, dans l'Ordre de Malthe, Chef d'Escadre des Armées Navales de Sa Majesté Catholique, Commandant des Gardes de sa Marine, de la Société Royale de Londres, de l'Académie Royale de Berlin, & Correspondant de l'Académie Royale des Sciences de Paris.

TRADUIT DE L'ESPAGNOL, AVEC DES ADDITIONS,

Par M. LEVÊQUE, Ingénieur Hydrographe de la Marine, Correspondant de l'Académie Royale de Marine, & du Musée de Paris; Professeur Royal en Hydrographie & Mathématiques, à Nantes.

TOME PREMIER.

Qui descendunt mare in Navibus, facientes operationem in aquis multis: ipsi viderunt opera Domini, & mirabilia ejus in profundo. *Pf.* 106.

A NANTES,

chez
{ L'AUTEUR, vis-à-vis la Bourse.
{ AUGUSTIN-JEAN MALASSIS, Imprimeur-Libraire, place du Pilori.
{ DESPILLY, Libraire, haute grande-rue, près celle de Beau-Soleil.

M. DCC. LXXXIII.

A MONSEIGNEUR
CHARLES-EUGENE-GABRIEL
DE LA CROIX,
MARQUIS DE CASTRIES,
COMTE D'ALAIS,

Lieutenant-Général des Armées du Roi, Chevalier de ſes Ordres, Lieutenant-Général de la Ville de Lyon, Lyonnois & Forès, Gouverneur des Ville & Citadelle de Montpellier, Ville & Port de Cette, Meſtre-de-Camp Général de la Cavalerie Françaiſe & Étrangere, Commandant Général du Corps de la Gendarmerie, MINISTRE & SECRÉTAIRE D'ÉTAT, ayant le Département de la MARINE & des Colonies,

MONSEIGNEUR,

PERSONNE *ne met en doute aujourd'hui l'importance de la Marine, ſon influence ſur le bonheur des hommes, &*

combien elle contribue à la gloire des Nations qui, comme la NÔTRE, la cultivent avec succès. Pénétré comme vous l'êtes, MONSEIGNEUR, de ces grandes vérités, votre unique sollicitude est de vivifier toutes les parties de la Science Navale ; aucune n'échappe à vos lumieres & à votre vigilance. Vous avez inspiré à tous les Membres de ce Corps illustre, l'amour de l'étude & de la gloire, par les honneurs que vous avez attachés aux succès. C'est sous votre administration, MONSEIGNEUR, que le génie a déployé toute sa puissance ; & la France voit avec admiration la Marine s'élever, dans son sein, à un degré de splendeur inconnu aux siecles précédents.

En même temps que vous avez été occupé à soutenir l'honneur du nom Français, & à faire rendre la paix à l'Europe, on vous a vu chérir & protéger les Arts de paix, allier la gloire des Armes avec la culture des Sciences & des Lettres. Et c'est d'après cela, MONSEIGNEUR, que j'ai pris la liberté de vous présenter la traduction de l'Ouvrage de DON GORGES JUAN, l'un des plus célebres Géometres & des plus grands hommes de mer de l'Europe.

La protection dont vous m'avez honoré, en permettant que cet Ouvrage parût sous vos auspices, & les secours que vous m'avez accordés au nom du Roi, pour en faciliter la publication, m'ont pénétré de la plus vive reconnoissance. Si mon travail, joint à celui de DON GEORGES JUAN, étoit digne de passer à la postérité, le sentiment le plus glorieux pour moi, & le plus cher à mon cœur, seroit d'avoir fait parvenir jusqu'à elle le seul & unique témoignage que je puisse vous donner de mon zele, & du très-profond respect avec lequel je suis,

MONSEIGNEUR,

Votre très-humble & très-obéissant serviteur,
LEVÉQUE.

vij

EXTRAIT

Des Régiſtres de l'Académie Royale des Sciences.

Du 26 Février 1783.

MEſſieurs DE LA LANDE, BÉZOUT & DE BORY, ayant été nommés par l'Académie pour examiner la Traduction de l'*Examen Maritime* de D. GEORGES JUAN, faite par M. LEVÊQUE, & en ayant fait leur rapport, l'Académie a jugé cet Ouvrage digne d'être approuvé & imprimé ſous le Privilege de l'Académie. En foi de quoi j'ai ſigné le préſent Certificat. A Paris, le 26 Février 1783.

Signé, LE MARQUIS DE CONDORCET,
Secrétaire perpétuel de l'Académie Royale des Sciences.

PRIVILEGE DU ROI.

LOUIS, par la grace de Dieu, Roi de France & de Navarre : à nos Amés féaux Conſeillers, les Gens tenant nos Cours de Parlement, Maîtres des Requétes ordinaires de notre Hôtel, grand Conſeil, Prévôts de Paris, Baillifs, Sénéchaux, leurs Lieutenants Civils, & autres nos Juſticiers qu'il appartiendra, SALUT. Nos bien amés les Membres de l'ACADÉMIE ROYALE DES SCIENCES de notre bonne Ville de Paris, nous ont fait expoſer qu'ils auroient beſoin de nos Lettres de Privilege pour l'impreſſion de leurs Ouvrages. A CES CAUSES, voulant traiter favorablement les Expoſants, Nous leur avons permis, & permettons par ces préſentes, de faire imprimer, par tel Imprimeur qu'ils voudront choiſir, toutes les recherches & obſervations journalieres, ou relations annuelles de tout ce qui aura été fait dans les aſſemblées de ladite Académie Royale des Sciences, les Ouvrages, Mémoires, ou Traités de chacun des Particuliers qui la compoſent, & généralement tout ce que ladite Académie voudra faire paroître, après avoir fait examiner leſdits Ouvrages, & jugé qu'ils feront dignes de l'impreſſion, en tels volumes, formes, marges, caractères, conjointement ou féparément, & autant de fois que bon leur ſemblera, & de les faire vendre & débiter par tout notre Royaume pendant le temps de vingt années conſécutives, à compter du jour de la date des préſentes ; ſans toutefois qu'à l'occaſion des Ouvrages ci-deſſus ſpécifiés, il en puiſſe être imprimé d'autres qui ne ſoient pas de ladite Académie : faiſons défenſes à toutes ſortes de perſonnes, de quelque qualité & condition qu'elles ſoient, d'en introduire d'impreſſion étrangere dans aucun lieu de notre obéiſſance ; comme auſſi à tous Libraires & Imprimeurs, d'imprimer ou faire imprimer, vendre, faire vendre & débiter leſdits Ouvrages, en tout ou en partie, & d'en faire aucunes traductions ou extraits, ſous quelque prétexte que ce puisse être, sans la permission expresse & par écrit desdits Exposants, ou de ceux qui auront droit d'eux, à peine de confiscation des Exemplaires contrefaits, de trois mille livres d'amende contre chacun des contrevenants, dont un tiers à Nous, un tiers à l'Hôtel-Dieu de Paris, & l'autre tiers auxdits Exposants, ou à celui qui aura droit d'eux, & de tous dépens, dommages & intérêts ; à la charge que ces présentes seront enregistrées tout au long sur le registre de la Communauté des Libraires & Imprimeurs de Paris, dans trois mois de la date d'icelles ; que l'impression desdits Ouvrages sera faite dans notre Royaume, & non ailleurs, en bon papier & beaux caractères, conformément aux Réglements de la Librairie ; qu'avant de les exposer en vente, les manuscrits ou imprimés qui auront servi de copie à l'impression desdits Ouvrages, seront remis ès mains de notre très-cher & féal Chevalier Garde des Sceaux de France, le Sieur HUE DE MIROMÉNIL ; qu'il en sera ensuite remis deux Exemplaires dans notre Bibliotheque publique, un dans celle de notre Château du Louvre, & un dans celle de notre très-cher & féal Chevalier Chancelier de France, le Sieur DE MAUPEOU, & un dans celle dudit Sieur HUE DE MIROMÉNIL : le tout à peine de nullité desdites présentes, du contenu desquelles vous mandons & enjoignons de faire jouir lesdits Exposants & leurs ayant-causes, pleinement & paisiblement, sans souffrir qu'il leur soit fait aucun trouble ou empêchement. Voulons que la copie des présentes, qui sera imprimée tout au long au commencement ou à la fin desdits Ouvrages, soit tenue pour duement signifiée, & qu'aux copies collationnées par l'un de nos amés & féaux Conseillers & Secrétaires, foi soit ajoutée comme à l'original. Commandons au premier notre Huissier ou Sergent sur ce requis, de faire, pour l'exécution d'icelles, tous actes requis & nécessaires, sans demander autre permission, & nonobstant Clameur de Haro, Chartre Normande, & Lettres à ce contraires. Car tel est notre plaisir. DONNÉ à Paris, le premier jour de Juillet, l'an de grace mil sept cent soixante-dix-huit, & de notre regne, le cinquieme. Par le Roi en son Conseil.

Signé, LE BEGUE.

Registré sur le Registre XX de la Chambre Royale & Syndicale des Imprimeurs & Libraires de Paris, N°. 1477, folio 582, conformément au Réglement de 1723, qui fait défenses, article 4, à toutes personnes, de quelques qualités qu'elles soient, autres que les Libraires & Imprimeurs, de vendre, débiter, faire afficher aucuns Livres pour les vendre en leurs noms, soit qu'ils s'en disent les Auteurs ou autrement, & à la charge de fournir à la susdite Chambre, huit Exemplaires prescrits par l'article 108 du même Réglement. A Paris, ce 20 Août 1778.

Signé, A. M. LOTTIN, l'aîné, Syndic.

PRÉFACE DU TRADUCTEUR.

L'Ouvrage de *D. Georges Juan*, que nous prefentons au Public, quoiqu'imprimé dès 1771, n'eft cependant pas encore connu en France, qui eft la partie de l'Europe, où l'on s'eft le plus occupé de la théorie & de la pratique de la Conftruction & de la Manœuvre des Vaiffeaux. Il y a peu d'ouvrage auffi intéreffant pour la Marine que celui dont il s'agit ici. L'Auteur avoit le rare avantage d'être un des plus profonds Géometres, & un des plus grands Navigateurs. Il avoit accompagné M. Bouguer au Pérou en 1735, pour la mefure de la Terre, entreprife à jamais célebre dans l'hiftoire des fciences, & a publié plufieurs ouvrages fur la Marine, où l'on trouve le génie d'obfervation, & la fagacité qui devoient produire l'Examen Maritime.

Vers la fin du dernier fiecle l'Europe n'avoit aucun ouvrage théorique fur la Navigation, fi ce n'eft fur le Pilotage. La Conftruction des Vaiffeaux étoit abandonnée à de fimples Charpentiers, & l'on ne penfoit pas que l'Architecture Navale fût fondée fur une application continuelle de la Méchanique & de la Géométrie, qui font les branches les plus difficiles des Mathématiques. Ceux qui exerçoient cette profeffion étoient feulement guidés par leurs lumieres naturelles, & par leur propre expérience ; ils varioient la forme des Vaiffeaux felon qu'il leur paroiffoit convenable ; ils fe fondoient fur le récit des Navigateurs, & en adoptoient très-fouvent les préjugés : flottant ainfi dans les efpaces immenfes de l'erreur, ce n'étoit que par un hafard fingulier qu'ils pouvoient parvenir à faire des Vaiffeaux qui euffent de bonnes qualités. Dans un très-grand nombre de Ports, tant en France qu'ailleurs, les chofes font encore dans le même état ; peut-être même n'y en a-t-il pas un feul qui n'en fourniffe quelque exemple.

Le concours de la théorie & de l'expérience eſt abſolument néceſſaire à la perfection de la Marine ; & on ne peut diſconvenir des difficultés que cette réunion préſente. *D. Georges Juan* jouiſſoit de ce rare avantage au plus haut dégré, auſſi a-t-il découvert des regles très-importantes, & a-t-il rejetté un grand nombre de celles qui étoient admiſes, preſque ſans la moindre répugnance, par les hommes les plus éclairés. C'eſt ſous ce regne qui fera à jamais la gloire des ſiecles, & l'honneur du nom Français, qu'on peut légitimement eſpérer de faire les derniers pas vers la perfection. Nous touchons à cette époque : elle doit néceſſairement réſulter des Réglements du feu Roi Louis XV, pour les études des Officiers de la Marine, & de la protection que notre Monarque lui accorde ; protection d'autant plus grande, que ce Prince, dont toutes les actions ſont des leçons de ſageſſe pour les Rois, ſçait combien la Marine influe ſur le bonheur de ſes peuples. Il y a maintenant en France un grand nombre d'Officiers dans ce Corps illuſtre, qui, outre la pratique la plus conſommée de la Navigation, ont des connoiſſances dans les Mathématiques & la Phyſique, qui les mettent au rang des plus grands Géometres, & au deſſus des Marins de toutes les autres Nations.

L'Architecture Navale, ne peut manquer de gagner beaucoup à la publication de l'Examen Maritime, & les Marins en tireront le plus grand parti, pour connoître les cauſes des différentes actions & des mouvements du Navire, & par conſéquent pour éclairer leur pratique. Nous croyons cependant devoir recommander aux Conſtructeurs d'agir avec la plus grande prudence dans les changements que l'étude de cet ouvrage pourroit les porter à faire à leurs Navires. Il n'y a point d'art dont la pratique ſoit plus délicate, & où il ſoit ſi aiſé d'outrer même les défauts qu'on veut corriger, ou de tomber dans le vice oppoſé à celui qu'on veut éviter. Les nouvelles inventions pour ce qui concerne la Conſtruction des Vaiſfeaux doivent être foumifes à l'examen le plus fcrupuleux avant d'être mifes en pratique : & nous voyons tous les jours que les plus petites erreurs dans l'application de regles très-certaines & très-connues, produifent des défauts de la plus grande conféquence : c'eft pourquoi la prudence & le calcul doivent toujours ici guider & même corriger les efforts du génie.

Cette remarque regarde fur-tout les Conftructeurs qui ne feroient pas fuffifamment verfés dans la théorie pour appliquer directement le calcul aux Vaiffeaux qu'ils veulent conftruire : ce qui eft cependant d'une néceffité abfolue pour connoître la fituation de leurs centres, leur force pour porter la voile, les réfiftances tant directes que latérales qu'ils doivent éprouver dans le fluide, en un mot pour avoir une idée jufte de leurs qualités. Nos connoiffances phyfiques ne feront portées au degré de perfection dont elles font fufceptibles, que lorfque nous ferons affez avancés, non-feulement, pour pénétrer les caufes des phénomenes, mais encore pour calculer leurs effets. Dans l'ARCHITECTURE NAVALE, nous croyons qu'on doit fe défier beaucoup des changements qu'on peut être porté à faire à un Vaiffeau d'après la feule infpection de fon plan, fans les avoir préalablement foumis au calcul : il n'eft donné qu'aux Artiftes d'une expérience confommée & éclairée par une bonne théorie préliminaire, de fe diriger ainfi d'après le fimple coup d'œil : & encore a-t-on vu fort fouvent des Vaiffeaux fort mauvais fortir des mains d'Ingenieurs dont on devoit attendre des ouvrages de la plus grande perfection, & cela pour avoir exécuté leurs Vaiffeaux d'après leur feule fpéculation, fans foumettre leur plan à un calcul rigoureux.

On trouvera dans cet Ouvrage tous les fecours qu'on peut defirer pour la connoiffance parfaite des grands objets que préfentent la Conftruction & la Manœuvre des Vaiffeaux. Aucune des théories données jufqu'ici n'a fourni des réfultats auffi conformes à l'expérience : & on peut même dire, que dans un très-grand nombre de cas elles en font tout à fait éloignées.

Ceux des Géometres qui ne prennent pas un intérêt direct aux progrès de la Science Navale, trouveront cependant dans cet Ouvrage une foule d'objets qui affurément les intéreſſeront. La Science du mouvement des corps folides & des fluides y eſt préfentée d'une maniere abfolument nouvelle : la théorie du frottement & de la percuſſion des corps n'avoit point encore été envifagée fous ce point de vue, du moins cela n'eſt pas venu à notre connoiſſance. Ainſi l'EXAMEN MARITIME peut être regardé comme un Ouvrage qui contient une foule d'objets de Méchanique générale tout à fait nouveaux.

Quant aux Lecteurs qui par état font obligés d'avoir recours à ces fortes d'ouvrages, fans cependant avoir les connoiſſances de Géometrie & de Calcul que ces lectures exigent, nous leur confeillons de fe contenter de la lecture du Livre cinquieme du fecond Volume : parce que ce Livre contient en abrégé, & fans aucun calcul, tous les réfultats du refte de l'Ouvrage, les maximes ou regles de pratique qui en découlent, & l'on a eu foin d'indiquer par des renvois les endroits où la théorie rigoureufe a été traitée.

C'eſt dans la vue d'être de quelque utilité aux progrès d'une Science que nous cultivons encore plus par goût que par état, que nous avons entrepris l'Ouvrage que nous publions aujourd'hui, & pour payer à la Société le tribut que tout Citoyen lui doit dans l'état où il eſt placé. Afin de rendre cet Ouvrage plus utile, nous nous fommes permis d'y faire quelques corrections & quelques additions : nous avons développé les idées qui ne nous ont pas paru préfentées avec aſſez de clarté : nous avons corrigé quelques calculs, & en avons fouvent indiqué l'efprit. Mais pour éviter tout reproche, nous avons prefque toujours indiqué nos changements dans les notes, afin de conferver le Texte dans l'état où l'Auteur l'a jugé digne de l'impreſſion.

DISCOURS PRÉLIMINAIRE.

L'INSTRUCTION du Navigateur, fi nous en exceptons le petit nombre de principes fimples & élémentaires fur lefquels la Science du Pilotage eft fondée, a toujours confifté, jufqu'à ces derniers temps, dans les feules connoiffances que la pratique & l'expérience peuvent fournir. La Conftruction des Vaiffeaux & des autres Bâtiments a toujours été confiée à des hommes qui n'étoient gueres que de fimples Charpentiers ; & la Manœuvre, qui eft l'art de donner au Vaiffeau tous les mouvements néceffaires, & de lui faire exécuter toutes les évolutions dont on peut avoir befoin, a été pareillement abandonnée à la routine la plus deftituée de principes. On ne croyoit pas même que ces deux branches de la Science du Marin euffent quelque rapport avec les Mathématiques, bien loin de penfer qu'elles dépendoient uniquement de la Méchanique, qui eft peut-être la plus difficile & la plus compliquée de toutes les Sciences. Mais il n'y a rien dans tout ceci qui doive étonner ; l'Homme de Mer, environné de dangers, occupé tout entier de la pratique, excédé des travaux & des fatigues que fon état exige, ne trouve point le repos ni la difpofition d'efprit néceffaires pour une étude auffi étendue & auffi pénible ; le Sçavant, qui a befoin d'une grande tranquillité pour fes méditations, ne cherche point à s'expofer aux fatigues extrêmes, aux inquiétudes & aux rifques dans lefquels l'autre paffe fa vie. L'expérience eft cependant un grand maître dont on apprend avec facilité des chofes qu'il eût été prefque impoffible de découvrir par la feule théorie. La difficulté de réunir les lumieres de la théorie à celles de l'expérience, en quoi confifte cependant la perfection d'une Science si importante, est cause qu'elle est restée pendant tant de siecles dans les ténebres : mais comme, dans le siecle présent, les Mathématiques ont fait des progrès étonnants, & ont été introduites, avec un avantage singulier, dans presque tous les Arts & dans toutes les Sciences, il eût été contre l'ordre que la Marine n'eût pas joui du même avantage, ou au moins qu'on n'eût pas donné naissance à la perfection dont elle est susceptible, & dont elle jouira sans doute par la suite.

Dès l'année 1673, le *Pere Pardies* avoit donné son Traité de Statique, ou de la Science des Forces Mouvantes, dans lequel on trouve, sous forme d'exemple, une détermination de la route que doit suivre un Vaisseau poussé par un vent latéral. Ce premier essai auroit pu servir de guide pour s'avancer davantage dans une matiere si abondante ; néanmoins cette Science ne fit aucun progrès jusqu'à l'année 1689, où le *Chevalier Renau* donna un Ouvrage *in-8°.* intitulé, *de la Théorie de la Manœuvre des Vaisseaux.* Il suivit le sentier que lui avoit ouvert le *P. Pardies* ; tous deux conviennent en ce que le chemin direct du Vaisseau est moindre que celui qu'il feroit, s'il divisoit le fluide avec la même facilité par toutes ses parties, dans la raison du rayon au sinus de l'angle que forme la voile avec la quille ; & que le chemin latéral est aussi moindre que ce même chemin, dans la raison composée de celle du rayon au cosinus du même angle, & de celle de la résistance du côté à celle de la proue. Mais, par malheur, le *Chevalier Renau* admettoit que les résistances étoient comme les quarrés des vîtesses des fluides, & comme les quarrés des sinus de leur incidence sur les surfaces qu'ils choquent : principe qui alors étoit reçu, presque sans la moindre répugnance, par les Géometres les plus célebres, & qui n'a pas même cessé de l'être jusqu'à présent. Ceci donna lieu au célebre Hollandais *Chrétien Huygens* d'exposer dans la *Bibliotheque universelle & historique,* (année 1693.) les contradictions dans lesquelles étoit tombé le *Chevalier Renau.* Il lui fit voir que, selon ses principes, les vîtesses directes du

Vaiſſeau devoient être beaucoup plus grandes , & que l'angle qu'il aſſignoit aux voiles, comme le plus avantageux pour gagner au vent , n'étoit pas tel qu'on le déduiſoit légitimement. M. *Renau* défendit ſon opinion, (*Journal des Sçavants* , 1695) fondé ſur le principe inconteſtable de la décompoſition des forces; & comme *Huygens* ne répondit pas d'une maniere ſatisfaiſante à ſes arguments, il y eut, de part & d'autre , différentes répliques, ſans qu'il fût poſſible d'arriver à une concluſion , & de connoître de quel côté étoit la vérité. Cependant la diſpute ceſſa ; & lorſque, par cette raiſon, M. *Renau* ſe croyoit plus aſſuré de ſon opinion, il parut un Mémoire dans les *Actes de Leipſic* du mois de Juillet 1696, par *Jacques Bernoulli*, Profeſſeur de Mathématiques à *Groningue*, dans lequel ce Sçavant admettoit l'opinion de *Huygens* , à quelques modifications près. Le point où il s'en écarta, fut en ne ſuppoſant pas la vîteſſe du vent comme infinie à l'égard de celle du Vaiſſeau ; erreur dans laquelle étoient tombés les deux autres ; & c'eſt pour cela que ſes réſultats ſont en partie différents de ceux de *Huygens*. Le Chevalier, provoqué par cette nouvelle attaque , mit au jour un Ouvrage intitulé , *Mémoire où eſt démontré un principe de la Méchanique des liqueurs, dont on s'eſt ſervi dans la Théorie de la Manœuvre des Vaiſſeaux , & qui a été conteſté par M. Huygens;* mais il ſe réduit à ſoutenir ſa propoſition ſur la décompoſition du mouvement , ſans ſatisfaire à la tâche que lui avoit impoſée *Huygens*. *Jean Bernoulli*, frere de celui dont nous venons de parler , Profeſſeur de Mathématiques à *Baſle* , ſe déclara d'abord pour l'opinion du Chevalier ; mais enſuite, ayant apporté plus d'attention à cet objet , il adopta le ſentiment de *Huygens*, & publia en 1714 un Livre intitulé, *Eſſai d'une nouvelle Théorie de la Manœuvre des Vaiſſeaux*, après l'avoir ſoumis à la cenſure de l'Académie Royale des *Sciences* de *Paris*. La ſublime Géométrie de l'Auteur, fit qu'il étendit ſes calculs beaucoup plus loin qu'on ne l'avoit fait juſqu'alors; & la diſpute , entre MM. *Renau* & *Huygens* , demeura décidée, ſuivant l'avis général des Sçavants ;

parce que non-feulement il fe déclara en faveur des vîteffes trouvées par *Huygens*, mais encore, parce qu'ayant tracé la *courbe déterminatrice des vîteffes*, il ajouta à ce fujet : *Elle decide par conféquent la controverfe en fa faveur, contre la prétention de M. Renau.* Jean *Bernoulli* ne voulut cependant pas limiter les vîteffes du vent, comme l'avoit fait fon frere, d'après des réflexions très-fondées : c'eft pour cela qu'il ne put déterminer celles des Vaiffeaux avec la même exactitude. Il fit cependant attention à l'obliquité avec laquelle le vent frappe la voile, ce que fon frere avoit omis ; & en examinant l'équation donnée par *Huygens*, pour trouver l'angle que doit former la voile avec la direction du vent, pour gagner au vent le plus qu'il eft poffible, étant donné celui qu'elle forme avec la quille, il parvient non-feulement à la même formule que *Huygens*, mais il le blâme d'avoir, pour ainfi dire, fait myftere du calcul. Il cherche enfuite l'angle que doit former la voile avec la quille, pour fe procurer le même avantage, celui qu'elle forme avec le vent, étant fuppofé connu ; & l'ayant trouvé, il traite de la maniere de réunir les plus avantageux de ces deux angles, qui eft un objet encore plus intéreffant ; car puifque pour chaque angle donné de la quille avec la voile, il y en a un de la voile avec le vent qui eft le plus avantageux, on peut chercher le cas, dans lequel tous les deux feront en même-temps les plus avantageux, & donneront par conféquent la plus grande marche. Il réfout cette queftion avec la même adreffe ; mais cette folution, ainfi que toutes les autres, eft fondée fur la fuppofition, que la vîteffe du vent eft infinie & la dérive nulle : fuppofition bien éloignée de ce qui arrive réellement dans la pratique.

Les trois premiers Auteurs établirent leurs calculs fur l'hypothefe, que le Navire eft un rectangle dont les moindres côtés repréfentent la poupe & la proue ; mais *Jean Bernoulli* s'avança jufqu'à le fuppofer formé d'un rhombe, d'un rhomboïde, & même de fegments circulaires. En effet ayant remarqué que tout le calcul dépendoit des fuppofitions rélatives aux réfiftances , & que les refiftances dépendoient de la figure de la carêne du Navire, il ne put s'empêcher d'entrer dans ces détails , & il blâma *Huygens* d'être convenu que la dérive affignée par le *Chevalier Renau* , feroit effectivement la véritable , fi les réfiftances des fluides étoient comme les fimples vîteffes , & non comme leurs quarrés. Il s'occupa auffi de l'examen des différentes réfiftances , particuliérement de celles des fegments circulaires ; & il donna le nom d'axe des réfiftances à la ligne qui divife en deux parties égales les efforts des eaux dans toute la longueur du Navire, de la proue à la poupe. Ceci lui donna lieu de penfer que le mât étant pofé dans cette ligne , la force de la voile s'oppoferoit directement à celle des eaux, & qu'on obtiendroit un manege parfait. Cette idée lui parut fi importante , qu'il dit à fon fujet : *Je m'étonne que ni M. Renau, ni M. Huygens, n'aient point fongé à cette queftion, qui paroît pourtant affez effentielle à la Théorie de la Manœuvre des Vaiffeaux.* En effet, cette détermination & toutes les autres que produifit ce grand homme, auroient été, fans doute, de la plus grande utilité, fi les profondes connoiffances qu'il poffédoit en Géométrie avoient été accompagnées de quelque pratique.

Un Ouvrage auffi étendu, & auffi rigoureufement calculé que celui dont nous venons de parler, dans lequel l'Auteur, outre ce que nous avons dit, fe livra encore à l'examen de la courbure des Voiles , de leurs forces, & de l'axe où l'on peut fuppofer ces forces reunies, qu'il nomma *Ligne de la Force Mouvante;* un tel Ouvrage, dis-je, paroiffoit devoir mettre fin à toute difpute : cependant le *Chevalier Renau* ne voulut pas fe donner pour vaincu. Il répliqua de nouveau, s'appuyant toujours fur le principe de la décompofition des forces, & argumenta de maniere que *Bernoulli*, malgré fa fublime Géométrie, ne put le fatisfaire qu'en lui difant, que les loix de la décompofition des mouvements, ne font pas les mêmes, lorfqu'ils fe font dans les fluides, que lorfqu'ils fe font dans le vuide. Ces abfurdités font la fuite néceffaire des principes erronnés qu'on avoit aveuglément adoptés ; mais enfin , le *Chevalier* céda , plus par prudence , ou par le refpect dû à l'autorité de *Bernoulli* , que par une conviction parfaite fur ces objets.

Pendant tous ces débats, M. *Parent* , de l'Académie Royale des Sciences de Paris , donna au Public , (année 1713 ,) fon Ouvrage intitulé , *Effais & Recherches de Mathématiques , & de Phyfique* , dans lequel , (*Tom.* 2 , pag. 741 ,) on trouve cette propofition : *De la fituation , route & vîteffe d'une figure plane quelconque tirée dans un fluide.* Les principes fur lefquels cet Auteur fonde fon calcul ne different pas de ceux de *Jacques Bernoulli* : mais cependant, faute d'avoir fait l'attention convenable à d'autres principes de méchanique très-néceffaires , il n'obtint pas les mêmes réfultats que ce célebre Auteur.

Avant tout ceci , (année 1697), avoit paru un Ouvrage *in-folio* beaucoup plus étendu , par le Pere *Paul Hofte* , Jéfuite , Profeffeur de Mathématiques dans le Séminaire Royal de *Toulon* , intitulé , *Théorie de la Conftruction des Vaiffeaux* ; cet Ouvrage eft très-connu dans la Marine , parce qu'il accompagne , & fert de fuite à un autre Ouvrage du même Auteur , intitulé , *l'Art des Armées Navales* , qui a beaucoup de célebrité : c'eft pour cela que nous ne pouvons nous difpenfer d'en dire un mot. Le *P. Hofte* s'efforce , dans ce livre , d'établir en principe , que les réfiftances des fluides fur les fuperficies qu'ils choquent , ne font que comme les fimples vîteffes , & comme les fimples finus des angles d'incidence. Quoique ceci foit la premiere chofe que plufieurs Géometres lui reprochent , on verra cependant dans la fuite de cet Ouvrage , que les erreurs dans lefquelles cet Auteur eft tombé , tant fur les réfiftances , que fur la force du Navire pour porter la voile , les roulis , les tangages , & autres mouvements , viennent plutôt de ce qu'il ignoroit plufieurs principes effentiels de Méchanique , que de ce qu'il admettoit ce principe prétendu faux. Nous pourrions citer ici plufieurs paffages de cet Ouvrage , pour prouver ce que nous venons de dire : mais ce feroit nous arrêter fans utilité, ce que nous avons dit étant fuffifant, pour que le Lecteur fçache le mérite qu'il doit lui affigner.

Après les Ouvrages dont nous venons de parler, on ne vit paroître, pendant un certain temps, que quelques productions de pure pratique. Aucun principe fondamental ne précede & dirige les regles que ces Auteurs expofent; un jugement fain & droit, mais fans culture, eft leur feul guide, pour perfectionner, ou corriger; auffi il leur arrive très-fouvent de tomber dans des erreurs plus préjudiciables que celles qu'ils veulent éviter. La fublime théorie des *Bernoulli*, peu, ou même point du tout, appliquable à la pratique, ne produifit que l'Ouvrage de M. *Pitot*, de l'Académie Royale des Sciences de Paris, publié l'année 1731, intitulé, *la Théorie de la Manœuvre des Vaiffeaux, réduite en Pratique.* Cet Auteur rappelle les principes établis dans la théorie des *Bernoulli*, & d'après ces principes il donne des tables des angles que doivent former les voiles ; mais outre les erreurs théoriques que contient cet Ouvrage, M. *Pitot* manquoit entiérement de pratique, ce qui lui fit porter des jugements purement arbitraires, fur les effets de la mer, & les opérations des marins, en leur attribuant des faits qui n'ont jamais eu lieu.

Quatre années auparavant, M. *Bouguer*, alors Profeffeur d'Hydrographie au *Havre de Grace*, avoit donné un Ouvrage intitulé, *de la Mâture des Vaiffeaux*, qui mérita le prix de l'Académie Royale des Sciences de Paris, année 1727. Cet Ouvrage dans lequel brillent particuliérement la Géométrie & le calcul, fe termine par des regles très-peu conformes aux vues de fon Auteur, & qui font abfolument impraticables. Ses idées étoient de pouvoir appliquer aux Vaiffeaux des voiles beaucoup plus grandes que celles qu'ils portent actuellement, afin d'augmenter leur marche, fans qu'ils rifquent de fubir de grandes inclinaifons ; mais malheureufement cet avantage ne s'obtient que dans le cas unique, où l'on a vent en poupe : dans tous les autres cas, encore que

l'Auteur reconnoiſſe, lui-même, l'impoſſibilité de faire uſage de
ce qu'il propoſe, il exige pourtant que les voiles s'abaiſſent &
s'élargiſſent, de maniere qu'elles aient deux ou deux fois & demi
la largeur quelles ont aujourd'hui. Par cette pratique, les voiles
& les vergues feroient continuellement noyées fous l'eau, puiſque cela arrive même, quelquefois, dans l'état actuel des choſes. Outre pluſieurs inconvénients qui tiennent à la maniere d'aſ-
ſujettir & d'orienter une voilure auſſi étendue, on verra dans la
ſuite de cet Ouvrage, qu'il feroit preſque, pour ne pas dire abſolument, impoſſible, que le Vaiſſeau gouvernât avec un tel appareil.
Cette conſidération eſt échappée à l'Auteur, malgré l'étendue de
ſes connoiſſances, & la ſagacité qui lui étoit ſi naturelle, parce
que ce font des choſes que la pratique feule peut apprendre, &
qu'on trouveroit très-difficilement fans elle.

Dans l'Ouvrage célebre intitulé, *A Treatiſe of Fluxions*, que
publia en 1742 le ſçavant *Colin MacLaurin*, Profeſſeur de Mathématiques dans l'Univerſité d'Edimbourg, & Membre de la Société
Royale de *Londres*, on trouve (*Tome II, §. 922*) la ſolution
du problême concernant les angles que doivent former les voiles
avec la quille & avec le vent. Cette ſolution eſt vraiment digne
du grand homme qui l'a produite; elle eſt d'accord avec celle
donnée par *Jean Bernoulli*; mais les principes fur lefquels elle
eſt fondée, font que la vîteſſe du vent eſt infinie à l'égard de celle
du vaiſſeau, & que la dérive eſt nulle, comme l'avoit fuppoſé
ce dernier. Sans cela, & fans les faux principes qu'il admet fur
les réſiſtances, comme on le verra par la ſuite, nous aurions eu la
ſolution rigoureuſe de ce probléme, qui eſt tant deſirée.

Tous ces Ouvrages ſe réduiſent cependant à un nombre limité
de propoſitions détachées; il nous en manquoit la récapitulation,
la correction de celles qui étoient erronnées, & l'addition de beaucoup d'autres abfolument nouvelles. Cet Ouvrage reſta pour M.
Bouguer, le même qui nous donna, dans l'année 1727, le Traité *de
la Mâture des Vaiſſeaux*. Il publia donc, en 1746, ſon ſecond
Ouvrage

Ouvrage fur la Marine, intitulé, *Traité du Navire, de fa Conf-truction & de fes Mouvements.* L'étendue de cet Ouvrage, l'examen particulier & détaillé de tous les objets qui concernent le grand Art qu'il traite, & la fimplicité élégante des folutions géométri-ques qui y font très-heureufement appliquées, & rendues, pour ainfi dire, à la portée des commençants, lui donnerent dans l'Europe toute la célébrité qu'il méritoit. Il eft certain que cet Auteur, fi juftement célebre, ne nous auroit rien laiffé à defirer, s'il avoit joint à fes connoiffances la pratique néceffaire pour découvrir la fauffeté des fuppofitions que fait la théorie. Son zele & fa conftance infatigables dans une tâche auffi pénible, étoient précifément ce qui nous auroit produit un Ouvrage parfait. Nous ne nous arrê-terons pas à rappeller ici ce qui fera toujours effentiel dans l'Ou-vrage de M. *Bouguer*, ni ce qu'il contient d'évidemment défec-tueux, parce que nous citons, dans le cours de cet Ouvrage, les endroits les plus remarquables, omettant ceux qui paroiffent d'une moindre importance, pour ne pas trop retarder notre marche.

Enfin, dans l'année 1749, *Léonard Euler*, Directeur de l'Aca-démie Royale de *Berlin*, donna fon grand Ouvrage intitulé, *Scientia Navalis, feu Tractatus de conftruendis ac dirigendis Navibus.* L'ordre fingulier & la fublime géométrie avec lefquels ce grand homme traite toutes les matieres qu'il embraffe, font vraiment dignes d'admiration. Cet Ouvrage eût été véritablement un tréfor pour les Sciences en général, & pour la Marine en particulier, fi des connoiffances auffi profondes euffent été accompagnées de la pra-tique & de l'expérience que nous aurions également defirées dans M. *Bouguer.* Quoi qu'il en foit, fes folutions font les meilleurs guides pour tout ce qu'on peut propofer & offrir de nouveau, ce qui n'eft pas un foible avantage. Depuis ces grands Ouvrages, on a vu paroître de temps en temps quelques productions peu confidérables, les unes fur la théorie, & les autres fur la pratique ; mais nous pouvons affurer que ce qui ne fe trouve pas dans ces deux célebres Auteurs, n'eft pas des principaux objets que pré-fente la théorie de la Marine. B

Ce font ces Ouvrages qui nous ont fervi de bouffole dans la partie fcientifique de la Marine : d'un autre côté la pratique ne nous a pas été un maître moins fecourable , particuliérement lorfqu'après avoir bien obfervé les faits qu'elle préfente , & les avoir dégagés des accidents qui peuvent les modifier & les rendre variables , ils ne fe trouvent pas conformes à ceux qu'exige la théorie. Dans ce cas , il n'y a perfonne qui ne penfe qu'il ne fe foit gliffé quelques fuppofitions erronnées dans les principes de la théorie , défaut qu'il eft néceffaire de chercher & de corriger : car la pratique & la théorie ne doivent jamais différer dans leurs réfultats ; lorfqu'elles ne font pas d'accord , une des deux au moins eft vicieufe , c'eft-à-dire , que la théorie porte fur quelque principe faux ou mal entendu , ou bien que les faits de la pratique n'ont pas été examinés avec toute l'attention & le difcernement néceffaires. On rencontre plufieurs exemples de cette efpece parmi les principaux objets de la Science Nautique, malgré tous les travaux des Sçavants qui l'ont cultivée, non par le défaut de la Science en elle-même , mais pour n'en avoir pas comparé les réfultats avec ceux de l'expérience.

Un des premiers doutes qui fe préfenterent à moi dans mes recherches & un des plus intéreffants , fut fur la marche du Vaiffeau. Selon la théorie , (1) le Vaiffeau, en le fuppofant même des meilleurs voiliers , ne peut prendre plus que les $\frac{166}{336}$ de la vîteffe du vent , & cela en naviguant toutes voiles dehors, vent arriere , ou vent largue , deux cas qui paroiffent indifférents à l'Auteur. (2) La vîteffe du vent eft tout au plus , felon M. *Mariotte* , (*Traité du Mouvement des Eaux* , part. 1 , difc. 3) de 24 pieds par fecondes ; *c'eft, dit-il , la vîteffe ordinaire des vents incommodes , & contre lefquels on a peine d'aller.* M. *Clare* , de

---

(1) M. *Bouguer* , *Traité du Navire* , liv. 3 fect. 2 , chap. 1.

(2) On verra que le Navire marche beaucoup plus vîte vent largue, que vent arriere; & cela en fe fervant des mêmes voiles dans les deux cas.

la Société Royale de *Londres*, dit la même chofe, dans fon Traité du *Mouvement des Fluides*, page 261 : & d'après les expériences que j'ai faites moi-même, je fuis demeuré convaincu que ce vent eft précifément celui qui ne permet qu'avec beaucoup de difficultés de porter toute la voilure. En effet lorfque le vent parvient à avoir feulement 18 ou 20 pieds de vîteffe par feconde, on voit déjà les Vaiffeaux, orientés vent largue, obligés de prendre des ris, même de ferrer les voiles, dans la crainte de rompre les vergues & les mâts. M. *Mariotte* répete la même chofe dans ledit Ouvrage, (part. 2, difc. 3,) *fuppofant, dit-il, que le vent faffe 24 pieds en une feconde, comme il fait quand il eft affez violent à l'ordinaire, mais pourtant bien moins que dans les grandes tempêtes & ouragans.* M. *Guillaume Derham*, de la Société Royale de *Londres*, rapporte, d'après des expériences réitérées, (*Tranfact. Philof.* N°. 313,) que dans les plus violentes tempêtes, le vent ne parcourt que 66 pieds anglais par feconde, & tout au plus de 70 à 90; il ajoute que quelques-uns ont une vîteffe de 22 pieds par feconde, d'autres en ont une de 44, & d'autres plus, & enfin qu'il y a des vents qui ne parcourent pas un mille par heure : ce qui fait 1 pied $\frac{1}{2}$ par feconde. J'ai trouvé par mes propres expériences que j'ai déjà citées, que les brifes d'été qui regnent prefque journellement à *Cadix*, parcourent en général 12 pieds par feconde, un peu plus ou un peu moins, ce qui s'accorde très-bien avec les Auteurs que nous venons de nommer : ainfi fuppofer qu'un Vaiffeau puiffe porter toute fa voilure, le vent parcourant 24 pieds par feconde, c'eft affurément tout ce qu'on peut fuppofer de plus fort, encore doit-on beaucoup douter que cela foit poffible. D'après cette fuppofition, le Vaiffeau ne pouvant prendre, felon la théorie admife jufqu'ici, plus que les $\frac{100}{336}$ de la vîteffe du vent, cela correfpondra, dans le cas préfent, aux $\frac{100}{336}$ de 24 pieds, ou à 7 pieds $\frac{48}{336}$ par feconde, ce qui répond à 4 milles $\frac{1}{2}$ par heure : je laiffe aux Marins à confidérer combien ce réfultat eft éloigné de 9, 10, & 11 milles, qu'un Vaiffeau a coutume de faire dans de pareilles circonftances.

Prenons le calcul en fens contraire: fuppofons que le Vaiffeau parcoure 11 milles par heure, comme il les parcourt effectivement, ce qui correfpond à une vîteffe de 17 pieds $\frac{1}{4}$ par feconde, & nous trouverons que pour cela le Vaiffeau doit parcourir les $\frac{236}{100}$ de 17 pieds $\frac{1}{4}$, ou à-peu-près 58 pieds français, qui équivalent à 62 pieds anglais : enforte que pour que les Vaiffeaux parcourent 11 milles par heure, comme ils les parcourent en effet avec tout leur appareil, il eft prefque néceffaire d'un ouragan tel que celui obfervé par *Derham*. M. *Bouguer* fuppofe dans le calcul dont toutes ces conféquences font tirées, que la denfité de l'air eft $\frac{1}{776}$ de celle de l'eau ; en la prenant de $\frac{1}{1100}$, il ajoute que la vîteffe du Navire ne feroit que les $\frac{100}{419}$ de celle du vent ; enforte que les 4 milles $\frac{1}{2}$ de fa marche par heure fe réduiroient alors à 3 milles $\frac{2}{3}$; & le Navire courant en effet 11 milles par heure, la vîteffe du vent devroit être de 77 pieds anglais, ce qui forme une tempête des plus violentes qu'il foit poffible de voir.

Il me parut d'abord que ce défaut de correfpondance entre la théorie & la pratique, pouvoit venir de quelque erreur de calcul ; mais ayant calculé de nouvelles formules, comme on le verra dans le Tom. II, Liv. IV, Chap. 1 de cet Ouvrage ; elles me fervirent feulement à le confirmer. On trouve de même qu'au plus près du vent, le Vaiffeau, naviguant avec toutes fes voiles, ne peut prendre que les $\frac{131}{1000}$ de la vîteffe du vent ; & par conféquent que celui-ci devroit parcourir 77 pieds $\frac{1}{3}$ anglais par feconde, pour que le Vaiffeau parcourût feulement 6 milles par heure, comme le font beaucoup de Vaiffeaux. On voit que ce réfultat eft encore plus impoffible que tout ce qu'on a vu ci-deffus ; puifque, par beaucoup de raifons, le vaiffeau ne pourroit pas porter tout fon appareil avec un vent auffi violent.

Malgré tout ce qu'on vient de voir, il nous reftoit encore un autre examen à faire ; car toutes les déterminations ci-deffus font fondées fur la fuppofition que le Vaiffeau, faifant 11 milles par heure , il les fait par la feule action d'un vent dont la vîteffe n'excede pas 24 pieds par feconde ; quantité affignée feulement fur la foi que nous avons donnée aux obfervations de *Mariotte* & de *Derham*. Il étoit donc néceffaire de voir fi cette vîteffe ne feroit pas plus grande, ce qui nous approcheroit davantage des déterminations fournies par le calcul. Or l'expérience feule pouvoit éclaircir ce doute ; c'étoit donc elle qu'il falloit confulter.

Pour que le Navire parcoure 11 milles par heure, il faut qu'il ait 17 pieds $\frac{1}{4}$ de vîteffe par feconde ; & fi le vent qui produit cet effet, n'avoit que 24 pieds de vîteffe par feconde, la vîteffe du Vaiffeau devroit être à-peu-près les $\frac{2}{3}$ de celle du vent , & non le $\frac{3}{4}$, comme on l'a déduit du calcul. C'eft donc le rapport de ces deux vîteffes, celle du vent & celle du Vaiffeau , qu'il eft queftion de connoître avec exactitude. Pour cela je choifis un Canot , & tandis qu'en y naviguant vent largue , on mefuroit fon fillage , on mefuroit à terre la vîteffe du vent, en lui abandonnant de petites plumes très-légeres, & en obfervant, avec une montre à fecondes , le chemin qu'elles parcouroient dans un temps donné. Après avoir répété plufieurs fois cette expérience , je reconnus, à mon grand étonnement , que non – feulement on ne peut augmenter les 24 pieds de la vîteffe du vent, mais qu'au contraire il faut les diminuer beaucoup. Finalement je trouvai que le Canot alloit prefque auffi vîte que le vent ; de forte que le vent parcourant 10 à 11 pieds par feconde, le Canot en parcouroit à-peu-près 10. Ce phénomene paroîtra, fans doute, bien étrange à ceux qui ont cru que la vîteffe du vent étoit prefque infinie à l'égard de celle du Vaiffeau ; mais il n'en eft pas moins vrai. On peut répéter journellement cette expérience dans tous les Ports où l'on a la commodité de paffer à la voile d'un côté à l'autre, comme dans la Baye de *Cadix.* De cette Ville au *Port-Sainte-Marie*, il y a cinq milles , ou 30400 pieds anglais : le vent étant frais , ou ayant une vîteffe de 12 pieds par feconde, les Barques font ce trajet , en courant vent largue, en trois quarts d'heure, ou 2700 fecondes ; ce qui, en divifant les 30400 pieds par les 2700 fecondes, donne 11 pieds $\frac{7}{27}$ pour la vîteffe de la Barque dans une feconde. Delà on voit clairement qu'il ne convient point de fuppofer plus de 24 pieds de vîteffe au vent, pour que le Vaiffeau parcoure 17 pieds $\frac{1}{4}$, particuliérement fi on le fuppofe bon voilier.

D'après tout ce que nous venons de dire, il n'y a plus moyen d'être arrêté dans les conféquences qui fe préfentent d'elles-mêmes ; il faut néceffairement que la théorie enfeignée jufqu'ici foit fauffe, ou, pour mieux dire, que les principes ou fuppofitions fur lefquels elle eft fondée, foient erronnés. Ces principes font que les forces que le vent exerce fur les voiles, de même que celles des eaux fur la carene du Navire, font comme les furfaces choquées, comme les quartés des vîteffes, comme les quarrés des finus des angles d'incidence fous lefquels elles font choquées, & comme les denfités des fluides : à quoi on peut ajouter la fuppofition des voiles planes, tandis qu'elles ne le font pas, particuliérement dans le cas d'un vent frais. Cette derniere fuppofition, bien loin d'être préjudiciable à la théorie, la favorife au contraire, puifque par elle on donne plus de force aux voiles qu'elles n'en ont effectivement, d'où il doit refulter plus de vîteffe pour le Vaiffeau, comme on le defire.

Que la force foit comme les denfités des fluides, c'eft un principe fi évident par lui-même, que je ne crois pas qu'il ait jamais été mis en doute par perfonne. Il paroît qu'il en doit être de même de cet autre principe, qui eft que (toutes chofes égales d'ailleurs) les forces des fluides doivent fuivre la raifon des furfaces qu'ils choquent, comme on l'a cru jufqu'ici. Toute l'erreur doit donc tomber fur la fuppofition que les forces, ou, ce qui eft la même chofe, que les réfiftances des fluides font dans le rapport des quarrés de leurs vîteffes, & des quarrés des finus d'incidence. Ce principe, tout fufpect qu'il eft, eft cependant reçu par les premiers Géometres, & par les premiers Phyficiens de l'Europe, & généralement adopté par toutes les Académies qui y font inftituées, & qui font fi juftement célebres. Cette confidération devoit imprimer le plus grand refpect, & peut-être même porter à abandonner tout examen de ce principe, fi nous ne nous voyions pas autorifés à douter par l'exemple des mêmes Géometres. *Newton* eft un de ceux qui firent le plus d'efforts pour s'affurer d'un principe fi effentiel pour procéder avec certitude dans fa Théorie des Projectiles. Après beaucoup d'examens théoriques, (*Philofophia naturalis*, lib. 2.) qui ne font, à la vérité, que de pure fpéculation, & qu'on ne peut regarder comme des demonftrations géométriques, il crut pouvoir conclure que les réfiftances des fluides fuivent la raifon du quarré des vîteffes. Mais cependant, avant de s'en tenir abfolument à ce principe, & de l'admettre dans fes démonftrations, il voulut le confirmer par l'expérience; & pour cela il fit ofciller, dans les fluides, des pendules de différentes matieres & de différentes grandeurs. (1) Le réfultat de ces expériences eft fi éloigné de ce qu'il avoit d'abord imaginé, qu'on en concluroit avec plus de précifion, que les réfiftances font comme les fimples vîteffes : auffi ajoute-t-il que fes expériences méritent peu de confiance, & qu'il feroit à defirer qu'on les répétât.

Léonard Euler, dans fa *Science Navale*, que nous avons déjà citée, (Chap. 5, Propof. 49.) donne un raifonnement géométrique fur ce fujet, dans lequel on trouve toute l'adreffe & le fçavoir éminent de ce grand Géometre : fa conclufion eft, (2) que la force ou la réfiftance des fluides eft égale au double du poids d'une colonne d'eau, dont la bafe eft la furface choquée, & la hauteur, celle d'où il faudroit qu'un corps tombât librement pour acquérir la vîteffe avec laquelle le fluide fe meut; hauteur qui, comme on le fçait, eft comme les quarrés des vîteffes. Mais quelle imperfection l'Auteur n'apperçut-il pas dans cette folution, & quel

____

(1) Voyez le Scolie de la Propof. 17, Livre 2, Tome I de cet Ouvrage.
(2) Voyez le même Scolie.

embarras ne lui caufa-t-elle pas , puifqu'il avoue lui-même que la force ne peut être égale qu'au fimple poids de la colonne ci-deffus, & non au double de ce poids ? Toute fa démonftration eft fondée fur la fuppofition que lorfqu'un corps fe meut dans un fluide, il frappe feulement la partie du fluide qu'il déplace, fans faire attention que le fluide déplacé pouffe celui qui eft devant lui; que ce dernier pouffe auffi celui qui le précede, & ainfi de fuite, fans qu'il y ait de terme, ou fans que nous fçachions quelle eft la quantité de fluide qui fe meut réellement, comme le confeffe *Newton* lui-même, (*Philofophia Naturalis*, Liv. II, Scolie de la Propof. 35.)

- *Daniel Bernoulli*, dont le nom eft fi connu dans la République des Lettres, étend encore davantage fes calculs, (1) en manifeftant la différence qui réfulte de ce que les corps font ou ne font pas élaftiques. Mais, quoi qu'il en foit, la folution eft la même, à cette différence près que la réfiftance eft double dans le premier cas de ce qu'elle eft dans le fecond : ainfi l'incertitude fubfifte toujours. Tout ceci, au refte, paroîtra moins étrange, fi on confidere que dans les théories que nous venons de citer, on fuppofe le fluide deftitué de toute gravité, & par conféquent que les particules n'exercent aucune preffion les unes fur les autres ; ce qui n'a lieu ni dans notre air, ni dans nos eaux. Lorfque la vîteffe des corps qui fe meuvent dans ces fluides n'eft pas trop grande, leur partie poftérieure eft frappée par les particules du fluide, avec la force qui leur demeure de leur gravité ; ce que *Newton* avoit auffi remarqué, & par conféquent la réfiftance doit être diminuée. Au contraire, fi la vîteffe du corps en mouvement eft très-grande, la gravitation du fluide n'a pas tant lieu, & les particules du fluide n'en peuvent acquérir affez de vîteffe pour atteindre & frapper la partie poftérieure du corps , & la réfiftance doit être par-là à proportion plus grande. Plufieurs ont bien reconnu, depuis, cet effet, &

---

(1) Commentaires de l'Académie de Pétersbourg , mois de Juin & d'Octobre 1727.

ont

ont été forcés de convenir que les réſiſtances des fluides que nous connoiſſons, (1) ne peuvent ſuivre réguliérement les loix que nos théories leur aſſignent.

Nous ne devons donc pas être étonnés ſi la vîteſſe calculée pour celle que devroient prendre les Vaiſſeaux, eſt ſi éloignée de celle qu'ils prennent effectivement : cela devoit arriver néceſſairement, puiſque les ſuppoſitions ſur leſquelles on s'eſt fondé, ſont fauſſes. Mais cette conſéquence n'eſt pas encore la plus fâcheuſe : ſi le réſultat du calcul pour déterminer la vîteſſe du Navire, eſt ſi conſidérablement éloigné de la vérité, quelle confiance pouvons-nous avoir dans aucun des autres réſultats fournis par cette théorie, dans les angles que doivent faire les voiles avec le vent, dans ceux du gouvernail & de la dérive, dans les forces des voiles, & les autres actions du Vaiſſeau ? Tout doit être vicieux, ou du moins nous avons tout lieu de le croire. Le ſujet eſt, on ne peut pas plus, intéreſſant, & demande l'examen le plus ſérieux : c'eſt préciſément cet examen que nous nous ſommes propoſés de faire avec tout le ſoin & toute l'attention dont nous ſommes capables, ſans épargner ni travail ni fatigues.

Il étoit néceſſaire de commencer par des expériences certaines qui confirmaſſent nos doutes ſur les réſiſtances, & de chercher enſuite, par des voies différentes, ou en ſuivant celles par leſquelles la nature agit, une autre théorie des mêmes réſiſtances; & il falloit enfin examiner ſi cette nouvelle théorie étoit d'accord, non-ſeulement avec ce que l'expérience nous apprend ſur la marche du Vaiſſeau, mais encore avec ce qu'elle nous fait voir de tous ſes autres mouvements, & même avec tous les phénomenes qu'on obſerve dans la nature. L'entrepriſe, quoique difficile, a eu beaucoup plus de ſuccès que je ne l'avois moi-même eſpéré. J'ai trouvé que l'action exercée par l'eau courante contre une ſurface que

---

(1) Benjamin Robins, de la Société Royale de Londres, *New Principles of Gunnery*, Chap. 2, Prop. 1.

C

je lui ai expofée, eft non-feulement, dans certains cas , quatre fois plus grande que ne l'affigne M. *Mariotte*, (*Traité du Mouvement des Eaux* , Part. 2 , Difc. 3.) mais qu'elle eft même, dans d'autres circonftances , jufqu'à huit fois plus grande. Ceci ne paroîtra point étonnant , fi on confidere que l'action du fluide dépend non-feulement de la grandeur de la furface choquée, comme on l'a cru jufqu'ici, mais auffi de la plus grande profondeur à laquelle elle eft fubmergée dans le fluide : enforte que la même table , ou furface, étant fuppofée avoir la forme d'un parallélogramme rectangle , éprouvera beaucoup moins de réfiftance , ayant fon plus grand côté horifontal , que lorfque le même côté eft vertical. C'eft une obfervation très – importante pour la Marine , & qui jufqu'à préfent ne s'eft offerte à perfonne , quoiqu'elle foit une conféquence évidente de la gravitation. En effet , la gravitation agiffant dans les réfiftances, ainfi que nous venons de le dire , comme elle eft plus grande à de plus grandes profondeurs, attendu que les colonnes qui agiffent fur les particules du fluide , font plus longues, & par conféquent d'un plus grand poids, il s'enfuit que les réfiftances doivent auffi être plus grandes à de plus grandes profondeurs. Les différences qui réfultent de ce feul fait font fi grandes , que tout ce qu'on a calculé jufqu'à préfent , ne pouvoit pas manquer de différer confidérablement de la vérité. J'ai obfervé que lorfque la table avoit une longueur quadruple de fa largeur, la réfiftance qu'elle éprouvoit, fon plus grand côté étant vertical , étoit à-peu-près deux fois plus grande que lorfque le même côté étoit horifontal ; c'eft-à-dire, que, dans ce cas, les réfiftances font à-peu-près comme les racines quarrées des hauteurs ou profondeurs de la furface dans le fluide. Ainfi, fuppofant qu'un Navire ait fes dimenfions linéaires doubles de celles d'un autre qui lui eft femblable, les furfaces choquées du premier feront quadruples de celles du fecond ; & d'après ce qu'on a enfeigné jufqu'à préfent , les réfiftances du premier de ces Navires devroient être à celles du fecond, comme 4 eft à 1 ; mais, felon les obfervations dont nous venons de parler, ces réfiftances font en effet à-peu-près comme $5\frac{1}{7}$ eft à 1 ; différence qui, comme on le voit, mérite bien d'être confidérée.

Nos expériences ont encore prouvé clairement que les réfiftan-ces ne fuivent pas la loi des quarrés des vîteffes, & des quarrés des finus des angles d'incidence, mais à-peu-près celle des fim-ples vîteffes & des fimples finus d'incidence. C'eft auffi ce que les expériences de *Newton* ont manifefté.

Nous étions donc déjà affurés , d'après tout ceci, des dé-fauts de la loi des réfiftances établie par la théorie ; quoique cette loi ait été généralement reçue, malgré les doutes qu'elle devoit fuggérer, & qui devoient la rendre fufpecte , & malgré la fauf-feté des réfultats que nous avons vus en être la fuite. Mais cela ne fuffifoit pas encore, il falloit trouver une nouvelle théorie, dont les conféquences fuffent conformes à l'expérience & à la vérité : fans cela on ne pouvoit pas l'introduire dans le calcul; & il paroiffoit, à la première vue, que nous devions avoir des réfultats encore plus éloignés de l'obfervation des faits. Car puifque les réfiftances font effectivement plus grandes qu'on ne l'avoit penfé, comment peut-il en réfulter de plus grandes vîteffes dans les Vaif-feaux, felon que l'exige la pratique ? Cependant cette objection fi naturelle s'évanouit bientôt, en confidérant que fi les réfiftances des eaux fur la proue augmentent, les forces du vent fur les voiles doivent auffi augmenter, par la même raifon : ainfi il n'y a plus lieu d'être arrêté. Ayant tenté de prendre pour fondement de la théorie le rapport entre la vîteffe avec laquelle un fluide jaillit hors d'un vafe par un orifice, & le poids que fupporteroit la fuper-ficie qui boucheroit cet orifice, tant dans le cas où le fluide feroit en repos, que dans celui où il feroit en mouvement, comme on le verra très en détail dans le Livre II de ce Volume, on a trouvé la conformité la plus exacte entre les formules déduites de ce rapport, & les réfultats de l'expérience , au moins pour la relation qui regne entre les forces, finon dans leur mefure abfolue. Suivant cette nouvelle théorie , les réfiftances font comme les denfités des fluides , comme les furfaces choquées , comme les racines quarrées des profondeurs auxquelles elles font fubmergées dans les mêmes fluides ; comme les fimples vîteffes, & comme les fimples finus des angles d'incidence fous lefquels elles font choquées. Cependant ce n'eft pas encore tout ; les réfiftances ne fuivent cette loi que dans le cas où la fuperficie eft entiérement fubmergée dans le fluide , & où la partie antérieure du corps eft femblable à fa partie poftérieure. Lorfqu'une partie de la furface eft hors du fluide , il y a une nouvelle quantité à confidérer dans les réfiftances , qui ne dépend nullement de la furface choquée , mais qui provient feulement de la vîteffe ; & cette quantité n'eft ni comme les fimples vîteffes , ni comme leurs quarrés , mais comme leurs quatriemes puiffances. Dans certains cas il doit encore entrer une troifieme quantité dans l'expreffion de la réfiftance, qui eft comme les quarrés des vîteffes , & comme les furfaces choquées. Cette quantité répond précifément au cas qu'on a confidéré jufqu'à préfent. Enfin, il y a d'autres circonftances où il faut avoir égard à une quatrieme quantité qui ne dépend aucunement des vîteffes , mais feulement des furfaces choquées. Suivant cette théorie, les réfiftances dépendent donc de quatre quantités diftinctes, dont quelques-unes s'évanouiffent dans certains cas ; & heureufement , dans les recherches qui regardent la Marine, qui font celles que nous nous propofons , elles fe réduifent ordinairement à une feule, qui eft la premiere de celles que nous venons d'énoncer ; cependant, dans le cas d'une très-grande vîteffe , on ne peut fe difpenfer d'avoir égard à la feconde : quant à la troifieme, qui eft la feule dont on ait tenu compte jufqu'ici, il eft ordinairement inutile d'y avoir égard.

Ce parfait accord de l'expérience avec la théorie nous établiffoit , comme on vient de le voir, les fondements de l'édifice ; mais il nous reftoit une inquiétude : la plupart des expériences faites en petit ne donnent pas à beaucoup près les mêmes réfultats que lorfqu'elles font faites en grand , parce que dans celles-ci les effets des différents accidents deviennent beaucoup plus fenfibles ; & c'eft précifément ce qui arrivoit dans la comparaifon des expériences faites jufqu'à préfent, avec les mouvements & les actions du Vaiffeau. Mais il n'en a pas été de même dans notre théorie ; elle n'a fait que gagner à cette épreuve : car lorfque nous avions tout lieu de craindre de très-grandes différences, à caufe de l'augmentation que nous avons trouvée dans les réfiftances ; nous avons eu les réfultats les plus fatisfaifants. Cette théorie donne la viteffe des Navires précifément telle qu'on l'obferve journellement, foit qu'ils naviguent vent arriere , foit qu'ils naviguent vent largue, ou à la bouline. Mais ce qui eft beaucoup plus fort, c'eft que cette théorie apprend que non-feulement quelques Navires doivent aller vent largue, prefque auffi vîte que le vent, mais encore, que quelques-uns ont une viteffe qui furpaffe celle du vent : paradoxe que beaucoup de gens trouveront étrange, mais dont cependant on verra la démonftration, non dans le fens que l'entendoit *Jean Bernoulli* , (1) c'eft-à-dire, qu'on pourroit déployer une voilure d'une étendue prefque infinie ; fuppofition tout-à-fait chimérique, & qui ne peut s'appliquer à la pratique ; mais en n'employant que ce qui eft confacré par les faits , & ce qui arrive journellement dans plufieurs Bâtiments, tels que les Galeres, les Chebecs , &c. *

---

(1) Œuvres de *Jean Bernoulli*, Tom. II, N. XCIII.

* Nous ferons obferver , en paffant , que cette idée, toute étrange qu'elle puiffe paroître au premier afpect, n'eft pas particuliere à notre Auteur. Plufieurs Marins ont faifi la poffibilité qu'un Vaiffeau pût avoir une viteffe auffi grande , & même plus grande que celle du vent. Le celebre Amiral Anfon, dont l'autorité feroit ici d'un fi grand poids , fi ces matieres pouvoient en admettre, étoit de cette opinion. (Voyez fon Voyage autour du Monde , *Liv. III Chap.* 5.) On peut même concevoir la vérité de cette propofition par un raifonnement fort fimple. Lorfqu'un Vaiffeau navigue vent arriere, il eft clair qu'il fe fouftrait continuellement à l'action du vent, ce qui fait que l'impulfion du vent fur les voiles , eft d'autant moindre que le Vaiffeau a plus de viteffe : mais fi le Vaiffeau eft orienté vent largue, la route faifant alors un angle avec la direction du vent, les voiles ne fe dérobent pas autant à fon impulfion , puifque le Vaiffeau ne la fuit pas directe-

Ayant ainfi trouvé les réfiftances fournies par notre théorie, parfaitement d'accord avec la pratique, non feulement dans les petites furfaces, mais encore dans les plus grandes que puiffent avoir les Vaiffeaux, nous avons jugé à propos de la foumettre à une autre épreuve, en l'appliquant à deux autres cas très-différents. Le premier de ces cas confifte à déduire des mêmes principes une nouvelle théorie des *Cerf-volants*, autrement nommés *Cometes*, que les enfants prennent tant de plaifir à élever dans l'air ; car, quoique ces machines foient uniquement deftinées à leur amufement, elles ont été très-propres, dans ce cas, pour fervir de vérification à un objet auffi important. C'eft pour cela qu'on trouvera dans un Appendice, à la fin de ce Volume, tout le calcul relatif à cette théorie. On le compare à celui qui réfulte de l'ancien fyftême, afin qu'on connoiffe la vérité, avec cette évidence qui ne peut laiffer de doutes.

Le fecond cas auquel nous avons encore appliqué la théorie,

---

ment. Lorfque la route eft perpendiculaire à la direction du vent, les voiles & les autres parties du Vaiffeau qui éprouvent l'impulfion du vent, la reçoivent à-peu-près toute entiere, quelque vîteffe qu'ait le Vaiffeau. Il eft donc aifé de fentir que puifque, dans ce cas, l'impulfion du vent fur les voiles n'eft prefque pas diminuée par la viteffe du fillage, ce choc répeté fans ceffe, avec la même énergie, doit imprimer au Vaiffeau (toutes chofes égales d'ailleurs) une vîteffe beaucoup plus grande que lorfqu'on cingle vent arriere. On doit concevoir, en même temps, que dans certaines difpofitions, il eft poffible que le Vaiffeau acquiere une vîteffe égale, ou même plus grande que celle du vent. Nous avons pris, pour exemple, le cas de la perpendicularité de la route avec la direction du vent, afin de rendre notre raifonnement plus facile à faifir : mais on doit concevoir que cet effet doit dépendre de plufieurs caufes dont l'influence doit être très-variable fuivant l'efpece des Navires ; comme du rapport des réfiftances du côté, & de la proue, de la quantité de voiles déferlées, de leur fituation, de leur courbure &c. C'eft au calcul à combiner tous ces éléments : les bornes étroites de l'efprit humain ne peuvent permettre d'en apprécier l'influence, avec précifion, par le feul raifonnement. On verra cette queftion traitée à fond dans le Tom. II, Liv. 4, Chap. 1 & 2 de cet Ouvrage : il nous fuffit ici d'avoir fait concevoir d'avance la poffibilité du cas avancé par *D. Georges Juan*. Nous obferverons encore que notre raifonnement explique ce qui eft dit dans la note 2 de la page 10 de ce Difcours, & doit faire fentir en même temps, combien les moulins à vent ordinaires dont les aîles fe meuvent dans un plan vertical, font fupérieurs à ceux qu'on a imaginés, ou qu'on pourra imaginer par la fuite, qui fe mouveroient horifontalement.

eſt aux expériences faites par M. *J. Smeaton*, avec une machine de ſon invention, pour déterminer la force avec laquelle l'eau agit ſur les roues qu'elle fait tourner, telles que les roues des Moulins. On compare les réſultats de vingt-ſept expériences avec les deux théories, ſçavoir, celle qu'on a ſuivie juſqu'ici, & la nouvelle que nous propoſons. On trouve que toutes les expériences correſpondent exactement avec notre théorie, tandis qu'elles s'écartent entiérement de l'ancienne. Ces réſultats nous ſont d'autant plus favorables, qu'on ne peut avoir aucun doute ſur des expériences qui ne nous appartiennent pas, & qui ont été faites, ſi long-temps auparavant, dans des vues très-différentes, comme on vient de le dire.

Ayant déterminé & corrigé l'erreur du principe, il nous falloit entrer dans l'examen d'une matiere extrêmement étendue, & qui étoit peut-être plus difficile que ſi elle n'avoit été enviſagée par perſonne auparavant; parce qu'ordinairement il faut plus de travail pour corriger un défaut, que pour édifier premiérement l'ouvrage. L'erreur que nous avons vue exiſter dans la détermination des viteſſes, ne ſe bornoit pas là; de toute néceſſité il devoit y en avoir dans la dérive, dans les angles que les voiles doivent former avec la quille & avec le vent, dans la force des voiles à l'égard de la ſtabilité; parce que tous ces éléments dépendent de la relation des réſiſtances, qui eſt ſuſceptible de beaucoup de variations, principalement dans le dernier point, où il eſt queſtion d'équilibrer de plus grands efforts du vent ſur les voiles, avec la réſiſtance qu'éprouve le côté du vaiſſeau, qui eſt la même. La maniere de calculer les réſiſtances devoit auſſi être très-différente, & les corps ſuſceptibles d'éprouver la moindre réſiſtance, très-différents; car une portion de la carene du vaiſſeau, placée proche de la ſurface de l'eau, n'éprouve pas la même réſiſtance qu'une autre portion égale & ſemblablement choquée, placée à une plus grande profondeur.

Mais les articles ſpécifiés ci-deſſus, ne ſont pas encore les ſeuls dans leſquels on ſe trompoit: on trouve également quelques erreurs dans ce que l'ancienne théorie nous enseigne fur le manege du Vaiſſeau. D'après elle, l'axe des réſiſtances, & celui de la force motrice, doivent coïncider pour équilibrer le Vaiſſeau, & obtenir un manege parfait ; cependant dans la pratique, lorſque le Vaiſſeau marche, toutes voiles dehors, l'axe des réſiſtances eſt à-peu-près d'un ſeptieme de toute la longueur du Vaiſſeau, plus à la poupe que celui de la force motrice ; & par conſéquent, d'après ce qui a été enſeigné, le Vaiſſeau devroit arriver continuellement, & avec une grande force : mais on voit le contraire, les Vaiſſeaux ont plus de propenſion à venir au vent, ſur-tout lorſqu'il vente bon frais. Il eſt donc néceſſaire qu'il y ait encore, à cet égard, quelque vice dans la théorie, ou qu'on ait omis quelques conſidérations très-eſſen- tielles. En effet, on en rencontre deux de cette nature, qui ont été entiérement négligées ; on n'a eu aucun égard à la cour- bure de la voile qui porte l'axe de la force motrice beaucoup plus vers la poupe, & on n'a point conſidéré l'inclinaiſon du Vaiſſeau qui porte encore cet axe beaucoup davantage du même côté. Si ces changements dans la ſituation de l'axe de la force motrice étoient conſtants, il n'y auroit cependant pas beaucoup à corriger dans ce qu'on a enſeigné, on pourroit même s'y arrêter ſans beaucoup d'inconveniens ; mais ces changements ſont variables, ils dépendent de la force du vent, de la figure des voiles, & de la ſtabilité du Navire, ou de ſa force pour porter la voile. Si on avoit placé la mâture conformément à ce qui nous a été enſeigné ; il eut été impoſſible que le Vaiſſeau gouvernât, & l'inconvénient eût été beaucoup plus grand encore, ſi on avoit employé les proportions que M. *Bouguer* a prétendu qu'on devoit donner à la mâture.

Les roulis & les tangages ne ſont pas les points où l'ancienne théorie eſt le moins fautive ; dans cette théorie le Vaiſſeau eſt conſidéré comme un pendule qui n'a pas d'autre action que celle qui réſulte d'un mouvement d'oſcillation : & d'après cette idée, on conclut que tous les roulis & les tangages doivent fe faire dans le même temps. On ne voit pas dans cette hypothefe, que les roulis aient aucune relation avec l'action de la lame, qui en eft cependant la véritable caufe : & quoiqu'on puiffe croire que la théorie fe rapporte feulement aux feconds ou troifiemes roulis, qu'on peut regarder comme n'étant plus foumis à l'action de la lame, peut-on douter que les premiers ne foient d'un plus grand effet, & qu'il ne foit, par cette raifon, plus important d'en connoître la nature ? Il eft évident que cette théorie n'eft nullement d'accord avec les faits, pour ce qui concerne les premiers roulis, parce que tous ces balancements s'exécutent néceffairement dans le temps que la lame emploie à faire fon paffage fous le Vaiffeau ; & la durée de ce paffage eft, on ne peut pas plus, inconftante, puifqu'elle dépend de la grandeur des lames. Il faut convenir qu'on ne peut être trop étonné qu'on ait pu admettre, auffi long-temps & auffi généralement, de femblables erreurs. On n'a nullement confidéré, dans ces mouvements, les effets des lames, ou des coups de mer, & il paroît que ces calculs n'ont été propofés que pour des mers enchantées, & non pour celles qui paffent par-deffus les Vaiffeaux, qui les inondent, & qui les font périr. Un Bâtiment s'éleve avec plus de facilité fur la lame qu'un autre : qui eft-ce qui doutera que celui-ci ne foit plus expofé à être inondé, & que le premier ne coure plus le rifque de rompre fa mâture ? Il n'eft donc pas feulement néceffaire de confidérer le temps dans lequel le roulis s'exécute, mais il faut encore examiner fa grandeur, & l'élevation des eaux fur le côté du Vaiffeau. Les proues aiguës, ou de moindre réfiftance, que les Géometres ont tant defirées, feroient expofées à ces accidents ; elles feroient continuellement fubmergées, & non-feulement elles feroient courir les rifques d'un naufrage, mais encore elles ne produiroient aucun gain pour la marche qui eft l'unique objet qu'on a eu ordinairement en vue ; car les réfiftances croîtroient à mefure que ces proues fe fubmergeroient & s'inonderoient davantage, par le choc répété des lames.   D

Nous avons fait enforte que notre théorie fût exempte de toutes les erreurs que nous avons rapportées ci-deffus, & de quelques-autres que nous nous difpenferons d'indiquer, pour ne pas trop nous arrêter ; mais pour l'expofer avec clarté, nous avions befoin de beaucoup de principes fur la Méchanique, particuliérement fur l'action & le mouvement des fluides. Nous avons donc penfé qu'il convenoit de les expofer dès le commencement de notre Ouvrage, & d'y renfermer également ce qui conduit à la théorie des machines fimples & compofées, à celle de leurs frottements, & à la connoiffance des loix du choc des corps, & de leurs autres actions. Tous ces objets conviennent à la Marine, & conduifent directement à la réfolution de toutes les queftions embarraffantes que cette Science préfente, & qu'on verra traitées dans cet Ouvrage, que nous avons diftribué dans l'ordre qui fuit.

Le premier Volume eft divifé en deux Livres, dont le premier contient neuf Chapitres. Le Chapitre premier traite des définitions, axiomes, ou loix du mouvement, avec les principes déduits de l'expérience fur l'action de la gravité. Le Chapitre II traite de la compofition & décompofition du mouvement & des forces agiffantes. Le Chapitre III contient tout ce qui a rapport au centre de gravité, ou des maffes, & à celui des puiffances, ou des forces : on donne les formules de leurs viteffes, des efpaces qu'ils parcourent, & des temps qu'ils emploient à les parcourir. Le Chapitre IV traite de la rotation d'un fyftême quelconque de corps libres, ou liés entre eux ; de l'angle giratoire ou de rotation qu'ils prennent en vertu de puiffances quelconques qui agiroient fur le fyftême. On y démontre que la rotation du fyftême fe fera de la même maniere, foit qu'on fuppofe fon centre de gravité fixe, foit qu'on le fuppofe libre ; & on fait voir, en même temps, que ce centre doit fe tenir le plus bas qu'il eft poffible, dans quelque corps, ou machine que ce foit. On ajoute comme une conféquence de cette théorie, celle des pendules, & des leviers des trois genres, en ne les confidérant pas feulement dans l'état de repos, comme on l'a toujours fait, mais dans celui de mouvement ; & on examine leurs forces & les réſiſtances qu'ils doivent avoir dans leurs fibres & dans toutes leurs parties. On traite, dans le Chapitre V , de l'axe & du rayon de rotation , ou du point ſur lequel tourne un corps ou un ſyſtême de corps ; on y fait voir que ce point ne peut être fixe , à moins qu'il ne ſoit le centre de gravité. Le Chapitre VI renferme toute la théorie de la percuſſion des corps : nous nous ſommes un peu étendus ſur cette matiere , tant à cauſe qu'elle eſt le principe des Chapitres ſuivants , que parce qu'il étoit intéreſſant d'éclaircir un ſujet qui a fait naître tant de diſputes parmi les Auteurs les plus reſpectables ; & particuliérement la queſtion des forces vives & des forces mortes. On donne des formules pour trouver les temps , les vîteſſes , les actions & les eſpaces parcourus par les corps dans l'acte du choc, & pour trouver de même les forces avec leſquelles ils agiſſent dans un inſtant quelconque. On applique les ſolutions à la pratique , & aux expériences faites par les Auteurs de Phyſique Expérimentale , afin de faire voir l'accord de la théorie avec l'expérience , & les effets ſurprenants du choc. On termine ce Chapitre en mettant dans le plus grand jour l'erreur où ſont tombés pluſieurs Auteurs célebres , en confondant les centres d'oſcillation & de percuſſion ; car quoique ces centres coïncident en certains cas, ils ne ſont cependant pas toujours les mêmes.

Le Chapitre VII contient le mouvement des corps ſur des plans inclinés , ou ſur des ſurfaces courbes : on détermine le temps de leur chûte par la cycloïde, & on en fait l'application aux pendules. On calcule la durée de leurs oſcillations , & l'eſpace que parcourent les corps , qui tombent librement , pendant la durée d'une oſcillation. On termine ce Chapitre par l'examen du mouvement des corps , dans les cas où ils tombent en roulant le long d'un plan incliné , ou d'une ſurface courbe.

On trouve , dans le Chapitre VIII , une nouvelle théorie ſur le frottement ; c'eſt un objet ſur lequel on n'a encore point vu la théorie d'accord avec l'expérience, quoiqu'il ait été traité par les Géometres du premier ordre. On démontre que la force du frottement n'eſt pas ſeulement proportionelle au poids, ou à la preſſion qui le produit, comme l'ont cru MM. *Amontons* & *Bilfinger*. On manifeſte les erreurs qui réſultent de la théorie donnée par le célebre *Léonard Euler*; & on fait voir comment tous les faits ſe concilient avec la nôtre.

Enfin on termine le premier Livre par le Chapitre IX, qui traite des Machines ſimples, ſçavoir, du Plan incliné, du Coin, de la Hache, de la Vis, du Treuil ou Cabeſtan, de la Poulie, & des Mouffles. On donne en détail la théorie de toutes ces Machines, en ayant égard au frottement qu'elles éprouvent, attention qui eſt abſolument néceſſaire pour en déduire leurs véritables forces. On détermine les plus grandes & les petites forces qu'elles puiſſent produire, & on applique le tout à quelques faits de pratique.

Le Livre ſecond eſt un Traité des Fluides. Dans le Chapitre premier on détermine l'action & la force, avec laquelle ils agiſſent ſur les corps dans le cas du repos, & les conditions qui doivent concourir pour que cet état ſubſiſte. Le Chapitre II traite de la force avec laquelle les fluides en mouvement, agiſſent contre une différencielle de ſuperficie, ou contre une ſurface extrêmement petite. On determine cette force dans tous les cas de mouvement, ſoit horiſontal, vertical, ou obli-que, de même que pour toutes les différentes directions & an-gles d'incidence; & on finit ce Chapitre par l'expoſition des différentes théories que les Géometres les plus célebres ont données ſur cet objet, en faiſant voir les erreurs auxquelles elles ont conduit, étant appliquées aux fluides peſants. Le Cha-pitre III traite de l'action des mêmes forces ſur les ſuperficies planes : on fait voir les différentes variations qui ont lieu, ſelon que la ſurface ſur laquelle elles agiſſent, eſt entiérement ſub-mergée dans le fluide, ou ne l'eſt qu'en partie, à cauſe de la dénivellation du fluide qui a lieu dans ce cas, & d'où réſultent

ces variations. On termine ce Chapitre en expliquant une différence qui se trouve entre notre théorie, & ce qui est exposé
dans une proposition de la *Philosophie Naturelle* de *Newton*; &
on détermine ensuite, dans le Chapitre IV, l'action des mêmes
forces des fluides contre des superficies quelconques.

Le Chapitre V traite des résistances horisontales qu'éprouvent les corps mus dans les fluides, & de celles qu'ils éprouvent lorsqu'étant en répos, les fluides se meuvent contre eux;
car ces deux cas ne sont point du tout le même, comme on
l'a cru jusqu'ici. On combine des expériences pour faire voir
combien elles s'accordent avec la relation que la théorie fournit. Il est question, dans le Chapitre VI, des résistances verticales qu'éprouvent également les corps, soit qu'ils se meuvent
dans les fluides, soit que les fluides se meuvent contre eux: &
l'on fait voir la grande différence qu'il y a entre ces deux cas.
On démontre, dans le Chapitre VII, l'altération des résistances
occasionnée par les dénivellations des fluides, produites par le
mouvement des corps: & on fait voir en quoi les résistances
dépendent de la longueur des corps. On traite, dans le Chapitre VIII,
des lignes & des surfaces qui éprouvent la plus grande ou la
moindre résistance, de même que de celles qui, jouissant de la même
propriété, doivent terminer des bases données, ou qui doivent
renfermer un corps déterminé; on donne, à la fin de ce
Chapitre, une table des abscisses & des ordonnées de la courbe,
qui éprouvera la moindre résistance, en comprenant le plus grand
espace.

Le Chapitre IX donne les formules qui expriment le rapport
entre les temps, les espaces parcourus, & les vitesses des corps
qui se meuvent d'un mouvement progressif dans les fluides: on
démontre qu'ils ne peuvent parvenir à leur plus grande vitesse,
qu'après un temps infini, & après avoir parcouru un espace infini;
mais que cependant, après un temps très-court, ils acquièrent une
vitesse qui ne diffère que fort peu de la plus grande; & ce Cha-

pitre eſt terminé par la théorie des lames, dont on aſſigne les
vîteſſes, & les grandeurs. Le Chapitre X traite des moments
dont les corps éprouvent l'action dans leur mouvement progreſſif
horiſontal, & de la ſtabilité qui réſulte de ces moments, tant
dans le cas du repos que dans celui du mouvement. Il eſt queſtion, dans le Chapitre XI, de l'inclinaiſon que prennent les
corps, par l'impulſion de puiſſances quelconques : on rapporte les
différentes ſolutions que ce même cas préſente, ſelon les figures
des mêmes corps ; & l'on indique les précautions qu'il eſt eſſentiel de prendre pour éviter les erreurs auxquelles peuvent conduire les formules données juſqu'ici, ſi on ne les conſidere pas
dans les ſuppoſitions qu'elles exigent. On éclaircit le tout par des
exemples.

Le Chapitre XII contient les formules qui expriment les moments que ſubiſſent les corps dans leur rotation dans les fluides,
ſur un axe qui paſſe par leur centre de gravité. Le Chapitre XIII
donne les formules des vîteſſes angulaires des mêmes corps, & les
longueurs des pendules dont les oſcillations ſont iſochrones avec
les leurs, ainſi que celles des plus grandes & des plus petites vîteſſes
qu'ils puiſſent acquérir dans leurs oſcillations. Enfin on termine
ce premier Volume par deux Appendices, le premier ſur la théorie
des Cometes ou Cerf-volants que les enfants élevent dans l'air ; &
le ſecond ſur la réſiſtance des fluides dans les machines, afin de confirmer notre théorie des réſiſtances, ſelon que nous l'avons déjà dit.

Le ſecond Volume traite entiérement de la Marine, & eſt diſ-
tribué en cinq Livres. Le premier Livre contient tout ce qui appartient à la connoiſſance & à la conſtruction du Navire. Ce Livre
eſt diviſé en ſept Chapitres, dont le premier donne une idée générale des Bâtiments de mer, des propriétés qui leur conviennent,
de leur figure, de la maniere de les gouverner, de la diſpoſition
& du nombre de leurs mâts & voiles. Le Chapitre II traite de la
variété infinie qu'il peut y avoir dans les Bâtiments, & de leur
conſtruction, ſelon la pratique la plus ancienne. On expoſe, dans

le Chapitre III , la maniere de tracer les plans de ces anciennes conſtructions, ſuivant l'uſage des différentes nations. Le Chapitre IV enſeigne à tracer les plans , ſelon la pratique actuelle des Conſtructeurs Français & Anglais les plus inſtruits par la théorie & l'expérience. On donne , dans le Chapitre V , une méthode nouvelle & géométrique pour décrire ces plans , en formant tous les couples d'une extrémité du navire à l'autre , par des arcs de cercle ; on évite, par ce moyen, le grand nombre de tâtonnements qui ſont inévitables par les autres méthodes. Le Chapitre VI donne la maniere de décrire le plan des œuvres mortes, ſuivant les différentes méthodes ; & dans le Chapitre VII , qui termine ce Livre , on donne, dans le même détail, la deſcription des ponts.

On examine , dans le Livre II, le corps du Navire, & ſes différents centres, ſes forces, ſes réſiſtances, & ſes moments. Le Chapitre premier traite de la flotaiſon , & de la ligne d'eau du Vaiſſeau, de ſon poids total, & de celui de ſa coque; on donne un exemple de la pratique du calcul ; on enſeigne la maniere de faire varier la ligne d'eau , en faiſant un changement dans la forme du Navire. On donne les volumes déplacés par les Vaiſſeaux de différents rangs , & la relation qu'ont ces volumes avec les dimenſions linéaires des capacités, & on fait voir l'erreur où tombent les Conſtructeurs en négligeant de régler l'échantillon des pieces de bois, d'après les proportions réquiſes. On donne auſſi des regles faciles pour déterminer la grandeur des Vaiſſeaux, relativement à l'artillerie & à la variété des autres poids dont ils doivent être chargés , en ayant égard que le tout , même les équipages & les vivres , ſuive, à-peu-près, la raiſon des cubes des dimenſions linéaires ; & on finit ce Chapitre, en donnant le rapport que les capacités ont, & doivent avoir, avec le poids total des Vaiſſeaux , y compris leurs munitions, & les autres choſes néceſſaires qui compoſent le total de l'armement. Le Chapitre II traite de la maniere de trouver le centre du volume que le Navire occupe dans le fluide , & la regle qu'on donne eſt éclaircie par un exemple. On explique comment il peut arriver que ce centre varie, non-ſeulement par la variation de la ligne d'eau ou de flotaiſon, mais encore en variant le volume de la carene, dans quelqu'une de ſes parties; & on termine ce Chapitre, en donnant la méthode pour trouver facilement le même centre, dans des Vaiſſeaux ſemblables par leur fond, ayant déterminé d'avance celui d'un ſeul; & cette méthode peut s'appliquer aux cas où il y auroit quelques légeres différences entre ces Vaiſſeaux.

Le Chapitre III enſeigne à trouver la hauteur du Métacentre au-deſſus du centre de volume, & contient un exemple pour faciliter l'intelligence de la méthode. On donne de plus une regle facile pour trouver ce point dans les Vaiſſeaux ſemblables, ou dont la différence eſt petite; & on termine ce Chapitre, en faiſant, pour les inclinaiſons de poupe à proue, le même examen & les mêmes recherches que celles qu'on a faites d'abord pour les inclinaiſons latérales.

Dans le Chapitre IV on enſeigne la maniere de trouver le centre de gravité de la coque, & même du vaiſſeau entier, par le moyen du poids de toutes ſes parties, & de la place qu'elles occupent; & on éclaircit la regle par un exemple. On donne également la maniere de trouver le même centre, par le moyen d'une expérience facile, faite ſur un autre Vaiſſeau, ayant égard enſuite à la différence qu'il pourroit y avoir entre eux; ce qui fournit une petite formule, de laquelle on déduit différents Corollaires, non-ſeulement ſur la variation en hauteur du centre de gravité, mais encore ſur la ſtabilité du Vaiſſeau, ou ſur les inclinaiſons différentes qu'il prend toutes les fois qu'on fait varier ſon volume & ſon poids dans quelques-unes de ſes parties. On applique tout ceci à differents exemples pris ſur d'autres Vaiſſeaux; & l'on démontre finalement l'erreur dans laquelle eſt tombé M. *Bouguer*, en aſſurant que dans les Vaiſſeaux à trois ponts, le Métacentre ne s'éleve que d'un ou deux pieds au-deſſus du centre de gravité.

Le

Le Chapitre V enseigne la maniere de calculer les résistances horisontales qu'éprouve un Vaisseau, tant celles qui sont directes, ou par la proue, que celles qui sont latérales, ou par le côté; & on fait voir l'ordre qu'il faut suivre dans le calcul pour éviter l'embarras & la confusion. Ce calcul fournit seulement deux quantités pour l'expression des résistances, dont l'une suit le rapport des simples vîtesses, & dont l'autre, qui provient de la dénivellation du fluide à la poupe & à la proue, suit le rapport de leurs quatriemes puissances. Les deux autres quantités qui se trouvent dans la formule des résistances, sont négligeables dans le calcul des actions du Vaisseau. On donne ensuite la maniere de calculer le changement qui arrive dans ces résistances, selon que le Vaisseau est un peu plus ou un peu moins calé. Enfin on termine ce Chapitre, en donnant des formules faciles pour trouver les mêmes résistances pour d'autres Navires dont les fonds seroient semblables à ceux du premier, par le moyen de celles déjà calculées pour celui-ci; & on fait observer que la quantité qui est comme les quatriemes puissances des vîtesses, est susceptible d'être négligée dans les Vaisseaux d'une grande capacité, tandis qu'au contraire, on ne peut se dispenser d'y avoir égard dans ceux dont la capacité est petite.

Le Chapitre VI enseigne la maniere de calculer les moments qu'éprouve le vaisseau dans ses inclinaisons qui proviennent de l'action du vent sur les voiles, * tant dans le cas où le vaisseau seroit en repos que dans celui où il seroit en mouvement; parce que ces moments peuvent être fort différents dans ces deux cas. On enseigne également à calculer la variation qui arrive dans ces moments, quand le Vaisseau est plus ou moins calé dans le fluide; & l'on donne des formules pour trouver facilement, par le moyen des moments déjà trouvés pour un Navire, ceux qui correspondent à tout autre Navire semblable au premier par ses fonds. On

---

* Ce sont ces moments que les Marins Espagnols appellent *Aguante de Vela*; c'est comme si on disoit en Français, la force, ou l'énergie, de la voile.

finit ce Chapitre, en faifant voir combien il importe, pour que le Navire porte bien la voile, que le centre des réfiftances horifontales foit le plus élevé qu'il eft poffible, & que les côtés du Navire, à partir de l'horifontale qui paffe par le centre de gravité, & en allant vers le haut, foient verticaux autant qu'il fe peut; car cette qualité de porter la voile ne dépend pas feulement de la fection horifontale du Navire faite à fleur d'eau, comme on l'a cru & enfeigné jufqu'ici.

Dans le Chapitre VII on traite des moments qui agiffent fur le Navire dans fon mouvement de rotation horifontal, lorfqu'il *vire*, comme difent les Marins, ou lorfqu'il vient au lof, ou qu'il arrive. On voit, par ces moments, la propenfion que le Navire auroit pour arriver, s'il n'en étoit pas empêché par d'autres forces. On explique la variation qui arrive dans les mêmes moments, lorfque le vaiffeau eft plus ou moins calé; & on donne des formules pour trouver ceux qui correfpondent à un Navire quelconque, femblable au premier par fes fonds.

Le Chapitre VIII traite des moments que fubit le Vaiffeau dans fon mouvement de rotation, que les Marins appellent *Tangage*, avec la même étendue & les mêmes circonftances qu'on a confidéré ceux qui ont lieu dans les roulis. On termine le Livre II par le Chapitre IX, où l'on traite des moments qui, par leur action fur le Vaiffeau, occafionnent ce que les Marins appellent *Arquer*: on fait voir la caufe d'où provient cet effet, & l'on démontre que la force d'un feul côté du Navire feroit capable de le prévenir prefque entiérement, fi ce n'étoit la défunion ou le jeu qu'il y a ordinairement dans la charpente & les ferrures du Vaiffeau; ce qui fait voir la néceffité de veiller davantage à la liaifon des pieces, quoique la principale attention à avoir pour éviter cet accident, confifte dans la figure des fonds du Navire, & dans l'attention de raffembler le plus qu'il eft poffible les différents poids vers fon centre de gravité. On confidere encore les mêmes moments dans le cas où le Navire eft vuide; & on fait voir évidemment que dans cet état, il eſt encore plus expoſé à s'arquer. Après cela on examine l'arc produit par les efforts qui tendent à déſunir le Navire dans le ſens de ſa largeur, lequel n'a point encore été conſidéré, quoiqu'il ſoit très-conſidérable, & en même temps très-préjudiciable, ſur-tout dans les Vaiſſeaux de guerre, lorſque leurs batteries ſont fort élevées au-deſſus du centre de gravité. On fait voir le mauvais ordre avec lequel on diſtribue l'artillerie dans les Navires, & l'on donne les regles qu'on devroit ſuivre pour éviter les inconvénients qui réſultent très-ſouvent de ce qui ſe pratique aujourd'hui.

Le Livre III traite des machines qui ſervent à mouvoir & à gouverner le Vaiſſeau. Le Chapitre premier a pour objet les voiles; on y conſidere la figure qu'elles prennent, la force avec laquelle le vent agit ſur elles, & la direction de cette force. On trouve que la courbe qu'elles forment eſt très-différente de la *Chaînette*, qu'on a cru juſqu'à préſent qu'elles formoient; & l'on donne les abſciſſes & les ordonnées qui doivent ſervir à la décrire. On détermine la force abſolue avec laquelle les voiles agiſſent, & l'on fait voir qu'elle ne dépend pas ſeulement de l'angle que le vent forme avec les vergues, mais auſſi de la courbure plus ou moins grande que la voile prend vers ſes ex-trémités; courbure qui varie ſelon la vîteſſe du vent, la qualité de la voile & ſa grandeur. On détermine encore la direction de l'action des voiles, & le centre de leurs forces, lequel tombe toujours plus vers la poupe que le centre même des voiles, ſelon la courbure qu'elles prennent, & ſelon leur largeur; ce qui eſt une des cauſes qui obligent le Navire à venir au vent. On applique enſuite cette théorie à différents exemples de pra-tique, & on en conclut la grande dérive que doivent éprouver les vaiſſeaux, par la ſeule augmentation du vent, indépendam-ment des lames & des coups de mer, que les Marins regar-dent, en ce cas, comme la ſeule cauſe de cette dérive. Enfin on donne des tables, où l'on trouve la ſurface de chaque voile exprimée en pieds quarrés, l'élevation du centre de gravité de chacune d'elles, & la valeur de leurs moments tant verticaux qu'horifontaux, avec une application à tous les cas qui fe préfentent le plus généralement dans la pratique.

Le Chapitre II traite du gouvernail, de fes forces relativement aux différents augles qu'il forme avec la quille, tant du côté du vent que du côté de fous le vent, & relativement à fa figure qui contribue beaucoup à fes effets ; quoique jufqu'ici on n'ait pas fait attention à cette circonftance intéreffante. On trouve l'angle fous lequel le gouvernail doit faire le plus grand effet; mais en comparant l'effet qui réfulte de cette difpofition, avec ce qu'on obtient dans la pratique ordinaire, on fait voir que l'avantage fe réduit à bien peu de chofe ; & l'on donne les raifons qui doivent porter à donner la préférence aux angles que les Marins emploient communément, fur ceux que la Géométrie détermine.

On donne, dans le Chapitre III, la théorie de la rame, machine bien fimple dans la pratique; mais fi compliquée pour fa théorie, qu'il n'y a que le célebre *Léonard Euler*, qui nous en ait pu donner l'analyfe d'une maniere fatisfaifante. Ce Géometre nous auroit donné également le calcul légitime des véritables forces, & des vrais effets de cette machine, o'il ne fe fût pas fondé fur la loi des réfiftances qui eft communément reçue, & dont nous avons fait connoître la fauffeté. On donne fort en détail tout le calcul, en y faifant entrer le moment le plus petit, & on en conclut la vîteffe que doit prendre l'embarcation. L'accord des réfultats du calcul avec les faits que préfente la pratique, eft une nouvelle confirmation de notre théorie des réfiftances. On fait obferver combien il eft effentiel de rendre la partie extérieure de la rame auffi légere qu'il fe peut ; & l'on trouve la force & la vîteffe les plus avantageufes, avec lefquelles le rameur doit agir, pour que l'embarcation prenne la plus grande vîteffe poffible. Enfin on cherche quel eft le rapport le plus avantageux qu'il doit y avoir entre les longueurs des parties extérieures & intérieures de la rame. On fait voir que ce rapport n'eſt pas conſtant, quoique dans la même embarcation & avec les mêmes rameurs, parce qu'il dépend de la force qu'ils emploient, & du rapport entre le temps qui s'écoule entre un coup de rame & l'autre, & le temps que la rame eſt maintenue dans l'eau : de ſorte que plus ces quantités ſont grandes, plus auſſi la partie extérieure de la rame doit être grande à l'égard de l'intérieure. La même choſe auroit lieu, quand le nombre des rameurs ſeroit plus grand; & c'eſt tout le contraire, lorſque la réſiſtance de la proue devient plus conſidérable : de façon que les grandes embarcations exigent une moindre longueur dans la partie extérieure de la rame. On conſidere auſſi dans tout ce calcul la force des rameurs; & d'après différentes remarques qu'on expoſe enſuite, on conclut que la meilleure diſpoſition de la rame eſt à fort-peu-près celle dont les Marins font uſage, en prenant cependant quelques précautions qui ſont indiquées par la différence des embarcations. On termine ce Livre par l'application de la théorie à un exemple tiré d'une Galere, & on fait voir le peu d'effet que produiſent quelques moments.

Le Livre IV traite des actions & des mouvements du Navire. Le Chapitre premier eſt employé à l'examen de la marche, ou du mouvement progreſſif imprimé au Vaiſſeau par l'impulſion du vent ſur les voiles, & du rhumb de vent qu'elle l'oblige de ſuivre. On donne quatre formules qui expriment les quatre vîteſſes que nous diſtinguons dans le Vaiſſeau, qui ſont, la vîteſſe directe, ou dans la direction de la quille de poupe à proue; la vîteſſe latérale, ou perpendiculaire au côté; la vîteſſe oblique, ou celle dans le ſens de la route que le Vaiſſeau ſuit effectivement, & qui réſulte des deux premieres; enfin la vîteſſe avec laquelle le Vaiſſeau s'éleve dans le vent, ou celle avec laquelle il gagne, directement en oppoſition au vent, ſelon la ligne même de ſa direction. A quoi on ajoute l'expreſſion ou la valeur de l'angle de la dérive.

On analyſe enſuite ces formules, & on en déduit les conſéquences qu'elles préſentent. On voit, au premier coup d'œil , que
les quatre vîteſſes ſeroient exactement proportionnelles à celles du
vent, ſans la courbure des voiles qui altére un peu cette proportion. On voit également, que plus le rapport entre la réſiſtance du côté & celle de la proue ſera grand, plus la vîteſſe
directe ou par la proue ſera grande, & plus la vîteſſe latérale
ſera petite ; & pour que le Vaiſſeau gagne au vent , on voit
qu'il eſt néceſſaire que ce rapport ſoit plus grand que celui de
la tangente de l'angle que le vent forme avec la quille, à la
tangente de l'angle que la perpendiculaire à la quille forme avec
la direction ſuivant laquelle ſe fait la force des voiles. Ces formules manifeſtent également, que les quatre vîteſſes augmentent
à meſure qu'on augmente la voilure, & que les vîteſſes directes
& obliques augmentent à un tel point, quand on navigue vent
largue avec tout ſon appareil, qu'elles arrivent enfin à être plus
grandes que celles du vent. On indique les cas où cela arrive ;
& quoiqu'ils n'aient pas lieu dans les Navires, ils ſe rencontrent
dans les Galeres & les Chebecs. On applique enſuite ces formules à différents exemples de pratique , c'eſt-à-dire à des
exemples relatifs à la diſpoſition ordinaire des appareils qu'emploient les Marins, tant vent en poupe, que vent largue, &
à la bouline ; & on trouve la pratique entiérement d'accord
avec les ſolutions qui réſultent des formules. Il n'en eſt pas la
même choſe des ſolutions que donne l'ancien ſyſtême des réſiſtances ; les vîteſſes qu'on en déduit pour les Navires ſont bien
éloignées de celles que la pratique manifeſte. On fait voir encore
que l'augmentation de la vîteſſe directe provenant de la plus
grande raiſon, dans laquelle peuvent être les réſiſtances latérales
& par la proue, ne s'étend pas aux cas où cette raiſon augmen-
teroit, en allégeant ou en faiſant caler d'avantage le Vaiſſeau ;
car quoique effectivement on trouve, dans ce cas, quelque différence , elle eſt ſi petite qu'elle ne mérite pas la moindre atten-

tion. L'expreſſion totale de la même vîteſſe réduite en férie, facilite la maniere de combiner les dimenſions principales qu'on doit donner aux Vaiſſeaux pour qu'ils prennent la plus grande marche poſſible. En augmentant leur longueur, & en diminuant à proportion leur profondeur, on augmente la vîteſſe ; mais on verra que cela n'eſt pas fans inconvénient. La vîteſſe augmente pareillement lorſqu'on augmente la longueur, & qu'on diminue à proportion la largeur. Mais dans le cas où l'on fe donneroit une longueur conſtante, & qu'on feroit varier feulement la lar‑ geur & la profondeur, on trouve qu'il eſt avantageux, pour naviguer vent arriere, ou avec un vent très-largue, d'augmenter la largeur, & de diminuer la profondeur : c'eſt tout le contraire en naviguant à la bouline, ou avec des vents près. C'eſt auſſi ce qu'on obſerve journellement dans la pratique, & ce qu'on ne peut déduire de l'ancien ſyſtême des réſiſtances. On termine ce Chapitre en démontrant par les mêmes formules, qu'avec des vents modérés, les petits bâtiments doivent mieux marcher que les grands qui leur feroient ſemblables; & qu'au contraire, les grands bâtiments ont l'avantage avec un vent violent.

Le Chapitre II traite des angles que les voiles & le vent doi‑ vent former avec la quille, pour que le Navire puiſſe pren‑ dre la plus grande marche qu'il eſt poſſible. On a jugé à propos de féparer cet objet du Chapitre précédent, auquel il appartenoit naturellement, à caufe de fon étendue, des attentions qu'il exige, & des circonſtances particulieres auxquelles il faut avoir égard. On donne premiérement une formule qui exprime la valeur de l'angle que doit former la voile avec la quille, pour que le Vaiſſeau marche avec le plus de vîteſſe qu'il eſt poſſible, en fuppofant conſtant l'angle que forme le vent avec la même quille. Cette formule fait voir que cet angle de la voile n'eſt pas conſtant, quoique dans un même Vaiſſeau, comme les Géometres l'ont cru généralement juſ‑ qu'ici; parce que non-feulement il dépend de la relation entre les réſiſtances du côté & de la proue, mais encore de la quantité de voiles que porte le vaiſſeau, & de la courbure des mêmes voiles : enforte que cet angle doit être d'autant plus petit, que le rapport des réſiſtances ſera plus grand, que la quantité de voiles déferlées ſera plus grande, & que leur courbure ſera plus petite. On en apporte pluſieurs exemples ; en ſuppoſant un vaiſſeau de 60 canons, allant à la bouline, avec tout ſon appareil, on a trouvé cet angle de 28° 47', & ſi on ſuppoſe qu'il navigue ſeulement avec les deux voiles majeures, on le trouve de 40° 42 '; angle qui eſt à-très-peu-près le même que celui qu'emploient les Marins dans tous les cas. On cherche enſuite quel eſt le vent qui fait marcher un Vaiſſeau avec le plus de vîteſſe qu'il eſt poſſible, & on démontre que ce n'eſt pas toujours le même vent qui produit cet effet, ni même le vent arriere ; quoiqu'on ait cru généralement juſqu'ici que le vent arriere étoit, ſans contredit, le plus avantageux, toutes les fois que la quantité de voiles déferlées demeuroit la même. Perſonne ne s'eſt perſuadé que le vent largue pouvoit être plus avantageux ; & lorſque l'expérience a forcé de reconnoître cet effet, on l'a ſeulement attribué à ce qu'en naviguant vent arriere, les voiles ſe couvrent mutuellement, & ſe dérobent le vent les unes aux autres. On trouve la formule qui exprime la valeur de cet angle le plus avantageux que doit former le vent, & par cotte formule on fait voir que cet angle eſt variable, parce qu'il dépend du rapport dans lequel ſeront les réſiſtances du côté & de la proue, de la quantité de voiles que le Vaiſſeau porte, & de la courbure des mêmes voiles : enforte que, plus cette raiſon des réſiſtances ſera grande, qu'il y aura une plus grande quantité de voiles déferlées, & que la courbure des voiles ſera moindre, ou que le vent ſera moins violent, plus l'angle du vent qui eſt néceſſaire pour faire marcher le vaiſſeau le plus vite qu'il eſt poſſible, ſera ouvert. On trouve que pour un Vaiſſeau de 60 canons, lorſqu'il ne porte pas plus de 8934 pieds quarrés de voilure, c'eſt le vent arriere qui de tous les vents le fera marcher avec le plus de vîteſſe ; qu'auſſi-tôt qu'on augmente la

quantité

quantité des voiles, ce n'eſt plus le vent arriere qui a cet avantage, mais un autre vent plus ouvert; & enfin ce Vaiſſeau portant une voilure de 17680 pieds quarrés, c'eſt le vent qui formera avec la quille un angle ouvert de 41° 56′, qui lui donnera le plus de vîteſſe. On ſubſtitue enſuite les angles les plus avantageux dans la formule qui donne la vîteſſe, & on trouve le *maximum maximorum* de la vîteſſe, ou la plus grande vîteſſe qui puiſſe ré-ſulter dans les cas innombrables qui peuvent avoir lieu. Dans le Vaiſſeau de 60 canons on trouve cette plus grande vîteſſe de $\frac{74}{100}$ de celle du vent; & dans un Chébec elle eſt de $\frac{161}{100}$ de la même vîteſſe : enforte que la vîteſſe de ce dernier eſt de $\frac{61}{100}$ plus grande que celle du vent. Pour trouver la plus grande vîteſſe avec la-quelle un Vaiſſeau puiſſe gagner dans le vent, & la relation entre les angles qui doivent la produire, on parvient à une formule très-compliquée. Cette formule fait voir que les angles qui don-nent cette plus grande vîteſſe, ne peuvent pas être les mêmes que ceux qui procurent au Vaiſſeau le plus grand ſillage qu'il eſt poſſible; mais qu'ils en different beaucoup, & qu'ils dépendent, comme dans les autres cas, non-ſeulement de la relation qui regne entre la réſiſtance du côté & celle de la proue, mais encore de la quantité de voiles que le Vaiſſeau porte, & de la courbure des voiles, ou de l'impétuoſité du vent : de façon que plus le Vaiſſeau porte de voiles, & moins le vent a de force, plus les angles que doivent former le vent & les voiles avec la quille, pour gagner au vent le plus qu'il eſt poſſible, doivent être aigus. Finalement, ayant trouvé les valeurs de ces angles, & les ayant ſubſtituées dans la formule qui donne la vîteſſe avec laquelle le Vaiſſeau s'éleve dans le vent, on trouve l'expreſſion de la plus grande de ces vîteſſes. Dans le Vaiſſeau de 60 canons, on la trouve des $\frac{164}{1000}$ de la vîteſſe du vent, tandis qu'en ſuivant la méthode qu'emploient les Marins, elle eſt ſeulement de $\frac{125}{1000}$; d'où l'on voit qu'il eſt poſſible de gagner au vent un tiers de plus qu'on ne l'a fait juſqu'ici.

F

Le Chapitre III s'étend fur l'inclinaifon que doivent prendre les Vaiffeaux en vertu de l'impulfion du vent fur les voiles : car ayant déjà examiné, dans le Chapitre VI du Livre II, les moments avec lefquels les côtés réfiftent à l'inclinaifon ; & dans le Chapitre premier du Livre III, ceux que le vent produit dans les voiles, il n'eft queftion que d'égaler ces moments pour avoir l'inclinaifon qui doit en réfulter. On obtient, par ce moyen, la formule qui en exprime la valeur ; & quoiqu'on remarque dans cette formule différentes quantités relatives à différentes efpeces de Bâtiments, on peut les réduire à une feule, les autres pouvant être négligées, fans crainte d'erreur fenfible. On applique enfuite cette formule à différents exemples, & on en conclut les inclinaifons mêmes qu'on obferve journellement dans la pratique. Il n'en eft pas de même dans l'ancien fyftême des réfiftances : les inclinaifons qu'on en conclut font fort éloignées de la réalité, & font voir à découvert les abfurdités qui réfultent des fauffes fuppofitions de cette théorie, & même des expériences reçues. On explique encore ce qu'on a entendu par *Point vélique*, point dont on a cherché la pofition, afin d'obtenir que le navire n'éprouvât aucune inclinaifon ; & l'on fait voir l'impoffibilité de ce projet. On donne auffi le calcul & un exemple du cas que les Marins appellent *coëffer*, * & qui, par le défaut d'une connoiffance parfaite, n'eft pas encore fuffifamment redouté : on démontre le grand rifque qu'il y a de périr en pareil cas. Les formules qui expriment l'inclinaifon qu'un Vaiffeau doit prendre, s'appliquent enfuite aux cas

---

* Ce cas, que les Efpagnols appellent *Tomar por alúa*, arrive, lorfque naviguant avec un vent violent, le vent vient à prendre les voiles en face, c'eft-à-dire, par la proue, ou fous le vent, foit par le défaut de foin du Timonier, foit par un changement fubit dans la direction du vent ; alors le Vaiffeau vire, ou fait *chapelle*, comme difent les Marins, malgré le manœuvrier, à moins qu'il ne foit très-prompt à faire contrebraffer devant ; l'inclinaifon fe fait fubitement du côté oppofé, & devient très-confidérable. Ce qui peut arriver de plus heureux dans ce terrible accident, qui a fait perir un grand nombre de Bâtiments, c'eft que les voiles foient mifes en pieces par la violence du vent, ou que la mâture vienne à fe rompre.

où l'on feroit quelques changements à la coque , soit dans son poids , soit dans son volume submergé ; & l'on en conclut que le Vaisseau portera mieux la voile , si le poids additionnel est placé plus bas que la superficie de l'eau ; & ce sera le contraire , si ce poids est placé plus haut : l'augmentation ou la diminution de de la force du Vaisseau pour porter la voile , étant proportionnelle à la distance du poids ajouté à la surface de l'eau. Pareillement, le Vaisseau portera mieux la voile , si le volume qu'on lui ajoute est plus élevé que celui qu'on supprime , & réciproquement ; & si on ajoute en même temps un poids & un volume , la force du Vaisseau , pour porter la voile , augmentera , si le volume ajouté est plus haut que le poids. Enfin on démontre que dans les Vaisseaux entiérement semblables , les forces pour porter la voile sont en raison inverse de leurs dimensions linéaires , & que dans les inclinaisons de poupe à proue , les Vaisseaux étant construits comme ils le font aujourd'hui, bien loin que les proues soient submergées par l'action ou la force du vent sur les voiles , elles s'élevent davantage sur le fluide.

Le manege du Vaisseau , c'est-à-dire , la combinaison des forces qui agissent continuellement pour le faire tourner , fait le sujet du Chapitre IV. Le gouvernail est seulement une de ces forces, & en bien des cas elle n'est pas la plus efficace. On démontre que l'axe de la force motrice , en supposant les voiles planes , & le Vaisseau sans inclinaison, ne concourt pas avec l'axe des résistances , & que ces deux axes ne coïncident qu'en conséquence de la courbure que prennent les voiles , & de l'inclinaison que prend le Vaisseau. Comme ces deux choses dépendent de la force plus ou moins grande du vent, de la plus ou moins grande quantité de voiles , & de leur hauteur ; il s'enfuit que l'une quelconque de ces quantités venant à varier, l'axe de la force motrice doit aussi varier, & que l'équilibre dans le manege sera détruit ; le manege sera par conséquent très-inconstant, quelque chose qu'on nous ait enseigné de contraire jusqu'ici. On met en évidence tous les cas où le Vaiſſeau doit venir au vent, ou arriver, ſoit parce que le vent éprouve quelque altération, ſoit parce qu'on augmente ou qu'on diminue la hauteur ou l'amplitude des voiles, ſoit enfin par une variation quelconque dans l'état de la charge, ou dans les dimenſions mêmes du corps du Vaiſſeau, particuliérement dans ſes élancements & quêtes, qui ſont une des principales cauſes d'où dépend la perfection du manege, quoique quelques Conſtructeurs très-célebres ne l'aient pas cru juſqu'ici. Enfin, on traite de l'emplacement des mâts, dont dépend encore la qualité de bien gouverner, dans tous les cas qu'on peut ſuppoſer pour les variations des voiles, & des efforts du vent, leſquels ſont tous vérifiés par des exemples de pratique. On finit ce Chapitre, en donnant une formule générale qui renferme tous les cas.

Le Chapitre V traite du roulis & du tangage, objets dans leſquels, encore plus que dans tous les autres, on a commis juſqu'à préſent de grandes erreurs; car on les a conſidérés ſeulement comme dépendants de l'état & de la diſpoſition du corps du Vaiſſeau, & en aucune maniere du volume & de la vîteſſe des lames, ce qui en eſt cependant la principale cauſe. On donne d'abord les formules, ou les valeurs, non-ſeulement du temps dans lequel le Vaiſſeau acheve ſon roulis, conſidéré comme un pendule ſimple, ainſi que l'ont fait juſqu'ici tous les Auteurs, mais encore de la vîteſſe avec laquelle il le fait, & de l'action que les mâts & le corps du Navire éprouvent dans ce balancement. On fait voir que cette action, qui eſt l'unique à laquelle on doive faire attention, n'eſt pas préciſément en raiſon inverſe des temps; car elle dépend auſſi de la grandeur du roulis, & celle-ci, le Vaiſſeau toujours conſidéré comme un pendule, ne dépend en aucune maniere du temps. Mais ce qui eſt plus, on fait voir évidemment que l'action qui agit ſur les mâts & ſur le Vaiſſeau, eſt ſi éloignée de dépendre du temps dans lequel le Vaiſſeau acheve le roulis, qu'au contraire, la plus grande action qu'ils éprouvent eſt préciſément dans l'inſtant où

le Vaiffeau ceffant de fe mouvoir, eft fur le point de fe re-
mettre en mouvement pour fe redreffer.

On examine enfuite le roulis qu'occafionne la lame, & le
temps qu'elle doit employer à paffer par-deffous le Navire. On
fait voir combien la vîteffe de la lame influe fur ce balancement,
& le peu dont les voiles alterent fes effets. On démontre que
ce temps eft grand dans les petites lames, qu'il diminue jufqu'à
être parvenu au *minimum*, & qu'enfuite il augmente de nouveau
dans les plus grandes lames : de forte que, dans le Vaiffeau de
60 canons, la lame qui paffe le plus promptement par-deffous
fa carene eft celle qui a un peu plus de trois pieds de hauteur ;
toutes les autres, foit qu'elles foient d'une plus grande, ou d'une
moindre hauteur, emploient plus de temps. On fait voir auffi
la différence qu'il y a entre les lames agitées par un vent conftant,
& celles qui fubfiftent après que le vent qui les a produites
s'eft calmé ; * & on met en évidence l'erreur à laquelle ces dernieres
ont conduit, en faifant croire à M. *Bouguer* que les roulis de
la Frégate *le Triton*, duroient toujours 4 fecondes $\frac{1}{2}$. On démontre enfuite tous les inconvénients qu'il y auroit à éloigner
beaucoup du centre de gravité les différents poids qui compofent la charge du Navire, dans la vue d'augmenter la durée
du roulis, parce qu'en rendant cette durée plus longue, on
augmente la vîteffe & la grandeur du balancement. Pareillement,
quoiqu'il paroiffe convenable pour le même objet, de diminuer
la diftance du centre de gravité au métacentre, on fait voir
qu'en prenant ce parti il en réfulteroit de très-grand inconvénients, parce qu'alors les lames pafferoient par-deffus le Vaiffeau & l'inonderoient : c'eft un point qu'on n'a pas eu en vue
jufqu'à préfent, quoiqu'il foit cependant un des plus importants,
& qu'il mérite d'être confidéré avec le plus grand foin. On
donne enfuite la vraie théorie du roulis ; on en déduit la véritable durée, en combinant celle dans laquelle le Vaiffeau

---

* Ce font ces lames que les Efpagnols appellent *Olas de Leba*.

acheveroit un roulis, étant confidéré comme un pendule, &
celle dans laquelle il l'acheveroit, fi la lame agiffoit feule. On
trouve par ce moyen que la véritable durée d'un roulis tient
un milieu entre les durées des deux autres. Le Vaiffeau de 60
canons, par exemple, confidéré comme un pendule, acheveroit
fon roulis en 2 fecondes $\frac{1}{4}$; & par l'action feule d'une lame
de 9 pieds de hauteur, il l'acheveroit en 3 fecondes; d'où
on déduit que la vraie durée du roulis de ce Vaiffeau avec la
même lame eft de 2 fecondes $\frac{6}{7}$. Suppofant que dans le même
Vaiffeau on écarte les poids du centre, ou de l'axe fur lequel il
tourne des $\frac{2}{7}$ de plus qu'on ne le fuppofoit, la durée du
roulis augmentera feulement d'une demi - feconde; & en diminuant la diftance du métacentre au centre de gravité, de
maniere à la réduire aux $\frac{2}{7}$, de ce qu'elle étoit, la même
durée n'augmentera par-là que d'un tiers de feconde.

On détermine enfuite la grandeur du roulis, & l'on trouve
que dans le fecond cas, où l'on éloignoit les poids de l'axe
de rotation, la grandeur du roulis augmentera des $\frac{2}{7}$ de ce
qu'elle étoit dans le premier cas; & dans le troifieme cas,
où l'on fuppofe diminuée la diftance du métacentre au centre
de gravité, la grandeur du roulis augmentera auffi de $\frac{2}{7}$ de ce
qu'elle étoit auparavant. Or il eft clair que ces deux augmentations dans la grandeur du roulis produiroient beaucoup plus
d'inconvénients qu'on ne retireroit d'avantages, en augmentant
la durée du roulis d'une auffi petite quantité. En effet, ayant
trouvé la formule qui exprime les moments dont la mâture
éprouve l'action dans les roulis, & en ayant conclu la moindre
action qu'elle puiffe éprouver en faifant varier le temps dans
lequel le Vaiffeau acheve fon roulis, étant confidéré comme
un pendule; on trouve que ce temps doit être égal à celui
qu'emploie la lame à paffer par-deffous le Vaiffeau, ou à celui
qu'il emploîroit à faire un roulis par la feule action de la
lame : de-là on infere que pour gagner cet avantage, il feroit

néceſſaire de changer l'arrimage pour chaque eſpece de lame ; ce qui feroit très - embarraſſant, pour ne pas dire tout-à-fait impoſſible, dans la pratique. On voit par-là qu'il faut s'en tenir à conclure qu'il convient de difpofer l'arrimage du Navire pour un cas moyen des lames, qui, par leur grandeur, peuvent faire craindre pour la mâture.

De même qu'on a cherché la moindre action que puiſſe éprouver la mâture en faifant varier le temps dans lequel le Vaiſſeau acheve un roulis, étant confidéré comme un pendule ; on cherche également cette moindre action en faifant varier la diſtance du métacentre au centre de gravité : mais on trouve que dans ce cas il n'y a point de limite, & que plus cette diſtance fera grande, plus la mâture fera expofée. Ceci paroîtroit devoir nous induire à diminuer cette diſtance autant qu'il eſt poſſible ; mais, outre que cela préjudicieroit à la qualité de porter la voile, il y a encore un autre inconvenient non moins eſſentiel à confidérer, qui eſt que la mer paſſeroit par-deſſus le corps du Navire avec plus de facilité. En effet, cherchant enfuite la hauteur à laquelle les eaux s'éleveroient fur les côtés du Navire, on trouve par la formule qui exprime cette hauteur, qu'elle fera d'autant plus grande que la diſtance du métacentre au centre de gravité fera plus petite. En un mot, on trouve que ces hauteurs font entre elles comme les quarrés des temps que les Vaiſſeaux emploient à achever leurs roulis : nouveau motif pour ne pas augmenter démefurément ce temps.

En fuppofant le Vaiſſeau de 60 canons, arrimé réguliérement, on trouve qu'une lame de 36 pieds de hauteur s'élevera fur fon côté de 15 pieds $\frac{1}{2}$; qu'en éloignant les poids de l'axe de rotations de $\frac{1}{7}$ de plus, elle s'élevera de 21 pieds $\frac{1}{2}$; & qu'en diminuant la diſtance du centre de gravité au métacentre, de maniere à la reduire aux $\frac{5}{7}$ de ce qu'elle étoit, elle s'éleveroit de 19 pieds : par conféquent le côté du Navire n'ayant feulement que 16 à

17 pieds de hauteur au-deſſus du niveau de l'eau, on voit clairement que, dans ces deux derniers cas, les eaux paſſeroient pardeſſus le corps du Navire, & que chaque lame l'inonderoit; inconvénient très-fâcheux, & qu'on eſt forcé de prévenir, en renonçant un peu à la plus grande ſûreté des mâts. Si la plus grande ſûreté de la mâture exige que les roulis durent 4 ou 5 ſecondes, l'élévation des eaux ſur le côté ne permet pas cette durée; elle en permet tout au plus une de 3 ſecondes.

On fait voir encore que les frégates ſont beaucoup plus expoſées à ces inondations, & que, par cette raiſon, elles exigent qu'on tienne à proportion la diſtance du centre de gravité au métacentre, un peu plus grande. On apporte des exemples du peu d'attention qu'on donne à ce point important; & l'on finit l'article du roulis, en donnant des regles pour ſe conduire avec ſûreté dans une matiere auſſi eſſentielle, & en ſpécifiant les cas où les roulis peuvent devenir encore plus extraordinaires, & par conſéquent plus redoutables.

La ſuite de ce Chapitre traite du Tangage. On trouve, par les mêmes principes, le temps que le vaiſſeau, conſidéré comme un pendule, emploie à produire ce balancement; & on trouve qu'il eſt preſque le même que celui dans lequel il acheve le roulis. Il paroît, par ce réſultat, qu'on devroit tirer ici les mêmes conſéquences que pour les roulis; mais, dans ceux-ci, il n'étoit pas néceſſaire de faire attention à la vîteſſe du Vaiſſeau, comme il eſt maintenant néceſſaire de le faire. C'eſt donc en conſidérant cet élément de plus, qu'on cherche la vraie durée du tangage, & on trouve qu'elle eſt d'autant plus petite, que la vîteſſe du Navire ſera plus grande : en ſorte que le Vaiſſeau de 60 canons, naviguant à la bouline avec 10 pieds de vîteſſe par ſeconde, la lame ayant 9 pieds de hauteur, achevera ſon tangage dans un tiers moins de temps qu'il ne l'acheveroit étant conſidéré comme un pendule, lequel ſeroit en 2 ſecondes ¼. On examine enſuite la grandeur du tangage, ſa plus grande vîteſſe, & enfin l'action qui en réſulte

ſur

fur la mâture. Cette action eft la plus petite qu'elle puiffe être, dans le cas où la durée du tangage, le navire étant confidéré comme un pendule, eft égale à celle du même tangage fuppofé produit par l'action feule de la lame : ce qui eft la même chofe que ce que nous avons trouvé pour les roulis. Mais dans les roulis, la durée de l'ofcillation du Vaiffeau, confidéré comme un pendule, eft moindre que celle de l'ofcillation qui feroit feulement produite par l'action de la lame; c'eft tout le contraire dans les tangages. Par cette raifon, fi dans les roulis il eft néceffaire d'éloigner les poids de l'axe de rotation pour foulager la mâture, dans les tangages, au contraire, on a befoin qu'ils foient rapprochés, en allégeant ainfi, le plus qu'il eft poffible, le poids des extrémités du Vaiffeau. On démontre également que l'action qu'éprouve la mâture dans les tangages, eft comme les quarrés des longueurs des Navires; d'où l'on voit évidemment qu'il eft néceffaire de ne pas les allonger beaucoup, dans la vue feule de leur procurer une marche un peu plus avantageufe. La diminution de la diftance du métacentre au centre de gravité conduit encore ici à diminuer le travail de la mâture ; mais, de même que dans les roulis, les élevations des eaux à la proue feroient, dans ce cas, plus confidérables ; & d'autant plus que dans les tangages la vîteffe du Vaiffeau contribue beaucoup à produire un plus grand effet. On trouve, pour le Vaiffeau de 60 canons, naviguant à la bouline avec 10 pieds de vîteffe par feconde, qu'une lame de 9 pieds de hauteur s'éleve de plus de 9 pieds à la proue, tandis qu'elle ne s'éleveroit pas même à 6 pieds, fi le Vaiffeau ne marchoit pas. Dans le même Vaiffeau, avec une lame de 36 pieds de hauteur, l'eau s'éleveroit à 16 pieds $\frac{1}{4}$, en fuppofant le Navire arrêté ; & en lui fuppofant une viteffe de 15 pieds par feconde, elle s'éleveroit jufqu'à 20 pieds $\frac{4}{25}$; c'eft-à-dire, qu'elle furpafferoit de plus de 3 pieds toute la hauteur du corps du Vaiffeau. Ceci fait voir la néceffité de diminuer la voilure dans les vents forcés, comme le pratiquent les Marins, & démontre l'impoffibilité de porter toute la voilure, comme l'a prétendu M. *Bouguer*. Lorſque les lames choquent par la poupe, la vîteſſe du Vaiſſeau produit un effet tout contraire ; elle diminue l'élevation des eaux. Dans le cas ci-deſſus du Navire de *60* canons, cinglant avec une vîteſſe de 15 pieds par ſeconde, les lames ayant 36 pieds de hauteur, on trouve que les eaux doivent ſeulement s'élever à la poupe de 10 pieds $\frac{1}{2}$, tandis qu'on vient de voir qu'elles s'élevoient à la proue de 20 pieds $\frac{4}{15}$. Cinq pieds de plus de vîteſſe dans le même Vaiſſeau ne diminue-roient l'élevation des eaux que d'un demi-pied ſeulement ; ce qui fait voir le peu de néceſſité qu'il y a , naviguant vent arriere, de forcer de voiles, dans la vue ſeule de fuir les lames : il ſuffit d'en porter une quantité ſuffiſante, pour donner au Vaiſſeau une vîteſſe de 15 pieds par ſeconde, ou un peu plus.

De la plus grande élevation des eaux qui, par ces motifs, doit avoir lieu à la proue, on déduit clairement que la hauteur du métacentre au-deſſus du centre de gravité qui correſpond à la partie de l'avant du Navire , doit être plus grande que celle qui correſpond à la partie de l'arriere ; ou , comme ces hauteurs dé-pendent des largeurs du Navire à ſes extrémités , on voit conſé-quemment la néceſſité abſolue que l'avant ſoit plus renflé , ou plus volumineux que l'arriere. Les Marins ont toujours pratiqué ceci, contre le vœu général des Géometres , qui n'ont ceſſé de demander des proues aiguës pour faire marcher le Vaiſſeau avec plus de vîteſſe ; ſans réfléchir que ces proues pouvoient occaſion-ner la ruine des Bâtiments, ſans peut-être leur donner la ſupé-riorité de marche qu'ils cherchoient à leur procurer. Enfin on termine ce Livre , en traitant de l'endroit où il convient de mettre le fort, ou la plus grande largeur du Vaiſſeau, & de la figure que doivent avoir ſes couples, pour obtenir également la plus grande perfection poſſible dans les mouvements de tangage.

Le cinquieme & dernier Livre de l'Ouvrage, contient une ré-capitulation de tout ce qui a été dit dans les Livres précédents , mais ſans y employer aucun calcul analytique , afin de rendre notre

Ouvrage d'une utilité plus générale, en le mettant, autant qu'il eſt poſſible, à la portée des Marins. Le Chapitre premier traite de la force des Vaiſſeaux, de l'échantillon des bois qui entrent dans leur conſtruction, & des dimenſions principales avec leſquelles ils doivent être conſtruits. On y fait voir la foibleſſe avec laquelle les Vaiſſeaux ſont conſtruits, & la force démeſurée qu'on donne aux Frégates, ſans faire attention que les Vaiſſeaux ſont à proportion beaucoup plus ſurchargés d'artillerie. On donne des regles pour une conſtruction bien proportionnée ; & on finit en donnant la méthode pour régler les épaiſſeurs, le poids & les forces des bois, lors même qu'ils ſeroient de différentes qualités ou eſpeces.

Le Chapitre II traite de la grandeur des Vaiſſeaux : on fait voir qu'on les a augmentés, depuis quelque temps, ſans une grande néceſſité ; & on expoſe les avantages qui peuvent réſulter de l'une & l'autre proportion. On enſeigne la maniere de leur donner les dimenſions convenables à l'artillerie qu'ils doivent porter. Delà on infere combien il ſeroit à ſouhaiter que les pieces d'artillerie fuſſent courtes & légeres, non-ſeulement pour que le ſervice en fût plus prompt & plus commode, mais encore pour ſoulager les Navires, pour leur plus grande ſolidité & leur plus grande durée.

Le Chapitre III s'étend ſur la qualité de porter la voile, & l'on y rappelle ce qu'on a dit précédemment. On met en évidence l'erreur dans laquelle on tomberoit, en augmentant les appareils des grands Vaiſſeaux, comme l'ont prétendu quelques Marins ſpéculatifs, par la ſeule raiſon que leur ſtabilité eſt plus grande pour porter la voile. On recherche auſſi la variation qui doit arriver dans cette même qualité, lorſqu'on fait varier quelqu'une des dimenſions, le poids ou la coque du Vaiſſeau ; & on éclaircit le tout par les exemples néceſſaires.

Le Chapitre IV traite de la marche & du rhumb de vent que ſuivent les Vaiſſeaux ; mais, comme les formules dont on a déduit les démonſtrations ſont très-compliquées, on tâche d'expliquer le tout par des conſtructions géométriques, qui font d'une intelligence très-facile. Le Chapitre V s'étend ſur le manege du Vaiſſeau; on explique toutes les forces dont l'action contribue à cet effet, & les avantages qui réſultent de placer les mâts convenablement. Enfin le Chapitre VI traite du roulis & du tangage : on apporte différents exemples, & l'on indique de nouveau les attentions néceſſaires pour adoucir ces balancements.

Si ſur le tout on a ſoin de conſulter la pratique, on verra clairement, dans tous les cas, ſa correſpondance parfaite avec notre théorie. C'eſt l'unique moyen d'en juger ſainement, & de s'aſſurer de la vérité des principes ſur leſquels elle eſt fondée.

AVERTISSEMENT.

*L*ES *nombres que l'on trouve entre deux parenthèſes, dans pluſieurs endroits de cet Ouvrage, ſont deſtinés à indiquer à quel numéro du Livre il faut aller chercher la propoſition dont le Lecteur doit ſe rappeller la démonſtration dans cet endroit. On indique auſſi le Volume, lorſque le renvoi n'appartient pas à celui où ſe fait la citation. A l'égard des numéros, ils ſont au commencement des propoſitions dans le premier Volume, & au commencement des à-linéa dans le ſecond.*

EXAMEN MARITIME,

THÉORIQUE ET PRATIQUE,
OU
TRAITÉ DE MÉCHANIQUE,

Appliqué à la Construction & à la Manœuvre des Vaisseaux & autres Bâtiments.

LIVRE PREMIER.
DE LA MÉCHANIQUE.

CHAPITRE PREMIER.

Définitions, Axiomes, & Principes du Mouvement.

DÉFINITION I.

(1.) LE *Lieu d'un corps* eſt ſa ſituation dans l'univers, ou la partie de l'eſpace immobile qu'il occupe. Nous en avons tous une idée claire, diſtincte & ſimple ; quelles que ſoient les expreſſions qu'on emploie pour en donner une définition, on ne peut en rendre l'intelligence plus facile ; il femble , au contraire, qu'on en rend l'idée moins diftinête. * On le diftingue en *Lieu abfolu* , & en *Lieu relatif.*

DÉFINITION II.

(2.) Le *Lieu abfolu* eft celui qu'occupe un corps par rapport à tout l'univers , fans aucune relation aux lieux des autres corps. Le *Lieu relatif* eft celui qu'occupe un corps , eu égard aux lieux des autres corps. Dans un Navire en mouvement , les chambres & les mâts occupent le même lieu par rapport au Navire , mais non par rapport au rivage, ou à la terre : ainfi on dit que le lieu relatif des chambres & des mâts eft toujours le même, mais non leur lieu abfolu , parce qu'en effet il change par rapport à l'univers.

DÉFINITION III.

(3.) Le *Mouvement* eft le tranfport d'un corps d'un lieu à un autre, ou fon changement continuel de lieu. Ainfi on dit qu'un corps fe meut ou eft en mouvement , lorfqu'il paffe d'un lieu à un autre , ou qu'il change continuellement de lieu. On dit , au contraire, qu'un corps eft en repos , lorfqu'il refte conftamment dans le même lieu.

DÉFINITION IV.

(4.) De même que le lieu peut être abfolu ou relatif, le mouvement peut auffi être abfolu ou relatif. Lorfque le lieu , par rapport auquel le mouvement s'exécute , eft abfolu , le mouvement eft auffi abfolu , & fi le lieu étoit relatif, le mouvement le feroit auffi. Ainfi , un mouvement abfolu peut être un repos relatif. Les chambres & les mâts d'un Navire ont un mouvement abfolu , lorfqu'il fe meut ; mais ils font en repos à l'égard du Navire.

DÉFINITION V.

(5.) Si le corps fe meut en fe confervant toujours dans une même ligne droite, on appelle cette ligne *la Direction du Mouvement.*

---

* Cette définition du *Lieu* eft très - philofophique , elle eft entiérement conforme à notre maniere de concevoir ; mais il n'a pas tenu aux Métaphyficiens d'embrouiller cette idée à force de diftinêtions. Nous ne fuivrons point leur exemple , & par conféquent nous nous difpenferons d'expofer toutes les rêveries qu'ils ont débitées à ce fujet. Nous ferons feulement obferver , en paffant, que toutes les idées dont le fujet s'apperçoit par une fimple opération de l'efprit . comme l'idée de l'Efpace, de la Matiere, du Mouvement , &c ne peuvent que s'obfcurcir , lorfqu'on y applique le raifonnement ; ou du moins il femble que la perception en devient moins diftinête.

Définition VI.

(6.) On appelle *Vitesse* la promptitude ou célérité avec laquelle s'exécute le mouvement d'un corps ; & on dit qu'un corps a plus ou moins de vîtesse, selon qu'il se meut avec plus ou moins de promptitude ou célérité.

Définition VII.

(7.) Comme la vîtesse dépend du mouvement, qui peut être absolu, ou relatif, il s'enfuit que la vîtesse peut aussi être absolue, ou relative. Si le mouvement est absolu, ou s'il se fait par rapport à un lieu absolu, la vîtesse est dans ce cas absolue ; & si le mouvement se faisoit à l'égard d'un lieu relatif, la vîtesse seroit relative. Ainsi, une vîtesse absolue peut être un repos relatif, ou peut n'exprimer aucune vîtesse relative. Si V repréfente la vîtesse absolue du corps A, & u celle du corps B dans la même direction ; la vîtesse relative de ces deux corps sera $V \mp u$. Le signe négatif est pour le cas où les deux corps se meuvent vers la même partie ; & le positif pour celui où ils se meuvent en sens contraire, ou vers des parties oppofées.

Définition VIII.

(8.) Le mouvement est dit *uniforme*, lorsque la vîtesse avec laquelle le corps se meut, est toujours la même. On l'appelle *accéléré*, lorsque la vîtesse va toujours en augmentant ; & *retardé*, quand elle va en diminuant.

Définition IX.

(9.) On appelle *Efpace parcouru* le chemin que le corps fait pendant fon mouvement. Cet efpace peut être en ligne droite, ou en ligne courbe, selon la nature des forces qui agiffant sur le corps, l'obligent à se mettre en mouvement, & le modifient, comme on le dira ci-après.

Définition X.

(10.) Si le mouvement est absolu, l'efpace parcouru le sera auffi, & il sera relatif, si le mouvement est relatif. Soit E l'efpace parcouru par le corps A, & e celui parcouru par le corps B dans une même ligne ou direction ; on aura $E \mp e$ pour l'efpace relatif. Le figne $-$ est pour le cas où les corps se meuvent vers la même partie ; & le figne $+$ pour celui où ils se meuvent en sens contraire, ou vers des parties oppofées.

Définition XI.

(11.) On appelle *Masse* la quantité de matiere dont un corps est composé. On dit qu'un corps a plus ou moins de masse, selon qu'il entre plus ou moins de matiere dans sa composition.

Définition XII.

(12.) Un corps qui, dans toutes ses parties, renferme des quantités égales de matiere, sous des volumes égaux, est dit également ou uniformément dense; & si deux ou plusieurs corps renferment la même masse sous des volumes égaux, on dit qu'ils sont de même densité. Un corps est dit plus dense qu'un autre, lorsqu'il renferme plus de masse sous le même volume, ou lorsque, sous un moindre volume, il renferme la même quantité de masse. Ainsi, les densités de deux corps sont comme leurs masses sous des volumes égaux; ou en raison inverse des volumes, sous des quantités égales de masse.

Définition XIII.

(13.) La force qu'on imprime à un corps quelconque, est l'action qu'on exerce sur lui pour le faire sortir de l'état dans lequel il se trouve, soit pour le faire passer de l'état de repos dans celui de mouvement, selon une direction quelconque, soit pour le faire passer d'un mouvement à un autre plus ou moins grand, dans la direction suivant laquelle il se meut. Quelle que soit cette force, on l'appelle *Puissance*; elle peut être constante ou variable, positive ou négative.

Définition XIV.

(14.) La *Force innée* de la matiere, est la propriété qu'ont les corps de résister au changement d'état de repos, ou de mouvement, dans lequel ils se trouvent.

Un corps qui est en repos, ne peut être mis en mouvement par une force, quelle qu'elle puisse être, sans qu'on n'éprouve l'action d'une autre force opposée, qui provient du corps, de quelque maniere que ce soit. La force motrice ne pourroit exercer son action sans cette résistance; car sur quoi auroit-elle à s'exercer? Dans cette supposition, le corps se mettroit en mouvement par lui-même, sans le secours d'aucune force; ce qui est impossible. Pareillement, on ne peut augmenter ou diminuer le mouvement d'un corps, sans que la force qui opere ce changement n'éprouve l'effet d'une résistance

qui

qui s'oppofe à fon action, & cela par les mêmes raifons. L'expérience manifefte encore plus clairement l'exiftence de cette force:
il ne faut que poufler ou tirer un corps, pour fentir une action femblable à celle qu'exerceroit une force oppofée quelconque : quelle
que foit la caufe dont cette force provienne, & quelle que
foit la maniere dont elle agit, il eft certain qu'elle exifte, & cela
nous fuflit pour l'admettre comme principe. *Newton* a donné
à cette force le nom de *Force d'inertie,* ou *d'inaction;* * mais
on avertit que ce nom ne lui convient proprement que dans le
cas où le corps pafle du repos au mouvement, parce qu'il réfifte
à prendre celui-ci, ou bien lorfqu'il s'agit d'augmenter le mouvement que le corps auroit déjà; mais non dans le cas où le corps
étant en mouvement, une force quelconque agiroit pour le retenir:
la matiere réfifte alors à diminuer fon mouvement, & par conféquent, le nom de *Force d'inaction* ne convient nullement à
cette réfiftance. En général, la propriété de cette force innée eft
de réfifter au changement de l'état dans lequel fe trouve le corps :
c'eft une réfiftance effective dans le cas où une force agit fur le
corps, pour augmenter fon mouvement; mais au contraire c'eft
une impulfion, quand quelque force agit pour diminuer le même
mouvement.

Définition XV.

(15.) La *Quantité de mouvement* eft le produit de la mafle en mouvement par fa vîtefle.

Le mouvement d'un corps confiftant dans le tranfport de fa mafle,
il eft évident que plus la mafle fera grande, plus le mouvement fera
grand. Il eft encore évident que le mouvement fera d'autant plus
grand, que la vîtefle avec laquelle le corps fe meut fera plus grande. La
Quantité de mouvement eft donc en raifon compofée de la mafle
du corps & de fa vîtefle; c'eft-à-dire, comme le produit $A u$,
A défignant la mafle, & u la vîtefle.

Axiome I.

(16) Tous les corps perféverent dans leur état de repos ou de

---

* Les Géometres & les Phyficiens attachent à l'expreffion *Force d'inertie,* dont ils fe fervent, la même idée que notre Auteur à celle de *Force innée.* Cette derniere expreffion nous
paroit cependant plus exacte, &, par cela, préférable. Nous avertiffons les Commencants
de ne pas confondre la Force innée avec la Pefanteur ; celle-ci n'agit que dans une direction,
au lieu que la Force innée agit dans toutes les directions.

H

mouvement uniforme, dans la direction, ou ligne , fuivant laquelle
ils font dirigés lorfqu'ils commencent à fe mouvoir, à moins que
quelque force , ou puiffance, ne les oblige à changer d'état. Un corps
ne peut par lui-même fe déterminer au mouvement, ou produire
une force quelconque pour fe mouvoir , s'il eft en repos : au contraire, (14.) il réfifte au mouvement qu'on voudroit lui imprimer,
en vertu de fa Force innée , ou d'inertie. Il ne peut de même , quoiqu'il foit en mouvement, produire aucune force dans quelque direction que ce foit ; fon inertie le conferve dans le même état, fans
augmenter ni diminuer fa vîteffe , & par la même raifon , fans le
détourner de la direction fuivant laquelle il a commencé à fe mouvoir : il doit donc perféverer dans fon état de repos, ou de mouvement uniforme, dans la direction , ou ligne , fuivant laquelle il a
été dirigé dès le commencement.

Corollaire.

(17.) Il fuit de là qu'un corps ne fe mouvera d'un mouvement
accéléré, ou retardé, que parce qu'une puiffance quelconque agira
fur lui : cette force agira pofitivement , ou fuivant la direction du
mouvement du corps, dans le cas du mouvement accéléré ; & elle
agira , au contraire, négativement, ou dans une direction oppofée
à celle que fuit le corps , dans le cas du mouvement retardé. Ainfi ,
il n'y a de différence entre le mouvement accéléré & le retardé ,
qu'en ce que l'action de la puiffance agit pofitivement dans le mouvement accéléré , & qu'elle agit négativement dans le mouvement
retardé ; ou qu'en ce que la même puiffance eft pofitive ou négative.

Axiome II.

(18.) La variation, ou la différencielle, du mouvement, eft toujours
proportionnelle au produit de la puiffance dont elle eft l'effet , par le
temps qu'a duré fon action ; & cette variation fe fait dans la direction
fuivant laquelle la puiffance agit. Si la puiffance a, agiffant pendant la différencielle de temps dt, altere la vîteffe qu'auroit le
corps A de la différencielle du, de forte que la variation, ou la différencielle, du mouvement foit $A\,du$, une autre puiffance $2a$, produira la variation , ou différencielle, du mouvement $2A\,du$. Car,
par la fuppofition, la feule puiffance a produit la différencielle du,
l'autre puiffance a produira donc auffi une nouvelle différencielle du
égale à la premiere ; par conféquent , la fomme des deux différencielles eft $2\,du$, & la variation , ou la différencielle, du mouvement

fera $2\,A\,d\,u$. On prouvera de même qu'une puiſſance $3\,\alpha$ produira dans le mouvement la différencielle $3\,A\,d\,u$; & ainſi de ſuite. Pareillement les puiſſances $\frac{1}{2}\,\alpha$, $\frac{1}{3}\,\alpha$, &c. produiront, dans le mouvement du corps, les différencielles $\frac{1}{2}A\,du$, $\frac{1}{3}A\,d\,u$, &c. Donc les variations, ou différencielles, du mouvement ſont toujours proportionnelles à la puiſſance qui les produit.

D'un autre côté, puiſque la différencielle $d\,u$ de la vîteſſe eſt plus ou moins grande, ſelon que le temps $d\,t$, pendant lequel la puiſſance agit, eſt plus ou moins grand, il en ſera de même de la différencielle $A\,d\,u$ du mouvement. Donc cette variation, ou différencielle, ſera en raiſon compoſée de la puiſſance α, & du temps $d\,t$, ou comme le produit $\alpha\,d\,t$. Quant à la direction de cette différencielle du mouvement, il eſt évident, par le premier Axiome, qu'elle eſt la même que celle de la puiſſance.

Corollaire.

(19.) Puiſque $A\,d\,u$ eſt proportionnelle à $\alpha\,d\,t$, il s'enſuit qu'on aura $A\,d\,u = \alpha\,d\,t$.

Scolie I.

(20.) Quoique juſqu'ici nous n'ayons encore établi que la proportionnalité entre $A\,d\,u$ & $\alpha\,d\,t$, on peut cependant former une égalité parfaite entre ces deux quantités; car, quoique la puiſſance puiſſe être plus ou moins grande, on peut diminuer ou augmenter proportionnellement la différencielle $d\,t$; de maniere qu'elle ſoit en raiſon inverſe de la puiſſance α. On trouve enſuite, par l'expérience, la vraie relation entre ces quantités.

Scolie II.

(21.) Il y a des Auteurs qui mettent en doute la proportionnalité entre la force, ou la puiſſance, agiſſante & la différencielle de la vîteſſe. Il paroît cependant que, pour ſe convaincre de l'évidence de ce principe, il ſuffit de conſidérer, comme nous l'avons dit, que, par puiſſance double, on n'entend autre choſe qu'une puiſſance qui agit préciſément comme le feroient deux puiſſances ſimples, la ſeconde égale à la premiere. Le fondement du doute de ces Auteurs eſt que nous ignorons la nature de la cauſe, & la maniere dont elle agit. Nous nous diſpenſerons d'entrer dans l'examen de cette diſcuſſion, qui nous paroît d'autant moins néceſſaire, que ces mêmes Auteurs arrivent, quoique par une voie différente, aux équations mêmes que nous avons données, qui font la bafe de toute la Méchanique. Ils prétendent que la connoiffance de la puiffance doit réfulter de fes effets ; mais que les effets ne peuvent fe conclure par la puiffance impulfive déterminée. Ce raifonnement n'eft que fpécieux, nous en ferons voir les défauts. *

A x i o m e I I I.

(22.) L'action eft égale à la réaction, ou les actions mutuelles de deux corps l'un fur l'autre font égales, & dans des directions oppofées. Un corps ne peut pouffer ou choquer un autre corps, fans être, en même temps, choqué ou pouffé par celui-ci, avec la même force dans le fens oppofé. Si un agent quelconque pouffe un obftacle avec une certaine force, celui-ci repouffe l'agent en fens contraire avec la même action. La même chofe arrive fi l'agent attire un obftacle, il en eft également attiré avec une force égale dans une direction contraire. La vérité de cet Axiome eft confirmée journellement par l'expérience.

P r o p o s i t i o n I.

(23.) *Si un corps fe meut uniformément, ou avec une vîteffe uniforme, les efpaces parcourus font entre eux comme les temps employés à les parcourir*

La vîteffe du corps n'augmentant ni ne diminuant, il parcourra toujours le même efpace dans le même temps ; il parcourra donc un efpace double dans un temps double, un efpace triple dans un temps triple, & ainfi de fuite. Donc les efpaces parcourus font toujours dans la raifon des temps employés à les parcourir.

P r o p o s i t i o n I I.

(24.) *Si un corps fe meut uniformément, avec des vîteffes différentes, les efpaces qu'il parcourt en temps égaux, font entre eux comme les vîteffes.*

Puifque la plus grande vîteffe confifte dans le plus grand efpace parcouru dans le même temps, il s'enfuit que fi un corps parcourt un certain efpace avec une certaine vîteffe, il parcourra un efpace double avec une vîteffe double, un efpace triple avec une vîteffe triple, & ainfi de fuite. Donc les efpaces parcourus font entre eux comme les vîteffes.

---

* Voyez l'*Encyclopédie*, Articles *Accélération*, *Caufe*, & *Force* ; & le *Traité de Dynamique* de M. *d'Alembert*, *Art.* 22 & 158.

PROPOSITION III.

(25.) *Les espaces parcourus par des corps qui se meuvent uniformément, sont en raison composée des vîtesses avec lesquelles ils sont parcourus, & des temps employés à les parcourir.*

Soient deux corps A & B, qui se meuvent uniformément, le premier, avec la vîtesse u, parcourant l'espace a pendant le temps t; & le second, avec la vîtesse v, parcourant l'espace b pendant le temps T. Puisque les espaces parcourus, en temps égaux, sont entre eux comme les vîtesses, nous aurons l'espace parcouru par le corps B dans le temps t de la marche du corps A par cette proportion, $u : v :: a : \frac{av}{u}$. Mais nous venons de voir aussi que les espaces parcourus avec des vîtesses égales, sont en raison des temps, on aura donc $t : T :: \frac{av}{u} : b$, d'où l'on tire $aTv = btu$, & par conséquent $a : b :: tu : Tv$: c'est-à-dire que les espaces parcourus sont en raison composée des temps & des vîtesses.

COROLLAIRE I.

(26.) Si l'on divise l'équation $aTv = btu$ par le produit $Tv \cdot tu$, on aura $\frac{a}{tu} = \frac{b}{Tv}$, dans laquelle si nous faisons $\frac{b}{Tv} = 1$, en supposant que les quantités b, T, v soient constantes, nous aurons l'équation $1 = \frac{a}{tu}$, qui donne $u = \frac{a}{t}$. Donc la vîtesse d'un corps est en raison directe de l'espace parcouru, & en raison inverse du temps employé à le parcourir.

COROLLAIRE II.

(27.) De la même équation on tire pareillement $t = \frac{a}{u}$; c'est-à-dire, que le temps dans lequel un corps parcourt l'espace a, est en raison directe de cet espace, & en raison inverse de la vîtesse avec laquelle il le parcourt.

COROLLAIRE III.

(28.) Si l'on exprime le temps t en secondes, & si l'on en prend une pour l'unité de temps, dans le cas où $t = 1$, on aura $u = a$; c'està-dire que la vîtesse est égale à l'espace parcouru pendant une seconde de temps. Il suit de là que si l'on exprime le temps en secondes, l'espace parcouru pendant une seconde de temps sera la mesure de la vîtesse.

COROLLAIRE IV.

(29.) Le mouvement accéléré, ou retardé, peut être regardé comme uniforme pendant un inftant, ou pendant une différencielle de temps dt; car, pendant cet inftant, la variation de la vîteffe, étant une quantité différencielle, peut être regardée comme nulle, ou égale à zéro par rapport à la vîteffe acquife & finie u. Si donc da repréfente la différencielle de l'efpace parcouru pendant cet inftant dt, nous aurons (26.) $u = \frac{da}{dt}$, & par conféquent $da = u\, dt$.

PROPOSITION IV.

(30.) *Lorfqu'un corps fe meut d'un mouvement accéléré, ou retardé, la quantité dont fa vîteffe à chaque inftant de fa courfe, furpaffe fa vîteffe initiale, ou en eft furpaffée, eft toujours* $= \frac{1}{A} \int \alpha\, dt$.

Soit V la vîteffe initiale du corps, c'eft-à-dire, celle avec laquelle il fe meut au premier inftant de l'action, ou du temps t; en intégrant l'équation $\frac{\alpha\, dt}{A} = du$ (18.) nous aurons $\frac{1}{A} \int \alpha\, dt = u - V$, * c'eft-à-dire que la quantité dont la vîteffe actuelle du corps furpaffe fa vîteffe initiale, ou en eft furpaffée, eft toujours $= \frac{1}{A} \int \alpha\, dt$.

COROLLAIRE I.

(31.) Si la puiffance α étoit conftante, on auroit $\frac{\alpha\, t}{A} = u - V$; c'eft-à-dire, que la quantité dont la vîteffe actuelle du corps furpaffe fa vîteffe initiale, ou en eft furpaffée, eft en raifon compofée des raifons directes de la puiffance & du temps, & de la raifon inverfe de la maffe.

COROLLAIRE II.

(32.) Si $V = 0$, c'eft-à-dire, fi le corps étoit en repos lorfque

---

* u repréfente la vîteffe que prend le corps en vertu de la puiffance α qui eft accélératrice ou rétardatrice; du en eft la différencielle : donc $\int du = u + C$, C marquant une conftante qui complette l'intégrale ; par conféquent, $\frac{1}{A} \int \alpha\, dt = u + C$. Mais lorfque la puiffance α n'agit point, c'eft-à-dire lorfqu'elle eft égale à zéro, on a $u = V$, & l'intégrale $\frac{1}{A} \int \alpha\, dt = 0$: donc on a, dans ce cas, $u + C$, ou $V + C = 0$, ce qui donne $C = -V$. Subftituant cette valeur de C dans l'équation $\frac{1}{A} \int \alpha\, dt = u + C$, on a $\frac{1}{A} \int \alpha\, dt = u - V$, comme l'Auteur l'a trouvé.

la puiſſance α a commencé ſon action , ou s'il commençoit ſa courſe du repos, on auroit $\frac{1}{A}\int \alpha\, d\, t = u$: & ſi α étoit conſtante, on auroit $\frac{\alpha\, t}{A} = u$.

COROLLAIRE III.

(33.) Si, au contraire, le corps, après avoir été mis en mouvement, parvient à l'état de repos, comme il peut arriver dans le mouvement retardé, on aura $u = o$: donc $\frac{\alpha\, t}{A} = -V$: ou, dans ce cas, en changeant le ſigne de la puiſſance, à cauſe que le mouvement eſt retardé, $\frac{\alpha\, t}{A} = V$.

COROLLAIRE IV.

(34.) La vîteſſe acquiſe dans le mouvement accéléré qui commence du repos eſt $u = \frac{\alpha\, t}{A}$, & la vîteſſe entiérement perdue dans le mouvement retardé eſt $V = \frac{\alpha\, t}{A}$: donc ces vîteſſes ſeront égales, ſi des puiſſances égales α agiſſent pendant le même temps t ſur des maſſes égales A.

PROPOSITION V.

(35.) *L'eſpace parcouru par un corps, à compter du premier inſtant de ſon mouvement, eſt* $= V t + \frac{1}{A}\int(d\, t \int \alpha\, d\, t.)$

Puiſque $u = \frac{d\, a}{d\, t}$ (29.) on aura donc (30.) $\frac{1}{A}\int \alpha\, d\, t = \frac{d\, a}{d\, t} - V$; d'où l'on tire $\frac{d\, a}{d\, t} = V + \frac{1}{A}\int \alpha\, d\, t$, ou $d\, a = V d\, t + \frac{d\, t}{A}\int \alpha\, d\, t$: & en intégrant, $a = V t + \frac{1}{A}\int(d\, t \int \alpha\, d\, t)$; c'eſt-à-dire que l'eſpace parcouru par le corps, à compter du premier inſtant du mouvement, eſt $= V t + \frac{1}{A}\int(d\, t \int \alpha\, d\, t.)$

COROLLAIRE I.

(36.) Si la puiſſance α eſt conſtante, on aura $a = V t + \frac{\alpha\, t^2}{2A}$.

COROLLAIRE II.

(37.) Si le corps commençoit ſa courſe du repos, alors on auroit $V = o$, & par conséquent $a = \frac{1}{A}\int(d\, t \int \alpha\, d\, t)$; ou , ſi la force, ou puiſſance α étoit conſtante, $a = \frac{\alpha t^2}{2A}$: c'eſt-à-dire que les eſpaces parcourus ſont alors comme les quarrés des temps employés à les parcourir ; & réciproquement, ſi les eſpaces parcourus ſont comme les quarrés des temps, la force, ou puiſſance accélératrice, ſera conſtante.

COROLLAIRE III.

(38.) De l'équation $u = \frac{\alpha t}{A}$ trouvée, *Art.* 32. on tire $\alpha = \frac{Au}{t}$; ſubſtituant cette valeur dans la derniere équation, on aura $a = \frac{1}{2} t u$; c'eſt-à-dire que les eſpaces parcourus depuis le commencement du mouvement, ſont en raiſon compoſée des temps & des vîteſſes acquiſes.

COROLLAIRE IV.

(39.) L'eſpace parcouru par un corps qui ſe meut avec une vîteſſe uniforme u, pendant le temps t, eſt (26.) $a = t u$: donc l'eſpace parcouru par un corps avec une vîteſſe uniforme, eſt double de l'eſpace parcouru dans le même temps par un mouvement accéléré, qui commence du repos, lorſque la vîteſſe acquiſe, dans celui-ci, eſt devenue la même que la vîteſſe uniforme.

COROLLAIRE V.

(40.) Dans le mouvement accéléré qui commence du repos, la puiſſance α étant ſuppoſée conſtante, on a $a = \frac{\alpha t^2}{2A}$; & dans le retardé, $a = V t - \frac{\alpha t^2}{2A}$; mais ſi le corps qui ſe meut d'un mouvement retardé, parvient au repos, comme dans ce cas $V = \frac{\alpha t}{A}$ (34.), on aura auſſi $a = \frac{\alpha t^2}{A} - \frac{\alpha t^2}{2A} = \frac{\alpha t^2}{2A}$. Donc l'eſpace parcouru avec un mouvement accéléré qui commence du repos, & celui qui eſt parcouru dans le mouvement retardé qui arrive au repos, feront égaux, ſi les puiſſances α qui agiſſent dans les deux cas, ſont égales & conſtantes, & ſi elles agiſſent dans le même temps t ſur des corps égaux A.

PROPOSITION VI.

(41.) *L'eſpace parcouru par un corps depuis le commencement de ſa courſe eſt* $= A \int \frac{d\,d\,u}{\alpha}$.

Puiſque (29.) $\frac{d a}{d t} = u$, & que (19.) $\frac{\alpha d t}{A} = d u$, en multi-

pliant

pliant ces deux équations l'une par l'autre, on aura $\frac{\alpha\,d\,a}{A} = u\,d\,u$, ce qui donne $d\,a = \frac{A}{\alpha}\,u\,d\,u$, & en intégrant $a = A \int \frac{u\,d\,u}{\alpha}$.

COROLLAIRE I.

(42.) Si la puissance α est constante, on aura $a = \frac{A}{2\,\alpha}(u^2 - V^2)$*.

COROLLAIRE II.

(43.) Si le mouvement a commencé du repos, ou si $V = 0$ alors on aura $a = \frac{A\,u^2}{2\,\alpha}$; c'est-à-dire que lorsque la puissance α est constante, les espaces parcourus depuis le repos, sont entre eux comme les quarrés des vîtesses.

PREMIER PRINCIPE D'EXPÉRIENCE.

(44.) *L'expérience a appris que les corps pesants à de petites distances de la surface de la terre, parcourent, en tombant librement, depuis le premier instant de leur chûte, des espaces qui sont entre eux comme les quarrés des temps employés à les parcourir.*

COROLLAIRE I.

(45.) Il suit delà que la puissance, ou force, qui anime les corps pesants, dans le voisinage de la surface de la terre, & que nous nommons Gravité, est une force constante. (37.)

COROLLAIRE II.

(46.) Nous aurons donc, dans le cas des corps graves, dont la chûte commence du repos, $u = \frac{\alpha\,t}{A}, a = \frac{\alpha\,t^2}{2\,A} = \frac{A\,u^2}{2\,\alpha}$.

SECOND PRINCIPE D'EXPÉRIENCE.

(47.) *On sçait encore par l'expérience que tous les corps pesants, grands ou petits, parcourent, en tombant dans le voisinage de la surface de la terre, des espaces égaux en temps égaux.*

---

* Voyez la Note, page 62.

COROLLAIRE I.

(48.) Si donc α & β font les puiffances conftantes qui animent les corps A & B, on aura, d'après l'expérience, $\frac{\alpha t^2}{2A} = \frac{\beta t^2}{2B}$, ou, parce qu'on fuppofe les temps égaux, $\frac{\alpha}{A} = \frac{\beta}{B}$. Donc $\alpha : \beta :: A : B$; c'eft-à-dire que dans les corps pefants, les puiffances, ou gravités font entre elles comme les maffes.

COROLLAIRE II.

(49.) On a vu ci-deffus que les denfités fous des volumes égaux font entre elles comme les maffes (12.) ; il s'enfuit que les denfités font auffi comme les gravités. Ainfi on pourra exprimer la denfité des corps pefants par le poids d'un pied cube de la matiere qui les compofe.

COROLLAIRE III.

(50.) La quantité $\frac{\alpha}{A}$ étant toujours conftante, nous pourrons mettre à fa place la conftante ξ ; d'où l'on tirera, pour les corps pefants, $u = \xi t$, $a = \frac{1}{2}\xi t^2 = \frac{u^2}{2\xi}$ (46.).

TROISIEME PRINCIPE D'EXPÉRIENCE.

(51.) *L'expérience nous a auffi enfeigné que l'efpace que les corps graves parcourent dans le voifinage de la furface de la terre, en tombant verticalement depuis le repos, eft à très-peu-près de 16 pieds anglais, dans la premiere feconde de leur chûte.* *

COROLLAIRE I.

(52) Mefurant en fecondes le temps de la chûte des corps pefants, & en pieds les efpaces parcourus, nous aurons, pour le cas où $t = 1$, $a = 16$; ce qui produit $16 = \frac{1}{2}\xi$, ou $\xi = 32 = \frac{\alpha}{A}$. Cette valeur étant fubftituée dans les équations de *l'Art.* 50, les change en celles-ci, $u = 32 t$, $a = 16 t^2 = \frac{u^2}{64}$: d'où l'on tire $\sqrt{a} = 4 t = \frac{1}{8}u$, & $8\sqrt{a} = u = 32 t$.

---

* Ce nombre répond à 15 pieds 0 pouc. 2 lig. 8 p. français. Nous emploîrons, avec l'Auteur, ce nombre quarré, parce qu'il eft très-commode dans le calcul. Le pied anglais eft au pied français : : 811 : 864. Partant 864 pieds anglais font 811 pieds français ; ou le pied anglais contient 11 pouces, 3 lignes, 2 points du pied français.

COROLLAIRE II.

(53.) Si, pour plus d'exactitude & de généralité, on repréfente par K l'efpace que parcourt, pendant la premiere feconde de fa chûte, un corps grave qui tombe verticalement depuis le repos, on aura $K = \frac{1}{2}\xi$, ou $\xi = 2K$. Cette valeur fubftituée dans les équations de *l'Art.* 50, les change en celles-ci, $u = 2Kt$, $a = Kt^2 = \frac{u^2}{4K}$; d'où l'on tire $\sqrt{a} = \frac{u}{2\sqrt{K}} = t\sqrt{K}$, & $2\sqrt{aK} = u = Kt$.

SCOLIE.

(54.) On déterminera dans fon temps le véritable efpace que parcourent, pendant la premiere feconde de leur chûte, les corps graves en tombant librement, & on verra que cet efpace eft d'un peu plus des 16 pieds anglais que nous avons indiqués. Cependant, comme la différence eft petite, & qu'en la négligeant il n'en peut réfulter une erreur confidérable dans les calculs dont nous avons befoin, on peut faire conftamment ufage de ce nombre 16, qui facilite beaucoup les opérations, attendu qu'il eft quarré.

CHAPITRE II.

Du Mouvement compofé.

DÉFINITION XVI.

(55.) ON appelle *Mouvement compofé*, celui qui réfulte de l'action de deux, ou d'un plus grand nombre de puiffances qui agiffent fur un corps, chacune dans des directions particulieres.

PROPOSITION VII.

(56.) *Le mouvement d'un corps fuivant une direction quelconque, n'eft point altéré par l'action des puiffances qui agiroient fur lui fuivant d'autres directions quelconques; & à chaque inftant le corps parcourt de petits efpaces paralleles à chacune des directions.*

Si l'on fuppofe le corps A fur un plan EF, il eft clair qu'il peut fe mouvoir fur ce plan dans la direction AG, & qu'en même temps le plan peut fe mouvoir fuivant EH, GI, fans qu'un de ces mouvements trouble l'autre; parce qu'en ne fuppofant aucune puiffance qui trouble le mouvement du corps fuivant $A\,G$, ce mouvement doit fe continuer fans altération, en vertu de la force d'inertie. Ce qu'on dit ici de deux actions, ou mouvements, fe peut dire d'un plus grand nombre ; le raifonnement feroit toujours le même. Donc le mouvement d'un corps fuivant une direction, ne peut s'altérer par l'action de puiffances qui agiroient fur lui fuivant d'autres directions quelconques ; & à chaque inftant le corps parcourt des efpaces $A\,G$, $E\,H$, paralleles à chacune de ces directions.

PROPOSITION VIII.

(57.) Si deux puiffances agiffent en même temps fur un corps A, *l'une fuivant la direction* $A\,E$, *& l'autre fuivant la direction* $A\,F$; *le corps marchera felon une direction moyenne, & décrira une ligne* $A\,G\,H$, *dont on déterminera l'équation en égalant les valeurs du même temps dans lequel le corps marcheroit librement fuivant chacune des deux directions, ces valeurs étant fournies par la nature du mouvement fuivant chaque direction.*

Le corps, en quelque inftant de fon mouvement que ce foit, doit fe mouvoir parallélement à $A\,E$, en vertu de l'action de la premiere puiffance, & parallélement à $E\,F$, en vertu de l'action de la feconde ; & il doit parcourir de petits efpaces $G\,I$, $I\,H$, égaux à ceux $K\,E$, $L\,F$, qui font les différencielles des efpaces que chacune des puiffances lui feroit parcourir dans le même temps, fi elle agiffoit feule. Mais la fomme des efpaces $K\,E$ eft l'abfciffe $A\,E$, & la fomme des efpaces $L\,F = I\,H$, eft l'ordonnée $E\,H$: donc fi l'on tire de la nature du mouvement qui auroit lieu fuivant chacune des directions, fi chaque puiffance agiffoit féparément, la valeur du temps dans lequel le corps parcourroit librement chaque efpace $A\,E$, $E\,H$, & fi l'on égale ces deux valeurs, attendu que le temps eft le même, l'équation qui en réfultera, fera celle de la ligne $A\,G\,H$, que le corps parcourt.

EXEMPLE I.

(58.) Suppofons que le mouvement du corps A foit compofé de deux autres qui, pris féparément, euffent été uniformes, le premier fe faifant dans la direction $A\,E$, & le fecond dans la direction $A\,F$. Exprimons par a les efpaces parcourus fuivant la premiere direction, & la vîteffe par u ; exprimons auffi par b les efpaces parcourus fuivant la feconde direction, & la vîteffe par v. Cela pofé, nous aurons (27.) $t = \dfrac{a}{u} = \dfrac{b}{v}$, ce qui donne $a\,v = b\,u$; mais les mouvements étant uniformes, les vîtesses sont constantes : cette équation appartient donc à la ligne droite *. Ainsi, dans ce cas, le corps décrira une ligne droite, en vertu du mouvement composé qu'on lui aura imprimé.

EXEMPLE II.

(59.) Supposons maintenant que le mouvement suivant $A E$ ne soit pas uniforme, mais qu'il soit produit par une puissance accélératrice constante ; dans ce cas, nous aurons (36.) $a = V t + \frac{a t^2}{2 A}$, dans laquelle substituant $t = \frac{b}{v}$, & ordonnant, on a $\frac{2 A v^2}{a}; (a - \frac{V b}{v})$, équation à la Parabole dont le parametre est $\frac{2 A v^2}{a}$, le corps décrira donc cette courbe en vertu du mouvement composé qu'il aura reçu. **

COROLLAIRE I.

(60.) De là il suit qu'en vertu du mouvement composé, le corps parcourra la ligne $A G$ dans le même temps qu'il eût employé à parcourir la droite $A K$, ou $A L$, s'il n'eût éprouvé que l'action d'une seule puissance.

COROLLAIRE II.

(61.) La direction $A G H$ du mouvement composé est toujours dans le même plan que les directions $A K, A L$ des mouvements simples composants. Car si, par chaque point de la direction $A L$, on mene une parallele à la direction $A K$, toutes ces paralleles composeront le plan dans lequel se trouvent les deux directions $A K, A L$ des mouvements composants ; & comme le corps doit toujours se trouver sur ces paralleles, sans pouvoir jamais s'en écarter, (16.) il s'en-

---

* Les deux variables a & b n'étant qu'au premier degré, l'équation est à la ligne droite, car toute équation du premier degré appartient toujours à cette ligne.

** Cette équation appartient à la Parabole, parce qu'elle ne renferme que le quarré d'une des variables, sçavoir, celui de l'espace b que parcourroit le corps suivant $A F$ dans le temps t ; l'autre variable, qui est l'espace a qu'il parcourroit suivant $A E$ dans le même temps, étant au premier degré. (Voyez, pour la démonstration, l'excellent Cours de Mathématiques de M. *Bezout*, part. III, §. 387.) La quantité $a - \frac{V b}{v}$, qui représente en général l'abscisse de cette Parabole, $= a - V t = \frac{a t^2}{2 A}$ (36.) l'espace parcouru par le corps A, en vertu de la force accélératrice constante a (37.). Cela est d'ailleurs évident, en considérant que a est l'espace total que parcourt le corps dans le temps t, en vertu de sa vitesse initiale V, & de la force accélératrice constante a ; & que $V t$ est l'espace qu'il parcourt dans le même temps t, en vertu seulement de sa vitesse initiale. Donc, &c. Si le corps étoit en repos, lorsqu'il reçoit l'action de la force accélératrice, alors $V = 0$, & l'équation devient $\frac{2 A v^2}{a} a = b^2$.

fuit qu'il ne peut jamais fortir du plan qui paſſe par ces deux directions.

COROLLAIRE III.

(62.) Si trois puiſſances agiſſent dans le même temps ſur un corps, chacune ſuivant des directions particulieres, la direction compoſée que prendra le corps, ſera une ligne moyenne entre les trois directions; & l'équation de cette ligne ſe trouvera en égalant les valeurs du même temps, tirées de la nature du mouvement qu'auroit le corps, s'il marchoit librement ſuivant chacune de ces directions.

On voit clairement, ſans qu'il ſoit néceſſaire d'y inſiſter, qu'on trouvera facilement la direction compoſée, dans le cas de trois puiſſances; car (61.) on trouvera d'abord la direction réſultante de deux directions ſimples; & avec cette réſultante & la troiſieme direction, on trouvera celle que ſuivra réellement le corps en vertu de ces trois puiſſances.

COROLLAIRE IV.

(63.) Si les trois directions ſont dans un même plan, la direction réſultante ſe trouvera auſſi dans ce plan. C'eſt une conſéquence néceſſaire de ce qui a été dit.

COROLLAIRE V.

(64.) Ce qui a été dit au ſujet de trois puiſſances, doit s'entendre également de quatre, de cinq, ou d'un plus grand nombre de puiſſances qui agiroient enſemble ſur un même corps ſuivant des directions différentes.

PROPOSITION IX.

(65.) *La différencielle* G H *de l'eſpace que le corps* A *parcourt en vertu des deux puiſſances* α *&* β *qui l'animent ſuivant les directions* A E, A F,

$$\text{eſt} = \frac{dt}{A} \left((\textstyle\int \alpha\, dt)^2 + (\beta\, dt)^2 \pm 2 (\textstyle\int \alpha\, dt)(\textstyle\int \beta\, dt) \cos \Sigma \right)^{\frac{1}{2}} : \Sigma \ ex\text{-}$$

primant l'angle E A F *que forment les deux directions, & le rayon étant égal à l'unité.*

Si du point G on abaiſſe ſur $E H$, la perpendiculaire $G N$, on aura, par les Elements de Géométrie, $N I = G I \cos \Sigma$, & $G H^2 = G I^2 + I H^2 \pm 2 N I \times I H = G I^2 + I H^2 \pm 2 I H . G I \cos \Sigma.$ Le ſigne $+$ étant pour le cas où l'Angle $E A F$ ſera aigu, & le ſigne $-$ pour le cas où il ſera obtus. *

---

* Parce que l'angle $E A F$ étant obtus, la perpendiculaire $G N$ tombe en dedans du triangle $G I H$: au contraire, elle tombe en dehors, lorſque ce même angle eſt aigu. C'eſt le cas de la Figure.

Subſtituant maintenant dans cette équation les valeurs de $GI =$ $da = (35.) \frac{dt}{A} \int \alpha\, dt$, & de $IH = db = \frac{dt}{A} \int \beta\, dt$, on aura GH^2 $= \frac{dt^2}{A^2} (\int \alpha\, dt)^2 + \frac{dt^2}{A^2} (\int \beta dt)^2 \pm \frac{2\, dt^2}{A^2} (\int \alpha\, dt)(\int \beta dt)\, cof\, \Sigma$, & par conféquent $GH = \frac{dt}{A} ((\int \alpha\, dt)^2 + (\int \beta dt)^2 \pm 2 (\int \alpha dt)(\int \beta dt)\, cof\, \Sigma)^{\frac{1}{2}}$.

S C O L I E   I.

(66.) Dans tout le cours de cet Ouvrage nous exprimerons le rayon, ou finus total, par l'unité, afin de fimplifier le calcul.

C O R O L L A I R E   I.

(67.) Si l'angle $EAF = \Sigma$ étoit $= 0$; c'eſt-à-dire, fi les deux direc tions AE, AF, concouroient enſemble de maniere à ne former qu'une feule & même direction, alors $cof\, \Sigma = 1$, & la valeur de GH devient $= \frac{dt}{A} ((\int \alpha dt)^2 + (\int \beta dt)^2 \pm 2 (\int \alpha dt)(\int \beta dt))^{\frac{1}{2}} = \frac{dt}{A} \int dt\, (\alpha \pm \beta)$.

C O R O L L A I R E   I I.

(68.) Si, outre cette condition, on avoit $\alpha = \beta$, on auroit GH $= \frac{2\, dt}{A} \int \alpha dt$, pour le cas où l'angle GIH feroit obtus; c'eſt-à-dire, lorfque les deux puiſſances feroient dirigées dans le même fens; & $GH = \frac{dt}{A} \int dt . 0 = 0$, pour le cas où l'angle GIH feroit aigu, ou, que les deux puiſſances feroient dirigées en fens contraires.

C O R O L L A I R E   I I I.
(69.) Dans ce dernier cas, le corps reſtera donc fans mouvement.

C O R O L L A I R E   I V.
(70.) Si le corps reſte fans mouvement, ce fera parce que des puiſſances égales agiſſent dans des directions oppofées.

S C O L I E   I I.
(71.) De même qu'on a trouvé la valeur de GH, lorfque le corps n'eſt foumis qu'à l'action de deux puiſſances, on la trouvera également lorfqu'il y en aura trois, ou un plus grand nombre.

D É F I N I T I O N   X V I I.
(72.) La *décompoſition du mouvement* eſt la diviſion qu'on en fait,

en suppofant qu'il procede de différentes actions, quoique dans la réalité il ne procede que d'une feule, ou d'un moindre nombre que celui qu'on fuppofe.

PROPOSITION X.

(73.) *Si l'on fuppofe que l'action d'une puiffance α fur un corps* A, *fuivant la direction* A H, *procede de l'action de deux autres puiffances* mα, nα, *fuivant les directions* A E, A F, *de façon que l'effet de ces deux puiffances foit égal à celui qui réfulte de la feule puiffance α; ces puiffances α,* mα & nα, *feront entre elles comme les droites* A H, A E & A F, *qui font déterminées par les droites* H E, H F *parallèles aux directions* A E, A F; m & n *exprimant deux quantités conftantes.*

Car fi deux puiffances mα & nα agiffant féparément fur le corps A fuivant les directions $A E$, $A F$, font telles que, par leurs actions féparées, l'une conduife le corps de A en E, & l'autre de A en F, dans le même temps; il eft évident que, par leurs actions réunies, elles le conduiroient, dans le même temps, de A en H: (57.) or c'eft précifément l'effet que produit la feule puiffance α, agiffant dans la direction $A H$. Mais on a (35.) $A H = \int (\frac{dt}{A} \int \alpha dt)$, $A E = \int (\frac{dt}{A} \int m \alpha dt)$ & $A F = \int (\frac{dt}{A} \int n \alpha dt)$: donc les droites $A H, A E$ & $A F$ feront entre elles comme $\frac{dt}{A} \int \alpha dt$, $\frac{dt}{A} \int m \alpha dt$ & $\frac{dt}{A} \int n \alpha dt$; ou comme 1 m & n; c'eft-à-dire, comme α, mα & nα.

COROLLAIRE I.

(74.) La puiffance qui agit fuivant AE fera donc $= \frac{\alpha A E}{AH}$, & celle qui agit fuivant $A F$, fera $= \frac{\alpha A F}{AH}$.

COROLLAIRE II.

(75.) Puifque dans le triangle $A E H$, les côtés AH, $A E$ & $E H = A F$ font entre eux comme les finus des angles qui leur font oppofés; il s'enfuit que les puiffances α, mα & nα feront auffi entre elles comme ces mêmes finus.

COROLLAIRE III.

(76.) La décompofition du mouvement étant arbitraire, on peut

prendre

prendre comme on voudra les directions *AE*, *AF*; & tirant ensuite d'un point quelconque *H*, les paralleles *HF*, *HE*, à ces directions; si alors on exprime par *AH* la puissance qui agit effectivement dans cette direction, les lignes *AE*, *AF* exprimeront les
deux puissances dans lesquelles elle se décompose, & qui agissant
dans ces directions, produiroient le même effet.

PLANC. A.

PROPOSITION XI.

(77.) *Si l'on suppose que l'action d'une puissance qui agit sur un
corps* A *dans la direction* AH, *provienne de trois autres puissances, qui,
agissant dans les directions* AF, AG, AE, *produiroient le même effet ; ces
quatre puissances seront entre elles comme les lignes* AH, AF, AG & AE.

FIG. 4.

Car si la puissance qui agit suivant *AH*, est représentée par
la ligne même *AH*, on peut la concevoir décomposée en deux
autres *AF*, *AI*, qui produiroient le même effet (76.). La puissance
qui agit suivant *AI*, peut l'être de même en deux autres *AG*, *AE*,
qui produiroient le même effet qu'elle. Ainsi la puissance *AH* sera
décomposée en trois autres *AF*, *AG*, *AE*, qui, par leurs actions
réunies, produiront le même effet que cette puissance seule. Donc ces
quatre puissances feront entre elles comme les lignes *AH*, *AF*,
AG & *AE*.

COROLLAIRE I.

(78.) Les trois directions *AF*, *AG*, *AE*, étant arbitraires (76.),
elles peuvent se prendre comme on voudra; & tirant d'un point
quelconque *H*, & par le point *A* les paralleles arbitraires *HF*, *AI*,
& ensuite les paralleles *HI*, *IG*, *IE* aux directions arbitraires *AF*,
AE, *AG*, ces paralleles détermineront les lignes *AF*, *AG*, *AE*,
qui exprimeront les puissances dans lesquelles se décompose la premiere puissance *AH*, & qui, par leur réunion, produiront le même
effet qu'elle.

COROLLAIRE II.

(79.) On peut, par ce même procédé, décomposer une puissance quelconque en quatre, cinq, enfin en tel nombre de puissances
qu'on voudra, & qui, par la réunion de leurs actions, produiront le
même effet que cette puissance seule.

CHAPITRE III.

Du Centre de Gravité d'un Syftéme de corps, & de f Mouvement.

Définition XVIII.

(80.) **O**N appelle *Syftéme de corps* un affemblage de plufieurs cor comme A, B, C, *&c.* de même qu'on a nommé *Syftéme du Mond* l'affemblage du Soleil & des Planetes, &c. dont *Newton* a fi parfai ment expliqué les mouvements par les feuls principes de la Méc nique, & par la loi de l'attraction univerfelle, que l'expérier confirme chaque jour de plus en plus.

Proposition XII.

Fig. 9

(81.) *Si deux corps, ou maffes* A & B, *fuppofés en repos, font n en mouvement par l'action de deux puiffances* α *&* β, *dont les direction* AE, BF, *foient paralleles; la differencielle de l'efpace parcouru pai point* G *pris dans la ligne Gg parallele aux directions* AE, BF *des pu fances, fera* $= \dfrac{AA'dt\int\beta dt + BB'dt\int \alpha dt}{AB\,(A'+B')}$: A' *& B' exprimant les diflances* A(GB, *& t le temps.*

Tirez la ligne *FH*, parallele à *BA*, nommant a & b les e paces parcourus par les corps *A* & *B*, & prenant *AE* & *E* pour les différencielles de ces efpaces, on aura $HE = da - db$. O à caufe des paralleles, on a *FH*, ou $(A'+B') : HE$, ou $(da - d$ :: *Fh*, ou $(B') : hg = \dfrac{B'}{A'+B'}(da - db)$: donc *Gg*, différencielle de l' pace parcouru par le point $G = db + \dfrac{B'}{A'+B'}(da - db) = \dfrac{A'db + B'da}{A'+B'}$. Si l' fubftitue maintenant, dans cette expreffion, à la place de *db* valeur $\dfrac{dt}{B}\int\beta dt$, (35.) & à la place de *da* fa valeur $\dfrac{dt}{A}\int \alpha dt$, on aura GH=

$$\dfrac{\dfrac{A'dt}{B}\int\beta dt + \dfrac{B'dt}{A}\int \alpha dt}{A'+B'} = \dfrac{AA'dt\int\beta dt + BB'dt\int \alpha dt}{AB\,(A'+B')}.$$

Scolie.

(82.) On fuppofe, pour le préfent, que la maffe de chaque corps e infiniment petite, ou qu'elle eft toute réunie en un point, & q c'eft fur ce point que la puiffance agit.

COROLLAIRE I.

(83.) Si $AA' = BB'$, la différencielle de l'efpace parcouru par le point G, c'eft-à-dire Gg, fera $= \frac{d: \int (\alpha + \beta) dt}{A + B}$; car en fubftituant AA' à la place de BB', dans l'expreffion $Gg = \frac{AA' dt \int \beta dt + BB' dt \int \alpha dt}{AB (A' + B')}$, elle deviendra $Gg = \frac{AA' dt \int \beta dt + AA' dt \int \alpha dt}{AA' (A + B)} = \frac{dt \int (\alpha + \beta) dt}{A + B}$.

COROLLAIRE II.

(84.) Comme les diftances A' & B' n'entrent pas dans l'expreffion qu'on vient de trouver, il s'enfuit que ces diftances n'en alterent point la valeur. Cette expreffion fera donc toujours la même, à quelque diftance du point G que foient les corps, pourvu que les diftances A' & B' foient toujours en raifon inverfe des maffes A & B ; condition exprimée par l'équation $AA' = BB'$.

COROLLAIRE III.

(85.) On voit encore qu'on peut fuppofer les diftances GA, GB diminuées à l'infini ; c'eft-à-dire, les fuppofer égales à zéro, fans que l'expreffion ci-deffus en foit altérée. Dans ce cas les deux corps feront réunis dans le point G, & marcheront dans la ligne Gg. Pareillement, les deux puiffances réunies agiront comme une feule $= \alpha + \beta$ fur le corps $A + B$. Donc lorfque les corps A & B font animés par les puiffances α & β, le point G parcourt fuivant Gg parallele aux directions AE & BF, le même efpace que lorfque les deux corps, réunis au point G, font animés fuivant Gg par la puiffance $\alpha + \beta$.

PROPOSITION XIII.

(86.) *Si trois corps, ou maffes,* A, B, C *font animés par trois puiffances* α, β, γ, *fuivant les directions paralleles* AE, BF, CH ; *& fi l'on prend le point* G *de maniere qu'on ait* A . Ag $=$ B . Eg *&* (A + B) Gg $=$ C . GC ; *je dis que la différencielle de l'efpace parcouru par le point* G *fera* $= \frac{d \int (\alpha + \beta + \gamma) dt}{A + B + C}$.

Le point g ayant été pris de maniere qu'on ait A . $Ag = B$. gB, la différencielle de l'efpace parcouru par le point g eft la même que celle que parcourroit le corps $A + B$ placé en g, & animé par la puiffance $\alpha + \beta$, fuivant la direction gh parallele aux lignes AE, BF, CH.

Il eſt donc évident que, quant à l'effet, le cas eſt le même que ſi les deux corps C & $A + B$, l'un placé en C, & l'autre en g, étoient animés par les puiſſances γ & $\alpha + \beta$, ſuivant les directions paralleles CH, gh. Ainſi, la différencielle de l'eſpace parcouru par le point G, ſuivant la parallele GI aux autres directions, ce point étant pris de maniere qu'on ait $(A + B)\, Gg = C . GC$; ou, ce qui revient au même, de maniere que les diſtances gG, GC ſoient en raiſon inverſe des maſſes $A + B$ & C, cette différencielle, dis-je, ſera exprimée par la formule $\frac{dtf(\alpha + \beta)dt}{A + B}$, en y ſubſtituant $\alpha + \beta$ à la place de α & γ à la place de β; $A + B$ pour A, & C pour B. Donc la différencielle de l'eſpace parcouru par le point G, ſuivant la droite GI parallele aux directions AE, BF, CH, ſera $= \frac{dtf(\alpha + \beta + \gamma)\,dt}{A + B + C}$.

C O R O L L A I R E I.

(87.) Les diſtances Ag, gB, gG, GC, ne ſe trouvant point dans l'expreſſion $\frac{dtf(\alpha + \beta + \gamma)\,dt}{A + B + C}$, il s'enſuit qu'elles n'ont aucune influence ſur la valeur de cette expreſſion; & par conſéquent qu'elle reſtera toujours la même, quelles que puiſſent être ces diſtances, pourvu toutefois que Ag, gB, ſoient en raiſon inverſe des maſſes A & B, & que de même gG & GC, ſoient en raiſon inverſe des maſſes $A + B$, & C.

C O R O L L A I R E I I.

(88.) Les diſtances Ag, gB, gG, GC, peuvent donc être diminuées à l'infini, ou ſe réduire à zéro, ſans que la valeur de l'expreſſion $\frac{dtf(\alpha + \beta + \gamma)dt}{A + B + C}$ en ſoit altérée : & comme dans ce cas les trois corps A, B, C ſe trouveront réunis dans le point G, ainſi que les trois puiſſances α, β & γ, qui n'en feront plus qu'une ſeule $= \alpha + \beta + \gamma$; il s'enſuit que le point G parcourra le même eſpace dans la direction GI parallele aux directions AE, BF, GH, lorſque les corps A, B, C ſont animés par les puiſſances α, β, γ, que ſi les trois corps réunis en un ſeul au point G, étoient animés, ſuivant la direction GI, par la puiſſance $\alpha + \beta + \gamma$.

P R O P O S I T I O N XIV.

(89.) *Si l'on a quatre corps, ou maſſes, comme* A, B, C, D, *animés par les quatre puiſſances* α, β, γ, δ, *chacune d'elles agiſſant sur le corps qui lui correspond suivant les directions paralleles* AE, BF, CH, DL ; *& si l'on prend le point* G *de maniere que* A . Ag$=$B . Bg ; *que* (A$+$B) gK$=$C.KC ; *& que* (A$+$B$+$C) GK$=$D . DG : *je dis que la differencielle de l'espace parcouru par le point* G *sera* $= \dfrac{dt\!\int (\alpha+\beta+\gamma+\delta)\,dt}{A+B+C+D}$.

On vient de démontrer que la différencielle de l'espace parcouru par le point K, en vertu des trois puissances α, β, γ, qui animent les corps A, B, C, est la même que celle que parcourroient ces corps, si, étant réunis tous les trois en un seul au point K, ils étoient animés par la puissance $\alpha+\beta+\gamma$, suivant la direction KI parallele aux autres directions AE, BF, &c. Donc, quant à l'effet, ce cas est le même que s'il y avoit seulement deux corps D, & $A+B+C$, l'un en D, & l'autre en K, qui seroient animés par les puissances δ, & $\alpha+\beta+\gamma$, selon des directions paralleles aux autres. Ainsi, la différencielle de l'espace parcouru par le point G, pris de façon qu'on ait $D . DG = (A+B+C)\ KG$, ou que les distances KG, DG soient en raison inverse des masses D, & $(A+B+C)$, sera celle que fournira la formule $\dfrac{dt\!\int (\alpha+\beta)\,dt}{A+B}$, en y substituant $\alpha+\beta+\gamma$ pour α, & δ pour β ; $A+B+C$ pour A, & D pour B. Donc la différencielle de l'espace parcouru par le point G suivant la parallele GN aux autres directions AE, BF, &c. est $= \dfrac{dt\!\int (\alpha+\beta+\gamma+\delta)\,dt}{A+B+C+D}$.

Corollaire I.

(90.) En raisonnant comme on vient de le faire, on arrivera toujours à la même conclusion, quel que soit le nombre des corps, ou masses, quand même il seroit infini ; de sorte qu'en général, la différencielle de l'espace parcouru par le point G, pris d'après les conditions exprimées ci-dessus, sera $= \dfrac{dt\!\int (\alpha+\beta+\gamma+\delta+\&c.)\,dt}{A+B+C+D+\&c.}$, la même que parcourroient les corps réunis en un seul au point G, s'ils étoient animés par la puissance $\alpha+\beta+\gamma+\delta+\&c.$ C'est une conséquence nécessaire de ce que les distances respectives des corps les uns à l'égard des autres, ne se trouvent point dans l'expression générale de cette différencielle ; & par conséquent on peut concevoir ces distances diminuées à l'infini, ou les faire chacune égale à zéro, sans que, pour cela, l'expression en soit altérée.

Corollaire II.

(91.) Si nous faisons la somme des puissances $\alpha+\beta+\gamma+\delta+\&c.=\pi$;

& la somme des masses $A+B+C+D+$ &c.$=M$, nous aurons la quantité $\frac{dt \int \pi dt}{M}$ pour l'expression de la différencielle de l'espace parcouru par le point G, ce point étant pris suivant la condition exprimée dans les *Art.* 81, 86 & 89.

PROPOSITION XV.

FIG. 8.

(92.) *Si l'on prend le point* G *de maniere que* AG . A$=$EG . B, & *qu'on abaisse sur un plan quelconque* FE *les perpendiculaires* AE, Gg, BF; *on aura* $gG = \frac{A . AE + B . BF}{A+B}$.

Faisant passer par le point G le plan HI parallele au plan EF, on aura le produit $A . AE = A . (gG + HA)$, & le produit $B . BF = B . (gG - IB)$; donc la somme des deux produits $A . AE + B . BF$ sera $= (A+B) gG + A . HA - B . IB$. Mais la similitude des triangles AHG, BIG donne $AG : AH :: GB : IB = \frac{AH . GB}{AG}$; substituant cette valeur de IB dans l'équation précédente, on aura $A . AE + B . BF = (A+B) gG + A . HA - \frac{B . AH . GB}{AG}$; & en mettant pour $B . BG$ le produit $A . AG$ qui lui est égal, cette équation devient $A . AE + B . BF = (A+B) gG + A . HA - A . HA = (A+B) gG$; d'où l'on tire $gG = \frac{A . AE + B . BF}{A+B}$.

COROLLAIRE.

(93.) Si au lieu des masses A & B, on prend les puissances α & β, de sorte qu'on ait $\alpha . AG = \beta . BG$, on aura encore $gG = \frac{\alpha . AE + \beta . BF}{\alpha + \beta}$.

PROPOSITION XVI.

FIG. 9.

(94.) *Si l'on a trois corps, ou masses, comme* A, B, C, & *si l'on prend le point* G *de maniere que* A . AG $=$ B . BG, &$(A+B) gG$ $=$C . CG; *je dis que si l'on abaisse sur un plan quelconque* FI, *les perpendiculaires* BF, AE, GH, CI, *on aura* GH $= \frac{A . AE + B . BF + C . CI}{A+B+C}$.

Puisque $(A+B) gG = C . CG$, on a (92.) $(A+E) gK + C . CI = (A+B+C) GH$; & puisque $A . Ag = B . Bg$, on a $A . AE + B . Bb = (A+B) gK$. Substituant cette valeur dans l'équation précédente, elle deviendra $A . AE + B . BF + C . CI = (A+B+C) GH$; d'où l'on tire GH $= \frac{A . AE + B . BF + C . CI}{A+B+C}$.

COROLLAIRE I.

(95.) Si , au lieu des masses A , B , C , on prend les puissances α , β , γ , & qu'on ait $\alpha . Ag = \beta . Bg$, & $(\alpha + \beta) gK = \gamma . CG$, on aura encore $GH = \dfrac{\alpha . AE + \beta . BF + \gamma . CI}{\alpha + \beta + \gamma}$.

COROLLAIRE II.

(96.) **On** démontrera la même chose pour quatre , cinq , &c. & même pour une infinité de corps , ou de puissances ; ensorte que la distance perpendiculaire du point G , pris comme on l'a dit , *Art.* 92 & 94 , à un plan quelconque , sera toujours égale à la somme des produits de chaque corps , ou puissance , par sa distance perpendiculaire au même plan , divisée par la somme des corps , ou des puissances.

COROLLAIRE III.

(97.) Réciproquement , si la distance perpendiculaire d'un point G à un plan quelconque , est égale à la somme des produits de chaque corps , par sa distance perpendiculaire au même plan , divisée par la somme des corps ; ce point G sera celui dont on a parlé dans les Propositions 12 , 13 , 14 , 15 , 16 (81 & *suiv. jusqu'à* 94.) ; & par conséquent il aura toutes les propriétés qu'on lui a reconnues & assignées dans ces Propositions & leurs Corollaires.

DÉFINITION XIX.

(98.) Le point G déterminé de la maniere qu'on l'a prescrit dans les Propositions 12 , 13 , 14 , 15 , 16 (81 *jusqu'à* 94.) , s'appelle communément *Centre de gravité.*

SCOLIE

(99.) Ce nom de *Centre de gravité* ne convient proprement à ce point qu'autant que les puissances qui agissent sur le système , sont les gravités des corps , ou des masses : mais comme il arrive souvent que d'autres puissances différentes des gravités agissent sur les corps , & que le centre de ces puissances n'est point le même que celui des masses , comme on le verra ci-après ; cette considération a engagé *Daniel Bernoulli* à distinguer ces deux centres , en appellant l'un *Centre des puissances* , & l'autre *Centre des masses.*

Comme ces deux centres font réunis dans les corps graves, à caufe que les puiffances, ou gravité, font entre elles comme les maffes (48), il convient d'appeller centre de gravité l'un ou l'autre de ces centres indiftinctement. Ainfi, lorfqu'il ne fera queftion d'autre puiffance que de la gravité, ce fera la même chofe de dire *Centre des maffes* que *Centre de gravité*, puifque, dans ce cas, ces deux centres ne diffèrent point l'un de l'autre.

PROPOSITION XVII.

(100.) *Quelles que foient les vîteffes particulieres avec lefquelles fe meuvent les corps qui compofent un fyftéme, lorfqu'ils marchent tous fur des directions paralleles, le centre des maffes fe maintiendra toujours dans une feule & même direction parallele à celles que fuivent les corps.*

Que A, B, C, &c. foient les corps qui compofent le fyftême, & qui fe meuvent dans les directions AE, BF, CI, paralleles entre elles ; qu'on prenne un plan quelconque LK, parallele à ces directions : alors G étant le centre des maffes, on aura

$$GH = \frac{A \cdot Ae + B \cdot Bf + C \cdot Ci + \&c.}{A + B + C + \&c.}.$$

Or, dans cette expreffion toutes les maffes demeurent conftantes, ainfi que les perpendiculaires Ae, Bf, Ci, &c. quelles que foient les vîteffes particulieres avec lefquelles les corps fe meuvent, pourvu qu'on les fuppofe marcher parallélement au plan LK ; donc toute l'expreffion demeure conftante, & par conféquent la ligne GH dont elle exprime la valeur. Donc le centre G des maffes fe mouvera dans une feule & même direction parallele à celle que fuivent les corps.

COROLLAIRE I.

(101.) La même chofe arrivera au centre des puiffances, fi elles font conftantes, comme l'eft la gravité.

COROLLAIRE II.

(102.) Il fuit de ce qui a été dit, que la direction du centre des maffes d'un fyftême de corps fera toujours parallele aux directions des puiffances, fi ces directions font paralleles entre elles ; & que la différencielle de l'efpace parcouru par ce centre (91.) fera toujours

$$= \frac{dt \int (\alpha + \beta + \gamma + \delta + \&c.)\, dt}{A + B + C + D + \&c.} = \frac{dt \int \pi\, dt}{M},$$

la même que parcourroient les corps, ou maffes, fi elles étoient réunies à leur centre, & fi elles étoient animées par la fomme π des puiffances, fuivant une direction parallele à celle des puiffances.

COROLLAIRE III.

(103.) La distance perpendiculaire du centre des masses à un plan quelconque, est égale (96.) à la somme des produits de chaque masse par sa distance perpendiculaire au même plan, divisée par la somme des masses.

COROLLAIRE IV.

(104.) Pareillement, la distance perpendiculaire du centre des puissances qui agissent dans un système, à un plan quelconque, sera (96.) égale à la somme des produits de chaque puissance par sa distance perpendiculaire au même plan, divisée par la somme des puissances.

COROLLAIRE V.

(105.) Si l'on suppose l'espace parcouru par le centre des masses $= g$, & sa vîtesse $= W$, on aura (29 & 90, 91.)
$$dg = W\,dt = \frac{dt\int(\alpha+\beta+\gamma+\delta+\&c.)dt}{A+B+C+D+\&c.} = \frac{dt\int\pi\,dt}{M}. \text{ Donc}$$
$$W = \frac{\int\alpha\,dt+\int\beta\,dt+\int\gamma\,dt+\&c.}{A+B+C+D+\&c.} = \frac{\int\pi\,dt}{M} ; \quad dW = \frac{dt+\beta\,dt+\gamma\,dt+\&c.}{M} = \frac{\pi\,dt}{M} ; \&$$
$$dt = \frac{M\,dW}{\alpha+\beta+\gamma+\&c.} = \frac{M\,dW}{\pi}.$$

COROLLAIRE VI.

(106.) Ayant trouvé ci-dessus (29.) $dg = W\,dt$, ou $W = \frac{dg}{dt}$; & ayant pareillement (105.), $dW = \frac{(\alpha+\beta+\gamma+\&c.)dt}{M} = \frac{\pi\,dt}{M}$; en multipliant ces deux équations l'une par l'autre, on aura aussi
$$W\,dW = \frac{(\alpha+\beta+\gamma+\&c.)dg}{M} = \frac{\pi\,dg}{M} : \text{ d'où l'on tire, en intégrant,}$$
$$\tfrac{1}{2}W^2 = \frac{\int(\alpha+\beta+\gamma+\&c.)dg}{M} = \frac{1}{M}\int\pi\,dg; \text{ ou } W^2 = \frac{2\int(\alpha+\beta+\gamma+\&c.)dg}{M} = \frac{2}{M}\int\pi\,dg.$$

COROLLAIRE VII.

(107.) De même, si l'on substitue dans l'équation $W = \frac{\int\alpha\,dt+\int\beta\,dt+\int\gamma\,dt+\&c.}{A+B+C+\&c.}$ la valeur de $\alpha\,dt = A\,du$ (19.), & celle de $\beta\,dt = B\,dv$, &c., nous aurons $W = \frac{\int A\,du+\int B\,dv+\&c.}{A+B+\&c.} = \frac{Au+Bv+\&c.}{A+B+\&c.}$: c'est-à-dire que la vîtesse du centre des masses est égale à la somme des produits de chaque masse par sa vîtesse, divisée par la somme des masses.

COROLLAIRE VIII.

(108.) Si les puiſſances qui animent les corps ne ſont pas dirigées ſuivant des lignes parallèles, on pourra les décompoſer chacune en deux, ou en trois autres dirigées ſuivant des lignes parallèles à deux, ou trois lignes droites données de poſition, & perpendiculaires entre elles. Alors toutes les puiſſances qui ſont dirigées parallèlement à l'une de ces lignes, donneront, avec la plus grande facilité, le mouvement du centre des maſſes ſuivant cette direction. On trouvera de même ſon mouvement ſuivant les autres directions; enſuite on déduira, avec la même facilité, le mouvement compoſé de ce centre.

COROLLAIRE IX.

(109.) Puiſque, par le moyen de cette décompoſition des puiſſances, on obtient le mouvement compoſé du centre de gravité, il ſuffira, pour réſoudre un cas quelconque, de réſoudre ſeulement celui dans lequel les puiſſances ſont dirigées parallèlement : c'eſt auſſi ce que nous ferons pour le préſent.

COROLLAIRE X.

(110.) Si, dès le premier inſtant de l'action, la ſomme des puiſſances poſitives qui agiſſent ſur le ſyſtême, eſt égale à la ſomme des puiſſances négatives, le centre des maſſes demeurera immobile; car, dans ce cas, $\alpha + \beta + \gamma + \delta + \&c. = 0$.

COROLLAIRE XI.

(111.) Comme les directions des puiſſances qui ne ſont pas parallèles, ſe décompoſent en d'autres qui le ſont, il peut arriver que, l'eſpace parcouru par le centre des maſſes, ſuivant une ou deux directions, ſoit zéro, ſans que, pour cela, celui qu'il parcourt ſuivant les autres directions ceſſe d'avoir lieu. Il ſuffit, pour cela, que, dès le commencement de l'action, la ſomme des puiſſances poſitives qui agiſſent ſuivant cette direction, ou ces directions, ſoit égale à la ſomme des puiſſances négatives.

COROLLAIRE XII.

(112.) Si les corps qui compoſent un ſyſtême, au lieu d'être libres, ſont liés, ou unis entre eux par des lignes inflexibles, de ſorte qu'ils

ne puiſſent obéir à l'action des puiſſances, & prendre les directions
ſuivant leſquelles ils ſont ſollicités; on peut, dans ce cas, conſidérer chaque corps comme animé par deux puiſſances, dont l'une
eſt celle qui le meut réellement, & l'autre qui procede de la tenſion,
ou de la force avec laquelle les corps ſe tirent mutuellement. Mais
à chacune de ces dernieres puiſſances, conſidérée poſitivement,
répond toujours une puiſſance égale & négative, puiſque l'action
eſt égale à la réaction : donc, dès le premier inſtant de l'action,
on aura $\alpha + \beta + \gamma + \delta + \&c. = 0$, par rapport aux forces avec leſquelles les corps ſe tirent mutuellement, & par conſéquent le centre
des maſſes demeurera immobile, c'eſt-à-dire, ne recevra aucun mouvement de l'action des forces avec leſquelles les corps ſe tirent mutuellement. *

COROLLAIRE XIII.

(113.) Il ſuit de là que le mouvement du centre des maſſes d'un
ſyſtême de corps liés entre eux par des lignes inflexibles, ſera le
même que s'il n'étoit ſoumis qu'à l'action des puiſſances qui mettent les corps en mouvement; par conſéquent le mouvement du
centre des maſſes du ſyſtême ſera toujours le même, ſoit que les
corps ſoient libres, ſoit qu'ils ſoient liés entre eux par des lignes
inflexibles.

COROLLAIRE XIV.

(114.) Un corps quelconque eſt la même choſe qu'un ſyſtême
de corps infiniment petits, liés entre eux. Donc le centre de la
maſſe totale d'un corps quelconque, ſoumis à l'action de puiſſances
quelconques, ſe mouvera de la même maniere que ſi chaque particule de la matiere qui le compoſe étoit ſéparée & libre; ou comme
ſi c'étoit un ſyſtême de corps libres.

---

* Ce principe eſt de la plus grande fécondité dans la ſcience du mouvement des corps ; c'eſt
à lui que les Sciences Phyſico-Mathématiques ſont redevables des progrès immenſes qu'elles ont
faits. Il eſt généralement attribué à M. *d'Alembert*, qui le publia en 1743. (*Voyez* ſa Dynamique.) M. *Fontaine* a ſemblé le révendiquer ; (*Voyez* ſon Traité du calcul intégral.)
mais cependant la gloire de l'invention eſt demeurée à M. *d'Alembert* ; & nous penſons que
c'eſt à juſte titre. M. *d'Alembert* a publié ce principe dès 1743, & M. *Fontaine* n'en a parlé
qu'en 1764. La poſtérité eſt inexorable, elle ne connoît que les dates, pour décerner les honneurs dûs à ceux qui l'ont ſervie. *Il faut publier promptement ce qu'on a fait & ce qu'on*
a vu de nouveau dans les ſciences; les tardifs ſont toujours malheureux. (M. Bailly,
Hiſt. de l'Aſtronomie moderne, Tome II, page 103.)

COROLLAIRE XV.

(115.) On doit entendre la même chose d'un système de corps unis entre eux, quoique sa masse ne soit pas considérée comme réunie à son centre.

COROLLAIRE XVI.

(116.) D'après cela, nous aurons, généralement, pour quelque corps que ce soit, ou pour tout assemblage de corps libres, ou liés entre eux,

$$dg = \frac{dt(\int \alpha\, dt + \int \beta\, dt + \int \gamma\, dt + \&c.)}{M} = \frac{dt}{M}\int \pi\, dt.$$

$$W = \frac{\int \alpha\, dt + \int \beta\, dt + \int \gamma\, dt + \&c.}{M} = \frac{1}{M}\int \pi\, dt. \qquad dW = \frac{\alpha\, dt + \beta\, dt + \gamma\, dt + \&c.}{M} = \frac{\pi\, dt}{M}.$$

$$dt = \frac{M\, dW}{\alpha + \beta + \gamma + \&c.} = \frac{M\, dW}{\pi}. \qquad W^2 = \frac{2}{M}\int (\alpha + \beta + \gamma + \delta + \&c.)\, dg = \int \pi\, dg.$$

$$W = \frac{Au + Bv + \&c.}{M}.$$

COROLLAIRE XVII.

(117.) Si l'on avoit $W = 0$, on auroit aussi $Au + Bv + \&c. = 0$; & si le système n'étoit composé que des deux corps A & B, l'un agiroit positivement, & l'autre négativement; en sorte qu'on auroit $Au = Bv$; d'où l'on tire $u : v :: B : A$, ou $:: \frac{1}{A} : \frac{1}{B}$. C'est-à-dire que dans tout système, ou machine composée de deux corps, les vîtesses des corps sont en raison inverse des masses, lorsque le centre des masses est immobile.

COROLLAIRE XVIII.

(118.) Dans les corps graves, les puissances sont comme les masses : donc dans toute machine dont la gravité est le principe moteur, les vîtesses que prennent les deux corps dont on suppose la machine composée, sont en raison inverse des puissances, ou des gravités, si le centre de gravité demeure fixe. Si au contraire ce centre est en mouvement, la raison qui régnera entre les puissances ne sera pas égale à celle qui régnera entre les vîtesses prises dans un ordre inverse; c'est-à-dire que l'analogie du Corollaire précédent cesse d'avoir lieu.

COROLLAIRE XIX.

(119.) Si l'on avoit $\alpha + \beta + \gamma + \&c = 0$, on auroit $dW = 0$; & réciproquement, pour que $dW = 0$, il faut que la somme des puissances $\alpha + \beta + \gamma + \&c.$ qui animent le corps, ou le système de corps, foit égale à zéro. Ainfi le centre des maſſes d'un corps, ou d'un ſyſtême, ne peut ſe mouvoir avec une vîteſſe, ou un mouvement uniforme, à moins que toutes les puiſſances agiſſantes ne ſe détruiſent mutuellement, ou que l'action de chacune d'elles ne ſoit égale à zéro. *

COROLLAIRE XX.

(120.) Comme la ſuppoſition que les corps du ſyſtême ſont liés entre eux, ne change rien à la démonſtration donnée dans les *Art.* 96 & 97, au ſujet de la diſtance perpendiculaire du centre des maſſes à un plan quelconque ; il s'enſuit que la diſtance perpendiculaire du centre de maſſe d'un corps quelconque à un plan, ſera égale à la ſomme des produits de chaque particule de la maſſe qui le compoſe, par ſa diſtance perpendiculaire au même plan, diviſée par la ſomme deſdites particules, ou par la maſſe totale du corps. Pareillement, la diſtance perpendiculaire du centre des puiſſances qui agiſſent ſur un corps à un plan quelconque, ſera égale à la ſomme de tous les produits de chaque puiſſance, par ſa diſtance perpendiculaire au même plan, diviſée par la ſomme des puiſſances.

COROLLAIRE XXI.

(121.) On a vu (12.) que dans les corps d'une denſité uniforme, la maſſe eſt proportionnelle à l'eſpace qu'ils occupent ; il s'enſuit que, dans le calcul, on pourra prendre l'eſpace, ou le volume pour la maſſe : ainſi la diſtance perpendiculaire du centre des maſſes à un plan quelconque, ſera égale à la ſomme des produits de chaque eſpace, ou volume différenciel, par ſa diſtance perpendiculaire au même plan, diviſée par tout l'eſpace qu'occupe le corps.

COROLLAIRE XXII.

(122.) Si un corps uniformément denſe peut être diviſé en deux parties égales & ſemblables par des plans, & ſi on le diviſe par trois plans quelconques, qui ſe coupent entre eux perpendiculairement ; le centre des maſſes ſera dans le point commun à ces trois plans, c'eſt-à-dire, dans le point où les trois interſections des plans ſe ren

---

* On voit aſſez, ſans qu'il ſoit néceſſaire d'y inſiſter, qu'on ſuppoſe le centre de maſſe du ſyſtême en mouvement avec la vîteſſe W, lorſque les puiſſances α, β, γ, &c. commencent leur action ; car il eſt évident (110.) qu'il ne pourroit recevoir aucun mouvement par l'action de ces puiſſances dont la ſomme $= 0$.

contrent. Car les produits des volumes différenciels qui font fitués d'un côté de l'un quelconque de ces trois plans , par leurs diftances perpendiculaires au même plan , feront égaux aux produits correfpondants des volumes différenciels fitués de l'autre côté : mais ces produits étant les uns pofitifs , & les autres négatifs , fe détruifent mutuellement ; leur fomme fera donc égale à zéro : ainfi la diftance perpendiculaire du centre de maffe au plan , fera par conféquent égale à zéro ; ou , ce qui revient au même , le centre de maffe fe trouvera dans le même plan. Ce raifonnement pouvant fe faire pour chacun des trois plans , il s'enfuit que le centre de maffe doit auffi fe trouver dans chacun des deux autres plans : il fera donc dans le point commun à ces trois plans , c'eft-à-dire , au point où les trois interfections fe rencontrent.

COROLLAIRE XXIII.

(123.) Le centre de la maffe d'une fphere uniformément denfe , fera donc le même que fon centre de grandeur , ou de figure. Il en eft de même du centre de la maffe d'un ellipfoïde , d'un paralélipipede , d'un cylindre , ou de tout autre corps fufceptible d'être divifé en deux parties égales par trois plans qui fe coupent perpendiculairement.

SCOLIE.

(124.) Après ce que nous venons de dire , il ne fera pas difficile de trouver le centre de maffe d'un corps quelconque uniformément denfe. Pour cela , il n'y aura qu'à imaginer un plan paffant par un point quelconque du corps , nous l'appellerons *plan primitif* ; enfuite divifer le corps par deux plans paralleles au plan primitif, & infiniment près l'un de l'autre , afin qu'ils renferment une tranche , ou efpace différenciel parallele dans tous fes points au plan primitif. Cet efpace différenciel étant multiplié par fa diftance perpendiculaire audit plan ; prenant enfuite l'intégrale du produit , & la divifant par le volume du corps , ou par l'efpace total qu'il occupe , le quotient de la divifion exprimera la diftance perpendiculaire du plan primitif à un plan qui lui eft parallele , & qui paffe par le centre de maffe du corps. Cette opération étant répétée par rapport à trois *plans primitifs* qui fe croifent perpendiculairement , on aura la pofition de trois plans perpendiculaires entre eux , & qui paffent tous par le centre de maffe ; le point commun à ces trois plans fera par conféquent le centre de la maffe totale du corps.

Mais il y a beaucoup de corps qui peuvent fe divifer en deux parties égales & femblables par deux plans perpendiculaires entre eux, mais qui ne peuvent pas l'être par trois ; tels font les paraboloïdes, les hyperboloïdes, & tous les autres corps qui font formés par la révolution d'une courbe quelconque. Dans ce cas, il eft certain, par ce qui a été dit dans *l'Art.* 122, que, les corps étant toujours fuppofés d'une denfité uniforme, le centre des maffes fera dans la commune fection des deux plans, ou dans l'axe de révolution de la courbe génératrice. Pour trouver le point précis de cet axe où fe trouve le centre de la maffe totale, il n'y aura donc plus qu'à fuppofer un plan qui lui foit perpendiculaire, & opérer, à l'égard de ce plan, comme on l'a dit ci-deffus. On peut, pour rendre le calcul plus facile, faire paffer le plan primitif par l'origine des abfciffes, ou par l'extrémité de l'axe ; alors en appellant x les abfciffes, & y les ordonnées de la courbe génératrice ; & repréfentant par c la circonférence d'un cercle dont le rayon eft l'unité ; cy fera la circonférence du cercle que l'ordonnée décrira dans fa révolution, & $\frac{1}{2}cy^2$ fera l'aire de ce cercle, ou du plan parallele à celui qu'on fuppofe paffer par l'extrémité de l'axe. On aura donc $\frac{1}{2}cy^2dx$ pour l'expreffion de l'efpace différenciel, ou de la tranche infiniment mince, qui eft également éloignée dans tous fes points du plan primitif, & $\frac{1}{2}cy^2xdx$ fera le produit de cet efpace, par fa diftance perpendiculaire à ce plan. La fomme de ces produits fera donc $\frac{1}{2}c\int y^2xdx$; mais $\frac{1}{2}c\int y^2dx$ eft la fomme de tous ces efpaces, ou le volume total du corps ; donc on aura la diftance du plan primitif, ou de l'extrémité de l'axe, au centre de maffe du corps $=\dfrac{\frac{1}{2}c\int y^2xdx}{\frac{1}{2}c\int y^2dx}=\dfrac{\int y^2xdx}{\int y^2dx}$: formule générale pour trouver le centre de maffe de tous les corps d'une denfité uniforme, engendrés par la révolution d'une courbe quelconque autour d'un axe.

E X E M P L E   I.

(125.) Soit propofé de trouver le centre de maffe d'une demifphere. L'équation du cercle générateur, en prenant fon centre pour l'origine des abfciffes, & faifant fon rayon $=r$, eft $y^2=r^2-x^2$. Subftituant cette valeur de y^2 dans la formule, on aura la diftance du centre de la fphere, ou de l'origine des x au centre de maffe, $=\dfrac{\int(r^2-x^2)xdx}{\int(r^2-x^2)dx}=\dfrac{(\frac{1}{2}r^2-\frac{1}{4}x^2)x}{r^2-\frac{1}{3}x^2}$, d'où l'on tire $\dfrac{\frac{1}{4}r}{\frac{2}{3}}=\frac{3}{8}r$ pour la valeur de la diftance cherchée, en faifant $x=r$, afin de comprendre toute la demi-fphere dans l'expreffion.

EXEMPLE II.

(126.) Qu'il foit queftion de trouver le centre de maffe d'un paraboloïde. L'équation de la courbe génératrice eft $y^2 = px$; fubftituant cette valeur de y^2 dans la formule générale, la diftance de l'origine des abfciffes au centre de la maffe fera $= \dfrac{\int p x^2 dx}{\int p x\, dx} = \dfrac{\frac{1}{3} x^3}{\frac{1}{2} x^2} = \frac{2}{3} x.$ Il en eft de même de tous les autres corps de cette efpece.

COROLLAIRE XXIV.

(127.) On trouvera de la même maniere le centre des puiffances.

CHAPITRE IV.

De la Rotation d'un Syftême.

DÉFINITION XX.

(128.) ON appelle *Rotation d'un Syftéme*, le mouvement par lequel il tourne fur un point, ou fur un axe quelconque mobile, ou immobile. L'angle que le fyftême décrit en vertu de ce mouvement de rotation, s'appelle *Angle gyratoire*, ou *de Rotation*.

PROPOSITION XVIII.

(129.) *Si deux corps A & B, liés enfemble par une ligne inflexible AB, font mis en mouvement par l'action des puiffances α & β, fuivant les directions paralleles AF, BG, de forte que, dans un inftant, ou différencielle de temps dt, ils fe trouvent en E & I ; je dis que l'angle de rotation décrit pendant cet inftant fera* $= \dfrac{A'dt \int \alpha dt \sin \Sigma - B'dt \int \beta dt \sin \Sigma}{A'^2 A + B'^2 B}$: *A' & B' défignant les diftances refpectives des corps A & B au centre N des maffes, & Σ l'angle KAB, que forment les directions des puiffances avec la ligne AB.*

On a vu (10c.) que le centre de gravité *N* doit fuivre la ligne *NHM*, parallele aux directions des puiffances ; il s'enfuit que les deux diftances *HE*, *HI*, doivent être refpectivement égales à *NA*, *NB* ; & que *FE*, *GI* feront les efpaces que parcourront les corps, en vertu des forces avec lefquelles ils fe tirent mutuellement. Mais ces forces exerçant toujours leurs actions fuivant les lignes *AB*, *EI*,

quì

qui uniſſent les corps (112.), n'affectent point les forces, ou puiſſances, qui animent ces corps perpendiculairement aux mêmes lignes
AB, *EI*. Cela poſé, les forces, ou puiſſances, qui agiſſent ſuivant
AF, *BG*, ſont (75.) aux forces qui agiſſent perpendiculairement
à *AB*, comme le rayon eſt à *ſin* Σ : donc la puiſſance qui anime le
corps *A* perpendiculairement à *AB*, ſera $= \alpha \, ſin \, \Sigma$ *, & celle qui
anime le corps *B*, dans la même direction, ſera $= \beta \, ſin \, \Sigma$. La différencielle de l'eſpace parcouru par le corps *A*, perpendiculairement à *AB*,
ſera donc (35.) $= \frac{dt}{A} \int \alpha dt \, ſin \, \Sigma$, & celle de l'eſpace parcouru par
le corps *B*, dans la même direction, ſera $= \frac{dt}{B} \int \beta dt \, ſin \, \Sigma$, & la quantité
LE, dont un de ces eſpaces différenciels ſurpaſſe l'autre, ſera
$= \frac{dt}{A} \int \alpha dt \, ſin \, \Sigma - \frac{dt}{B} \int \beta dt \, ſin \, \Sigma$. **

Or l'angle de rotation *LIE* eſt, ſelon la Géométrie, $= \frac{LE}{LI} = \frac{LE}{AB}$ ***;

donc l'expreſſion de cet angle ſera $= \dfrac{\frac{dt}{A} \int \alpha dt \, ſin \, \Sigma - \frac{dt}{B} \int \beta dt \, ſin \, \Sigma}{AB}$: ou (en

mettant pour *AB* ſa valeur $A' + B'$) $= \dfrac{\frac{dt}{A} \int \alpha dt \, ſin \, \Sigma - \frac{dt}{B} \int \beta dt \, ſin \, \Sigma}{A' + B'}$. Mais

(83.) $A'A = B'B$; donc on aura, pour l'expreſſion de la valeur de

cet angle, la quantité $\dfrac{\frac{dt}{A} \int \alpha dt \, ſin \, \Sigma - \frac{B'dt}{A'A} \int \beta dt \, ſin \, \Sigma}{A' + B'} = \dfrac{A'dt \int \alpha dt \, ſin \, \Sigma - B'dt \int \beta dt \, ſin \, \Sigma}{A'A(A' + B')}$

$= \dfrac{A'dt \int \alpha dt \, ſin \, \Sigma - B'dt \int \beta dt \, ſin \, \Sigma}{A'^2 A + B'^2 B}$.

---

* Quoique ceci dérive directement de *l'Art.* 75 , auquel l'Auteur renvoie, nous allons cepen-
pendant en donner une démonſtration particuliere, en faveur des commençants. Soit la puiſſance α repréſentée par la portion *Aq* de ſa direction, décompoſée en deux puiſſances *As*, *An*,
la premiere perpendiculaire à *AB*, & l'autre ſuivant *AB*. Dans le triangle rectangle *Asq*, on
aura $Aq : As :: 1 : ſin \, Aqs = ſin \, KAB = ſin \, \Sigma$; donc la force $As = Aq \times ſin \, \Sigma = \alpha \, ſin \, \Sigma$.
On démontrera de même dans le triangle *Bux*, que la force perpendiculaire $Bu = \beta \, ſin \, \Sigma$.

** *LE* eſt véritablement l'excès, ou la différence des deux eſpaces différenciels décrits par
les corps *A* & *B*, en vertu des forces perpendiculaires à *AB*. Car ſi, par le point *I*, on mene
IL parallele à *AB* ; & ſi de ce même point *I*, comme centre, & avec le rayon $IL = AB$,
on décrit l'arc infiniment petit *LE*, qui pourra être conſidéré comme une ligne droite perpendiculaire à *IL* ; il eſt évident que, ſi les forces perpendiculaires à *AB* avoient eu la même
énergie, ou avoient eu la propriété de ſe faire équilibre, les deux corps ſeroient demeurés conſ-
tamment dans la même ligne parallele à *AB* ; mais l'arc *LE* marque de combien le corps *A*
s'eſt élevé au-deſſus de la parallele qui paſſe par le corps *B* arrivé en *i* : donc cet arc marque
l'excès de l'eſpace différenciel parcouru par le corps *A*, en vertu de la force perpendiculaire à
AB qui l'animoit, ſur l'eſpace différenciel parcouru par le corps *B*, en vertu de la force
ſemblable qui agiſſoit ſur lui.

*** Il eſt aiſé de concevoir que l'angle *LIE* eſt l'angle de rotation du ſyſtéme, & que
ſon expreſſion eſt $\frac{LE}{LI}$.

M

DÉFINITION XXI.

(130.) On a aussi contume de donner le nom de *Vîtesse angulaire* à cet angle de rotation décrit pendant l'instant *dt*.

COROLLAIRE I.

(131.) La différencielle de l'espace parcouru par le corps *A* étant (29.) $= udt = LE$; & l'angle de rotation, ou la vîtesse angulaire

---

En effet, puisque les puissances agissent sur les corps *A* & *B* dans les directions parallelles *AF*, *BG*, elles tendent à leur communiquer, ainsi qu'à toutes les parties de la ligne *AB* qui les unit, un mouvement parallele à ces directions ; mouvement qui auroit effectivement & uniquement lieu, si cette ligne n'étoit pas inflexible, comme on le suppose. On a vu (100 & 113.) que le centre de gravité *N* du système se meut de la même maniere que si les puissances α & β y étoient appliquées ; donc son mouvement sera rectiligne & simple, dans la direction *NM* parallele à celles des puissances. Mais à cause de la prépondérance de la puissance α sur la puissance β, la ligne *AB* doit s'incliner de plus en plus à l'égard de sa situation primitive *AB*, tandis que le centre de gravité *N* s'avance dans la ligne *NM* : or pour que cette inclinaison ait lieu, il faut que le corps *A* tourne dans un sens, & le corps *B* dans le sens opposé ; par conséquent toutes les parties du système participent à ce mouvement, à l'exception du centre de gravité *N* que nous avons vu en être exempt. Donc tout le système tourne sur son centre de gravité.

On voit par-là que tous les points de la ligne *AB*, à l'exception du point *N*, doivent avoir un mouvement composé de deux autres, l'un rectiligne, qui tend à leur faire parcourir, ainsi qu'au point *N*, des espaces paralleles aux directions *AF*, *BG*; & l'autre de rotation autour de ce centre, qui tend à leur faire décrire, dans le même temps, des espaces proportionnels aux distances dont elles en sont éloignées. Ainsi, à parler rigoureusement, les corps *A* & *B* ne parcourent ni des lignes droites, ni des arcs de cercle; mais une courbe résultante de la combinaison d'un mouvement rectiligne & d'un circulaire; courbe qui, comme on le voit, est une *Cycloïde*. Mais, comme il ne s'agit ici que du mouvement de rotation pendant la différencielle de temps *dt*, nous ne considérerons que le mouvement circulaire.

Si l'on n'examine pas les mouvements absolus des deux corps *A* & *B*, ni ceux de la ligne *AB*, mais qu'on compare seulement ces mouvements à la position primitive *AB* que cette ligne avoit avant l'action des puissances α & β, il est évident que, pendant la différencielle de temps *dt*, *AB* a dû paroître tourner sur le point fixe *C*, intersection des deux lignes *AB*, *EI*, qui sont les positions du système au commencement & à la fin de l'instant *dt*. C'est ce point qu'on appelle *Centre de conversion*, & que *Bernoulli* a nommé *Centre spontané de rotation*.

Ceci posé, puisque le système a dû paroître tourner sur le point *C*, il est clair que l'angle de rotation est *ACE* = l'angle *LIE* : & en menant par le centre de gravité *H* la droite *HR*, parallele à *AB*, on voit encore que cet angle est égal à l'angle *RHE*, qui est l'angle de rotation décrit autour du centre de gravité *H*.

Maintenant, on sçait, par les élements de Géométrie, qu'un angle est mesuré par l'arc de cercle décrit de son sommet comme centre, & intercepté entre ses côtés, que cet arc a toujours le même nombre de degrés, de quelque grandeur que soit son rayon, quoique sa grandeur absolue soit plus ou moins grande. Or, il est évident que le rayon demeurant le même, l'angle croîtra en proportion de la grandeur de l'arc, c'est-à dire, en raison directe de l'arc. Il est également évident que l'arc demeurant le même en grandeur absolue, l'angle croîtra à proportion que le rayon diminuera, c'est-à-dire, en raison inverse du rayon. Donc en général les angles sont en raison directe de la grandeur absolue des arcs qui leur servent de mesure,

& en raison inverse du rayon de ces arcs ; par conséquent $Angle = \dfrac{Arc}{Rayon}$. Donc $\dfrac{RH}{RE}$, ou $\dfrac{LE}{LI}$

est l'expression de l'angle de rotation.

étant $= \frac{LE}{LI}$; cette derniere vîtesse sera par conséquent $= \frac{udt}{LI}$; & la vîtesse u du corps A sera $= \frac{LE}{dt} = \frac{LE}{LI} \cdot \frac{LI}{dt}$. Donc la vîtesse u est égale à la vîtesse angulaire multipliée par $\frac{LI}{dt}$.

D É F I N I T I O N   XXII.

(132.) Les produits $A'\alpha$, $B'\beta$, $a\alpha$, $b\beta$, des puissances α & β, par leurs distances $A' = AN$, $B' = BN$, ou $a = AO$ & $b = BQ$ au centre N des masses, ou à un plan QM qui passe par ce centre, s'appellent *Moments de ces puissances.*

D É F I N I T I O N   XXIII.

(133.) Pareillement, les produits $A'A$, $B'B$ s'appellent *Moments des masses*, ou *de la gravité.*

D É F I N I T I O N   XXIV.

(134.) Les produits $A'^2 A$, $B'^2 B$ des masses par le quarré de leur distance au centre des masses, ont été nommés *Moments d'inertie* par *Léonard Euler* (*Scientia navalis*, §. 165.). Nous nous servirons de cette expression dans la suite.

L E M M E   I.

(135.) *Les quantités* $A' \sin \Sigma$, $B' \sin \Sigma$, *sont égales aux perpendiculaires* AO, BQ, *tirées des corps sur la ligne* MN, *qui passant par le centre* N *des masses, est parallele aux directions* AF, BG *des puissances.*

Les angles ANO, QNB sont égaux à l'angle KAB; ils auront donc le même sinus, sçavoir, $\sin \Sigma$: de plus, les triangles ANO, QNB étant rectangles, on aura $1 : \sin \Sigma :: AN (A') : AO = A' \sin \Sigma$, & $1 : \sin \Sigma :: BN (B') : BQ = B' \sin \Sigma$. Donc, &c.

C O R O L L A I R E   I.

(136.) Représentant donc par a & b les perpendiculaires AO, BQ, l'expression de l'angle de rotation produit dans l'instant dt deviendra $= \frac{dt \int a\alpha dt - dt \int b\beta dt}{A'^2 A + B'^2 B}$.

Mais la ligne BQ étant de l'autre côté du centre des masses à l'égard de la droite AO, supposée positive, doit être considérée comme négative. Convenant donc de changer les signes des quantités qui ne font pas pofitives *, l'expreffion de la vîteffe angulaire, ou de l'angle de rotation produit dans l'inftant dt deviendra =

$$\frac{dt\int dt\,(a\alpha+b\beta)}{A'^2 A + B'^2 B} = \frac{dt\int dt\,\text{fin }\Sigma(A'\alpha+B'\beta)}{A'^2 A + B'^2 B}.$$

S C O L I E.

(137.) Nous fuppoferons pour le préfent que les corps font infiniment petits, ou que leurs maffes font réunies dans des points, c'eft-à-dire, à leurs centres de maffe.

C O R O L L A I R E II.

(138.) Puifque l'angle de rotation eft $= \dfrac{dt\int dt\,\text{fin }\Sigma(A\alpha-B\beta)}{A'^2 A + B'^2 B} = \dfrac{dt\int dt\,(a\alpha-b\beta)}{A'^2 A + B'^2 B}$, fi, dès le commencement de l'action, la fomme des moments $A\alpha-B\beta$, ou $a\alpha-b\beta$ étoit égale à zéro, le fyftême ne tourneroit pas.

C O R O L L A I R E III.

(139.) Puifqu'on fuppofe que les puiffances agiffent conftamment fur les deux corps A & B, fuivant les directions AF, BG; il s'enfuit que la rotation fe fera (61.) dans le plan qui coïncide avec ces directions, & avec la droite AB qui paffe par le centre des maffes.

D É F I N I T I O N XXV.

(140.) Pour plus de clarté, nous appellerons déformais ce plan, *Plan gyratoire*, ou *Plan de rotation*.

L E M M E I I.

(141.) *Si l'un des corps eft fuppofé infini, ce corps reftera fans mouvement, & le centre des maffes coïncidera avec lui; par conféquent le centre des maffes reftera également fixe, ou fans mouvement.*

Car B étant le corps qu'on fuppofe infini, l'équation $\frac{dt}{B}\int\beta dt = db$, fait voir que fon mouvement eft zéro : on voit de même par l'équation $B' = \frac{A'A}{B}$, que fa diftance B', au centre des maffes eft auffi zéro. Donc fi l'un des corps, &c.

---

* Les quantités qui ne font pas pofitives font b & B' : car on voit que la diftance $BN = B'$ étant de l'autre côté du centre des maffes à l'égard de la diftance $AN = A'$, qu'on fuppofe pofitive, elle doit être de figne contraire. On voit également que ce changement de figne n'affecte point le dénominateur des expreffions de l'angle de rotation, puifque la quantité B' y eft au quarré : ainfi, ce dénominateur eft toujours effentiellement pofitif. Cette remarque s'applique à *l'Art.* 129.

COROLLAIRE I.

(142.) Dans ce cas, la quantité $B' dt \int \beta dt \, \sin \Sigma$, ainsi que la quantité $B'^2 B$, qui se trouvent dans l'expression de l'angle de rotation, sont zéro. Ainsi, cette expression se réduit à $\dfrac{A' dt \int \alpha dt \, \sin \Sigma}{A'^2 A} = \dfrac{dt \int \alpha dt \, \sin \Sigma}{A' A}$, ou $= \dfrac{dt \int \alpha a dt}{A'^2 A}$: d'où l'on voit que lorsqu'un seul corps A est obligé de tourner autour d'un point fixe dont il est éloigné de la quantité A', l'angle de rotation produit pendant l'instant dt est $= \dfrac{dt \int \alpha dt \, \sin \Sigma}{A' A} = \dfrac{dt \int \alpha a dt}{A'^2 A}$ *

COROLLAIRE II.

(143.) S'il n'y a qu'une seule puissance à agir, & qu'il y ait toujours deux corps ; c'est-à-dire, si $\beta = 0$, l'angle de rotation sera $= \dfrac{A' dt \int \alpha dt \, \sin \Sigma}{A'^2 A + B'^2 B} = \dfrac{dt \int \alpha a dt}{A'^2 A' + B'^2 B}$.

COROLLAIRE III.

(144.) Cette expression peut se changer en celle-ci, $\dfrac{A' dt \int \alpha dt \, \sin \Sigma}{A'^2 \left(A + \frac{B'^2}{A'^2} B \right)} = \dfrac{dt \int \alpha a dt}{A'^2 \left(A + \frac{B'^2}{A'^2} B \right)}$, laquelle est la même (142.) que celle qu'on trouveroit, en supposant qu'un seul corps $= A + \dfrac{B'^2}{A'^2} B$, tourne par l'action de la puissance α, autour d'un point fixe éloigné de lui de la quantité A'. Donc la puissance α produit le même angle de rotation, lorsqu'elle fait tourner un seul corps $= A + \dfrac{B'^2}{A'^2} B$ autour d'un point fixe éloigné de lui de la quantité A', que lorsqu'elle fait tourner les deux corps A & B, autour du même point fixe aux distances A' & B'.

COROLLAIRE IV.

(145.) Comme la quantité $B' \sin \Sigma$, ou la perpendiculaire b s'est évanouie de l'expression $\dfrac{dt \int \alpha a dt}{A'^2 A + B'^2 B}$; il s'ensuit que, pour l'angle de rotation, le lieu du corps B est indifférent, pourvu qu'il soit toujours éloigné du point fixe de la quantité B'.

---

* Réciproquement, on peut regarder le point fixe sur lequel un corps est assujetti à tourner, comme le centre de gravité d'un système de deux corps, dont l'un placé sur ce point, & par conséquent sans mouvement, est d'une masse infinie à l'égard de celle de l'autre qui est le corps qui se meut réellement. Le moment d'inertie du corps en mouvement est le seul qu'on doive considérer, puisque celui de l'autre est zéro ; & ce moment est le produit de la masse de ce corps, par le quarré de sa distance au point fixe.

COROLLAIRE V.

(146.) Il est évident, par ce qui a été dit à *l'Art.* 144, qu'au lieu de deux corps A & C qui seroient animés par la puissance α aux distances A' & C' du centre de gravité, nous pouvons supposer un seul corps $= A + \frac{C'^2}{A'^2} C$ soumis à l'action de la même puissance à la distance A' du même point. Substituant donc la quantité $A + \frac{C'^2}{A'^2} C$ en place de A seul, dans l'expression $\frac{dt\int\alpha a\,dt + dt\int\beta b\,dt}{A'^2 A + B'^2 B}$, il en résultera l'angle de rotation produit dans le même instant dt, par l'action des deux puissances α & β, sur les trois corps A; B & C, situés dans le même plan de rotation; & la valeur de cet angle sera

$$= \frac{dt\int\alpha a\,dt + dt\int\beta b\,dt}{A'^2 \left(A + \frac{C'^2}{A'^2} C\right) + B'^2 B} \cdot = \frac{dt\int\alpha a\,dt + dt\int\beta b\,dt}{A'^2 A + B'^2 B + C'^2 C} \cdot$$

COROLLAIRE VI.

(147.) Pareillement, l'angle de rotation, produit par la seule puissance α qui agit sur les trois corps A, C & D, sera

$$= \frac{dt\int\alpha a\,dt}{A'^2 A + C'^2 C + D'^2 D} = \frac{dt\int\alpha a\,dt}{A'^2 \left(A + \frac{C'^2}{A'^2} C + \frac{D'^2}{A'^2} D\right)} \cdot$$

Mais cet angle est le même que celui que produiroit la même puissance, si elle agissoit sur un seul corps $= A + \frac{C'^2}{A'^2} C + \frac{D'^2}{A'^2} D$: substituant donc la valeur de ce corps en place de A dans l'expression $\frac{dt\int\alpha a\,dt + dt\int\beta b\,dt}{A'^2 A + B'^2 B}$, on aura l'angle de rotation que produisent les deux puissances α & β agissant sur les quatre corps A, B, C & D, situés dans le même plan de rotation, & la valeur de cet angle sera $= \frac{dt\int\alpha a\,dt + dt\int\beta b\,dt}{A'^2 \left(A + \frac{C'^2}{A'^2} C + \frac{D'^2}{A'^2} D\right) + B'^2 B} =$

$$\frac{dt\int\alpha a\,dt + dt\int\beta b\,dt}{A'^2 A + B'^2 B + C'^2 C + D'^2 D} \cdot$$

COROLLAIRE VII.

(148.) On dira la même chose de cinq, six, ou d'un plus grand nombre de corps : de sorte que l'angle de rotation produit dans un instant dt par l'action de deux puissances α & β, sur un nombre quelconque de corps situés dans le même plan de rotation, est

$$= \frac{dt\int\alpha a\,dt + dt\int\beta b\,dt}{A'^2 A + B'^2 B + C'^2 C + D'^2 D + \&c.} \cdot$$

COROLLAIRE VIII.

(149.) S'il n'y avoit qu'un seul corps, & qu'il y eût toujours deux

puissances ; c'est-à-dire, si l'on avoit $B = 0$; dans ce cas, l'expres-
sion de l'angle de rotation se réduiroit à $\dfrac{dt \int aa\, dt + dt \int \beta b\, dt}{A'^2 A} = \dfrac{dt \int a\, dt \left(a + \frac{b}{a}\beta\right)}{A'^2 A}$.

COROLLAIRE IX.

(150.) On auroit la même expression, si la puissance $a + \frac{b}{a}\beta$,
agissoit seule sur le corps A à la distance perpendiculaire a de la
direction qui passe par le centre des masses. Donc deux puissances
a & β, dont les directions sont paralleles, & qui agissent à des distances perpendiculaires a & b de la direction qui passe par le centre
des masses, produisent le même angle de rotation qu'une seule puissance
$a + \frac{b}{a}\beta$ qui agiroit à la distance a.

COROLLAIRE X.

(151.) Nous pouvons donc mettre dans l'expression
$\dfrac{dt \int aa\, dt + dt \int \beta b\, dt}{A'^2 A + B'^2 B + C'^2 C + D'^2 D + \&c.}$, au lieu de deux puissances a & γ,
qui agiroient aux distances a & c, une seule puissance $a + \frac{c}{a}\gamma$,
qui agisse à la distance a ; ce qui donnera l'angle de rotation produit par trois puissances qui agissent parallélement sur un nombre quelconque de corps situés dans le même plan que les directions des
puissances $= \dfrac{dt\,(\int aa\, dt + \int \gamma c\, dt) + dt \int \beta b\, dt}{A'^2 A + B'^2 B + C'^2 C + D'^2 D + \&c.} = \dfrac{dt \int aa\, dt + dt \int \beta b\, dt + dt \int \gamma c\, dt}{A'^2 A + B'^2 B + C'^2 C + D'^2 D + \&c.}$.

COROLLAIRE XI.

(152.) Pareillement, si l'on substitue dans cette derniere expres-
sion la quantité $\int a\, dt \left(a + \frac{d}{a}\delta\right)$, à la place de $\int aa\, dt$ seul, on aura l'angle de rotation produit par l'action de quatre puissances qui agissent
suivant des directions paralleles sur un nombre quelconque de corps
situés dans le même plan de rotation $= \dfrac{dt \int aa\, dt + dt \int \beta b\, dt + dt \int \gamma c\, dt + dt \int \delta d\, dt}{A'^2 A + B'^2 B + C'^2 C + D'^2 D + \&c.}$.

COROLLAIRE XII.

(153.) On dira la même chose d'un nombre quelconque de puissances qui agissent suivant des directions paralleles sur un nombre
quelconque de corps situés dans un même plan de rotation. Donc
en général, l'angle de rotation produit, pendant un temps infiniment
petit dt, par un nombre quelconque de puissances qui agissent suivant des directions paralleles sur un nombre quelconque de corps
unis entre eux par des lignes inflexibles, & situés dans le plan même

de la rotation , a pour expreſſion $\dfrac{dt\!\int\!\alpha a\,dt + dt\!\int\!\beta b\,dt + dt\!\int\!\gamma c\,dt + dt\!\int\!\delta\,dd\,t + \&c.}{A'^{2}A + B'^{2}B + C'^{2}C + D'^{2}D + \&c.}$

Dans cette expreſſion, on fera négatives les perpendiculaires a, b, c, d, &c. & les puiſſances α , β , γ , δ , &c. qui doivent l'être (136.)

COROLLAIRE XIII.

(154) Si l'on repréſente par p la diſtance perpendiculaire du centre des puiſſances à la direction qui paſſe par le centre des maſſes; & par π la ſomme des puiſſances, on aura (104.) $p\pi = \alpha a + \beta b + \gamma c + \delta d + \&c.$ ſomme des moments, & $dt\!\int\!p\pi\,dt = dt\!\int\!dt\,(\ \alpha a + \beta b + \gamma c + \delta d + \&c.\ )$. Donc, en ſubſtituant, on aura , pour la valeur de l'angle de rotation produit dans l'inſtant dt par l'action d'un nombre quelconque de puiſſances qui agiſſent, ſuivant des directions parallèles, ſur un nombre quelconque de corps unis entre eux par des lignes inflexibles, & qui ſont dans le même plan de rotation, la quantité

$$\frac{dt\!\int\!p\pi\,dt}{A'^{2}A + B'^{2}B + C'^{2}C + D'^{2}D + \&c.}$$

COROLLAIRE XIV.

(155.) L'expreſſion $p\pi$ fait voir que l'angle de rotation n'éprouvera aucun changement, quelque ſituation qu'on donne aux puiſſances, dans le plan de rotation ; ſoit qu'on les diviſe, ſoit qu'on les uniſſe comme on voudra , pourvu que la ſomme des puiſſances qu'on leur ſubſtitue , ſoit toujours égale à la même quantité π ; & que la diſtance perpendiculaire de leur centre à la direction qui paſſe par le centre des maſſes ſoit toujours égale à la même quantité p.

COROLLAIRE XV.

(156.) L'expreſſion du dénominateur $A'^{2}A + B'^{2}B + C'^{2}C + D'^{2}D + \&c.$ fait voir pareillement que la valeur de l'angle de rotation n'éprouvera aucun changement, de quelque manière qu'on diſtribue les corps dans le plan de rotation, pourvu qu'on les conſerve à la même diſtance du centre des maſſes; & ſi l'on fait varier ces diſtances en même temps que les corps , l'angle de rotation demeurera encore le même, ſi la ſomme $A'^{2}A + B'^{2}B + C'^{2}C + D'^{2}D + \&c.$ des moments d'inertie demeure toujours conſtante.

COROLLAIRE XVI.

(157.) Si nous ſuppoſons que la ſomme des moments d'inertie $A'^{2}A + B'^{2}B + C'^{2}C + D'^{2}D + \&c. = S$, l'angle de rotation produit pendant l'inſtant dt , par un nombre quelconque de puiſſances qui

agiſſent

agiſſent parallélement ſur un nombre quelconque de corps unis entre eux par des lignes inflexibles, & ſitués dans le plan même de la rotation, ſera $= \frac{dt \int p \pi dt}{S}$.

COROLLAIRE XVII.

(158.) Pareillement, ſi l'on repréſente par P la diſtance du centre des maſſes à celui des puiſſances ; & par Σ l'angle que forme la ligne qui joint ces deux centres avec les directions, on aura $1 : \sin \Sigma :: P : p = P \sin \Sigma$. Donc, en ſubſtituant, on pourra encore exprimer l'angle de rotation par $\frac{\int (dt \int \pi dt\, P \sin \Sigma)}{S}$, ou par $\frac{P \int (dt \int \pi dt\, \sin \Sigma)}{S}$, ſi P eſt conſtant. *

PROPOSITION XIX.

(159.) *Le mouvement de rotation ſera le même, ſoit que le ſyſtéme ſoit libre, ſoit que ſon centre de maſſe ſoit fixe.*

Si l'on ſuppoſe qu'une nouvelle puiſſance, égale à la ſomme de toutes celles qui agiſſent ſur le ſyſtême, agiſſe dans une direction contraire ſur le centre des maſſes, il eſt clair que ce centre demeurera en repos (110.) : mais cette nouvelle puiſſance étant appliquée au centre des maſſes, n'affectera point le numérateur de la formule de l'angle de rotation. Donc le mouvement de rotation du ſyſtême ſe fera de la même maniere, ſon centre de maſſe étant fixe, que s'il étoit libre.

PROPOSITION XX.

(160.) *Les formules que nous avons données pour la valeur de l'angle de rotation, ont encore lieu dans le cas où tous les corps, ainſi que toutes les puiſſances, ne ſont pas dans le même plan de rotation.*

Suppoſons que le ſyſtême eſt compoſé de trois corps B, C, D, unis entre eux par des lignes inflexibles, & animés par les trois puiſſances β, γ, δ, dont les directions ſont paralleles entre elles, & perpendiculaires à la droite DC qui joint les deux corps D & C. Soit de plus BA perpendiculaire à DC; A le centre des maſſes des corps C & D; & G celui des trois corps, ou celui des deux B & A, en ſuppoſant les deux corps C & D, réunis dans le point A, de maniere à ne faire qu'un ſeul corps $A = C + D$. Soit encore ſuppoſé que le centre des deux puiſſances γ & δ, ſe trouve de

---

* On remarquera que ces expreſſions ſont celles de l'angle de rotation pendant un temps fini s, au lieu que les précédentes n'en expriment que la différencielle, c'eſt-à-dire qu'elles expriment l'angle de rotation produit pendant un temps infiniment petit dt.

de même en A, afin que le fyftême des deux corps C & D ne tourne point, & qu'en conféquence la ligne CD fe conferve dans tout fon mouvement perpendiculaire aux directions des puiffances. Par le centre G des maffes, menons la ligne IH parallele à DC, & enfuite des points D & C abaiffons fur IH les perpendiculaires DH & CI; de plus, repréfentons ces perpendiculaires par D' & C', & la ligne AG par A', ce qui donnera $A' = C' = D'$; & fuppofons enfin que $\gamma + \delta = \alpha$.

Subftituant maintenant ces valeurs dans la formule trouvée pour l'angle de rotation produit dans le fyftême des deux corps B & A, qui eft $\frac{dt\int dt \sin \Sigma (A'\alpha + B'\beta)}{A'^2 A + B'^2 B}$, cette formule deviendra $\frac{dt\int dt \sin \Sigma (C'\gamma + D'\delta + B'\beta)}{C'^2 C + D'^2 D + B'^2 B}$, qui eft l'expreffion de l'angle de rotation produit dans le fyftême des trois corps B, C & D; angle qui eft le même que celui qui auroit lieu, fi les trois corps étoient dans le même plan de rotation AB, & placés à des diftances B', C' & D' du point G : puifque cette expreffion de l'angle de rotation eft identique avec celle qu'on a trouvée précédemment pour ce cas.

C O R O L L A I R E   I.

(161.) On voit évidemment que le corps B peut pareillement fe divifer en deux autres corps fitués aux extrémités d'une ligne parallele à DC, & les fuppofer animés par l'action de deux puiffances, dont la fomme eft égale à β. Il en feroit de même d'un nombre quelconque de corps, dont fe trouveroit compofé un fyftême, & qui feroient fitués dans le même plan de rotation AB.

C O R O L L A I R E   II.

(162.) On vient de voir comment deux corps A & B placés dans le même plan de rotation AB, peuvent être divifés, ou conçus divifés en plufieurs autres : par la même méthode, les corps divifés peuvent auffi être réunis, ou confidérés comme réunis dans le même plan AB. Dans l'un & l'autre cas, le centre des puiffances fe trouve dans ce plan, & c'eft fur ce même plan qu'on exprime la mefure de l'angle gyratoire, ou de rotation.

C O R O L L A I R E   III.

(164.) Le plan de rotation fera donc, dans les deux cas, celui qui, paffant par le centre des maffes, paffe auffi par celui des puiffances, & eft parallele aux directions de ces dernieres.

C O R O L L A I R E   IV.

(163.) Puifque le mouvement de rotation du fyftême fe fait de la même maniere lorsque le syftême eft libre, que lorfque le centre *G* des maffes eft fixe, le fyftême tournera donc, dans le cas préfent, de la même maniere que fi la ligne *HI* étoit fixe. Car, par la fuppofition, cette droite *HI* doit fe maintenir conftamment parallele à *DC*, & celle-ci doit toujours être perpendiculaire aux directions des puiffances.

DÉFINITION XXVI.

(165.) La ligne *HI*, confidérée comme fixe, fur laquelle le fyftême fait fa rotation, s'appelle *Axe de rotation*.

COROLLAIRE V.

(166.) Si, par l'axe de rotation *HI*, on fait paffer un plan parallele aux directions des puiffances; & fi, des points *D*, *A* & *C*, on abaiffe des perpendiculaires à ce plan, ces perpendiculaires que nous nommerons d, a & c, feront égales entre elles, & à $D' \sin \Sigma$, $A' \sin \Sigma$, & $C' \sin \Sigma$ (135.). Subftituant donc les lettres d, a & c dans la formule de l'angle de rotation, en place des quantités $D' \sin \Sigma$, $A' \sin \Sigma$, & $C' \sin \Sigma$, chacune pour celle qui lui correfpond, cette formule deviendra $\dfrac{dt \int dt \,(c\gamma + d\delta + b\beta)}{C'^2 C + D'^2 D + B'^2 B}$; expreffion qui, comme on le voit, eft la même que celle qu'on a trouvée pour le cas où tous les corps du fyftême font dans le même plan de rotation *AB*.

DÉFINITION XXVII.

(167.) Nous appellerons *Plan directeur* ce plan qui, paffant par l'axe de rotation, eft parallele aux directions des puiffances.

COROLLAIRE VI.

(168.) Puifque d, c & b marquent les diftances perpendiculaires des points *D*, *C* & *B* au plan directeur, fi nous nommons p la diftance perpendiculaire du centre de toutes les puiffances au même plan; & fi nous repréfentons par π la fomme des mêmes puiffances, on aura la fomme des moments des puiffances, c'eft-à-dire, $\gamma c + d\delta + b\beta + \mathcal{E}c. = p\pi$ (104.), d'où l'on tire $\dfrac{dt \int p\pi \, dt}{C'^2 C + D'^2 D + B'^2 B}$ pour l'expreffion de l'angle de rotation, ou enfin en faifant le dénominateur $C'^2 C + D'^2 D + B'^2 B + \mathcal{E}c. = S$, cette expreffion deviendra $\dfrac{dt \int p\pi \, dt}{S}$: *S* marquant ici la fomme des moments d'inertie. *

---

* Il eft néceffaire de remarquer que depuis *l'Art.* 160, les moments d'inertie n'expriment

COROLLAIRE VII.

(169.) On verra aifément, en examinant ces formules, qu'elles n'exigent point que les centres de maffe des corps pris deux à deux, comme D & C, fe trouvent précifément dans la droite AB, comme nous l'avons fuppofé dans *l'Art.* 160 ; on peut les fuppofer plus hauts, ou plus bas, dans la même ligne CD ; car cela n'affecte nullement les diftances DH, AG & CI, & par conféquent le dénominateur $C'^2 C + D'^2 D + B'^2 B + \&c.$, ni l'angle de rotation n'éprouvent aucun changement. La feule chofe qui changera fera le centre G des maffes ; mais il fe maintiendra toujours dans la droite, ou axe HI.

COROLLAIRE VIII.

(170.) Les mêmes formules n'exigent pas non plus que les centres des puiffances qui agiffent fur les corps pris deux à deux, comme D & C, tombent précifément dans la ligne AB, ni dans le centre de maffe des mêmes corps, comme nous l'avons fuppofé dans *l'Art.* 160 : elles exigent feulement que la diftance p du centre de toutes les puiffances au plan directeur, refte toujours la même ; que ce centre foit placé en K, ou en quelque autre point de la ligne LKN parallele à l'axe, il en réfultera toujours le même angle de rotation, puifque la quantité p conferve toujours la même valeur.

PROPOSITION XXI.

(171.) *Si l'on faifoit varier le centre des puiffances, de maniere qu'il fortît de la ligne, ou plan GA, qui, paffant par le centre des maffes, eft perpendiculaire au plan directeur HI, le fyftême ne tourneroit pas alors fur l'axe fixe III, mais fur un autre axe qui, paffant par le centre de gravité, feroit perpendiculaire à un plan parallele aux directions des puiffances, & paffant par le centre des maffes & par celui des puiffances.*

Suppofons que les directions des puiffances font perpendiculaires au plan du papier fur lequel la figure eft tracée, & que leur centre fe trouve en O. Soit imaginé le plan GO, parallele aux directions ; & par le centre G foit élevé la perpendiculaire GQ fur ce plan, cette perpendiculaire fera l'axe fixe fur lequel le fyftême fera fa rotation. Car fuppofons que le fyftême puiffe auffi tourner fur la

---

plus le produit de chaque corps par le quarré de fa diftance au centre des maffes qui compofent le fyftéme, comme notre Auteur les a définis d'après *Léonard Euler*, & comme il les avoit employés avant cet article ; mais ces moments expriment le produit de chaque corps par le quarré de fa diftance à l'axe de rotation. Cette derniere définition revient à la premiere, lorfque les corps font dans un même plan.

ligne GO ; dans ce cas, les produits des puiſſances ſituées de part &
d'autre du plan GO, par leurs diſtances perpendiculaires au même
plan, doivent former le numérateur de l'expreſſion de l'angle de
rotation ; mais la ſomme de ces produits eſt égale à zéro : donc
le ſyſtême ne peut tourner ſur la ligne GO, & par conſéquent la
ligne QT ne peut non plus tourner ſur GO. Donc QT ſera l'axe
fixe ſur lequel le ſyſtême doit tourner. *

COROLLAIRE I.

(172.) Si l'on fait paſſer par QGT un plan parallele aux directions
des puiſſances, ce plan ſera le plan directeur (167.); p exprimera la
perpendiculaire abaiſſée du centre O des puiſſances ſur le plan directeur
QGT (168.); & GO ſera le plan de rotation qui, paſſant par le
centre G des maſſes, & par celui O des puiſſances, eſt parallele
aux directions de celles-ci (163.).

COROLLAIRE II.

(173.) Comme un corps fini quelconque peut être conçu diviſé en
une infinité d'autres corps infiniment petits, & unis entre eux par la
nature, il s'enſuit que l'angle de rotation produit pendant la différencielle
de temps dt, autour d'un axe, par un nombre quelconque de puiſſances
qui agiſſent ſur un corps dans des directions paralleles, ſera
$= \dfrac{dt \int p\pi\, dt}{S} = \dfrac{P\, dt \int \pi\, dt \ſin \Sigma}{S}$: en marquant par P la diſtance du centre des
puiſſances à l'axe de rotation ; & par Σ l'angle que forme la ligne
qui meſure cette diſtance, avec le plan directeur.

COROLLAIRE III.

(174.) Si l'un des corps eſt infini, ce corps reſtera fixe (141.), &
ſon centre de gravité concourra avec le centre de gravité du ſyſtême.
Le ſyſtême tournera alors autour de ce corps, ou ſur un axe fixe qui,
paſſant par ſon centre de gravité, ſera perpendiculaire à un plan parallele aux directions, & qui paſſe par ce point fixe, & par le centre
des puiſſances.

COROLLAIRE IV.

(175) L'expreſſion de l'angle de rotation ſera dans ce cas, comme

---

* Ceci paroîtra d'ailleurs évident, ſi l'on conſidere que le point O étant, par l'hypotheſe, le
centre des puiſſances, & que le ſyſtême devant tourner ſur ſon centre de gravité G, (Voyez les
Articles 129 & ſuiv. & particuliérement la troiſieme note de l'Article 129) le plan GO parallele
aux directions des puiſſances, & dans lequel ſe trouve leur réſultante, ſera néceſſairement le plan de
rotation. Par conſéquent toutes les parties du ſyſtême décriront des arcs paralleles à ce plan GO.
Donc le ſyſtême tournera ſur un axe perpendiculaire à ce plan, c'eſt-à-dire, ſur la ligne QT.

ci-deſſus , $= \dfrac{dt \int a z\, dt + dt \int b^2 dt + \&c. \ldots + dt \int e e\, dt}{A'^2 A + B'^2 B + \&c. \ldots + E'^2 E}$; expreſſion qui ſe réduit , le corps E étant infini , à $\dfrac{dt \int a z\, dt + dt \int b e\, dt + \&c.}{A'^2 A + B'^2 B + \&c.}$ * $= \dfrac{dt \int p \pi\, dt}{S} = \dfrac{P dt \int \pi\, dt \sin z}{S}$.

SCOLIE.

(176.) Dans ce cas, le centre de gravité du ſyſtême eſt dans l'axe fixe : les diſtances A', B', C', &c. ſont celles des corps au même axe fixe ; a , b , c , &c. & p ſont les perpendiculaires abaiſſées des puiſ-ſances & de leur centre ſur le plan directeur, lequel coïncide avec le même axe fixe ; P eſt la diſtance perpendiculaire du centre des puiſſances à l'axe ; π la ſomme de toutes les puiſſances ; & S la ſomme des produits des corps, ou maſſes, par le quarré de leurs diſtances perpendiculaires au même axe fixe.

LEMME III.

(177.) *Si l'on appelle Z la ſomme des produits des corps, ou maſſes, par le quarré de leurs diſtances reſpectives à un axe qui paſſe par leur centre de maſſe, & qui ſoit en même temps parallele à celui qui paſſe par le point fixe ; & ſi de plus on appelle G la diſtance du même centre des maſſes à l'axe fixe, on aura $S = G^2 M + Z$.*

Car ſoit *IKLN* un corps qu'on peut regarder comme un ſyſtême de corps liés entre eux ; H ſon centre de gravité ; O l'axe fixe perpen-diculaire au plan de rotation, que nous ſuppoſerons être le même que celui de la figure ; & Q un petit poids, un corpuſcule, ou une petite ligne perpendiculaire au plan de rotation, ou parallele aux axes. Cela poſé, le quarré de OQ, diſtance perpendiculaire du cor-puſcule Q à l'axe fixe O eſt égal à la ſomme des quarrés de $OH = G$, & de HQ ; plus à deux rectangles de OH par HT. La même choſe aura lieu pour chacun des corpuſcules dont le corps eſt compoſé. Donc la ſomme des produits de chaque corpuſcule, ou maſſe élé-mentaire, par le quarré de ſa diſtance perpendiculaire à l'axe fixe O, ſera $= G^2 M + \int HQ^2 . Q + 2 G \int HT . Q$; c'eſt à-dire que $S = G^2 M + Z + 2 G \int HT . Q$. Mais $\int HT . Q$ eſt la ſomme des pro-

---

* Cela eſt évident ; car, par le Corollaire précédent, la diſtance E', ainſi que la perpendi-culaire e ſont chacune égales à zéro

On voit encore , par ces deux Corollaires , qu'on peut regarder le point fixe ſur lequel un ſyſtême de corps eſt aſſujetti à tourner, comme le centre de gravité d'un autre ſyſtême qui auroit un corps de plus ; ce corps additionnel étant ſuppoſé infini à l'égard de la ſomme des autres, & placé ſur le point fixe. On voit, par ces formules, que la conſidération de ce corps infini eſt inutile relativement à l'angle de rotation, qui par conſéquent ſera le même dans les deux ſyſtêmes. Dans ce cas, comme dans tous les autres, les moments d'inertie ſont le produit de chaque corps par le quarré de ſa diſtance à l'axe fixe. Cette note eſt analogue à celle de *l'Article* 142.

duits des corpuscules, ou masses, par leurs distances au plan directeur *YX*, & cette somme est égale (120.) au produit de la masse torale *M*, par la distance du centre des masses *H* au plan *YX*, laquelle distance est zéro : donc $\int HT. Q = o$, & par conséquent $G^2 M + Z = S$.

COROLLAIRE I.

(178.) En substituant cette valeur de *S* dans les expressions de l'angle de rotation, elles deviendront dans le cas d'un axe fixe
$$= \frac{\int (dt \int p\pi dt)}{G^2 M + Z} = \frac{P\int (dt \int \pi dt \sin \Sigma)}{G^2 M + Z}.$$

COROLLAIRE II.

(179.) Lorsque $G = o$; c'est-à-dire, lorsque l'axe fixe passe par le centre des masses, ou que le système tourne sur son centre de masse, on a $S = Z$; dans ce cas, les expressions ci-dessus se réduisent à celles qu'on a données dans les *Art.* 157 & 158. Donc le système, ou le corps, étant libre, sa rotation se fait de la même maniere que s'il tournoit sur son centre de masse supposé fixe ; c'est ce qui a déjà été démontré, *Art.* 159.

COROLLAIRE III.

(180.) Quand le centre des puissances coïncide avec celui des masses, comme il arrive dans les corps pesants, lorsqu'ils descendent par la seule action de la gravité, on a $G = P$. Donc, dans ce cas, l'angle de rotation sur un axe fixe sera $= \frac{\int (dt \int p\pi dt)}{P^2 M + Z} = \frac{P\int (dt \int \pi dt \sin \Sigma)}{P^2 M + Z}.$

PROPOSITION XXII.

(181.) *Le centre de gravité dans les corps pesants qui descendent par la seule action de la gravité, en tournant autour d'un point, ou axe fixe, ne peut parvenir au repos qu'en descendant le plus bas qu'il est possible.*

Soit *ABCD* un corps pesant, qui doit tourner librement autour de l'axe *E*, par la seule action de la gravité. Soit *G* le centre de gravité du corps, *HO* un plan horifontal, & *FI* un plan vertical, qui passent par l'axe fixe *E*. Ayant tiré la ligne *EG* perpendiculaire à l'axe, elle sera $= P$, & l'angle $GEI = \Sigma$. Le seul cas où le corps peut rester sans mouvement, est sans contredit celui dans lequel, au commencement de l'action, la différencielle $\frac{P dt \int \pi dt \sin \Sigma}{P^2 M + Z}$ de l'angle de rotation est égale à zéro. Mais quelle que soit la situation du corps, cette quantité ne peut être zéro que lorsque $P \sin \Sigma = GK = o$, ou lorsque $\Sigma = o$. Donc il faut que le corps parvienne à cette situation pour pouvoir s'arrêter, ou refter en repos. Or cette fituation ne peut avoir lieu que lorfque le corps parvient au point où la perpendiculaire $GN = P \cos \Sigma$ a la plus grande valeur, ou eft un *maximum* ; car, en différenciant, on a pour ce cas $P d\Sigma \fin \Sigma = 0$, qui donne $P \fin \Sigma = 0$. Donc un corps ne peut refter en repos que lorfque fon centre de gravité G eft parvenu à fa plus grande diftance du plan horifontal HO, ou, ce qui revient au même, que lorfqu'il eft defcendu le plus bas qu'il eft poffible.

DES PENDULES.

Définition XXVIII.

(182.) On appelle *Pendule fimple* un corps infiniment petit, ou entiérement réuni dans un point A fufpendu à un fil infiniment mince, ou à une ligne inflexible AC.

Définition XXIX.

(183.) Le point C étant fixe, fi l'on éloigne le corps A de la verticale CB, comme en CA, & qu'enfuite on l'abandonne à lui-même, le pendule fe meut en vertu de la gravité qui eft la puiffance qui l'anime, & va jufqu'en Ca ; enfuite il revient de nouveau en CA, & ainfi continuellement. Chacune de ces allées & venues s'appelle une *Ofcillation*.

Corollaire I.

(184.) Comme il n'y a qu'un feul corps dans ce fyftême, ou pendule fimple, & qu'une feule puiffance qui l'anime, toutes les quantités qui entrent dans l'expreffion de l'angle de rotation doivent, dans ce cas, être égales à zéro, excepté une : par conféquent l'angle de rotation du pendule fimple $= \dfrac{dt\,\fa\,\alpha\,dt}{A'^2 A} = \dfrac{P\,dt\,\fa\,dt\,\fin \Sigma}{A'^2 A}$, ou à caufe que $P = A' = CA$, $= \dfrac{dt\,\fa\,dt\,\fin \Sigma}{CA.A}$.

Corollaire II.

(185.) Comme la puiffance α eft conftante dans les corps qui tombent par l'action de la gravité ; & qu'on a (50.) $\dfrac{\alpha}{A} = \xi$, il s'enfuit que l'angle de rotation du pendule fimple fera $= \dfrac{\xi\,dt\,\fa\,dt\,\fin \Sigma}{CA}$; Σ marquant l'angle BCA que forme le pendule fimple avec la verticale CB, à quelque inftant que ce foit de fon ofcillation ; de forte que l'angle total, ou l'ofcillation entiere fera $= 2\Sigma = \dfrac{\xi}{CA} \int (dt\,\fa\,dt\,\fin \Sigma)$.

Définition

DÉFINITION XXX.

(186.) On appelle *Pendule composé* tout autre pendule dans lequel le corps, ou le fil, a quelque volume, ou qui est composé de plusieurs corps unis entre eux, comme A & B.

COROLLAIRE I.

(187.) L'angle de rotation du pendule composé est (180.)
$$= \frac{P\int(dt \int \pi dt \, \sin \Sigma)}{P^2 M + Z} :$$ ou, à cause que π est constant, & que $\frac{\pi}{M} = \xi$ (50.),
$$= \frac{P\xi M\int(dt \int dt \, \sin \Sigma)}{P^2 M + Z}.$$

COROLLAIRE II.

(188.) Si un pendule simple & un pendule composé font leurs oscillations dans le même temps, & si ces oscillations font d'ailleurs égales; c'est-à-dire, si l'angle Σ de l'une est toujours égal à l'angle Σ de l'autre, on aura $\frac{\xi\int(dt \int dt \, \sin \Sigma)}{CA} = \frac{P\xi M\int(dt \int dt \, \sin \Sigma)}{P^2 M + Z}$, ou à cause que la quantité $\xi\int(dt \int dt \, \sin \Sigma)$, qui se trouve dans l'un & dans l'autre membre de l'équation, est la même de part & d'autre, par les conditions du problème, on aura, en réduisant, $\frac{1}{CA} = \frac{PM}{P^2 M + Z}$; expression qui donne la longueur du pendule simple isochrone au pendule composé ; c'est-à-dire, $CA = \frac{P^2 M + Z}{PM} = P + \frac{Z}{PM}$.

COROLLAIRE III.

(189.) Substituant en place de $P^2 M + Z$ son égale S, la longueur CA du pendule simple isochrone au pendule composé sera $= \frac{S}{PM}$.

DÉFINITION XXXI.

(190.) Si, dans un pendule composé, on prend, dans la ligne qui joint le centre de gravité & l'axe fixe, un point qui soit éloigné de l'axe fixe de toute la longueur du pendule simple, dont les oscillations font de la même grandeur & de la même durée que celles du pendule composé, ce point est ce qu'on appelle *Centre d'oscillation.*

COROLLAIRE I.

(191.) Le centre d'oscillation sera donc éloigné du centre de gravité, de la quantité $\frac{Z}{PM} = P + \frac{Z}{PM} - P$, qui est la différence entre les distances du centre d'oscillation & du centre de gravité à l'axe, ou au point fixe.

COROLLAIRE II.

(192.) Le centre d'oscillation est donc toujours plus éloigné de l'axe fixe, que le centre de gravité, puisqu'on a $P+\frac{Z}{PM}>P$.

PROPOSITION XXIII.

(193.) *La longueur du pendule simple isochrone est aussi*
$$=\frac{(A'A^2+B'^2B+C'^2C+\&c.)\,\sin\Sigma}{A'A\sin\alpha+B'B\sin\beta+C'C\sin\gamma+\&c.}\ ;\ \Sigma\ \textit{marquant l'angle}\ \mathrm{DCG}\ \textit{que forme}$$
la verticale CD, *ou le plan vertical perpendiculaire aux directions, avec la ligne* CG, *qui passe par le centre de gravite* G; & α, β, γ, &c., *les angles* DCA, DCB, &c. *que forme la même verticale, ou le même plan, avec les lignes tirees du point fixe* C *à chacun des corps dont est composé le pendule.*

Car $P\sin\Sigma=p$ (158.), ou $P=\frac{p}{\sin\Sigma}$, en substituant cette valeur dans la formule de *l'Art.* 189, on aura la longueur du pendule simple isochrone $=\frac{S\sin\Sigma}{pM}$. Mettant dans cette expression, pour S, sa valeur $A'^2A+B'^2B+C'^2C+\&c.$, & pour pM sa valeur $aA+bB+cC+\&c.=A'A\sin\alpha+B'B\sin\beta+C'C\sin\gamma+\&c.$, la longueur du pendule simple isochrone sera $=\frac{(A'^2A+B'^2B+C'^2C+\&c.)\sin\Sigma}{A'A\sin\alpha+B'B\sin\beta+C'C\sin\gamma+\&c.}$.

COROLLAIRE.

(194.) Si tous les angles α, β, γ, &c. sont égaux ; c'est-à-dire, si tous les corps A, B, &c. sont dans une même ligne, ou plan BAC, qui passe par le point, ou axe fixe, C; & si chacun de ces corps en particulier peut être regardé comme réuni en un seul point de la même ligne, ou du plan, le numérateur & le dénominateur de l'expression pourront alors se diviser par le même sinus, & la longueur du pendule simple deviendra, pour ce cas, $=\frac{A'^2A+B'^2B+C'^2C+\&c.}{A'A+B'B+C'C+\&c.}$.

SCOLIE.

(195.) Cette formule que beaucoup d'Auteurs ont donnée comme générale, n'est certaine que dans le cas ci-dessus : dans tous les autres, où les corps qui composent le pendule ne seroient pas réunis dans une ligne qui passât par le point fixe, elle est tout-à-fait sans fondement.

DES LEVIERS.

DÉFINITION XXXII.

(196.) Lorsque deux puissances α & β agissent dans les directions

AD, BE, fur un corps inflexible AB, appuyé, ou fixé en C, cette Planc. I.
efpece d'inftrument, ou corps inflexible s'appelle un *Levier*; & le Fig. 18,
point C fur lequel il eft fixé, s'appelle *Point d'appui*, ou *Hypomochlion*. 19 & 20.

Définition XXXIII.

(197.) Lorfque l'hypomochlion eft entre les deux puiffances ap- Fig. 18.
pliquées en A & B, on l'appelle *Levier de la premiere efpece*. Si
l'hypomochlion eft à l'une des extrémités, la puiffance β étant appliquée en B, c'eft-à-dire, la plus éloignée de l'hypomochlion,
tandis que l'autre puiffance α, qu'elle eft deftinée à vaincre, eft
appliquée en A, c'eft-à-dire, plus proche du point d'appui, ce Fig. 19.
levier s'appelle *Levier de la feconde efpece*. Enfin fi l'hypomochlion
étant toujours à l'une des extrêmités, la puiffance β en eft plus
proche que la puiffance α qu'elle eft deftinée à vaincre, on l'appelle Fig. 20.
Levier de la troifieme efpece.

Corollaire I.

(198.) L'angle CAD étant fuppofé $= \Sigma$, & l'angle $CBE = \sigma$,
l'angle de rotation produit pendant la différencielle de temps dt,
fera généralement dans les leviers $= \dfrac{dt \int dt\, (CB.\beta\, fin\, \sigma - CA.\alpha\, fin\, \Sigma)}{S}$ (129);
S marquant la fomme de tous les moments d'inertie, ou de tous les
produits de chaque particule des maffes mifes en mouvement par le
quarré de la diftance au point fixe C.

Corollaire II.

(199.) Puifque $CB.fin\, \sigma =$ la perpendiculaire CF; & que $CA.fin\, \Sigma$
$=$ la perpendiculaire CG, l'angle de rotation produit pendant la
différencielle de temps dt fera auffi $= \dfrac{dt \int dt\, (CF.\beta - CG.\alpha)}{S}$.

Corollaire III.

(200.) Il fuit de là que plus la perpendiculaire CF fera grande à
l'égard de la perpendiculaire CG, moins il faudra que la puiffance β
deftinée à vaincre la puiffance α, foit confidérable. Ce fera la même
chofe, plus la perpendiculaire CG fera petite à l'égard de la perpendiculaire CF.

Corollaire IV.

(201.) Il convient donc que la direction BE foit perpendiculaire à la longueur du levier, afin que CF parvienne à la plus
grande valeur qu'elle puiffe avoir.

COROLLAIRE V.

(202.) Il convient encore que la matiere dont le levier eſt compoſé ait le moins de denſité qu'il eſt poſſible , ou que les efforts
qu'il doit ſoutenir peuvent le permettre ; parce qu'alors la maſſe
étant la moindre qu'il eſt poſſible , les quantités qui forment le dénominateur, ſe trouvent diminuées le plus qu'il eſt poſſible ; ce qui
augmente la valeur de l'angle de rotation.

COROLLAIRE VI.

(203.) Si, dès le commencement de l'action des puiſſances , on
avoit $CB.\beta \sin \sigma = C\alpha.\alpha \sin \Sigma$, ou $CF.\beta = CG.\alpha$, l'angle de rotation
feroit égal à zéro , & le levier reſteroit ſans mouvement , c'eſt-à-
dire , en équilibre.

COROLLAIRE VII.

(204.) Ce qu'on vient de dire de deux puiſſances , doit s'entendre d'un nombre quelconque de puiſſances qu'on appliqueroit au
levier ; car on a vu dans *l'Art.* 104, que $p\pi = a\alpha + b\beta + c\gamma + d\delta + \&c.$
& par conſéquent la ſomme des moments de toutes ces puiſſances
produit le même effet qu'une ſeule puiſſance π placée à la diſtance p
de l'hypomochlion.

COROLLAIRE VIII.

(205.) L'angle de rotation dans le levier pouvant s'exprimer généralement par $\frac{dt\int p\pi dt}{S}$, π exprimant une puiſſance quelconque qui
agit à la diſtance p de l'hypomochlion ; & de même par $\frac{udt}{p}$ (131.) ,
en ſuppoſant que u repréſente la viteſſe du point auquel la puiſ-
ſance eſt appliquée : on aura par conſéquent $\frac{dt\int p\pi dt}{S} = \frac{udt}{p}$; d'où l'on
tire , en diviſant par dt , & en différenciant, $p^2\pi dt = Sdu$; ce qui
donne la puiſſance $\pi = \frac{Sdu}{p^2 dt}$.

COROLLAIRE IX.

(206.) Lorſqu'un levier tourne ſur un point quelconque, l'action
qu'il éprouve eſt proportionnelle à Sdu, c'eſt-à-dire que cette action
eſt en raiſon compoſée de la ſomme S des moments d'inertie , & de
la différencielle du.

COROLLAIRE X.

(207.) Puiſque l'angle de rotation , ou la viteſſe angulaire eſt
$= \frac{udt}{p}$, la différencielle du ſera proportionnelle à la différencielle

de la vîteffe angulaire ; par conféquent l'action que fouffre le levier fera en raifon compofée de la fomme S des moments d'inertie, & de la différencielle de la vîteffe angulaire.

SCOLIE I.

(208.) Lorfqu'un levier eft fixé par un quelconque de fes points, fans avoir la liberté de tourner fur ce point, on doit confidérer ce point comme *l'hypomochlion*, ou *l'appui* fur lequel le levier tend à tourner ; mais comme, par l'hypothefe, il ne tourne pas, il faut qu'il y ait équilibre entre les moments (138.) : d'où l'on voit, que fi tous les moments des forces qu'on a employées font pofitifs, il faut néceffairement qu'il y en ait d'autres qui foient négatifs. Ces moments négatifs trouvent leur exiftence dans la maffe même du levier, dans fes fibres qui agiffent dans une direction contraire, en vertu de leurs forces d'attraction, de cohéfion, ou d'une nature quelconque, comme l'expérience le fait voir. Ainfi, fi des puiffances quelconques agiffoient fur le levier CA fixe fur fa bafe $KEDG$, de maniere que leurs efforts réunis tendiffent à le faire tourner fur l'axe GE, toutes les fibres, ou tous les points de la même bafe réfifteroient, & le moment de chacune de ces fibres feroit la force effective qu'elle exerce, multipliée par fa diftance perpendiculaire à l'axe EG. Si nous appellons donc f cette force effective de chaque fibre, & a, b, c, d, &c les différentes diftances perpendiculaires refpectives des fibres à l'axe EG, on aura le moment de la réfiftance des fibres $= f(a+b+c+d+\&c.)$: donc, par la fuppofition que le levier ne peut pas tourner, on aura $p\pi = f(a+b+c+d+\&c.)$, ou $f = \frac{p\pi}{a+b+c+d+\&c.}$; π défignant la puiffance qui agit fur le levier, & p la diftance perpendiculaire de l'axe EG à la direction de cette même puiffance.

On obfervera que, dans ce cas, la lettre f ne défigne pas feulement l'intenfité de la force abfolue de chaque fibre, mais le produit de cette force, par l'amplitude, ou l'aire de la fibre. Suppofant donc $CB = x$, & FH parallele à l'axe $= y$, l'aire de la fibre fera $= dydx$; & fi nous repréfentons par f l'intenfité qui en réfulte, la force de chaque fibre fera $= fdydx$: par conféquent toute la force de la différencielle HI fera $= fydx$, & fon moment $= fyxdx$. Donc, dans le cas où le levier ne tourne pas, on aura $\int fyxdx = p\pi$, ou $f = \frac{p\pi}{\int yxdx}$; bien entendu que dans l'expreffion $\int fyxdx$ on renferme non feulement les moments pofitifs des fibres du fegment

PLANC. I.

FIG. 211

GDE, mais aussi les moments du segment GKE qui agissent aussi positivement, & résistent également à la rotation, quoique dans celui-ci les x soient négatives ; parce que les forces $yydx$ des fibres sont en même temps négatives : car il est facile de voir que dans ce segment, les fibres se compriment, au lieu qu'elles se dilatent, ou tendent à se dilater dans l'autre segment. Les moments de chacun de ces segments sont égaux (103.) au produit de leur surface, par l'intensité f de la force des fibres, & par la distance de leur centre de gravité à l'axe GE. Donc si nous supposons la surface $GDE = A^2$, la surface $GKE = a^2$, la distance du centre de gravité de la première à l'axe $= K$, & celle de la seconde au même axe $= k$, on aura $\int xydx = KA^2 + ka^2$, & par conséquent $f = \dfrac{p\pi}{KA^2 + ka^2}$.

COROLLAIRE XI.

(209.) On doit entendre la même chose, quoique le levier tourne sur un point quelconque ; car quelle que soit l'action à laquelle il est soumis, l'effet de cette action doit nécessairement se manifester en quelque section comme KD.

COROLLAIRE XII.

(210.) On a vu (205.) que, dans la rotation du levier, on a $\pi = \dfrac{Sdu}{p^2 dt}$; on aura donc aussi, dans ce cas, $f = \dfrac{Sdu}{pdt(KA^2 + ka^2)}$; c'est-à-dire que l'action qui résulte sur les fibres, est comme Sdu, ou comme le produit de la somme S des moments d'inertie, par la différencielle de la vîtesse angulaire.

COROLLAIRE XIII.

(211.) Si l'intensité totale, ou la force effective des fibres qui composent le levier, est plus grande que $\dfrac{p\pi}{KA^2 + ka^2}$, ou que $\dfrac{Sdu}{pdt(KA^2 + ka^2)}$, le levier résistera ; mais il se rompra, si cette force est plus petite.

COROLLAIRE XIV.

(212.) Si l'on suppose que la base $KGDEK$ augmente proportionnellement dans toutes ses dimensions linéaires, la quantité $KA^2 + ka^2$ sera comme $L^2 l^2$ *, L exprimant le diamètre KD, & l celui qui

---

* On peut aisément se rendre raison de ceci. Si l'on représente par L' & l' les dimensions linéaires homologues dans une autre base semblable à $KGDEK$, il est évident que les produits, ou moments correspondants KA^2, $K'A'^2$, donneront cette proportion $KA^2 : K'A'^2 :: K^3 : K'^3$ (représentant les parties homologues des deux bases, par les mêmes lettres accentuées), ou

lui est perpendiculaire. Nous pourrons donc faire $KA^2 + ka^2 = nL^2 l$, n désignant un nombre quelconque ; ce qui donnera $f = \frac{r\pi}{nL^2 l}$, ou $f = \frac{S\,du}{p\,dt(nL^2 l)}$.

COROLLAIRE XV.

(213.) Si l'on suppose dans un levier $f = \frac{r\pi}{nL^2 l}$, & dans un autre $F = \frac{P\varphi}{nL'^2 l'}$, on aura $f : F :: \frac{p\pi}{L^2 l} : \frac{P\varphi}{L'^2 l'}$.

COROLLAIRE XVI.

(214.) Si les leviers sont d'une même matiere, on aura $f = F$, & $\frac{p\pi}{L^2 l} = \frac{P\varphi}{L'^2 l'}$: d'où il suit que les forces π & φ que ces leviers pourront supporter, seront entre elles comme $\frac{P}{L'^2 l'}$ est à $\frac{p}{L^2 l}$, ou comme $\frac{L'^2 l'}{p}$ est à $\frac{L^2 l'}{P}$; c'est-à-dire, en raison directe de $L'^2 l'$, & en raison inverse de P ; ou en raison directe de $KA^2 + ka^2$, & en raison inverse de p.

COROLLAIRE XVII.

(215.) Ce qu'on vient de dire de la section KD, doit s'entendre d'une autre section quelconque, comme LM. L'intensité de la force des fibres, dans cette derniere section, sera pareillement $F = \frac{P\varphi}{K'A'^2 + k'a'^2} = \frac{P\varphi}{nL'^2 l'}$, avec la seule différence que, dans ce cas, P marque la distance de l'axe situé dans la section LM, à la direction de la puissance. Donc si nous supposons l'intensité de la force des fibres en $KD = f = \frac{p\pi}{nL^2 l}$, & l'intensité en $LM = F = \frac{P\varphi}{nL'^2 l'}$, comme ces deux intensités F & f sont égales lorsqu'il s'agit d'un levier homogène, nous aurons $\frac{p\pi}{L^2 l} = \frac{P\varphi}{L'^2 l'}$, ou $\pi : \varphi :: PL^2 l : pL'^2 l'$: ainsi, pour qu'un levier soit capable d'une même résistance dans tous ses points, ou dans toutes ses distances de la base, ou pour qu'il puisse supporter avec une égale force l'action de la même puissance $\varphi = \pi$, on doit avoir $PL^2 l = pL'^2 l'$, ou $L^2 l : L'^2 l' :: p : P$; c'est-à-dire que les dimensions linéaires du levier, dans ses différents points, ou dans ses différentes sections, telles que KD, LM, doivent être comme

---

$:: L^3 : L'^3$. Il en sera de même des produits, ou moments ka^2, $k'a'^2$; donc $KA^2 : K'A'^2 :: ka^2 : k'a'^2$, & par conséquent $KA^2 + ka^2 : K'A'^2 + k'a'^2 :: KA^2 : K'A'^2$, ou $:: L^3 : L'^3$, ou enfin $:: L^2 L \cdot L'^2 l'$. Mais à cause de la similitude des bases, on a $L : L' :: l : l'$; donc $L^2 L : L'^2 L' :: L^2 l : L'^2 l'$; par conséquent $KA^2 + ka^2 : K'A'^2 + k'a'^2 :: L^2 l : L'^2 l'$. Donc, &c.

les racines cubiques de leurs distances à la direction de la puissance. *

COROLLAIRE XVIII.

(216.) Il suit de là que, pour que le levier soit également fort dans tous ses points, il doit avoir la forme d'un conoïde, dont les côtés KL & DM, soient des paraboles du second genre. Car, en supposant que y soit une des dimensions linéaires des sections KD, LM, x la distance de ces sections à la direction de la puissance, & que Q représente le parametre de la parabole, on doit avoir constamment $y^3 = Q^2 x$, pour que le levier soit capable de la même résistance dans tous ses points. **

COROLLAIRE XIX.

(217.) Si, au lieu d'une seule puissance π agissante sur le levier, il y en avoit plusieurs qui fussent égales entre elles, & également distribuées sur sa longueur, il est évident que la somme des moments qu'elles exerceront à l'égard d'une section quelconque, comme les sections KD, LM, sera $= \frac{1}{2} x^2 \alpha$; α exprimant une quelconque de ces puissances égales. Donc, pour que des leviers homogènes soient, dans la supposition actuelle, d'une égale force dans tous leurs points, il faut que la quantité $\frac{x^2 \alpha}{y^3}$ soit constante ; c'est-à-dire qu'on doit avoir $y^3 = Q x^2$; équation à une parabole du second genre, mais d'une espece différente de celle du Corollaire précédent. ***

---

* Cette conséquence est évidente, d'après tout ce qu'on vient de dire, & particuliérement d'après la note de *l'Art.* 212 : car on a vu que $L^2 l : L'^2 l' :: L^3 : L'^3 :: l^3 : l'^3$: donc, en substituant, $L^3 : L'^3$, ou $l^3 : l'^3 :: p : P$, d'où l'on tire $L : L'$, ou $l : l' :: \sqrt[3]{p} : \sqrt[3]{P}$.

** Pour rendre cette vérité plus sensible, supposons que y représentant une des dimensions linéaires de la section KD, y' représente une dimension homologue de la section LM ; & que x marquant la distance de la premiere section à la direction de la puissance, x' marque la distance de la seconde à la même direction : on aura, par le Corollaire précédent, $y^3 : y'^3 :: x : x'$. Donc si Q^2 est tel qu'en multipliant x, on ait $y^3 = Q^2 x$, on aura aussi $y'^3 = Q^2 x'$. Donc en général $y^3 = Q^2 x$, équation à la parabole du second genre ; dont Q est le parametre.

*** Quoique ce Corollaire soit une suite nécessaire de ce qui a été dit dans les deux précédents & dans leurs notes, nous allons cependant le développer davantage en faveur des commençants. Soit x la distance de la section KD à l'extrémité du levier ; puisqu'on suppose sur tous les points du levier des puissances égales α, qui agissent dans des directions paralleles pour en opérer la rupture, il est évident que la somme des moments de ces puissances à l'égard de la section KD ; sera égale au moment de leur résultante. Mais cette résultante est égale à la somme $x \alpha$ de toutes les puissances ; & sa distance à la section $KD = \frac{1}{2} x$, donc son moment $= \frac{1}{2} x^2 \alpha$. Marquant également par x' la distance de la section LM à l'extrémité du levier, on aura $\frac{1}{2} x'^2 \alpha$ pour la somme des moments de puissances à l'égard de cette section.

Ceci posé, si l'on met ces moments à la place de $p \pi$ & de $P \varphi$ (215.), on aura $\dfrac{\frac{1}{2} x^2 \alpha}{L^2 l} = \dfrac{\frac{1}{2} x'^2 \alpha}{L'^2 l'}$,

SCOLIE

SCOLIE II.

(218.) La situation de l'axe GE peut varier, c'est-à-dire que cet axe peut être plus ou moins éloigné du centre de la base $KGDEK$. Cela dépend de la figure de cette base, de la qualité de la matiere dont le levier est composé, de la disposition dans laquelle il est assujetti, & enfin de la direction de la puissance qui agit sur lui. Cette situation de l'axe peut être plus ou moins avantageuse, ou donner au levier plus ou moins d'avantage pour résister. Supposons que l'axe GE puisse se placer plus voisin de l'extrémité K de la quantité z: dans ce cas, les moments du segment GDE seront $= \int\int ydx\,(x+z)$; & ceux du segment $GKE = \int\int ydx\,(x-z)$; c'est-à-dire que les premiers seront $= \int\int yxdx + \int\int yzdx$, & les seconds $= \int\int yxdx - \int\int yzdx$. Or, la somme de ces moments est plus grande que celle que nous avons eue pour le premier cas, dans lequel $z = 0$, de la quantité $\int z\int ydx - \int z\int ydx$: c'est-à-dire, de $\int z.aire\ GDE - \int z.aire\ GKE$; & cette quantité sera plus ou moins grande, selon la valeur de z. Donc plus z sera grand, plus $KA^2 + ka^2$, ou son égal nL^2l le sera aussi, & par conséquent plus la valeur de $f = \frac{p\pi}{KA^2 + ka^2} = \frac{p\pi}{nL^2l}$ sera petite. Donc les fibres auront besoin de moins de force pour résister, ou, ce qui revient au même, elles résisteront davantage à un égal degré de force. Donc plus z sera grand, ou plus l'axe sera éloigné du point par lequel passe un axe qui divise la base $KGDEK$ en deux parties égales, plus le levier sera capable de résistance.

SCOLIE III.

(219.) On a supposé dans tout ce qu'on vient de dire, que la force des fibres, dans la section GKE, est égale à celle qui a lieu dans l'autre section GDE; mais, comme dans la premiere de ces sections, les fibres résistent à leur compression, & que dans la seconde elles résistent à leur dilatation, il n'y a aucune certitude que ces deux especes de résistances soient égales dans la nature. Cependant on peut les supposer ainsi, jusqu'à ce que l'expérience nous fasse con-

---

dans tous les points d'un levier homogène qu'on suppose capable d'une égale résistance. y & y' représentant des dimensions linéaires homologues dans les deux sections, les quantités L^2l & L'^2l', qui sont proportionnelles à L^3 & L'^3, sont aussi proportionnelles à y^3 & y'^3; donc $\frac{\frac{1}{2}x^2z}{y^3} = \frac{\frac{1}{2}x'^2z}{y'^3}$, c'est-à-dire que $\frac{\frac{1}{2}x^2z}{y^3}$ est une quantité constante. Si l'on fait cette quantité $= m$, on aura $y^3 = \frac{a}{2m}.x^2$, ou $y^3 = Qx^2$, en faisant $\frac{a}{2m} = Q$; équation à la parabole cubique.

noître la véritable loi fuivant laquelle les fibres exercent leurs forces de réfiftance.

CHAPITRE V.
De l'axe & du rayon de Rotation.

Définition XXXIV.

(220.) **O**N appelle *Axe de Rotation* la ligne fixe dans un fyftême de corps, fur laquelle tournent tous les corps qui le compofent, en décrivant de petits arcs de cercle, quand même ce ne feroit que dans un inftant, ou une différencielle de temps. La diftance perpendiculaire du centre de gravité du fyftême à cet axe, s'appelle *Rayon de Rotation*.

Proposition XXIV.

(221.) *Trouver l'axe de rotation, ou le point fur lequel tourne un fyftême.*

Soit un fyftême libre compofé d'un nombre quelconque de corps unis entre eux par des lignes inflexibles, lequel tourne dans le plan de la Figure; foit de plus C le centre de gravité du fyftême qu'on fuppofe avoir parcouru, fuivant la direction CI, l'efpace CD, dans un inftant, ou différencielle de temps. Suppofant encore qu'un corps quelconque A paffe de A en B dans le même inftant, foit tiré les lignes ACE, BDE, prolongées jufqu'à ce qu'elles fe coupent en E, l'angle AED fera l'angle de rotation décrit par le fyftême dans le même inftant, ou différencielle de temps. (*Voyez la note* *** *de l'Article* 129.). Soit pris $EH = ED$, & foit mené la ligne DH, enfuite par le point F qui divife la ligne CD en deux parties égales, foit élevé la perpendiculaire FG, & en faifant l'angle $CDG = EDH$, le point G fera celui où fe trouve l'axe fur lequel tourne tout le fyftême dans l'inftant, ou la différencielle de temps, que le centre de gravité a employé à paffer de C en D.

Les triangles HED, CGD, font femblables par la conftruction, & par conféquent l'angle $HED = CGD$. L'angle $ACI = BDI + HED = BDI + CGD$, & l'angle $IDG = DCG + CGD$. En fommant ces deux égalités, on a $ACI + DCG + CGD = BDI + CGD + IDG$; c'eft-à-dire, $ACI + DCG = BDI + IDG$, ou $ACG = BDG$: de forte que, fi, donnant un petit mouvement au fyftême, on fait tomber C

fur D, & A fur B, & la ligne AC fur BD, à caufe des angles égaux ACG & BDG, la ligne CG tombera fur la ligne DG, & le point G fera demeuré immobile pendant le mouvement. De plus, les triangles ACG, BDG, étant femblables & égaux, donnent $AG = BG$, & par conféquent le corps A aura décrit, dans l'inftant, ou la différencielle de temps, le petit arc AB, dont le rayon eft AG.

On démontrera la même chofe de tout autre corps du fyftême: donc le point G, où le plan directeur eft rencontré par la perpendiculaire FG à la direction CI, & menée du centre de gravité, fera celui où paffe l'axe de rotation.

COROLLAIRE I.

(222.) A mefure que le centre de gravité paffe d'un lieu à un autre, l'axe de rotation varie, & il ne peut être fixe, à moins que le centre de gravité ne le foit auffi; & dans ce cas, tout le fyftême tourne fur un axe qui paffe par ce centre.

COROLLAIRE II.

(223.) Donc il n'y a point d'axe fixe dans le fyftême, fi ce n'eft pour un inftant, ou différencielle de temps, lorfqu'il ne tourne pas fur celui qui paffe par le centre de gravité.

PROPOSITION XXV.

(224.) *Chacune des lignes* DG, CG, *ou le rayon de rotation, eft*

$$= \frac{S\int\pi dt}{PM\int\pi dt\,\mathrm{fin}\,\Sigma}.$$

Car l'angle $CGD = \frac{CD}{CG}$ (129 , *note* ***) eft égal à AED (221.), qui eft l'angle de rotation; donc $\frac{CD}{CG} = \frac{P\,dt\int\pi dt\,\mathrm{fin}\,\Sigma}{S}$. Subftituant, dans cette équation, pour CD, fa valeur $\frac{dt\int\pi dt}{M}$ (35 , 105, ou 116.) , on aura $\frac{dt\int\pi dt}{M.CG} = \frac{P\,dt\int\pi dt\,\mathrm{fin}\,\Sigma}{S}$. Donc $CG = \frac{S\int\pi dt}{PM\int\pi dt\,\mathrm{fin}\,\Sigma}$.

COROLLAIRE I.

(225.) Comme $P\,\mathrm{fin}\,\Sigma = p$ (158.), on pourra encore exprimer le rayon de rotation par $\frac{S\int\pi dt}{M\int p\,dt}$.

COROLLAIRE II.

(226.) Dans les corps qui tombent librement par la feule action de leur gravité, le centre des puiffances coïncide avec celui de gravité; c'eft-à-dire que $p = 0$: donc le rayon de rotation fera infini; par conféquent les corps qui tombent librement par la feule action de leur gravité, ne peuvent jamais avoir de mouvement de rotation. Il en eſt de même d'un corps qui ſeroit animé par des puiſſances dont le centre coïncideroit avec celui de gravité.

COROLLAIRE III.

(227.) Si la ſomme des puiſſances π eſt égale à zéro, ou ſi elles ſe détruiſent mutuellement par l'oppoſition des quantités poſitives & des quantités négatives, ſans que pour cela l'intégrale $\int \pi dt \sin \Sigma$, ou $\int p\pi dt$ ceſſe d'avoir une valeur, le rayon de rotation ſera auſſi zéro, & par conſéquent le ſyſtême tournera ſur ſon centre de gravité. (110.) *

SCOLIE I.

(228.) M. *Bouguer*, dans ſon *Traité du Navire, Liv. II, Section III, Chap. I*, dit que, ſi une ligne droite eſt pouſſée ou tirée perpendiculairement par deux puiſſances égales, & de directions contraires, appliquées à ſes extrémités, cette ligne tournera ſur ſon centre de gravité. Cette aſſertion eſt vraie non-ſeulement dans ce cas, mais dans tous ceux où les puiſſances ſont égales & de directions contraires, lors même qu'elles n'agiſſent pas perpendiculairement ſur la ligne, & qu'elles ne ſont pas appliquées à ſes extrémités. Il ſuffit, pour cela, comme on vient de le voir, que la ſomme des puiſſances π ſoit $= 0$, comme elle l'eſt en effet lorſque les deux puiſſances ſont égales & de directions contraires. Que les puiſſances ſoient d'ailleurs placées où l'on voudra, & qu'elles agiſſent ſur la ligne, ſous quelque angle que ce ſoit, cela eſt indifférent, pourvu qu'on n'ait pas $\int \pi dt \sin \Sigma$, ou $\int p\pi dt = 0$. Il eſt vrai que ce cas, bien examiné, eſt tout-à-fait imaginaire, & que la formule ne peut lui être appliquée, parce qu'en rigueur une ligne eſt immatérielle; & par conſéquent, dans ce cas, M auſſi-bien que S, ſont zéro. Mais ſi l'on admet qu'il ne s'agit pas d'une ligne mathématique, mais d'un parallélipipede matériel, notre remarque demeure dans toute ſa force.

---

* On remarquera que l'expreſſion $p\pi$, qui repréſente généralement la ſomme des moments des forces, n'eſt pas zéro toutes les fois que la ſomme π des puiſſances eſt zéro par l'oppoſition des puiſſances poſitives & négatives; car on voit (104.) que p eſt alors infini. La difficulté diſparoîtra, ſi l'on prend pour π, non le zéro abſolu, mais une quantité infiniment petite. En général, $p\pi$ ne peut être zéro, quant à l'angle de rotation, que dans deux cas particuliers, ſçavoir, lorſque $p = 0$, qui eſt le cas du Corollaire précédent, & lorſque la ſomme des puiſſances poſitives eſt non-ſeulement égale à celle des puiſſances négatives, mais encore lorſque le centre des unes coïncide avec le centre des autres, ou, ce qui revient au même, lorſque la réſultante des unes eſt égale & directement oppoſée à celle des autres.

SCOLIE II.

(220.) *Jean Bernoulli*, dans le Tome IV de ſes Œuvres, N°. CLXXVII, ne détermine le centre, ou l'axe de rotation que dans le cas où *ſin* $\Sigma = 1$; c'eſt-à-dire, dans le cas où la ligne menée du centre des puiſſances au centre de gravité, eſt perpendiculaire à la direction. La valeur du rayon de rotation ſe réduit, alors, à $\frac{S}{PM}$, qui eſt l'expreſſion que nous avons trouvée (189.) pour la longueur du pendule ſimple, dont les oſcillations ſont de même grandeur & de même durée que celles du pendule compoſé, ou pour la diſtance de l'axe de rotation au centre d'oſcillation du pendule, ou du ſyſtême (190.); ce qui lui a fait croire que le ſyſtême tournoit ſur ſon centre d'oſcillation. En effet, ſi l'on imagine que le ſyſtême tourne ſur ſon centre de gravité fixe, comme ſi c'étoit un pendule, dans ce cas, ſon centre d'oſcillation ſera éloigné de ſon centre de gravité, de la quantité $\frac{S}{PM}$, quoique du côté oppoſé à celui que nous avons vu que ſe trouve l'axe de rotation. M. *Bouguer*, dans ſon *Traité de la Manœuvre des Vaiſſeaux*, *Liv. I*, *Section II*, *Chap. XIV*, remarque bien que ce point eſt du côté oppoſé à celui où l'on place la puiſſance, par rapport au centre de gravité; mais il donne, pour regle générale, que la diſtance du centre de gravité à l'axe de rotation, eſt en raiſon inverſe de celle de ce même centre à la puiſſance, ou comme $\frac{S}{PM}$, tandis que l'expreſſion générale de la diſtance du centre de gravité à l'axe de rotation, eſt $\frac{S\int\pi\,dt}{PM\int\pi\,dt\,\sin\Sigma}$; expreſſion qui ne ſe réduit à $\frac{S}{PM}$, & ne répond par conſéquent avec la regle de M. *Bouguer*, que dans le cas où *ſin* $\Sigma = 1$, & eſt conſtant. Dans tous les autres cas, cette diſtance eſt en raiſon inverſe de la diſtance P, & en raiſon directe de $\frac{\int\pi\,dt}{\int\pi\,dt\,\sin\Sigma}$. Cette différence vient de ce que, tant M. *Bouguer*, que *Jean Bernoulli*, n'ont cherché le lieu du centre, ou de l'axe de rotation, que dans le premier inſtant où le ſyſtême ſe met en mouvement. Il eſt certain que pendant la durée de cet inſtant, on peut ſuppoſer *ſin* Σ conſtant, quoiqu'il ne le ſoit pas dans les ſuivants. La quantité $\frac{\int\pi\,dt}{\int\pi\,dt\,\sin\Sigma}$ ſe trouve réduite, pour le premier inſtant, à $\frac{1}{\sin\Sigma}$, qui eſt une quantité conſtante; & par conſéquent la diſtance du centre de gravité à l'axe de rotation ſe trouve par-là ſeulement en raiſon inverſe de la diſtance P.

CHAPITRE VI.
De la Percuſſion.

DÉFINITION XXXV.

(230.) *L A Percuſſion* eſt le choc, ou le coup que ſe donnent les corps, lorſqu'ils ſe rencontrent, étant mus avec des vîteſſes, ou des directions différentes.

DÉFINITION XXXVI.

(231.) Si, après que le choc a eu ſon effet, les corps continuent à ſe mouvoir étant unis, & ne font ſeulement que ſe preſſer, l'action qu'ils exercent s'appelle une *Preſſion.*

DÉFINITION XXXVII.

(232.) Si, dans l'action du choc, aucun des corps ne ſe détermine à la rotation, le point dans lequel ſe fait le choc, s'appelle *Centre de percuſſion.*

On a vu que, dans les corps graves, on appelle *Centre de gravité* le point ſur lequel le corps étant appuyé, demeure en équilibre, ſans ſe déterminer à tourner, ni d'un côté ni de l'autre. Dans l'action du choc, on appelle de même *Centre de percuſſion*, le point dans lequel le corps, étant choqué, demeure en équilibre, ſans ſe déterminer à la rotation, ni d'un côté, ni de l'autre.

AXIOME IV.

(233.) Les corps font impénétrables, c'eſt-à-dire, ne peuvent ſe pénétrer de maniere à occuper le même lieu dans le même temps.

Quoique nous voyions journellement qu'un corps s'introduiſe dans un autre, les particules de matiere du premier n'occupent pas pour cela le même lieu que celles du ſecond : celles de celui-ci cedent leur place à celles du premier, & chaque particule occupe un lieu ſéparé, tant avant qu'après, & même dans le temps du choc, de ſorte que deux particules ne peuvent jamais occuper le même lieu.

AXIOME V.

(234.) La nature opere par intervalles, ou par des mouvements ſucceſſifs.

C'eſt ce que quelques-uns ont nommé la *Loi de continuité.* Un corps qui fe meut fuivant une direction, ne peut paffer d'un point à un autre, fans paffer fucceffivement par tous les points intermédiaires. Pareillement un corps ne peut paffer d'une vîteffe à une autre plus grande ou plus petite, fans avoir eu auparavant & fucceffivement tous les autres degrés de vîteffe intermédiaires : il en eft de même de tous les cas à l'infini.

DÉFINITION XXXVIII.

(235.) Si un corps en rencontre, ou en choque un autre, comme (233.) ils ne peuvent fe pénétrer, & que le corps choquant, en vertu de fon inertie, tend à conferver fon degré de vîteffe, il doit agir peu à peu, & par des degrés fucceffifs, fur le corps choqué, qui n'en a pas tant, & l'inertie de celui-ci doit s'exercer, avec une direction contraire, à chaque inftant de l'action du corps choquant : par conféquent chacun des deux corps doit éprouver, dans le point du contact, ou dans les environs, une force, ou puiffance, qui eft une force d'action dans le corps choqué, de la part du corps choquant, & une force de réaction dans le corps choquant, de la part du corps choqué ; l'une & l'autre eft égale (16.) à la force d'inertie des corps. Cette force, quelle qu'elle foit, s'appelle *Force de percuffion.*

S C O L I E I.

(236.) Si les deux corps étoient parfaitement folides, ou denfes ; c'eft-à-dire, s'il n'y avoit aucuns pores, ou interftices entre les particules de matiere qui les compofent ; il ne feroit pas poffible que le corps choquant agît peu à peu, & par degrés, fur le corps choqué : il faudroit alors que le corps choqué reçût tout d'un coup toute la vîteffe du corps choquant, ce qui eft abfolument contraire à ce qu'on a dit ci-deffus. (234.)

Cette difficulté a paru à quelques Auteurs une raifon fuffifante pour ne point admettre, dans la nature, de corps parfaitement folides. Cependant fi l'on confidere que, dans la divifion continue des corps, il faut néceffairement qu'on arrive aux atomes primitifs dont ils font compofés, & que ceux-ci font tout à-fait privés de pores ; on ne peut gueres foufcrire à cette opinion, & par conféquent on ne peut pas exclure de la nature les corps parfaitement durs, ou folides. Il fe préfente encore d'autres difficultés, à mefure qu'on examine plus profondément les propriétés des premiers éléments de la matiere ; mais ces difcuffions n'entrent pas dans notre plan, puifque nous nous bornons à traiter des corps déjà compofés de ces éléments.

Il eſt certain, au reſte, qu'on ne connoit point de corps dans toute la nature, dont les particules intégrantes ne ſoient ſéparées les unes des autres par des pores, ou interſtices.

DÉFINITION XXXIX.

(237.) C'eſt au moyen des pores, ou interſtices, que les premieres particules des corps cedent leur place à l'impulſion du choc, ou de la percuſſion, pour aller occuper des interſtices plus éloignés. Dans certains corps, les particules cedent moins au choc, & dans d'autres elles cedent davantage ; c'eſt ce qui fait qu'on dit que les corps ſont plus ou moins durs, ou plus ou moins mous ; enſorte qu'un corps eſt d'autant plus dur, que ſes particules cedent moins leur place dans l'impulſion du choc, ou de la percuſſion.

SCOLIE II.

(238.) De là viennent les enfoncements, cavités, ou impreſſions qui ſe forment dans les corps, par le moyen des chocs ; de là les introductions, &, pour ainſi dire, les pénétrations des corps les uns dans les autres. Nous diſons tous les jours, quoiqu'improprement, qu'un boulet a pénétré dans un mur, un clou dans une planche, &c.

SCOLIE III.

(239.) Il eſt néceſſaire de ne pas confondre la dureté des corps avec leur denſité. L'or eſt plus denſe que l'acier, mais l'acier eſt plus dur que l'or ; le mercure eſt plus denſe que l'argent, & n'eſt cependant point dur ; il en eſt de même de beaucoup d'autres corps. On ne prétend pas pour cela établir que la dureté eſt abſolument indépendante de la denſité : le même or, battu avec le marteau, & réduit à un moindre volume, & par conſéquent à une plus grande denſité, acquiert auſſi une plus grande dureté. Si un corps n'avoit pas de pores, où s'il étoit infiniment denſe, aucune de ſes parties ne pourroit céder au choc ; par conſéquent il ſeroit auſſi infiniment dur. La dureté peut donc dépendre de la denſité, mais elle peut auſſi dépendre de la cohéſion des parties mêmes. L'expérience eſt le ſeul moyen que nous ayons, juſqu'à préſent, pour connoître le degré de dureté de chaque eſpece de corps.

DÉFINITION XL.

(240.) On appelle *Corps tenaces*, ceux dont les parties ne ſe rompent point, ou ne ſe ſéparent point les unes des autres, en cédant

leurs

leurs places ; & la tenacité eſt d'autant plus grande, que les parties
réſiſtent davantage à leur ſéparation.

DÉFINITION XLI.

(241.) Les corps dont les parties ne peuvent céder leurs places
ſans ſe rompre, ſont appellés *fragiles*, & la fragilité eſt d'autant
plus grande, que les parties qui reçoivent le choc, ſe ſéparent, ou
ſe rompent plus facilement.

DÉFINITION XLII.

(242.) *L'élaſticité* eſt la force que l'expérience nous a fait découvrir dans les corps, par laquelle les parties qui ont été forcées, ou
qui ont cédé à l'impreſſion d'un choc, ou à celle d'une preſſion, tendent à ſe rétablir dans leur lieu reſpeƈtif, telles qu'elles étoient avant
le choc, ou la preſſion. C'eſt par cette force qu'une balle de paume
ſe releve, lorſqu'elle tombe à terre ; c'eſt encore par cette force
qu'un reſſort, après avoir été comprimé, tend à ſe rétablir dans ſon
premier état ; que l'arc décoche la fleche, &c. &c. &c. Cette force
réſide dans toutes les particules de matiere qui cedent à l'impulſion
du coup, à moins que, dans l'aƈtion, quelques-unes d'elles ne ſe
rompent, ou ne ſe ſéparent totalement, ou en partie : car, dans ce cas,
elles perdent totalement, ou en partie, leur élaſticité. Enfin cette
force agit dans quelque inſtant que ce ſoit du choc, elle concourt
avec celle de percuſſion, dont elle fait partie, ou même le tout,
& elle tend à ſéparer les corps, en les pouſſant dans des direƈtions
oppoſées.

COROLLAIRE I.

(243.) L'élaſticité augmente à proportion que le nombre des parties forcées, ou qui ont cédé à l'impulſion du choc, augmente ;
ou, ce qui eſt la même choſe, à proportion que l'impreſſion devient plus grande ; & la force d'élaſticité eſt la plus grande qu'il eſt
poſſible, lorſque l'impreſſion eſt parvenue à toute ſa grandeur, ou
qu'elle eſt devenue l'impreſſion totale.

COROLLAIRE II.

(244.) C'eſt dans cet état de la plus grande impreſſion, que toute
la force d'élaſticité exiſte ; parce qu'ayant été en augmentant par des
degrés ſucceſſifs, juſqu'à ce que la plus grande impreſſion fût tout-
à-fait formée, elle ne peut s'évanouir (234.) qu'en repaſſant par tous les
degrés de diminution. Le corps choquant doit donc continuer à perdre

de fa vîteffe, & le corps choqué à en acquérir, jufqu'à ce que les parties déplacées foient revenues entiérement, ou en partie, au lieu qu'elles occupoient avant le choc.

DÉFINITION XLIII.

(245.) Si le rétabliffement des parties comprimées eft total, c'eft-à-dire, fi elles reprennent entiérement la fituation qu'elles avoient, on dit que l'élafticité eft parfaite, ou que le corps eft parfaitement élaftique ; mais fi, au contraire, elles ne la reprennent qu'en partie, le corps n'eft pas parfaitement élaftique. Enfin s'il n'y a aucun rétabliffement dans tout le temps du choc, le corps n'eft nullement élaftique.

SCOLIE IV.

(246.) On fçait par l'expérience que l'effet produit par la percuffion, ou le choc, eft beaucoup plus grand que celui qui eft produit par la preffion. Ce fait eft trop commun, & fe préfente trop fouvent à nos yeux, pour qu'il n'ait pas été dans tous les temps un fujet de réflexion. *Ariftote*, dans la queftion 20 de fa *Méchanique*, demande pourquoi une hache coupe ou divife un corps par fon coup, & qu'elle ne le fait pas quand elle eft feulement comprimée, ou preffée ? On ne doit pas trouver étonnant que ce Philofophe fe foit contenté de faire la queftion, fans entreprendre d'y répondre, lorfqu'on voit que la difficulté n'eft pas encore éclaircie, & a fubfifté jufqu'ici, quoiqu'elle ait été le fujet de bien des difcuffions.

Leibnitz, confidérant la diverfité des effets, diftingua la force que produit la percuffion de celle que produit la preffion ; & il appella la premiere, *Force vive*, & la feconde, *Force morte*. Cette diftinction a eu, & a peut-être encore aujourd'hui de grands partifans. *Jean Bernoulli*, dans fon *Difcours fur les loix de la communication du mouvement, Chap. III, Déf. II*, définit les deux forces en ces termes : *La force vive eft celle qui réfide dans un corps, lorfqu'il eft dans un mouvement uniforme ; & la force morte, celle que reçoit un corps fans mouvement, lorfqu'il eft follicité & preffé de fe mouvoir, ou à fe mouvoir plus ou moins vîte, lorfque le corps eft déjà en mouvement.* Cette définition ne fait pas dépendre la force vive du choc, puifque *cette force réfide dans un corps, lorfqu'il eft dans un mouvement uniforme*, fans exprimer aucunement qu'elle foit dépendante, ou non, de l'action du choc. Le même Auteur s'explique encore plus clairement dans fa *Differtation fur la veritable notion des forces vives*, N°. CXLV, §. I, où il dit : *Vis viva non confiftit in actuali exercitio , fed in facultate agendi : fubfiftit enim , etiamfi non agat , neque habeat in quod agat.* La faculté d'agir que nous connoiffons dans les corps, eft la force d'inertie, ou, pour mieux dire, la force innée de la matiere ; auffi tous ceux qui ont adopté & foutenu cette diftinction des forces vives, ne les ont point diftinguées des forces d'inertie dont nous avons vu l'action dans le choc, ou au moins font convenus que ce font elles qui les produifent. *Bernoulli* convient de cela lui-même , puifque dans le Chap. V, §. 3 du Difcours déjà cité , il dit, en parlant de la force vive : *Sa nature eft toute différente; elle ne peut ni naître , ni périr en un inftant, comme la force morte ; il faut plus ou moins de temps pour produire une force vive dans un corps qui n'en avoit pas ; il faut auffi du temps pour la détruire dans un corps qui en a. La force vive fe produit fucceffivement dans un corps , lorfque ce corps étant en repos, une preffion quelconque, appliquée à ce corps, lui imprime peu à peu , & par degrés , un mouvement local. Ce mouvement s'acquiert par des degrés infiniment petits , & monte à une vîteffe finie & déterminée, qui demeure uniforme à l'inftant que la caufe qui a mis le corps en mouvement ceffe d'agir fur lui. Ainfi la force vive produite dans un corps , dans un temps fini , eft équivalente à cette partie de la caufe qui s'eft confumée en la produifant.* Dans un corps qui en choque un autre qui eft en repos, l'inertie du corps choquant eft, comme nous l'avons dit ci-deffus, la force qui imprime peu à peu, & par degrés, au corps choqué un mouvement local qui arrive à une vîteffe déterminée ; & par conféquent l'inertie eft la preffion qui, appliquée au premier corps, ou qui, réfidant en lui, produit la force vive dans le fecond. Il n'eft pas néceffaire cependant, d'après cette définition, que ce foit le choc qui produife la force vive ; elle peut naître d'une puiffance quelconque. La gravité, par exemple, agiffant fur un corps libre, lui imprime peu à peu un mouvement local, ou une force vive, qui réfide enfuite dans le corps. Enfin la force vive, fuivant ces Auteurs, réfide dans les corps, & y eft produite par une preffion, ou puiffance quelconque ; mais elle n'eft pourtant pas cette même preffion, ou puiffance qui la produit : c'eft une autre chofe dont aucun d'eux n'eft encore parvenu à définir, ni à expliquer la nature.

L'obfcurité de ces notions, & les doutes qu'elles préfentent, ont fait qu'*Euler* (*Tom. I* des *Mémoires de l'Académie Royale de Berlin*) s'eft naturellement perfuadé que la force vive n'étoit autre chofe que la force de percuffion ; mais la force de percuffion, fuivant la définition que nous en avons donnée, eſt une puiſſance qui agit, & qui, ſuivant les Auteurs cités, ne peut être, tout au plus, que la cauſe productrice de la force vive. Les partiſans de cette force ſont même ſi éloignés de la confondre avec la force de percuſſion, ou de preſſion quelconque, qu'ils ne ceſſent de répéter que la premiere n'eſt comparable en aucune maniere avec la ſeconde, pas plus que le fini ne l'eſt avec l'infini, ou une ligne avec une ſurface, comme le dit *Bernoulli* lui-même.

Mais ſi l'on ne nous a pas donné, juſqu'à préſent, une définition exacte, ou une connoiſſance parfaite des forces vives, au moins nous aſſure-t-on en général qu'elles ſont proportionnelles aux effets qu'elles produiſent ; c'eſt-à-dire, à l'impreſſion qui réſulte du choc. Cette notion, toute claire qu'elle paroiſſe, au premier coup-d'œil, ne fait que nous jetter dans de plus grandes difficultés. Une preſſion, quelle qu'elle ſoit, produit auſſi une impreſſion qui eſt bien ſenſible dans les corps mous ; & les choſes étant ainſi, comment peut-on les concilier avec l'aſſertion que la force de preſſion, & la force vive, ſont incomparables, de la même maniere que le fini n'eſt pas comparable avec l'infini ? Il eſt vrai que la preſſion produit ſon impreſſion relativement au temps ; c'eſt-à-dire, qu'à chaque inſtant elle augmente ſon impreſſion d'une quantité infiniment petite, au lieu qu'il ne paroît pas que les partiſans des forces vives demandent que les choſes arrivent ainſi ; mais il faudroit pour cela que l'impreſſion fût ſimultanée, c'eſt-à-dire qu'elle ſe fît dans un inſtant indiviſible, ce qui eſt abſolument contraire à ce qui a été dit, *Art.* 234. Et ſi on la ſuppoſe faite dans un temps déterminé, quelque court qu'il ſoit, il eſt clair alors que la force vive agit comme la force de preſſion, qu'elle n'en differe aucunement, & n'en peut par conſéquent être diſtinguée.

Cette queſtion, de quelque façon qu'on l'enviſage, n'eſt donc qu'une queſtion de nom *, & on donne le nom de force vive à un être dont on n'a aucune connoiſſance ; par conſéquent cette diſcuſſion ne peut influer, en aucune maniere, ſur la théorie & le calcul du mouvement. Qu'on admette ou qu'on rejette cette force vive, il eſt toujours certain que le mouvement procede de la puiſſance qui agit ; quelle que ſoit cette puiſſance, & de quelque façon qu'on

---

* Cette vérité a été miſe dans tout ſon jour par M. *d'Alembert.* Voyez la préface de ſon *Traité de Dynamique*, ou le mot *force* de l'Encyclopédie, qui en eſt preſque entiérement extrait. Voyez auſſi la quatrieme partie du *Cours de Mathematique* de M. *Bezout*, art. 388.

en confidere les effets, les vîteffes qui en réfultent, les efpaces parcourus, & les temps de la durée de l'action, tant dans un fyftême que dans l'autre, feront toujours les mêmes. Toute la difficulté confifte donc à fçavoir à quoi on doit donner le nom de force vive ; difficulté d'autant plus embarraffante, qu'elle paroit exifter même parmi les Auteurs & les partifans de cette force. Nous nous en tiendrons à ce qui a été dit dans *l'Article* 13 ; &, pour éviter tout doute & toute obfcurité, nous n'entendrons autre chofe par force, qu'une action, ou une puiffance quelconque. On verra dans la fuite que fi c'eft feulement par la grande différence qu'on remarque dans les effets, qu'on a introduit la force vive, on peut bien s'en paffer, & même l'abandonner dès à préfent, parce qu'on démontrera que la force de percuffion fuffit, pour rendre raifon de tous les phéno-menes de cette nature que peut nous préfenter l'expérience.

DÉFINITION XLIV.

(247.) Nous appellerons *Profondeur de l'impreffion*, fa plus grande profondeur mefurée fuivant la direction du mouvement ; & l'*Amplitude de l'impreffion* eft la plus grande fection qu'on peut y faire perpendiculairement à la direction du mouvement.

PROPOSITION XXVI.

(248.) *La force de percuffion eft en raifon compofée de la dureté des corps & de l'amplitude des impreffions.*

Un corps eft d'autant plus dur, que fes particules cedent moins à l'impulfion du coup (237) ; c'eft-à-dire, que la différencielle de la vîteffe pendant un inftant *dt* du choc, eft plus grande *. Pareille-ment, plus le nombre des particules choquées fera grand, ou plus fera grande l'amplitude de l'impreffion, plus la même différencielle fera grande. Donc cette différencielle fera en raifon directe compofée de la dureté des corps, & de l'amplitude des impreffions ; mais la force qui agit (18.) eft comme cette différencielle : donc auffi la force de percuffion fera en raifon compofée de la dureté des corps, & de l'amplitude des impreffions.

COROLLAIRE I.

(249.) Donc il n'y a point dans la nature de corps abfolu-

---

* Car (236.) fi les corps étoient parfaitement durs, le corps choqué recevroit, tout d'un coup, toute la vîteffe du corps choquant ; alors la différencielle de fa vîteffe dans le choc feroit un *maximum* : donc, plus cette différencielle de vîteffe fera grande, c'eft-à-dire, plus elle approchera du *maximum*, plus les corps auront de dureté.

ment mous ; parce que n'y ayant point d'altération dans le mouvement , il n'y a point de force qui réſiſte ; & où il n'y a pas de
réſiſtance , il n'y a pas de corps.

COROLLAIRE II.

(250.) Il n'y a point de corps qui ne ſoit élaſticité ; car l'élaſticité conſiſtant dans la réaction d'une puiſſance capable de comprimer
le corps, cette compreſſion ne peut s'évanouir, ou devenir nulle, ſans
paſſer par tous les degrés de diminution , & par conſéquent ſans
donner lieu aux parties déplacées de ſe rétablir, ſelon la direction
ſuivant laquelle elles réagiſſent. Il pourroit ſeulement y avoir de la
difficulté dans le cas des corps parfaitement durs ; mais nous avons
déjà dit qu'il n'en exiſte point de tels dans la nature, ſi ce ne ſont
les premiers atômes dont les corps ſont compoſés, & deſquels nous
ne prétendons pas traiter.

SCOLIE I.

(251.) Ce ce l'on vient de démontrer a également lieu lorſque
les baſes des impreſſions ne ſont point planes & parallèles à leurs
amplitudes; car, de quelque maniere que ſe faſſe l'impreſſion, il n'y
a pas dans l'action d'autres points réſiſtants ſuivant la direction du
mouvement, que ceux qui ſont compris dans l'amplitude : & quant
à la réſiſtance, c'eſt la même choſe qu'ils ſoient tous à la même
profondeur, ou à des profondeurs différentes, pourvu que la dureté
ne ſoit pas changée par cette circonſtance.

SCOLIE II.

(252.) Malgré la facilité avec laquelle on a déterminé la raiſon
ſuivant laquelle agit la force de percuſſion , la détermination de ſa
meſure exacte eſt cependant bien difficile; car , malgré que quelques Auteurs aient ſuppoſé généralement que la figure de l'impreſſion
eſt la même que celle du corps choquant, il eſt clair que cette opinion ne peut ſe ſoutenir pour les corps durs & tenaces. Dans un
grand nombre de ces derniers , l'amplitude de l'impreſſion eſt tou-

jours beaucoup plus grande. Si un cylindre AB , par exemple ,
très-dur, & incapable d'aucune impreſſion ſenſible, choque un autre
corps CD , & y forme une impreſſion, cette impreſſion, ſi le corps
choqué eſt tenace, n'aura point la figure même $EFGB$ du cylindre;
mais elle ſera de la forme $HFBI$: car les parties contiguës aux
points F & B ne ſe détachant point avec facilité de leurs voiſines,
malgré que ces points cedent à l'impulſion, il eſt néceſſaire que ces

parties cedent auffi , mais en entraînant avec elles celles qui les touchent , & que celles-ci entraînent de même celles qui les fuivent
immédiatement, & ainfi fucceffivement ; de forte qu'il fe forme ,
tout autour du cylindre, une cavité *HFE*. L'amplitude de l'impreffion fe forme du diametre *HI*, au lieu du diametre *FB* ; ce qui fait
qu'il eft difficile d'avoir une mefure exacte de l'impreffion réelle.

Au refte, cette obfervation, toute vraie qu'elle eft, ne peut cependant être appliquée à tous les cas , fans aucune modification ;
car fi le corps *AB*, au lieu d'être un cylindre, étoit une fphere,
une cône, ou tout autre corps, dont la bafe *FB* ne fût point parallele à *HI*, il eft certain que la cavité peut, dans ce cas, diminuer beaucoup , & peut-être même s'évanouir entiérement, fi le
corps *CD* n'étoit pas d'une dureté & d'une ténacité extrêmes. En
outre , quoique le corps choqué foit d'une même denfité, ou dureté,
dans toutes fes parties, cette dureté peut varier par le mouvement
des particules fupérieures qui s'approchent davantage des inférieures,
& par-là il peut y avoir un plus grand nombre de particules dans
la bafe *FB*, à la fin de l'impreffion qu'au commencement , particuliérement dans les corps tenaces & élaftiques. Il arrive de là que la
force de percuffion qu'on auroit cru conftante, parce qu'on ne voit
aucune variation dans la bafe *FB*, ne peut cependant l'être, par quelques-unes des raifons que nous venons de développer.

PROPOSITION XXVII.

(253.) *Trouver la relation entre la force de percuffion, la dureté des
corps , & l'amplitude de l'impreffion.*

Si nous exprimons par *H* l'amplitude de l'impreffion *HI*, & par
D la dureté du corps *CD*, dans un inftant quelconque du choc,
la force de percuffion fera comme *DH* (248.): mais ceci n'a lieu
cependant que dans le cas où le cylindre *AB* feroit extrêmement dur,
ou incapable d'impreffion. Si le rapport de la dureté du cylindre à
celle du corps *CD* n'eft pas infini, les particules du cylindre dans la
bafe *FB*, feront auffi déplacées, & la différencielle de la vîteffe
dépendra auffi de l'aire de la bafe *FB*, & de la dureté du cylindre.
Appellant donc *H'* cette bafe, & repréfentant par *D'* la dureté du
cylindre , la différencielle de la vîteffe dépendra des produits *DH*
& *D'H'*, ou fera en raifon compofée *DH . D'H'* des deux : mais
lorfque *D'H'* eft infini par rapport à *DH*, ou, ce qui revient au
même, lorfque *DH* eft zero, par rapport à *D'H'*; l'expreffion doit
fe réduire à *DH*; c'eft-à dire que la différencielle de la vîteffe doit

 être comme DH. Donc la différencielle de la vîteffe, & par conféquent la force de percuffion, eft en général comme $\frac{DH.D'H'}{DH+D'H'}$.

Scolie I.

 (254.) Lorfque les premieres particules du corps CD viennent
à fe rompre, à caufe de leur fragilité, il arrive ordinairement que,
par leur force élaftique, elles compriment les côtés AG, BF de
l'autre corps AB, & les afpérités du corps CD forment, dans ces
côtés, autant d'autres petites impreffions latérales. Ces impreffions
doivent fe confidérer comme autant d'autres petites amplitudes d'impreffion, qui, réunies avec celles de la bafe GB, feront l'amplitude
totale H. Après que l'impreffion totale eft faite, la force d'élafticité qui agit à la bafe GB, tend à faire rétrograder le corps AB,
tandis que les petites impreffions latérales réfiftent à cette rétrogradation. L'action exercée dans ce cas dépendra donc de l'excès de la
force élaftique en GB, fur celle qui feroit néceffaire pour vaincre
la réfiftance des petites impreffions latérales. Si la premiere de ces
forces eft plus grande que la feconde, le corps AB rétrogradera ;
& fi elle eft moindre, il demeurera en repos dès l'inftant qu'il aura
perdu toute fa vîteffe pofitive. Mais il eft évident que la force d'élafticité en GB, à l'inftant que le corps AB ceffe de fe mouvoir, ne
peut manquer d'être plus grande que la force néceffaire pour vaincre
les petites impreffions latérales, parce qu'elle eft égale à la force
d'inertie du corps AB, qui a vaincu non-feulement la réfiftance des
parties en GB, mais encore celle des petites impreffions latérales :
ainfi, de toute néceffité, le corps retournera toujours en arriere auffi-
tôt qu'il aura ceffé de fe mouvoir. Il peut arriver, à la vérité, que
ce ne foit que d'une très-petite quantité, parce que l'élafticité de
GB va toujours en diminuant à mefure que le corps AB rétrograde ;
& elle peut diminuer au point de n'être plus fuffifante pour vaincre les petites impreffions latérales. On doit entendre la même chofe
des corps vifqueux, tant parce qu'il fe forme auffi, dans ces corps,
quelques inégalités latérales, que parce que la vifcofité même, ou
la cohéfion des parties les retient. Si le corps AB venoit à pénétrer
entiérement dans le corps CD, le nombre des petites impreffions
latérales feroit alors conftant. Dans ce cas, la dureté du corps demeurant la même, ainfi que l'amplitude de l'impreffion principale,
la force de percuffion ne peut manquer d'être conftante.

Scolie II.

(255.) Nous fuppoferons généralement dans nos calculs, que les
deux

deux corps qui fe choquent, fe meuvent dans la même direction, ou dans des directions oppofées ; car, s'ils fe mouvoient dans des directions différentes, il feroit facile de décompofer leur mouvement, & de faire le calcul pour chaque force féparément. Nous fuppoferons encore, pour plus de facilité, que les corps font uniformément denfes, & qu'ils font réguliers, comme deux cylindres, deux fpheres, deux parallélipipedes, &c., afin qu'étant mus fuivant la direction de leurs axes, la force de percuffion, ou du choc, agiffe dans la même direction. Car les corps ayant une figure égale & femblable, & étant uniformément denfes, toutes leurs parties feront femblablement difpofées autour du point dans lequel la force de percuffion agit, & il n'y a pas de raifon pour que la force de percuffion s'incline, ou agiffe plus d'un côté que de l'autre, attendu que les dimenfions de l'impreffion en longueur & largeur, doivent être égales dans tous les fens : par conféquent la force de percuffion doit agir également de tous les côtés ; & ainfi elle ne peut produire fon effet dans une autre direction que celle que tiennent les corps.

Nous fuppoferons auffi que, fi quelques puiffances agiffent fur les corps, elles font appliquées à leurs centres de gravité, afin qu'il n'en réfulte aucun mouvement de rotation, ou que le choc fe faffe aux centres de percuffion, pour éviter également le mouvement de rotation.

Enfin nous fuppoferons que les corps font d'une grandeur fuffifante pour que les impreffions ne les pénetrent pas, ou ne parviennent pas jufqu'à leurs centres de gravité, afin que le mouvement de ces centres ne foit pas affecté par le changement de leur fituation à l'égard des autres parties du corps.

Nous établirons en général que

A & B font les deux corps qui doivent fe choquer.

ζ & x les longueurs, ou profondeurs, des impreffions qui fe font en eux.

α & β les puiffances conftantes qui les animent.

U & V les viteffes avec lefquelles le choc commence.

u & v les viteffes dans un inftant quelconque du choc.

a & b les efpaces parcourus dans le temps même du choc.

D' & D les *duretés* des corps *.

---

* Tout ce qui précede & tout ce qui fuit, nous indique qu'il y a, dans cet endroit, une faute typographique dans l'original ; on y trouve le mot *denfité* pour celui *dureté*. On ne peut pas confondre ces deux qualités des corps (259) ; cependant, deux corps d'une même matiere, mais dans deux états différents, comme feroit du cuivre fondu & du cuivre écroui

H' & H les amplitudes des impreſſions.

t le temps.

π la force de percuſſion $= \dfrac{DH \cdot D'H'}{DH + D'H'}$.

On ſuppoſe que le corps A ſuit & choque le corps B, & par conſéquent que la vîteſſe U eſt plus grande que V; ſans cela on voit que le choc ne pourroit pas s'effectuer, à moins que la vîteſſe V ne fût négative. Mais, pour plus de facilité dans le calcul, nous ſuppoſerons toujours que les puiſſances α & β, ainſi que les vîteſſes U & V ſont poſitives; car il eſt très-facile de faire négatives, dans le réſultat du calcul, les quantités qui le ſeroient.

Proposition XXVIII.

(256.) *Trouver la relation entre les impreſſions & les eſpaces par-*
courus par les corps dans le temps du choc.

Puiſque le corps A ſuit le corps B, & qu'il ſe forme en eux des impreſſions dont les longueurs ſont z & x, l'eſpace a parcouru par le corps A, doit être égal à l'eſpace b parcouru par le corps B, plus les longueurs, ou profondeurs z & x des impreſſions, leſquelles ſont les eſpaces parcourus par les parties des mêmes corps qui ont cédé. Donc on aura $a = b + z + x$, ou $a - b = x + z$.

Corollaire.

(257.) Si, à la fin de la percuſſion, les corps viennent à ſe ſéparer, parce qu'ils auroient une elaſticité preſque parfaite, alors $x + z = 0$: donc auſſi $a - b = 0$, ou $a = b$; c'eſt-à-dire qu'à la fin de la percuſſion des corps parfaitement élaſtiques, ou à-peu-près, l'eſpace parcouru, pendant le choc, par le corps A, eſt toujours égale à l'eſpace parcouru, dans le même temps, par le corps B.

Proposition XXIX.

(258.) *Trouver la valeur de la différencielle du temps, c'eſt-à-dire,*
la valeur de dt.

De l'équation $a - b = x + z$, on tire $da - db = dx + dz$; mais (29.) $u\,dt = da$, & $v\,dt = db$: donc $(u - v)dt = da - db$. Donc auſſi $(u - v)dt = dx + dz$; d'où l'on tire $dt = \dfrac{dx + dz}{u - v}$.

Corollaire.

(259.) Lorſque les impreſſions parviennent à toute leur grandeur, c'eft-à-dire, lorfque x & z arrivent à leurs plus grandes valeurs, on a $dx + dz = 0$, d'où l'on conclut $u - v = 0$, ou $u = v$; c'eft-à-dire que, dans l'inftant où s'achevent les plus grandes impreffions, les corps marchent avec des vîteffes égales.

PROPOSITION XXX.

(260.) *Trouver la relation entre les vîteffes des corps.*

Les forces, ou puiffances, qui animent le corps A, font α & π, & comme cette derniere eft négative, il s'enfuit que $(\alpha - \pi)dt = A du$ (19.)

Les deux puiffances qui animent le corps B, font β & π, & toutes les deux font pofitives; ainfi nous aurons $(\beta + \pi)dt = B dv$.

En prenant la fomme de ces deux équations, nous aurons $(\alpha + \beta)dt = A du + B dv$; & en intégrant $(\alpha + \beta)t = A(u - U) + B(v - V)$;* d'où l'on tire $Au + Bv = (\alpha + \beta)t + AU + BV$; & par conféquent

$$v = \frac{(\alpha + \beta)t + AU + BV - Au}{B}.$$

COROLLAIRE I.

(261.) Le temps t pendant lequel fe fait le choc, eft extrêmement court, comme l'expérience nous l'apprend, & comme nous le démontrerons ci-après. Donc fi les vîteffes U & V, ou l'une quelconque d'elles, étoient d'une valeur infinie par rapport au temps t, la quantité $(\alpha + \beta)t$ feroit zéro à l'égard des autres, à moins que $\alpha + \beta$ ne fût infini, & l'on auroit $AU + BV = Au + Bv$.

COROLLAIRE II.

(262.) $AU + BV$ eft la fomme des mouvements des corps, avant, ou au commencement du choc, & $Au + Bv$, eft la fomme des mouvements des mêmes corps dans un inftant quelconque du choc : donc la fomme des mouvements dans un inftant quelconque du choc, eft égale à la fomme des mouvements, avant, ou au commencement du choc.

SCOLIE I.

(263.) Cette propofition eft donnée comme généralement vraie, par tous les Auteurs de Méchanique; cependant on vient de voir qu'elle n'eft certaine que dans le cas où $(\alpha + \beta)t = 0$, ou quand cette quantité eft fufceptible d'être négligée à l'égard de U, ou de V.

---

* Cette intégrale eft $Au + Bv + C$; & comme elle doit convenir à tous les inftants du choc, il eft évident qu'elle doit être zéro, en même temps que t; c'eft-à-dire, lorfque le choc commence : mais dans ce cas $u = v$ & $U = V$; donc $AU + BV + C = 0$, ou $C = -AU - BV$; fubftituant cette valeur de C dans l'intégrale trouvée, elle devient $A(u - U) + B(v - V)$.

Cette condition n'ayant pas lieu, l'équation est $AU + BV + (\alpha + \beta)t = Au + Bv$: d'où l'on voit que lorfqu'il y a des puiffances qui agiffent, il n'eft pas vrai que la quantité de mouvement dans un inftant quelconque du choc, foit la même qu'auparavant, ou au commencement du choc.

S C O L I E I I.

(264.) Il fe préfente ici une queftion qui a été le fujet de bien des difcuffions parmi les Philofophes. On demande fi la même quantité de mouvement fe conferve ou non. Par ce qui vient d'être démontré, il paroît que l'affirmative eft vraie. Le raifonnement de ceux qui foutiennent le contraire, confifte en ce que fi l'on fait V négative, on aura, en fuppofant α & $\beta = 0$, $AU - BV = Au + Bv$; que par conféquent, dans ce cas, la différence des deux mouvements AU & BV eft égale à la fomme de Au & Bv : donc, continuent-ils, en prenant BV pofitivement, comme le font tous ceux qui foutiennent cette opinion, il n'y pas de doute qu'on n'ait $AU + BV > Au + Bv = AU - BV$; de forte que la perte totale du mouvement fera $2BV$. Ce raifonnement n'affecte aucunement la rigueur de notre démonftration; car lorfqu'on parle de la fomme des mouvements, on entend que ceux qui font négatifs font pris négativement, & non pofitivement; & dans ce cas, la loi, ou le principe, a lieu généralement.

C o r o l l a i r e III.

(265.) A l'inftant où fe fait la plus grande impreffion, on a trouvé (259.) $u - v = 0$, ou $u = v$: donc, en fubftituant l'une ou l'autre valeur dans l'équation $Au + Bv = (\alpha + \beta) t + AU + BV$; il en réfulte $u = v = \dfrac{(\beta + \alpha) t + AU + BV}{A + B}$; expreffion de la viteffe des deux corps, à l'inftant de la plus grande impreffion.

C o r o l l a i r e IV.

(266) Si la quantité $(\alpha + \beta) t$ eft fufceptible d'être négligée par rapport aux autres, l'expreffion précédente deviendra $u = v = \dfrac{AU + BV}{A + B}$.

S c o l i e III.

(267.) Les corps d'une très-petite élafticité, ou qui n'en ont aucune, continuent à marcher avec la viteffe qu'ils fe trouvent avoir lors de la plus grande impreffion, parce qu'il n'y a aucune force dont l'action puiffe l'altérer. Donc la viteffe trouvée ci-deffus fera celle avec laquelle les corps d'une très-petite élafticité, ou qui n'en ont aucune, fe mouveront après le choc,

SCOLIE IV.

(268.) Il est temps présentement de résoudre la difficulté dont nous avons parlé dans *l'Art.* 21. Il est question de sçavoir si l'équation $\alpha = \frac{A\,du}{dt}$ est applicable au cas où une puissance α pousse un corps A. Un Auteur des plus respectables de l'Europe, & digne des plus grands éloges, paroît en douter ; & pour justifier ses doutes, il suppose que deux corps se choquent, l'un d'eux étant en repos, & raisonne en cette maniere. Le changement, ou l'altération du mouvement du dernier de ces corps sera $Bu = Bv = \frac{A\,UB}{A+B}$, V étant supposé $= 0$. Rien n'est plus vrai, c'est d'ailleurs une suite de ce que nous avons démontré ; nous n'éleverons donc aucun doute à ce sujet. Mais, continue-t-il, pour que l'effet soit proportionnel à la puissance qui l'a produit, comme on le suppose dans l'équation $\alpha = \frac{A\,du}{dt}$, il est nécessaire, dans ce cas, que la cause qui a produit le changement $\frac{A\,UB}{A+B}$ soit proportionnelle à ce même changement ; or c'est ce qu'il n'est pas possible de démontrer.[*] Notre réponse à ce raisonnement, est qu'il nous paroît que l'effet total $\frac{A\,UB}{A+B}$ doit être proportionnel à la somme de toutes les actions de la puissance durant tout le temps de l'action, & non à une action instantanée de cette puissance. L'effet qui doit être proportionnel à une action instantanée est la différencielle, ou l'altération instantanée du mouvement. Si c'est le corps A qui choque le corps B, la puissance du premier est son inertie, qui est proportionnelle à $A\,du$; & l'on aura, dans un instant quelconque $- A\,du = B\,dv$[**]. En intégrant cette équation, on trouve $A\,(U - u) = Bv$, en supposant $V = 0$. Donc aussi-tôt qu'on arrive, par la continuité de l'action, jusqu'à avoir $u = v$, on a $u = \frac{AU}{A+B}$, & $Bu = \frac{A\,UB}{A+B}$; c'est-à-dire, que tout le mouvement produit dans le corps B, pendant la durée de l'action, jusqu'à ce qu'on ait $u = v$, sera proportionnel à $\frac{A\,UB}{A+B}$. Ceci ne prouve point que l'action instantanée $A\,du$ ne soit pas proportionnelle au

---

[*] Voyez les Ouvrages cités dans la note de la page 60, & sur-tout *l'art.* 158 de la *Dynamique* de M. *d'Alembert.*

[**] Cette équation qui marque l'égalité entre la différencielle du mouvement perdu par le corps A, & celle du mouvement gagné par le corps B, paroît supposer ce qui est en question ; mais elle est évidente, puisqu'on voit qu'en l'admettant on en déduit une vérité dont le est indépendante. On voit d'ailleurs, que les différencielles du, dv doivent être de signe contraire, puisque la vitesse du corps A diminue de la quantité du, tandis que celle du corps B augmente de dv.

changement inftantané Bdv; mais prouve, au contraire, que cett‹ proportionalité a effectivement lieu, puifque de fa fuppofition il ré‹ fulte une vérité manifefte.

Proposition XXXI.

(269.) *Trouver la relation entre les différencielles des vîteffes, ‹ celles des impreffions.*

De l'équation $(\alpha - \pi)\, dt = A\, du$, & de l'équation $(\beta + \pi)\, dt = B\, dv$ on tire $\frac{(\alpha-\pi)\, dt}{A} = du$, & $\frac{(\beta+\pi)\, dt}{B} = dv$: fouftrayant la feconde équa‹ tion de la premiere, on a $\left(\frac{\alpha-\pi}{A} - \frac{\beta+\pi}{B}\right) dt = du - dv$; o‹ $\big(\alpha B - \beta A - \pi(A+B)\big)\, dt = AB(du - dv)$. Subftituant la valeu‹ de $dt = \frac{dx + d\zeta}{u - v}$ (258.), on aura enfin $\big(\alpha B - \beta A - \pi(A+B)\big)(dx + d\zeta) =$ $AB(u - v)(du - dv)$.

Corollaire I.

(270.) Si l'on integre la quantité $\big(\alpha B - \beta A - \pi(A+B)\big)(dx + d\zeta)$ toutes les quantités qui en réfulteront fe trouveront multipliées par x ou par ζ ; mais à la fin du choc des corps parfaitement élaftiques, o‹ à-peu-près, on a $x = 0$, & $\zeta = 0$. Donc à la fin du choc de ce‹ corps, on a $\int AB(u-v)(du-dv) = \frac{1}{2}AB(u-v)^2 - \frac{1}{2}AB(U-V)^2 = 0^{*}$ ce qui donne $U - V = v - u$; c'eft-à-dire, que les corps parfaite‹ ment élaftiques, ou à-peu-près, ont leur vîteffe relative avant l‹ choc, égale à leur vîteffe relative après le choc.

---

* Cette intégrale eft facile à trouver : car $\int AB(u-v)(du-dv) = \int AB (udu - vdu - udv + vdv‹$ Prenant les deux termes $udu - vdu$ affectés de la différencielle du de la même variable, ‹ intégrant comme fi v étoit une conftante ; on aura $\frac{1}{2}u^2 - vu$: différenciant enfuite cette quan‹ tité, & la rétranchant de la différencielle propofée, on a $v\,dv$ pour refte, dont l'intégra‹ $\frac{1}{2}v^2$ étant jointe avec la premiere, donne $\frac{1}{2}u^2 - vu + \frac{1}{2}v^2$, ou $\frac{1}{2}(u-v)^2$ pour l'intégrale total‹ donc en multipliant par AB, & ajoutant une conftante, l'intégrale cherchée devie‹ $\frac{1}{2}AB(u-v)^2 + C$. Cette regle porte avec elle fa démonftration, on peut d'ailleurs voir ‹ quatrieme partie du Cours de Mathématiques de M. *Bézout*, *Art.* 148.

A l'égard de la conftante C, voici comment on la détermine ; cette intégrale étant cell‹ du fecond membre de l'équation générale de *l'Art.* 269, convient à tous les inftants d‹ choc, elle doit par conféquent être zéro lorfque le choc commence ; or, dans ce cas, $u = U$‹ & $v = V$, donc $\frac{1}{2}AB(U-V)^2 + C = 0$, d'où l'on tire $C = -\frac{1}{2}AB(U-V)^2$. Subftituant cett‹ valeur de C dans l'intégrale trouvée, & rempliffant la condition du Corollaire, on a l'ex‹ preffion même de l'Auteur. Faifons encore obferver que pour que l'expreffion convienne apr‹ le choc, il faut écrire $v - u$ au lieu de $u - v$ que l'équation paroît fournir directement, c‹ alors $u - v$ eft une quantité négative, qui ne peut être égale, que numériquement, à la quan‹ tité pofitive $U - V$; tant que ces quantités font au quarré, il n'importe pas dans quel ordr‹ on les écrive ; mais lorfqu'elles font au premier dégré, il eft néceffaire de les mettre dan‹ l'ordre convenable à ce qu'on veut exprimer.

COROLLAIRE II.

(271.) Si l'on subftitue, dans l'équation $U - V = v - u$, en place de place v, fa valeur qu'on vient de trouver (260.), qui eft $\frac{(\alpha+\beta)t + AU + BV - Au}{B}$, on aura, pour la fin du choc des corps parfaitement élaftiques, ou à-peu-près, $U - V + u = \frac{(\alpha+\beta)t + AU + BV - Au}{B}$; d'où l'on tire $u = \frac{(\alpha+\beta)t + U(A-B) + 2BV}{A+B}$.

COROLLAIRE III.

(272.) Si l'on fubftitue de même cette valeur dans l'équation $-U + V = u$, on aura $v - U + V = \frac{(\alpha+\beta)t + U(A-B) + 2BV}{A+B}$, qui donne $= \frac{(\alpha+\beta)t + V(B-A) + 2AU}{A+B}$.

COROLLAIRE IV.

(273.) Si la quantité $(\alpha+\beta)t$ étoit extrêmement petite, ou négligeable à l'égard des autres, les équations ci-deffus deviendroient $u = \frac{U(A-B) + 2BV}{A+B}$, & $v = \frac{V(B-A) + 2AU}{A+B}$.

COROLLAIRE V.

(274.) Dans la même fuppofition que $(\alpha+\beta)t$ eft négligeable à l'égard des autres quantités, nous aurons auffi $u^2 = \frac{U^2(A-B)^2 + 4BUV(A-B) + 4B^2V^2}{(A+B)^2}$; $Au^2 = \frac{AU^2(A-B)^2 + 4ABUV(A-B) + 4AB^2V^2}{(A+B)^2}$. De même, $v^2 = \frac{V^2(B-A)^2 + 4AUV(B-A) + 4A^2U^2}{(A+B)^2}$; $Bv^2 = \frac{BV^2(B-A)^2 + 4ABUV(B-A) + 4A^2BU^2}{(A+B)^2}$: par conféquent $Au^2 + Bv^2 = \frac{AU^2(A-B)^2 + 4A^2BU^2 + BV^2(B-A)^2 + 4AB^2V^2}{(A+B)^2}$, $= \frac{AU^2(A+B)^2 + BV^2(A+B)^2}{(A+B)^2} = AU^2 + BV^2$. Donc dans les corps parfaitement élaftiques, ou à peu-près, lorfque $\alpha+\beta$ eft négligeable à l'égard des autres quantités, la fomme des produits de chaque maffe, par le quarré de fa viteffe, eft la même au commencement & à la fin du choc, ou la même avant & après le choc. *

PROPOSITION XXXII.

(275.) *Le produit* DHdx *de l'amplitude de l'impreffion, & de la*

---

* C'eft ce qu'on appelle la *Confervation des Forces vives.* Cette expreffion eft encore admife par la plus grande partie des Géometres, même par ceux qui n'admettent pas la diftinction des Forces vives, & des Forces mortes, propofée par *Leibnitz,* & fur-tout on principe fur la mefure de la Force des Corps en mouvement, qui eft de multiplier la maffe par le quarré de la viteffe. *Voyez* la Préface du *Traité de Dynamique,* de M. d'Alembert.

différencielle dx *parcourue par les particules du corps choqué, est toujours égale au produit* D'H'dz *des quantités semblables du corps choquant.*

Le produit DH de la dureté par l'amplitude, est proportionnel au nombre des particules choquées (248.), & la différencielle dx (29.) est comme la vitesse avec laquelle se meuvent lesdites particules : donc le produit $DHdx$ est comme la quantité de mouvement des mêmes particules. $DHdx - D'H'dz$, sera donc, d'après cela, comme la quantité de mouvement de toutes les particules, laquelle quantité est constante (264.). Mais, au commencement du choc, ce mouvement est zéro. Donc on aura toujours $DHdx - D'H'dz = 0$; ou $DHdx = D'H'dz$, & $dz = \frac{DHdx}{D'H'}$.

PROPOSITION XXXIII.

(276.) *Trouver la relation entre les vitesses & les impressions.*

Si l'on substitue dans l'équation (269.) $(\alpha B - \beta A - \pi(A+B))(dx+dz) = AB(u-v)(du-dv)$, les valeurs de $\pi = \frac{DH \cdot D'H'}{DH + D'H'}$ (253.), & de $dz = \frac{DH}{D'H'}dx$ (275.), on aura l'équation $\left(\alpha B - \beta A - (A+B)\left(\frac{DH \cdot D'H'}{DH + D'H'}\right)\right)\left(dx + \frac{DH}{D'H'}dx\right) = AB(u-v)(du-dv)$, qui, en réduisant devient . . . . $(\alpha B - \beta A)\left(\frac{DH+D'H'}{D'H'}\right)dx - (A+B)DHdx = AB(u-v)(du-dv)$, & en intégrant, $(\alpha B - \beta A)\int\left(\frac{DH+D'H'}{D'H'}\right)dx - (A+B)\int DH\,dx = \dots$ $\frac{1}{2}AB\left((u-v)^2 - (U-V)^2\right)$. Mais $\int\left(\frac{DH+D'H'}{D'H'}\right)dx = x+z$ *, substituant donc cette valeur, on a $(\alpha B - \beta A)(x+z) - (A+B)\int DH\,dx = \frac{1}{2}AB\left((u-v)^2 - (U-V)^2\right)$.

PROPOSITION XXXIV.

(277.) *Trouver la vitesse* u, *avec laquelle se meut le corps* A, *dans un instant quelconque du choc.*

Qu'on dégage de l'équation précédente la valeur de $u-v$, on aura $u-v = \pm\left((U-V)^2 + \frac{(\alpha B - \beta A)(x+z)}{\frac{1}{2}AB} - \frac{(A+B)\int DHdx}{\frac{1}{2}AB}\right)^{\frac{1}{2}}$; qu'on substitue ensuite la valeur de v trouvée dans *l'Art.* 260, qui est $\frac{(\alpha+\beta)t + AU+BV-Au}{B}$,

& l'on aura $\frac{A+Bu-AU-BV-(\alpha+\beta)t}{B} = \pm\left((U-V)^2 + \frac{(\alpha B - \beta A)(x+z)}{\frac{1}{2}AB} - \frac{(A+B)\int DHdx}{\frac{1}{2}AB}\right)^{\frac{1}{2}}$

d'où l'on tire $u = \frac{AU+BV+(\alpha+\beta)t}{A+B} \pm \frac{B}{A+B}\left((U-V)^2 + \frac{(\alpha B - \beta A)(x+z)}{\frac{1}{2}AB} - \frac{(A+B)\int DHdx}{\frac{1}{2}AB}\right)^{\frac{1}{2}}$.

---

* Car $\frac{DH+D'H'}{D'H'}dx = \frac{DHdx}{D'H'} + dx = dz + dx$ (275.). Donc, &c.

Le figne fupérieur eſt pour le cas où la plus grande impreſſion n'eſt pas encore parvenue à toute ſa grandeur, & l'inférieur a lieu après que la plus grande impreſſion eſt achevée. *

COROLLAIRE I.

(278.) Si l'on avoit $V = 0$, & $B = \infty$, on auroit . . . .
$$u = \pm \left(U^2 + \frac{\alpha(x+z)}{\frac{1}{2}A} - \frac{\int DH dx}{\frac{1}{2}A} \right)^{\frac{1}{2}}.$$

COROLLAIRE II.

(279.) Si les deux corps A & B étoient parfaitement élaſtiques, de ſorte que, pendant la rétrogradation du corps A, la quantité DH ne variât point, les deux vîteſſes de ce corps, poſitive & négative, ſeroient égales à diſtances égales de l'origine des x, ou à égales diſtances du point où ſe termine la plus grande impreſſion.

COROLLAIRE III.

(280.) Si les corps n'étoient pas parfaitement élaſtiques, comme cela arrive réguliérement dans la nature, la quantité DH ſeroit *plus grande* ** pendant la rétrogradation, à égales diſtances de l'origine des x; & par conſéquent la vîteſſe négative ſeroit moindre que la poſitive, à égales diſtances du point où ſe termine la plus grande impreſſion.

COROLLAIRE IV.

(281.) On ne pourra donc pas avoir $u = U$ dans l'origine des x, mais ſeulement $u < U$. Les premieres particules des corps ne pourront donc auſſi retourner entiérement dans leur premiere ſituation : il reſtera par conſéquent une petite impreſſion, lorſque les corps ſe

---

* Cela ſuit de ce qu'après la plus grande impreſſion achevée, la quantité $u - v$ eſt négative.

** Il y a dans l'original, *la quantité* DH *ſeroit moindre*; mais nous croyons que c'eſt une faute typographique : car il eſt évident que, l'élaſticité étant imparfaite, les parties qui ont été forcées & rapprochées les unes des autres par l'action du choc, ne reprennent pas entiérement la même diſpoſition qu'avant le choc : à égales diſtances de l'origine des x, ou du point où ſe termine la plus grande impreſſion, les parties ſeront donc plus rapprochées dans la ré-trogradation du corps A, qu'avant la formation de la plus grande impreſſion : donc la dureté D, qui eſt une ſuite du rapprochement des parties, ſera plus grande, & par conſéquent DH le ſera auſſi (252.). Cette correction faite, les conſéquences de ce Corollaire & des ſuivants viennent naturellement, au lieu qu'elles nous paroiſſent devoir être abſolument contraires. En effet, ſi DH étoit réellement moindre dans la rétrogradation, $\frac{\int DH dx}{\frac{1}{2}A}$ le ſeroit auſſi; & comme cette quantité eſt à ſouſtraire, il eſt clair que la vîteſſe négative u ſeroit plus grande que la poſitive, & non pas moindre, comme elle doit l'être, & comme le dit l'Auteur, &c. On fera attention que l'origine des x ou des profondeurs de l'impreſſion, eſt le point de la ſurface du corps choqué dans lequel commence le choc, ou le point du premier contact de ce corps, avant que ſes parties euſſent été forcées par l'impulſion du choc. Lorſque le corps A, dans la retrogradation, paſſe aux mêmes diſtances de l'origine des x, il eſt auſſi aux mêmes diſtances du point où ſe termine la plus grande impreſſion : & c'eſt de ce dernier point que commence la vîteſſe négative.

sépareront, & la vîtesse, dans cet instant, sera moindre que celle qu'auroit le corps *A* dans l'origine des *x* : par conséquent elle sera beaucoup moindre que la vîtesse primitive *U*.

COROLLAIRE V.

(282.) Comme la puissance *α* agit négativement pendant la rétrogradation, ou retarde le mouvement du corps *A*, même après qu'il est séparé du corps *B*, elle parviendra donc à détruire tout le mouvement du corps *A*, qui à la fin s'arrêtera, comme on l'a expliqué en parlant du mouvement retardé ; & la puissance *α* retournant à agir positivement, il se fera un second choc, le corps *A* acquérant (281.), jusqu'au moment de sa nouvelle rencontre avec le corps *B*, la même vîtesse qu'il avoit lorsqu'il s'en est d'abord séparé, c'est-à-dire, une vîtesse moindre que *U*, & cette nouvelle vîtesse sera la vîtesse primitive relativement à ce second choc.

COROLLAIRE VI.

(283.) L'origne des *x* sera aussi placée plus profondément pour le second choc, puisque les premieres particules des corps n'ont pas pu, dans le premier choc, retourner précisément à leur premiere situation.

COROLLAIRE VII.

(284.) La même chose arrivera dans le troisieme, le quatrieme, & dans tous les chocs suivants ; la vîtesse primitive ira toujours en diminuant, jusqu'à ce qu'enfin le corps *A* s'arrête après avoir fait, dans les derniers chocs, des impressions d'une quantité infiniment petite ; & alors (231.) la force de percussion se réduira à une simple pression ; c'est à dire, qu'on aura $\pi = \alpha$.

PROPOSITION XXXV.

(285.) *Trouver la vîtesse* v, *avec laquelle se meut le corps* B, *dans un instant quelconque du choc.*

Si l'on substitue la valeur de *u*, qu'on vient de trouver, dans l'équation de l'*Art.* 260, qui est $v = \dfrac{(\alpha+\beta)t + AU + BV - Au}{B}$, après la réduction faite, on trouvera . . . .

$$v = \frac{AU + BV + (\alpha+\beta)t}{A+B} \mp \frac{A}{A+B}\left((U-V)^2 + \frac{(\alpha D - {}^0 A)(x+z)}{\frac{1}{2}AB} - \frac{(A+B)\int DH dx}{\frac{1}{2}AB}\right)^{\frac{1}{2}}.$$

Le signe supérieur est pour le cas où la plus grande impression n'est pas encore achevée ; & l'inférieur a lieu après qu'elle est achevée.

PROPOSITION XXXVI.

(286) *Trouver la valeur de l'impression, en supposant que la dureté* D *est constante.*

Puisqu'on suppose la dureté D constante, on aura $\int DHdx = D\int Hdx$; mais $\int Hdx$ est la valeur de l'impreſſion, puiſque H déſigne ſon amplitude, & dx la différencielle de ſa profondeur : donc, en ſubſtituant, dans l'équation de *l'Art.* 276, $D\int Hdx$ en place de $\int DHdx$, & ordonnant, on aura, pour la valeur de l'impreſſion, dans le cas où la dureté D eſt conſtante, $\int Hdx = \dfrac{\frac{1}{2}AB((U-V)^2-(u-v)^2)+(\alpha B-\beta A)(x+\zeta)}{D(A+B)}$.

PROPOSITION XXXVII.

(287.) *Trouver la valeur de la plus grande impreſſion, dans le cas où la dureté* D *eſt conſtante.*

Dans l'inſtant de la plus grande impreſſion, on a $u-v=0$ (259.) : ſubſtituant donc cette valeur dans l'expreſſion précédente, & appellant I la plus grande impreſſion, on aura $I = \dfrac{\frac{1}{2}AB(U-V)^2+(\alpha B-\beta A)(x+\zeta)}{D(A+B)}$.

COROLLAIRE I.

(288.) Si le corps B étoit immobile, il n'y auroit qu'à ſuppoſer $B=\infty$, & $V=0$, & la valeur de la plus grande impreſſion deviendroit, pour ce cas, $I = \dfrac{\frac{1}{2}AU^2+\alpha(x+\zeta)}{D}$.

COROLLAIRE II.

(289.) Dans les corps qui tombent librement par la ſeule action de la gravité, on a (52.) $\alpha = 32A$, ou $A = \frac{1}{32}\alpha$. Subſtituant cette valeur dans l'équation précédente, elle deviendra $I = \dfrac{\frac{1}{64}\alpha U^2+\alpha(x+\zeta)}{D}$. Mais ſi nous appellons e la hauteur d'où le corps tombe, on aura (52.) $e = \frac{1}{64}U^2$, ou $64e = U^2$. Subſtituant donc cette valeur de U^2, on aura, pour les corps qui tombent librement par la ſeule action de la gravité, $I = \dfrac{\alpha(e+x+\zeta)}{D}$.

COROLLAIRE III.

(290.) Si les quantités x & ζ étoient aſſez petites pour être négligeables à l'égard de e, on auroit $I = \dfrac{\alpha e}{D} = \dfrac{\alpha U^2}{64D}$; ou, en mettant pour α ſa valeur $32A$, $I = \dfrac{32Ae}{D} = \dfrac{AU^2}{2D}$. Donc les impreſſions faites par les corps qui tombent par l'action de la gravité, ſont en raiſon directe compoſée des corps & des hauteurs d'où ils tombent, ou en raiſon directe compoſée des corps & des quarrés des vîteſſes primitives avec leſquelles ils choquent, & en raiſon inverſe des duretés, ou denſités.

SCOLIE I.

(291.) Ces formules font parfaitement d'accord avec l'expérience. Pour s'en convaincre, il ne faut que confulter les Ouvrages des Auteurs qui ont écrit fur la Phyfique Expérimentale. Le Docteur 's Gravefande, dans le 1er. volume de fon Ouvrage intitulé, *Phyfices Elementa Mathematica*, décrit (§. 833.) une machine pour faire tomber avec précifion différentes fphéres de cuivre fur de l'argille. * Dans la troifieme expérience, il en fait tomber trois de même diametre, mais d'un poids différent, en ayant fait deux creufes : leurs poids étoient entre eux comme 1, 2 & 3. La hauteur de la chûte de ces trois fpheres étoit de 9 pouces ; & les impreffions qu'elles firent, fe trouverent auffi comme 1, 2 & 3. Dans la dixieme expérience, (§. 855.), il fit tomber les deux plus pefantes, de 18 pouces de hauteur, & trouva que leurs impreffions étoient comme 4 à 6, c'eft-à-dire, doubles des premieres. On voit par-là qu'en effet les impreffions font en raifon compofée des poids, ou maffes, & des hauteurs d'où ils tombent, ou en raifon compofée des poids, ou maffes, & des quarrés des vîteffes primitives.

COROLLAIRE IV.

(292.) Si les deux corps qui fe choquent, étoient égaux & que, dans le choc, ils ne fuffent animés par aucune puiffance, on auroit $B = A$, $\alpha = 0$, $\beta = 0$; ce qui réduit la valeur de l'impreffion (287.) à $I = \frac{A(U-V)^2}{4D}$; & dans le cas de $V = 0$, à $I = \frac{AU^2}{4D}$. On voit donc, comme ci-deffus, que les impreffions font en raifon directe compofée des poids, ou des maffes, & des quarrés des vîteffes avec lefquelles ils fe choquent, & en raifon inverfe des duretés.

---

* Nous traduifons le mot *Greda* par le mot *Argille*, quoique, d'après l'autorité des différents Dictionnaires que nous avons été à même de confulter, ce mot fignifie proprement de la *Craie*. Nous nous fommes crus fondés à faire cette correction, parce que les expériences du Docteur *'s Gravefande*, dont il eft ici queftion, ont été réellement faites en laiffant tomber les fpheres de cuivre fur de l'argille, telle que celle dont fe fervent les Potiers pour leurs ouvrages du plus bas prix. Ce fçavant la prefere aux autres ; voici comment il s'exprime dans le §. 821 de l'Ouvrage cité. *Argillâ omnium maximè commodè adhibetur ; fed illam ex quibus vafa fictilia, maximè vulgaria, & vilioris pretii, efficiuntur, eligimus. Hæc pura defideratur, & admixtâ aquâ ita temperanda eft, ut quidem inquinet manus, non autem adhæreat .... Ubi maffa ex tali Argillâ flectitur, fatifcit, & in quibufdam locis feparatio partium datur ; quando hanc habet proprietatem, partes quæ intropremuntur, dum cedunt, inter adjacentes penetrant. Et dans le §. 822. Si aliam argillam magis albam, & ad naturam cretæ accedentem, adhibeamus, non facilè fatifcit, & partes etiam inter adjacentes penetrant, dum cedunt ; fed has potiùs removent ; quod pro diverfâ naturâ Argillæ diverfimodè contingit. Hac de folâ caufâ Argillâ, primùm indicatâ, utor ; quia quid huic contingere debeat ratiocinio detegere poffumus ; effectus omnes fixis regulis fubjiciuntur, prævideri poffunt, & experimenta ratiocinio confirmant, &c. &c.*

SCOLIE II.

(293.) Ceci est encore confirmé par plusieurs autres expériences que le Docteur *'s Gravesande* expose dans l'endroit cité, & dont il déduit que les effets étant proportionnels aux causes, & les mêmes effets aux impressions, il est nécessaire que les causes qu'il prétend avec *Leibnitz* être les *forces vives*, soient aussi en raison composée des masses & des quarrés des vîtesses. *

SCOLIE III.

(294.) Puisque l'expérience s'accorde avec nos formules, non-seulement dans le cas des corps mous comme l'argille, mais encore dans celui des corps durs & élastiques, lorsque la dureté D est constante; il est évident que, dans ces cas, la dureté a été au moins sensiblement constante, & que nous pouvons la supposer telle. On voit encore, par la conformité de l'expérience avec le calcul, dans lequel nous avons supposé l'impression de la même figure sphérique que le corps choquant A; on voit, dis-je, qu'il est évident, au moins dans les corps mous tels que l'argille, que, dans ces cas, le creux, ou l'enfoncement latéral HFE, n'a pas eu lieu. Cependant cet enfoncement ne peut manquer d'exister dans des corps plus élastiques : il existe même dans les corps mous comme l'argille, suivant le Docteur *'s Gravesande*, §. 824, lorsque l'amplitude de l'impression est très-grande relativement à sa profondeur, parce que, dans ce cas, les raisons sur lesquelles il s'est fondé, ne peuvent avoir lieu ; car, de quelque nature que soit l'argille, ses particules cedent latéralement ; ** ce qui prouve que le creux, ou l'enfoncement latéral se forme même dans les corps mous, pourvu que la figure du corps choquant ne soit pas telle que son amplitude augmente par degrés.

PROPOSITION XXXVIII.

(295.) *Déterminer la profondeur de l'impression, dans le cas où l'on auroit* H $=$ Qx ; Q *désignant une quantité constante.*

Si l'on substitue Qx pour H dans l'équation $\int H dx = \dots\dots$
$$\frac{\frac{1}{2}AB((U-V)^2-(u-v)^2)+(\alpha B-\beta A)(x+D)}{D(A+B)} \quad (286.) ;$$ & si ensuite on integre,

---

* *Voyez*, sur la mesure des *forces vives*, les Ouvrages cités dans la note de la page 60, sur-tout la Préface du *Traité de Dynamique* de M. *d'Alembert* ; voyez aussi la 4e. partie du *Cours de Mathématiques* de M. *Bezout*, Art. 388.

** Voici ce §. 824. *Si cavitatis latitudo magna sit respectu profunditatis, ratiocinia in hac ipsâ Argillâ* (celle qu'il avoit adoptée) *locum non habent ; quia in hoc casu, quæcumque sit natura Argillæ, facilè partes lateraliter cedunt, & pars tantùm cavitatis, harum introcessioni, tribuenda est.*

on aura $\frac{1}{2}Qx^2 = \dfrac{\frac{1}{2}AB((U-V)^2-(u-v)^2)+(\alpha B-\beta A)(x+z)}{D(A+B)}$ Or, dans la fuppofition de $H=Qx$, on aura auffi $H'=Qz$ *, & l'équation $DHdx=$
$D'H'dz$ (276.) fe réduira à $DQxdx=D'Qzdz$, d'où l'on tire, en
divifant par Q, & intégrant, $Dx^2=D'z^2$, & $z=\dfrac{D^{\frac{1}{2}}}{D'^{\frac{1}{2}}}x$. Si l'on fubftitue maintenant cette valeur de z dans l'équation, il en réfultera

$$\frac{1}{2}Qx^2 = \frac{\frac{1}{2}ABD'^{\frac{1}{2}}((U-V)^2-(u-v)^2)+(\alpha B-\beta A)(D^{\frac{1}{2}}+D'^{\frac{1}{2}})x}{DD'^{\frac{1}{2}}(A+B)}, \quad \&, \text{ en dégageant } x, \text{ on a}$$

$$x = \frac{(\alpha B-\beta A)(D^{\frac{1}{2}}+D'^{\frac{1}{2}})}{DD'^{\frac{1}{2}}Q(A+B)} \pm \left(\frac{((\alpha B-\beta A)(D^{\frac{1}{2}}+D'^{\frac{1}{2}}))^2}{(DD'^{\frac{1}{2}}Q(A+B))^2} + \frac{AB((U-V)^2-(u-v)^2)}{DQ(A+B)} \right)^{\frac{1}{2}}.$$

COROLLAIRE I.

(296.) Dans le cas de la plus grande profondeur, ou impreffion, on
a $u-v=0$ (259.) ; donc on aura la plus grande profondeur . . . . e

$$x = \frac{(\alpha B-\beta A)(D^{\frac{1}{2}}+D'^{\frac{1}{2}})}{DD'^{\frac{1}{2}}Q(A+B)} \pm \left(\frac{((\alpha B-\beta A)(D^{\frac{1}{2}}+D'^{\frac{1}{2}}))^2}{DD'^{\frac{1}{2}}Q(A+B)} + \frac{AB(U-V)^2}{DQ(A+B)} \right)^{\frac{1}{2}}.$$

COROLLAIRE II.

(297.) Si l'on avoit $V=0$, & $B=\infty$, la plus grande profon-
deur x feroit $= \dfrac{\alpha(D^{\frac{1}{2}}+D'^{\frac{1}{2}})}{DD'^{\frac{1}{2}}Q} \pm \left(\left(\dfrac{\alpha(D^{\frac{1}{2}}+D'^{\frac{1}{2}})}{DD'^{\frac{1}{2}}Q}\right)^2 + \dfrac{AU^2}{DQ} \right)^{\frac{1}{2}}.$

COROLLAIRE III.

(298.) Si, outre cela, on avoit auffi $U=0$, la plus grande x
feroit alors $= \dfrac{2\alpha(D^{\frac{1}{2}}+D'^{\frac{1}{2}})}{DD'^{\frac{1}{2}}Q}$; c'eft-à-dire, en raifon directe fimple de
la puiffance α, qui agit fur le corps A.

PROPOSITION XXXIX.

(299.) *Déterminer la profondeur de l'impreffion, dans le cas où
π eft conftante.*

Qu'on fuppofe $\pi(A+B)=\dfrac{DHD'H'}{DH+D'H'}(A+B)=n(\alpha B-\beta A)$,
n défignant un nombre quelconque ; puifque, dans la fuppofition
préfente, DH & $D'H'$ font des quantités conftantes, l'équation (275.)
$DHdx=D'H'dz$, donnera, en intégrant, $DHx=D'H'z$, d'où l'on
tire $D'H'=\dfrac{DHx}{z}$. Subftituant cette valeur dans la première équa-

---

* Eft-il bien certain que fi $H=Qx$, on doive en inférer que $H'=Qz$? Nous croyons
qu'on peut en douter. Quoiqu'il femble que cela dérive de la fuppofition qu'on a faite que
les duretés font conftantes ; cependant il ne nous paroît pas certain qu'on en puiffe conclure
avec l'évidence mathématique, que fi la raifon de H à x eft Q, celle de H' à z foit auffi Q.

tion, on aura $\frac{DHx(A+B)}{x+\zeta}=n(\alpha B-\beta A)$, ce qui donne ......

$Hx=\frac{n(\pi B-\beta A)(x+\zeta)}{D(A+B)}=(286.)\frac{\frac{1}{2}AB((U-V)^2-(u-v)^2)+(\pi B-\beta A)(x+\zeta)}{D(A+B)}$, d'où l'on déduit $x+\zeta=\frac{\frac{1}{2}AB((U-V)^2-u-v)^2)}{(n-1)(\alpha B-\beta A)}$; ou en substituant $\frac{\pi(A+B)}{\alpha B-\beta A}$ à la place de n, $x+\zeta=\frac{\frac{1}{2}AB((U-V)^2-(u-v)^2)}{\pi(A+B)-(\alpha B-\beta A)}$.

COROLLAIRE I.

(300.) Si l'on avoit $V=0$, & $B=\infty$, on auroit $x+\zeta=\frac{\frac{1}{2}A(U^2-u^2)}{\pi-\alpha}$.

COROLLAIRE II.

(301.) Dans le cas de la plus grande impreffion, on a $u-v=0$: on aura donc, pour ce cas, $x+\zeta=\frac{\frac{1}{2}AB(U-V)^2}{\pi(A+B)-(\alpha B-\beta A)}$.

COROLLAIRE III.

(302.) Il n'y a donc point alors de plus grande impreffion, ou, ce qui eft la même chofe, l'impreffion n'a point de limite, à moins que $\pi(A+B)-(\alpha B-\beta A)$ ne foit pofitif, ou que l'on n'ait $\pi(A+B)>\alpha B-\beta A$.

COROLLAIRE IV.

(303.) Si l'on avoit $V=0$, & $B=\infty$, on auroit la plus grande profondeur $x+\zeta=\frac{\frac{1}{2}AU^2}{\pi-\alpha}$.

PROPOSITION XL.

(304.) *Trouver la valeur de la dureté* D.

Puifque la dureté D a été trouvée conftante, ou fenfiblement conftante, l'équation de *l'Art.* 276 fe réduira à ....

$(\alpha B-\beta A)(x+\zeta)-D(A+B)\int Hdx=\frac{1}{2}AB((u-v)^2-(U-V)^2)$; d'où on tire $D=\frac{\frac{1}{2}AB((U-V)^2-(u-v)^2)+(\alpha B-\beta A)(x+\zeta)}{(A+B)\int Hdx}$; & pour le cas de plus grande impreffion, dans lequel on a $u-v=0$, on aura $D=\frac{\frac{1}{2}AB(U-V)^2+(\alpha B-\beta A)(x+\zeta)}{(A+B)I}$.

COROLLAIRE I.

(305.) Si l'on avoit $B=\infty$, & $V=0$, comme dans les expé-ences, rapportées ci-deffus, faites fur l'argille par le Docteur 's *Grave*-inde, on auroit $D=\frac{\frac{1}{2}AU^2+\alpha x}{I}=\frac{\alpha(c+x)}{I}$.

SCOLIE

(306) Prenons, pour exemple, la premiere expérience, rapportée ci-deffus (291.), dans laquelle on faifoit tomber la fphere la moins pefante de 9 pouces de hauteur, & dans laquelle on a trouvé le diametre de l'impreffion de $\frac{65}{800}$ *, celui de la fphere étant de $\frac{1}{8}$. Delà on déduit la valeur de $x = \dfrac{100 - (10000 - 65.65)^{\frac{1}{2}}}{1600} = \dfrac{3}{200}$. Celle de $I = cx^2 \left(\frac{1}{16} - \frac{1}{3}x \right)$; c marquant la circonférence, dont le diametre eft

---

* Les trois fpheres avec lefquelles le Docteur *'s Gravefande* a fait fes expériences, avoient 1 pouce $\frac{1}{2}$, ou $\frac{1}{8}$ de pied, de diametre (*Phyficas Elementa mathematica*, §. 833.). Lorfqu'il laiffoit tomber la fphere la moins pefante de la hauteur de 9 pouces, ou $\frac{3}{4}$ de pied, elle faifoit une impreffion fur l'argille, dont le diametre étoit de $\frac{65}{800}$ de celui de la fphere; c'eft-à-dire, de $\frac{65}{8000}$ de pied (*Ibid.* 855.). Il eft aifé, d'après ces données, de concevoir les calculs de ce Scolie. Soit A la fphere, ou le corps choquant de l'expérience citée, AR le corps choqué, ou l'argille fur laquelle on faifoit tomber la fphere A: foit nommé $2a$ le diametre SP de la fphere, $2y$ le diametre GI de l'impreffion qu'elle formoit fur l'argille, & x la profondeur PK de la même impreffion, ou la fleche du fegment $GPIK$; on aura $a = \frac{1}{16}$, & $y = \frac{65}{1600}$. Ceci pofé, par la propriété du cercle $yy = 2ax - xx$, donc $x = a \pm (aa - yy)^{\frac{1}{2}}$, ou fimplement $x = a - (aa - yy)^{\frac{1}{2}}$, puifque, dans le cas dont il s'agit ici, il eft évident qu'on a $x < a$. Subftituant, dans cette équation, à la place des lettres leurs valeurs numériques, on a $x = \dfrac{1}{16} - \left(\dfrac{10000 - 65.65}{(1600)^2} \right)^{\frac{1}{2}} = \left(\dfrac{100 - (10000 - 65.65)}{1600} \right)^{\frac{1}{2}} = \dfrac{3}{200}$.

La valeur de I, ou de la plus grande impreffion, eft la folidité du fegment $GPIK$: pour la calculer, je repréfente par c la circonférence du cercle dont le diametre eft l'unité, alors $2cy$ fera la circonférence qui termine l'impreffion, & dont $GI = 2y$ eft le diametre; $2cy \cdot \frac{y}{2} = cy^2$ en fera la furface; & $cy^2 dx$ fera un des éléments de la folidité de la fphere. Subftituant pour yy fa valeur $2ax - xx$, cet élément devient $2acx\, dx - cx^2 dx$, & en intégrant, on aura la folidité d'un fegment quelconque de la fphere $= \int (2acx\, dx - cx^2 dx) = acx^2 - \frac{1}{3}cx^3 = cx^2 (a - \frac{1}{3}x)$. Si l'on fait $x = 2a$, on aura la folidité de la fphere entiere $= 4ca^2(\frac{1}{3}a) = ca^2 (\frac{4}{3}a) - \frac{4ca^3}{3}$. Remarquons en paffant que l'expreffion générale que nous venons de trouver, étant traduite en langage ordinaire, fait voir que *la folidité d'un fegment fphérique, eft égale à celle d'un cylindre dont le rayon de la bafe eft la fleche du fegment, & dont la hauteur eft le rayon de la fphere moins le tiers de la fleche.* Mettant pour a fa valeur $\frac{1}{16}$, on a $I = cx^2 \left(\frac{1}{16} - \frac{1}{3}x \right)$. Faifant la même fubftitution dans la folidité de la fphere, elle devient $\dfrac{4c}{3.16.16.16}$: mais comme il s'agit ici de la fphere la moins pefante, qui n'eft que le tiers de la plus pefante (291), il faut prendre le tiers de cette expreffion, & on aura $\dfrac{4c}{9.16.16.16}$ pour cette folidité. Il eft évident qu'on peut prendre cette quantité pour repréfenter A, puifque l'auteur n'a en vue ici que de trouver l'expreffion de la dureté des fpheres que le Docteur *'s Gravefande* a foumifes à l'expérience, & de faire voir que toutes les expériences donnent le même réfultat: car ces fpheres étant d'une même matiere, elles ont leurs maffes proportionnelles à leurs volumes. Mais s'il s'agiffoit de comparer les duretés de plufieurs fpheres de différentes matieres, il feroit abfolument néceffaire de prendre pour A le poids abfolu de chacune, parce que les poids font proportionnels aux maffes, au lieu que les volumes ne le font pas. Les calculs du refte de ce Scolie font fi aifés, d'après ce que nous venons de dire, que nous ne croyons pas néceffaire de nous y arrêter plus long-temps.

Notre réfultat eft différent de celui de l'Auteur qui donne $D = 200 \frac{3800}{9935}$; mais il eft évident qu'il y a une faute dans l'original.

l'unité

l'unité. Celle de A, qui eft la maffe totale de la fphere $= \dfrac{4c}{9.16.16.16}$, ce qui donne $\alpha = \dfrac{4.32.c}{9.16.16.16}$ (290.). Ces valeurs de α & de I étant fubftituées dans l'équation $D = \dfrac{\alpha(c+r)}{I}$, donnent $D = \dfrac{c+x}{6x^2(3-16x)} = \dfrac{\frac{3}{4}+\frac{3}{200}}{\frac{69}{40000}(3-\frac{45}{200})} = 205\,\frac{1040}{3312}$. On aura le même réfultat, à quelques petites différences près, en calculant d'après les autres expériences. On trouvera de la même maniere la valeur de D, avec quelque matiere qu'on faffe les expériences.

C O R O L L A I R E   I I.

(307.) Ayant trouvé la valeur de D par l'équation . . . . $D = \dfrac{\frac{1}{2}AB(U-V)^2 + (\alpha B - \beta A)(x+z)}{(A+B)I}$, on trouvera de même celle de D': car ayant $D\!\int H dx = D'\!\int H' dz$, ou $DI = D'I'$, I' marquant la grandeur de la plus grande impreffion faite dans le corps A, on aura $D' = \dfrac{DI}{I'}$. Calculant donc, d'après l'expérience, la valeur de I', on aura celle de D'.

P R O P O S I T I O N   X L I.

(308.) *La plus grande force de percuffion eft celle qui agit au moment que s'acheve l'impreffion totale.*

A l'inftant de l'action de la plus grande force de percuffion, la différencielle de π, ou de fon égale $\dfrac{DH.D'H'}{DH+D'H'}$ eft $= 0$; c'eft-à-dire que $\dfrac{H'dH}{DH+D'H'} + \dfrac{HdH'}{DH+D'H'} - \dfrac{HH'(DdH+D'dH')}{(DH+D'H')^2} = 0$; ou en réduifant, . . . $D'H'^2 dH + DH^2 dH' = 0$; mais cette quantité ne peut être zéro, fans que les différencielles dH & dH' ne foient auffi zéro; c'eft-à-dire, fans que les amplitudes H & H', ou les impreffions, n'aient reçu toute l'augmentation qu'elles peuvent avoir. Donc la plus grande force de percuffion eft celle qui agit au moment que s'acheve l'impreffion totale.

P R O P O S I T I O N   X L I I.

(309.) *Trouver l'expreffion de la force de percuffion π.*

La force de percuffion, à quelque inftant du choc que ce foit, eft $\pi = \dfrac{DH.D'H'}{DH+D'H'}$. Subftituant, dans cette équation, la valeur de $D' = \dfrac{DI}{I'}$ (307.), on aura $\pi = \dfrac{D^2 HIH'}{I'\left(DH+\frac{D'H'}{I'}\right)} = \dfrac{DHIH'}{III'+HI'}$. Subftituant maintenant, dans cette équation, la valeur de $D = \dfrac{\frac{1}{2}AB(U-V)^2+(\alpha B - \beta A)(x+\zeta)}{(A+B)I}$ (304), & on aura $\pi = \dfrac{HH'}{HI'+H'I}\left(\dfrac{\frac{1}{2}AB(U-V)^2+(\alpha B - \beta A)(x+\zeta)}{A+B}\right)$. *

S C O L I E.

(310.) On sçait déjà que les quantités I & I' expriment les plus grandes impreſſions; mais on doit remarquer que les x & ζ ſont auſſi les profondeurs des plus grandes impreſſions, puiſque ces quantités ſont introduites dans la valeur de π, par la ſubſtitution de la valeur de D, priſe pour le cas de la plus grande impreſſion (304.). Les quantité H & H' ſont donc les ſeules qu'on doive regarder comme variables dans cette équation, pour obtenir les différentes valeurs de la force π.

C O R O L L A I R E I.

(311.) La plus grande force de percuſſion étant celle qui a lieu, lorſque les quantités H & H' parviennent à leur plus grande valeur, il s'enſuit qu'en mettant dans l'équation les plus grandes valeurs de H & H', on aura la plus grande force de percuſſion.

C O R O L L A I R E I I.

(312.) Dans le cas où $B = \infty$, $V = 0$, & $\dfrac{D}{D'} = 0$, d'où il réſulte $I' = 0$, & $\zeta = 0$ **, on aura $\pi = \dfrac{H}{I}(\frac{1}{2}AU^2 + \alpha x)$: & dans la chûte des corps par la ſeule action de la gravité, où l'on a $\frac{1}{2}AU^2 = \alpha e$ (46.), $\pi = \dfrac{H\alpha}{I}(e+x)$.

C O R O L L A I R E I I I.

(313.) La force de gravité ſera donc à celle de percuſſion, comme α eſt à $\dfrac{H\alpha}{I}(e+x)$, ou comme 1 eſt à $\dfrac{H}{I}(e+x)$; ou enfin comme I eſt à $H(e+x)$.

---

* On pourroit penſer que cette valeur de π ſeroit celle de la plus grande force de percuſſion, puiſqu'on l'obtient en y introduiſant la valeur de D priſe dans le cas de la plus grande impreſſion, qui concourt avec celui de la plus grande force de percuſſion (308). Mais il faut remarquer qu'ayant ſuppoſé la dureté D conſtante, on auroit la même valeur pour π, en ſubſtituant une valeur de D priſe dans une autre circonſtance que celle de la plus grande impreſſion, en ayant attention à prendre la valeur de l'impreſſion & de ſa profondeur qui correſpondent à ce cas. Ainſi cette valeur de π ne peut exprimer la plus grande force de percuſſion, que dans le cas où H & H' ſeroient les amplitudes de la plus grande impreſſion.

** On voit facilement que pour avoir $\dfrac{D}{D'} = 0$, il faut que la dureté du corps A ſoit infinie à l'égard de celle du corps B; alors il eſt évident que la plus grande impreſſion I', & ſa profondeur ζ faite dans le corps A, ſont chacune $= 0$.

SCOLIE I.

(314.) Dans les expériences du Docteur *'s Gravefande* fur l'argille, on a $H = cx(\frac{1}{8} - x)$; * & (305. *Voyez auffi la note de cet Art.*) $I = cx^2(\frac{1}{16} - \frac{1}{3}x)$: donc on aura $\frac{H}{I} = \frac{cx(\frac{1}{8} - x)}{cx^2(\frac{1}{16} - \frac{1}{3}x)} = \frac{\frac{1}{8} - x}{x(\frac{1}{16} - \frac{1}{3}x)}$; d'où il fuit que la force de la gravité eft à celle de percuffion, comme 1 eft à $\frac{(e+x)(\frac{1}{8} - x)}{x(\frac{1}{16} - \frac{1}{3}x)}$ (313.). Dans la premiere expérience, on avoit $e = \frac{3}{4}$, & l'on a trouvé $x = \frac{3}{200}$. Donc la force de gravité étoit à celle de percuffion, comme 1 eft à $\frac{(\frac{3}{4} + \frac{3}{200})(\frac{1}{8} - \frac{3}{200})}{\frac{3}{200}(\frac{1}{16} - \frac{1}{200})}$; ou comme 1 eft à $97\frac{13}{23}$; de forte que la force de percuffion, quoique dans un corps mou comme l'argille, & la fphere tombant feulement de 9 pouces de hauteur, étoit plus de 97 fois plus grande que celle de la gravité.

COROLLAIRE IV.

(315.) Si $B = \infty$, $V = 0$, & $D = D'$, & qu'on ait à-peu-près $H = H'$, $I = I'$, $\zeta = x$, on aura $\pi = \frac{H}{2I}(\frac{1}{2}AU^2 + 2\alpha x)$; & dans la chûte des corps qui tombent par la gravité, $\pi = \frac{H\alpha}{2I}(e + 2x)$.

COROLLAIRE V.

(316.) La force de gravité fera donc, dans ce cas, à celle de percuffion, comme 1 eft à $\frac{H}{2I}(e + 2x)$.

SCOLIE II.

(317.) Lorfque deux corps très-durs, comme le font deux corps de fer, viennent à fe choquer, l'impreffion I qui fe fait dans chacun, eft prefque infiniment petite par rapport à $H(e + 2x)$: donc, dans ce cas, la force de percuffion eft prefque infinie, à l'égard de celle de gravité. Prenons pour exemple le coup d'un marteau fur une enclume. Puifque I repréfente la grandeur de l'impreffion, qui doit être comme le produit de H, qui eft fon amplitude, par une quantité proportionnelle à fa profondeur, que nous fçavons par l'expérience être extrêmement petite, nous pouvons fuppofer $I = H.\frac{1}{k}$, k exprimant un nombre quelconque, tel que $\frac{1}{k}$, foit

---

* H defigne l'amplitude de l'impreffion, ou la furface du cercle qui termine l'impreffion (247). Or, par la note de *l'article* 305, cette furface eft cy^2, qui devient $cx(\frac{1}{8} - x)$ en fubftituant pour y^2 fa valeur $2ax - x.x$, & enfuite pour a fa valeur $\frac{1}{8}$. Le réfultat des calculs de ce Scolie eft encore erronné ; l'Auteur fait la force de gravité à celle de percuffion dans le rapport de 1 à $109\frac{76}{363}$. Il eft vifible que c'eft une faute de calcul.

encore moindre que la profondeur de l'impreſſion, * qui, lorſqu'elle eſt la plus grande, ne peut gueres être que de $\frac{1}{15000}$, ou $\frac{1}{12000}$ de pied. Cette valeur de I étant donc ſubſtituée dans l'expreſſion, on trouvera que la force de gravité eſt à celle de percuſſion, comme

$$1 \text{ eſt à } \frac{H}{2H.\frac{1}{k}}(e+2x)=\tfrac{1}{2}k(e+2x);$$

ou, négligeant x, comme étant très-petite, comme 1 eſt à $\tfrac{1}{2}ke$. Maintenant ſi la vîteſſe du marteau eſt équivalente à celle qu'il prendroit en tombant librement de 10 pieds de hauteur; & ſi nous faiſons ſeulement $k = 12000$, on aura la force de gravité du marteau à celle de percuſſion du même marteau, comme 1 à 60000; c'eſt-à-dire que cette derniere force ſera 60000 fois plus grande que celle de la gravité; & que l'effet du marteau équivaudra à celui que pourroit cauſer, ſur le même point où s'eſt donné le coup, un poids 60000 fois plus grand que celui du marteau. Ceci ſuffit déjà pour ne pas être étonné de l'effet prodigieux de la force de percuſſion.

SCOLIE III.

(318.) Cette théorie peut auſſi s'appliquer aux cordes; car ſi l'on imagine que l'une des extrêmités d'une corde ſoit attachée à un point fixe E, & qu'il y ait à l'autre extremité un poids A; ſi on laiſſe tomber ce poids d'une hauteur quelconque, il eſt clair que l'action qu'il exerce à la fin de ſa chûte, lorſque la corde eſt étendue dans toute ſa longueur, comme en EF, eſt une véritable percuſſion. Pour appliquer les mêmes formules à ce cas, H déſignera la ſection perpendiculaire à la corde; D la qualité de la matiere dont elle eſt faite, ou ſa force; I le produit de H par la plus grande quantité dont la corde s'allonge dans l'action; & enfin x la quantité dont elle s'allonge dans un cas quelconque. On remarquera, en outre, que le point fixe E, étant celui ſur lequel s'exerce l'action, doit être conſidéré comme un corps infini: on aura donc $B = \infty$, $V = 0$, $\frac{D}{D'} = 0$, $I' = 0$, & $z = 0$. Ainſi la formule qui convient à ce cas eſt (312.) $\pi = \frac{H}{I}(\tfrac{1}{2}AU + ax)$; U déſignant la vîteſſe du corps A à l'inſtant qu'il parvient au point le plus bas de ſa chûte; ou bien, en ſuppoſant $I = HX$, X marquant

---

* Ceci ſuppoſe que l'impreſſion eſt moins étendue dans le fond qu'à la ſurface, ce qui a toujours lieu (252 & 294.). Si l'amplitude étoit la même dans toute la profondeur de l'impreſſion, ce qui ne peut avoir lieu dans les corps durs & tenaces, alors $\frac{1}{k}$ ſeroit égal à la profondeur de l'impreſſion.

toute la quantité dont la corde peut s'allonger jufqu'à ce qu'elle fe rompe, ou qu'elle foit fur le point de fe rompre, $\pi = \frac{1}{X}(\frac{1}{2}AU^2 + \alpha x)$; & lorfqu'il s'agit de la chûte des corps qui tombent par l'action feule de la gravité, cette équation devient $\pi = \frac{\alpha}{X}(e + x)$.

Lorfque le corps A eft feulement fufpendu à la corde, pour qu'elle le foutienne, fans qu'il y ait aucune chûte, $e = o$; donc, dans ce cas, $\pi = \frac{\alpha x}{X}$; & fi le poids du corps A étoit tel qu'il s'en fallût infiniment peu qu'il ne fît rompre la corde, on auroit $x = X$, & $\pi = \alpha$; c'eft-à-dire que la force de percuffion, qui, dans ce cas, eft une force de preffion, eft égale au poids du corps, que nous pouvons appeller P. Soit nommé p le plus grand poids dont la même corde puiffe fupporter l'action, en fuppofant qu'il tombe de la hauteur e; comme cette force de réfiftance dans la corde eft conftante, nous aurons $P = \frac{p}{X}(e + X)$ pour le point précis de fa rupture, ou pour celui où elle eft infiniment près de fe rompre dans la chûte du corps p *; c'eft-à-dire que le poids p qui, par fa chûte de la hauteur e, auroit précifément la force néceffaire pour rompre la corde, eft donné par l'équation $p = \frac{PX}{e + X}$. La quantité X eft proportionnelle à la longueur de la corde, puifque chacune de fes parties s'allonge proportionnellement. Donc fi nous exprimons par l la longueur de la corde, & par $\frac{1}{n}$, le rapport fuivant lequel elle s'allonge relativement à fa longueur, on aura $X = \frac{l}{n}$, & $p = \frac{P \cdot \frac{l}{n}}{e + \frac{l}{n}} = \frac{Pl}{ne + l}$.

On ne doit pas entendre ici, par l'allongement d'une corde, la quantité dont elle s'allonge effectivement aux premiers efforts qu'elle fait lorfqu'elle eft neuve; mais l'allongement dont elle eft fufceptible, depuis l'état où elle fe trouve après s'ètre rétablie, ayant fupporté ces premiers efforts, & qu'elle vient à s'allonger de nouveau par l'action d'une puiffance; cet allongement n'étant réellement que la quantité dont la corde raccourcit, en revenant dans fa longueur ordinaire, par l'effet de fon élafticité naturelle.

---

* Cette équation fuit naturellement de ce que, dans la rupture de la corde par la feule afcenfion du poids P, on a $\pi = o$; & que, dans le cas de la même rupture par la chûte du corps p de la hauteur e, on $\alpha = p$; ce qui donne $\pi = \frac{p}{X}(e + X)$. Or, comme la réfiftance dont la corde eft capable jufqu'à fa rupture, eft conftante, de quelque maniere que cette rupture fe faffe, on a la puiffance π, qui produit cet effet dans le premier cas, égale à la puiffance π qui le produit dans le fecond, ou $P = \frac{p}{X}(e + X)$.

On fçait par l'expérience qu'une corde de chanvre, de 3 pouces de circonférence, peut foutenir, lorfqu'elle eft bien faite, jufqu'à la charge de 65 quintaux, & qu'en ce cas elle s'allonge de $\frac{1}{10}$. On aura donc $P = 65$, & $\frac{1}{n} = \frac{1}{10}$, ou $n = 10$, ce qui donne $P = \frac{65\,l}{10e + l}$. Si l'on fuppofe donc que la corde ait 100 pieds de longueur, & qu'on laiffe tomber le poids p qui lui eft attaché, de cette même hauteur de 100 pieds, on aura $p = \frac{6500}{1000 + 100} = \frac{65}{11} = 5$ quintaux $\frac{10}{11}$; c'eft le moindre poids qui puiffe faire rompre la corde *. On voit, par la formule, & par tout ce que nous venons de dire, que plus la corde fera longue, plus elle réfiftera dans la percuffion; ou, comme difent les Marins Efpagnols, dans *l'Eftrechon* : car fi, au lieu de 100 pieds de longueur, la corde en avoit feulement 50, on auroit $p = \frac{65 \cdot 50}{1000 + 50} = \frac{65}{21} = 3$ quintaux $\frac{2}{21}$; ce poids tombant de la même hauteur de 100 pieds, feroit fuffifant pour rompre la corde.

P R O P O S I T I O N   XLIII.

(319.) *Trouver le temps de la durée du choc.*

Ayant vu (258.) que $dt = \dfrac{dx + d\zeta}{u - v}$, & (277.) que $u - v = \ldots$

$\pm \left((U - V)^2 + \dfrac{(\alpha B - \beta A)(x + \zeta)}{\frac{1}{2} AB} - \dfrac{(A + B) D \int H dx}{\frac{1}{2} AB} \right)^{\frac{1}{2}}$, on aura, en fubftituant cette valeur dans l'équation précédente, ...

$$dt = \frac{dx + d\zeta}{\pm \left((U - V)^2 + \dfrac{(\alpha B - \beta A)(x + \zeta)}{\frac{1}{2} AB} - \dfrac{(A + B) D \int H dx}{\frac{1}{2} AB} \right)^{\frac{1}{2}}} \; ;$$

ou en multipliant le numérateur & le dénominateur par $\left(\dfrac{\frac{1}{2} AB}{(A + B) D} \right)^{\frac{1}{2}}$, ...

$$dt = \frac{\left(\dfrac{AB}{2 D (A + B)} \right)^{\frac{1}{2}} (dx + d\zeta)}{\pm \left(\dfrac{AB (U - V)^2}{2 D (A + B)} + \dfrac{(\alpha B - \beta A)(x + \zeta)}{D (A + B)} - \int H dx \right)^{\frac{1}{2}}} .$$

C O R O L L A I R E   I.

(320.) Dans le cas où l'on auroit à très-peu près $\zeta = 0$, & $d\zeta = 0$, on auroit $dt = \dfrac{\left(\dfrac{AB}{2 D (A + B)} \right)^{\frac{1}{2}} dx}{\pm \left(\dfrac{AB (U - V)^2}{2 D (A + B)} + \dfrac{(\alpha B - \beta A) x}{D (A + B)} - \int H dx \right)^{\frac{1}{2}}} .$

---

* Ce poids eft le moindre qui puiffe faire rompre la corde lorfqu'on le fait tomber de la hauteur de 100 pieds; mais fi on le faifoit tomber d'une hauteur plus confidérable, ce qui pourroit avoir lieu, dans la fuppofition préfente, en difpofant le point de fufpenfion de maniere qu'il ne gênât pas le corps dans fa chûte; alors e pourroit être $= 2l$, & il eft évident que p pourroit alors n'être que de 3 quintaux $\frac{2}{21}$, c'eft le moindre poids poffible qui puiffe faire rompre la corde.

COROLLAIRE II.

(321.) Dans le cas où $z = x$, & $dz = dx$, on a . . . . :

$$dt = \frac{\left(\frac{2AB}{D(A+B)}\right)^{\frac{1}{2}} dx}{\pm \left(\frac{AB(U-V)^2}{2D(A+B)} + \frac{2(\alpha B - \beta A)x}{D(A+B)} - \int H dx\right)^{\frac{1}{2}}}.$$

COROLLAIRE III.

(322.) Pour déduire de ce second cas le précédent, il ne sera donc nécessaire que de diviser par 2 le terme dans lequel se trouve $\alpha B - \beta A$, & de diviser ensuite toute l'expression du temps, pareillement par 2.

SCOLIE.

(323.) Il ne reste donc qu'à intégrer pour avoir la valeur de t. Cette opération dépend de la valeur qu'on donnera à H, & celle-ci dépend de la figure, de la disposition, & de la dureté réciproque des deux corps choqués. Pour cela nous pouvons supposer $\int H dx$ égale à une fonction quelconque de x avec des constantes; car quoiqu'il ne soit pas possible que cette supposition convienne à tous les corps, il s'en trouvera toujours un, ou quelques-uns auxquels elle correspondra.

PROPOSITION XLIV.

(324.) *Trouver la valeur de la durée du choc, en supposant* $\int H dx = Q x^2$, $z = x$, & $dz = dx$; Q *étant une constante.*

L'équation de *l'Art.* 319 se réduit, dans ce cas, à . . . . :

$$dt = \frac{\left(\frac{2AB}{D(A+B)}\right)^{\frac{1}{2}} dx}{\pm \left(\frac{AB(U-V)^2}{2D(A+B)} + \frac{2(\alpha B - \beta A)x}{D(A+B)} - Q x^2\right)^{\frac{1}{2}}} :$$ ou, en divisant le numé-

rateur & le dénominateur par $Q^{\frac{1}{2}}$, à $dt = \dfrac{\left(\frac{2AB}{QD(A+B)}\right)^{\frac{1}{2}} dx}{\pm \left(\frac{AB(U-V)^2}{2QD(A+B)} + \frac{2(\alpha B - \beta A)x}{QD(A+B)} - x^2\right)^{\frac{1}{2}}}.$

Faisant, dans cette expression, $\dfrac{AB(U-V)^2}{2QD(A+B)} + \dfrac{(\alpha B - \beta A)^2}{Q^2 D^2 (A+B)^2} = R^2$, on

aura $dt = \dfrac{\left(\frac{2AB}{R^2 QD(A+B)}\right)^{\frac{1}{2}} R\,dx}{\left(R^2 - \left(x - \frac{(\alpha B - \beta A)}{QD(A+B)}\right)^2\right)^{\frac{1}{2}}}$; & en intégrant, on trouvera

$$t = \left(\frac{2AB}{D Q(A+B)}\right)^{\frac{1}{2}}\left(Arc\,sin\,\frac{\alpha B - \beta A}{RDQ(A+B)} + Arc\,sin\left(\frac{x}{R} - \frac{\alpha B - \beta A}{RDQ(A+B)}\right)\right) \cdot$$ pour le

temps dans lequel se forme, ou augmente, l'impression ; & . . . . .

$$t = \left(\frac{2AB}{DQ(A+B)}\right)^{\frac{1}{2}} \left(C + Arc\ sin\ \frac{\alpha B - \beta A}{RDQ(A+B)} - Arc\ sin\ \left(\frac{x}{R} - \frac{\alpha B - \beta A}{RDQ(A+B)}\right)\right),$$

pour le temps dans lequel l'impreſſion va en diminuant, en comptant pareillement depuis le commencement du choc, C marquant la demi-circonférence d'un cercle, dont le rayon eſt l'unité. *

C O R O L L A I R E I.

(325.) Ces deux temps doivent être égaux à l'inſtant où s'acheve la plus grande impreſſion, puiſque ce cas correſpond à l'un & à l'autre : donc au moment de la plus grande impreſſion, on aura

$$Arc\ sin\left(\frac{x}{R} - \frac{\alpha B - \beta A}{RDQ(A+B)}\right) = C - Arc\ sin\left(\frac{x}{R} - \frac{\alpha B - \beta A}{RDQ(A+B)}\right) \cdots \cdots$$

ou $Arc\ sin\left(\frac{x}{R} - \frac{\alpha B - \beta A}{RDQ(A+B)}\right) = \frac{1}{2}C$. Subſtituant cette valeur dans l'une quelconque des deux expreſſions du temps, on aura, pour tout le

---

* Comme les calculs de cette Propoſition pourroient embarraſſer quelques Lecteurs, nous allons les développer un peu plus que l'Auteur ne l'a fait.

Le dénominateur de l'expreſſion $dt = \dfrac{\left(\frac{2AB}{QD(A+B)}\right)^{\frac{1}{2}}dx}{\pm\left(\frac{4B(U-V)^2}{2QD(A+B)} + \frac{2(\alpha B - \beta A)x}{QD(A+B)} - x^2\right)^{\frac{1}{2}}}$ contient le

quarré de x, & un autre terme affecté de x au premier degré. Si l'on ajoute, & ſi l'on retranche de ce dénominateur le quarré de la moitié du multiplicateur de x, on n'en changera point la valeur, & il contiendra alors un quarré parfait ; c'eſt-à-dire que ce dénominateur ſera

$$\pm\left(\frac{AB(U-V)^2}{2QD(A+B)} + \left(\frac{\alpha B - \beta A}{QD(A+B)}\right)^2 - \left(\frac{\alpha B - \beta A}{QD(A+B)}\right)^2 + \frac{2(\alpha B - \beta A)x}{QD(A+B)} - x^2\right)^{\frac{1}{2}} =$$

$$\pm\left(\frac{AB(U-V)^2}{2QD(A+B)} + \left(\frac{\alpha B - \beta A}{QD(A+B)}\right)^2 - \left(x - \frac{\alpha B - \beta A}{QD(A+B)}\right)^2\right)^{\frac{1}{2}}.$$ Faiſant maintenant $\cdots$

$\dfrac{AB(U-V)^2}{2QD(A+B)} + \left(\dfrac{\alpha B - \beta A}{QD(A+B)}\right)^2 = R^2$, & ſubſtituant dans la valeur de dt, on aura $\cdots$

$$dt = \frac{\left(\frac{2AB}{QD(A+B)}\right)^{\frac{1}{2}}dx}{\pm\left(R^2 - \left(x - \frac{\alpha B - \beta A}{QD(A+B)}\right)^2\right)^{\frac{1}{2}}}.$$

Ceci poſé, ſuppoſons que EI repréſente un arc quelconque, CI ſon ſinus, & l'arc infiniment petit Ii ſa différencielle ; ſi nous menons ic parallele à CI, & la perpendiculaire Ir, ainſi que le rayon IL, le triangle Iri pourra être conſidéré comme rectiligne, & ſemblable au triangle ICL, ce qui donnera $CL : IL :: ri : Ii$. Faiſant donc $CI = u$, $IL = r$, l'arc $EI = a$, nous aurons $Ii = da$, $ri = du$, $CL = (IL^2 - CI^2)^{\frac{1}{2}} = (r^2 - u^2)^{\frac{1}{2}}$; par conſéquent la proportion précédente ſe change en celle-ci $(r^2 - u^2)^{\frac{1}{2}} : r :: du : da = \dfrac{r\,du}{(r^2 - u^2)^{\frac{1}{2}}}$; expreſſion générale de l'élément d'un arc de cercle, dont le ſinus $= u$, & le rayon $= r$. Remarquons maintenant que da eſt également la différencielle de l'arc FI ſupplément de EI, & que pour cet arc ſupplémentaire, le ſinus CI augmentant de du, l'arc diminue de da ; donc da eſt alors négative : par conſéquent $\dfrac{r\,du}{\pm(r^2 - u^2)^{\frac{1}{2}}}$ eſt l'élément d'un arc de cercle, ou de ſon ſupplément.

Si l'on multiplie par R un des facteurs du numérateur de la valeur de dt, & ſi l'on divise

temps

temps que les corps emploient à former la plus grande impreſſion,

$$t = \left(\frac{2AB}{DQ(A+B)} \right)^{\frac{1}{2}} \left(\tfrac{1}{2}C + Arc\ \mathit{fin}\ \frac{\alpha B - \beta A}{RDQ(A+B)} \right).$$

en même temps l'autre facteur auſſi par R, cela n'en changera point la valeur, & donnera

$$dt = \frac{\left(\frac{2AB}{R^2 DQ(A+B)} \right)^{\frac{1}{2}} R\,dx}{\pm \left(R^2 - \left(x - \frac{\alpha B - \beta A}{DQ(A+B)} \right)^2 \right)^{\frac{1}{2}}} = \left(\frac{2AB}{R^2 DQ(A+B)} \right)^{\frac{1}{2}} \left(\frac{R\,dx}{\pm \left(R^2 - \left(x - \frac{\alpha B - \beta A}{DQ(A+B)} \right)^2 \right)^{\frac{1}{2}}} \right);$$

expreſſion dont le ſecond facteur eſt abſolument identique avec $\dfrac{r\,du}{\pm (r^2 - u^2)^{\frac{1}{2}}}$, & par conſéquent

ce ſecond facteur repréſente l'élément d'un arc de cercle, dont le ſinus eſt $= x - \dfrac{\alpha B - \beta A}{DQ(A+B)}$ & le rayon $= R$; ou bien l'élément de ſon ſupplément à 180°.

Pour réduire l'expreſſion de cet élément à ce qu'elle ſeroit, ſi le rayon du cercle étoit l'unité, il eſt évident qu'il ne s'agit que de la diviſer par R; ou, ce qui revient au même, de diviſer ſon numérateur par R^2, & ſon dénominateur par R, afin que l'expreſſion du ſinus ſe trouvant auſſi diviſée par R, la forme néceſſaire à l'intégration ſoit conſervée. Faiſant donc cette diviſion, & multipliant en même temps le premier facteur de dt par la même quantité R, pour que la valeur de dt ne ſoit pas changée, nous aurons . . . .

$$dt = \left(\frac{2AB}{DQ(A+B)} \right)^{\frac{1}{2}} \left(\frac{\frac{dx}{R}}{\left(1 - \left(\frac{x}{R} - \frac{\alpha B - \beta A}{RDQ(A+B)} \right)^2 \right)^{\frac{1}{2}}} \right);$$ quantité dont le ſecond fac-

teur repréſente l'élément d'un arc de cercle, dont le rayon $= 1$, & le ſinus $= \dfrac{x}{R} - \dfrac{\alpha B - \beta A}{RDQ(A+B)}$.

Donc, ſi l'on integre cette équation, on aura $t = \left(\dfrac{2AB}{DQ(A+B)} \right)^{\frac{1}{2}} \left(Arc\ \mathit{fin}\ \left(\dfrac{x}{R} - \dfrac{\alpha B - \beta A}{RDQ(A+B)} \right) \right) + M.$

(M repréſentant la conſtante qui complette l'intégrale).

Maintenant ſi l'on conſidère que cette quantité doit être zéro au commencement du choc; c'eſt-à-dire, lorſque $x = 0$, & qu'alors $\mathit{fin}\ \left(\dfrac{x}{R} - \dfrac{\alpha B - \beta A}{RDQ(A+B)} \right)$ devient $- \mathit{fin}\ \dfrac{\alpha B - \beta A}{RDQ(A+B)}$,

on aura $\left(\dfrac{2AB}{DQ(A+B)} \right)^{\frac{1}{2}} \left(- Arc\ \mathit{fin}\ \dfrac{(\alpha B - \beta A)}{RDQ(A+B)} \right) + M = 0$, & par conſéquent $M =$

$\left(\dfrac{2AB}{DQ(A+B)} \right)^{\frac{1}{2}} \left(Arc\ \mathit{fin}\ \dfrac{\alpha B - \beta A}{RDQ(A+B)} \right)$. Subſtituant cette quantité dans la valeur de t, on aura enfin

$$t = \left(\frac{2AB}{DQ(A+B)} \right)^{\frac{1}{2}} \left(Arc\ \mathit{fin}\ \left(\frac{x}{R} - \frac{\alpha B - \beta A}{RDQ(A+B)} \right) + Arc\ \mathit{fin}\ \frac{\alpha B - \beta A}{RDQ(A+B)} \right);$$ c'eſt la

première valeur donnée par l'Auteur. Pour trouver la ſeconde, on ſe rappellera ce que nous venons de dire, ſçavoir, que le ſecond facteur de la valeur de dt, conſidéré comme affecté du ſigne $-$, repréſente l'élément du ſupplément d'un arc de cercle dont le ſinus $= \dfrac{x}{R} - \dfrac{\alpha B - \beta A}{RDQ(A+B)}$;

or cet arc a pour expreſſion $C - Arc\ \mathit{fin}\ \left(\dfrac{x}{R} - \dfrac{\alpha B - \beta A}{RDQ(A+B)} \right)$, C déſignant la demi-circon-férence d'un cercle dont le rayon $= 1$. Intégrant donc l'équation précédente ſous ce dernier point de vue, & ajoutant la même conſtante pour compléter l'intégrale, on aura . . . . .

$$t = \left(\frac{2AB}{DQ(A+B)} \right)^{\frac{1}{2}} \left(C + Arc\ \mathit{fin}\ \frac{\alpha B - \beta A}{RDQ(A+B)} - Arc\ \mathit{fin}\ \left(\frac{x}{R} - \frac{\alpha B - \beta A}{RDQ(A+B)} \right) \right).$$

On remarquera qu'on a ajouté la même conſtante dans cette ſeconde intégration que dans la première, afin que le temps t ſoit toujours compté depuis le commencement du choc, c'eſt-à-dire, avant qu'il y eut aucune impreſſion de formée. Si l'on avoit cherché une conſtante

COROLLAIRE II.

(326.) Dans les corps parfaitement élaftiques l'impreffion diminue au point que x devient $=0$: donc, en fubftituant cette valeur de x dans la feconde équation du temps, on aura, pour l'expreffion de toute la durée du choc, lorfque les corps font parfaitement élaftiques, $t=\left(\dfrac{2AB}{DQ(A+B)}\right)^{\frac{1}{2}}\left(C+2\,Arc\,fin\,\dfrac{\alpha B-\beta A}{RDQ(A+B)}\right)$.

COROLLAIRE III.

(327.) Il fuit des deux Corollaires précédents, que pour les corps parfaitement élaftiques, le temps de toute la durée du choc eft double de celui qu'ils emploient à former la plus grande impreffion ; ou, ce qui eft la même chofe, le temps qui s'écoule depuis le commencement du choc, jufqu'à ce que la plus grande impreffion foit achevée, eft égal à celui qui s'écoule depuis le moment de cette plus grande impreffion, jufqu'à la fin du choc.

COROLLAIRE IV.

(328.) Comme les corps qui n'ont que peu, ou point d'élafticité fenfible, terminent leur choc au moment de la plus grande impreffion, le temps de la durée du choc de ces corps fera donc . . . .

$$t=\left(\frac{2AB}{DQ(A+B)}\right)^{\frac{1}{2}}\left(\tfrac{1}{2}C+Arc\,fin\,\frac{\alpha B-\beta A}{RQD(A+B)}\right).$$

COROLLAIRE V.

(329.) Si l'on avoit $\alpha=0$ & $\beta=0$, on auroit pour le temps dans lequel fe forme la plus grande impreffion, ou pour le temps de la durée du choc des corps qui n'ont aucune élafticité fenfible,

$t=\left(\dfrac{2AB}{DQ(A+B)}\right)^{\frac{1}{2}}\cdot\tfrac{1}{2}C$; & pour celui de la durée du choc des corps

d'une élafticité parfaite, ou à très-peu près parfaite, $t=\left(\dfrac{2AB}{DQ(A+B)}\right)^{\frac{1}{2}}\cdot C$.

COROLLAIRE VI.

(330.) On voit que la quantité R, qui eft l'unique qui contienne

---

particuliere à ce fecond cas, qui n'a lieu qu'après que la plus grande impreffion eft formée, c'eft-à-dire, dans la rétrogradation (277.), on auroit trouvé la même expreffion que la précédente, mais avec des fignes contraires, comme cela doit être ; alors t auroit marqué, dans ce fecond cas, le temps écoulé depuis l'inftant où la plus grande impreffion eft achevée jufqu'à la fin du choc ; ce qui auroit fait voir auffi que ce temps eft le même que celui qui s'écoule depuis le commencement du choc, jufqu'à ce que la plus grande impreffion foit tout-à-fait formée ; vérité que l'Auteur démontre plus bas, *Art.* 327. On voit encore clairement que le fecond temps que nous avons trouvé eft plus grand que le premier, comme cela doit être, d'après la théorie de la percuffion.

les vîteffes primitives U & V, ne fe trouve point dans ces expreffions du temps ; il faut en conclure que dans les corps qui fe choquent, fans être animés par des puiffances, la durée du choc ne
dépend en aucune maniere des vîteffes avec lefquelles ils fe choquent ;
& cette durée fera toujours la même, quelles que foient ces vîteffes.

COROLLAIRE VII.

(331.) Si l'impreffion fe formoit par la feule preffion, ou action
des puiffances α & β, les vîteffes U & V étant $=0$, comme
il arrive dans les corps pefants, lorfqu'un corps eft pofé fur un autre,
& le preffe feulement par fon poids, on auroit $R=\frac{(\alpha B-\beta A)}{DQ(A+B)}$. Cette
valeur de R étant fubftituée dans les expreffions du temps $t=$
$\left(\frac{2AB}{DQ(A+B)}\right)^{\frac{1}{2}}\left(\frac{1}{2}C+Arc\ fin\ \frac{\alpha B-2A}{RDQ(A+B)}\right)$, & $t=\left(\frac{2AB}{DQ(A+B)}\right)^{\frac{1}{2}}\left(C+2\ Arc\ fin\frac{\alpha B-\beta A}{RDQ(A+B)}\right)$,
on aura le temps dans lequel fe forme la plus grande impreffion,
& fon double, qui eft celui de toute la durée du choc dans les corps
d'une élafticité parfaite, ou à peu près, lorfque U & $V=0$; & ces
expreffions font $t=\left(\frac{2AB}{DQ(A+B)}\right)^{\frac{1}{2}}.C$, & $t=\left(\frac{2AB}{DQ(A+B)}\right)^{\frac{1}{2}}.2\,C$.

COROLLAIRE VIII.

(332.) Les temps de la durée du choc des corps, lorfqu'ils ne
font animés que par les puiffances, fans le concours d'aucune vîteffe primitive, font donc doubles des temps de la durée du choc des
mêmes corps, lorfqu'aucune puiffance ne les anime, & que ce font
feulement les vîteffes primitives qui produifent le choc.

COROLLAIRE IX.

(333.) Comme les expreffions du temps, dans le cas où les corps
ne font animés que par l'action des puiffances, ne renferment point
ces puiffances, il eft évident que ce temps fera le même, quelles
que foient ces puiffances.

COROLLAIRE X.

(334.) Si nous fuppofons la profondeur de la plus grande impreffion $=X$, on aura $QX^2=I$ (286, 287 & 324.), ce qui donne
$Q=\frac{I}{X^2}$; & par conféquent(304.) $D=\frac{\frac{1}{2}AB(U-V)^2+(\alpha B-\beta A)2X}{(A+B)I}$ * ; d'où

---

* On ne doit pas perdre de vue la fuppofition qui a été faite, *Art.* 321, & au commencement de cette Propofition, *Art.* 324, qui eft que $x=z$, & par conféquent que $x+z=2x$,
ou que $X+Z=2X$, lorfqu'il s'agit des plus grandes impreffions.

il réfulte $DQ(A+B)=\dfrac{\frac{1}{2}AB(U-V)^2+(\alpha B-\beta A)2X}{X^2}$. Cela pofé, prenons l'équation $R^2=\dfrac{\frac{1}{2}AB(U-V)^2}{DQ(A+B)}+\dfrac{(\alpha B-\beta A)^2}{D^2Q^2(A+B)^2}$, & nous en déduirons $R^2D^2Q^2(A+B)^2=\frac{1}{2}ABDQ(A+B)(U-V)^2+(\alpha B-\beta A)^2=\dfrac{\frac{1}{4}A^2B^2(U-V)^4+AB(U-V)^2(\alpha B-\beta A)X+(\alpha B-\beta A)^2X^2}{X^2}$*, d'où l'on tire $RDQ(A+B)=\dfrac{\frac{1}{2}AB(U-V)^2+(\alpha B-\beta A)X}{X}$. Subftituant ces valeurs de $DQ(A+B)$, & de $RDQ(A+B)$, dans les expreffions du temps $t=\left(\dfrac{2AB}{DQ(A+B)}\right)^{\frac{1}{2}}\left(\frac{1}{2}C+Arc\,fin\,\dfrac{\alpha B-\beta A}{RDQ(A+B)}\right)$; . . . . & $t=\left(\dfrac{2AB}{DQ(A+B)}\right)^{\frac{1}{2}}\left(C+2\,Arcfin\,\dfrac{\alpha B-\beta A}{RDQ(A+B)}\right)$, elles deviendront . . . .

$$t=\left(\dfrac{2ABX^2}{\frac{1}{2}AB(U-V)^2+2(\alpha B-\beta A)X}\right)^{\frac{1}{2}}\left(\frac{1}{2}C+Arc\,fin\,\dfrac{(\alpha B-\beta A)X}{\frac{1}{2}AB(U-V)^2+(\alpha B-\beta A)X}\right) : \&$$

$$t=\left(\dfrac{2ABX^2}{\frac{1}{2}AB(U-V)^2+2(\alpha B-\beta A)X}\right)^{\frac{1}{2}}\left(C+2\,Arcfin\,\dfrac{(\alpha B-\beta A)X}{\frac{1}{2}AB(U-V)^2+(\alpha B-\beta A)X}\right).$$

COROLLAIRE XI.

(335.) Si l'on avoit $\alpha=0$ & $\beta=0$, le temps dans lequel fe forme la plus grande impreffion, feroit $t=\left(\dfrac{4X^2}{(U-V)^2}\right)^{\frac{1}{2}}.\,\frac{1}{2}C=\dfrac{CX}{U-V}$.

SCOLIE.

(336.) Soit, par exemple, la vîteffe refpective $U-V$, avec laquelle fe choquent deux corps fphériques, d'un pied par feconde. Puifque $C=3,14$, on aura $t=3,14.X$: & fi l'on fuppofe que la profondeur de l'impreffion faite en eux pendant le choc, foit de $\frac{1}{314}$ de pied, ou d'un peu moins d'une demi-ligne, t fera $=\frac{1}{100}$ de feconde $=36^{iv}$; temps véritablement beaucoup trop court pour qu'il puiffe jamais être fenfible. Si la dureté des deux corps étoit plus grande, l'impreffion feroit alors moins profonde, & par conféquent le temps plus court ; enforte que fi la dureté étoit prefque infinie, le temps feroit prefque infiniment petit.

COROLLAIRE XII.

(337.) Si les corps agiffoient feulement par la preffion, c'eft-à-dire, feulement par l'action des puiffances, on auroit $U=0$ & $V=0$, ou $U-V=0$; ce qui réduit le temps dans lequel fe forme la plus grande impreffion, à $t=\left(\dfrac{ABX}{(\alpha B-\beta A)}\right)^{\frac{1}{2}}C$**. Si, outre cela, on avoit $B=\infty$,

---

* Il eft très-aifé de voir qu'on trouve cette expreffion, en mettant dans le fecond membre de la précédente, pour $DQ(A+B)$ fa valeur, & en réduifant le tout en fraction.

** Car cette expreffion devient $t=\left(\dfrac{ABX}{\alpha B-\beta A}\right)^{\frac{1}{2}}\left(\frac{1}{2}C+Arc\,fin\,(1)=\left(\dfrac{ABX}{\alpha B-\beta A}\right)^{\frac{1}{2}}.\,C,\right.$ puifque $Arc\,fin\,(1)=\frac{1}{2}C$.

cette expreſſion ſe réduiroit à $t = (\frac{AX}{\alpha})^{\frac{1}{2}} \cdot C$. Mais, dans les corps graves, on a (52.) $A = \frac{1}{32}\alpha$; donc $t = (\frac{1}{32}X)^{\frac{1}{2}}C$. Si donc on ſuppoſe qu'un corps poſé ſur un autre, fait une impreſſion dont la profondeur eſt de $\frac{1}{19,7192}$ *, ou d'un peu plus de $\frac{1}{20}$ de ligne $= \frac{1}{144.2.3,14.3,14}$ de pied, le temps dans lequel ſe formera la plus grande impreſſion ſera $= (\frac{1}{32.2.144.3,14.3,14})^{\frac{1}{2}} \cdot 3,14 = (\frac{1}{8.12})$ de ſeconde, $= 37^{IV}\frac{1}{2}$.

COROLLAIRE XIII.

(338.) Si $B = \infty$, & $V = 0$, l'expreſſion du temps dans lequel ſe formera la glus grande impreſſion, ſera . . . . $t = (\frac{2AX^2}{\frac{1}{2}AU^2+2\alpha X})^{\frac{1}{2}}(\frac{1}{2}C + Arc\,ſin\,\frac{\alpha X}{\frac{1}{2}AU^2+\alpha X})$: ou, s'il s'agit des corps graves dans leſquels. $A = \frac{1}{32}\alpha$, & $\frac{1}{2}AU^2 = \alpha e$ (46.), e exprimant la hauteur d'où doit tomber le corps pour acquérir la vîteſſe U, on aura $t = (\frac{X^2}{16(e+2X)})^{\frac{1}{2}}(\frac{1}{2}C + Arc\,ſin\,\frac{X}{e+X})$.

COROLLAIRE XIV.

(339.) Si X étoit ſuſceptible d'être négligée à l'égard de e, cette expreſſion du temps ſe réduiroit à $t = \frac{cX}{8\sqrt{e}}$. Si donc un corps de fer faiſoit, en tombant ſur une enclume, une impreſſion dont la profondeur fût de $\frac{1}{114}$ de pied, ou d'un peu moins d'une demi-ligne, le temps qu'il emploîroit à faire cette impreſſion, ſeroit $t = \frac{1}{800\sqrt{e}}$: de ſorte que ſi ce corps étoit tombé de 36 pieds de hauteur, on auroit $t = \frac{1}{4800} = 45^{V}$.

COROLLAIRE XV.

(340.) On peut trouver de la même maniere les temps dans leſquels ſe forment les plus grandes impreſſions, dans la ſuppoſition de $\zeta = 0$, & $d\zeta = 0$; c'eſt-à-dire, dans le cas où l'un des corps ſeroit infiniment dur par rapport à l'autre; car, par ce qui a été dit (322.), l'expreſſion donnée, *Art.* 334, ſe réduit, pour ce cas, à $= (\frac{A^2X^2}{AB(U-V)^2+2.(\alpha B - \beta A)X})^{\frac{1}{2}}(\frac{1}{2}C + Arc\,ſin\,\frac{(\alpha B - \beta A)X}{AB(U-V)^2+(\alpha B - \beta A)X})$. Il en ſera de même pour tout autre cas, en intégrant l'expreſſion générale donnée dans l'*Art.* 319.

---

* Le dénominateur de cette fraction eſt le double du quarré de 3,14 ; c'eſt-à-dire qu'il eſt $= 2.3,14.3,14$.

PROPOSITION XLV.

(341.) *Trouver le temps de la durée du choc, dans le cas où la force de percuſſion π ſeroit conſtante.*

Ayant trouvé ci-deſſus (269.) $(\alpha B - \beta A - \pi(A+B))dt = AB(du - dv)$: en intégrant cette équation (260 , *note.*), & diviſant par $\alpha B - \beta A - \pi(A+B)$, il en réſultera $t = \dfrac{AB((u-v)-(U-V))}{\alpha B - \beta A - \pi(A+B)}$.

COROLLAIRE I.

(342.) Dans le cas de la plus grande impreſſion , on aura . . .
$$t = \frac{-AB(U-V)}{\alpha B - \beta A - \pi(A+B)} = \frac{AB(U-V)}{\pi(A+B) - (\alpha B - \beta A)} .$$

COROLLAIRE II.

(343.) Si l'on avoit $V = 0$, & $B = \infty$, il en réſulteroit $t = \dfrac{A(u-U)}{\alpha - \pi}$; & dans le cas de la plus grande impreſſion , $t = \dfrac{AU}{\pi - \alpha}$.

PROPOSITION XLVI.

(344.) *Trouver le centre de percuſſion.*

Suppoſons le corps diviſé en un nombre infini de petits corps, ou conſidérons-le comme un ſyſtême compoſé d'un nombre infini de petits corps A , B , C , &c. liés entre eux , lequel tourne ſur un axe quelconque donné & fixe E , avec une vîteſſe angulaire déterminée. Suppoſons encore qu'à chacun des petits corps A , B , C , &c. , il y ait une puiſſance α , β , γ , &c. qui retarde ſon mouvement , & que toutes ces puiſſances agiſſent ſuivant des directions parallèles DA , FB , GC , &c. Soit de plus P la diſtance de l'axe au plan parallèle au plan directeur qui paſſe par le centre de gravité ; u la vîteſſe que perdroit ce centre ; A' , B' , C' , &c. les diſtances EA , EB , EC , &c. de chacun des corps A , B , C , &c. à l'axe ; & δ , ε , ξ , &c. , les angles EAD , EBF , ECG , que ces diſtances forment avec les directions ſuivant leſquelles les puiſſances agiſſent.

Cela poſé , nous aurons $P : u :: A' : \dfrac{A'u}{P}$, vîteſſe que perdra le corps A dans le ſens de la perpendiculaire à EA : par la même raiſon , $\dfrac{B'u}{P}$ & $\dfrac{C'u}{P}$, &c. feront celles que perdront les autres corps ſelon les perpendiculaires à EB , EC , &c. ; & par conſéqnent $\dfrac{A'u}{P \sin \delta}$, $\dfrac{B'u}{P \sin \varepsilon}$, $\dfrac{C'u}{P \sin \xi}$, &c. ſont les vîteſſes que doivent imprimer les puiffaces α, β, γ, &c., pour qu'il en réfulte les premieres *. Nous aurons donc (32.) $\alpha t = \dfrac{AA'u}{P \sin \delta}$, $\beta t = \dfrac{BB'u}{P \sin \varepsilon}$, $\gamma t = \dfrac{CC'u}{P \sin \xi}$, &c. d'où l'on déduit $\alpha = \dfrac{AA'u}{Pt \sin \delta}$, $\beta = \dfrac{BB'u}{Pt \sin \varepsilon}$, $\gamma = \dfrac{CC'u}{Pt \sin \xi}$, &c.

Suppofons maintenant que x foit la diftance de l'axe au plan parallele au plan directeur dans lequel fe trouve le centre de percuffion. Par cette fuppofition, $x - A' \sin \delta$, $x - B' \sin \varepsilon$, $x - C' \sin \xi$, &c. feront les diftances de chacunes des puiffances à ce même plan; par conféquent les moments de chaqne puiffance, relativement au centre de percuffion, feront $\dfrac{AA'u(x - A' \sin \delta)}{Pt \sin \delta}$, $\dfrac{BB'u(x - B' \sin \varepsilon)}{Pt \sin \varepsilon}$, $\dfrac{CC'u(x - C' \sin \xi)}{Pt \sin \xi}$, &c.: & pour qu'il n'y ait point de rotation fur ce centre, il faut (138.) que la fomme de ces moments foit égale à zéro, ou en divifant par $\frac{u}{Pt}$, il faut qu'on ait $\dfrac{AA'(x - A' \sin \delta)}{\sin \delta} + \ldots\ldots \dfrac{BB'(x - B' \sin \varepsilon)}{\sin \varepsilon} + \dfrac{CC'(x - C' \sin \xi)}{\sin \xi} + $ &c. $= 0$; d'où l'on tire $\ldots\ldots$ $\dfrac{AA'x}{\sin \delta} + \dfrac{BB'x}{\sin \varepsilon} + \dfrac{CC'x}{\sin \xi} + $ &c. $= AA'^2 + BB'^2 + CC'^2 + $ &c.; & par conféquent $x = \dfrac{AA'^2 + BB'^2 + CC'^2 + \text{&c.}}{\dfrac{AA'}{\sin \delta} + \dfrac{BB'}{\sin \varepsilon} + \dfrac{CC'}{\sin \xi} + \text{&c.}}$, diftance du centre de percuffion au plan directeur qui coïncide avec l'axe.

<h3 style="text-align:center">C O R O L L A I R E I.</h3>

(345.) Le dénominateur $\dfrac{AA'}{\sin \delta} + \dfrac{BB'}{\sin \varepsilon} + \dfrac{CC'}{\sin \xi} + $ &c. eft comme la fomme des puiffances $\alpha = \dfrac{AA'u}{Pt \sin \delta}$, $\beta = \dfrac{BB'u}{Pt \sin \varepsilon}$, &c., & le numéraeur eft comme la fomme de leurs moments : donc x fera la diftance de l'axe au centre defdites puiffances, & par conféquent (104 & 154.) une puiffance égale à la fomme de toutes les autres, placée au centre de percuffion fera le même effet : enforte que s'il y avoit un obftalacé au point où fe trouve le centre de percuffion, la percuffion fe feroit entiérement fur lui, & l'équilibre requis auroit lieu.

<h3 style="text-align:center">C O R O L L A I R E I I.</h3>

(346.) Si le corps qui tourne étoit un plan coïncidant avec l'axe,

---

* Car la vîteffe que peut produire la puiffance α, qui tend à retarder le mouvement du corps A fuivant la direction DA (75 & 129, *premiere note.*), eft à la vîteffe perpendicuire à EA qui en réfulte :: $1 : \sin \delta$. Or cette vîteffe perdue perpendiculairement à EA, eft $\frac{u}{t}$: donc celle que doit imprimer la puiffance α, pour que celle-ci ait lieu $= \dfrac{A'u}{P \sin \delta}$; & ainfi des autres.

PLANC. I.

on auroit $fin\ \delta = fin\ \varepsilon = fin\ \xi = \&c.$; & par conséquent . . . .

$$x = \frac{fin\ \delta\,(AA'^2 + BB'^2 + CC'^2 + \&c.}{AA' + BB' + CC' + \&c.}\,,\ \text{ou}\ \ \frac{x}{fin\ \delta} = \frac{AA'^2 + BB'^2 + CC'^2 + \&c.}{AA' + BB' + CC' + \&c.} = (157)$$

$\frac{S}{PM}$, P exprimant la distance de l'axe au centre des masses : donc, dans ce cas (189.), le centre de percussion & celui d'oscillation sont à la même distance de l'axe *.

COROLLAIRE III.

(347.) Si on suppose l'axe à une distance infinie, ce qui est la même chose que de supposer que le corps ne tourne point, comme il arrive dans les corps qui tombent par la seule action de la gravité ; dans ce cas les deux centres coïncideront ensemble, & avec le centre de gravité : car, dans cette supposition, tous les angles δ, ε, ξ, &c. sont égaux, & ce cas se réduit à celui qui est donné dans le Corollaire précédent **.

COROLLAIRE IV.

(348.) Dans tout autre cas où les angles δ, ε, ξ, &c. ne seroient pas égaux, on n'auroit pas $PM = \frac{AA'}{fin\ \delta} + \frac{BB'}{fin\ \varepsilon} + \frac{CC'}{fin\ \xi} + \&c.$ Donc les deux centres d'oscillation & de percussion ne seroient pas alors à la même distance de l'axe.

COROLLAIRE V.

(349.) Si le corps, au lieu de choquer l'obstacle par son centre de percussion, le choquoit dans un point plus proche de l'axe ; comme si le levier EB, au lieu de choquer l'obstacle par le point F, où l'on suppose qu'est le centre de percussion, le choquoit par le point A ; dans ce cas l'obstacle ne souffriroit que la percussion résultante des moments d'inertie de EA, & autant de la partie AB. L'excès des moments de la partie AB sera supporté entièrement par les fibres du levier, de la maniere que nous l'avons expliqué (208.), avec cette seule différence que, dans l'endroit cité, il ne s'agit que de

FIG. 27.

---

* Il faut faire attention que $\frac{x}{fin\ \delta}$ est la distance du centre de percussion à l'axe fixe, puisque cette distance est l'hypothénuse d'un triangle rectangle, dont un des angles $= \delta$, & le côté opposé à cet angle $= x$. Donc $fin\ \delta : 1 :: x : \frac{x}{fin\ \delta}$.

** D'ailleurs ceci se déduit immédiatement de la formule ; car, dans le cas présent, toutes les distances étant $= A'$, le numérateur & le dénominateur peuvent se diviser par A' : par conséquent la formule se réduit à celle qu'on a trouvée (95.) pour la distance du centre de gravité à un axe quelconque. On voit encore que tous les angles δ, ε, ξ sont égaux, car les lignes AE, BE, CF sont censées paralleles.

l'effet

l'effet d'une feule preffion, au lieu qu'il s'agit ici de celui d'une percuffion qui, felon les circonftances, peut être beaucoup plus grande,
comme on l'a déjà vu.

SCOLIE.

(350.) Tous les Auteurs (1) qui ont traité cette matiere, ont
enfeigné, jufqu'à préfent, que les centres d'ofcillation & de percuffion font toujours les mêmes. Il faut cependant en excepter *Jean
Bernoulli*, qui a donné quelques idées qui annoncent qu'il penfoit
que cette propofition pouvoit n'être pas généralement vraie.

Pour être abfolument convaincu fur ce point, il fuffit de confidérer que le centre d'ofcillation d'un triangle ifocelle, qui tourne
latéralement autour de fon fommet, eft éloigné de ce fommet de
la quantité $\frac{3}{4}a + \frac{b^2}{4a}$, *a* marquant la hauteur du triangle, & *b* fa bafe,
tandis que le centre de percuffion en eft feulement éloigné de $\frac{3}{4}a$ *.

---

(1) *Chriftiani Wolfii Elementa Mathefeos*, Tom. 1. *Elementa Mechanicæ*, Ch. XII,
Theor. LXXXI.
Analvfe des infiniment petits, par M. *Stone*, Sect. VII.
Phyfices Elementa Mathematica, par le Dr. '*s Gravefande*, T. 1, L 2, Ch. 5, N°. 1080.
Johannis Bernoulli opera omnia, Tom. 4. *Remarqués fur l'Analyfe des infiniment petits.*
* La formule pour trouver la diftance du centre d'ofcillation d'un corps quelconque à l'axe
fixe, eft $\frac{S}{FM}$ (189.), *S* marquant la fomme des moments d'inertie ; c'eft-à-dire, la fomme
des produits de chaque particule du corps par le quarré de fa diftance à l'axe fixe : *F* la diftance du centre de gravité du corps au même axe ; & *M* la maffe du corps. Pour appliquer
cette formule à l'exemple que l'Auteur propofe, foit le triangle ifocelle *ABC*, tournant latéralement autour de fon fommet, c'eft-à-dire, autour d'un axe qui paffant par fon fommet,
eft perpendiculaire à fon plan ; & foit nommé *a* la hauteur *BD* de ce triangle, & *b* fa bafe *AC*.
Pour trouver *S*, je confidere que le moment d'inertie d'une particule quelconque *m* de ce
triangle, c'eft-à-dire, de la differencielle *dM* de fa maffe, eft $= dM.mB^2$, & par conféquent
$\int aM.mB^2 = S$. Maintenant, fi, par l'axe fixe, on conçoit deux plans *EF*, *BD* perpendiculaires entre eux, & fi de chaque point *m* de la maffe du corps, ou, dans le cas préfent,
de la furface du triangle, on abaiffe des perpendiculaires *mt*, *mr* fur chacun de ces deux
plans, il eft évident que $mB^2 = mr^2 + mt^2 = mt^2 + rB^2$, & que $dM.mB^2 = dM.mt^2 + dM.rB^2$,
& par conféquent $S = \int dM.mr^2 + \int dM.rB^2$; c'eft-à-dire que, pour avoir *S*, il faut prendre
la fomme de tous les moments d'inertie par rapport au plan, ou à l'axe *BD*, plus, la fomme
des mêmes moments par rapport au plan, ou à l'axe *EF* perpendiculaire à *BD*.
Pour trouver la premiere fomme de moments, foit mené deux lignes infiniment voifines
g^h, *ik*, paralleles à *BD*, foit fait $ik = y$, & $kD = x$: alors $hk = dx$, & ydx repréfentera la
fomme de toutes les particules *dM* comprifes dans l'efpace différenciel *ghik*, & par conféquent
$x^2.ydx$ fera la fomme de leurs moments d'inertie ; & en intégrant, $\int x^2.ydx$ fera la fomme
des moments d'inertie du triangle rectangle *ADB*. Les triangles femblables *Aki* & *ADB* donnent $AD : BD :: Ak : ki = \frac{BD.Ak}{AD}$. Subftituant à la place de ces lignes leurs valeurs algé-
briques, on a *ki*, ou $y = a - \frac{2ax}{b}$, & par conféquent $\int x^2.ydx = \int \left(ax^2dx - \frac{2ax^3dx}{b} \right) = \frac{ax^3}{3}$
$- \frac{ax^4}{2b}$. Cette intégrale fe réduifant à zéro, lorfque $x = 0$, il n'y a point de conftante à

Ainsi on voit que si b est plus grand que a, le centre d'oscillation tombe hors du triangle, & que par conséquent il est impossible qu'il

---

ajouter ; faisant donc $x = \frac{1}{2}b$, afin d'avoir tous les moments du triangle ADB, on a $\frac{ab^3}{96}$ pour la somme des momens d'inertie de ce triangle.

Si dans la même expression on fait $x = -\frac{1}{2}b$, il est évident qu'on aura la somme des moments d'inertie du second triangle DBC, & cette somme sera $= -\frac{7ab^3}{96}$. Cette derniere somme étant retranchée de la précédente, puisqu'elle appartient à un corps situé de l'autre côté de l'axe BD, on aura la somme totale des moments du triangle ABC par rapport à l'axe BD, ou $\int dM.mr^2 = \frac{ab^3}{12}$.

Pour avoir maintenant la même somme par rapport au plan, ou à l'axe EF, je mene les lignes qf, ps infiniment proches, je fais $qf = v'$, $BO = x'$; en conséquence la somme des particules comprises dans l'espace différenciel $pqfs$ sera $= v'dx'$; & $x'^2.v'dx'$ sera la somme des moments d'inertie de toutes les particules comprises dans cet espace; & l'intégrale $\int x'^2.v'dx'$ sera la somme des moments d'inertie pour tout le triangle ABC. Les paralleles AC, qf, donnent $BD : BO :: AC : qf$, ou $a : x' :: b : y' = \frac{bx'}{a}$; substituant cette valeur de y' dans l'expression précédente, elle devient $\int \frac{bx'^3 dx'}{a} = \frac{bx'^4}{a}$. Faisant $x' = a$, on a $\frac{ba^3}{4}$, pour la somme des moments d'inertie de tout le triangle ABC, par rapport au plan, ou à l'axe EF, ou $\int dM.rB^2 = \frac{ba^3}{4}$. Ajoutant donc cette somme de moments avec la précédente, on a $S = \frac{ba^3}{4} + \frac{ab^3}{12} = \frac{3ba^3 + ab^3}{12}$.

Chacun sçait que $P = \frac{2}{3}a$; on peut d'ailleurs le déduire aisément de ce qui a été dit dans l'*Art.* 124. $M = \frac{1}{2}ab$; ainsi $PM = \frac{a^2b}{3} = \frac{4a^2b}{12}$. Donc $\frac{S}{PM} = \frac{3b^3 + ab^3}{4a^2b} = \frac{3}{4}a + \frac{bb}{4a}$; quantité que l'Auteur donne pour la distance du centre d'oscillation du triangle isocelle ABC à l'axe fixe.

On trouvera, par des procédés absolument semblables, que la distance du centre de percussion au sommet du triangle est de $\frac{3}{4}a$, lorsque la percussion est un *maximum* ; ce qui justifie la remarque de notre Auteur. On voit combien il est important, dans la recherche de ces sortes de centres de distinguer les plans mus, ou balancés, sur un axe qui leur est parallele, de ceux qui sont mus, ou balancés, sur un axe qui leur est perpendiculaire, *in latus*, comme dit *Huygens*. Si l'on avoit cherché le centre d'oscillation du triangle autour d'un axe parallele à son plan, tel que l'axe EF, le centre d'oscillation auroit été confondu avec celui de percussion (146); car alors $S = \frac{ba^3}{4}$ & $\frac{S}{PM} = \frac{3}{4}a$. On remarquera, en passant, que *Descartes* avoit, long-temps auparavant *Huygens*, distingué ces deux sortes d'oscillations. Voyez *ses Lettres* 85, 86 & *suiv. Tome III.*

La principale, & même la seule difficulté de ces sortes de recherches, consiste à trouver la somme des moments d'inertie. Or cette détermination devient très-aisée, lorsque la nature du corps peut être exprimée par des équations. Il faut toujours suivre un procédé analogue à celui que nous venons d'exposer. Les deux formules $\int x^2.ydx$, & $\int x'^2.y'dx'$ sont générales pour tous ces corps, en faisant attention que y & y' ne représentent pas des lignes, lorsqu'il s'agit des solides, mais les surfaces produites par les plans ik, qf paralleles aux plans perpendiculaires BD, EB, qui passent par l'axe de rotation, & que x & x' sont les distances de ces surfaces aux mêmes plans. Appellant donc Y & Y' ces surfaces, les formules générales seront $\int xxYdx$ & $\int x'x'Y'dx'$. Si le corps n'est pas susceptible d'être exprimé par des équations, on pourra le diviser en parties, comme des pyramides, des parallélipipedes, &c. & chercher séparément la somme des moments d'inertie de chaque partie ; la réunion de ces différentes sommes sera la valeur de S. On remarquera encore que le calcul ne donne pour S qu'une quantité relative au volume, & non à la masse du corps : ainsi lorsqu'il s'agira de comparer ensemble plusieurs mouvements de rotation de corps d'une densité différente, il faudra multiplier la valeur de S trouvée pour chaque corps par la densité de ce corps, qui est toujours relative à celle d'un autre corps (12.)

coïncide avec le centre de percuſſion ; puiſque le triangle ne peut toucher, & par conféquent choquer un obſtacle, par un point qui eſt hors de lui-même. Si nous réduiſons le triangle à une moindre hauteur, relativement à ſa baſe, à meſure que cette hauteur diminuera, le centre d'oſcillation s'éloignera de plus en plus de l'axe ; tandis que ce ſera le contraire du centre de percuſſion : enforte que, ſi la hauteur du triangle devenoit infiniment petite, le centre d'oſcillation feroit à une diſtance infinie de l'axe, tandis que le centre de percuſſion reſteroit toujours à $\frac{1}{4}a$, & par conféquent dans la diſpoſition qui convient pour l'équilibre des moments autour du point où ſe fait le choc.

CHAPITRE VII.

Du Mouvement des Corps poſés ſur des ſurfaces.

(351.) Nous ferons abſtraction, dans ce Chapitre, des impreſſions qui doivent ſe former dans les corps, par l'action des puiſſances qui les compriment, afin que les calculs ſoient, pour ce moment, plus faciles. Nous ſuppoſerons, pour la même raifon, que les corps ſont également denſes, & que les puiſſances ſont appliquées à leurs centres de gravité.

PROPOSITION XLVII.

(352.) *Trouver les eſpaces que parcourent deux ſpheres pouſſées par une puiſſance.*

Si deux ſpheres *A* & *B* ſe touchent en *D*, & que l'une *A* ſoit pouſſée dans la direction *AC* par la puiſſance *α* appliquée à ſon centre de gravité *A*, cette ſphere ne tournera point (138.), & la puiſſance *α* peut être décompoſée en deux autres, l'une qui agiſſe ſuivant la tangente *DE*, & l'autre ſuivant la perpendiculaire *AD* qui paſſe par les centres des deux ſpheres *A* & *B*. Nommant Σ l'angle *DAE*, la puiſſance qui agit ſuivant *DE* ſera $= α \sin Σ$, & celle qui agit ſuivant $AD = α \cos Σ$. En vertu de cette puiſſance, dont la direction paſſe par les centres *A* & *B*, la ſphere *A* doit ſe mouvoir dans la direction *AD* ; mais elle ne peut le faire ſans pouſſer l'autre ſphere *B* dans la même direction, laquelle paſſant par ſon centre *B*, ne produira, dans cette ſphere, aucun mouvement de rotation, mais ſeulement un mouvement dans la même direction. Les deux ſpheres ſuivront donc préciſément la direction *AB*, en vertu

de la puiſſance $\alpha \cos \Sigma$, ſans pouvoir ſe déranger d'aucun côté, &
doivent parcourir l'une & l'autre l'eſpace différenciel $\frac{dt \int d t \alpha \cos \Sigma}{A+B}$ (35.).
Quant à l'autre puiſſance $\alpha \sin \Sigma$, elle ne peut agir que ſur la ſphere A,
à cauſe de ſa direction parallele à la tangente DE, ſuivant laquelle
elle ne peut avoir d'action ſur la ſphere B. Donc l'eſpace différenciel que parcourra le centre de gravité de la ſphere A, ſuivant cette
direction , ſera $= \frac{dt \int \alpha dt \sin \Sigma}{A}$.

COROLLAIRE I.

(353.) Si la ſphere B eſt d'une grandeur infinie, ſa ſurface dans
le point du contact coïncide avec le plan tangent DE : dans ce cas ,
l'eſpace différenciel que parcourront les centres de gravité des deux
ſpheres , ſuivant la perpendiculaire AD, ſera, comme auparavant,
$\frac{dt \int \alpha dt \cos \Sigma}{A+B}$; & celui que parcourra la ſphere A, ſuivant la direction
de la tangente, ou du plan DE, ſera $= \frac{dt \int \alpha dt \sin \Sigma}{A}$.

COROLLAIRE II.

(354.) Si l'on ſuppoſe la ſphere B, non-ſeulement d'une grandeur infinie, mais encore d'une quantité de matiere, ou d'une maſſe
infinie, l'eſpace parcouru par ſon centre de gravité ſera $\frac{dt \int d t \alpha \cos \Sigma}{A+\infty} = 0$;
d'où l'on voit que , dans ce cas, la ſurface de la ſphere B, ou le
plan tangent DE demeurera immobile; la ſphere A n'aura de même
aucun mouvement ſuivant la direction AD, & il lui reſtera ſeulement
le mouvement ſuivant la tangente, lequel lui fera parcourir l'eſpace
différenciel $= \frac{dt \int \alpha dt \sin \Sigma}{A}$.

COROLLAIRE III.

(355.) Suppoſant que la ſphere A étant poſée ſur une ſurface
quelconque immobile, plane, ou courbe BC, ſoit animée par la puiſſance α, appliquée à ſon centre de gravité, & agiſſant ſuivant la
direction EA ; ſi l'on mene la tangente, ou le plan tangent FG par
le point de contact C, on peut ſuppoſer que ce plan eſt la ſurface
d'une ſphere infinie en grandeur & en maſſe, ſur laquelle eſt poſée
l'autre ſphere A : par conſéquent cette derniere ſphere n'aura d'autre
mouvement que celui ſuivant la tangente FG, en vertu de la puiſ-
ſance $\alpha \sin \Sigma$, Σ exprimant l'angle AEH que forme la direction EA,
avec la perpendiculaire EH à la tangente,

COROLLAIRE IV.

(356.) On démontrera la même chose de tout autre point de la surface courbe sur laquelle se trouve la sphere. Ainsi, prenant le point B de la courbe pour l'origine, & les abscisses x sur la ligne BL parallele à la direction EA; & nommant a la longueur de la courbe BC, on aura $CM = dx$; $CN = da$, & le sinus de l'angle $AEH = CNM = \sin \Sigma = \frac{dx}{da}$; d'où il suit que la puissance qui anime la sphere A, suivant la direction de la tangente dans tous les points de la surface courbe sur laquelle elle est posée, ou suivant les espaces différenciels sur lesquels elle se trouve, sera $= \frac{\alpha dx}{da}$.

COROLLAIRE V.

(357.) Supposons que u soit la vîtesse qu'acquiert la sphere dans un point quelconque de la surface; nous aurons (19.) $\frac{\alpha dx dt}{A da} = du$; mais (29.) $u = \frac{da}{dt}$: donc, en multipliant les deux équations, on aura $\frac{\alpha dx}{A} = u du$, & en intégrant $u^2 - U^2 = \frac{2 \int \alpha dx}{A}$; ou $u^2 = \frac{2 \int \alpha dx}{A} + U^2$, U marquant la vîtesse qu'avoit la sphere à l'origine B.

COROLLAIRE VI.

(358.) Si α est constante, comme l'est la gravité à de petites distances de la surface de la terre, on aura $u^2 = \frac{2\alpha x}{A} + U^2$; ou, en substituant la valeur de $\alpha = 32 A$ (52.), $u^2 = 64x + U^2$: c'est-à-dire que les vîtesses avec lesquelles les corps graves tombent le long des surfaces, ne dépendent en aucune maniere de la nature de ces surfaces, de leur plus ou moins grande courbure, ni de leur plus ou moins grande inclinaison par rapport à l'horison, mais seulement de la hauteur x d'où ils tombent, & de la vîtesse initiale U, avec laquelle ils commencent leur chûte.

COROLLAIRE VII.

(359.) Si cette vîtesse primitive U étoit zéro, ou si la sphere commençoit à tomber depuis le repos, on auroit, dans ce cas, $u^2 = 64x$, ou $u = 8\sqrt{x}$, comme on l'a vu, *Art.* 52.

COROLLAIRE VIII.

(360.) Si B étant l'origine, la sphere, ou le corps grave, avoit descendre le long de différentes surfaces planes ou courbes,

PLANC. II.
FIG. 31.

BL, BC, BD, BE, avec la même vîteffe initiale ; la vîteffe qu'auroit ce corps en arrivant à l'horifontale LE, feroit toujours la même, & dans tous les cas $= \sqrt{64x + U^2}$; ou, lorfque $U = 0, = 8\sqrt{x} = 8\sqrt{BL}$.

COROLLAIRE IX.

FIG. 31.

(361.) Si la fphere avoit à parcourir le plan DE, l'angle DBE étant droit, on auroit $\frac{dx}{da} = \frac{DB}{DE}$; & l'équation $\frac{a\,dx\,dt}{A\,da} = du$ fe réduiroit à $\frac{a\,dt.DB}{A.DE} = du$; & en intégrant, dans le cas des corps graves, à $\frac{32t.DB}{DE} = u - U$: enforte que les différences des vîteffes qu'acquerra la fphere dans fa chûte par le plan DE, fur fa vîteffe initiale, BE étant horifontale, feront en raifon compofée du temps, & de la quantité $\frac{DB}{DE}$, ou du finus de l'angle DEB que forme le plan avec l'horifontale.

COROLLAIRE X.

(362.) Si l'on fubftitue dans l'équation $u = \frac{da}{dt}$, ou $u\,dt = da$, la valeur de u trouvée ci-deffus (357.), qui eft $u = \left(\frac{2\int a\,dx}{A} + U^2\right)^{\frac{1}{2}}$, on aura $da = dt\left(\frac{2\int a\,dx}{A} + U^2\right)^{\frac{1}{2}}$; ou fi l'on fuppofe $U = 0$, $da = dt\left(\frac{2\int a\,dx}{A}\right)^{\frac{1}{2}}$. Et l'on trouve enfuite pour les corps graves, qui tombent librement depuis le repos, $da = 8dt\sqrt{x}$; & s'ils tomboient par le plan DE, comme dans ce cas, $\frac{DB}{DE} = \frac{x}{a}$, ou $x = \frac{a.DB}{DE}$, on auroit $\frac{da}{\sqrt{a}} = 8dt\left(\frac{DB}{DE}\right)^{\frac{1}{2}}$; d'où l'on tire, en intégrant, $2\sqrt{a} = 8t\left(\frac{DB}{DE}\right)^{\frac{1}{2}}$, ce qui donne $a = \frac{16t^2 DB}{DE}$; c'eft-à-dire que les efpaces parcourus par un corps grave qui defcend, depuis le repos, fur un plan incliné, font en raifon compofée des quarrés des temps, & de la quantité $\frac{DB}{DE}$, ou du finus de l'angle DEB que forme le plan avec l'horifon.

COROLLAIRE XI.

(363.) De l'équation précedente $da = dt\left(\frac{2\int a\,dt}{A} + U^2\right)^{\frac{1}{2}}$ on déduit auffi $dt = \frac{da}{\left(\frac{2\int a\,dx}{A} + U^2\right)^{\frac{1}{2}}}$; ou fi l'on avoit $U = 0$, $dt = \frac{da}{\left(\frac{2\int a\,dx}{A}\right)^{\frac{1}{2}}}$, équation qui, dans le cas des corps graves, devient $dt = \frac{da}{8\sqrt{x}}$; & fi c'eft par le plan DE que la fphere fait fa chûte, on aura $dt = \dfrac{da}{8\sqrt{\frac{a.DB}{DE}}}$; & PLANC. II.

en intégrant , $t = \frac{1}{4}\sqrt{\dfrac{a.DE}{DB}}$.

COROLLAIRE XII.

(364.) Si la fphere, ou le corps pefant, tomboit librement, ou verticalement, on auroit $a = x$, & $dt = \dfrac{dx}{8\sqrt{x}}$; ou, en intégrant , $t = \frac{1}{4}\sqrt{x}$: c'eft auffi ce qu'on a vu à *l'Art.* 52.

PROPOSITION XLVIII.

(365.) *Trouver la durée de la chûte des corps graves par la Cycloïde.* FIG. 33.
Suppofons que ce foit la Cycloïde $DABE$, que la fphere, ou le corps grave, doit parcourir en tombant, $FHIE$ étant fon cercle générateur, dont $FE = D$ eft le diametre. Soit A le point d'où le corps commence à tomber depuis le repos ; & foit enfin $FG = b$, & $GC = x$. Par la propriété de la Cycloïde, fon arc $BE = 2IE$; c'eft-à-dire que l'arc BE de la Cycloïde eft égal à deux fois la corde IE de fon cercle générateur *. Mais, par la propriété du cercle, on

---

* Chacun fçait que la *Cycloïde*, autrement dite *Trochoïde*, ou *Roulette*, eft la courbe $DMPE$, décrite par un point D de la circonférence d'un cercle DTS qui roule fur une PLANC A,
FIG. 2.
droite DF. Chaque clou des roues des voitures décrit en l'air une Cycloïde, lorfque la voiture fe meut en roulant fur une même ligne. On voit, par cette génération, que la ligne DF, qui eft la *demi-bafe* de la Cycloïde, eft égale à la demi-circonférence du cercle générateur, puifque tous les points de la demi-circonférence DbS fe font appliqués fur la ligne DF, tandis que le point décrivant D a tracé la demi-Cycloïde $DMBE$. Le point E s'appelle le *point culminant*, & la ligne FE l'*axe* de la Cycloïde. On voit encore que, fi par différents points M, B de la courbe, on mene des ordonnées MO, BC perpendiculaires fur l'axe, les parties MP, BI de ces ordonnées comprifes entre la Cycloïde & la circonférence du cercle générateur déerit fur l'axe comme diametre, font refpectivement égales aux arcs EP, EI compris entre le point culminant & ces ordonnées. Car fi l'on fuppofe le cercle générateur DTS parvenu en N, dans la pofition NMR, le point décrivant D fera parvenu en M, tous les points de l'arc NM fe feront appliqués fur DN, & l'on aura $DN = Arc\,NM = Arc\,FP$, par conféquent $FN = Arc\,EP$. Mais $FN = OQ = OF + PQ = QM + PQ = MP$: donc $MP = Arc\,EP$. On démontrera la même chofe pour tous les autres points. Venons à la démonftration de la propriété dont notre Auteur fait ufage.

Soit mené les deux ordonnées BC, bc, infiniment voifines, qui coupent la circonférence du cercle générateur aux points I, i ; par les points B, I foit abaiffé fur bc les perpendiculaires Bq, Ir, & par le point B foit mené la parallele Bs au petit arc Ii ; les triangles Iri, Pqb pourront être regardés comme rectilignes, & l'efpace $IiBs$ fera un parallélogramme. Cela pofé, fi l'on fait le finus verfe de l'arc EI, fçavoir, $EC = x$, $CI = y$, $EF = D$; on aura $FC = D - x$, $Cc = Ir = Bq = dx$, $ri = qs = dy$, & l'équation du cercle générateur fera $yy = Dx - xx$. Par la nature de la Cycloïde nous venons de voir que $BI = Arc\,FI$, & que $bi = Arc\,Ei$; donc $bi - BI = Arc\,Ei - Arc\,EI$, ou $bi - is$, ou $sb = Ii$, & par conféquent $qb = s + sb = ri + Ii = dy + Ii$, $= dy + da'$, en nommant a' l'arc EI. Si, par le centre L, on mene e rayon LI, les triangles femblables CLI, riI donnent IC, ou $(Dx - xx)^{\frac{1}{2}} : IL$, ou $\frac{1}{2}D :\!:$

a $IE = \sqrt{D(D - b - x)}$: donc l'arc $BE = 2\sqrt{D(D - b - x)}$; & fa différencielle $da = \dfrac{-dx\sqrt{D}}{\sqrt{D - b - x}}$, qui donne celle de l'arc $BA = da = \dfrac{dx\sqrt{D}}{\sqrt{D - b -}}$ *. On aura donc, dans la Cycloïde (363.), lorfque le corps grave commence à tomber depuis le repos, $dt = \dfrac{dx\sqrt{D}}{8\sqrt{Dx - bx - x^2}}$: ou, en multipliant le numérateur & le dénominateur par $\frac{1}{2}(D - b)$, $dt = \dfrac{\sqrt{D}}{4(D - b)} \cdot \dfrac{\frac{1}{2}(D - b)dx}{\sqrt{Dx - bx - x^2}}$; & en intégrant $t = \dfrac{\sqrt{D}}{4(D - b)} \displaystyle\int \dfrac{\frac{1}{2}(D - b)dx}{\sqrt{Dx - bx - x^2}}$. Mais $\displaystyle\int \dfrac{\frac{1}{2}(D - b)dx}{\sqrt{Dx - bx - x^2}}$, eft l'arc de cercle dont le diametre eft $D - b = GE$, & x le finus verfe (*Voyez la premiere note de cet Article.*). Donc, fi fur le diametre GE on décrit le cercle GKE, on aura l'*Arc* $GK = \displaystyle\int \dfrac{\frac{1}{2}(D - b)dx}{\sqrt{Dx - bx - x^2}}$; & par conféquent dans la Cycloïde on aura $t = \dfrac{\sqrt{D} \cdot (Arc\ GK)}{4(D - b)}$.

COROLLAIRE I.

(366.) Si le corps parcouroit dans fa chûte tout l'arc ABE, l'arc GK deviendroit le demi-cercle entier GKE, & $\dfrac{GKE}{D - b} = \dfrac{GKE}{GE}$, fera le rapport de la demi-circonférence au diametre. Appellant

---

Ir, ou dx : $Ii = da' = \dfrac{\frac{1}{2}Ddx}{(Dx - xx)^{\frac{1}{2}}}$; expreffion générale de l'élément d'un arc de cercle dont x eft le finus verfe, & D le diametre. Subftituant cette valeur de da' dans celle de bq, on aura $bq = dy + \dfrac{\frac{1}{2}Ddx}{(Dx - xx)^{\frac{1}{2}}}$; mais, en différenciant l'équation du cercle, on a $dy = \dfrac{\frac{1}{2}Ddx - xdx}{(Dx - xx)^{\frac{1}{2}}}$; donc $qb = \dfrac{\frac{1}{2}Ddx - xdx}{(Dx - xx)^{\frac{1}{2}}} + \dfrac{\frac{1}{2}Ddx}{(Dx - xx)^{\frac{1}{2}}} = \dfrac{Ddx - xdx}{(Dx - xx)^{\frac{1}{2}}}$. Par la propriété du triangle rectangle $Bb^2 = Bq^2 + qb^2$; nommant donc a l'arc EB, & mettant à la place des lignes leurs valeurs algébriques, on a $da^2 = dx^2 + \dfrac{D^2 x^2 - 2Dxdx^2 + x^2 dx^2}{Dx - xx} = \dfrac{D^2 x^2 - Dxdx^2}{Dx - xx} = \dfrac{Ddx^2}{x}$, en divifant le numérateur & le dénominateur par $D - x$. Donc $da = dx\sqrt{\dfrac{D}{x}}$; expreffion générale de l'élément d'un arc de Cycloïde, d'où l'on tire, en intégrant, $a = 2\sqrt{Dx}$: c'eft la valeur de l'arc EB de la Cycloïde. Mais, par la propriété du cercle EF, ou $D : EI :: EI : IE$, ou x ; donc $EI^2 = Dx$, & $EI = \sqrt{Dx}$; donc l'arc BE eft double de la corde EI.

Il fuit de là, que la longueur de la demi Cycloïde DE eft double du diametre EF du cercle générateur, ou que la longueur entiere de la Cycloïde eft quadruple du diametre EF. Cette courbe qui a fixé l'attention des plus célebres Géometres, a une foule de très-belles propriétés, par exemple, la tangente qu'on meneroit par le point B, eft toujours parallele à la corde EI ; & l'aire de l'efpace Cycloïdal compris entre la courbe & fa bafe, eft triple de l'aire du cercle générateur, &c. &c. Nous n'entrerons point dans ces détails, qui ne font pas immédiatement de notre objet. Nous nous contentons d'avoir démontré les propriétés fur lefquelles notre Auteur s'appuie, & dont il paroit fuppofer la connoiffance à fes Lecteurs.

* La différencielle de l'arc BE eft égale à celle de l'arc BA, à cette différence près, que la premiere eft négative, & l'autre pofitive : car x ou GC augmentant, l'arc BE diminue de da, & l'arc AB augmente de la même quantité da.

donc C la circonférence du cercle dont le rayon est l'unité, on aura $\frac{GKE}{D-b} = \frac{\frac{1}{2}C}{2} = \frac{1}{4}C$; & le temps t employé à parcourir l'arc entier ABE de la Cycloïde, sera $= \frac{c}{16}\sqrt{D}$.

C O R O L L A I R E I I.

(367.) Comme la quantité b qui détermine la position du point A, ne se trouve point dans cette expression, il s'ensuit que, de quelque point de la Cycloïde que le corps commence à tomber, il emploîra toujours le même temps $t = \frac{c\sqrt{D}}{16}$ pour parvenir en E.

C O R O L L A I R E I I I.

(368.) Si deux corps tomboient dans le même temps, l'un par la Cycloïde, & l'autre librement, ou verticalement, on auroit (364.) $\frac{c\sqrt{D}}{16} = \frac{1}{4}\sqrt{x}$, ou $\frac{c\sqrt{D}}{4} = \sqrt{x}$, ce qui donne $x = \frac{c^2 D}{16}$; c'est - à - dire que l'espace que parcourra un corps grave, en tombant librement, ou verticalement, pendant le même temps qu'un autre corps emploie dans sa chûte par l'arc d'une Cycloïde, dont le diametre du cercle générateur est D, sera $x = \frac{c^2 D}{16}$.

C O R O L L A I R E I V.

(369) Si les oscillations d'un pendule sont fort petites, les arcs décrits par le corps oscillant coïncident avec des arcs de Cycloïde: en conséquence, les demi-oscillations d'un tel pendule se font dans le même temps que celui qu'un corps emploîroit à tomber par l'arc de la même Cycloïde ; c'est à-dire que ces demi-oscillations se font dans le temps $\frac{c\sqrt{D}}{16}$; & les oscillations entieres dans le temps $\frac{c\sqrt{D}}{8}$.

C O R O L L A I R E V.

(370.) Si un corps tombe librement, ou verticalement, pendant le temps que le pendule emploie à faire une oscillation, nous aurons $\frac{c\sqrt{D}}{8} = \frac{1}{4}\sqrt{x}$, ou $\frac{c\sqrt{D}}{2} = \sqrt{x}$, ce qui donne $x = \frac{c^2 D}{4}$; c'est - à - dire que l'espace que parcourt un corps grave qui tombe librement, ou verticalement, pendant la durée d'une oscillation entiere d'un pendule qui décrit des arcs coïncidants avec ceux d'une Cycloïde, dont le diametre du cercle générateur est exprimé par la quantité D, est $= \frac{c^2 D}{4}$.

COROLLAIRE VI.

(371.) Soit l la longueur du pendule, ou $2l$ le diametre du cercle dont il décrit les arcs; il eſt clair que $\sqrt{2lx}$ fera l'une quelconque de ſes cordes, en ſuppoſant que x repréſente la hauteur verticale CE, dont deſcend le pendule dans la demi-oſcillation. Mais, puiſque nous ſuppoſons les arcs de cercle décrits par le pendule, confondus avec ceux de la Cycloïde, cette corde eſt égale à celle de la Cycloïde, & de plus, égale à ſon arc correſpondant $BE = 2\sqrt{Dx}$; à cauſe qu'ils ſont l'un & l'autre infiniment petits. Donc $2\sqrt{Dx} = \sqrt{2lx}$, ce qui donne $D = \tfrac{1}{2}l$: cette valeur de D étant ſubſtituée dans l'équation $x = \dfrac{C^2 D}{4}$ (370.) la réduit à $x = \dfrac{C^2 l}{8}$; c'eſt-à-dire que l'eſpace que parcourra librement, ou verticalement, un corps grave, pendant le temps qu'un pendule, dont la longueur $= l$, fait une petite oſcillation entiere, eſt $= \dfrac{C^2 l}{8}$.

COROLLAIRE VII.

(372.) Si dans l'équation $t = \dfrac{C}{16}\sqrt{D}$ (366.) on ſubſtitue la valeur de $D = \tfrac{1}{2}l$, on aura $t = \dfrac{C}{16}\sqrt{\tfrac{1}{2}l}$, ou en quarrant $t^2 = \dfrac{C^2 l}{16^2 . 2}$; c'eſt-à-dire que les longueurs des pendules ſont entre elles comme les quarrés des durées de leurs oſcillations.

SCOLIE.

(373.) Le rapport de la circonférence au diametre, ou $\dfrac{C}{2}$ eſt ....; & donc $\dfrac{C^2}{8}$ fera .... 4,9348 &c.; ce qui donne l'eſpace que le corps parcourroit librement, ou verticalement, dans le temps que le pendule de la longueur l feroit une oſcillation entiere, c'eſt-à-dire, $x = l . 4{,}9348$ &c.

La longueur du pendule ſimple qui bat les ſecondes au niveau de la mer, varie ſelon les différentes Latitudes des lieux. Sous l'équateur elle eſt à très-peu près de 439 lignes du pied de Paris, & ſous le pôle elle eſt à peu près de 442. Si nous prenons une longueur moyenne, elle ſera de 440 lignes, longueur qui eſt fort peu moindre que celle du pendule ſimple qui bat les ſecondes en Eſpagne, au bord de la mer, & nous aurons, pour l'eſpace que les corps parcourent en Eſpagne, en tombant librement, ou verticalement, pendant la premiere ſeconde de leur chûte, $\dfrac{440 . 49348}{10000}$ lig. du pied de Paris, ou 15 pieds, 0 p. 11 l, $\dfrac{312}{1000}$, ce qui fait 16 p. 0 p. 9 l. $\dfrac{21}{100}$ du pied anglais.

Sous l'équateur, où la longueur du pendule simple est de 439 lignes, les corps pesants parcourent, pendant la premiere seconde de leur chûte, 16 pieds o p. 3 l. $\frac{953}{1000}$, & sous le pôle, 16 pieds 1 p. 7 l. $\frac{725}{1000}$; d'où l'on voit que la différence des espaces parcourus dans la chûte des corps graves pour les différentes latitudes, est extrêmement petite, puisque, lorsqu'elle est la plus grande, elle n'excede pas un pouce 4 lignes : c'est pour cette raison que nous l'avons établie (57.) de 16 pieds juste. Ce nombre étant quarré, est trèscommode pour les calculs dont nous avons besoin. *

Planc. II.

PROPOSITION XLIX.

(374.) *Trouver les puissances perpendiculaire & parallele à la tangente, qui agissent sur un corps quelconque placé sur une surface.*

Soit A un corps quelconque placé sur la surface BCG, & α la puissance qui agit sur lui suivant la direction AD. On peut décomposer cette puissance en deux autres, l'une suivant AC, qui aura pour expression $\frac{AC.\alpha}{AD}$, & l'autre suivant la tangente FG, qui sera exprimée par $\frac{CD.\alpha}{AD}$. La premiere de ces deux puissances $\frac{AC.\alpha}{AD}$ peut encore se décomposer en deux autres, l'une suivant AH, ayant pour expression $\frac{AH.\alpha}{AD}$, & l'autre suivant la tangente FG, exprimée par $\frac{HC.\alpha}{AD}$. Le plan FG ne pouvant détruire, ou empêcher, l'action des forces qui lui font paralleles, la somme $\frac{CD.\alpha}{AD} \pm \frac{HC.\alpha}{AD} = \frac{HD.\alpha}{AD}$ sera la puissance qui agit sur le corps suivant la direction de la tangente. Nom

Fig. 34
& 33.

---

* Cette différence dans la longueur du pendule qui bat les secondes par différentes Latitudes, vient de ce que la pesanteur varie à différentes distances du centre de la terre. La premiere observation de ce genre est due à M. *Richer*, qui étant allé à Cayenne en 1672 pour y faire des observations astronomiques, s'apperçut que le pendule à secondes qu'il avoit apporté de Paris, retardoit très-sensiblement : il fut obligé de remonter la lentille de 1 ligne $\frac{1}{4}$ pour lui faire battre de nouveau les secondes. Cayenne est par 4° 56' de Latitude boréale. Il conjectura d'après l'examen des différentes causes qui pouvoient produire cet effet, que Cayenne étoit plus éloigné du centre de la terre que Paris, qu'en conséquence la terre étoit applatie vers les pôle. Cette conjecture s'est complettement verifiée par les observations des Académiciens faites au pôle & à l'équateur. (*Voyez* la relation de leur voyage, & sur-tout le *Traité de la figure de la Terre* par le celebre M. *Bouguer*, qui étoit un de ceux que l'Académie envoya au Pérou en 1735. *D. Georges Juan* étoit de cette entreprise, avec *D. Antonio de Ulloa*, & a publié une relation très-intéressante de ses observations, intitulée: *Observaciones Astronomicas, &c*).

D'après les observations de ce genre qui ont été répétées plusieurs fois, il resulte qu'à Quito (Latitude méridionale 0° 25). La longueur du pendule à seconde est de 438,83 lignes. A Portobello (Latitude boréale 9° 33') de 439, 12. Au Petit Goave dans l'Isle de Saint-Domingue, (18° 27' Latitude boréale) 439 33. Au Caire (30° 2' de Latitude boréale) 440,25. A Rome (41° 44') 440,28. A Paris (48° 51') 440,57. A Londres (51° 31') 440,65. A Archangel (64° 35') 441,13. A Pello (65° 48') 441,17. Par 79° 50' de Lat. bor. 441,38.

mant donc, comme ci-devant, Σ l'angle que forme la direction AD avec la perpendiculaire AH à la tangente, cette puissance sera aussi $= \alpha\ fin\ \Sigma$. L'autre puissance suivant la perpendiculaire AH, sera

$$= \frac{HA.\alpha}{AD} = \alpha\ cof\ \Sigma.$$

Corollaire I.

(375.) Puisque la puissance qui anime le corps suivant la direction de la tangente, est la même que lorsque le corps est sphérique, il s'ensuit que les propriétés qui concernent la vitesse & l'espace parcouru par un corps quelconque placé sur une superficie plane ou courbe, seront les mêmes que celles qu'on a trouvées pour les corps sphériques.

Corollaire II.

(376.) En vertu de la puissance $\frac{AH.\alpha}{AD} = \alpha\ cof\ \Sigma$, le corps doit tourner, l'angle giratoire étant $= \frac{\pm\ difCH\ \alpha dt\ cof\ \Sigma}{S}$; car la réaction de la puissance $\alpha\ cof\ \Sigma$ dans le point C, est égale & contraire à cette puissance, & agit à la distance perpendiculaire $p = \pm\ CH$. Donc (142.) elle doit produire l'angle giratoire $\frac{\pm\ difCH.\alpha dt\ cof\ \Sigma}{S}$, le signe $+$ étant pour le cas où le point H tombe du côté de D par rapport à C, & le signe $-$ pour celui où il tombe du côté opposé : dans le premier cas, le mouvement de rotation du corps se fera vers D; & dans le second, il se fera du côté opposé.

Corollaire III.

(377.) Si donc on avoit $CH = 0$; c'est à-dire, si l'angle ACH étoit droit, ou si la ligne AH coïncidoit avec AC, le corps ne tourneroit pas.

Corollaire IV.

(378.) Si le corps A étoit appuyé sur la superficie dans deux points C & F, la puissance $\alpha\ cof\ \Sigma$, se distribueroit entre ces deux points, de façon que la partie de cette puissance qui appartient au point C, seroit, par la propriété du centre de gravité, à celle qui appartient au point F, comme HF est à HC. La partie de la puissance α qui agit en C, sera donc $= \frac{\alpha.FH.cof\Sigma}{FC}$, & celle qui agit en F $= \frac{\alpha.CH.cof\Sigma}{FC}$, d'où il suit que l'angle giratoire qu'elles produiront toutes deux sera $dt \int \left(\frac{CH\,\alpha.FH - FH.\alpha\,CH}{S.FC} \right) dt\ cof\ \Sigma = 0.$

COROLLAIRE V.

(379.) On démontrera encore la même chose, quel que soit le nombre de points par lesquels le corps porte sur la surface, pourvu cependant que le point H tombe entre ces points, afin que les différentes rotations soient les unes positives, & les autres négatives.

COROLLAIRE VI.

(380.) Quoique la rotation soit zéro, la puissance α *fin* Σ, dont l'action est dirigée suivant DE, demeure toujours pour faire mouvoir le corps suivant le plan; mouvement qui doit avoir son effet, quelque petite que soit cette puissance, ou l'angle Σ.

SCOLIE.

(381.) Telles sont les loix, ou regles générales que tous les Auteurs donnent pour le mouvement des corps sur les surfaces; mais, comme nous l'avons vu, ces loix sont fondées sur l'abstraction qu'on a faite des impressions que doit former, sur les mêmes surfaces, la puissance perpendiculaire α *cof* Σ. Lorsqu'on veut avoir égard à ces impressions, les choses sont bien différentes, comme on va le voir dans le Chapitre suivant.

CHAPITRE VIII.

Du Frottement, & de l'altération qu'il produit dans le le mouvement des corps placés sur des surfaces.

DÉFINITION XLV.

382.) ON appelle *Frottement* cette résistance qu'éprouvent les corps pour se mouvoir parallélement aux surfaces sur lesquelles ils sont posés, lorsqu'ils sont poussés, ou tirés, par une ou plusieurs puissances.

SCOLIE.

(383.) Le parallélipipede A animé par une puissance quelconue α, dont la direction AD est oblique au plan BE, doit, suivant ce qui a été dit dans le Chapitre précédent, se mettre en mouvement, quelque petit que puisse être l'angle HAD, que nous nommons Σ : mais, en établissant cette théorie, on a fait abstraction de impression que doit faire, sur le plan, la puissance α *cof* Σ, dont l'action est dirigée suivant *AH*. Cette puissance comprime le parallélipipede & le plan, & forme dans celui-ci l'impression *GCFI*, & l'obstacle *FI*, que la puissance $a \, \textit{fin} \, \Sigma$, qui est dirigée parallélement au plan *BE*, doit vaincre nécessairement, pour que le mouvement du parallélipipede puisse avoir son effet. En outre, il est certain, par l'expérience, que quelque soin qu'on prenne pour rendre lisses & polies les surfaces du parallélipipede & du plan, elles restent toujours hérissées d'un grand nombre de petites aspérités qu'on apperçoit très-distinctement avec un microscope. Or ces inégalités doivent former, dans la base, autant de petites impressions, en vertu de la puissance $a \, \textit{cof} \, \Sigma$; & ces impressions, ainsi que l'obstacle *FI*, doivent produire une résistance au mouvement suivant le plan *BE*.

Si l'on considere ces effets avec attention, on verra qu'ils ne different en rien de ceux que nous avons expliqués (254.), & qui ont puissamment lieu dans le choc de deux corps, lorsque les premieres particules se rompant, les corps demeurent, pour ainsi dire, cloués l'un à l'autre. La puissance $a \, \textit{cof} \, \Sigma$ fait ici le même effet que l'élasticité latérale, dans le cas des corps qui se choquent, & produit, dans le plan & dans le parallélipipede, des impressions réciproques qui correspondent à celles que nous avons nommées alors petites impressions latérales. La puissance $a \, \textit{fin} \, \Sigma$ équivaut ici à celle que nous avions représentée par a, & qui produisoit l'impression totale. Il manque seulement ici, pour la parfaite ressemblance de ces deux cas, les petites impressions dans la partie supérieure du parallélipipede, & que tout le côté *FK* ne rencontre un corps qui lui résiste. Au lieu de ce corps, on a seulement l'élevation, ou l'obstacle, *FI*; mais ceci n'altere pas les loix de la résistance, qui se trouve seulement diminuée : ensorte que cette même résistance que la pratique a manifestée dès qu'on a fait les premieres expériences, & qu'on nomme communément *Frottement*, ne differe en rien de la force de percussion, & est identiquement la même chose.

Nous distinguerons deux cas dans le Frottement; l'un dans lequel le parallélipipede ne fait seulement que forcer les aspérités, & l'obstacle *FI*, sans les vaincre entiérement, & sans se déterminer au mouvement; & l'autre, dans lequel ces aspérités étant forcées, vaincues, ou rompues, le corps commence à se mouvoir. Dans le premier cas, la force des aspérités & de l'obstacle sera plus grande que la plus grande force de percussion, que nous nommons maintenant de *Frottement*; ensorte qu'il est nécessaire que le parallélipipede prenne son mouvement; que celui-ci arrive au *maximum* ; qu'il diminue enfuite jufqu'à ce que u devienne $=0$; qu'il foit enfuite négatif, & qu'enfin le cas de l'équilibre entre la puiffance & le Frottement, ou dans lequel le mouvement ceffe entiérement, ait lieu ; c'eft-à-dire que le Frottement foit égal à la puiffance $\theta \, fin \, \Sigma$, celle-ci étant compofée comme on voudra. Dans le fecond cas, la force des afpérités & de l'obftacle eft moindre que la plus grande force de percuffion ou de Frottement. Le parallélipipede furmontera donc cette derniere force ; il fe mettra donc en mouvement, & continuera de fe mouvoir tant qu'on aura $\alpha \, fin \, \Sigma >$, ou $= \pi$, & il s'arrêtera lorfqu'on aura $\alpha \, fin \, \Sigma < \pi$, comme on l'a démontré, *Art.* 302 & 303, lorfqu'on a fuppofé conftante la force de percuffion, ou de Frottement,

PROPOSITION L.

(384.) *Trouver la force, ou la réfiftance réunie de l'obftacle & des afpérités.*

La force de percuffion eft (309.) $\pi = \dfrac{HH'}{HI' + H'I}\left(\dfrac{\frac{1}{2}AB(U-V)^2 + (\alpha B - \beta A)(X+Z)}{A+B}\right)$. Qu'on faffe dans cette expreffion $B = \infty$, & $V = 0$, à caufe que le plan BE eft immobile ; & qu'on mette enfuite $\alpha \, cof \, \Sigma$, pour la puiffance qui eft dirigée fuivant AH. Après cela, fi l'on fubftitue en place de U feul, la quantité $U \, cof \, \Sigma$ pour la viteffe qui demeure fuivant AH, on aura, pour l'expreffion de la force de percuffion dont le parallélipipede fupporte l'effet fur fa bafe CF, $\pi = \ldots \ldots \ldots$ $\dfrac{HH'}{HI' + H'I}\left(\frac{1}{2}AU^2 \, cof \, \Sigma^2 + \alpha \, fin \, \Sigma \, (X+Z)\right)$. Nommant maintenant h l'amplitude de l'obftacle & des afpérités ; i l'impreffion qui fe fait fur l'un & fur l'autre ; & φ la force de percuffion dont ils fupportent l'effort, celle-ci fera (309.) $\dfrac{Dh.ih'}{hi' + h'i}$: mais ayant pareillement $\dfrac{DH.IH'}{HI' + H'I} = \pi$, nous aurons cette analogie $\ldots \ldots \ldots \ldots \ldots$ $\dfrac{HIH'}{HI' + H'I} : \dfrac{hih'}{hi' + h'i} :: \dfrac{HH'}{HI' + H'I}\left(\frac{1}{2}AU^2 \, cof \, \Sigma^2 + \alpha \, cof \, \Sigma \, (X+Z)\right) : \varphi$; d'où l'on tire la percuffion, la force, ou la réfiftance réunie de l'obftacle & des afpérités, c'eft-à-dire, $\varphi = \ldots \ldots \ldots \ldots \ldots \ldots$ $\dfrac{i(hh')}{I(hi' + h'i)}\left(\frac{1}{2}AU^2 \, cof \, \Sigma^2 + \alpha \, cof \, \Sigma(X+Z)\right).$

SCOLIE.

(385.) Il n'y a, dans cette équation, comme on l'a dit, *Art.* 310. (*Voyez auffi la note de l'Art.* 309.) que les quantités h & h' qui foient variables, toutes les autres quantités font cenfées avoir leur plus grande valeur : de forte qu'en fubftituant, ou en confidérant les quantités *h* & *h'* comme l'expreffion des plus grandes amplitudes, on aura auffi la plus grande valeur de φ.

COROLLAIRE.

(386.) Cette quantité eft donc le Frottement que doit vaincre la puiffance $\theta \sin \Sigma$, pour mettre le parallélipede en mouvement. Car la plus grande réfiftance étant une fois furmontée, & l'amplitude *h* de l'obftacle & des afpérités ne variant point, la réfiftance demeure auffi conftante, & le parallélipipede continue de fe mouvoir avec la vîteffe qui lui demeure après avoir furmonté le Frottement : & cette vîteffe fera confidérée comme la vîteffe primitive pour la continuation du mouvement, qui fe fera fuivant les regles établies dans *l'Art.* 299 ; puifque le Frottement, ou la percuffion, demeure conftant.

PROPOSITION LI.

(387.) *Trouver la force de Percuffion que produit, ou peut produire la puiffance* $\alpha \sin \Sigma$.

La vîteffe avec laquelle le parallélipipede eft dirigé fuivant *CF*, étant $= U \sin \Sigma$; la puiffance qui l'anime fuivant la même direction, étant $= \alpha \sin \Sigma$; les plus grandes profondeurs des impreffions étant $= x$ & ζ * ; & les quantités *h,i* défignant l'amplitude & la grandeur des mêmes impreffions, à quelque inftant que ce foit du choc : en fubftituant ces valeurs dans l'expreffion de la Percuffion (309.) ; faifant de plus $B = \infty$, $V = o$, & nommant Φ la force de Percuffion que peut produire la puiffance $\alpha \sin \Sigma$, on aura $\Phi = \ldots \ldots \ldots$

$$\frac{hh'}{hi' + h'i}\left(\tfrac{1}{2} A U^2 \sin \Sigma^2 + \alpha \sin \Sigma (x + \zeta)\right).$$

COROLLAIRE I.

(388.) Ayant donc $\Phi < \varphi$, le parallélipipede ne pourra commencer fon mouvement le long du plan ; il parviendra feulement à former fur l'obftacle & les afpérités fa plus grande impreffion *i* : la force d'élafticité le fera enfuite retourner en arriere avec une vîteffe négative, jufqu'à ce que cette vîteffe devenant auffi $= o$, le paral-

---

* On ne doit pas perdre de vue que x & ζ font les profondeurs des plus grandes impreffions faites dans l'obftacle *FI*, & le parallélipipede, fuivant la direction *CF* du mouvement, en vertu de la puiffance $\alpha \sin \Sigma$, & de la vîteffe primitive $U \sin \Sigma$; tandis que *X* & *Z* repréfentent les profondeurs des plus grandes impreffions dans le plan & le parallélipipede, dans la direction *AH*, en vertu de la puiffance $\alpha \cos \Sigma$, & de la vîteffe $U \cos \Sigma$ qui demeure dans cette direction. On fera la même remarque pour les quantités *h,i* & *h',i'*, relativement aux quantités *H,I* & *H',I'*.

lélipipede revienne à prendre la vîteſſe poſitive ; & il continuera ainſi d'aller & venir par des oſcillations répétées, qui doivent diminuer continuellement, à meſure que l'élaſticité va en diminuant, & par conſéquent il doit arriver que le parallélipipede ceſſe entiérement de ſe mouvoir, comme on l'a dit, *Art.* 383.

COROLLAIRE II.

(389.) Au contraire, ſi l'on avoit $\Phi > \varphi$, le parallélipipde commenceroit à ſe mouvoir le long du plan, & il continueroit, ſans s'arrêter, ſi l'on avoit $\theta \, \text{ſin} \, \Sigma =$, ou $> \varphi$.

COROLLAIRE III.

(390.) Le terme auquel le parallélipipede, ceſſant déjà de pouvoir ſe ſoutenir ſur le plan ſans ſe mouvoir, eſt près de ſe déterminer au mouvement, ſera celui dans lequel $\Phi = \varphi$, ou

$$\frac{i(hh')}{I(hi'+h'i)}\left(\tfrac{1}{2}AU^2 \, \text{coſ} \, \Sigma^2 + \alpha \, \text{coſ} \, \Sigma(X+Z)\right) = \ldots\ldots\ldots\ldots$$

$$\frac{hh'}{hi'+h'i}\left(\tfrac{1}{2}AU^2 \, \text{ſin} \, \Sigma^2 + \alpha \, \text{ſin} \, \Sigma(x+\zeta)\right) ;$$ équation d'où l'on tire, en diviſant par $\frac{i(hh')}{hi'+h'i}$, $\frac{1}{I}\left(\tfrac{1}{2}AU^2 \, \text{coſ} \, \Sigma^2 + \alpha \, \text{coſ} \, \Sigma(X+Z)\right) = \ldots\ldots$

$$\frac{1}{i}\left(AU^2 \, \text{ſin} \, \Sigma^2 \alpha + \text{ſin} \, \Sigma(x+\zeta)\right).$$

COROLLAIRE IV.

(391.) Les variables h & h' ne ſe trouvant plus dans cette équation, il s'enſuit qu'à quelque inſtant que ce ſoit du choc, on aura l'égalité des deux forces Φ & φ, & par conſéquent l'effet qu'on ſe propoſe.

COROLLAIRE V.

(392.) Si l'on avoit $U = 0$, cette équation deviendroit $\frac{\alpha \, \text{coſ} \, \Sigma(X+Z)}{I}$ $= \frac{\alpha \, \text{ſin} \, \Sigma(x+\zeta)}{i}$; mais à cauſe de la ſimilitude des impreſſions faites par les mêmes corps, on a $\frac{X+Z}{I}$ eſt à $\frac{x+\zeta}{i}$ comme $\frac{1}{H}$ eſt à $\frac{1}{h}$: ſubſtituant ces valeurs, on aura $\alpha \, \text{ſin} \, \Sigma = \frac{h \alpha \, \text{coſ} \, \Sigma}{H}$; c'eſt-à-dire que la puiſſance $\alpha \, \text{coſ} \, \Sigma$, qui preſſe le parallélipipede perpendiculairement ſur le plan, eſt à la puiſſance $\alpha \, \text{ſin} \, \Sigma$, qui ſurmonte le Frottement, comme l'amplitude H de l'impreſſion, eſt à l'amplitude h de l'obſtacle & des aſpérités.

COROLLAIRE VI.

(393.) Plus le nombre & la grandeur des aſpérités ſera grand, plus la puiſſance $\theta \, \text{ſin} \, \Sigma$, qui doit vaincre le Frottement, doit être grande ; & réciproquement, &c.

Tome I. Z

COROLLAIRE VII.

(394.) Le nombre des aſpérités ſuivant une certaine régularité dans ſes augmentations & ſes diminutions, nous pouvons le ſuppoſer proportionnel à l'amplitude H de l'impreſſion, particuliérement dans les corps qui ne ſont pas beaucoup élaſtiques ; l'amplitude des aſpérités ſera donc, dans ce cas, $= nH$, n marquant un nombre quelconque dépendant de la grandeur des mêmes aſpérités. Suppoſant en outre que l exprime la longueur de l'impreſſion, & k ſa largeur, on aura $H = lk$, ce qui donne $h = nlk + kX$, kX exprimant l'amplitude de l'obſtacle *. Nous aurons donc, d'après cela, $\alpha \cos \Sigma : \alpha \sin \Sigma :: lk : nlk + kX$, ou $:: l : nl + X$, & par conſéquent $\alpha \sin \Sigma = \frac{(nl + X)\alpha \cos \Sigma}{l}$.

COROLLAIRE VIII.

(395.) Plus l'impreſſion aura de longueur, moins il faudra de force à la puiſſance $\alpha \sin \Sigma$ qui doit vaincre le Frottement.

COROLLAIRE IX.

(396.) Si on ſuppoſe les corps extrêmement liſſes, & que par conſéquent on puiſſe faire abſtraction des aſpérités, on aura $n = 0$, & par conſéquent $\alpha \cos \Sigma : \alpha \sin \Sigma :: l : X$; ou $\alpha \sin \Sigma = \frac{X\alpha \cos \Sigma}{l}$.

SCOLIE I.

(397.) De l'équation $\alpha \sin \Sigma = \frac{h\alpha \cos \Sigma}{H}$, ou, en diviſant par α, de $\sin \Sigma = \frac{h \cos \Sigma}{H}$, on peut tirer, d'après l'expérience, la valeur de $\sin \Sigma$, ou bien celle de h ; mais, comme il eſt difficile, dans la pratique, de ſe procurer une valeur exacte de h, ce qui n'a pas lieu pour celle de Σ, qui peut ſe meſurer avec une grande facilité, on déduira la valeur de h par cette équation $h = \frac{H \sin \Sigma}{\cos \Sigma}$. Pour avoir la valeur de Σ, on n'a qu'à élever le plan peu à peu & très-doucement, par une de ſes extrémités, depuis la ſituation horiſontale, juſqu'à ce que le parallélipipede commence ſon mouvement ; & meſurer l'angle que forme le plan avec l'horiſon dans cette derniere ſituation, ce ſera la valeur de Σ, d'où dépend celle de $h = \frac{H \sin \Sigma}{\cos \Sigma}$. La valeur de H étant celle de l'amplitude de l'impreſſion, on peut la meſurer à très-peu près. En procédant de cette maniere, on pourra trouver la valeur de h, non-

---

* Ceci eſt évident, puiſque X, qui marque la profondeur de la plus grande impreſſion faite dans le plan, eſt égale à la hauteur de l'obſtacle, & que k en repréſente la largeur.

feulement celle qui correfpondra à différentes puiffances, mais encore à différentes dimenfions, tant en longueur qu'en largeur, du parallélipipede, & on en pourra former des Tables qui feront d'un grand ufage dans la pratique. Si l'on met un corps mou entre le plan & le parallélipipede, de forte que ce corps, en rempliffant la capacité de l'impreffion, empêche que le parallélipipede ne touche au plan ; dans ce cas, l'obftacle, ainfi que les afpérités qu'il faut vaincre, fe formeront des parties du corps mou, dont la réfiftance eft beaucoup moindre, & par conféquent il faudra une moindre puiffance pour la furmonter. Ceci eft une conféquence que l'expérience juftifie journellement ; & avec d'autant plus de précifion, qu'on fçait mieux choifir & varier le corps mou qu'on interpofe, relativement aux deux corps qui fe frottent, felon l'efpece & la variété de ceux-ci. Tout cela vient de ce que le corps mou interpofé doit feul empêcher le contaƈ des deux corps qui fe frottent. Pour les corps légers & polis, l'huile fuffit ; mais pour les corps fort pefants & raboteux, il eft néceffaire d'employer de la graiffe, ou du fuif, & encore doit-on allier ces fubftances, & leur donner différentes préparations, felon la nature des différents corps.

COROLLAIRE X.

(398.) L'aƈion peut procéder de deux puiffances dont il réfulte un mouvement compofé dans le parallélipipéde, l'une étant perpendiculaire au plan, & l'autre lui étant parallele. Suppofons que la puiffance α foit celle qui agit perpendiculairement au plan, avec la vîteffe primitive U, & que la puiffance θ agiffe parallélement au même plan, avec la vîteffe primitive V ; fi l'on fubftitue, dans l'équation de *l'Art.* 384, α en place de $\alpha \, cof \, \Sigma$, & fi l'on fait $\Sigma = 0$, on aura $\varphi = \frac{i(hh')}{I(hi'+h'i)}(\frac{1}{2}AU^2 + \alpha(X+Z))$. Faifant de même, dans l'équation de *l'Article* 387, $\theta = \alpha$, $fin \, \Sigma = 1$, & $U = V$, on aura $\varphi = \dots$ $\frac{hh'}{hi'+h'i}(\frac{1}{2}AV^2 + \theta(x+\zeta))$.

COROLLAIRE XI.

(399.) Le parallélipipede fera donc au point de commencer fa marche, lorfque $\frac{1}{I}(\frac{1}{2}AU^2 + \alpha(X+Z)) = \frac{1}{i}(\frac{1}{2}AV^2 + \theta(x+\zeta))$: ou à caufe que $I : i :: H(X+Z) : h(x+\zeta)$, lorfque $\frac{\frac{1}{2}AU^2 + \alpha(X+Z)}{H(X+Z)} = \dots$ $\frac{\frac{1}{2}AV^2 + \theta(x+\zeta)}{h(x+\zeta)}$.

COROLLAIRE XII.

(400.) Si l'on avoit $U=0$, & $V=0$, l'équation deviendroit $\frac{\alpha}{H}=\frac{\theta}{h}$, ou $\theta=\frac{h\alpha}{H}$; c'est-à-dire que la puissance α qui agit sur le parallélipipede perpendiculairement au plan, est à la puissance θ qui surmonte le Frottement, comme l'amplitude H de l'impression, est à l'amplitude h de l'obstacle & des aspérités : c'est le même résultat que celui qu'on a trouvé ci-dessus (392.).

COROLLAIRE XIII.

(401.) Si l'on avoit seulement $U=0$, on auroit $\frac{\alpha}{H}=\frac{\frac{1}{2}AV^2+\theta(x+\chi)}{h(x+\chi)}$ ou $\frac{h\alpha}{H}-\frac{AV^2}{2(x+\chi)}=\theta$, d'où l'on voit combien, dans ce cas, la puissance θ, qui doit vaincre le Frottement, peut être diminuée.

COROLLAIRE XIV.

(402.) Si l'on avoit donc $\frac{h\alpha}{h}-\frac{AV^2}{2(x+\chi)}=0$, on auroit aussi $\theta=0$; c'est-à-dire que le parallélipipede n'auroit pas besoin, pour vaincre le Frottement, de l'action d'une puissance qui agît sur lui parallélement au plan ; il le surmonteroit par l'action que produit la vitesse V.

COROLLAIRE XV.

(403.) Pour que le Frottement soit vaincu, & que le parallélipipede commence à se mouvoir, il faut donc seulement avoir $\frac{h\alpha}{H}<\frac{AV^2}{2(x+\chi)}+\theta$.

COROLLALRE XVI.

(404.) Si le plan étoit horisontal, & si α étoit la gravité de la masse A, il seroit nécessaire, pour vaincre le Frottement, qu'on eût $\frac{h}{H}<\frac{V^2}{64(x+\chi)}+\frac{\theta}{\alpha}$, (52.) ; ou si l'on avoit $\theta=0$, il faudroit avoir $\frac{h}{H}<\frac{V^2}{64(x+\chi)}$; ou bien, en prenant e pour la hauteur d'où devroit tomber le corps pour acquérir la vitesse V, il faudroit avoir $\frac{h}{H}<\frac{e}{x+\chi}$: ou $\frac{h(x+\chi)}{H}<e$, (52.).

COROLLAIRE XVII.

(405.) Dans les corps durs, la quantité $h(x+\chi)$ étant extrêmement petite à l'égard de H, on voit qu'il ne faut au parallélipipede qu'une vitesse primitive très-petite, pour vaincre le Frottement, & se mettre en mouvement.

COROLLAIRE XVIII.

(406.) Si l'on avoit $V = 0$, la puissance α étant toujours supposée l'action de la gravité sur la masse A, il seroit nécessaire d'avoir
$\frac{h}{H} < \frac{1}{\alpha}$ pour que le parallélipipede surmontât le Frottement ; ou ce
qui revient au même, il faudroit que la raison de la gravité à la
puissance θ qui doit vaincre le Frottement, fût moindre que $\frac{H}{h}$.

SCOLIE II.

(407.) Si on consulte les Auteurs qui ont écrit, jusqu'à présent, sur
ce sujet, on verra qu'on a généralement cru, & qu'on croit encore
que le Frottement est seulement proportionnel à la puissance qui
agit sur le parallélipipede perpendiculairement au plan, abstraction
faite des aspérités. Cette opinion est fondée sur quelques expériences faites par différents Auteurs, particuliérement par M. *Amontons*,
de l'Académie des Sciences de Paris, & par M. *Bilfinger*. Le premier dit avoir toujours trouvé la puissance θ, qui est sur le point
de vaincre la résistance du Frottement, égale à la troisieme partie
de α, ou de la puissance qui agit sur le parallélipipede perpendiculairement au plan ; c'est-à-dire, $\theta = \frac{1}{3}\alpha$; mais le second fait seulement $\theta = \frac{1}{4}\alpha$. Cette différence dans les résultats auroit dû faire douter
que la résistance du Frottement fût seulement proportionnelle à la
puissance α ; mais considérant que les aspérités plus ou moins grandes
des plans dont on s'est servi pour faire les expériences, pouvoient
être la cause de ces différences, on adopta facilement cette opinion :
de sorte qu'il paroît certain que ces déterminations ont été établies en
faisant abstraction des aspérités. Mais, dans cette supposition même,
ces déterminations ne s'accordent point avec nos formules. Selon
ces formules (396.), $\theta = \frac{X\alpha}{l}$: par conséquent, selon M. *Amontons*, on
devroit toujours avoir $\frac{X}{l} = \frac{1}{3}$; ou, selon M. *Bilfinger*, $\frac{X}{l} = \frac{1}{4}$; c'est-à-
dire que la profondeur de l'impression devroit être, dans tous les cas,
suivant le premier Auteur, la troisieme partie de la longueur du parallélipipede ; & la quatrieme partie, suivant le second ; conséquence
dont l'absurdité est tellement évidente, qu'il n'est pas nécessaire de
s'arrêter à la démontrer.

Nous ne devons cependant pas révoquer en doute les expériences
faites par ces deux célebres Auteurs. Tout peut se concilier, en supposant qu'ils ne se soient pas étendus jusqu'à les faire avec différents
corps d'une même pesanteur & d'une même amplitude dans leur base,

mais de différentes dimensions en longueur & largeur, & de différentes duretés. Ce soupçon ne paroîtra pas sans fondement, si l'on se rappelle une expérience très-commune. Si un couteau, par exemple, porte sur un plan par son tranchant, & qu'en appuyant sur lui, on veuille le faire mouvoir, dans cette situation, perpendiculairement à son plan, il tend plutôt à s'incliner qu'à se mouvoir, & on a de la peine à le maintenir droit sur le plan. Mais si, au contraire, on veut le faire mouvoir directement dans le sens de son plan, il marche avec très-peu d'effort : ce qui fait voir clairement combien le Frottement est moindre dans ce second cas que dans le premier *.

Pour nous approcher de ce que les deux Auteurs cités ont établi, d'après leurs expériences, nous devons, au contraire, admettre qu'il existe toujours des aspérités, quelque lisses & polis que puissent être les corps ; & que l'obstacle, sur-tout dans les corps durs, est infensible, ou est presque susceptible d'être négligé. Dans ce cas, on aura (400.) $\theta = \frac{h\alpha}{H}$; ou en substituant (394.) les valeurs de $H = lk$, & de $h = nlk + kx$, on aura $\theta = \frac{\alpha k(nl+X)}{lk} = \frac{\alpha(nl+X)}{l}$: de sorte qu'en négligeant la quantité X qui provient de l'obstacle, comme étant infiniment petite, par rapport à nl, qui provient des aspérités, on aura $\theta = n\alpha$; c'est-à-dire, selon M. *Amontons*, $n = \frac{1}{3}$, & selon M. *Bilfinger*, $n = \frac{1}{4}$: différence qui n'implique alors aucune contradiction, puisque n exprime la grandeur des aspérités. Ceci prouve combien notre théorie est d'accord avec les expériences ; mais il faut observer que si l'on peut regarder l'obstacle

---

* On peut expliquer en cette maniere pourquoi le couteau se meut sur le plan, avec plus de facilité, dans la direction de son tranchant, que dans une direction perpendiculaire au plan de sa lame.

La puissance qui surmonte le Frottement, est, d'après ce qui a été dit précédemment, $\theta = \frac{\alpha(nl+X)}{l}$ (394 & 398.) ; & comme, dans l'impression que forme le tranchant du couteau sur le plan, les aspérités sont nulles à l'égard de l'obstacle qui en résulte, on a $n = 0$, & par conséquent $\theta = \frac{\alpha X}{l}$: donc plus la longueur l de l'impression sera grande, plus la quantité $\frac{\alpha X}{l}$, ou son égale θ, sera petite. Mais lorsqu'on veut que le couteau se meuve perpendiculairement au plan de sa lame, la longueur de l'impression est alors $= k$ (394.) ; quantité plus petite que l, qui en exprime la largeur : donc, dans ce cas, on a $\frac{\alpha X}{k} > \frac{\alpha X}{l}$, qui est la puissance nécessaire pour surmonter le frottement dans le premier cas. Donc la puissance nécessaire pour faire mouvoir le couteau dans une direction perpendiculaire au plan de sa lame, doit être plus grande que celle qu'il faut employer pour le faire mouvoir dans la direction de son tranchant.

On remarquera que quand on parle ici de la longueur de l'impression, on n'entend pas parler de la quantité X, mais de la quantité l, qui est la longueur de l'amplitude de l'impression, prise dans la direction du mouvement du corps sur le plan, suivant ce que l'Auteur a établi, *Art.* 394.

comme nul dans les corps très-durs, on ne peut faire cette supposition lorsqu'il s'agit de corps mous, ou qui ne font pas extrêmement durs. Dans ces cas, loin que cette suppofition foit légitime,
ce font, au contraire, les afpérités qu'on doit fuppofer comme
nulles, par rapport à l'obftacle, & par conféquent le parallélipipede éprouvera moins de réfiftance, en fe mouvant dans une direction perpendiculaire à fon plus petit côté, que s'il fe meut dans
une direction perpendiculaire à fon plus grand côté.

DES EFFETS qui ont lieu après que la réfiftance du Frottement eft vaincue.

PROPOSITION LII.

(408.) *Trouver la relation entre la vîteffe* u, *& l'efpace parcouru par le corps* A.

On a déjà vu (389.) que toutes les fois qu'on aura $\Phi > \varphi$, le parallélipipede fe mettra en mouvement. On a encore vu (383.), que, fi
dans le même temps, la puiffance θ, ou $\alpha\,\mathit{fin}\,\Sigma$ qui agit fur le parallélipipede parallélement au plan, eft plus grande que la force de ré-
fiftance de l'obftacle & des afpérités, il continuera de fe mouvoir,
fans qu'il y ait aucune limite à fon mouvement; & que le Frottement fera conftant pendant la durée du mouvement, à caufe que
l'amplitude de l'obftacle & des afpérités ne reçoit aucune augmentation (391.)*. D'après tout ceci, la vîteffe correfpondante fera
(278.) $u = \left(U^2 + \frac{\alpha(x+\zeta)}{\frac{1}{2}A} - \frac{\int D H dx}{\frac{1}{2}A} \right)^{\frac{1}{2}}$, ou, en fubftituant θ pour α,
& h pour H, on aura $u = \left(U^2 + \frac{2\theta(x+\zeta)}{A} - \frac{2Dhx}{A} \right)^{\frac{1}{2}}$; mais, dans le cas
préfent, $\zeta = 0$ par rapport à x, cette expreffion devient donc
$u = \left(U^2 + \frac{2\theta x}{A} - \frac{2Dhx}{A} \right)^{\frac{1}{2}}$, U défignant la vîteffe primitive qu'avoit
le corps lorfqu'il a furmonté le Frottement.

COROLLAIRE I.

(409) S'il n'y avoit qu'une feule & unique puiffance α, qui animât
le parallélipipede, il feroit néceffaire de mettre $\alpha\,\mathit{fin}\,\Sigma$ pour θ, &
l'on auroit $u = \left(U^2 + \frac{2\alpha x\,\mathit{fin}\,\Sigma}{A} - \frac{2Dhx}{A} \right)^{\frac{1}{2}}$.

---

* Puifque (391.) les quantités h & h' difparoiffent dans la fuppofition de $\Phi = \varphi$, elles dif-
paroîtront également lorfque $\Phi > \varphi$; ce qui fait voir que ces quantités h & h' font conftantes. En
outre, il ne faut pas oublier que l'Auteur a fuppofé la dureté conftante dans les formules de la
percuffion, qu'il applique ici à la théorie du Frottement.

COROLLAIRE II.

(410.) Comme de la suppofition de $\zeta = 0$, il réfulte que D' doit être comme infini par rapport à D, on aura (253.) la force de l'obftacle & des afpérités $\varphi = \frac{DhD'h'}{Dh+D'h'} = Dh$: on pourra donc fubftituer φ à la place de Dh, & on aura encore . . . .
$$u = \left(U^2 + \frac{2\theta x}{A} - \frac{2\varphi x}{A} \right)^{\frac{1}{2}};$$
& dans le cas où il n'y auroit que la puiffance α qui animât le parallélipipede, on auroit $u = \left(U^2 + \frac{2\alpha x \, fin \, \Sigma}{A} - \frac{2\varphi x}{A} \right)^{\frac{1}{2}}$.

COROLLAIRE III.

(411.) Pour que le parallélipipede s'arrête dans le cours de fon mouvement, il faut que $u = 0$: donc, pour ce cas, on aura $U^2 + \frac{2\theta x}{A} - \frac{2Dhx}{A} = 0$; ou $U^2 = \frac{2x}{A}(Dh - \theta) = \frac{2x}{A}(\varphi - \theta)$. D'où l'on voit clairement que, pour que le parallélipipede s'arrête, il faut qu'on ait $\varphi = Dh > \theta$; fans cela, $\varphi - \theta$ feroit négatif, & par conféquent U imaginaire, ce qui eft contre la fuppofition ; ou bien $\varphi - \theta$ feroit $= 0$, & par conféquent auffi $U = 0$, ce qui eft pareillement contre la fuppofition.

COROLLAIRE IV.

(412.) Le point dans lequel s'arrêtera le parallélipipede, fera donc celui où l'on aura $x = \frac{AU^2}{2(Dh - \theta)} = \frac{AU^2}{2(\varphi - \theta)}$.

PROPOSITION LIII.

(413.) *Trouver le rapport entre l'efpace parcouru par le corps* A, *& fa vîteffe.*

L'équation qui correfpond à ce cas, eft (300.) $x + \zeta = \frac{\frac{1}{2}A(U^2 - u^2)}{\pi + \alpha}$, laquelle fe réduit à $x = \frac{A(U^2 - u^2)}{2(\varphi - \theta)} = \frac{A(U^2 - u^2)}{2(Dh - \theta)}$, en fubftituant φ à la place de π, & θ à celle de α, & faifant de plus $\zeta = 0$; & fi l'on avoit $\theta > \varphi$, cette équation feroit $x = \frac{A(u^2 - U^2)}{2(\theta - \varphi)} = \frac{A(u^2 - U^2)}{2(\theta - Dh)}$. *

---

* Ces fecondes expreffions que l'Auteur donne pour le cas où la puiffance θ qui anime le corps fur le plan, eft plus grande que la réfiftance φ qu'il doit vaincre, ne nous paroiffent pas abfolument effentielles ; les premieres nous femblent fuffifantes pour ce qu'il a deffein d'exprimer dans ce moment. Car puifque le corps éprouve, dans fon mouvement fur la furface, une réfiftance moindre que la puiffance qui l'anime, fa vîteffe ira en augmentant ; & à quelque inftant que ce foit de la marche du corps, fa vîteffe u fera plus grande que la vîteffe primitive U; & alors $U^2 - u^2$ eft une quantité négative. Mais, dans ce même cas, $\varphi - \theta$ eft auffi négative : donc x fera pofitive, & aura la même valeur que celle qu'on obtient des fecondes expreffions ; les premieres

COROLLAIRE.

(414.) Dans le cas où x parvient à la plus grande valeur; c'est-à-dire, lorsqu'il représente le plus grand espace; on aura $u = 0$ *, & par conséquent $x = \frac{AU^2}{2(\varphi - \theta)} = \frac{AU^2}{2(Dh - \theta)}$, comme on l'a trouvé ci-devant (412.).

PROPOSITION LIV.

(415.) *Trouver la relation entre le temps t de la durée du mouvement du corps* A, *& l'espace qu'il a parcouru.*

L'équation (258.) $dt = \frac{dx + d\chi}{u - v}$ se réduit, dans ce cas où $\chi = 0$, & $v = 0$, à $dt = \frac{dx}{u}$; substituant, dans cette équation, la valeur de u trouvée, (408.), on aura $dt = \frac{dx}{\left(U^2 + \frac{2\theta x}{A} - \frac{2Dhx}{A}\right)^{\frac{1}{2}}}$; d'où l'on tire,

en intégrant, $t = \frac{(A^2 U^2 + 2Ax(\theta - Dh))^{\frac{1}{2}} - AU}{\theta - Dh} = \frac{(A^2 U^2 + 2Ax(\theta - \varphi))^{\frac{1}{2}} - AU}{\theta - \varphi}$ **.

---

conviennent donc aussi bien au cas où $\theta > \varphi$, qu'à ceux où θ est $=$, ou $< \varphi$ (383.). On ne doit pas perdre de vue ce qui a été dit dans *l'Art.* 387, & *sa note*, que, dans cette Proposition, aussi bien que dans la précédente, x marque la profondeur de l'impression faite dans l'obstacle, & par conséquent l'espace parcouru par le parallélipipede le long du plan, puisque χ est supposé $= 0$.

* Cela s'appercevra facilement, si l'on fait attention que, pour que x soit le plus grand qu'il est possible, il faut que sa valeur $\frac{A(U^2 - u^2)}{2(\varphi - \theta)}$ soit aussi la plus grande qu'il est possible; mais, pour cela, il faut que $u = 0$, puisque toutes les autres quantités qui entrent dans cette expression, sont constantes (386). On remarquera qu'il faut, pour ce cas, que $\varphi > \theta$; car autrement il n'y auroit point de limite pour x (302 & 303.).

** Pour trouver cette intégrale, je mets la valeur de dt sous cette forme, $dt = \dots$ $dx\left(U^2 + \left(\frac{2\theta - 2Dh}{A}\right)x\right)^{-\frac{1}{2}}$; je fais $U^2 + \left(\frac{2\theta - 2Dh}{A}\right)x = y$, d'où je tire $x = \frac{Ay - AU^2}{2\theta - 2Dh}$, & par conséquent $dx = \frac{Ady}{2\theta - 2Dh}$. Substituant maintenant ces quantités en place de leurs correspondantes, j'ai $dt = \frac{Ady}{2\theta - 2Dh} y^{-\frac{1}{2}} = \frac{A y^{-\frac{1}{2}} dy}{2\theta - 2Dh}$, & en intégrant $t = \frac{A y^{\frac{1}{2}}}{\theta - Dh} + C$; mettant pour $y^{\frac{1}{2}}$ sa valeur $\left(U^2 + \left(\frac{2\theta - 2Dh}{A}\right)x\right)^{\frac{1}{2}}$, on trouve $t = \frac{A\left(U^2 + \left(\frac{2\theta - 2Dh}{A}\right)x\right)^{\frac{1}{2}}}{\theta - Dh} + C = \frac{(A^2 U^2 + 2Ax(\theta - Dh))^{\frac{1}{2}}}{\theta - Dh} + C$.

Pour trouver la valeur de la constante C, je remarque que cette intégrale doit être zéro au commencement de l'action, ou lorsque $x = 0$; or si l'on éleve tout le numérateur de la valeur de t à la puissance $\frac{1}{2}$, le premier terme sera AU, & tous les autres seront affectés de x; donc ils s'évanouiront tous, à l'exception du premier, par la supposition de $x = 0$. On a donc $\frac{AU}{\theta - Dh} + C = 0$, ou $C = \frac{-AU}{\theta - Dh}$. Substituant cette valeur de C dans celle de t, on trouve précisément l'expression donnée par l'Auteur.

COROLLAIRE.

(416.) Pour le cas du plus grand efpace parcouru, dans lequel
a $Dh > \theta$, ou $\varphi > \theta$, nous avons trouvé (412 & 414.) $x = $
$\frac{AU^2}{2(Dh-\theta)} = \frac{AU^2}{2(\varphi-\theta)}$: cette valeur étant fubftituée dans l'équation préc[é]-
dente, donnera, pour le temps dans lequel le corps parcourt
plus grand efpace, $t = \frac{AU}{Dh-\theta} = \frac{AU}{\varphi-\theta}$.

PROPOSITION LV.

(417.) *Trouver la relation entre l'efpace* x *que parcourra le corps A
& le temps* t.

Multipliant l'équation précédente $t = \frac{(A^2U^2 + 2Ax(\theta-\varphi))^{\frac{1}{2}} - AU}{\theta - \varphi}$ p[ar]
$\theta - \varphi$, ajoutant AU de part & d'autre, & quarrant, il en réful[te]
$A^2U^2 + 2AUt(\theta-\varphi) + t^2(\theta-\varphi)^2 = A^2U^2 + 2Ax(\theta-\varphi)$: d'où l'on tir[e]
en fouftrayant de part & d'autre A^2U^2, & en divifant par $2A(\theta-\varphi)$
$$x = Ut + \frac{t^2(\theta-\varphi)}{2A} = Ut + \frac{t^2(\theta-Dh)}{2A}.$$

PROPOSITION LVI.

(418.) *Trouver le temps* t *qu'emploie le corps* A *dans fon mou[-]
vement, par fa relation avec la vîteffe.*

L'équation qui correfpond à ce cas eft (343.) $t = \frac{A(u-U)}{\alpha - \pi}$. Sub[f]-
tituant θ pour α, & φ pour π, elle devient $t = \frac{A(u-U)}{\theta-\varphi}$.

COROLLAIRE.

(419.) Dans le cas de la plus grande impreffion, ou du plus gran[d]
efpace parcouru, on aura $t = \frac{AU}{\varphi-\theta}$.

PROPOSITION LVII.

(420.) *Trouver la vîteffe qu'aura le corps* A, *par fa relation ave[c]
le temps de la durée du mouvement.*

Multipliant par $\theta - \varphi$, l'équation $t = \frac{A(u-U)}{\theta-\varphi}$, divifant par A, [&]
ajoutant U de part & d'autre, on aura $u = U + \frac{t(\theta-\varphi)}{A}$.

COROLLAIRE.

(421.) Suppofons que le parallélipipede A defcende le long du plan
par la feule action de la gravité α; que n foit un nombre quelcon[-]
que, de forte qu'on ait $a\,fin\,\Sigma - \varphi = \theta - \varphi = n\alpha$; nous auron[s]

$$u = U \pm \frac{n\alpha t}{A} \text{ : mais (52.) } A = \tfrac{1}{32}\,\alpha \text{ ; donc } u = U \pm 32nt \text{ *.}$$

SCOLIE.

(422.) Dans le volume des *Mémoires de l'Académie Royale de Berlin*, de l'année 1748, on trouve un Mémoire de *Léonard Euler*, fur la maniere dont on peut concevoir la réfiftance du Frottement. Ce Sçavant conclud que cette réfiftance eft moindre dans le cas du mouvement que dans celui de l'équilibre ; ce qui eft abfolument contraire à nos réfultats. Pour concevoir & rendre raifon de cette différence, il fuffira de dire que ce fçavant Auteur ne développe point, dans la théorie qu'il expofe, ce en quoi il fait confifter le Frottement ; il dit feulement ce qui peut fervir à en concevoir les effets. Il fuppofe qu'il provient uniquement des afpérités du plan & du parallélipipede ; & en aucune maniere de l'obftacle *FI*, que nous avons déjà vu avoir néceffairement lieu, en vertu de la puiffance perpendiculaire $\alpha\,cof\,\Sigma$, fur le même parallélipipede. Il fuppofe encore que les afpérités du parallélipipede & du plan font autant de petits plans inclinés, ou autant de dents femblables, afin que les dents du plan puiffent s'engrener, ou s'ajufter parfaitement, avec celles du parallélipipede. Dans cette fuppofition, il eft clair que la puiffance qui agit fur le parallélipipede, étant d'une grandeur fuffifante, obligera ce corps, ou fes petites dents à ramper le long de celles du plan, jufqu'à ce qu'elles fe foutiennent fommets contre fommets. Ce point étant paffé, elles s'engreneront de nouveau, par la chûte du parallélipipede, avec les dents fuivantes, chacune avec fa correfpondante : après quoi elles recommenceront à s'élever ; & continuant ainfi, le Frottement fe fera, comme on voit, par fauts d'une dent à l'autre ; de forte que la premiere fois que les dents du parallélipipede montent le long de celles du plan, c'eft alors qu'on éprouve le Frottement total ; & les chûtes étant une action oppofée, ou négative, le premier Frottement, qui eft celui qui a lieu dans le cas d'équilibre, eft diminué. Cette façon de confidérer le Frottement peut être propre à en faire concevoir facilement les effets ; mais on apperçoit en même temps fes inconvéniens, & les fortes objec-

---

* Plufieurs Lecteurs n'appercevront peut-être pas tout d'un coup pourquoi l'Auteur emploie ici le double figne dans l'équation $u = U \pm \frac{n\alpha t}{A}$: mais la difficulté difparoîtra, fi l'on confidere qu'il a voulu réunir dans cette équation le cas où la force φ de l'obftacle & des afpérités excede la puiffance agiffante θ, cas où la quantité $\theta - \varphi$ qu'il a repréfentée par $n\alpha$, eft négative. Ainfi, fous cette forme, l'équation convient à tous les cas ; on voit que u peut être pofitif, puis égal à zéro, & enfuite négatif (383.).

tions qu'on peut élever contre elle. Les dents du parallélipipede ne peuvent abfolument point monter le long de celles du plan, & parvenir au point d'être fommets contre fommets, ni même proches de cette fituation, fans qu'il ne fe foit fait une impreffion réciproque dans ces mêmes dents, & par conféquent qu'il ne fe foit formé un nouvel obftacle à vaincre, fans que jamais il puiffe arriver que cet obftacle foit nul, & qu'il puiffe y avoir de chûte; & par la même raifon, il ne peut y avoir de diminution dans le Frottement, dans le cas du mouvement.

Une expérience, dit le même fçavant Auteur, favorife cette détermination; la voici. Il ne peut jamais arriver que le parallélipipede fe meuve fur le plan, avec beaucoup de lenteur, quelque foin qu'on apporte à ne donner au plan que l'inclinaifon néceffaire pour mettre le parallélipipede en mouvement. Il dit, au contraire, qu'une fois qu'il a commencé à fe mouvoir, fon mouvement s'accélere avec une grande rapidité, & que, par conféquent, il faut que le Frottement diminue par le mouvement; mais on va voir qu'il n'eft point d'expérience qui s'accorde plus parfaitement avec notre théorie.

L'équation $u = U \pm 32nt$, eft celle qui correfpond précifément au cas dont il eft ici queftion. Si nous faifons $n = \frac{1}{32}$, elle deviendra $u = U \pm t$; & fi l'on éleve le plan avec toute la lenteur poffible, & qu'on faffe, en conféquence, $U = 0$, il reftera cependant encore $u = t$; c'eft-à-dire que la vîteffe u que prendra le corps A, lors même qu'on ne donne au plan que l'inclinaifon néceffaire pour qu'il le mette en mouvement, fera encore d'autant de pieds par feconde, qu'il y a de fecondes dans le temps t: enforte qu'à la fin de la premiere feconde de temps, il marchera déjà avec une vîteffe d'un pied par feconde; & à la fin des deux premieres fecondes de temps, fa vîteffe fera de deux pieds par feconde, & ainfi de fuite.

Il ne faut maintenant que faire voir qu'en fuppofant $n = \frac{1}{32}$, on ne fuppofe dans le plan BE qu'un mouvement très-petit, c'eft-à-dire que l'angle $BEL = \Sigma$ n'eft augmenté que d'une très-petite quantité, l'inclinaifon du plan étant déjà fuppofée telle que le corps foit fur le point de fe mettre en mouvement; auquel cas on a $\alpha\, fin\, \Sigma = \varphi$.

Suppofons maintenant qu'on augmente l'angle BEL d'inclinaifon d'une différencielle $d\Sigma$; c'eft-à-dire qu'il deviennne $= \Sigma + d\Sigma$: le finus de cet angle BEL fera $= fin\, \Sigma + d\Sigma\, cof\, \Sigma$, & fon cofinus $= cof\, \Sigma - d\Sigma\, fin\, \Sigma$. La puiffance qui anime le corps parallélement au plan fera, dans ce fecond cas, $= \alpha\, fin\, \Sigma + \alpha d\Sigma\, cof\, \Sigma$; par conféquent plus grande que celle du premier cas de $\alpha d\Sigma\, cof\, \Sigma$. On aura pareillement la puiſſance qui l'anime perpendiculairement $= \alpha\, cof\,\Sigma - \alpha d\Sigma\, fin\,\Sigma$. La puiſſance capable de vaincre le Frottement dans ce ſecond cas, eſt (392.) $= \dfrac{h\alpha\, cof\,\Sigma}{\Pi} - \dfrac{h\alpha d\Sigma\, fin\,\Sigma}{H}$. L'amplitude h eſt comme la largeur du parallélipipede, multipliée par la profondeur de l'impreſſion : mais la premiere quantité étant conſtante, h ſera comme la profondeur de l'impreſſion ; c'eſt-à-dire (398 & 400.) comme la puiſ-ſance $\alpha\, cof\,\Sigma - \alpha d\Sigma\, fin\,\Sigma$. Donc la puiſſance, qui eſt capable de vaincre le Frottement dans ce ſecond cas, ſera comme . . . . $\dfrac{\alpha^2}{H}(cof\,\Sigma - d\Sigma\, fin\,\Sigma)^2$, ou comme $\dfrac{\alpha^2}{H}(cof\,\Sigma^2 - 2 d\Sigma\, cof\,\Sigma\, fin\,\Sigma)$; & dans le premier cas, ou $d\Sigma = 0$, comme $\dfrac{\alpha^2}{H} cof\,\Sigma^2$. La puiſſance du ſecond cas ſera donc moindre que celle du premier de . . . $\dfrac{\alpha^2}{H}(2 d\Sigma\, cof\,\Sigma\, fin\,\Sigma)$; & la puiſſance totale du premier cas, ſera à cette différence, comme $cof\,\Sigma^2$ eſt à $2 d\Sigma\, cof\,\Sigma\, fin\,\Sigma$. Or la puiſſance primitive totale eſt $= \alpha\, fin\,\Sigma$: donc la différence ſera $= \dfrac{2\alpha d\Sigma\, fin\,\Sigma^2}{cof\,\Sigma}$. L'augmenta-tion de la puiſſance qui anime le corps parallélement au plan, eſt $= \alpha d\Sigma\, cof\,\Sigma$, & la diminution de celle qui ſurmonte le Frottement, $= \dfrac{2\alpha d\Sigma\, fin\,\Sigma^2}{cof\,\Sigma}$: donc on aura, pour le ſecond cas, $\alpha\, fin\,\Sigma - \varphi = n\alpha = \alpha d\Sigma\, cof\,\Sigma + \dfrac{2\alpha d\Sigma\, fin\,\Sigma^2}{cof\,\Sigma}$, ou $n = \dfrac{1}{32} = \dfrac{d\Sigma}{cof\,\Sigma}(1 + fin\,\Sigma^2)$ *. Subſtituant maintenant, d'après M. *Bilfinger* $\dfrac{fin\,\Sigma}{cof\,\Sigma} = \dfrac{1}{4}$, on aura $\dfrac{1}{32} = \dfrac{d\Sigma(1 + \frac{1}{17})}{4\sqrt{\frac{1}{17}}}$, & $d\Sigma = \dfrac{\sqrt{17}}{144}$. Or le rayon d'un cercle étant égal à l'unité, la demi-

---

* La puiſſance primitive totale qui animoit le corps parallélement au plan, étoit $= \alpha\, fin\,\Sigma$; mais ayant reçu une augmentation de $\alpha d\Sigma\, cof\,\Sigma$, elle eſt donc maintenant $= \alpha\, fin\,\Sigma + \alpha d\Sigma\, cof\,\Sigma = \theta$. Pareillement, puiſque la puiſſance φ, qui ſurmonte le frottement, a reçu une diminution de $\dfrac{2\alpha d\Sigma\, fin\,\Sigma^2}{cof\,\Sigma}$, & que, dans le premier cas, $\varphi = \alpha\, fin\,\Sigma$, par l'hypotheſe, on aura donc, dans le ſecond, $\varphi = \alpha\, fin\,\Sigma - \dfrac{2\alpha d\Sigma\, fin\,\Sigma^2}{cof\,\Sigma}$; & par conſéquent $\theta - \varphi = n\alpha$ (421.) $= \alpha d\Sigma\, cof\,\Sigma + \dfrac{2\alpha d\Sigma\, fin\,\Sigma^2}{cof\,\Sigma}$, d'où l'on tire $n = d\Sigma\left(cof\,\Sigma + \dfrac{2\, fin\,\Sigma^2}{cof\,\Sigma}\right)$. Multipliant le ſecond facteur par $cof\,\Sigma$, & diviſant le premier par la même quantité, on a $n = \dfrac{d\Sigma}{cof\,\Sigma}(cof\,\Sigma^2 + 2\, fin\,\Sigma^2) = \dfrac{d\Sigma}{cof\,\Sigma}(cof\,\Sigma^2 + fin\,\Sigma^2 + fin\,\Sigma^2)$: mais $cof\,\Sigma^2 + fin\,\Sigma^2 = 1$. Donc $n = \dfrac{d\Sigma}{cof\,\Sigma}(1 + fin\,\Sigma^2)$. Quant aux ſubſtitutions numériques, il ne peut y avoir de difficulté ; car puiſque $\dfrac{fin\,\Sigma}{cof\,\Sigma} = \dfrac{1}{4}$, il s'enſuit que $fin\,\Sigma = \dfrac{cof\,\Sigma}{4}$, & $fin\,\Sigma^2 = \dfrac{cof\,\Sigma^2}{16}$; mais $cof\,\Sigma^2 = 1 - fin\,\Sigma^2$: donc $fin\,\Sigma^2 = \dfrac{1 - fin\,\Sigma^2}{16}$, d'où l'on tire $fin\,\Sigma^2 = \dfrac{1}{17}$, & par conſéquent $fin\,\Sigma = \sqrt{\dfrac{1}{17}}$, & $cof\,\Sigma = 4\sqrt{\dfrac{1}{17}}$. Subſtituant ces quantités dans la valeur de n, on a l'expreſſion même de l'Auteur : d'où l'on conclura la valeur de $d\Sigma$ par les regles ordinaires de l'Algebre & de l'Arithmétique.

circonférence eſt $= 3,14$, le degré $= \frac{3,14}{180}$, & la minute $= \frac{3,14}{60.180}$. Nommant donc m le nombre des minutes contenu dans $d\Sigma$, nous aurons $\frac{3,14.m}{60.180} = \frac{\sqrt{17}}{144}$, & $m = \frac{75\sqrt{17}}{3,14} = 98'\frac{1}{2}$; c'eſt-à-dire que le nombre m de minutes, qui exprime le mouvement qu'il faut donner au plan, eſt de $98'\frac{1}{2}$. Donc, en augmentant l'inclinaiſon du plan ſeulement de $1°38'\frac{1}{2}$ en ſus de celle qu'il a, lorſque le corps A ſe maintient encore ſur le plan ſans ſe mouvoir, alors il commencera ſa courſe, en accélérant ſa vîteſſe de maniere qu'on ait au moins $u = t$: ce qui prouve, comme nous l'avons dit, la conformité de notre théorie avec la pratique.

CHAPITRE IX.
De l'effet du Frottement dans les Machines ſimples.
DÉFINITION XLVI.

(423.) **O**N appelle Machine tout inſtrument propre à faciliter le mouvement des corps.

DÉFINITION XLVII.

(424.) Les Machines ſe diviſent en ſimples & en compoſées; les Machines compoſées ſont celles dans la compoſition deſquelles il entre deux, ou un plus grand nombre de machines ſimples. Les ſimples ſont le *Levier*, le *Plan incliné*, le *Coin*, la *Vis*, le *Treuil*, ou *Cabeſtan*, & la *Poulie*.

SCOLIE.

(425.) On a déjà parlé du Levier à la fin du Chapitre IV. Il n'y a point de Frottement dans cette Machine, parce qu'elle n'a aucune de ſes parties qui ſe meuve étant poſée ſur une ſurface. Tout le Chapitre VII a été preſque employé au Plan incliné, & il nous a ſervi d'exemple pour déterminer le Frottement: mais, comme nous avons ſeulement conſidéré le cas où le corps A eſt déterminé à deſcendre, il nous reſte à préſent à réſoudre celui dans lequel il monte, & à examiner le mouvement de rotation qui peut avoir lieu, à cauſe du Frottement.

DU PLAN INCLINÉ.
DÉFINITION XLVIII.

(426.) On appelle *Plan incliné*, un Plan qui n'eſt ni perpendiculaire, ni parallele à l'horifon : fi *LE* repréfente l'horifon, *BE* fera un Plan incliné.

S C O L I E.

(427.) Le corps *A* qui eft placé fur un Plan incliné, eft déjà animé par une puiffance qui agit fur lui ; cette puiffance eft la gravité qui agit fuivant la direction verticale *AD*. L'action de cette puiffance peut bien, comme nous l'avons déjà dit, faire defcendre le corps, mais elle ne peut le faire monter. Pour produire ce dernier effet, il faut une autre puiffance qui agiffe fur le corps dans la direction *EB*, & qui foit non - feulement plus grande que la puiffance $\alpha \, fin \, \Sigma$, qui eft dirigée fuivant *BE*, mais plus grande que cette puiffance jointe à la réfiftance du Frottement ; puifque toutes les deux s'oppofent au mouvement du corps fuivant *EB*. Dans le Chapitre précédent, nous avons exprimé les puiffances qui doivent vaincre le Frottement par $\alpha \, fin \, \Sigma$ & par θ, la premiere expreffion pour le cas où il n'y a pas d'autre puiffance qui agiffe fur le corps *A*, fuivant la direction *AD*, que la puiffance α ; & la feconde pour défigner la réfultante quelconque qui agit pour mouvoir le parallélipipede fuivant *BE*, laquelle eft la même que $\alpha \, fin \, \Sigma$ dans le premier cas. Enforte que connoiffant, de quelque maniere que ce foit, la réfultante de la puiffance, ou des puiffances, dont l'action eft dirigée fuivant *BE*, ou *EB* ; & celle de la puiffance, ou des puiffances qui agiffent dans la direction *AH* ; les valeurs de ces réfultantes étant fubftituées, dans les formules, en place de celles dont on a fait ufage dans les exemples où il s'agiffoit de furmonter le Frottement ; on réfoudra tous les cas du mouvement du corps *A* fuivant *BE*.

P r o p o s i t i o n LVIII.

(428.) *Trouver la puiffance néceffaire pour vaincre le Frottement, & faire monter un parallélipipede fur un Plan incliné.*

Nous avons déjà vu (392.), que, pour vaincre le Frottement fur un Plan incliné, dans le cas où *U* eft $=0$, il faut avoir $\alpha \, fin \, \Sigma = \frac{\alpha h \, cof \, \Sigma}{H}$, Σ défignant l'angle *HAD*, ou *BEL* ; α la puiffance unique qui anime le parallélipipede fuivant *AD* ; $\alpha \, fin \, \Sigma$, celle qui l'anime fuivant *BE* ; & $\alpha \, cof \, \Sigma$, celle qui l'anime fuivant *AH*. Qu'une puiffance θ agiffe maintenant fur le parallélipipede fuivant *EB*, nous aurons $\theta - \alpha \, fin \, \Sigma$ pour l'expreffion de la puiffance réfultante fuivant *EB*, laquelle étant fubftituée, dans l'équation précédente, en

place de $\alpha \sin \Sigma$, nous aurons, pour le cas du Frottement furmonté
ou pour le cas où le parallélipipede eft fur le point de monter le lon[g]
du Plan incliné, $\theta - \alpha \sin \Sigma = \frac{\alpha h \cos \Sigma}{H}$; d'où l'on tire $\theta = \frac{\alpha(H \sin \Sigma + h \cos \Sigma)}{H}$

C O R O L L A I R E I.

(429.) Si l'on avoit $\sin \Sigma + \frac{h}{H} \cos \Sigma < 1$, on auroit auffi $\theta < \alpha$
& par conféquent il ne feroit pas néceffaire d'une fi grande forc[e]
pour faire monter le parallélipipede le long du plan, que pour l'éle[-]
ver verticalement : le Plan incliné facilitera, dans ce cas, l'opéra[-]
tion ; & c'eft pour cela qu'il eft compté au nombre des Machines.

C O R O L L A I R E I I.

(430.) Si l'on avoit $\sin \Sigma = 0$; ou, ce qui revient au même,
le plan étoit horifontal, il refteroit $\theta = \frac{\alpha h}{H}$, ou $\frac{\theta}{\alpha} = \frac{h}{H}$: enforte qu[e]
plus h fera petit par rapport à H, plus θ fera petit par rapport à α

C O R O L L A I R E I I I.

(431.) Comme on peut faire h prefque infiniment moindre que H[,]
foit en diminuant la grandeur & le nombre des afpérités, foit e[n]
interpofant un corps étranger entre le plan & le parallélipipede, l[a]
puiffance néceffaire pour mouvoir le parallélipipede horifontalemen[t]
peut être prefque infiniment plus petite que α ; mais elle ne peu[t]
jamais devenir égale à zéro, à moins qu'on n'ait $h = 0$: ce qui e[ft]
impoffible dans la pratique.

C O R O L L A I R E I V.

(432.) Si l'on avoit $\sin \Sigma = 1$; ou, ce qui eft la même chofe[,]
fi le plan étoit vertical, ou s'il s'agiffoit d'élever le parallélipiped[e]
fans le fecours du Plan incliné, il refteroit $\theta = \alpha$: de forte qu'il e[ft]
toujours néceffaire, dans ce cas, d'employer une puiffance égale[s]
au poids du corps qu'on veut élever.

C O R O L L A I R E V.

(433.) Si nous fubftituons dans la formule $\theta = \frac{\alpha(H \sin \Sigma + h \cos \Sigma)}{H}$, le[s]
valeurs de $H = lk$, de $h = nlk + kX$, trouvées, *Art.* 394, il en ré[-]
fultera $\theta = \alpha \left(\sin \Sigma + n \cos \Sigma + \frac{X}{l} \cos \Sigma \right)$; n marquant un nombre
quelconque qui dépend de la grandeur des afpérités ; l la longueur d[u]
parallélipipede, & X la profondeur de l'impreffion que celui-ci fai[t]
dans le plan. COROLLAIRE

COROLLAIRE VI.

(434.) Si l'on avoit $X = 0$; ou, ce qui eſt la même choſe, ſi le plan étoit très-dur, de ſorte qu'il ne ſe fît en lui aucune impreſſion ſenſible, on auroit $\theta = \alpha \, (\mathit{fin}\, \Sigma + n \, \mathit{cof}\, \Sigma)$.

COROLLAIRE VII.

(435.) Dans le cas où θ a ſa plus grande valeur, ou eſt un *maximum*, on a $d\theta = \alpha \, (d\Sigma \, \mathit{cof}\, \Sigma - n d\Sigma \, \mathit{fin}\, \Sigma) = 0$; ou $\mathit{fin}\, \Sigma = \left(\frac{1}{1+n^2}\right)^{\frac{1}{2}} : *$ d'où l'on appercoit une ſingularité qui pourra paroître aſſez étrange, qui eſt que la force qu'on doit employer pour élever le corps verticalement, ne ſoit pas la plus grande ; mais celle qu'il faudroit employer pour l'élever le long d'un Plan incliné, dans lequel on auroit $\mathit{fin}\, \Sigma = \left(\frac{1}{1+n^2}\right)^{\frac{1}{2}}$.

COROLLAIRE VIII.

(436.) Si l'on ſubſtitue cette valeur dans $\theta = \alpha \, (\mathit{fin}\, \Sigma + n \, \mathit{cof}\, \Sigma)$, on aura la plus grande force $\theta = \alpha \sqrt{(1+n^2)}$; force qui eſt d'autant plus grande que α, à proportion que n, ou les aſpérités ſont plus grandes.

COROLLAIRE IX.

(437.) La formule ne donne pas la moindre valeur θ, à moins que $\mathit{fin}\, \Sigma$ ne ſoit négatif : de ſorte que la puiſſance θ diminue toujours à meſure que $\mathit{fin}\, \Sigma$ diminue ; & ce ſinus devenant enſuite négatif, on a $\alpha\left(-\mathit{fin}\,\Sigma + n \sqrt{(1 - \mathit{fin}\,\Sigma^2)}\right) = 0$, ou $-\mathit{fin}\,\Sigma = n\left(\frac{1}{1+n^2}\right)^{\frac{1}{2}}$, lorſque θ eſt zéro.

PROPOSITION LIX.

(438.) *Trouver la relation entre la puiſſance* λ *& la vîteſſe* u *avec*

---

* Car de l'équation $\alpha \, (d\Sigma \, \mathit{cof}\, \Sigma - n d\Sigma \, \mathit{fin}\, \Sigma) = 0$, on tire, en diviſant par $\alpha d\Sigma$, & en tranſpoſant $n \, \mathit{fin}\, \Sigma = \mathit{cof}\, \Sigma = (1 - \mathit{fin}\,\Sigma^2)^{\frac{1}{2}}$; donc, en quarrant, $n^2 \, \mathit{fin}\,\Sigma^2 = 1 - \mathit{fin}\,\Sigma^2$, & par conſéquent $\mathit{fin}\,\Sigma = \left(\frac{1}{1+n^2}\right)^{\frac{1}{2}}$. En ſubſtituant cette valeur de $\mathit{fin}\,\Sigma$ dans celle de $\mathit{cof}\,\Sigma$, on trouvera $\mathit{cof}\,\Sigma = n\left(\frac{1}{1+n^2}\right)^{\frac{1}{2}}$. Quant à la conſéquence que ce Corollaire fournit, nous ne connoiſſons aucune expérience qui puiſſe la juſtifier : cependant on ſe convaincra aiſément de ſon évidence, en conſidérant que lorſque le Plan incliné eſt très-proche de la ſituation verticale, la puiſſance θ qui tire le corps parallélement au plan eſt à très-peu près égale à la puiſſance α qu'il faudroit employer pour l'élever vérticalement ; & que ſi, dans ce cas, n eſt d'une grandeur ſenſible ; c'eſt-à-dire, ſi la grandeur des aſpérités n'eſt pas ſuſceptible d'être négligée, il peut arriver que θ doive être alors plus grand que α. Si l'on pouvoit avoir $n = 0$, ce qui auroit lieu, ſi le plan & le parallélipipede étoient infiniment liſſes, on auroit alors $\mathit{fin}\,\Sigma = 1$, & $\theta = \alpha$ (432.).

TOME I. B b

laquelle on veut que le parallélipipede s'éleve par le Plan incliné.

Par ce que nous avons démontré (409.), on a trouvé . . . . . . $u = \left(U^2 + \frac{2\alpha x \sin \Sigma}{A} - \frac{2Dhx}{A} \right)^{\frac{1}{2}}$; $\alpha \sin \Sigma$ marquant la puiſſance qui anime le parallélipipede parallélement au plan. Subſtituant maintenant à la place de $\alpha \sin \Sigma$, l'expreſſion $\lambda - \alpha \sin \Sigma$, on aura $u =$ . . . . . . $\left(U^2 + \frac{2x(\lambda - \alpha \sin \Sigma)}{A} - \frac{2Dhx}{A} \right)^{\frac{1}{2}}$, U exprimant la viteſſe acquiſe par le parallélipipede, au moment qu'il eſt ſur le point de vaincre la force φ de l'obſtacle & des aſpérités.

C O R O L L A I R E   I.

(439.) Cette force φ a été trouvée (410.) $= Dh$; on aura donc auſſi $u = \left(U^2 + \frac{2x(\lambda - \alpha \sin \Sigma)}{A} - \frac{2\varphi x}{A} \right)^{\frac{1}{2}}$.

C O R O L L A I R E   II.

(440.) Si la viteſſe U étoit tellement petite , qu'on pût , ſans erreur ſenſible , faire $U = 0$, il reſteroit $u = \left(\frac{2x}{A}(\lambda - \alpha \sin \Sigma - Dh) \right)^{\frac{1}{2}}$, ou $u = \left(\frac{2x}{A}(\lambda - \alpha \sin \Sigma - \varphi) \right)^{\frac{1}{2}}$: ou bien à cauſe que , dans ce cas , (392.) $\varphi = \frac{h}{H}(\cos \Sigma)^*$, $u = \left(\frac{2x}{A}(\lambda - \alpha \sin \Sigma - \frac{h}{H}\cos \Sigma) \right)^{\frac{1}{2}}$.

C O R O L L A I R E   III.

(441.) En quarrant ces équations , & en ordonnant , on trouvera
$$\lambda = \alpha \sin \Sigma + Dh + \frac{Au^2}{2x} = \alpha \sin \Sigma + \varphi + \frac{Au^2}{2x} = \alpha \sin \Sigma + \frac{h}{H}\cos \Sigma + \frac{Au^2}{2x}.$$

P R O P O S I T I O N   LX.

(442.) *Trouver l'eſpace parcouru en montant par le parallélipipede par ſa relation avec la vîteſſe.*

Par ce qui a été démontré (413.), on a trouvé $x = \frac{A(u^2 - U^2)}{2(\varphi - Dh)}$,

---

* Il nous paroît difficile de concevoir ce paſſage : l'Auteur renvoie à *l'Article* 392 pour la ſubſtitution de la valeur de φ ; mais d'après cet Article , il nous ſemble que $\varphi = \frac{h}{H}\alpha \cos \Sigma$, & non $\frac{h}{H}\cos \pi$, comme on le trouve dans l'original. Le réſultat de la ſubſtitution que fait l'Auteur , nous indique bien qu'il y a une faute d'impreſſion , qu'on a mis $\cos \pi$ pour $\cos \Sigma$; mais il reſte toujours à ſçavoir pourquoi α ne ſe trouve pas dans la valeur de φ , comme paroît l'exiger l'Article auquel l'Auteur renvoie. Si notre remarque eſt juſte , on doit avoir $u = $ . . . . $\left(\frac{2x}{A}\left(\lambda - \alpha(\sin \Sigma + \frac{h}{H}\cos \Sigma) \right) \right)^{\frac{1}{2}}$, ou $= \left(\frac{2x}{A}\left(\lambda - \alpha \sin \Sigma - \frac{h}{H}\alpha \cos \Sigma \right) \right)^{\frac{1}{2}}$, & non pas $u = \left(\frac{2x}{A}(\lambda - \alpha \sin \Sigma - \frac{h}{H}\cos \Sigma) \right)^{\frac{1}{2}}$. Il faut appliquer ceci à tous les endroits ſuivants , où l'Auteur emploie la valeur de u , après y avoir ſubſtitué la valeur de φ.

θ exprimant la puissance qui anime le parallélipipede parallélement au plan. Substituant maintenant à la place de θ l'expression $\lambda - \alpha\,fin\,\Sigma$,

on aura $x = \dfrac{A(u^2-U^2)}{2(\lambda-\alpha\,fin\,\Sigma-Dh)}$, ou $x = \dfrac{A(u^2-U^2)}{2(\lambda-\alpha\,fin\,\Sigma-\varphi)}$.

COROLLAIRE.

(443.) Si la vitesse U étoit tellement petite, qu'on pût, sans erreur sensible, supposer $U = o$, on auroit $x = \dfrac{Au^2}{2(\lambda-\alpha\,fin\,\Sigma-Dh)}$; ou

$x = \dfrac{Au^2}{2(\lambda-\alpha\,fin\,\Sigma-\varphi)} = \dfrac{Au^2}{2(\lambda-\alpha\,fin\,\Sigma-\frac{h}{H}\,cof\,\Sigma)}$.

PROPOSITION LXI.

(444.) *Trouver l'espace parcouru en montant par le parallélipipede, par sa relation avec le temps employé à le parcourir.*

Par ce qui a été démontré (417.), on a trouvé $x = Ut + \dfrac{t^2(\theta-Dh)}{2A}$; θ exprimant la puissance qui anime le parallélipipede parallélement au plan. Substituant donc à la place de θ l'expression $\lambda-\alpha\,fin\,\Sigma$, on aura $x = Ut + \dfrac{t^2(\lambda-\alpha\,fin\,\Sigma-Dh)}{2A}$, ou $x = Ut + \dfrac{t^2(\lambda-\alpha\,fin\,\Sigma-\varphi)}{2A}$.

COROLLAIRE.

(445.) Si la vitesse U étoit assez petite pour qu'on pût, sans erreur sensible, supposer $U = o$, il resteroit $x = \dfrac{t^2}{2A}(\lambda-\alpha\,fin\,\Sigma-Dh)$

$= \dfrac{t^2}{2A}(\lambda-\alpha\,fin\,\Sigma-\varphi) = \dfrac{t^2}{2A}(\lambda-\alpha\,fin\,\Sigma-\frac{h}{H}\,cof\,\Sigma)$.

PROPOSITION LXII.

(446.) *Trouver le mouvement de rotation que doivent prendre les corps placés sur un Plan incliné, lorsqu'ils sont sans mouvement progressif.*

Quelles que soient les puissances qui animent le corps A, qui pose, seulement par un point C, sur le Plan incliné FG ; elles peuvent se décomposer en deux autres, l'une qui agisse parallélement, & l'autre perpendiculairement au plan : toutes les deux s'exerceront par réaction dans le point C, & aux distances AH, CH du centre de gravité A du corps. La gravité α qui agit dans la direction de la verticale AD, se décomposera dans les deux puissances $\alpha\,fin\,\Sigma$, & $\alpha\,cof\,\Sigma$: & s'il se joint à la premiere une autre puissance λ, positive, ou négative, qui agisse au centre de gravité, la réaction de ces puissances, qui est la résistance du Frottement, équivaudra à la somme $\alpha\,fin\,\Sigma\pm\lambda$ de ces deux puissances. La différencielle

de l'angle de rotation qu'elles produiront, fera donc (129 *& fuiv. juf-*
qu'à 159) $= \dfrac{dt\,f\,dt\,(\alpha \sin \Sigma \pm \lambda)\,AH \pm dt\,f\,dt\,\alpha \cos \Sigma.CH}{S}$; le figne $+$ du fecond
terme ayant lieu, lorfque la perpendiculaire AH tombe au-deffous
de l'appui C ; & le figne $—$, quand elle tombe au-deffus : enforte
que cette quantité étant pofitive, le corps tournera vers la partie
qui eft au-deffous de l'appui C ; & au contraire, fi elle eft négative.

C O R O L L A I R E   I.

(447.) Si l'on fuppofe que $\lambda = n\,\alpha \sin \Sigma$, n marquant un nombre
quelconque plus grand ou plus petit que l'unité, en fubftituant cette
valeur dans l'expreffion de l'angle de rotation, elle deviendra . . .
$$\dfrac{dt\,f\,dt\,(1 \pm n)\,\alpha \sin \Sigma.AH \pm dt\,f\,dt\,\alpha \cos \Sigma.CH}{S}$$

C O R O L L A I R E   II.

(448.) Puifque $\sin \Sigma : \cos \Sigma :: DH.AH$, on a $AH.\sin \Sigma = DH \cos \Sigma$:
fubftituant cette valeur dans la derniere expreffion de l'angle de ro-
tation, elle fe changera en celle-ci, $\dfrac{dt\,f\,\alpha\,dt\,\cos \Sigma\,(DH(1 \pm n) \pm CH)}{S} = \dots$
$$\dfrac{dt\,f\,\alpha\,dt\,\cos \Sigma\,(DC \pm n.DH)}{S}.$$

C O R O L L A I R E   III.

(449.) Si, dès le commencement de l'action, on avoit $DC -$
$n.DH = 0$; ou, ce qui revient au même, fi $\alpha \sin \Sigma : n\alpha \sin \Sigma = \lambda ::$
$DH : DC$, le corps ne tourneroit pas.

C O R O L L A I R E   IV.

(450.) Si la gravité eft la feule puiffance qui agiffe fur le corps,
on aura $n = 0$, & l'expreffion de l'angle de rotation deviendra $=$
$$\dfrac{dt\,f\,\alpha\,dt\,\cos \Sigma\,DC}{S}.$$

C O R O L L A I R E   V.

(451) Si l'on avoit $DC = 0$ dès le commencement de l'action, le
corps ne tourneroit point : mais fi DC a une valeur quelconque, ou,
comme on s'exprime généralement dans la Méchanique, fi la verticale AD, qui paffe par le centre de gravité A, tombe au-dehors
de l'appui C, le corps tournera.

P R O P O S I T I O N   LXIII.

(452.) *Trouver la rotation que doivent prendre les corps placés fur
un Plan incliné, lorfque le Frottement étant vaincu, le point d'appui
eft déjà en mouvement.*

La force, ou la réſiſtance réunie de l'obſtacle & des aſpérités, eſt (384) $\varphi = \dfrac{i(hh')}{I(hi'+h'i)}\left(\tfrac{1}{2}AU^2\cos\Sigma^2 + \alpha\cos\Sigma(X+Z)\right)$; & elle eſt dirigée ſuivant *CH* parallélement au plan *GF* , & paſſe à la diſtance *AH* du centre de gravité du corps *A* : l'angle de rotation ſera donc (129 & ſuiv.) $= \dfrac{dt}{s}\displaystyle\int \dfrac{i(hh')dt\,AH}{I(ui'+h'i)}\left(\tfrac{1}{2}AU^2\cos\Sigma^2 + \alpha\cos\Sigma(X+Z)\right)$ $\pm \dfrac{dt}{s}\displaystyle\int \alpha dt\cos\Sigma.CH.$

COROLLAIRE I.

(453.) La force, ou la réſiſtance $\varphi = \dfrac{i(hh')}{I(hi'+h'i)}\left(\tfrac{1}{2}AU^2\cos\Sigma^2 + \alpha\cos\Sigma(X+Z)\right)$ eſt (383.) moindre que la puiſſance $\alpha\sin\Sigma$, qui réſulte de la gravité, & qui eſt dirigée parallélement au plan. Soit donc ſuppoſé $\alpha\sin\Sigma - \lambda = \varphi$; en mettant cette valeur dans l'expreſſion précédente de l'angle de rotation, elle deviendra $\dfrac{dt\int dt(\alpha\sin\Sigma - \lambda).AH + dt\int\alpha dt\cos\Sigma.CH}{s}$; ou en ſubſtituant (448.) en place de $\sin\Sigma.AH$, ſa valeur $DH.\cos\Sigma$, & réduiſant, on aura l'angle de rotation $= \dfrac{dt\int\alpha dt\cos\Sigma.DC - dt\int\lambda dt.AH}{s}$.

COROLLAIRE II.

(454.) Si l'on avoit $DC = 0$; ou ſi la verticale *AD*, qui paſſe par le centre de gravité *A* , paſſoit auſſi par l'appui *C*, l'expreſſion de l'angle de rotation ſe réduiroit à $-\dfrac{dt\int\lambda dt\,AH}{s}$.

COROLLAIRE III.

(455.) Le corps tournera donc vers la partie ſupérieure du plan, lorſque l'appui *C* eſt en mouvement, quoique la verticale *AD* paſſe par le point d'appui.

COROLLAIRE IV.

(456.) Non-ſeulement le corps tournera dans ce ſens, dans le cas où $DC = 0$, mais encore dans tous ceux où l'on a $\lambda.AH > \alpha\cos\Sigma.DC$: de manière que, quoique *DC* ſoit poſitive, ou que la verticale *AD* tombe au deſſous de l'appui *C*, le corps peut tourner négativement, ou vers la partie ſupérieure du plan.

SCOLIE.

(457.) Ce qu'on vient de dire fait voir l'erreur de ceux qui, n'avant pas examiné les corps en mouvement ſur le Plan incliné, ont avancé qu'ils devoient toujours tourner vers la partie inférieure du plan, toutes les fois que la verticale *AD* tombe plus bas que l'appui *C*.

DU COIN.

DÉFINITION XLIX.

(458.) On appelle communément *Coin* un Prisme tel que *ABCD*.

SCOLIE.

(459.) Si l'on place le coin entre deux corps *A* & *B*, & qu'on l'introduise entre ces deux corps par le moyen de la percussion, ou par l'action d'une puissance qui agisse en *C*, & dans la direction *CD*; les deux corps se sépareront, quoique les puissances qui les unissent soient plus grandes que celle qui agit sur le Coin.

PROPOSITION LXIV.

(460.) *Le Coin se réduit au Plan incliné.*

Quant à ce qui regarde l'effet, c'est la même chose de considérer les deux corps *A* & *B* comme fixes, & le Coin en mouvement, ou au contraire, le Coin fixe, & les deux corps en mouvement, puisque, dans l'un & l'autre cas, l'action dépend de la vitesse respective. Nous pouvons donc supposer le Coin fixe, & qu'une puissance quelconque est appliquée aux corps, & agit sur eux dans la direction *DC*; mais on voit que ce cas se réduit à faire monter, ou à pousser les deux corps *A* & *B* le long des deux Plans inclinés *DI*, *DL*. Donc le Coin se réduit au Plan incliné.

COROLLAIRE I.

(461.) Les mêmes formules qui ont exprimé les effets du Plan incliné, doivent par conséquent exprimer ceux du Coin.

SCOLIE I.

(462.) Pour l'ordinaire les deux corps *A* & *B* ne font qu'un seul & même corps *M*, qu'on veut séparer ou fendre en deux, par le moyen du Coin, en augmentant la fente *EKF* vers *KM*. La puissance qui résiste vient de l'union, de la cohésion, ou de la force des particules, ou fibres du corps en *K*, & c'est cette résistance, ou cette cohésion, qu'il faut vaincre, ou rompre, par le moyen des puissances qui exercent leur action en *G* & *H*. Or, comme les fibres en *K* sont élastiques, elles cedent, ou se mettent en mouvement avant de se rompre. Ceci arrive seulement à un certain nombre de fibres, & par conséquent il y a un point tel que *M*, où elles se maintiennent fermes, & sans aucun mouvement, & sur lequel tournent les deux corps *A* & *B*. Les lignes *GKM*, *HKM* agissent donc comme deux leviers de la seconde espece, fixes en M, au moyen desquels les puissances appliquées en G & H tendent à vaincre la résistance qui agit en K. La puissance en K sera donc à la puissance en G, comme MG est à MK : & pareillement elle sera à la puissance placée en H, comme MH est à MK.

COROLLAIRE II.

(463.) Si l'on appelle α la puissance en K, celle placée en G sera $= \frac{MK}{MG} . \alpha$; & celle placée en H sera $= \frac{MK}{MH} . \alpha$.

COROLLAIRE III.

(464.) L'action de ces deux puissances est perpendiculaire à MG, MH ; car les corps A & B tournant sur le point M, le mouvement des points G & H est dirigé perpendiculairement aux rayons MG, MH.

SCOLIE II.

(465.) Les fibres qui résistent en K sont de différentes especes, & placées à différentes distances du centre immobile M : les forces qu'elles exerceront, seront, par conséquent, différentes les unes des autres ; mais nous pouvons supposer que K est le centre de toutes ces fibres, ou le considérer comme le point où elles produiroient un effet égal, si elles y étoient toutes réunies. On doit entendre la même chose des puissances qui agissent en G & en H, puisque ces points doivent se prendre comme les centres de réunion de toutes les forces qui agissent pour former les impressions que fait le Coin autour de G & H, & dont les amplitudes sont H & H'.

PROPOSITION LXV.

(466.) *Trouver la puissance nécessaire pour mettre le Coin en mouvement, vaincre son frottement, & pour diviser les corps par son moyen.*

Puisque le Coin se réduit au Plan incliné (460.), nous pouvons nous servir de l'équation $\theta = \frac{\alpha (H \sin \Sigma + h \cos \Sigma)}{H}$ (428.), dans laquelle θ marque la puissance qui est dirigée suivant DI, & qui est nécessaire pour vaincre le frottement. Ainsi tout se réduit à substituer, dans cette équation, les vraies valeurs de θ, α & Σ. Que n soit la puissance qui agit sur le Coin en C, suivant la direction CD, si l'on mene la ligne GO parallele à IC, on aura $\frac{DO}{DG} . \frac{n}{n} = \theta$, n exprimant un nombre quelconque plus grand que l'unité, afin de ne prendre de la puissance n que la partie $\frac{1}{n}$ qui surmonte le frottement du plan *ID*. De plus, l'angle *DGM* fera $= \Sigma$, puifque, dans le Pla[n] incliné, Σ marquoit l'angle que forme la direction de la puiffanc[e] en *G*, avec la perpendiculaire à *ID* : nous aurons donc, en abaiffa[nt] la perpendiculaire *DN* fur *GM*, $\frac{DN}{DG} = \mathit{fin}\,\Sigma$, & $\frac{NG}{DG} = \mathit{cof}\,\Sigma$. La pui[f]fance qui agit en *G* eft (463.) $= \frac{MK}{MG} \cdot \alpha$; c'eft l'expreffion qu'il faut fub[f]tituer, dans la formule, à la place de α feul. Subftituant donc toute[s] ces valeurs dans l'équation de *l'Art.* 428, nous aurons $\frac{DO}{DG} \cdot \frac{n}{n} = ..$

$$\frac{\frac{MK}{MG} \cdot \alpha \left(\frac{DN.H}{DG} + \frac{NG.h}{DG} \right)}{H}, \text{ ou } \frac{n}{n} = \frac{MK.\alpha}{MG.DO.H}(DN.H + NG.h.)$$

On trouvera de la même maniere que l'autre partie $\frac{(n-1)n}{n}$ de la puiffance n qu[i] furmonte le frottement du plan *LD*, eft $= \frac{MK.\alpha}{MH.DP.H'}(DQ.H' + QH.h')$

Donc $\frac{n}{n} + \frac{(n-1)n}{n} = n = \frac{MK.\alpha}{MG.DO.H}(DN.H + NG.h) + \ldots \ldots$

$$\frac{MK.\alpha}{MH.DP.H'}(DQ.H' + QH.h').$$

COROLLAIRE. I.

(467.) Si le point *M* étoit infiniment éloigné de *K* ; & fi en même temps on fuppofoit le frottement nul, ou $= 0$, on auroit $n = \frac{\alpha.DN}{DO} + \frac{\alpha.DQ}{DP}$; mais, dans ce cas, *GM* & *HM* font paralleles à *CM*, ou $DN = GO$, & $DQ = HP$: donc $\ldots \ldots \ldots$ $\frac{\alpha.GO}{DO} + \frac{\alpha.HP}{DP} = \frac{\alpha.IC}{CD} + \frac{\alpha.CL}{CD} = \frac{\alpha.IL}{CD}$; ce qui donne $\alpha : n :: CD : IL$.

SCOLIE I.

(468.) Ce rapport $\frac{n}{\alpha} = \frac{IL}{CD}$, eft celui que donnent généralement tous les Auteurs pour la relation des forces n & α qu'exerce le Coin. Cette relation n'eft certaine que lorfque le frottement eft zéro, & que le point *M* eft à une diftance infinie ; cas qui font l'un & l'autre impoffibles. Le dernier peut feulement s'admettre lorfqu'il eft queftion d'écarter avec le Coin deux corps déjà féparés, dans une direction parallele à *IL* ; parce que, dans ce cas, le point *K* tombe fur les appuis *G* & *H* : & *M* eft comme à une diftance infinie, à caufe que *GM* & *HM* font paralleles à *CD*.

SCOLIE II.

(469.) On peut de même fuppofer que $MK = MG$, & le frottement prefque nul au commencement de l'action du Coin, ou lorf-que celui-ci n'eft encore enfoncé dans le corps que d'une quantité

infiniment

infiniment petite ; car, dans ce cas, les points M, K, G & H, se confondent, & le frottement peut être peu fenfible. Dans tous les autres cas, l'égalité $\frac{n}{a} = \frac{IL}{CD}$, que donnent généralement tous les Auteurs, ne peut avoir lieu, & l'erreur qui en réfulte devient notable.

COROLLAIRE II.

(470.) Si la partie IDC du Coin étoit égale & femblable à l'autre partie LDC, comme on le fait communément, on auroit $MH = MG$, $DP = DO$, $DQ = DN$, $QH = NG$, $H = H'$, & $h = h'$; ce qui réduit l'équation à $n = \frac{MK.2a}{MG.DO.H}(DN.H + NG.h)$.

COROLLAIRE III.

(471.) La puiffance n, néceffaire pour mettre le Coin en mouvement, eft, felon tous les Auteurs, & felon ce qu'on a dit (467.) $n = \frac{a.IL}{CD} = \frac{2a.IC}{CD} = \frac{2a.GO}{DO} = \frac{MG.H.2a.GO}{MG.DO.H}$; & fuivant notre théorie, $n = \frac{MK.2a}{MG.DO.H}(DN.H + NG.h)$. La force indiquée par tous les Auteurs, fera donc à celle fournie par notre théorie, comme $MG.GO.H$, eft à $MK(DN.H + NG.h)$, ou comme $\frac{MG.GO}{MK}$ eft à $DN + \frac{NG.h}{H}$; d'où l'on voit que cette force peut, fuivant notre théorie, être infiniment moindre que celle qu'ont donné tous les Auteurs ; & l'on voit, par conféquent auffi, dans quelle erreur ils font tombés.

PROPOSITION LXVI.

(472.) *Déterminer dans quelle circonftance le Coin retournera en arriere, la puiffance n ceffant d'agir.*

Lorfque la puiffance n ceffe d'agir, ou que $n = 0$, le frottement devient négatif ; par conféquent l'équation qui exprime le cas où le frottement eft furmonté, devient $\frac{DN.H - NG.h}{MG.DO.H} + \frac{DQ.H' - QH.h'}{MH.DP.H'} = 0$; & lorfque les deux moitiés ICD, LCD du Coin font égales & femblables, $DN.H - NG.h = 0$; ou $\frac{DN}{NG} = \frac{h}{H}$.

COROLLAIRE I.

(473.) Il fuit de là que toutes les fois qu'on aura $\frac{DN}{NG} > \frac{h}{H}$, le Coin retournera en arriere, auffi-tôt que la puiffance n ceffera d'agir.

COROLLAIRE II.

(474) La rétrogradation du Coin ne dépend donc pas feulement de la grandeur de l'angle IDL, comme le difent généralement tous les Auteurs, mais de cet angle, & des rapports $\frac{DN}{NG}$ & $\frac{h}{H}$.

S C O L I E.

(475.) Il y a plufieurs autres inftruments qui fe réduifent auffi au Coin & au Plan incliné, comme le Couteau, & la Hache avec laquelle on taille & divife les bois. L'action de la Hache dépend de la vîteffe avec laquelle elle tombe, ou elle choque. Ainfi l'équation qui exprime fon effet, ne dépend pas de celle qui détermine le cas dans lequel on fuppofe la puiffance employée à vaincre le frottement; mais de celle dans laquelle on fuppofe le frottement déja vaincu, & que la Hache, le Coin, ou le Plan incliné, fe meut avec une certaine vîteffe.

Proposition LXVII.

(476.) *Déterminer l'effet de la Hache.*

Comme la Hache eft un inftrument qui fe réduit au Coin & au Plan incliné, nous pouvons faire ufage de l'équation (438.) $u = \left(U^2 + \frac{2x(\lambda - a\,fin\,\Sigma)}{A} - \frac{2Dhx}{A}\right)^{\frac{1}{2}}$, & y fubftituer (466.) $\frac{DN}{DG}$ en place de $a\,fin\,\Sigma$, & $\frac{MK}{MG}.a$ en place de a feul. En outre, la puiffance λ eft, dans ce cas, $= 0$, parce que la Hache agit par la feule vîteffe U avec laquelle elle furmonte le frottement. Subftituant donc toutes ces quantités,

on aura $u = \left(U^2 - \frac{2x.\frac{MK.a}{MG}.\frac{DN}{DG}}{A} - \frac{2Dhx}{A}\right)^{\frac{1}{2}}$. Mais lorfque la Hache a produit tout fon effet, elle s'arrête, & dans ce moment on a $u = 0$: donc, quand la Hache a produit tout fon effet, nous avons $U^2 = \frac{2x}{A}\left(\frac{MK.DN.a}{MG.DG} + Dh\right)$, ou $x = \frac{\frac{1}{2}A.U^2.MG.DG}{MK.DN.a + MG.DG.Dh}$. Comme la quantité x eft l'efpace parcouru fuivant le plan DI; en nommant ζ celui parcouru fuivant le plan DC, nous aurons $x : \zeta :: ID : DC$, ou $x = \frac{DI.\zeta}{DC}$: cette valeur étant fubftituée dans l'équation, donne l'efpace parcouru par la Hache, ou fon effet $\zeta = \frac{\frac{1}{2}A.U^2.MG.DG.CD}{ID(MK.DN.a + MG.DG.Dh)}$; mais, par la conftruction, $\frac{DG.CD}{ID} = DO$: donc $\zeta = \frac{\frac{1}{2}A.U^2.MG.DO}{MK.DN.a + MG.DG.Dh}$.

C O R O L L A I R E.

(477.) L'effet de la Hache fera donc conftamment proportionnel au produit de fa maffe A, ou de fa gravité, par le quarré U^2 de la vîteffe avec laquelle elle frappe le bois.

DE LA VIS.

DÉFINITION L.

(478.) La *Vis* est un Plan incliné appliqué autour d'un Cylindre concave *ABCD*, sur lequel tourne un autre Plan incliné semblable au premier qui environne un autre Cylindre convexe *AC*.

DÉFINITION LI.

(479.) Le Cylindre convexe, avec le Plan qui lui est appliqué, est ce qu'on appelle vulgairement la *Vis*, & on donne le nom d'*Ecrou* au Cylindre concave. On donne aussi au premier le nom de *Vis mâle*, & au second le nom de *Vis femelle*; ces dernieres dénominations sont sur-tout employées par les ouvriers.

DÉFINITION LII.

(480.) Chaque tour que font les Plans inclinés appliqués aux Cylindres, s'appelle *Spire*, *Filet*, ou *Pas de la Vis*.

SCOLIE.

(481.) S'il y a un poids *Q*, ou une puissance appliquée en *F*, dirigée suivant l'axe *EF* de la Vis, & une autre appliquée en *P*, au levier *EP*, agissant suivant une direction perpendiculaire au même axe; l'action de cette puissance fera tourner la Vis, son Plan incliné s'élevant le long de celui de l'écrou, & par conséquent elle élevera le poids *Q*, ou surmontera la puissance appliquée en *F*.

COROLLAIRE.

(482.) De ceci on pourroit conclure que la Vis ne doit pas se compter au nombre des Machines simples, puisqu'elle est composée d'un Plan incliné & d'un Levier; mais on ne peut pas contester qu'elle n'en soit toujours une, tant que la longueur du Levier n'excede pas le rayon du Cylindre.

PROPOSITION LXVIII.

(483.) *Trouver la puissance nécessaire pour vaincre le Frottement, & mettre la Vis en mouvement.*

La valeur de la puissance qui agit parallélement aux filets de la Vis, est (428.) $\theta = \frac{a(H\sin\Sigma + h\cos\Sigma)}{H}$. La puissance qui presse les deux plans l'un contre l'autre est supposée en *F*, & dirigée suivant *EF*.

Suppofons que cette puiffance foit repréfentée par α ; l'angle qu
forme fa direction avec la perpendiculaire aux plans , ou aux filet
eft le même que celui que forment ces mêmes filets avec la pe
pendiculaire à l'axe EF. On peut par conféquent conferver les c
racteres α & Σ, ils défigneront les mêmes chofes que dans la fo
mule ; fçavoir, α la puiffance appliquée en F, & dirigée fuiva
l'axe EF ; & Σ l'angle que forment les filets de la Vis avec la pe
pendiculaire au même axe. Cela pofé, la puiffance π qui doit vainc
le frottement, & qu'on fuppofe placée en P, agiffant perpendic
lairement à l'axe, & à la diftance R de cet axe , on aura $R\pi$ pour fe
moment : & fi nous nommons r la diftance perpendiculaire de l'a
aux filets, ou le rayon de la Vis, on aura $r\theta = \dfrac{r\alpha\,(H\,fin\,\Sigma + h\,cof\,\Sigma)}{H}$
pour le moment du frottement ; ce qui nous donnera pour le vaincre
$R\pi = r\theta = \dfrac{r\alpha(H\,fin\,\Sigma + h\,cof\,\Sigma)}{H}$, d'où l'on tire $\pi = \dfrac{r\alpha}{R.H}(H\,fin\,\Sigma + h\,cof\,\Sigma$

C O R O L L A I R E I.

(484.) Donc fi la puiffance π étoit moindre que $\dfrac{r\alpha}{R.H}(H\,fin\,\Sigma + h\,cof\,\Sigma$
la Vis ne pourroit tourner, & par conféquent elle refteroit fan
mouvement.

C O R O L L A I R E II.

(485.) La vis étant une fois mife en mouvement , & y étar
maintenue avec une vîteffe conftante, elle doit continuer de fe mou
voir avec la même vîteffe, fi les puiffances qui agiffent fe détru
fent mutuellement ; ce qui arrive tant que la puiffance appliqué
eft fuffifante pour furmonter le frottement, qui eft toujours le même
tant dans le cas du mouvement, qu'au moment où il eft furmont
La puiffance néceffaire pour maintenir la Vis en mouvement, ave
une vîteffe conftante déjà acquife , eft donc auffi $\pi = \ldots$
$\dfrac{r\alpha}{R.H} (H\,fin\,\Sigma + h\,cof\,\Sigma)$.

C O R O L L A I R E III.

(486.) Si l'on fuppofe le frottement nul, ou fi $h = 0$, l'équatio
qui exprime le cas où la Vis commence à fe mettre en mouve
ment, fe changera en $\pi = \dfrac{r.\alpha.\,fin\,\Sigma}{R}$: ou, fi nous appellons C la ci
conférence qui décrira le point P où l'on applique la puiffance π
& c la circonférence de la Vis, cette puiffance π fera auffi $= \dfrac{c.\alpha\,fin\,\Sigma}{C}$
Mais le rayon eft à $fin\,\Sigma$, comme la circonférence c eft à la diftanc
d'un filet de la Vis à l'autre ; ou , comme on s'exprime commu

nément, à la *hauteur du pas de la Vis* ; donc, en nommant a cette hauteur , on aura $c \sin \Sigma = a$, & $\pi = \frac{u \cdot a}{c}$; d'où l'on tire $\Sigma : a :: a : C$; c'eſt-à-dire , la puiſſance qui anime la Vis eſt à celle qu'on doit vaincre par le moyen de cette machine, comme la diſtance d'un filet à l'autre , ou la hauteur du pas, eſt à la circonférence C que décrit la puiſſance π.

COROLLAIRE IV.

(487.) Comme cette théorie eſt celle que les Auteurs enſeignent généralement , il s'enſuit que , dans leurs calculs, ils ont fait abſtraction du frottement.

PROPOSITION LXIX.

(488.) *Trouver le cas dans lequel la Vis rétrogradera , la puiſſance π ceſſant d'agir.*

Lorſque la puiſſance π ceſſe d'agir , le frottement devient négatif, & l'équation, pour le cas où la vis rétrogradera , en ſurmontant le frottement, ſera $0 = \frac{r \cdot a}{R \cdot H} (H \sin \Sigma - h \cos \Sigma)$, ou $\sin \Sigma = \frac{h}{H} \cos \Sigma$. Donc tant qu'on aura $\sin \Sigma > \frac{h}{H} \cos \Sigma$, la Vis rétrogradera auſſitôt que la puiſſance π ceſſera d'agir.

PROPOSITION LXX.

(489.) *Trouver la relation entre la puiſſance appliquée à la Vis, & la viteſſe avec laquelle elle ſe mouvera après avoir ſurmonté le frottement.*

La formule qui correſpond à ce cas eſt (438.) $u = \dots\dots\dots$
$\left(U^2 + \frac{2x \, (\lambda - a \sin \Sigma)}{A} - \frac{2 D h x}{A} \right)^{\frac{1}{2}}$; ſubſtituant dans cette formule $\frac{R\lambda}{r}$, au lieu de λ ſeul , en ſuppoſant que λ ſoit la puiſſance qui qui agiſſe à l'extrémité P du levier : & ſuppoſant de plus, comme il convient, que la viteſſe U avec laquelle la Vis commence à ſurmonter le frottement, eſt négligeable, ou que $U = 0$, on aura $\frac{A u^2}{2x} = \frac{R\lambda}{r} - a \sin \Sigma - D h$; ou en ſubſtituant (410.) la force φ du frottement en place de $D h$, on aura $\frac{A u^2}{2x} = \frac{R\lambda}{r} - a \sin \Sigma - \varphi = \frac{R\lambda}{r} - a \sin \Sigma - \frac{h}{H} \cos \Sigma.$

PROPOSITION LXXI.

(490.) *Trouver la relation entre le temps , la puiſſance appliquée à la Vis , & l'eſpace que parcourra la Vis dans la direction de ſon axe.*

La formule qui correspond à ce cas est (445.) $x =$ . . . . $\frac{t^2}{2A} (\lambda - a \sin \Sigma - Dh)$, en y substituant $\frac{R\lambda}{r}$ en place de λ seul. Mais x exprime l'espace que parcourent respectivement les deux plans, & cet espace est à celui que parcourt la Vis dans le sens de son axe, & que nous pouvons appeller ζ, comme 1 est à $\sin \Sigma$. Donc $x = \frac{\zeta}{\sin \Sigma}$, ce qui donne $\zeta = \frac{t^2 \sin \Sigma}{2A} (\frac{R\lambda}{r} - a \sin \Sigma - Dh) = $ . . . $\frac{t^2 \sin \Sigma}{2A} (\frac{R\lambda}{r} - a \sin \Sigma - \varphi) = \frac{t^2 \sin \Sigma}{2A} (\frac{R\lambda}{r} - a \sin \Sigma - \frac{h}{H} \cos \Sigma)$.

DU TREUIL, ou CABESTAN.

DÉFINITION LIII.

(491.) On appelle *Treuil* un Cylindre qu'on fait tourner par le moyen d'un levier qu'on y applique.

Le Treuil, ou Cylindre *AB*, soit qu'il soit horisontal, vertical, ou oblique, étant soutenu par les deux piliers, ou appuis *C, D,* tourne, par l'action d'une puissance appliquée en *F* sur le levier *FE*, qui est perpendiculaire à l'axe, & fixé dans le Cylindre ; & cette puissance est dirigée perpendiculairement à l'axe & au levier. Cette machine doit, en conséquence, vaincre la puissance placée en *Q,* dont la direction est aussi perpendiculaire au Cylindre sur lequel elle agit, soit par une ligne flexible *QG* qui s'enveloppe autour du même Cylindre, à mesure qu'il tourne ; soit parce que *QG* est un autre levier fixé aussi dans ce Cylindre.

COROLLAIRE I.

(492.) Il est indifférent qu'il y ait plusieurs leviers, ou plusieurs puissances qui agissent sur le Treuil, ou que ce soit une roue, comme *HIKL,* avec différentes puissances qui agissent dans sa circonférence : car, par ce qu'on a déjà dit, on peut toujours réduire toutes ces puissances à une seule appliquée à une distance déterminée de l'axe.

COROLLAIRE II.

(493.) Le Treuil est donc un levier de la premiere, seconde, ou troisieme espece, selon la situation & la distance de la puissance placée en *Q* par rapport à l'axe.

PROPOSITION LXXII.

(494.) *Trouver, dans le Treuil, la puissance nécessaire pour vaincre le frottement, & mettre la machine en mouvement.*

Soit *GEF* le Cylindre, & *C* ſon centre : ſoit ſuppoſé de plus, qu'à l'extrémité *L* du levier *CL*, on faſſe agir la puiſſance λ dans la direction *LH* perpendiculaire à *CL*. Soit pareillement la puiſſance α appliquée à l'extrémité *A* du levier *CA*, dont la direction ſoit perpendiculaire à *CA*, & dont l'action doive ſurmonter la précédente. Appellant Σ l'angle ſous lequel ſe coupent les deux directions *LH*, *AI*, ſoit tiré les lignes *DB*, *CD*, paralleles à ces directions, & proportionnelles aux mêmes puiſſances λ & α; il eſt clair que *CB* ſera (57 & *ſuiv.*) la direction de la puiſſance réſultante des deux, & lui ſera proportionnelle, ou exprimera ſa valeur.

Cela poſé, le ſinus de *DCL* étant $= cof \Sigma$, *CB* qui eſt la puiſſance réſultante des deux λ & α, ſera $= \sqrt{\lambda^2 + \alpha^2 \pm 2\lambda\alpha\, cof \Sigma}$.* Le ſigne ſupérieur de la quantité $2\lambda\alpha\, cof \Sigma$, eſt pour le cas où l'angle *BDC* eſt obtus, & l'inférieur pour celui où il eſt aigu. Or, l'effet de cette puiſſance eſt de comprimer le Cylindre, en le faiſant appuyer dans le point *G* de ſa direction *CB*, de la même maniere que s'il appuyoit ſur un Plan tangent au Cylindre dans le point *G*, & auquel la direction *CB* de la puiſſance réſultante ſeroit perpendiculaire. La puiſſance néceſſaire pour vaincre le frottement qui s'exerce dans le point *G*, ſera donc (392.) $= \frac{h}{H}\sqrt{\lambda^2 + \alpha^2 \pm 2\lambda\alpha\, cof \Sigma}$. Maintenant, la puiſſance qui agit pour faire tourner le Treuil, eſt λ, & elle eſt appliquée en *L*; mais en la réduiſant à une autre placée en *G*, elle ſera $\frac{R}{r}\lambda$, *R* marquant la longueur du levier *CL*, & *r* le rayon *CE* du Treuil. L'autre puiſſance qui agit négativement eſt α, & elle eſt appliquée en *A*; mais en la réduiſant à une autre plaçée en *G*, elle ſera $\frac{R'}{r}\alpha$, *R'* marquant la longueur du levier *CA*. Nous aurons donc, pour le cas de l'équilibre, ou pour le moment où le frottement eſt près d'être vaincu, $\frac{R}{r}\lambda - \frac{R'}{r}\alpha = \frac{h}{H}\sqrt{\lambda^2 + \alpha^2 \pm 2\lambda\alpha\, cof \Sigma}$; d'où l'on tire, en réduiſant & en ordonnant, ...

$$\lambda = \frac{\alpha(H^2 RR' \pm h^2 r^2\, cof \Sigma)}{H^2 R^2 - h^2 r^2} + \alpha \sqrt{\frac{(H^2 RR' \pm h^2 r^2\, cof \Sigma)^2}{(H^2 R^2 - h^2 r^2)^2} - \frac{H^2 R'^2 - h^2 r^2}{H^2 R^2 - h^2 r^2}}.$$

COROLLAIRE I.

(495.) La puiſſance λ néceſſaire pour vaincre le frottement, &

---

* Car puiſque l'angle *L* eſt droit, *DCL* eſt le complément de l'angle formé par les lignes *LH* *CD*, qui eſt égal à celui des lignes *LH*, *AI*, c'eſt-à-dire, $= \Sigma$; le ſinus de *DLC* eſt donc $cof \Sigma$. A cauſe des paralleles *BD*, *LH*, l'angle *BDH* eſt encore $= \Sigma$: donc, en baiſſant la perpendiculaire *Br*, on a $Dr = BD\, cof \Sigma = \lambda\, cof \Sigma$. Donc, &c.

mettre la machine en mouvement, eſt donc toujours proportionnelle
à la puiſſance α.

C O R O L L A I R E   II.

(496.) En faiſant varier l'angle Σ, ou la ſituation du levier CL
la ſituation de la puiſſance λ néceſſaire pour vaincre le frottement
variera auſſi : donc il y a une plus grande & une moindre valeu
de λ qui dépend de celle de Σ, ou de la ſituation du levier CL.

P R O P O S I T I O N   LXXIII.

(497.) *Trouver la plus grande & la plus petite valeur de la forc*
qui peut vaincre le frottement dans le Treuil.

Si nous ſuppoſons λ & Σ variables, & les autres quantités conſtantes
& ſi nous différencions l'équation $\frac{R}{r}\lambda - \frac{R'}{r}\alpha = \frac{h}{H}\sqrt{\lambda^2 + \alpha^2 \pm 2\lambda\alpha\,cof\,\Sigma}$,
la différencielle ſera $\frac{R}{r}\,d\lambda = \frac{h}{H} \cdot \frac{\lambda d\lambda \pm \alpha d\lambda\,cof\,\Sigma \mp \lambda\alpha d\Sigma\,fin\,\Sigma}{\sqrt{\lambda^2 + \alpha^2 \pm 2\lambda\alpha\,cof\,\Sigma}}$; mais, dan
le cas où il s'agit de l'action la plus grande, ou de la moindre
puiſſance λ, on a $d\lambda = 0$: on aura donc, dans ce cas, $0 = \frac{\mp \lambda\alpha d\Sigma\,fin\,\Sigma}{\sqrt{\lambda^2 + \alpha^2 \pm 2\lambda\alpha\,cof\,\Sigma}}$, ou $fin\,\Sigma = 0$. Cette valeur ſubſtituée dans celle de
λ, donnera la plus grande & la plus petite puiſſance λ néceſſaire pour
vaincre le frottement, & l'on aura, dans ce cas, $\lambda = \frac{\alpha(H^2 RR' \pm h^2 r^2)}{H^2 R^2 - h^2 r^2}$ $+$
$\alpha\sqrt{\frac{(H^2 RR' \pm h^2 r^2)^2}{(H^2 R^2 - h^2 r^2)^2} - \frac{H^2 R'^2 - h^2 r^2}{H^2 R^2 - h^2 r^2}} = \frac{\alpha(H^2 RR' \pm h^2 r^2 + Hhr(R + R'))}{H^2 R^2 - h^2 r^2} = \frac{\alpha(HR' + hr)}{HR \mp hr}$,
en diviſant le numérateur & le dénominateur par $HR \pm hr$. La plus
grande puiſſance λ ſera donc $= \frac{\alpha(HR' + hr)}{HR - hr}$; elle a lieu lorſque le
levier CL eſt à la partie oppoſée au levier CA, & que tous les deux ne
forment qu'une même ligne : & la moindre puiſſance $\lambda = \frac{\alpha(HR' + hr)}{HR + hr}$;
elle a lieu quand le levier CL coïncide avec le levier CA.

C O R O L L A I R E   I.

(498.) Il y aura donc toujours de l'avantage à faire que les deux
leviers coïncident le plus qu'il eſt poſſible ; & ſi l'on emploie cette
diſpoſition, la puiſſance néceſſaire pour vaincre le frottement, ſera,
comme auparavant, $\lambda = \frac{\alpha(HR' + hr)}{HR + hr}$.

C O R O L L A I R E   II.

(499.) Il eſt encore avantageux de tâcher d'avoir $R > R'$, ou que
le levier CL ſoit le plus long qu'il eſt poſſible, parce qu'alors le dénominateur de l'expreſſion devient plus grand.

COROLLAIRE

COROLLAIRE III.

(500.) Si l'on avoit $R = R'$, λ deviendroit $= \frac{\alpha(HR+hr)}{HR\mp hr}$, d'où l'on voit que, dans le cas où les deux leviers coïncident, la machine ne donne aucun avantage, & qu'elle produit même du défavantage dans celui où les leviers font dans des fituations oppofées.

COROLLAIRE IV.

(501.) Si l'on avoit $R < R'$, la machine feroit défavantageufe dans les deux cas, parce qu'alors on a $\lambda > \alpha$.

COROLLAIRE V.

(502.) Pour connoître dans quel cas la machine ceffera de produire aucun avantage, dans la fuppofition que les leviers font dans des fituations oppofées, il n'y a qu'à fuppofer $\alpha = \lambda$ dans l'équation $\lambda = \frac{\alpha(HR'+hr)}{HR-hr}$, & l'on aura $HR - hr = HR' + hr$, ce qui donne $R = \frac{HR' + 2hr}{H}$: c'eft la longueur que doit avoir le levier CL, pour que, dans ce cas, la machine ceffe de produire aucun avantage.

COROLLAIRE VI.

(503.) Il y aura pareillement de l'avantage à diminuer la quantité r, non-feulement dans le cas où l'on auroit $\lambda = \frac{\alpha(HR'+hr)}{HR-hr}$, parce qu'alors le numérateur eft diminué, & le dénominateur augmenté ; mais auffi dans celui où l'on auroit $\lambda = \frac{\alpha(HR'+hr)}{HR+hr}$. Car, quoique, dans le dernier cas, le dénominateur foit diminué, ainfi que le numérateur, il faut obferver qu'il ne diminue pas dans une fi grande raifon que le numérateur, à caufe qu'on fuppofe $R' < R$ pour obtenir de l'avantage.

COROLLAIRE VII.

(504.) Si l'on fuppofe le frottement nul, alors $h = 0$, & l'exreffion deviendra en général $\lambda = \frac{\alpha(H^2RR'+0)}{H^2R^2-0} + \dots \dots \dots$
$$\sqrt{\frac{(H^2RR'+0)^2}{(H^2R^2-0)^2} - \frac{H^2R'^2-0}{H^2R^2-0}} = \frac{\alpha R'}{R}$$
: expreffion dans laquelle la quantité Σ s'étant évanouie, il s'enfuit qu'en fuppofant le frottement nul, fituation du levier CL devient indifférente.

SCOLIE I.

(505.) On voit encore ici une erreur dans laquelle font tombés néralement tous les Auteurs de Méchanique, en fuppofant que la situation du levier CL est absolument indifférente, & en faisant $\lambda = \frac{\alpha R'}{R}$ dans tous les cas. Quelques-uns, à la vérité, ont remarqué qu'il est nécessaire d'augmenter la puissance λ proportionnellement à ce que le frottement exige; mais toujours sans faire aucune mention de la situation du levier CL, dont cependant nous avons vu l'influence sur la valeur de λ.

COROLLAIRE VIII.

(506.) Si, au lieu d'un seul levier CL, il y en avoit deux égaux & opposés, avec des puissances égales appliquées à leurs extrémités, on auroit $DB = 0$; & la puissance qui comprime le Cylindre du Treuil, & qui produit le frottement, se réduiroit à la puissance α; & celle qui est nécessaire pour le vaincre, à $\frac{h}{H}\alpha$: on aura donc, pour le cas présent, $\frac{R}{r}\lambda - \frac{R}{r}\alpha = \frac{h}{H}\alpha$; d'où l'on tire en général $\lambda = \frac{\alpha(HR'+hr)}{HR}$; expression dans laquelle λ désigne la somme des deux puissances égales qui agissent aux extrémités des deux leviers égaux & opposés.

COROLLAIRE IX.

(507.) On doit entendre la même chose pour les cas où les leviers seroient en beaucoup plus grand nombre, pourvu qu'ils soient tous égaux, & que les puissances qu'on y applique soient aussi égales, & disposées de maniere que les positives détruisent les négatives.

COROLLAIRE X.

(508.) La même chose arrivera dans la roue $HIKL$, pourvu qu'on applique des puissances égales aux extrémités de ses diametres.

COROLLAIRE XI.

(509.) Il sera donc encore avantageux, dans tous ces cas, non-seulement qu'on augmente R, mais qu'en général on diminue r.

COROLLAIRE XII.

(510.) Le Treuil étant une fois mis en mouvement, & ayant acquis une vîtesse constante, il doit continuer avec cette même vîtesse, si les puissances qui agissent se détruisent mutuellement. Or c'est ce qui arrive en surmontant continuellement le frottement, parce que la résistance du frottement est la même dans le cas du mouvement, qu'au moment où il est surmonté. La puissance nécessaire pour maintenir le Treuil en mouvement, avec une vîtesse constante déjà

Planc. N.

acquife, fera donc $\lambda = \dfrac{a(HR'+hr)}{HR}$, dans le cas de la roue, ou dans celui de puiffances égales, qui agiffent à l'extrémité de leviers égaux & oppofés ; & lorfqu'il n'y en a qu'une feule à agir, $\lambda =$
$$\frac{a(H^2RR'+h^2r^2\,\cos\Sigma)}{H^2R^2-h^2r^2}+\alpha\sqrt{\frac{(H^2RR'+h^2r^2\cos\Sigma)^2}{(H^2R^2-h^2r^2)^2}-\frac{H^2R'^2-h^2r^2}{H^2R^2-h^2r^2}}.$$

COROLLAIRE XIII.

(511.) Une puiffance quelconque, plus grande que celle exprimée par λ, peut donner au Treuil une viteffe déterminée : celle-ci une fois employée pendant le temps néceffaire, il n'eft alors befoin, pour lui conferver le même mouvement, que d'employer la puiffance λ.

SCOLIE II.

(512.) Pour ne pas trop compliquer le calcul, on n'a pas voulu y introduire la puiffance qui provient de la pefanteur de la machine même ; mais il eft facile d'y avoir égard, en la fuppofant réunie à la puiffance α, ou en fuppofant que la puiffance α foit compofée de celle qui agit en Q, & de celle que produit la pefanteur de la machine, & pareillement que AI eft la direction de cette puiffance qui réfulte des deux.

Fig. 43 & 44.

Fig. 45

COROLLAIRE XIV.

(513.) On voit clairement, par tout ceci, que, dans le Treuil, il fera avantageux de faire enforte que la puiffance qui provient de la pefanteur de la machine, s'oppofe, autant qu'il eft poffible, à celle qui agit en Q, parce qu'à ce moyen, l'effet de celle-ci diminuera.

COROLLAIRE XV.

(514.) Dans le Treuil vertical, l'action de la puiffance qui provient de la pefanteur, ne fe fait point fentir, parce qu'elle agit dans la direction de l'axe ; mais il en réfultera un frottement, qui fera d'autant plus petit, que l'appui, ou le point fur lequel porte le poids de la machine, fera moins éloigné du centre du Treuil.

DE LA POULIE.
DÉFINITION LIV.

(515.) On donne le nom de *Poulie* à une petite roue qu'on fait tourner fur un axe, ou effieu, par le moyen d'une ligne flexible appliquée à fa circonférence.

On fait, dans une piece de bois, ou de quelque autre matiere folide, une ouverture LI propre à recevoir la roue IGL , qu'on appelle le *Rouet* , qui tourne fur l'axe C , lequel axe porte dans la piece BD qu'on appelle la *Chappe*. On rend ftable cette derniere piece en B, & une puiffance appliquée en H , à la ligne flexible $HLIA$, qui paffe fur le Rouet , agit dans la direction LH de la même ligne. L'action de cette puiffance fe communique à IA , & furmonte une autre puiffance appliquée en A , laquelle eft dirigée fuivant IA.

COROLLAIRE I.

(516.) Les puiffances appliquées en H & A agiffent de la même maniere que fi elles étoient placées aux points L & I , où les lignes HL & AI font tangentes à la roue : d'où l'on voit que la Poulie fe réduit à un Treuil dont les leviers $CL = R$, & $CI = R'$, font égaux entre eux.

COROLLAIRE II.

(517.) L'équation générale (510.) , qui exprime la relation entre les puiffances λ & α , qui agiffent en H & A , ou en L & I , fe réduit, dans la Poulie, à
$$\lambda = \frac{\alpha(H^2 R^2 \pm h^2 r^2 \cos\Sigma)}{H^2 R^2 - h^2 r^2} \pm \alpha \sqrt{\frac{(H^2 R^2 \pm h^2 r^2 \cos\Sigma)^2}{(H^2 R^2 - h^2 r^2)^2} - 1}.$$

COROLLAIRE. III.

(518.) La puiffance λ , néceffaire pour vaincre le frottement, eft donc proportionnelle à la puiffance α qu'il s'agit de furmonter.

COROLLAIRE IV.

(519.) La plus grande & la plus petite valeur de la puiffance λ auront donc lieu lorfque (497.) on aura *fin* $\Sigma = 0$. Sa plus grande valeur fera $\lambda = \frac{\alpha(HR + hr)}{HR - hr}$, & fa plus petite fera $\lambda = \frac{\alpha(HR + hr)}{HR + hr} = \alpha$.

COROLLAIRE V.

(520.) Le cas de la plus petite valeur de la puiffance λ , laquelle $= \alpha$, ne peut jamais avoir lieu dans la Poulie , parce qu'il feroit néceffaire , pour ce cas , que la puiffance IA fût dirigée du côté oppofé , ou fuivant HL , & alors la ligne flexible n'agiroit plus fur le Rouet de la Poulie.

COROLLAIRE VI.

(521.) Dans le cas de la plus grande valeur de la puiffance $\lambda = \frac{\alpha(HR + hr)}{HR - hr}$, il faut que l'axe du Rouet foit le plus petit qu'il eft poffible, parce que, par-là, la valeur de λ fera diminuée, non-feulement par la diminution qui en réfulte dans le numérateur, mais encore par l'augmentation du dénominateur.

S C O L I E.

(522.) On pourroit demander de quelle utilité peut être la Poulie; car la ligne *HLIA* étant libre fur le Rouet *IL*, ou n'en dépendant en aucune façon, on peut penfer qu'elle courra fur le Rouet, celui-ci demeurant fixe, c'eft-à-dire, fans fe mouvoir fur fon axe *C*. En effet, la puiffance λ, appliquée en *H*, tire la ligne, & celle-ci la puiffance en *A* : or, il paroît que ce mouvement peut s'exécuter fans qu'il foit néceffaire que le Rouet fe meuve fur l'axe *C*. Pour faire difparoître ce doute, il fuffira de prouver que les forces qui réfiftent, dans le cas du mouvement fur l'axe, font moindres que lorfqu'il fe fait fur le Rouet fixe; ou, ce qui eft la même chofe, que λ eft moindre dans le premier cas que dans le fecond.

P R O P O S I T I O N L X X I V.

(523.) *Déterminer fi, dans la Poulie, le mouvement doit fe faire fur l'axe, & non fur le Rouet fixe.*

La puiffance $\frac{h}{H}\sqrt{\lambda^2+a^2\pm 2\lambda a\, cof\,\Sigma}$, qui furmonte le frottement, a été égalée (494.) à la différence des deux puiffances appliquées en *L* & en *I*, mais après les avoir réduites à l'axe, lorfque c'eft fur l'axe *C* que fe fait le mouvement. Dans le cas où le mouvement fe feroit fur la circonférence du Rouet, il n'eft pas néceffaire de réduction, parce que c'eft à cette circonférence qu'elles font appliquées. Nous aurons donc pour ce cas, $\lambda - a = \frac{h}{H}\sqrt{\lambda^2+a^2\pm 2\lambda a\, cof\,\Sigma}$, ou . . . . . ,

$\frac{R}{R}\lambda - \frac{R}{R}a = \frac{h}{H}\sqrt{\lambda^2+a^2\pm 2\lambda a\, cof\,\Sigma}$; expreffion qui eft la même que celle donnée, *Article* 494, fi nous faifons $R = R'$, & $R = r$. Subftituant donc cette valeur dans l'équation $\lambda = \frac{a(H^2R^2\pm h^2r^2\, cof\,\Sigma)}{H^2R^2-h^2r^2} + a\sqrt{\frac{(H^2R^2\pm h^2r^2\, cof\,\Sigma)^2}{(H^2R^2-h^2r^2)^2}} - 1$, qui exprime la valeur de la puiffance λ, dans le cas où le mouvement fe fait fur l'axe, nous aurons, pour celui où il fe feroit fur la circonférence du Rouet, . , ...

$\lambda = \frac{a(H^2+h^2\, cof\,\Sigma)}{H^2-h^2} + a\sqrt{\frac{(H^2\pm h^2\, cof\,\Sigma)^2}{H^2-h^2)^2}} - 1$: quantité qui eft plus grande que la précédente, comme on peut s'en convaincre, en réduifant feulement $\frac{H^2R^2\pm h^2r^2\, cof\,\Sigma}{H^2R^2-h^2r^2}$ dans une férie infinie. Car cette série est $1 + \frac{h^2 r^2}{H^2 K^2}\left(1 \pm \cos \Sigma\right) + \frac{h^4 r^4}{h^4 R^4}\left(1 \pm \cos \Sigma\right) + \mathcal{E}c.$ D'où l'on voit que cette valeur est d'autant plus grande, que la quantité r l'est davantage : donc le mouvement se fait naturellement sur l'axe, & non sur la circonférence du Rouet.

COROLLAIRE I.

(524) On a tiré cette conclusion d'après la supposition que le frottement est le même dans un cas que dans l'autre, ou que $\frac{h}{H}$ est la même quantité dans les deux cas. Ainsi l'on voit que si $\frac{h}{H}$ étoit moindre lorsque le mouvement se fait sur la circonférence du Rouet, ce dernier mouvement pourroit effectivement avoir lieu plutôt que celui sur l'axe : car, dans ce cas, si l'on supposoit $h = 0$, on auroit alors $\lambda = \alpha$; quantité qui exprime la plus petite valeur que puisse avoir λ.

COROLLAIRE II.

(525.) Le mouvement ne se fait donc sur l'axe qu'à cause du frottement : le frottement étant nul, on a, pour tous les cas, $\lambda = \alpha$, & par conséquent la détermination au mouvement sur l'axe, ou sur la circonférence du Rouet, est, dans cette supposition, tout-à-fait indifférente.

SCOLIE.

(526.) La Poulie fixe en B ne contribue absolument point à faciliter, ou à vaincre, le mouvement de la puissance α, puisque la puissance λ nécessaire pour produire cet effet, est toujours plus grande que la puissance α, toutes les fois que la ligne flexible *HLIA* appuie sur le Rouet. Mais cependant, en employant cette machine pour quelque besoin particulier, elle contribue beaucoup à produire l'effet demandé, puisque, dans ce cas, le mouvement se faisant sur l'axe, la puissance λ est moindre que dans le cas où il se fait sur la circonférence du Rouet.

PROPOSITION LXXV.

(527.) *Déterminer la relation entre les puissances* λ *&* α*, & celle qui agit sur le point* B*, où la Poulie est fixée.*

La puissance en B est égale & contraire à celle qui agit sur l'axe C, laquelle est composée des deux puissances qui agissent en H & A ; mais cette puissance composée a été trouvée (494.) $= \sqrt{\lambda^2 + a^2 \pm 2\lambda a \cos \Sigma}$: donc, si nous supposons que Ω exprime la la puissance en B, nous aurons $\Omega = V \overline{\lambda^2 + \alpha^2 \pm 2\lambda\alpha \, cof \, \Sigma}$, ce qui donne $\lambda = \mp \alpha \, cof \, \Sigma \pm V \overline{\Omega^2 - \alpha^2 \, fin \, \Sigma^2}$, ou $\alpha = \mp \lambda \, cof \, \Sigma \pm V \overline{\Omega^2 - \lambda^2 \, fin \, \Sigma^2}$.

DÉFINITION LV.

(528) La Poulie peut aussi être mobile. Si l'on fixe la ligne flexible *HLIA* par son extrémité A, & que deux puissances agissent en même temps, l'une en H, & l'autre en B, la première puissance peut vaincre la seconde, & la mettre en mouvement, en l'entraînant avec la Poulie. C'est pour cela qu'on la nomme *Poulie mobile*

PROPOSITION LXXVI.

(529.) *Trouver la relation entre les puissances* λ & Ω *dans la Poulie mobile.*

Ayant trouvé (527.) $\alpha = \mp \lambda \, cof \, \Sigma \pm V \overline{\Omega^2 - \lambda^2 \, fin \, \Sigma^2}$, & (523.)

$$\lambda = \frac{\alpha(H^2 R^2 \pm h^2 r^2 \, cof \, \Sigma)}{H^2 R^2 - h^2 r^2} + \alpha \left(\frac{(H^2 R^2 \pm h^2 r^2 \, cof \, \Sigma)^2}{(H^2 R^2 - h^2 r^2)^2} - 1 \right)^{\frac{1}{2}}, \text{ ou } \alpha = \; \ldots \; . $$

$$\frac{\lambda}{\frac{h^2 R^2 \pm h^2 r^2 cof \, \Sigma}{H^2 R^2 - h^2 r^2} + \left(\frac{(H^2 R^2 + h^2 r^2 \, cof \, \Sigma)^2}{(H^2 R^2 - h^2 r^2)^2} - 1 \right)^{\frac{1}{2}}} : \text{ nous aurons } . \ldots . . . . . $$

$$\mp \lambda cof \, \Sigma \pm V \overline{\Omega^2 - \lambda^2 \, fin \, \Sigma^2} = \frac{\lambda}{\frac{H^2 R^2 \pm h^2 r^2 \, cof \, \Sigma}{H^2 R^2 - h^2 r^2} + \left(\frac{(H^2 R^2 + h^2 r^2 \, cof \, \Sigma)^2}{(H^2 R^2 - h^2 r^2)^2} - 1 \right)^{\frac{1}{2}}}.$$

COROLLAIRE.

(330.) Dans le cas de la plus grande valeur de la puissance λ, ou lorsque les lignes HL & AI sont paralleles, on a $\Sigma = o$: donc on aura $-\lambda + \Omega = \dfrac{\lambda}{\frac{H^2 R^2 \pm h^2 r^2}{H^2 R^2 - h^2 r^2} + \left(\frac{(H^2 R^2 + h^2 r^2)^2}{(H^2 R^2 - h^2 r^2)^2} - 1 \right)^{\frac{1}{2}}}$; ou, en réduisant, $-\lambda + \Omega = \dfrac{\lambda(HR - hr)}{HR + hr}$: d'où l'on tire $\Omega = \dfrac{2HR.\lambda}{HR + hr}$, & $\lambda = \dfrac{\Omega(HR + hr)}{2HR}$.

DES MOUFLES.

DÉFINITION LVI.

(531.) On appelle *Moufle* une Machine composée de plusieurs Poulies : dans la Marine on nomme ces Machines des *Palans* & des *Caliornes*.

Par une Poulie fixe en B, & une autre mobile D, on fait passer une ligne flexible *HFEDGC*, fixée en C à la chappe de la Poulie B. Une puissance λ appliquée en H, agit dans la direction FH, & tire une autre puissance appliquée en A qui résiste au mouvement de la Poulie DG, sur laquelle elle agit dans la même direction : l'objet de la puissance λ est d'entraîner la Poulie D & la puissance appliquée en A.

On peut concevoir également que , par deux Poulies fixes en *B* , montées dans une même chappe , & unies l'une à l'autre par leurs plans, ou par leurs extrémités, & que, par une autre Poulie mobile *DG* , on ait fait paffer une ligne flexible *HFEDGIKC*, dont l'extrémité foit fixée en *C* à la Poulie *DG* , & qui paffe fur les trois Rouets : enfin qu'une autre puiffance λ agiffe à l'autre extrémité *H* dans la direction *FH* , en tirant une autre puiffance appliquée en *A* , qui réfifte au mouvement de la Poulie *DG* , fur laquelle elle agit dans la même direction.

On peut imaginer pareillement trois Poulies fixes en *B* , unies entre elles dans une même chappe , & deux Poulies mobiles, auffi unies entre elles, & une ligne flexible, paffant par toutes ces Poulies , à l'extrémité *H* de laquelle eft appliquée une puiffance , tandis qu'une autre puiffance eft appliquée à la Moufle mobile en *A* , de la même maniere qu'auparavant. Il en fera de même d'un plus grand nombre de Poulies , fi l'on veut en employer davantage dans la compofition de ces Machines appellées *Moufles*.

S C O L I E.

(532.) Nous fuppoferons , pour la facilité du calcul , que les lignes , ou cordons qui paffent fur les différentes Poulies qui compofent les Moufles, tels que *ED* , *CG* , *FH* , font fenfiblement paralleles , ce qui donne $\Sigma = 0$. Nous fuppoferons encore que toutes les Poulies font égales , pour n'avoir pas à introduire dans le calcul plufieurs valeurs de *R*.

P R O P O S I T I O N **LXXVII.**

(533.) *Trouver la relation entre la puiffance agiffante , & la puiffance réfiftante dans les Moufles.*

Puifqu'on fuppofe $\Sigma = 0$, le cas fe réduit à celui dans lequel la puiffance λ a fa plus grande valeur, ou eft un *maximum*, & pour lequel (519.) nous avons trouvé $\lambda = \frac{\alpha(HR+hr)}{HR-hr}$, fuppofant que λ défigne la puiffance qui agit en *H*, & α celle que doit fupporter, ou tirer la ligne *ED*. Ces deux puiffances feront donc entre elles, comme $HR+hr$ eft à $HR-hr$; & celle que doit fupporter la ligne *ED*, fera $= \frac{\lambda(HR-hr)}{HR+hr}$. Par la même raifon, celle qui agit fur la ligne *ED*, eft à celle qui agit fur la ligne *GC*, comme $HR+hr$ eft à $HR-hr$: donc celle qui agit fur $GC = \frac{\lambda(HR-hr)^2}{(HR+hr)^2}$. Mais cette derniere puiffance eft celle qui agit fur la ligne *GI* ; & celle qui agit fur *GI* , eft à

celle

celle qui agit fur KC, comme $HR+hr$ eſt à $HR-hr$: donc la puiſſance qui agit fur $KC = \frac{\lambda(HR-hr)^3}{(HR+hr)^3}$, & ainſi à l'infini, quel que ſoit le nombre de tours que faſſe la ligne ſur les Poulies ; c'eſt-à-dire, quel que ſoit le nombre des Poulies. S'il n'y avoit donc que deux lignes ſeulement, comme ED, CG, pour ſoutenir la Poulie mobile DG, les forces qu'elles exerceroient ſeroient $\frac{\lambda(HR-hr)}{HR+hr}$ & $\frac{\lambda(HR-hr)^2}{(HR+hr)^2}$. S'il y en avoit trois, les forces ſeroient $\frac{\lambda(HR-hr)}{(HR+hr)}$, $\frac{\lambda(HR-hr)^2}{(HR+hr)^2}$, $\frac{\lambda(HR-hr)^3}{(HR+hr)^3}$, & ainſi à l'infini. Or comme la ſomme des forces que ſupporteront ces lignes, doit être égale à la puiſſance Ω appliquée en A, nous aurons $\Omega = \frac{\lambda(HR-hr)}{(HR+hr)} + \frac{\lambda(HR-hr)^2}{(HR+hr)^2} + \frac{\lambda(HR-hr)^3}{(HR+hr)^3} + \&c.$, en formant cette ſérie d'autant de termes qu'il y a de cordons, ou lignes, qui ſoutiennent la Moufle mobile.

C O R O L L A I R E I.

(534.) Si l'on fait $\frac{HR-hr}{HR+hr} = 1-Q$, ce qui donne $Q = \frac{2hr}{HR+hr}$, on aura $\Omega = \lambda\big((1-Q) + (1-Q)^2 + (1-Q)^3 + (1-Q)^4 + \&c.\big)$, faiſant la ſérie d'autant de termes qu'il y a de cordons qui aboutiſſent à la Moufle mobile. Si l'on ſuppoſe que n repréſente le nombre de ces cordons, on aura $\Omega = \lambda\big((1-Q)^n + (1-Q)^{n-1} + (1-Q)^{n-2} + (1-Q)^{n-3} + \&c.\big)$, le dernier terme de la ſérie étant celui dont l'expoſant eſt l'unité.

C O R O L L A I R E II.

(535.) On aura pareillement $\lambda = $ . . . .
$$\lambda = \frac{\Omega}{(1-Q)^n + (1-Q)^{n-1} + (1-Q)^{n-2} + (1-Q)^{n-3} + (1-Q)^{n-4} + \&c.}$$; d'où l'on voit combien il eſt avantageux, dans les Moufles, que Q, ou ſon égale $\frac{2hr}{HR+hr}$, ſoit le moindre qu'il eſt poſſible ; c'eſt-à-dire que le frottement $\frac{h}{H}$ ſoit le plus petit qu'il eſt poſſible, ainſi que le rayon de l'axe r; & qu'au contraire le rayon R du Rouet ſoit le plus grand qu'il ſe pourra, eu égard aux circonſtances.

C O R O L L A I R E III.

(536) Si l'on éleve chaque terme de la ſérie à la puiſſance indiquée par ſon expoſant, ces puiſſances feront . . . .

$$(1-Q)^n = 1 - n.\quad Q + \frac{n.(n-1)}{2}Q^2 + \frac{n.(n-1).(n-2)}{2.3}Q^3 + \&c.$$

$$(1-Q)^{n-1} = 1 - (n-1)Q + \frac{(n-1).(n-2)}{2}Q^2 - \frac{(n-1)(n-2)(n-3)}{2.3}Q^3 + \&c.$$

$$(1-Q)^{n-2} = 1 - (n-2)Q + \frac{(n-2)(n-3)}{2}Q^2 - \frac{(n-1)(n-2)(n-3)}{2.3}Q^3 + \&c.$$

$$(1-Q)^{n-3} = 1 - (n-3)Q + \frac{(n-3)(n-4)}{2}Q^2 - \frac{(n-1)(n-2)(n-3)}{2.3}Q^3 + \&c.$$

$$\&c. = \&c.$$

Pour avoir la fomme de toutes ces quantités, & en conclure la valeur de Ω, on remarquera que le nombre des lignes dont cette férie doit être compofée, eft égal à l'expofant de $1-Q$. Car on a vu (534.) que le dernier expofant doit être l'unité; & le nombre qu'on doit fouftraire de n dans l'expofant, renfermant autant d'unités qu'il y a de lignes moins une; fi q exprime le nombre total de lignes, nous aurons $q-1$ pour le nombre à retrancher de n dans le dernier terme de la férie, & par conféquent $n-q+1$ pour le dernier expofant : donc $n-q+1=1$; d'où l'on tire $q=n$; c'eft-à-dire que le nombre des lignes dont la férie doit être compofée, contient autant d'unités qu'il y en a dans le nombre n, ou qu'il y a de cordons, ou lignes, qui foutiennent la Moufle mobile. La fomme des unités qui font au premier terme de toutes les lignes fera donc n, & par conféquent

$$\Omega = \lambda \left\{ n - \begin{Bmatrix} n \\ n-1 \\ n-2 \\ n-3 \\ \&c. \end{Bmatrix} Q + \begin{Bmatrix} n.\ (n-1) \\ (n-1)(n-2) \\ (n-2)(n-3) \\ (n-3)(n-4) \\ \&c. \end{Bmatrix}\tfrac{1}{2}Q^2 - \begin{Bmatrix} n.\ (n-1)(n-2) \\ (n-1)(n-2)(n-3) \\ (n-2)(n-3)(n-4) \\ (n-3)(n-4)(n-5) \\ \&c. \end{Bmatrix}\tfrac{1}{6}Q^3 + \&c. \right\}$$

ou, en fommant les quantités qui compofent chaque terme, $\Omega =$

$$\lambda \left(\frac{n}{1} - \frac{(n+1)n}{1.2}Q + \frac{(n+1)n(n-1)}{1.2.3}Q^2 - \frac{(n+1)n(n-1)(n-2)}{1.2.3.4}Q^3 + \&c. \right) *$$

ce qui donne . . . .

$$\lambda = \frac{\Omega}{\dfrac{n}{1} - \dfrac{(n+1)n}{1.2}Q + \dfrac{(n+1)n(n-1)}{1.2.3}Q^2 - \dfrac{(n+1)n(n-1)(n-2)}{1.2.3.4}Q^3 + \&c.} , en$$

formant toutes ces féries d'autant de termes qu'il y a d'unités dans $n+1$, ou d'autant de termes qu'il y a de lignes, ou cordons, qui tirent la Moufle fixe B.

---

* Pour fommer les quantités qui compofent chaque terme, on remarquera 1°. que les quantités n, $n-1$, $n-2$ &c. qui multiplient le fecond terme de la valeur de Ω, ne font autre chofe que la fuite naturelle des nombres, prife en décroiffant depuis le terme n jufqu'à l'unité. Ainfi la fomme de toutes ces quantités eft $= n.\dfrac{(n+1)}{2}$.

2°. Que le nombre des produits $n.(n-1)$, $(n-1)(n-2)$, $(n-2)(n-3)$ &c. eft $=n$, en admettant 0 pour le dernier produit, puifque le fecond facteur de ces produits devient zéro au rang défigné par n. Prenant donc la fuite de ces produits en fens contraire, c'eft-à-dire,

COROLLAIRE IV.

(537.) La force qui s'exerce en B est la même que celle qui s'exerce en A, plus la puissance λ qui agit dans la direction FH. Donc la force qui s'exerce en $B = \Omega + \lambda = \dots \dots \dots$

$$\lambda \left(\frac{n+1}{1} - \frac{(n+1)n}{1 \cdot 2} Q + \frac{(n+1)n(n-1)}{1 \cdot 2 \cdot 3} Q^2 - \frac{(n+1)n(n-1)(n-2)}{1 \cdot 2 \cdot 3 \cdot 4} Q^3 + \&c. \right)$$

COROLLAIRE V.

(538.) Donc la puissance qu'on peut vaincre en B est plus grande que celle qu'on peut vaincre en A, de la quantité λ, & par conséquent il est avantageux d'arranger les Moufles, de maniere que la puissance qu'il s'agit de vaincre, soit placée en B, ou que la Moufle B soit mobile, & la Moufle DG fixe.

écrivant le premier celui qui est écrit le dernier, & *vice versâ*, on formera la suite $1 \cdot 0$, $2 \cdot 1$, $3 \cdot 2$, $4 \cdot 3$, $5 \cdot 4$, $\&c. \dots n(n-1)$. Pour sommer cette suite, on fera attention que puisque $n \cdot (n-1)$, ou $n^2 - n$, est l'expression générale d'un de ses termes, il ne s'agit que de faire successivement $n = 1$, $n = 2$, $n = 3$, $\&c.$ & de prendre la somme de tous les résultats : or il est évident qu'on forme alors la somme des quarrés de la suite naturelle des nombres, & qu'on en déduit la somme des mêmes nombres naturels. Nommant donc S la somme des nombres de la suite naturelle, & S' celle de leurs quarrés, on aura $S' - S$ pour la somme de la série dont il est ici question. Mais chacun sçait que $S' = n \cdot \frac{n+1}{2} \cdot \frac{2n+1}{3}$; (*Voyez* d'ailleurs, pour la démonstration, la troisieme partie du *Cours de Mathématiques* de M. *Bezout*, *Art.* 236 & 237,) & que $S = n \cdot \frac{n+1}{2}$; donc $S' - S = n \cdot \frac{n+1}{2} \cdot \frac{2n+1}{3} - n \cdot \frac{n+1}{2} = \frac{n(n+1)(n-1)}{3}$. Donc le troisieme terme de la série qui exprime la valeur de Ω est $\frac{(n+1) \cdot n (n-1)}{1 \cdot 2 \cdot 3} Q^2$.

On remarquera, en troisieme lieu, qu'en faisant $n = 1$, $n = 2$, $n = 3$, $\&c.$ dans la suite des produits $n(n-1)(n-2)$, $(n-1)(n-2)(n-3)$, $(n-2)(n-3)(n-4)$ $\&c.$ dont la somme forme le coefficient du quatrieme terme, cette série s'arrétera aussi-tôt qu'on aura fait $n =$ au nombre des termes, & qu'alors le produit précédent sera aussi $= 0$. Prenant donc, comme tout à l'heure, la série en sens contraire, elle sera $1 \cdot 0 \cdot -1$, $2 \cdot 1 \cdot 0$, $3 \cdot 2 \cdot 1$, $4 \cdot 3 \cdot 2$, $\&c. \dots n(n-1)(n-2)$. Un terme quelconque de cette suite est donc $n \cdot (n-1)(n-2) = (n^2 - n)(n-2) = n^3 - 3n^2 + 2n$. Pour sommer cette suite, il ne s'agit encore que de faire successivement $n = 1$, $n = 2$, $n = 3$, $\&c.$, & de sommer tous les résultats : or il est évident que cela revient à prendre la somme des cubes de la suite naturelle, à en retrancher le triple de la somme des quarrés de la même suite, & à ajouter au reste le double de la somme des termes de la suite naturelle. Représentant donc par S'' la somme des cubes de la suite naturelle, la somme de la série dont il s'agit ici, sera $= S'' - 3S' + 2S$. Mais $S'' = \frac{n^4 + 2n^3 + n^2}{4} = n \cdot \frac{n+1}{2} \cdot n \cdot \frac{n+1}{2}$ (On peut trouver cette valeur par ce qui est démontré, *Art.* 236 & 237 de l'Ouvrage auquel nous venons de renvoyer), $3S' = n \cdot \frac{n+1}{2} \cdot (2n+1)$, & $2S = n \cdot (n+1)$: donc la somme de la série dont il s'agit, ou $S'' - 3S' + 2S = n \cdot \frac{n+1}{2} \cdot n \cdot \frac{n+1}{2} - n \cdot \frac{n+1}{2} \cdot (2n+1) + n \cdot (n+1) = \frac{n \cdot (n+1)(n-1)(n-2)}{4}$; & par conséquent le quatrieme terme de la valeur de $\Omega = \frac{(n+1)n(n-1)(n-2)}{1 \cdot 2 \cdot 3 \cdot 4} Q^3$. La loi que suivent les termes de la valeur de Ω est suffisamment annoncée pour que le lecteur puisse facilement la continuer. On verra encore, avec une légere attention, que les deux suites que nous venons de sommer sont de l'espece de celles des nombres *Triangulaires* & *Pyramidaux*.

COROLLAIRE VI.

(539.) Si l'on multiplie par Q l'équation précédente (537.), & si l'on fouftrait λ de part & d'autre, on aura . . . .

$$(\Omega + \lambda) Q - \lambda = -\lambda\left(1 - \frac{n+1}{1} Q + \frac{(n+1)n}{1 \cdot 2} Q^2 - \frac{(n+1)n(n-1)}{1 \cdot 2 \cdot 3} Q^3 + \&c.\right)$$

$= -\lambda(1-Q)^{n+1}$; d'où l'on tire, en réduifant, ...

$$\Omega = \frac{\lambda(1-Q)(1-(1-Q)^n)}{Q}, \quad \& \ \lambda = \frac{\Omega Q}{(1-Q)(1-(1-Q)^n)}.$$

SCOLIE I.

(540.) Si l'on fuppofe, avec M. *Bilfinger* $\frac{h}{H} = \frac{1}{4}$, & $\frac{r}{R} = \frac{1}{5}$, ce qui donnera (534.) $Q = \frac{2}{21}$; & fi l'on fubftitue cette valeur dans celle de λ (539.), on aura $\lambda = \frac{\frac{2}{21} \cdot \Omega}{\left(1-\frac{2}{21}\right)\left(1-(1-\frac{2}{21})^n\right)} = \frac{2 \cdot \Omega}{19(1-(\frac{19}{21})^n)}$.

Qu'on fuppofe maintenant $n = 3$, on aura $\lambda = \frac{2 \cdot \Omega}{19(1-\frac{6859}{9261})} = \frac{9261 \cdot \Omega}{22819}$. Dans le cas où l'on fuppoferoit le frottement nul, on a $h = 0$, & $Q = 0$, & l'équation $\lambda = \frac{\Omega Q}{(1-Q)(1-(1-Q)^n)}$ ne donneroit rien ; mais ayant recours à celle de *l'Art.* 536, elle donne, en conféquence de cette fuppofition, $\lambda = \frac{\Omega}{n}$, qui eft la formule générale donnée par tous les Auteurs. On aura donc, dans le cas de $n=3$, $\lambda = \frac{1}{3} \Omega$, ou $\lambda = \frac{1000}{3000} \Omega$: ainfi la puiffance λ, dans cette fuppofition, fera à celle déterminée ci-deffus, comme $\frac{1}{3}$ eft à $\frac{9261}{22819}$, ou comme 22819 eft à 27783. La différence de ces deux valeurs eft, comme l'on voit, bien confidérable.

SCOLIE II.

(541.) Pour faciliter le calcul, nous avons négligé le poids des Moufles, & celui des cordes, que nous avons regardées comme des lignes : mais on pourroit facilement introduire ces quantités dans le calcul, fi on le vouloit. Il eft néceffaire d'y avoir égard, lorfque la puiffance qu'il eft queftion de vaincre eft petite ; mais lorfqu'elle eft fort grande, on peut les négliger. Nous nous fommes auffi difpenfés d'avoir égard à la groffeur des cordes, ou à leur roideur, ou inflexibilité, qui cependant coûte quelquefois beaucoup à furmonter, particuliérement lorfque les puiffances font petites ; mais auffi, lorfqu'elles font grandes, on peut les négliger, fans crainte d'erreur fenfible.

LIVRE SECOND.
DES FLUIDES.

CHAPITRE PREMIER.
De l'Equilibre des Fluides , & de la force avec laquelle ils agissent lorsqu'ils sont en repos.

DÉFINITION I.

(542.) UN *Fluide* est un corps dont les parties cedent à toute espece de force, & qui, en cédant, se meuvent facilement entre elles.

C'est la définition que *Newton* donne des Fluides, dans le Livre II, Section V de sa *Philosophie Naturelle*. Elle est conforme à ce qui a été dit dans le premier Livre , même dans le cas où un nombre quelconque de parties d'un Fluide seroit poussé perpendiculairement contre une surface immobile ; car, en vertu de l'impression qui doit se former dans ces parties, elles doivent se séparer latéralement, & d'autant plus que la densité du Fluide est moindre. On ne considere point ici le cas où une seule particule infiniment petite seroit ainsi poussée ; car, comme nous l'avons déjà dit , nous n'avons pas besoin de cet examen pour ce que nous nous proposons.

PROPOSITION I.

(543.) *Lorsque toute la masse du Fluide est en repos , la force, ou pression , que souffre chacune de ses particules, est toujours la même, dans quelque direction que ce soit.*

Si la pression qu'éprouve une particule quelconque n'étoit pas la même dans toutes les directions, d'après la définition précédente, elle céderoit sa place à la pression la plus forte , & elle se mettroit en mouvement, ce qui est contre la supposition : donc la pression qu'éprouve une particule quelconque d'un fluide , lorsqu'il est en repos, est la même dans toutes les directions.

PROPOSITION II.

(544.) *La force, ou le poids , qui , en vertu de la gravité , comprime*

*verticalement une particule quelconque d'un Fluide qui eſt en repos, eſt
égale au poids de la colonne verticale du Fluide qui eſt au-deſſus d'elle.*

Une particule quelconque du Fluide gravite ſur ſon inférieure,
par la propriété générale des corps graves; & cette gravitation ſe
communique d'une particule à l'autre, à cauſe de leur contaſt : donc
la particule inférieure ſupporte le poids, ou l'aſtion, de toutes les particules ſupérieures, ou de la colonne verticale qui les renferme.

C O R O L L A I R E.

(545.) Comme une particule quelconque eſt pouſſée avec une force
égale dans toutes les direſtions, il s'enſuit qu'une particule quelconque eſt pouſſée dans toutes les direſtions avec une force égale au
poids de la colonne verticale qui eſt au-deſſus d'elle.

D É F I N I T I O N I I.

(546.) Pour éviter les répétitions, nous appellerons déformais
Superficie du Fluide la ſurface ſupérieure du Fluide, quelque figure,
ou diſpoſition, qu'elle ait.

P R O P O S I T I O N I I I.

(547.) *Lorſque toute la maſſe d'un Fluide eſt en repos, ſa ſuperficie eſt horiontale, ou perpendiculaire à la direſtion des corps graves.*

Si la ſuperficie du fluide n'étoit pas horiſontale, les colonnes
verticales qui répondent à une particule du fluide, & dont elle ſupporte le poids, ou la preſſion, dans toutes les direſtions, ne ſeroient
pas égales ; par conſéquent cette particule ſeroit preſſée inégale-
ment, & elle devroit alors ſe mettre en mouvement, ce qui eſt
contre la ſuppoſition : donc la ſuperficie d'un fluide qui eſt en repos,
eſt horiſontale.

C O R O L L A I R E I.

(548.) Si la ſuperficie du Fluide eſt horiſontale, toute ſa maſſe
eſt en repos.

C O R O L L A I R E I I.

(549.) Quand toute la maſſe d'un Fluide ne ſera pas en repos,
ſa ſuperficie ne ſera pas horiſontale; & réciproquement, la ſuperficie
du Fluide n'étant pas horiſontale, toute ſa maſſe ne ſera pas en repos.

S C O L I E I.

(550.) On fait abſtraſtion de la force d'attraſtion, ou de toute
autre force, excepté la gravité, dont les vaſes, ou les corps, qui

contiennent les Fluides, peuvent être doués ; ces forces étant de très-peu d'importance pour notre objet.

SCOLIE II.

(551.) On doit entendre ce qui vient d'être dit, lorsque tout le Fluide contenu dans le vase, ou celui de deux, ou d'un plus grand nombre de vases qui se communiquent, est homogene, ou d'une densité uniforme ; parce que, dans ce cas, chaque canal pese autant que son correspondant, comme il a été démontré. Mais ce ne seroit pas la même chose, si les Fluides de deux, ou d'un plus grand nombre de vases qui communiquent l'un à l'autre par un orifice, étoient de différentes densités. Qu'on suppose que la densité, ou le poids d'un pied cube d'un des Fluides soit $= m$, & que celui d'un pied cube de l'autre soit $= M$; le poids, ou la pression, que le premier exercera sur l'orifice, sera $madbde$, & celui qu'exercera le second, sera $MAdbde$; $dbde$ exprimant l'aire de l'orifice, & la profondeur du même orifice au-dessous de la superficie des Fluides étant représentée par a & A. Mais, pour qu'il y ait équilibre, il faut que $madbde = MAdbde$; ou qu'on ait $a : A :: \frac{1}{m} : \frac{1}{M}$. Donc les hauteurs des superficies des Fluides au-dessus des orifices, doivent être en raison inverse des densités des mêmes Fluides, ou en raison inverse de leurs poids sous un même volume.

PROPOSITION IV.

(552.) *La force que souffre une partie différencio-différencielle quelconque d'une surface qui contient un Fluide, est perpendiculaire à cette partie.*

De quelque maniere qu'une surface soit pressée par un Fluide, les forces peuvent être décomposées en forces perpendiculaires & en forces paralleles à la surface ; mais ces dernieres se détruisent mutuellement (543.) : donc il ne reste que les forces perpendiculaires, & par conséquent la force que souffre une différencio - différencielle d'une surface quelconque qui renferme un Fluide, est perpendiculaire à cette surface.

PROPOSITION V.

(553.) *La force que souffre une partie différencio-différencielle quelconque d'une surface qui renferme un Fluide en repos, est égale au poids d'une colonne verticale du même Fluide, dont la base est égale à la différencio-différencielle de la surface, & dont la hauteur est la hauteur verticale du Fluide au-dessus de cette différencio-différencielle.*

Chacune des particules du Fluide qui compriment la différencio-
différencielle de la surface, souffre elle même une pression égale a
poids de la colonne verticale du Fluide qui est au-dessus d'elle : don
toute la force qui comprime la différencio-différencielle, est égal
au poids d'autant de colonnes verticales qu'il y a de particules d
Fluide qui la touchent ; c'est-à-dire, au poids d'une colonne verti
cale dont la base est égale à la différencio-différencielle de la surface
& dont la hauteur est la hauteur verticale du Fluide au-dessus de l
même différencio-différencielle.

Corollaire I.

(554.) Donc si l'on coupe une surface AB par deux lignes horifontales FG, HI, infiniment proches l'une de l'autre ; & par deu
autres lignes KL, MN, perpendiculaires à celles-là, & qui soient
aussi infiniment proches l'une de l'autre ; la force que supportera l'espace
différencio-différenciel $KLMN$, dans la direction CD qui lui est perpendiculaire, le Fluide étant en repos, sera exprimée par $m.a.LN.NM$
Si, dans cette expression, l'on prend les mesures en pieds, m mar-
quera le poids d'un pied cubique du Fluide, & a le nombre de
pieds de la hauteur verticale de sa superficie au-dessus de la différencio-différencielle.

Corollaire II.

(555.) La force $m.a.LN.NM$, dont la direction est suivant la
perpendiculaire CD, peut être décomposée en deux autres, l'une
horifontale CE, & l'autre verticale ED, & ces trois forces seront
entre elles, comme CD, CE & ED ; ou, en tirant l'horifontale
NO, & la verticale MO, comme NM, MO & ON, à cause
que les triangles CED, MON sont semblables, ayant l'angle
$MNO = EDC$. Nous aurons donc NM est à MO, comme la force
perpendiculaire suivant CD, ou $m.a.LN.NM$, est à $m.a.LN.MO$,
force horifontale suivant CE. On aura pareillement NM est à NO,
comme la force perpendiculaire suivant CD, ou $m.a.LN.MN$, est
à $m.a.LN.NO$, force verticale suivant ED.

Corollaire III.

(556.) La force horifontale sera donc à la force verticale, comme
MO est à NO, ou comme le sinus de l'angle MNO est à son cosinus.

Corollaire IV.

(557.) La ligne MO est égale à la différencielle verticale, ou

à

à la différencielle *da* de la hauteur du Fluide : donc la force horifontale qui agira fur l'aire différencio-différencielle *LKMN*, dans
le cas où le Fluide eft en repos, fera encore $= mada.LN$.

COROLLAIRE V.

(558.) La force horifontale *CE* peut également être décompofée
en deux autres forces auffi horifontales, l'une fuivant la direction
donnée *CP*, & l'autre fuivant *CQ*, perpendiculaire à celle-ci ; &
ces trois forces feront entre elles comme *CE, CP, CQ* ; ou en tirant les
lignes *LR, NR*, paralleles aux directions *CP, CQ*, comme *LN, NR*,
& *LR*, à caufe des triangles femblables *CEP, CEQ, NLR*. Nous
aurons donc *LN* eft à *NR*, comme la force horifontale fuivant $CE = mada.LN$ eft à *mada.NR*, force horifontale fuivant *CP*. On aura
pareillement *LN* eft à *LR*, comme *mada.LN* eft à *mada.LR*, force
horifontale fuivant *CQ*.

COROLLAIRE VI.

(559.) Le produit *LN.NO* exprime l'aire $NT = PQRS$ formée
dans la fuperficie horifontale du Fluide, & terminée par les quatre
verticales *LP, TS, NQ, OR*, élevées des quatre angles du parallélogramme *LO* : donc auffi la force verticale qui agit fur la diffé-
rencio - différencielle $LKMN = ma.PQ.PS$.

PROPOSITION VI.

(560.) *La fomme des forces horifontales qui agiffent fur un corps*
quelconque fubmergé dans un Fluide qui eft en repos, eft zéro ; &
par conféquent le corps doit demeurer en repos, quant au mouvement
horifontal.

Soit un corps quelconque *ADBE*, lequel foit coupé par un plan
ACBE qui coïncide avec la furface du Fluide, lorfque celui-ci eft
en repos. Soit mené les deux plans *FOI, LQR*, infiniment voifins,
& paralleles au plan fupérieur *ACBE*, & foit pris, entre ces plans,
la différencio-différencielle *OQNP*. Elevant enfuite le plan vertical
OTMK, foit abaiffé fur lui la perpendiculaire *PG*, & foit élevé
les verticales *GH, OK* & *TM*. Enfin, foit fait $MH = TG = u$,
$HK = GO = du$, $HG = KO = \zeta$, & la hauteur verticale comprife entre les deux plans *FOI*, $LQR = d\zeta$.

Cela pofé, on aura (558.) la force horifontale qui agit fur la
différencio-différencielle *OQNP*, dans la direction *FT*, ou fa parallele $AM, = m\zeta d\zeta du$; & celle qui agit fur *FOQL*, fera $= mu\zeta d\zeta$,

PLANC. III.

à cause que ζ est constant, le Fluide étant en repos. Mais, po[ur]
que cette expression soit celle de la force qui agit sur l'espace enti[er]
FOIRQL, nous devons faire $u = o$, puisque c'est la valeur de
dans le point *I* : donc la somme des forces horisontales qui agisse[nt]
sur la zone *FOIRQL* $= o$. On démontrera la même chose pour tout[es]
les zones dans lesquelles on peut diviser le corps ; & la même cho[se]
dans d'autres directions horisontales quelconques. Donc la somme d[es]
forces horisontales qui agissent sur tout le corps, est zéro ; & p[ar]
conséquent le corps demeurera en repos quant au mouvement h[o]
risontal.

PROPOSITION VII.

(561.) *La force verticale qui agit sur un corps submergé dans u[n]
Fluide, ou que lui communique le Fluide, celui-ci étant en repos[,]
est égale au poids du Fluide dont il occupe la place.*

FIG. 55.

Soit *ADBE* un corps quelconque coupé par un plan *ACBE*
qui coïncide avec la surface du Fluide, lorsque celui-ci est en repo[s.]
Soit pris la droite *AB* pour la ligne des abscisses, & ses perpend[i]
culaires *EC, FG*, infiniment proches l'une de l'autre, pour les ordo[n]
nées. Soit aussi mené les lignes *HI, KL*, aussi infiniment proches
& parallèles aux abscisses. Faisant enfin $AM = x$, $MH = u$, o[n]
aura $HK.HI = dudx$; & la force verticale qui agit sur la diffé[-]
rencio-différencielle *NPOQ* de la surface, sera $= ma.dudx$ (559[.]
Or $a = HN$, hauteur du Fluide au-dessus de cette différencio-diff[é]
rencielle : faisant donc cette hauteur *HN* variable, & $= \zeta$, la for[ce]
verticale sera $= m\zeta dudx$. Mais l'expression $\zeta dudx$ est celle de l'élé[-]
ment différencio-différenciel *LN* du corps, lequel élément est com[-]
pris entre les quatre verticales *HN, KP, IQ, LO* ; l'intégrale $\int \zeta dud[x]$
sera donc l'expression de tout le volume qu'occupe le corps dans l[e]
Fluide, & $m\int \zeta dudx$ sera celle du poids du volume de Fluide qu'occup[e]
le même corps. Or, d'après ce qu'on vient de dire, la somme de[s]
forces verticales qui agissent sur le corps, ou la force vertica[le]
totale, est aussi exprimée par $m\int \zeta dudx$. Donc la force qu'éprouv[e]
verticalement, de bas en haut, un corps submergé dans un Fluide qu[i]
est en repos, ou la force que lui communique le Fluide, est égal[e]
au poids du volume de Fluide que déplace le corps.

PROPOSITION VIII.

(562.) *Pour qu'un corps submergé dans un Fluide qui est en repos[,]
soit sans aucun mouvement vertical, il faut que le poids du corps so[it]*

égal à celui du volume de Fluide qu'il déplace , & de plus que la ver-
ticale qui paſſe par le centre du volume de Fluide déplacé , coïncide
avec celle qui paſſe par le centre de gravité du corps.

Les forces $m \zeta dudx$ font autant de puiſſances qui pouſſent le corps
verticalement , de bas en haut , ou , ce qui revient au même
(89 , 90 & 91.) , $m \int \zeta dudx$ eſt une puiſſance qui pouſſe verticalement
le corps de bas en haut , & eſt placée au centre de toutes les puiſſances
$m \zeta dudx$, ou au centre de l'eſpace qu'occupe le corps dans le Fluide.
Suppoſant maintenant que M repréſente la maſſe de tout le corps , M
ſera une autre puiſſance qui pouſſe verticalement le corps de haut
en bas : donc (110.) on doit avoir $m \int \zeta dudx - M = 0$, pour que
le centre de gravité ſoit ſans aucun mouvement ; c'eſt-à-dire que le
poids M du corps doit être égal à $m \int \zeta dudx$, poids du volume de
Fluide qu'il déplace. En outre , ſi nous nommons p la diſtance horiſontale de la verticale , qui paſſe par le centre de gravité , à
celle qui paſſe par la puiſſance $m \int \zeta dudx$, ou par le centre de l'eſpace , ou volume du corps ſubmergé dans le Fluide , nous aurons
(168.) $\frac{m \int dt \int p dt \int \zeta dudx}{s}$ pour l'expreſſion de l'angle de rotation. Mais cette
quantité ne peut être zéro , dès le commencement de l'action , ſi
l'on n'a pas $p = 0$. Donc , pour qu'il n'y ait abſolument aucun mouvement , ſoit vertical , ſoit de rotation , il faut que la verticale qui
paſſe par le centre du volume de Fluide déplacé , coïncide avec
celle qui paſſe par le centre de gravité du corps.

CHAPITRE II.

De la force avec laquelle les Fluides en mouvement agiſſent
contre une différencio-différencielle de ſurface.

Proposition IX.

(563.) **S**I , *dans la ſurface qui contient un Fluide en repos , on ouvre*
un orifice , qu'on peut ſuppoſer pour le préſent infiniment petit , le Fluide
ſortira par cet orifice avec une vîteſſe égale à celle qu'il acquerroit en
tombant librement de la hauteur verticale a *de la ſurface du Fluide au-*
deſſus de l'orifice.

Suppoſons que A ſoit une particule du Fluide , & α la puiſſance
qui l'anime lorſqu'elle tombe librement , nous aurons (32.) $\frac{\alpha t}{A} = u$.

Soit fuppofé maintenant la même particule fortant par l'orifice, la puiffance qui l'animera, fera la force réunie de toutes les particules qui font contenues dans la hauteur a (544.). Par conféquent n étant fuppofé un nombre infini, ce nombre repréfentera la totalité des particules contenues dans cette hauteur, & $n\alpha$ fera la puiffance qui anime la particule qui jaillit par l'orifice. Mais le temps durant lequel cette puiffance agit fur la particule, doit être infiniment petit, nous devons donc le repréfenter par $\frac{t}{n}$: par conféquent nous aurons auffi (32.)$\frac{n\alpha}{A} \cdot \frac{t}{n} = V$; V défignant la vîteffe avec laquelle la particule jaillit par l'orifice ; c'eft-à-dire, en réduifant $\frac{\alpha t}{A} = V$: donc les deux vîteffes V & u font égales.

C O R O L L A I R E.

(564.) Comme les particules du Fluide font pouffées dans toutes les directions avec une force égale, il s'enfuit que quelle que foit la direction fuivant laquelle une particule eft pouffée, cette particule prendra, en s'échappant, une vîteffe $u = 8\sqrt{a}$; vîteffe qui eft celle que doit acquérir un corps, ou une particule de Fluide, qui tombe librement de la hauteur verticale a (52.).

S C O L I E.

(565.) Dans la pratique, la vîteffe réelle du Fluide eft toujours moindre que celle que nous venons d'affigner d'après la théorie. Cette différence vient du frottement que doit produire le choc des particules contre les parois de l'orifice, & encore de celui que produit le choc des particules les unes contre les autres, même avant qu'elles parviennent à jaillir par l'orifice. Mais nous ferons abftraction de tous ces frottements, dont la confidération n'eft pas néceffaire pour notre objet, comme nous le verrons dans la fuite.

P R O P O S I T I O N X.

(566.) *Trouver le rapport entre la force perpendiculaire qui agit fur une différencio-différencielle de furface, & la vîteffe avec laquelle le Fluide jailliroit par cette différencio-différencielle, fi elle lui donnoit un libre paffage.*

Nous avons trouvé cette force (554) $= ma.LN.NM$; $LN.NM$ exprimant l'aire différencio-différencielle de la furface. Nous avons trouvé pareillement (564.) la vîteffe u avec laquelle le Fluide jailliroit par cette différencio-différencielle $= 8\sqrt{a}$, ce qui donne $a = \frac{u^2}{64}$.

Donc la force dont il eſt ici queſtion, ſera repréſentée par $\frac{mu^2}{64}$*LN.MN*; expreſſion qui renferme la relation cherchée.

COROLLAIRE.

(567.) Connoiſſant la vîteſſe avec laquelle le Fluide jailliroit par la différencio-différencielle, on aura la force dont cette petite ſurface ſoutient l'effort, en multipliant ſon aire *LN.MN*, par le quarré de la vîteſſe *u*, & par la conſtante $\frac{m}{64}$.

PROPOSITION XI.

(568.) *La force perpendiculaire qu'éprouve une différencio - différen-cielle de ſurface* LN.MN, *lorſqu'elle ſe meut dans un Fluide, en ſui-vant une direction qui lui eſt perpendiculaire, eſt* = m.LN.MN(√ a ± ⅛ u)²; u *déſignant la vîteſſe perpendiculaire de la ſurface.*

On vient de voir (564.) que la vîteſſe avec laquelle le Fluide jailliroit par la différencio-différencielle de la ſurface, s'il avoit un libre paſſage, eſt = 8 √ a : par conſéquent ſi la ſurface ſe meut avec la vîteſſe *u*, dans la même direction perpendiculaire par laquelle le Fluide ſe dirigeroit, la vîteſſe relative ſera 8 √ a ± u ; le ſigne ╺╋╸ ayant lieu dans le cas où la ſurface ſe meut contre le Fluide, & le ſigne ━ lorſqu'elle tend à s'en éloigner, ou qu'elle fuit le Fluide. Donc la force perpendiculaire dont la ſurface ſoutiendra l'effort, eſt (567.) = $\frac{m.LN.NM}{64}$ (8 √ a ± u)² = m.LN.NM (√ a ± ⅛ u)²; a déſignant la diſtance verticale de la différencio-différencielle de la ſurface à la ſuperficie du Fluide, celui-ci étant en repos.

PROPOSITION XII.

(569.) *Si l'on repréſente par* n *l'angle* MNO *que forme la ſurface avec l'horiſontale* NO, *perpendiculaire à* LN, *la force perpendiculaire, dont la différencio-différencielle* LKMN *éprouvera la réſiſtance, en ſe mou-vant perpendiculairement, ſera auſſi* = m.LN. $\frac{MO}{\text{ſin } n}$ (√ a ± ⅛u)² = m.db. $\frac{da}{\text{ſin } n}$ (√ a ± ⅛u)² , *en faiſant la différencielle horiſontale* LN = db.

Car on a *MN* : *MO* :: 1 : *ſin* n, & par conſéquent *MN* = $\frac{MO}{\text{ſin } n}$ = $\frac{da}{\text{ſin } n}$; cette valeur de *MN* étant ſubſtituée dans l'expreſſion m.LN.MN (√ a ± ⅛u)² qu'on vient de trouver (568.), la change en celle-ci, $\frac{m.db.da}{\text{ſin } n}$ (√ a ± ⅛u)² ; c'eſt l'expreſſion de la force perpendiculaire dont la différencio-différencielle *LKMN* éprouve la réſiſtance, en ſe mouvant perpendiculairement.

Proposition XIII.

(570.) *Si la différencio-différencielle* LKMN *, au lieu de se mouvoir suivant une direction qui lui soit perpendiculaire, se meut suivant une autre direction quelconque qui fasse avec elle un angle donné* $= \theta$, *la force perpendiculaire qu'éprouvera la différencio - différencielle, sera* $= \ldots$ $\frac{m.db.da}{\sin n} \left(\sqrt{a \pm \tfrac{1}{8} u \sin \theta} \right)^2.$

La vîtesse suivant la direction que suit la différencio-différencielle, est à la vîtesse suivant la perpendiculaire, comme 1 est à *sin* θ : par conséquent cette vîtesse perpendiculaire sera $= u \sin \theta$. Cette valeur étant substituée dans l'expression $\frac{m.db.da}{\sin n} \left(\sqrt{a \pm \tfrac{1}{8} u} \right)^2$ qu'on vient de trouver (569.), en place de u seul, qui représente, dans cette formule, la vîtesse perpendiculaire, on aura la force, ou résistance, perpendiculaire qu'éprouve la différencio-différencielle $= \frac{m.db.da}{\sin n} \left(\sqrt{a \pm \tfrac{1}{8} u \sin \theta} \right)^2.$

Proposition XIV.

(571.) *La force ou résistance qu'éprouvera la surface différencio-diffé-rencielle* LKMN *, suivant une direction quelconque qui la coupe sous un angle donné* x, *sera* $= \frac{m.db.da. \sin x}{\sin n} \left(\sqrt{a \pm \tfrac{1}{8} u \sin \theta} \right)^2.$

Soit *DL* cette direction quelconque ; & du point *D* soit abaissé la perpendiculaire *DC* sur la surface ; tirant ensuite la ligne *LC*, l'angle *DLC*, ou son égal *DFG*, sera $= x$, *FG* étant supposé perpendiculaire sur *LD*. Si donc *DF* représente la force, ou résistance, perpendiculaire, *DG* représentera celle-que la différencio-différencielle de la surface éprouve dans la direction *DL*. Mais *DF* est à *DC*, comme 1 est à *sin* x ; on aura donc aussi 1 est à *sin* x, comme $\frac{m.db.da}{\sin n} \left(\sqrt{a \pm \tfrac{1}{8} u \sin \theta} \right)^2$, force, ou résistance, perpendiculaire, est à $\frac{m.db.da.\sin x}{\sin n} \left(\sqrt{a \pm \tfrac{1}{8} u \sin } \right)^2$, force, ou résistance, suivant la direction *DL*.

Corollaire.

(572.) Dans le cas où l'on demanderoit la force suivant la direction du mouvement, alors $x = \theta$; & par conséquent la force qu'é-prouvera la différencio-différencielle de la surface *LKMN*, dans la direction de son mouvement, est $= \frac{m.db.da.\sin \theta}{\sin n} \left(\sqrt{a \pm \tfrac{1}{8} u \sin \theta} \right)^2.$

Lemme I.

(573.) *Si, par quelque point* D *de la direction* DL, *on fait passer un plan vertical* IED, *perpendiculaire à la différencio-différencielle* LKMN;

& par la base LN de ladite différencio-différencielle, un plan horifontal NLA. Si, de plus, ayant élevé la verticale DAI, on mene les perpendiculaires AB, DC, AH, en nommant λ l'angle NLA, & μ l'angle LDA, on aura $\sin\varkappa$, ou le finus de l'angle CLD que forme la direction DL avec la différencio-différencielle, $= \sin\lambda . \sin n . \sin\mu + \cos\mu . \cos n$.

Suppofons $LA = q$, on aura $AE = q . \sin\lambda$; & dans le triangle rectangle BAE, à caufe que $\sin n =$ le finus de l'angle BEA, on aura $BA = CH = q . \sin n . \sin\lambda$. Dans le triangle auffi rectangle LAD, on a $DA = \dfrac{q \cos\mu}{\sin\mu}$; mais à caufe que les triangles DAH, DIC, EIA, font femblables, l'angle $IEA = HDA$, & le finus de cet angle eft par conféquent $= \sin n$; donc $DH = \dfrac{q . \cos\mu . \cos n}{\sin\mu}$; & par conféquent $CH + HD = CD = q . \sin\lambda . \sin n + \dfrac{q . \cos\mu . \cos n}{\sin\mu}$. De plus, on a $DL = \dfrac{q}{\sin\mu}$: donc, dans le triangle rectangle CLD, on aura $\dfrac{q}{\sin\mu} : q . \sin\lambda . \sin n + \dfrac{q . \cos\mu . \cos n}{\sin\mu} :: 1 : \sin\varkappa = \sin\lambda . \sin n . \sin\mu + \cos\mu . \cos n$.

C O R O L L A I R E I.

(574.) Subftituant cette valeur de $\sin\varkappa$ dans l'expreffion . . . . $\dfrac{m . db . da . \sin\varkappa}{\sin n} (a^{\frac{1}{2}} \pm \frac{1}{8} u \sin\theta)^2$ de la réfiftance qu'éprouve la différencio-différencielle fuivant la direction DL, elle deviendra $= $ . . . . . $m . db . da \left(\sin\lambda . \sin\mu + \dfrac{\cos\mu \cos n}{\sin n} \right) (a^{\frac{1}{2}} \pm \frac{1}{8} u \sin\theta)^2$.

C O R O L L A I R E II.

(575.) Si, de l'extrémité N de la bafe LN, on abaiffe, fur la direction LR qui paffe par l'autre extrémité, la perpendiculaire NR ; en fuppofant cette perpendiculaire $= dc$, on aura $NR = db . \sin\lambda = dc$, & $db = \dfrac{dc}{\sin\lambda}$.

C O R O L L A I R E III.

(576.) Subftituant cette valeur de db dans l'expreffion . . . . . $m . db . da \left(\sin\lambda . \sin\mu + \dfrac{\cos\mu . \cos n}{\sin n} \right) (a^{\frac{1}{2}} \pm \frac{1}{8} u \sin\theta)^2$, elle deviendra . . $m . dc . da \left(\sin\mu + \dfrac{\cos\mu . \cos n}{\sin\lambda . \sin n} \right) (a^{\frac{1}{2}} \pm \frac{1}{8} u \sin\theta)^2$.

C O R O L L A I R E IV.

(577.) Dans le cas où l'on demanderoit la réfiftance horifontale, on auroit $\sin\mu = 1$, & $\cos\mu = 0$: donc cette réfiftance fera $= m . dc . da (a^{\frac{1}{2}} \pm \frac{1}{8} u \sin\theta)^2$.

Corollaire V.

(578.) La force, ou résistance, horisontale est donc à celle qui s'exerce dans une direction quelconque comme l'unité est à $\sin \mu + \dfrac{\cos \mu . \cos n}{\sin \lambda . \sin n}$; ou comme $\sin n . \sin \lambda$ est à $\sin n . \sin \lambda . \sin \mu + \cos \mu . \cos n$.

Corollaire VI.

(579.) Si l'on nomme H la force, ou résistance, horisontale; celle qui s'exerce suivant une direction quelconque sera $= H \left(\sin \mu + \dfrac{\cos \mu . \cos n}{\sin \lambda . \sin n} \right)$.

Corollaire VII.

(580.) Dans le cas où l'on demanderoit la force, ou résistance, verticale, on auroit $\sin \mu = 0$, & $\cos \mu = 1$: cette résistance sera donc $= \dfrac{H . \cos n}{\sin \lambda . \sin n}$.

Corollaire VIII.

(581.) Si l'horisontale NO, perpendiculaire à la base LN, est supposée $= de$, on aura $\cos n : \sin n :: de : da = \dfrac{de . \sin n}{\cos n}$; cette valeur étant substituée dans l'expression de la force . . . . $m . db . da \left(\sin \lambda . \sin \mu + \dfrac{\cos \mu \cos n}{\sin n} \right) (a^{\frac{1}{2}} \pm \frac{1}{8} u \sin \theta)^2$, la changera en celle-ci $m . db . de \left(\dfrac{\sin n . \sin \lambda . \sin \mu}{\cos n} + \cos \mu \right) (a^{\frac{1}{2}} \pm \frac{1}{8} u \sin \theta)^2$.

Corollaire IX.

(582.) Dans le cas où l'on voudroit avoir la résistance verticale, on auroit $\sin \mu = 0$, & $\cos \mu = 1$, & par conséquent cette résistance seroit $= m . db . de (a^{\frac{1}{2}} \pm \frac{1}{8} u \sin \theta)^2$.

Corollaire X.

(583.) Puisque l'angle que forme la direction du mouvement avec la différencio-différencielle, est exprimé par θ, on aura aussi $\sin \theta = \sin \lambda . \sin n . \sin \mu . + \cos \mu . \cos n$, dans le cas où il seroit question de la force, ou résistance, suivant cette direction.

Corollaire XI.

(584.) Dans le mouvement horisontal, $\sin \mu = 1$, & $\cos \mu = 0$: donc, dans ce cas, $\sin \theta = \sin \lambda . \sin n$.

Corollaire XII.

(585.) Le mouvement étant vertical, $\sin \mu = 0$, & $\cos \mu = 1$: donc, dans ce cas, on aura $\sin \theta = \cos n$.

Corollaire

COROLLAIRE XIII.

(586) La réſiſtance horiſontale, dans le cas où la direction du mouvement eſt auſſi horiſontale, fera donc $m.dc.da\,(a^{\frac{1}{2}}\pm\frac{1}{8}u\,ſin\,\lambda.ſin\,\varkappa)^{2}$; & la réſiſtance verticale, lorſque la direction du mouvement eſt pareillement verticale, ſera $= m.db.de\,(a^{\frac{1}{2}}\pm\frac{1}{8}u\,coſ\,\varkappa)^{2}$.

SCOLIE.

(587.) Dans tous les cas ci-deſſus, on doit entendre que la ſurface *AB* eſt en partie plongée dans le Fluide, & en partie au dehors, de ſorte que *a* exprime la diſtance verticale de la différencio-différencielle *LKMN*, juſqu'à la ſuperficie *P* du Fluide, celui-ci étant en repos. Toute la ſurface peut cependant être ſubmergée dans le Fluide, de ſorte que *Q* ſoit un point de la ſuperficie du Fluide. Dans ce cas, la lettre *a* devroit repréſenter la hauteur verticale *QM* du Fluide au-deſſus de la différencio différencielle *LKMN*, & non la hauteur *PM* de la ſurface *AB*. Pour éviter toute équivoque, nous ferons $QP = D$, & $PM = a$; de ſorte que la hauteur verticale du Fluide au-deſſus de la différencio-différencielle *LKMN*, ne ſera plus exprimée par *a*, mais par $D+a$. Cette valeur étant donc ſubſtituée, dans les expreſſions précédentes, en place de *a* ſeul, qui déſignoit auparavant la hauteur verticale du Fluide, on aura (571 & 574.)

$$\frac{m.db.da.\,ſin\,\varkappa}{ſin\,\varkappa}\big((D+a)^{\frac{1}{2}}\pm\tfrac{1}{8}u\,ſin\,\theta\big)^{2} = m.db.da\left(ſin\,\lambda.ſin\,\mu+\frac{coſ\,\mu.coſ\,\varkappa}{ſin\,\varkappa}\right)\big((D+a)^{\frac{1}{2}}\pm\tfrac{1}{8}u\,ſin\,\theta\big)^{2},$$

pour l'expreſſion de la réſiſtance ſuivant une direction quelconque; $m.dc.da\big((D+a)^{\frac{1}{2}}\pm\tfrac{1}{8}u\,ſin\,\theta\big)^{2}$ pour la réſiſtance horiſontale, (577.) & (582.) $m.db.de\big((D+a)^{\frac{1}{2}}\pm\tfrac{1}{8}u\,ſin\,\theta\big)^{2}$ pour la réſiſtance verticale. Si l'on vouloit avoir les réſiſtances ſuivant la direction du mouvement, comme, dans ce cas, $\varkappa = \theta$, on auroit $\frac{m.db.da.\,ſin\,\theta}{ſin\,\varkappa}\big((D+a)^{\frac{1}{2}}\pm\tfrac{1}{8}u\,ſin\,\theta\big)^{2}$ pour l'expreſſion de la réſiſtance dans une direction quelconque; & (586.) $m.dc.da\big((D+a)^{\frac{1}{2}}\pm\tfrac{1}{8}u\,ſin\,\lambda.ſin\,\varkappa\big)^{2}$ pour la réſiſtance horiſontale; & enfin, $m.db.de\big((D+a)^{\frac{1}{2}}\pm\tfrac{1}{8}u\,coſ\,\varkappa\big)^{2}$ pour la réſiſtance verticale.

PROPOSITION XV.

(588.) *Si un Fluide ſe meut en vertu de ſa propre gravité, & prend une vîteſſe conſtante, une partie de l'action de chacune de ſes particules eſt détruite par une force quelconque.*

Soit *CI* la ſuperficie du Fluide inclinée à l'horiſon, & *B* une de ſes particules, l'action de la gravité sur cette particule est dirigée suivant la verticale BD, & peut se décomposer en deux autres, l'une suivant BA, perpendiculaire à la superficie CI; & l'autre suivant AD, parallele à cette superficie. Par la premiere action, le Fluide doit demeurer en équilibre, & par la seconde, sa vîtesse devroit s'accélérer : mais, par la supposition, sa vîtesse est constante; donc $du = 0$. Donc la somme des puissances qui agissent pour augmenter la vîtesse, est zéro; & par conséquent il faut qu'il y ait une force, ou puissance, qui agisse dans une direction opposée, & qui détruise celle qui agit suivant AD.

PROPOSITION XVI.

(589.) *Trouver la force dont une différencio-différencielle de surface éprouve l'action, lorsqu'étant en repos, c'est le Fluide qui se meut contre elle, & qui la choque.*

Il paroît, au premier coup-d'œil, que l'action & la réaction étant égales, ce devroit être la même chose, quant à l'effet, que la surface fût en mouvement, ou que ce fût le Fluide ; & que toute la différence consiste à supposer que le Fluide soit en mouvement avec la même vîtesse u, dans une direction contraire. En effet, ce principe seroit exactement vrai, si la gravitation des particules du Fluide étoit toujours perpendiculaire à sa superficie; mais il n'en est pas ainsi dans le cas où le Fluide se meut, parce que son mouvement dépend de sa *dénivellation*. Dès que le Fluide se meut, sa superficie cesse d'être de niveau, & par conséquent la direction suivant laquelle gravitent ses particules, n'est plus perpendiculaire à sa superficie. Supposons, par exemple, que le Fluide se meuve avec la vîtesse constante u, sa superficie CI étant inclinée à l'horifon : la gravitation verticale α des particules du Fluide en FB peut se décomposer en deux, l'une β agissant suivant la direction BA perpendiculaire à la superficie CI, & l'autre γ parallele à cette même superficie. Exprimant donc par ω l'angle ADB que forme la verticale avec la superficie du Fluide, on aura $\beta = \alpha \sin \omega$, & $\gamma = \alpha \cos \omega$. Cette derniere gravitation, ou puissance, est détruite, comme on l'a vu *Art.* 588, & il demeure seulement la force $\beta = \alpha \sin \omega$ perpendiculaire à la superficie CI; & par conséquent nous aurons équilibre dans le Fluide, par l'action de cette puissance, & sa valeur est celle que nous devons substituer, dans les formules précédentes, en place de α seul.

Supposant maintenant, comme ci-dessus, la verticale $FB = \alpha$, on aura $EB = \alpha \sin \omega$; & substituant aussi cette valeur au lieu de α dans l'équation $a = \dfrac{Au^2}{2u}$, trouvée, *Art.* 43, nous aurons $a \sin \omega = \dfrac{Au^2}{2u \sin \omega}$;

d'où l'on tire $\frac{a}{A} = \frac{u^2}{2a\,\mathit{fin}\,\omega^2}$: mais (52.) $\frac{a}{A} = 32$; donc $32 = \frac{u^2}{2a\,\mathit{fin}\,\omega^2}$, & par conséquent $u = 8a^{\frac{1}{2}}\mathit{fin}\,\omega$. Telle est la viteſſe avec laquelle le Fluide jaillira par un orifice fait en B, en vertu de l'action ſeule de la puiſſance $\beta = \alpha\,\mathit{fin}\,\omega$.

La viteſſe relative avec laquelle le Fluide ſe mouvera dans l'orifice, ſera donc $= 8\,a^{\frac{1}{2}}\mathit{fin}\,\omega \pm u\,\mathit{fin}\,\theta$; & le poids, ou la force perpendiculaire que ſupportera la différencio-différencielle $LN.NM$ de la ſurface, ſera $= m.LN.NM\left(a^{\frac{1}{2}}\mathit{fin}\,\omega \pm \frac{1}{8}u\,\mathit{fin}\,\theta\right)^2$, ou $= \ldots\ldots\ldots\ldots$ $m.LN.NM\left((D+a)^{\frac{1}{2}}\mathit{fin}\,\omega \pm \frac{1}{8}u\,\mathit{fin}\,\theta\right)^2$. Subſtituant maintenant dans cette formule les valeurs de LN & NM, qu'on a trouvées, ou bien, ſubſtituant, dans les formules trouvées (587.), $(D+a)^{\frac{1}{2}}\mathit{fin}\,\omega$, en place de $D+a$, on aura $\frac{m.db.da.\,\mathit{fin}\,x}{\mathit{fin}\,n}\left((D+a)^{\frac{1}{2}}\mathit{fin}\,\omega \pm \frac{1}{8}u\,\mathit{fin}\,\theta\right)^2 =$ $m.db.da\left(\mathit{fin}\,\lambda.\,\mathit{fin}\,\mu. + \frac{\mathit{cof}\,\mu\,\mathit{cof}\,n}{\mathit{fin}\,n}\right)\left((D+a)^{\frac{1}{2}}\mathit{fin}\,\omega \pm \frac{1}{8}u\,\mathit{fin}\,\theta\right)^2$, pour l'expreſſion de la force dans une direction quelconque ; $\ldots\ldots\ldots$ $m.dc.da\left((D+a)^{\frac{1}{2}}\mathit{fin}\,\omega \pm \frac{1}{8}u\,\mathit{fin}\,\theta\right)^2$, pour celle de la force horiſontale, & $m.db.dc\left((D+a)^{\frac{1}{2}}\mathit{fin}\,\omega \pm \frac{1}{8}u\,\mathit{fin}\,\theta\right)^2$, pour la verticale. Et ſi l'on demande les expreſſions de la force, ſuivant la direction du mouvement, on aura $\frac{m.db.da.\,\mathit{fin}\,\theta}{\mathit{fin}\,n}\left((D+a)^{\frac{1}{2}}\mathit{fin}\,\omega \pm \frac{1}{8}u\,\mathit{fin}\,\theta\right)^2 = \ldots\ldots\ldots$ $m.dc.da\left((D+a)^{\frac{1}{2}}\mathit{fin}\,\omega \pm \frac{1}{8}u\,\mathit{fin}\,\lambda.\,\mathit{fin}\,n\right)^2$, quand cette direction eſt horiſontale ; & $m.db.de\left((D+a)^{\frac{1}{2}}\mathit{fin}\,\omega \pm \frac{1}{8}u\,\mathit{cof}\,n\right)^2$, quand elle eſt verticale.

C O R O L L A I R E I.

(590.) Si le Fluide ſe meut horiſontalement, on aura $\mathit{fin}\,\omega = 1$, & les expreſſions des forces ſe réduiront à celles qu'on a trouvées pour le cas où le Fluide eſt en repos, & que la ſurface choquée eſt en mouvement ; d'où il ſuit que c'eſt ſeulement dans cette ſuppoſition que peut avoir lieu le principe généralement reçu, qui eſt que c'eſt la même choſe, quant à l'effet, que ce ſoit la ſurface qui ſe meuve, ou que ce ſoit le Fluide.

C O R O L L A I R E. II.

(591.) Les formules précédentes ſont donc toutes renfermées dans ces dernieres : il ſuffit de faire $\mathit{fin}\,\omega = 1$, pour les obtenir.

P R O P O S I T I O N XVII.

(592.) *Trouver la force qui agit ſur une différencio-différencielle de ſurface, lorſque la ſurface & le Fluide ſont en mouvement.*

Pour avoir la folution de ce cas, il ne faut que chercher la valeur de la vîteffe compofée des deux autres, fçavoir, celles de la
furface & du Fluide, & la fubftituer, dans ces dernieres formules,
en place de u. On fubftituera de même, en place de θ, la valeur
de l'angle que forme la direction compofée avec la différencio-différencielle de la furface. Ces fubftitutions faites, on aura les formules
qui conviennent au cas propofé, comme il eft évident, par la théorie
de la compofition & de la décompofition des forces.

S C O L I E .

(593.) Un Fluide étant un corps, il femble que nous aurions dû
nous affujettir, dans la théorie de ce Chapitre, aux loix & aux principes que nous avons donnés dans le *Chap. VI du Livre I*; puifque
l'impulfion d'une furface contre un Fluide, eft une vraie percuffion.
Sa force, défignée par π dans le Chapitre cité, & qui eft $=\frac{DH.D'H'}{DH+D'H'}$,
fe réduit à $\pi = DH$, dans le cas préfent, où la dureté, ou den-
fité D, du Fluide eft négligeable par rapport à celle de la furface, ou
du corps ; c'eft-à-dire que la force dont la furface fouffre l'action,
eft en raifon directe de la denfité du Fluide, & de l'amplitude H
de l'impreffion. Mais cette maniere d'envifager la queftion ne nous
auroit pas conduit à une connoiffance parfaite de la force qui a fait
l'objet de nos recherches : car, quoique nous connoiffions la valeur
de H dans le cas du repos, laquelle n'eft en effet que l'aire de la
furface du corps choquant perpendiculaire à la direction du mouvement, nous ne la connoiffons pas dans le cas du mouvement actuel,
parce qu'alors cette valeur n'eft plus la même, attendu qu'elle fubit
des altérations. Nous n'aurions pas obtenu une connoiffance plus
parfaite, en nous fervant de l'équation $\pi = \frac{H}{I}(\frac{1}{2}AU^2 + \alpha x)$ qu'on a
trouvée, *Art.* 312, équation à laquelle fe réduit le cas dont il eft
ici queftion; ou bien $\pi = \frac{H\alpha x}{I}$, en fuppofant la vîteffe initiale U
avec laquelle fe mouvoit la furface égale à zéro : car l'impreffion totale I étant comme Hx, cette équation nous eût feulement appris
que la force π, dont la furface éprouve l'action, eft comme la
puiffance α qui la pouffe. C'eft pour cela que nous avons tâché de prendre
un autre chemin, qui, comme on l'a vu, nous a conduit à la vraie con-
noiffance de la valeur de π, qui eft $= \frac{m.db.da \, \sin x}{\sin x}((D+a)^{\frac{1}{2}}\sin \omega \pm \frac{1}{8} u \sin \theta)^2$.
Mais, quelque fimple que foit la théorie que nous avons employée,
elle ne laifferoit pas cependant de pouvoir être combattue par des
raifonnements très-folides, fi l'expérience ne la confirmoit pas, au-

tant qu'elle le fait, par tous les moyens qu'on peut employer à cette vérification, comme on le verra par la suite. Au reste, ces embarras ont existé dans tous les temps, & ont fait regarder ce sujet comme de la plus grande difficulté ; les plus célebres Géometres en ont fait l'objet de leurs recherches, & avouent qu'ils ont tâché seulement d'atteindre le but, sans y être parvenus entiérement.

Le Docteur *Wallis*, dans ses *Œuvres Mathematiques*, établit cette force seulement comme la simple vîtesse ; & c'est d'après cette doctrine qu'il fonde tous ses calculs sur le mouvement des corps projettés dans l'air. Il ne donne pas d'autre raison pour appuyer son sentiment, & pour suivre cette regle, si ce n'est, qu'avec une vîtesse double, une surface en mouvement écarte une quantité double de Fluide, & qu'elle en écarte une quantité triple avec une vîtesse triple, & ainsi de suite. Il ajoute qu'on pourroit lui objecter qu'avec une vîtesse double, la surface met en mouvement une quantité double de Fluide, en lui donnant une vîtesse double ; que par conséquent il paroît que la surface a besoin d'une force doublée pour le mouvoir : mais il répond à cela, en disant que la surface ne meut pas le Fluide, qu'elle ne fait seulement que le séparer. Il est étonnant que les difficultés qui résultent de ce principe, ne se soient pas présentées au Docteur *Wallis*, & qu'il n'ait pas senti l'insuffisance de cette réponse. En effet, il est bien difficile de concevoir comment la surface peut séparer le Fluide sans le mouvoir, & sans le mouvoir avec une vîtesse proportionnelle à la sienne.

Léonard Euler, ce grand Géometre, s'explique ainsi dans sa *Science Navale*. Qu'on suppose, dit-il, une surface plane *AB*, dont l'aire soit $= a^2$, mise en mouvement dans l'eau, suivant la direction *CO* qui lui est perpendiculaire. Soit, de plus, *M* le poids du corps dont *AB* est la surface, & *v* la hauteur dont il devroit tomber pour acquérir la vîtesse avec laquelle il exécute son mouvement. Soit aussi *Cc* $= dx$, l'espace qu'il parcourt dans un instant, de sorte que, pendant cet instant, la surface passe de la situation *AB* à la situation *ab*, *Aa* étant $=$ *Cc* $=$ *Bb* ; & comme le corps perd de sa vîtesse, il met $v - dv$, pour exprimer la hauteur d'où le corps devroit tomber pour acquérir sa vîtesse diminuée. Ceci supposé, le même Auteur poursuit ainsi : le corps aura choqué, dans cet instant, l'eau contenue dans l'espace *AabB*, dont le poids est égal à $ma^2 dx$, en exprimant par *m* la densité, ou la pesanteur spécifique, de l'eau : & en supposant que le centre de gravité de la surface soit dirigé suivant la même ligne *Cc*, dans laquelle se trouve

celui du volume de l'eau *AabB* , afin qu'il n'y ait aucune rotation , cette quantité d'eau fe mettra en mouvement, & après le premier inftant, elle continuera de fe mouvoir avec la même vîteffe que le corps. La quantité de mouvement fera donc, après ce premier inftant, celle du corps & celle de l'eau réunies ; c'eft-à-dire, . . . ($M + ma^2 dx$) $(v - dv)^{\frac{1}{2}}$, laquelle doit être égale au mouvement qu'avoit le corps au commencement de l'action , c'eft-à-dire; immédiatement avant le choc, mouvement qui étoit $= Mv^{\frac{1}{2}}$. Donc nous aurons , dit-il,
$$Mv^{\frac{1}{2}} = (M + ma^2 dx)(v - dv)^{\frac{1}{2}} = (M + ma^2 dx)(v^{\frac{1}{2}} - \frac{dv}{2\sqrt{v}}) ;$$
ce qui donne $Mdv = 2ma^2 vdx$. Il fuppofe enfuite que p eft une puiffance qui , dirigée fuivant *CO* , foit capable de produire le même effet que la force qui pouffe la furface ; & delà il déduit $Mdv = pdx = 2ma^2 vdx$, ou $p = 2ma^2 v$; c'eft-à-dire que la puiffance équivalente à la force qui pouffe la furface , ou que cette force elle-même , eft égale au double du poids d'une colonne d'eau dont la bafe eft la furface choquée , & la hauteur celle dont il faudroit que le corps tombât pour acquérir la vîteffe avec laquelle il fe meut.

Pour réduire cette théorie à la nôtre , nous fuppoferons , dans l'équation $m.dc.da\left((D + a)^{\frac{1}{2}} \sin \omega + \frac{1}{8} u \sin \theta\right)^2$, $\sin \omega = 1$, & $\sin \theta = 1$; ce qui la changera en $m.dc.da\left((D + a)^{\frac{1}{2}} + \frac{1}{8} u\right)^2$; d'où l'on voit que ces deux théories ne peuvent convenir entre elles qu'en faifant $D + a = 0$, c'eft-à-dire , en fuppofant que la différencio différencielle choquée coïncide précifément avec la fuperficie du Fluide : car , dans ce cas , la force devient $= m.dc.da.\frac{1}{64} u^2$, ou $= m.dc.du.v$, en fubftituant (52.) la valeur de $\frac{1}{64} u^2$ qui eft $= v$; expreffion qui convient avec celle d'*Euler*, avec la feule différence que la fienne eft double de celle-ci. Mais on voit que, dans le fait, fa théorie ne convient avec la nôtre que dans un cas feulement, qu'il eft prefque impoffible de fuppofer ; & encore réfulte-t-il de la théorie d'*Euler* que la force eft égale au double du poids d'une colonne d'eau, dont la bafe eft la furface choquée , & dont la hauteur eft celle dont il faudroit que le corps tombât pour acquérir la vîteffe avec laquelle il fe meut ; réfultat dont l'Auteur avoue lui-même n'être pas fatisfait, en confidérant que le poids que fupporte une furface , eft feulement le poids fimple de la même colonne d'eau , comme notre théorie l'indique.

Cette obfervation paroîtra encore plus digne d'attention, fi, au lieu de $Mdv = pdx$, on fait $Mdv = \frac{pdx}{32}$, qui eft la feule équation légitime. En effet, on a vu (41 & 52.) que dans les corps graves qui tombent verticalement, $dv = \frac{Mu\,du}{32\,M}$, u défignant la vîteffe avec laquelle fe meut le corps ; & dans le cas où fon mouvement feroit produit par la puiffance p, on a $dx = \frac{Mu\,du}{p}$ (41.) : en combinant ces deux équations, on en tire $32\,dv = \frac{p\,dx}{M}$, ou $M\,dv = \frac{p\,dx}{32}$, ce qui donne $\frac{p\,dx}{32} = 2ma^2 v\,dx$, ou $p = 64ma^2 v$; c'eft-à-dire que la réfiftance eft égale au poids de 64 colonnes d'eau, dont la bafe de chacune eft la furface choquée, & dont la hauteur eft celle dont il faudroit que le corps tombât pour acquérir la vîteffe avec laquelle il fe meut. Ce réfultat, qui indique un poids prodigieux, paroîtra fans doute bien étrange, & bien éloigné des conféquences que nous ont fourni les principes établis dans le Chapitre précédent.

En outre, il faut obferver que le poids de la quantité d'eau que meut le corps, n'eft pas $ma^2 dx$, mais (554.) celui d'une colonne d'eau, dont la bafe eft la furface a^2, & dont la hauteur eft celle du Fluide au-deffus de cette furface ; de forte que le poids fera d'autant plus grand, & par conféquent la réfiftance d'autant plus grande, que la furface fera plus profondément enfoncée dans le Fluide. Ce réfultat, fi clair & fi évident, ne peut cependant fe déduire ni du calcul, ni des équations fuppofées. On pourroit, au refte, fe convaincre de cette vérité, fans cette confidération : il fuffit, pour cela, de lire le *Scolie* qui eft à la fin de la *Propofition XXXV* du *Livre II* de la *Philofophie Naturelle* de *Newton* ; on y verra clairement que le corps, à la vérité, ne choque que la partie de Fluide exprimée par $ma^2 dx$, mais que cette partie en choque une autre qui eft devant elle, & cette derniere celle qui la fuit, & ainfi de fuite fucceffivement, fans qu'il foit poffible d'affigner aucune limite ; de forte que le corps choque immédiatement, ou médiatement, une quantité de Fluide qu'il n'eft pas poffible de déterminer, bien loin de ne choquer que la quantité contenue dans l'efpace $a^2 dx$.

Daniel Bernoulli, Auteur connu fi avantageufement dans la république des lettres par fes fçavants Ouvrages, fait un calcul femblable, duquel il conclud de la même maniere (a), que le Fluide n'étant pas élaftique, la réfiftance eft égale au double du poids d'une colonne du même Fluide, dont la bafe eft la furface choquée, & la hauteur celle d'où le corps devroit tomber pour acquérir la vîteffe avec laquelle il fe meut : mais il ajoute que, fi le Fluide étoit

---

(a) *Commentaires de l'Académie de Pétersbourg, Mois de Juin & Octobre* 1727.

élaftique, la réfiftance feroit exprimée par une colonne quadruple, c'eft-à-dire qu'elle feroit double de la premiere. Ce réfultat eft conféquent pour la vîteffe qui demeure aux corps , non-feulement élaftiques , mais parfaitement élaftiques , après que la plus grande impreffion eft entiérement formée. Cette vîteffe a été trouvée (273.) pour le cas dont il eft queftion , $= \frac{(M - ma^2 dx)u}{M + ma^2 dx} = u - du$ * ; d'où l'on tire $(M - ma^2 dx)u = (M + ma^2 dx)(u - du)$, ou $Mudu = 2ma^2 u^2 dx$; & en fubftituant pour $Mudu$ fa valeur pdx , il vient $p = 2ma^2 u^2$; c'eft-à-dire , la réfiftance double de celle qu'on vient de trouver , le Fluide n'étant point élaftique **. Tout ce qu'on peut dire de ce calcul , c'eft qu'il eft fujet aux mêmes difficultés , & aux mêmes objections que le précédent ; fans compter la fuppofition que le Fluide foit parfaitement élaftique , quoiqu'il ne puiffe cependant exercer fon élafticité totale qu'après un temps infini. Ce qu'il y a de plus étonnant dans tout ceci , c'eft que nos Auteurs n'ayant déterminé que la force qu'éprouvent les furfaces , il ne leur foit pas venu à l'efprit qu'il eft impoffible que cette force foit fimplement comme une fonction de la vîteffe ; car celle-ci devenant zéro , la force devroit auffi devenir $= 0$; ce qui eft contraire à tous les principes du Chapitre précédent , principes dont la certitude eft reconnue de tout le monde , & par ces Auteurs mêmes.

Newton commence l'examen de cette queftion par une voie toute oppofée. Il donne, dans la *Section I* (*Philofophia Naturalis*, *Lib. II*), les réfultats, ou les conféquences qui doivent fuivre de la fuppofition que les réfiftances font comme les fimples vîteffes ; & dans le *Scolie* qui termine la même Section, il dit : *Au refte, l'hypothefe qui fait la réfiftance des corps dans la raifon des fimples vîteffes, eft plus*

---

* Pour appliquer au cas préfent les principes de *l'Art.* 273 , auquel l'Auteur renvoie, on fera attention, 1°. que la vîteffe primitive du corps choquant eft ici repréfentée par u ; tandis qu'elle étoit repréfentée par U dans l'endroit cité ; 2°. que la vîteffe primitive du corps choqué, qui eft ici le Fluide , eft zéro, ainfi $V = 0$; 3°. que la vîteffe du corps choquant, après le premier inftant, c'eft-à-dire, après que la plus grande impreffion eft achevée, eft, dans le cas préfent, $= u - du$.

** Pour voir diftinctement la vérité de ce que l'Auteur avance , il ne faut que fubftituer (52.) à la place de u^2 , fa valeur $64 v$, v exprimant la hauteur dont il faudroit que le corps tombât pour acquérir la vîteffe u ; alors on aura $p = 128 m^2 v$, quantité double de $64 ma^2 v$ qu'il vient de trouver , le Fluide n'étant pas élaftique. Quand l'Auteur dit que le réfultat de *Da* & *B. rnoulli* eft conféquent pour la vîteffe qui demeure aux corps parfaitement élaftiques , après que la plus grande impreffion eft entiérement formée , il eft évident qu'il n'entend parler que de ce qui concerne la duplicité de la réfiftance , & non de fa mefure effective , qui , comme on le voit , ne convient nullement avec fes principes , & eft d'ailleurs abfolument contraire à ce que l'expérience manifefte , comme on le verra par la fuite.

mathématique

mathématique que conforme à la nature. Dans les milieux qui n'ont aucune ténacité, les résistances des corps sont en raison doublée des vitesses : car, dit le même Auteur, *dans un temps moindre, un corps qui se meut avec une plus grande vitesse, communique, à la même quantité du milieu, un mouvement plus grand, en raison de sa plus grande vitesse. Donc, en temps égal, il lui communiquera un mouvement plus grand dans la raison doublée, à cause de la plus grande quantité des parties du milieu qui sont mues ; & la résistance, qui n'est que la force de réaction, est égale, ou proportionnelle, au mouvement communiqué.* Ce raisonnement, qui est commun à tous les Auteurs, depuis le Docteur *Wallis*, sert de base à notre Philosophe ; & c'est d'après lui qu'il examine, dans la *Section II*, les conséquences qui doivent résulter de la supposition que les résistances sont comme les quarrés des vitesses. Ensuite, dans la *Section III*, il passe à l'examen des propriétés qui devroient résulter, si les résistances étoient en partie comme les simples vitesses, & en partie comme leurs quarrés. L'objet de l'analyse de ces différentes hypothèses, est de les comparer ensuite avec les expériences, & de découvrir ainsi laquelle est d'accord avec les loix de la nature. Dans les *Sections IV* & *V*, il détermine le mouvement que doivent prendre les corps qui tournent dans des milieux qui résistent selon les premieres suppositions ; & traite de la densité & compression de ces milieux. Dans la *Section VI*, il traite du mouvement & de la résistance qu'éprouvent les pendules, ou les fils à plomb qui oscillent autour d'un point fixe par l'action de la gravité. Enfin, dans la trente-unieme & derniere *Proposition*, il démontre que les différences des arcs décrits en descendant, aux arcs décrits en montant, sont comme les résistances. Mais il suppose, pour cela, que les pendules oscillent dans la cycloïde, afin que toutes leurs oscillations soient de même durée ; ou, comme nous l'avons dit, *Art.* 369, que les oscillations des pendules soient d'une très-petite étendue, pour que les arcs qu'ils décrivent coïncident avec ceux de la cycloïde. En outre, le même sçavant Auteur n'a pas négligé de faire & de répéter avec soin les expériences nécessaires pour la recherche d'un principe aussi important.

Toutes ces expériences sont rapportées dans le *Scolie* général qui suit la *Proposition XXXI*. Il s'est servi, pour les premieres, du mouvement d'un pendule de 10 pieds $\frac{1}{2}$ anglais de longueur, composé d'un globe de bois de 6 pouces $\frac{7}{8}$ de diametre. Voici la premiere Table qu'il en donne.

TOME I. Hh

Longueur des demi-arcs décrits, exprimés en pouces, { 2. 4. 8. 16. 32. 64.

Différences des arcs observés. { $\frac{1}{656} \cdot \frac{1}{242} \cdot \frac{1}{69} \cdot \frac{4}{71} \cdot \frac{8}{37} \cdot \frac{24}{29}$.

Les premiers nombres font dans la raison de 1 à 2 : il faudr
donc, pour que les réſiſtances fuſſent comme les quarrés des vîteſſ
ainſi que le dit *Newton*, dans le *Scolie* qui termine la premi
Section, il faudroit, dis-je, que les ſeconds fuſſent dans la rai
de 1 à 4.

La premiere raiſon eſt celle de $\frac{1}{656}$ à $\frac{1}{242}$, ou celle de 1 à 2 $\frac{172}{242}$.
La ſeconde eſt celle de 69 à 242, ou de 1 à 3 $\frac{35}{69}$.
La troiſieme eſt celle de 71 à 276, ou de 1 à 3 $\frac{63}{71}$.
La quatrieme eſt celle de 37 à 142, ou de 1 à 3 $\frac{31}{37}$.
La cinquieme eſt celle de 29 à 111, ou de 1 à 3 $\frac{24}{29}$.

Toutes ces raiſons font, comme on le voit, plus grandes q
celle de 1 à 4, qui eſt la raiſon des quarrés des arcs, ou des quarrés
vîteſſes. Cependant notre reſpectable Auteur remarque, avec raiſo
que les dernieres, dans leſquelles le pendule faiſoit de grandes oſc
lations, font très-proches d'être comme les quarrés; & par co
féquent il en conclud que, dans ces oſcillations, les réſiſtan
font à-peu-près comme ces mêmes quarrés. Mais il n'en arrive
de même dans les petites oſcillations : dans la premiere, la raiſ
étoit ſeulement comme 1 à 2 $\frac{172}{242}$; & il eſt évident qu'on peut pr
ſumer que, ſi l'on avoit continué à faire des expériences, en dim
nuant de plus en plus les oſcillations, on auroit enfin trouvé les réſiſt
ces dans la raiſon de 1 à 2, c'eſt-à-dire, comme les ſimples vîteſſe
puiſque la raiſon a été trouvée de plus en plus grande, à meſu
que les oſcillations ont été plus petites.

Une autre ſuite d'obſervations faites avec le même pendule,
rapportées au même endroit, ne préſente rien de plus ſatisfaiſan
voici la Table qu'il en donne.

Demi-arcs décrits, exprimés en pouces. { 2. 4. 8. 16. 32. 64.

Différences des arcs obſervés. { $\frac{1}{748} \cdot \frac{1}{272} \cdot \frac{4}{325} \cdot \frac{12}{250} \cdot \frac{24}{125} \cdot \frac{36}{68}$.

Chacune de ces différences étant comparée avec celle qui la ſu
immédiatement, on aura les raiſons de 1 à 2 $\frac{204}{272}$; de 1 à 3 $\frac{113}{325}$;
1 à 3 $\frac{225}{250}$; de 1 à 4; & de 1 à 2 $\frac{103}{136}$. Il eſt cependant certain qu
y en a une dans le rapport de 1 à 4, qui eſt exactement la raiſ
du quarré des vîteſſes; mais la ſuivante, celle de 1 à 2 $\frac{103}{136}$, e
plus grande, quoiqu'elle dût être moindre, ſuivant la diminuti

qui s'obferve dans toutes les précédentes ; ce qui prouve clairement que la différence $\frac{24}{125}$ eft exceffivement grande, & qu'il s'eft gliffé quelque erreur dans cette obfervation. En diminuant cette différence, la derniere raifon deviendra plus petite ; mais celle qui la précede augmentera, & ne fera plus celle de 1 à 4.

Ce que nous avons avancé ci-deffus eft vérifié dans deux autres fuites d'obfervations, faites avec une balle de plomb de deux pouces de diametre, ajuftée au pendule, en place de celle de bois : en voici les deux Tables.

PREMIERE TABLE.

Demi-ofcillations décrites, exprimées en pouces.	1.	2.	4.	8.	16.	32.	64.
Différences des arcs obfervés.	$\frac{1}{1808}$	$\frac{1}{912}$	$\frac{1}{386}$	$\frac{1}{140}$	$\frac{4}{181}$	$\frac{4}{53}$	$\frac{8}{30}$

SECONDE TABLE.

Demi-ofcillations décrites, exprimées en pouces.	1.	2.	4.	8.	16.	32.	64.
Différences des arcs obfervés.	$\frac{1}{2040}$	$\frac{1}{1036}$	$\frac{1}{420}$	$\frac{1}{159}$	$\frac{1}{51}$	$\frac{8}{121}$	$\frac{6}{35}$

Toutes ces différences comparées donnent les raifons plus grandes que celle de 1 à 4 ; mais particuliérement les premieres de chaque fuite font de 1 à $1\frac{896}{912}$, & de 1 à $1\frac{1004}{1036}$, qui font bien proches de celle de 1 à 2, c'eft-à-dire, d'être comme les fimples viteffes.

Les mêmes chofes arrivent dans d'autres expériences faites dans l'eau, defquelles *Newton* fait encore mention ; mais fous quelque forme qu'elles foient faites, les réfultats ne permettent pas de conclure que les réfiftances font comme les quarrés des vîteffes, mais bien plutôt comme les fimples vîteffes, puifque les petites ofcillations les donnent ainfi, & qu'elles doivent néceffairement être fort petites, pour qu'on puiffe regarder les ofcillations faites dans des arcs circulaires, comme confondues avec celles faites dans des arcs de cycloïde.

Quoi qu'il en foit, *Newton* frappé de ces difparités, & du peu d'accord de fes expériences avec la doctrine établie dans le *Scolie* qui termine la *premiere Section*, fur la mefure des réfiftances, avoue franchement qu'il n'a pas grande confiance dans fes expériences, & témoigne le defir qu'il auroit qu'on les répétât. Les mêmes raifons, fans doute, l'ont engagé à rechercher la loi de la réfiftance, non d'après le principe, ou la fuppofition, qu'elle eft proportionelle au quarré des vîteffes, ou à la fimple viteffe, mais en la fuppoſant comme une fonction $hu + ku^{\frac{3}{2}} + lu^{2}$ de la vîteſſe. Il réſout donc ce cas ; mais les réſultats que lui donne cette hypotheſe, ne fourniſſent pas moins de diſparités, lorſqu'on vient à comparer les obſervations les unes avec les autres ; de ſorte qu'on ne peut abſolument rien conclure de toutes ces expériences. Enfin, dans la *Section VII*, notre Auteur traite de la réſiſtance qu'éprouvent les corps projettés dans un Fluide ; mais ce qu'il dit, à ce ſujet, eſt fondé ſur ce principe, que la réſiſtance, ou, comme nous la nommons ici, la force qu'éprouvent les ſurfaces, eſt comme les quarrés des vîteſſes. C'eſt donc ſuppoſer ce qui étoit en queſtion, & ce qu'il étoit néceſſaire d'examiner & de déterminer.

On a encore déduit des réſultats moins certains, & des concluſions moins ſatisfaiſantes, des expériences phyſiques faites avec de petites machines, ou inſtruments, dont les livres ſont remplis. Il ſuffit d'obſerver que le frottement ſeul qui a lieu dans ces petites machines, ou même celui des Fluides contre les parois des orifices par leſquels ils jailliſſent, eſt capable de produire des effets très-conſidérables, & de laiſſer beaucoup d'incertitude dans les réſultats des expériences de cette nature qu'on pourroit faire, quelque ſoin qu'on y apportât d'ailleurs.

On verra encore plus évidemment combien on étoit éloigné d'arriver à la vraie connoiſſance des forces de réſiſtance, par toutes les routes qu'on a ſuivies juſqu'ici, lorſqu'on verra démontré, par notre théorie, que les réſiſtances ne ſuivent ni la loi des ſimples vîteſſes, ni celle de leurs quarrés ; mais que cette loi varie ſuivant les circonſtances & les diſpoſitions des ſurfaces choquées dans les Fluides.

CHAPITRE III.

Des Forces avec leſquelles les Fluides agiſſent contre des Superficies planes, dans le cas du mouvement.

Proposition XVIII.

(594.) **D**ÉTERMINER *la dénivellation qui a lieu dans la ſurface d'un Fluide, par l'action, ou le mouvement, d'une ſurface qui ſe meut dans ce Fluide.*

Soit *AB* une ſurface plane, de la forme d'un parallélogramme rectangle, & ſituée de maniere que deux de ſes côtés ſoient horiſontaux ; ſuppoſons que cette ſurface ſe meuve dans un Fluide en repos, & d'une denſité uniforme ; on aura (571.) la force, ou réſiſtance, qu'éprouvera la différencio-différencielle *KLMN*, en ne ſuppoſant pas toute la ſurface *AB* ſubmergée dans le Fluide, $= \ldots\ldots$ $\frac{m.db.da.ſin\,x}{ſin\,x}(\surd a \pm \frac{1}{8}u\,ſin\,\theta)^2$, ou en intégrant par rapport à *b*, c'eſt-à-dire, en conſidérant *b* ſeulement comme variable, on aura la force, dont tout le rectangle différenciel *FHIG* éprouvera l'effet, $=$ $\frac{mb.da.ſin\,x}{ſin\,x}(\surd a \pm \frac{1}{8}u\,ſin\,\theta)^2$.

Suppoſons maintenant que *AH* repréſente la même ſurface vue de profil, *CD* étant la ſuperficie du Fluide, il eſt clair que nous aurons pour un point tel que *E*, dans lequel la ſurface s'éloigne du Fluide, ou le fuit, $\surd a - \frac{1}{8}u\,ſin\,\theta = 0$, même avant que *a* ſoit $= 0$; ce qui donne $a = PE = \frac{1}{64}u^2\,ſin\,\theta^2$: puiſque, pour ce point *E*, la force différencielle $\frac{mb.da.ſin\,x}{ſin\,x}(\surd a - \frac{1}{8}u\,ſin\,\theta)^2$ doit être $= 0$, & par conſéquent le Fluide ne choque, ni ne comprime la ſurface en ce point, non plus qu'en aucun de ceux qui ſont au-deſſus de *E* : il doit donc ſe former, dans l'eſpace *CPE*, un creux, ou cavité *CEP*. Dans la partie *DF*, par laquelle la ſurface choque le Fluide, il ſe forme, au contraire, une élévation *DFP* ; car en faiſant $\surd a + \frac{1}{8}u\,ſin\,\theta = 0$, il en réſulte $\surd a = -\frac{1}{8}u\,ſin\,\theta$, expreſſion dans laquelle le ſigne négatif indique que le point auquel correſpond cette valeur de *a*, eſt au-deſſus de *P*, origine de *a*. En quarrant l'équation $\surd a = -\frac{1}{8}u\,ſin\,\theta$, on aura $a = \frac{1}{64}u^2\,ſin\,\theta^2$, hauteur de ce point au-deſſus de *P*. C'eſt ainſi que, par le mouvement de la ſurface *AH*, le Fluide altere ſon niveau dans toute la longueur de cette ſurface, & dans tout l'eſpace *CD*.

C O R O L L A I R E.

(595.) Pour déterminer les forces dont les différencielles des ſurfaces ſupportent l'effort dans les dénivellations, nous n'aurons qu'à faire $\surd a$ négatif pour la ſurface qui choque le Fluide, & le faire poſitif pour celle qui s'éloigne de lui. On aura donc la force qu'éprouve une différencielle dans la dénivellation, tant pour une ſurface que pour l'autre, $= \frac{mb.da.ſin\,x}{ſin\,x}(a - \frac{1}{4}u\,ſin\,\theta\surd a + \frac{1}{64}u^2\,ſin\,\theta^2)$. Lorſque c'eſt le Fluide qni ſe meut, cette force eſt $= \ldots\ldots$ $\frac{mb.da.ſin\,x}{ſin\,x}(a\,ſin\,\omega^2 - \frac{1}{4}a^{\frac{1}{2}}u\,ſin\,\omega\,ſin\,\theta + \frac{1}{64}u^2\,ſin\,\theta^2)$.

S C O L I E.

(596.) Ces dénivellations ſont celles qu'on peut remarquer tous les jours, lorſque des corps ſe meuvent dans des Fluides. Dans la partie où ils ſont frappés horiſontalement, on voit une intumeſcence, ou élévation ; & dans la partie oppoſée, on voit, au contraire, un creux, ou cavité. Les hauteurs verticales de ces dénivellations ſont telles que nous venons de les déterminer ; mais on ne prétend cependant pas que la ſurface qui, ſuivant la théorie, devroit correſpondre à la cavité, ſoit entiérement exempte de preſſion, ni que toute l'intumeſcence qui lui eſt égale, demeure complette, ou ſoit la même dans toute la longueur de la ſurface ; parce que le Fluide s'introduit dans la cavité par les côtés de la ſurface, & s'écoule de l'intumeſcence, en allant vers les extrémités de la même ſurface, & cela dans une direction perpendiculaire au mouvement de celle-ci. Ainſi le Fluide occupe & déſoccupe ſucceſſivement une partie de la cavité & de l'élévation que nous avons déterminée. Ces quantités deviennent ſenſibles toutes les fois qu'on veut déterminer la valeur préciſe, ou abſolue, de la force qui agit ſur les ſurfaces ; parce que l'augmentation, ou la diminution de l'effet produit par la dénivellation, correſpond également à tous les points de la ſurface qui ſont ſubmergés dans le Fluide ; & quoique ce ſoit une quantité inſenſible, priſe ſeulement en partie, elle eſt conſidérable dans le tout, ou lorſqu'on en prend la ſomme totale. En effet, la différence qui correſpond ſeulement à la partie dénivellée, eſt très-petite quand les corps occupent une grande profondeur dans le Fluide, & que les vîteſſes avec leſquelles ils ſe meuvent, ne ſont pas fort grandes ; car, comme on le verra dans la ſuite, l'action même de tout le creux, ou de toute l'élévation, devient négligeable dans ces cas, principalement lorſque les angles θ & x ſont fort aigus.

PROPOSITION XIX.

(597.) *La cavité* CEP, *& l'élévation* DFP, *ſont égales & ſemblables ; & les courbes* CE, DF, *qui terminent le Fluide, ſont, l'une & l'autre, des paraboles du premier genre, dont le parametre eſt =* 64 ſin ω², *& dont les axes ſont les verticales* CB, DB, *éloignées du point* P *de la quantité* CP = PD = u ſin θ.

Soit ſuppoſé *CB* ou *DB* l'abſciſſe, & *BI* l'ordonnée ; & que la ſurface *AH* paſſe, dans un temps déterminé, de *CB* en *AH*, ou de *AH* en *DB* ; tous les points, ou toutes les particules du Fluide, comme *I*, priſes dans la ſurface de la courbe, auront parcouru, dans le même temps, leurs ordonnées correſpondantes, leſquelles feront, par conſéquent (589.), proportionnelles aux vîteſſes qu'auront les particules, ou feront $= 8 \, fin \, \omega \, \sqrt{CB}$, ou $= 8 fin \, \omega \, \sqrt{DB}$. Faifant donc CB, ou $DB = x$, & $BI = y$, nous aurons $8 \, fin \, \omega \, \sqrt{x} = y$, ou $64 \, fin \, \omega^2 \, x = y^2$; équation de la parabole, dont le parametre $= 64 \, fin \, \omega^2$, & dont les axes font CB, DB, éloignés de P de la quantité $CP = 8 \, fin \, \omega \, \sqrt{PE} = 8 \, fin \, \omega \, \sqrt{\dfrac{u^2 \, fin \, \theta^2}{64 \, fin \, \omega^2}} = u \, fin \, \theta$.

SCOLIE I.

(598.) Pour plus de facilité, & pour plus de clarté dans le difcours, nous appellerons déformais *Surface choquante* celle qui choque le Fluide, ou celle qui en eft choquée, lorfque c'eft le Fluide qui fe meut ; & nous nommerons *Surface choquée*, celle qui s'éloigne du Fluide, ou qui le fuit.

SCOLIE II.

(599.) Comme l'expreffion des forces dans une direction quelconque, fçavoir, $\dfrac{m.db.da.fin \, x}{fin \, n}\left((D+a)^{\frac{1}{2}} fin \, \omega \pm \frac{1}{8} u \, fin \, \theta\right)^2$, fe réduit à celle des forces horifontales, qui eft $= m.dc.da\left((D+a)^{\frac{1}{2}} fin \, \omega \pm \frac{1}{8} u \, fin \, \theta\right)^2$, en fubftituant feulement dc en place de $\dfrac{db.fin \, x}{fin \, n}$; & que réciproquement celle-ci peut être réduite à la premiere ; il fuffira, pour plus grande facilité, de trouver, pour le préfent, les forces horifontales, qu'on réduira enfuite aux autres, en y fubftituant $\dfrac{db.fin \, x}{fin \, n}$ en place de dc, ou $\dfrac{b \, fin \, x}{fin \, n}$, en place de c, attendu que la quantité $\dfrac{fin \, x}{fin \, n}$ eft conftante, puifqu'il ne s'agit, pour le préfent, que des furfaces planes.

PROPOSITION XX

(600.) *Trouver la force horifontale qui agit fur une furface plane, de la forme d'un parallélogramme rectangle, & qui fe meut dans un Fluide immobile, avec deux de fes côtés paralleles à l'horifon, dans le cas où l'on auroit* $D = 0$, *& que l'extrémité fupérieure de la furface fortiroit du Fluide d'une quantité égale, ou plus grande que* $\frac{1}{64} u^2 \, fin \, \theta^2$.

La force horifontale qui agit fur la différencio-différencielle $KLMN$ de cette furface, eft (577.) $= m.dc.da(a^{\frac{1}{2}} \pm \frac{1}{8} u \, fin \, \theta)^2$, fon intégrale à l'égard de c, fçavoir, $mc.da(a^{\frac{1}{2}} \pm \frac{1}{8} u \, fin \, \theta)^2$, eft l'expreffion de la force qui agit fur l'efpace différenciel $FHIG$; & enfin l'intégrale de cette quantité par rapport à a, c'eft-à-dire, $mc(\frac{1}{2} a^2 \pm \frac{1}{6} a^{\frac{3}{2}} u \, fin \, \theta + \frac{1}{64} a u^2 \, fin \, \theta^2)$, eft la force horifontale qui agit fur toute la furface, & il ne manque autre chofe à cette expreffion, que la quantité conftante qui doit compléter l'intégrale. Appellant donc H cette quantité conftante qui complette l'intégrale, on aura la force horifontale qui agit fur toute la furface, $= mc(\frac{1}{2}a^2 \pm \frac{1}{6}a^{\frac{3}{2}}u \; fin\,\theta + \frac{1}{64}au^2 fin\,\theta^2) + H$.

Pour trouver la valeur de H, il faut confidérer que, n'ayant point égard à la dévinellation du Fluide, & faifant $a = 0$, toute l'intégrale doit s'évanouir : donc, dans ce cas, $H = 0$. Cela devroit effectivement arriver pour la furface choquante, s'il n'y avoit pas une partie de cette furface hors du Fluide ; mais, comme nous fuppofons ici qu'elle eft en partie hors du Fluide, la dénivellation doit néceffairement produire fon effet. Nous devons donc ajouter cette quantité pour la furface choquante, & la retrancher, au contraire, pour la furface choquée. Il eft donc queftion maintenant de trouver cette quantité. Pour cela, nous pouvons nous fervir de l'intégrale ci - deffus, en faifant $a^{\frac{1}{2}}$ négatif pour les deux furfaces (595.), ce qui la réduit à $mc(\frac{1}{2}a^2 - \frac{1}{6}a^{\frac{3}{2}}u \; fin\,\theta + \frac{1}{64}au^2 fin\,\theta)$; quantité qui eft $= H$. Subftituant maintenant à la place de a toute la valeur de la dénivellation que nous avons trouvée $= \frac{1}{64}u^2 fin\,\theta^2$, nous aurons la force qui provient de la dénivellation, ou $H = mc\left(\frac{u^4 \, fin\,\theta^4}{2.64^2} - \frac{u^4 \, fin\,\theta^4}{6.8.64} + \frac{u^4 \, fin\,\theta^4}{64^2}\right)$ $= \frac{mc.u^4 \, fin\,\theta^4}{6.64^2}$; & par conféquent la force totale dont la furface entiere éprouve l'action, eft $= mc\left(\frac{1}{2}a^2 \pm \frac{1}{6}a^{\frac{3}{2}}u \; fin\,\theta + \frac{1}{64}au^2 fin\,\theta^2 \pm \frac{u^4 \, fin\,\theta^4}{6.64^2}\right)$.

COROLLAIRE.

(601.) Comme la hauteur de la dénivellation eft $= \frac{1}{64}u^2 fin\,\theta^2$, fi cette quantité eft négligeable à l'égard de a, hauteur totale de la furface fubmergée dans le Fluide, on pourra, fans crainte d'erreur, négliger la dénivellation dans l'expreffion de la force, ou négliger tous les termes de la force, comme $\frac{u^4 \, fin\,\theta^4}{6.64^2}$, dans lefquels a ne fe trouve pas.

PROPOSITION XXI.

(602.) *Trouver la même force qui agit fur la furface choquante, lorfque cette furface aura une moindre hauteur hors du Fluide, que celle qu'acquiert la dénivellation.*

Si le point A, extrémité de la furface, tombe entre P & F, le Fluide paffera par-deffus la furface, & n'agira fur elle que dans la partie effective de la même furface qui eft hors du Fluide, & dont, par fuppofition, la hauteur eft moindre que $\frac{1}{64}u^2 fin\,\theta^2$, hauteur totale de la dénivellation. Soit n la hauteur effective de la partie de la furface qui eft hors du Fluide. En fubftituant cette valeur en place de a, dans l'expreffion de la force qui provient de la dénivellation,

c'eft-à-dire,

c'eſt-à-dire, dans $mc\left(\frac{1}{2}a^2 - \frac{1}{6}a^{\frac{3}{2}}u\,\mathit{fin}\,\theta + \frac{1}{64}au^2\mathit{fin}\,\theta^2\right)$, il en réſultera $mc\left(\frac{1}{2}n^2 - \frac{1}{6}n^{\frac{3}{2}}u\,\mathit{fin}\,\theta + \frac{1}{64}nu^2\mathit{fin}\,\theta^2\right)$, pour l'expreſſion de la même force dans le cas préſent ; par conſéquent la force totale dont la ſurface entiere éprouve l'action, ſera $=$ . . . .

$$mc\left(\frac{1}{2}a^2 + \frac{1}{6}a^{\frac{3}{2}}u\,\mathit{fin}\,\theta + \frac{1}{64}au^2\mathit{fin}\,\theta^2\right) + mc\left(\frac{1}{2}n^2 - \frac{1}{6}n^{\frac{3}{2}}u\,\mathit{fin}\,\theta + \frac{1}{64}nu^2\mathit{fin}\,\theta^2\right).$$

PROPOSITION XXII.

(603.) *Trouver, dans le même cas que ci-deſſus, la force qui agit ſur la ſurface, lorſque c'eſt le Fluide qui ſe meut.*

Il faut obſerver que, dans ce cas, nous ne pouvons pas exclure de la formule la valeur de ω. L'expreſſion de la force dont la différencio-différencielle éprouve l'action, eſt $= m.dc.da\left(a^{\frac{1}{2}}\mathit{fin}\,\omega \pm \frac{1}{8}u\,\mathit{fin}\,\theta\right)^2$, & ſon intégrale $mc\left(\frac{1}{2}a^2\mathit{fin}\,\omega^2 \pm \frac{1}{6}a^{\frac{3}{2}}u\,\mathit{fin}\,\omega.\mathit{fin}\,\theta + \frac{1}{64}au^2\mathit{fin}\,\theta^2\right)$ exprime celle dont toute la ſurface éprouve l'action, ſans y comprendre la force qui réſulte de toute la dénivellation. Pour cette derniere force, l'integrale eſt $mc\left(\frac{1}{2}a^2\mathit{fin}\,\omega^2 - \frac{1}{6}a^{\frac{3}{2}}u\,\mathit{fin}\,\omega.\mathit{fin}\,\theta + \frac{1}{64}au^2\mathit{fin}\,\theta^2\right)$, en ſubſtituant n en place de a, pour la ſurface choquante, on aura la force qui provient de la dénivellation $= mc\left(\frac{1}{2}n^2\mathit{fin}\,\omega^2 - \frac{1}{6}n^{\frac{3}{2}}u\,\mathit{fin}\,\omega.\mathit{fin}\,\theta + \frac{1}{64}nu^2\mathit{fin}\,\theta^2\right)$, & celle dont toute la ſurface choquante éprouve l'action, ſera en tout $= mc\left(\frac{1}{2}a^2\mathit{fin}\,\omega^2 + \frac{1}{6}a^{\frac{3}{2}}u\,\mathit{fin}\,\omega.\mathit{fin}\,\theta + \frac{1}{64}au^2\mathit{fin}\,\theta^2\right) +$ . . . .

$mc\left(\frac{1}{2}n^2\mathit{fin}\,\omega^2 - \frac{1}{6}n^{\frac{3}{2}}u\,\mathit{fin}\,\omega.\mathit{fin}\,\theta + \frac{1}{64}nu^2\mathit{fin}\,\theta^2\right)$. A l'égard de la ſurface choquée, on ſubſtituera dans l'intégrale, $\frac{1}{64}u^2\mathit{fin}\,\theta^2$, en place de $a\,\mathit{fin}\,\omega^2$ *, & la force totale pour cette ſurface, ſera $=$ . . . . . .

$$mc\left(\frac{1}{2}a\,\mathit{fin}\,\omega^2 + \frac{1}{6}a^{\frac{3}{2}}u\,\mathit{fin}\,\theta + \frac{1}{64}au^2\mathit{fin}\,\theta^2 - \frac{u^4\mathit{fin}\,\theta^4}{6.64^2}\right).$$

COROLLAIRE I.

(604.) Si l'extrémité ſupérieure de la ſurface coïncide avec la ſuperficie du Fluide ; c'eſt à-dire, ſi le point A tombe ſur P, alors on aura $n = 0$, & la force totale qui agit contre la ſurface choquante, ſe réduira à $mc\left(\frac{1}{2}a^2\mathit{fin}\,\omega^2 + \frac{1}{6}a^{\frac{3}{2}}u\,\mathit{fin}\,\omega.\mathit{fin}\,\theta + \frac{1}{64}au^2\mathit{fin}\,\theta^2\right)$.

COROLLAIRE II.

(605.) Au contraire, ſi l'extrémité A de la ſurface eſt élevée au-deſſus du Fluide d'une quantité égale, ou plus grande que $\frac{u^2\mathit{fin}\,\theta^2}{64\,\mathit{fin}\,\omega^2}$,

---

* On trouve cette valeur, en faiſant la quantité $a^{\frac{1}{2}}\mathit{fin}\,\omega \pm \frac{1}{8}u\,\mathit{fin}\,\theta$ égale à zéro, comme on a fait celle qui lui correſpond dans *l'Art* 594. Si l'on procéde comme dans *l'Art*. 600, on trouve l'expreſſion même de l'Auteur pour la force qui agit ſur la ſurface choquée.

on aura $n = \dfrac{u^2 \sin\theta^2}{64 \sin\omega^2}$ *; & la force totale qui agit contre la surface choquan-
te se réduira à $mc\left(\frac12 a^2 \sin\omega^2 + \frac16 a^{\frac32} u \sin\omega.\sin\theta + \frac{1}{64} au^2 \sin\theta^2 + \dfrac{u^4 \sin\theta^4}{6.64^2 \sin\omega^2}\right)$

SCOLIE.

(606.) L'intégrale $mc\left(\frac12 a^2 \sin\omega^2 + \frac16 n^{\frac32} u \sin\omega.\sin\theta + \frac{1}{64} u^2 \sin\theta^2\right) + mc\left(\frac12 a^2 \sin\omega^2 - \frac16 a^{\frac32} u \sin\omega.\sin\theta + \frac{1}{64} nu^2 \sin\theta^2\right)$, offre un cas assez re-marquable, celui dans lequel le point H tombe en P, ou lorsque $a = 0$: auquel cas la surface n'est, comme on voit, aucunement submergée dans le Fluide. Car l'intégrale se réduit alors à . . . $mc\left(\frac12 a^2 \sin\omega^2 - \frac16 a^{\frac32} u \sin\omega.\sin\theta + \frac{1}{64} nu^2 \sin\theta^2\right)$, qui est la valeur de la force qui agit sur la partie élevée Pi ; mais, comme le Fluide n'a aucune prise sur la surface, il n'agit nullement sur elle, & par conséquent elle ne peut l'élever : donc, en ce cas, la quantité restan doit aussi s'évanouir, quoique la formule ne l'indique pas **.

PROPOSITION XXIII.

(607.) *Trouver la force horisontale qui agit sur la surface choquée, ou sur la surface qui suit le Fluide, dans le cas ou son extrémité su-périeure A tombe entre P & E, ou que D a quelque valeur moindre que* $PE = \dfrac{u^2 \sin\theta^2}{64 \sin\omega^2}$.

Comme le Fluide ne parvient que jusqu'à E, en faisant $PE = D + a$, & substituant dans l'intégrale $\dfrac{u^2 \sin\theta^2}{64 \sin\omega^2}$ en place de $D + a$, elle doit se réduire à zéro. L'intégrale de la différencielle de *l'Art.* 589 est $mc\left(Da\sin\omega^2 + \frac12 a^2 \sin\omega^2 - \frac16 u(D+a)^{\frac32} \sin\omega.\sin\theta + \frac{1}{64} au^2 \sin\theta^2\right) + H.$

Substituant donc, dans cette formule, $\dfrac{u^2 \sin\theta^2}{64 \sin\omega^2}$ à la place de $D + a$, ou $\dfrac{u^2 \sin\theta^2}{64 \sin\omega^2} - D$, à la place de a, elle se réduit à . . . . $mc\left(-\frac12 D^2 \sin\omega^2 - \frac{1}{64} Du^2 \sin\theta^2 + \dfrac{u^4 \sin\theta^4}{6.64^2 \sin\omega^2}\right) + H = 0$, d'où l'on tire $H = mc\left(\frac12 D^2 \sin\omega^2 + \frac{1}{64} Du^2 \sin\theta^2 - \dfrac{u^4 \sin\theta^4}{6.64^2 \sin\omega^2}\right)$, & l'intégrale complette

* Cette valeur de n est celle de a qu'on tire de l'équation $a^{\frac12} \sin\omega \pm \frac18 u \sin\theta = 0$.

** Cette singularité ne doit nullement faire soupçonner l'exactitude de la formule ; elle vient de la maniere dont l'Auteur procéde pour calculer la force dont il est question. En effet, il calcule d'abord la force, sans avoir égard à la dénivellation ; & ensuite il y ajoute l'effet de cette derniere. Or il n'y a, de cette sorte, que la premiere partie de l'expression dont les termes soient des fonctions de a, & par conséquent il n'y a qu'elle qui doive éprouve quelque variation suivant les différentes valeurs qu'on suppose à a. Les termes de la seconde partie sont des fonctions de n ; il est évident que s'ils étoient aussi des fonctions de a, ou si l'on avoit pu comprendre l'effet de la dé-nivellation dans le calcul primitif, la disparité que l'Auteur fait remarquer n'auroit pas lieu. Au reste, on peut appliquer à ce cas une partie de ce qui est exposé, *Art.* 610.

$$\text{fera} = mc\left(\tfrac{1}{2}(D+a)^2 \sin \omega^2 - \tfrac{1}{6}u(D+a)^{\frac{3}{2}}\sin\omega.\sin\theta + \tfrac{1}{64}u^2(D+a)\sin\theta^2 - \frac{u^4 \sin\theta^4}{6.64^2 \sin\omega^2}\right).$$

COROLLAIRE I.

(608.) Si l'on avoit $D = 0$, ou si l'extrémité supérieure A de la surface tomboit en P, ou plus haut que P, la force, ou l'intégrale complette se réduiroit à $mc\left(\tfrac{1}{2}a^2 \sin\omega^2 - \tfrac{1}{6}a^{\frac{3}{2}}u \sin\omega.\sin\theta + \tfrac{1}{64}au^2 \sin\theta^2 - \frac{u^4 \sin\theta^4}{6.64^2 \sin\omega^2}\right).$

COROLLAIRE. II.

(609.) Si, au contraire, l'extrémité supérieure A de la surface tomboit en E, on auroit $D = -\frac{u^2 \sin\theta^2}{64 \sin\omega^2}$ ce qui donne $a = 0$ pour compléter l'intégrale, & l'intégrale complette devient $= \ldots\ldots\ldots$.

$$mc\left(Da \sin\omega^2 + \tfrac{1}{2}a^2 \sin\omega^2 - \tfrac{1}{6}u\left((D+a)^{\frac{3}{2}} - D^{\frac{3}{2}}\right)\sin\omega.\sin\theta + \tfrac{1}{64}au^2 \sin\theta^2\right).$$

SCOLIE.

(610.) Si le point H, ou l'extrémité inférieure de la surface, tombe en E, l'intégrale, ou la force qui agit contre la surface choquée, doit s'évanouir, & en effet elle s'évanouit *. Mais ce n'est pas la même chose, si le point H tombe entre E & P, ou en P; dans ce cas, $D = 0$, $a = 0$, & la force, ou l'intégrale complette, se réduit à $-\frac{mcu^4 \sin\theta^4}{6.64^2 \sin\omega^2}$, tandis qu'elle devroit également s'évanouir, puisque le Fluide n'atteint pas la surface pour la choquer, lorsque sa partie submergée est moindre que la quantité PE. Ce résultat vient de ce qu'après avoir assigné la force qui agit sur toute la surface, en négligeant la dénivellation, on en a souftrait la force avec laquelle le Fluide cesse d'agir dans la cavité CEP. En effet, on voit que cela doit être ainsi, quand le point H tombe plus bas que le point E, ou quand il tombe sur le point E même; mais lorsqu'il tombe plus haut, ce n'est plus la même chose, attendu que la quantité qu'on souftrait est alors plus grande que celle qui exprime la force, sans avoir égard à la dénivellation. Au reste, comme la force qui agit contre la surface choquée, doit être égale à zéro, toutes les fois que le point H tombe en E, ou qu'il tombe plus haut : l'expression qu'on a donnée dans la Proposition, sert seulement pour le cas où ce point tombe en E, ou au-dessous, c'est-à-dire, lorsqu'on a $(D+a)^{\frac{1}{2}} =$ ou $> \frac{u \sin\theta}{8 \sin\omega}$.

PROPOSITION XXIV.

(611.) *Trouver la force horisontale qui agit sur les mêmes surfaces, lorsque* D *a quelque valeur, ou que l'extrémité supérieure* A *est submergée dans le Fluide.*

---

* On peut aisément s'en assurer, en faisant $D = 0$, & $a = -\frac{u^2 \sin\theta^2}{64 \sin\omega^2}$, dans l'intégrale complette., *Art.* 607.

Dans cette supposition, l'intégrale doit se réduire à zéro, lorsqu $a = 0$, puisque le Fluide ne peut agir que jusqu'à l'extrémité supérieure de la surface à laquelle $a = 0$. Or, la force dont la différencio-différencielle éprouve l'action, est (589.) $=$ . . . .

$$m\,.dc.da\left((D+a)^{\frac{1}{2}}\sin\omega \pm \tfrac{1}{8}u\sin\theta\right)^2,$$ & son intégrale . . . .

$$mc\left(Da\sin\omega^2 + \tfrac{1}{2}a^2\sin\omega^2 \pm \tfrac{1}{6}u(D+a)^{\frac{1}{2}}\sin\omega.\sin\theta + \tfrac{1}{64}au^2\sin\theta^2\right) + H$$

exprime celle qui agit sur toute la surface, H marquant la quantité constante qui doit compléter l'intégrale. Faisant maintenant $a = 0$ elle deviendra $= \pm\tfrac{1}{6}u.L^{\frac{3}{2}}\sin\omega.\sin\theta + H = 0$; ce qui donne . . . $H = \mp\tfrac{1}{6}uD^{\frac{3}{2}}\sin\omega.\sin\theta$; & par conséquent l'expression complette de la force qui agit sur toute la surface, $=$ . . . .

$$mc\left(Da\sin\omega^2 + \tfrac{1}{2}a^2\sin\omega^2 \pm \tfrac{1}{6}u\left((D+a)^{\frac{3}{2}} - L^{\frac{3}{2}}\right)\sin\omega.\sin\theta + \tfrac{1}{64}au^2\sin\theta^2\right).$$

COROLLAIRE.

(612.) Si $D = 0$, c'est-à-dire, si l'extrémité supérieure de la surface tombe en P, la force dont la surface choquante éprouvera l'action, deviendra $= mc\left(\tfrac{1}{2}a^2\sin\omega^2 + \tfrac{1}{6}ua^{\frac{3}{2}}\sin\omega.\sin\theta + \tfrac{1}{64}au^2\sin\theta^2\right)$ comme on l'a déjà trouvée, *Art.* 604.

PROPOSITION XXV.

(613.) *Réduire les expressions des forces horisontales trouvées ci-dessus, à exprimer celles qui agissent sur une surface plane, suivant une direction quelconque.*

On a déjà dit (599.) qu'il ne falloit, pour cela, que substituer $\frac{b\sin x}{\sin n}$ à la place de c ; cette substitution faite, on aura les expressions suivantes. La force qui agit sur les surfaces choquante, ou choquée, dans le cas où elles sont entiérement submergées dans le Fluide, sera (611.) $=$

$$\frac{mb\sin x}{\sin n}\left(Da\sin\omega^2 + \tfrac{1}{2}a^2\sin\omega^2 \pm \tfrac{1}{6}u\left((D+a)^{\frac{3}{2}} - D^{\frac{3}{2}}\right)\sin\omega.\sin\theta + \tfrac{1}{64}au^2\sin\theta^2\right).$$

La force qui agit sur la surface choquante, lorsque son extrémité supérieure est élevée au-dessus de la superficie du Fluide, d'une quantité $\frac{n^2}{\sin\omega^2}$ moindre que $\tfrac{1}{64}u^2\sin\theta^2$, sera (603.) $=$ . . . .

$$\frac{mb\sin x}{\sin n}\left(\tfrac{1}{2}a^2\sin\omega^2 + \tfrac{1}{6}a^{\frac{3}{2}}u\sin\omega.\sin\theta + \tfrac{1}{64}au^2\sin\theta^2\right) + \ldots$$

$$\frac{mbn\sin x}{\sin n}\left(\tfrac{1}{2}n\sin\omega^2 - \tfrac{1}{6}n^{\frac{1}{2}}u\sin\omega.\sin\theta + \tfrac{1}{64}u^2\sin\theta^2\right) ;$$ ou si n est égal, ou plus grand que $\tfrac{1}{64}u^2\sin\theta^2$, la force deviendra (600 & 603.) $=$

$$\frac{mb\sin x}{\sin n}\left(\tfrac{1}{2}a^2\sin\omega^2 + \tfrac{1}{6}a^{\frac{1}{2}}u\sin\omega.\sin\theta + \tfrac{1}{64}au^2\sin\theta^2 + \frac{u^4\sin\theta^4}{6.64^2\sin\omega^2}\right).$$

La force qui agit contre la surface choquée, lorsque son extrémité supérieure est au-dessous de la superficie du Fluide, D étant en même temps plus petit que $\frac{u^2 \sin\theta^2}{64 \sin\omega^2}$, sera (607.) $= \ldots \ldots \ldots$

$$\frac{mb \sin x}{\sin n}\left(\tfrac{1}{2}(D+a)^2 \sin\omega^2 \pm \tfrac{1}{6}u(D+a)^{\frac{3}{2}}\sin\omega.\sin\theta + \tfrac{1}{64}u^2(D+a)\sin\theta^2 - \frac{u^4 \sin\theta^4}{6.64^2 \sin\omega^2}\right).$$

Enfin la force qui agit sur l'une ou l'autre des deux surfaces choquante ou choquée, ayant $D = o$, & négligeant la dénivellation, sera

(604 & 608.) $= \frac{mb \sin x}{\sin n}\left(\tfrac{1}{2}a^2 \sin\omega^2 \pm \tfrac{1}{6}a^{\frac{3}{2}}u \sin\omega.\sin\theta + \tfrac{1}{64}au^2 \sin\theta^2\right).$

PROPOSITION XXVI.

(614.) *Réduire les expressions précédentes à des fonctions de e &*
de de

Ayant, par la construction & par la supposition, $\cos n : \sin n :: de : da$ (581.), on aura $da = \frac{\sin n\, de}{\cos n}$, & $a = \frac{e \sin n}{\cos n}$, parce que, dans ce cas, $\frac{\sin n}{\cos n}$ est une quantité constante. Substituant cette valeur de a dans les équations précédentes, on aura $\ldots \ldots \ldots \ldots$

$$\frac{mb \sin x}{\cos n}\left(De \sin\omega^2 + \frac{e^2 \sin n.\sin\omega^2}{2\cos n} \pm \frac{u \sin\omega.\sin\theta.\cos n}{6\sin n}\left((D + \frac{e \sin n}{\cos n})^{\frac{3}{2}} - L^{\frac{3}{2}}\right) + \frac{eu^2 \sin\theta^2}{64}\right).$$

pour la force qui agit sur les surfaces choquante ou choquée, lorsqu'elles sont entiérement submergées dans le Fluide, & à une profondeur plus grande que $\frac{u^2 \sin\theta^2}{64 \sin\omega^2}$.

La formule $\frac{mb \sin x}{\cos n}\left(\frac{e^2 \sin\omega^2.\sin n}{2\cos n} + \frac{u \sin\omega.\sin\theta.\cos n}{6\sin n}(\frac{e \sin n}{\cos n})^{\frac{3}{2}} + \tfrac{1}{64}eu^2 \sin\theta^2\right)$
$\pm \frac{mb \sin x}{\sin n}\left(\tfrac{1}{2}n^2 \sin\omega^2 - \tfrac{1}{6}n^{\frac{3}{2}}u \sin\omega.\sin\theta + \tfrac{1}{64}nu^2 \sin\theta^2\right)$, exprimera la force qui agit sur la surface choquante, lorsque son extrémité supérieure est élevée au-dessus de la superficie du Fluide de la quantité $\frac{n^2}{\sin\omega^2}$.

La formule $\frac{mb \sin x}{\cos n}\left(De \sin\omega^2 + \frac{e^2 \sin\omega^2.\sin n}{2\cos n} - \frac{u \sin\omega.\sin\theta.\cos n}{6\sin n}(D + \frac{a \sin n}{\cos n})^{\frac{3}{2}} + \tfrac{1}{64}eu^2 \sin\theta^2\right)$
$+ \frac{mb \sin x}{\sin n}\left(\tfrac{1}{2}D^2 \sin\omega^2 + \tfrac{1}{64}Du^2 \sin\theta^2 - \frac{u^4 \sin\theta^4}{6.64^2 \sin\omega^2}\right)$ exprimera la force qui agit sur la surface choquée, lorsqu'on a $D < \frac{u^2 \sin\theta^2}{64 \sin\omega^2}$.

Enfin la formule $\frac{mb \sin x}{\cos n}\left(\frac{e^2 \sin\omega^2.\sin n}{2\cos n} \pm \frac{u \sin\omega.\sin\theta.\cos n}{6\sin n}(\frac{e \sin n}{\cos n})^{\frac{3}{2}} + \tfrac{1}{64}eu^2 \sin\theta^2\right)$ exprimera la force qui agit sur l'une ou l'autre des deux surfaces, ayant $D = o$, & négligeant la dénivellation.

PROPOSITION XXVII.

(615.) *Réduire les expressions précédentes au cas où la surface plane*
est horisontale.

Dans ce cas, $\sin n = 0$, & $\cos n = 1$; mais avant de substituer ces valeurs dans les formules, il est nécessaire de développer la quantité $\left(D+\frac{e\sin n}{\cos n}\right)^{\frac{3}{2}}$, en la réduisant à la série $D^{\frac{3}{2}}+\frac{\frac{3}{2}D^{\frac{1}{2}}e\sin n}{\cos n}+\frac{\frac{3}{8}e^2\sin n^2}{D^{\frac{1}{2}}\cos n^2}$—&c. & de substituer aussi cette valeur.

Par ces substitutions, la premiere formule se réduit à . . . .
$$mbe.\sin x\left(D\sin\omega^2 \pm \tfrac{1}{4}D^{\frac{1}{2}}u\sin\omega.\sin\theta+\tfrac{1}{64}u^2\sin\theta^2\right)= \cdots$$
$$mbe.\sin x\left(D^{\frac{1}{2}}\sin\omega \pm \tfrac{1}{8}u\sin\theta\right)^2.$$
La seconde formule n'a pas lieu, parce que, dans ce cas, il ne peut y avoir une partie de la surface hors du Fluide; elle doit être toute entiere au dedans du Fluide, ou toute entiere au dehors. La même chose arrive à la troisieme, & par la même raison. La quatrieme se réduit à la premiere, qui, par conséquent, est l'unique.

PROPOSITION XXVIII.

(616.) *Trouver la force verticale qui agit sur la même surface plane d'après les conditions supposées ci-dessus.*

Ce problême se résout par le problême général donné, *Art* 613 en substituant seulement $\cos n$ à la place de $\sin x$, parce que, dans ce cas, $\sin x = \cos n$ (573 & 580.); on aura donc . . . .
$$\frac{mb\cos n}{\sin n}\left(Da\sin\omega^2+\tfrac{1}{2}a^2\sin\omega^2 \pm \tfrac{1}{4}u\sin\omega.\sin\theta\left((D+a)^{\frac{3}{2}}-D^{\frac{3}{2}}\right)+\tfrac{1}{64}au^2\sin\theta^2\right)$$
pour l'expression de la force qui agit sur les surfaces choquante ou choquée, lorsqu'elles sont entiérement submergées dans le Fluide.

La formule $\dfrac{mb\cos n}{\sin n}\left(Da\sin\omega^2+\tfrac{1}{2}a^2\sin\omega+\tfrac{1}{6}u\sin\omega.\sin\theta(D+a)^{\frac{3}{2}}+\tfrac{1}{64}au^2\sin\theta\right)+$
$\dfrac{mb\cos n}{\sin n}\left(\tfrac{1}{2}n^2\sin\omega^2-\tfrac{1}{6}un^{\frac{3}{2}}\sin\omega.\sin\theta+\tfrac{1}{64}nu^2\sin\theta^2\right)$, exprimera la force qui agit sur la surface choquante, lorsque son extrémité supérieure est élevée au-dessus de la superficie du Fluide, d'une quantité $\frac{n^2}{\sin\omega^2}$.

La formule $\dfrac{mb\cos n}{\sin n}\left(Da\sin\omega^2+a^2\sin\omega^2-\tfrac{1}{6}u\sin\omega.\sin\theta(D+a)^{\frac{3}{2}}+\tfrac{1}{64}au^2\sin\theta^2\right)+$
$\dfrac{mb\cos n}{\sin n}\left(\tfrac{1}{2}D^2\sin\omega^2+\tfrac{1}{64}Du^2\sin\theta^2-\frac{u^4\sin\theta^4}{6.64^2\sin\omega^2}\right)$, exprimera la force qui agit sur la surface choquée, lorsque $D<\frac{u^2\sin\theta^2}{64\sin\omega^2}$.

Enfin $\dfrac{mb\cos n}{\sin n}\left(\tfrac{1}{2}a^2\sin\omega^2 \pm \tfrac{1}{6}a^{\frac{3}{2}}u\sin\omega.\sin\theta+\tfrac{1}{64}au^2\sin\theta^2\right)$ est la formule qui exprime la force qui agit sur l'une quelconque des deux surfaces ayant $D=0$, & négligeant la dénivellation.

PROPOSITION XXIX.

(617.) *Trouver les mêmes expressions en fonctions de e.*

Qu'on fubftitue (614.) la valeur de $a = \frac{e\sin n}{\cos n}$, & l'on aura . . . . .

$$mb\left(De\sin\omega^2 + \frac{e^2\sin\omega^2.\sin n}{2\cos n} \pm \frac{u\sin\omega.\sin\theta.\cos n}{6\sin n}\left(\left(D+\frac{e\sin n}{\cos n}\right)^{\frac{3}{2}} - D^{\frac{3}{2}}\right) + \frac{1}{64}eu^2\sin\theta^2\right),$$

pour l'expreffion de la force qui agit fur les furfaces choquante ou choquée, lorfqu'elles font entiérement fubmergées dans le Fluide, & à une profondeur plus grande que $\frac{u^2\sin\theta^2}{64\sin\omega^2}$.

La formule $mb\left(\frac{e^2\sin\omega^2.\sin n}{2\cos n} + \frac{u\sin\omega.\sin\theta.\cos n}{6\sin n}\left(\frac{e\sin n}{\cos n}\right)^{\frac{3}{2}} + \frac{1}{64}eu^2\sin\theta^2\right) +$

$\frac{mb\cos n}{\sin n}\left(\frac{1}{2}n^2\sin\omega^2 - \frac{1}{6}n^{\frac{3}{2}}u\sin\omega.\sin\theta + \frac{1}{64}nu^2\sin\theta^2\right)$ fera l'expreffion de la force qui agit fur la furface choquante, lorfque fon extrémité fupérieure eft plus haute que la fuperficie du Fluide, de la quantité

$\frac{u^2\sin\theta^2}{64 n^2\sin\omega^2}$.

La formule $mb\left(De\sin\omega^2 + \frac{e^2\sin\omega^2\sin n}{2\cos n} - \frac{u\sin\omega.\sin\theta.\cos n}{6\cos n}\left(D+\frac{e\sin n}{\cos n}\right)^{\frac{3}{2}} + \frac{1}{64}eu^2\sin\theta^2\right) +$

$\frac{mb\cos n}{\sin n}\left(\frac{1}{2}D\sin\omega^2 + \frac{1}{64}Du^2\sin\theta - \frac{u^4\sin\theta^4}{6.64^2\sin\omega^2}\right)$ exprimera la force qui agit fur la furface choquée, lorfqu'on a $D < \frac{u^2\sin\theta^2}{64\sin\omega^2}$.

Enfin la formule $mb\left(\frac{e^2\sin\omega^2.\sin n}{2\cos n} \pm \frac{u\sin\omega.\sin\theta.\cos n}{6\sin n}\left(\frac{e\sin n}{\cos n}\right)^{\frac{3}{2}} + \frac{1}{64}eu^2\sin\theta^2\right)$ exprimera la force qui agit fur l'une quelconque des deux furfaces, ayant $D = 0$, & négligeant la dénivellation.

COROLLAIRE I.

(618.) Si la furface étoit horifontale, l'expreffion de la force verticale dont elle éprouveroit l'action, feroit (615.) = ... $mbe.\cos n\left(D^{\frac{1}{2}}\sin\omega \pm \frac{1}{8}u\sin\theta\right)^2$; mais, dans ce cas, $\cos n = 1$, la force verticale fera donc $= mbe\left(D^{\frac{1}{2}}\sin\omega \pm \frac{1}{8}u\sin\theta\right)^2$

COROLLAIRE II.

(619.) Si, outre ces conditions, c'eft la furface, & non le Fluide, qui fe meut verticalement, on aura $\sin\omega = 1$, & $\sin\theta = 1$, & la force verticale qu'elle éprouvera, fe réduira alors à $mbe(\sqrt{D} \pm \frac{1}{8}u)^2$. De plus, fi la vîteffe u eft égale à celle qu'acquerroit le Fluide en tombant de la hauteur D, on auroit (52 & 564.) $u = 8\sqrt{D}$, ou $\frac{1}{8}u = \sqrt{D}$, ce qui réduit la force qui agit fur la furface, à $mbe(\sqrt{D} \pm \sqrt{D})^2$; c'eft-à-dire que la force qui agira fur la furface choquante, fera, en ce cas, $= 4\,mbeD$, ou égale au poids de quatre colonnes de Fluide, dont la bafe $= be$, & dont la hauteur $= D$, qui eft celle du Fluide au-deffus de la furface cho-

quante. La force qui agiroit fur la furface choquée, feroit, dans
le même cas $= 0$; ce qui paroîtra fenfible, en confidérant que le
Fluide ne peut choquer la furface, fa vîteffe étant, dans ce cas,
égale à la fienne.

Corollaire III.

(620.) Si c'étoit le Fluide qui fe mût verticalement, la furface
demeurant en repos, & ayant, comme auparavant, $\sin n = 0$; on au-
roit $\sin \theta = 1$, & $\sin \omega = 0$: par conféquent la force verticale qui agira
fur la furface, fe réduira à $\frac{1}{64} mbeu^2$. Si, de plus, la vîteffe u étoit
celle qu'acquerroit le Fluide, en tombant de la hauteur D, on
auroit, comme ci-deffus, $\frac{1}{8} u = \sqrt{D}$, ou $\frac{1}{64} u^2 = D$, ce qui réduit
la force à $mbeD$; c'eft à-dire qu'elle eft égale au poids d'une fimple
colonne de Fluide, dont la bafe eft $= be$, & dont la hauteur $= D$.
On voit donc que, fi le Fluide tomboit verticalement, par l'action
de fa propre gravité, d'une hauteur quelconque D, & choquoit une
furface horifontale be, la force dont cette furface éprouveroit l'action, feroit égale au poids de la colonne de Fluide qui feroit au-
deffus de la furface; c'eft-à-dire, au poids d'une colonne du même
Fluide dont la bafe feroit la furface choquée, & la hauteur celle
de la chûte du Fluide.

Corollaire IV.

(621.) L'expreffion de la force différencio-différencielle . . . .
$m\, dh.\, du((D+a)^{\frac{1}{2}} \sin u \perp \frac{1}{8} u \sin \theta)^2$, nous fait connoître que, fi la quantité $D+a$ étoit conftante; c'eft-à-dire, fi la furface plane étoit tou-
jours horifontale, fa force verticale totale, ou intégrale, feroit $=$
$mb((D+a)^{\frac{1}{2}} \sin \omega + \frac{1}{8} u \sin \theta)^2$.

Scolie I.

(622.) On voit clairement ici combien il eft différent que ce foit
la furface qui fe meuve, ou que ce foit le Fluide : dans le premier
cas, la force qui agit fur la furface, eft $4mbeD$, & dans le fecond,
elle eft feulement $mbeD$; c'eft - à - dire que la premiere eft quatre
fois plus grande que la feconde. Cependant je ne connois aucun
Auteur qui n'ait fuppofé ces deux cas comme étant abfolument les
mêmes; ou qui n'ait fuppofé que, dans l'un & l'autre cas, la force
qui agit fur la furface, eft toujours la même.

Scolie II.

(623.) *Newton*, dans les *Corollaires* 7 , 8 , 9 & 10 de la *Propofition*
XXXVI

XXXVI, *Section VII* du *Livre II* de sa *Philosophie naturelle*, dit qu'une petite surface horisontale, comme celle que nous suppofons, *dbde*, ou *be*, expofée à l'action d'un Fluide qui tombe librement par l'action de sa gravité, ne supporte seulement que le poids de la moitié de la colonne de Fluide, dont la base est *be*, & la hauteur *D*; ce qui n'est que la moitié de ce que nous avons trouvé. Il suppose, pour cela, que si *ACDBA* est un vase constamment plein d'un Fluide, & qui ait l'ouverture *EF* à son fond, le Fluide n'aura de mouvement que dans l'espace *AMEFNB*, qu'il appelle *Cataracte*, terminé par les deux surfaces courbes *AME*, *BNF*, le Fluide demeurant sans mouvement, ou comme un corps dur, dans les espaces *CAE* & *DBF*. Il suppose ensuite qu'on mette au milieu de l'ouverture *EF* la surface *PQ*, & il dit que le Fluide qui est au-dessus d'elle, & est contenu dans l'espace *PHQ*, restera pareillement sans mouvement, à cause qu'il se forme deux autres surfaces convexes *HQ*, *HP*, & que le Fluide se divise comme en deux cataractes. Il dit, de plus, que le poids que soutiendra la surface *PQ*, sera seulement celui du Fluide contenu dans l'espace *PHQ*, parce qu'il suppose que tout le Fluide contenu dans les espaces *AMEPH* & *HQFNB* se meut avec toute liberté, & sans agir sur les surfaces *HP*, *HQ*. Nous laissons au Lecteur à considérer s'il est possible que le Fluide tombe avec une vîtesse connue sur la surface *HP*, sans agir sur elle, & sans lui faire supporter d'effort. Ceci seroit contre tous les principes reçus, & même contre ceux établis par ce sçavant Auteur. Selon notre théorie, la force verticale qui agit sur une différencio-différencielle de la surface même *HP*, est $=$ . . . .

$m.db.de\left((D+a)^{\frac{1}{2}} sin\ \omega + \frac{1}{8}u\, sin\ \theta\right)^{2}$, ou à cause que $sin\ \omega = 0$, & que $\frac{1}{8}u = a^{\frac{1}{2}}$, elle est $= m.db.de.a\, sin\ \theta^{2}$. D'où l'on voit que, dans le cas où l'on admettroit tout ce que suppose notre Auteur, non seulement la surface *PQ* soutient le poids du Fluide *PHQ*, mais encore la la force $m.db.de.a\, sin\ \theta^{2}$, dans laquelle expression θ désigne l'angle que forme la verticale avec la courbe *HP*, & *a* la hauteur du Fluide au-dessus de l'orifice : de sorte qu'en supposant θ constant, ce poids est celui d'une colonne de Fluide, dont la base est *PQ*, & la hauteur celle du Fluide, multipliée par $sin\ \theta^{2}$.

CHAPITRE IV.

De la force avec laquelle les Fluides agissent contre de surfaces quelconques, dans le cas du mouvement.

PROPOSITION XXX.

(624.) *TROUVER la force horisontale qui agit sur une surface quelconque qui se meut dans un Fluide.*

Ayant divisé la surface, par des plans horisontaux & verticaux, en petites surfaces quadrilateres sensiblement planes : si l'on cherche la force positive, ou négative, qui agit sur chacune de ces petites surfaces, en en prenant la somme, on aura la force totale. Cela posé, soit D la hauteur verticale comprise depuis la superficie du Fluide jusqu'à l'extrémité supérieure d'un des petits quadrilateres dont a exprime la hauteur ; d'après cela, on aura (600.) . . . . . $$mc.da\left((D+a)^{\frac{1}{2}}\pm\tfrac{1}{8}u\,\sin\theta^2\right)^2$$ pour l'expression de la force horisontale qui agit sur une différencielle de ce même petit quadrilatere ; & l'intégrale $mc\left(Da+\tfrac{1}{2}a^2\pm\tfrac{1}{6}u((D+a)^{\frac{3}{2}}-D^{\frac{3}{2}})\sin\theta+\tfrac{1}{64}au^2\sin\theta^2\right)$, sera la force dont le quadrilatere entier éprouvera l'action, a marquant toute sa hauteur verticale. Substituant maintenant $D-\tfrac{1}{2}a$ pour D, afin que D marque la hauteur verticale de la superficie du Fluide au-dessus du centre du petit quadrilatere, l'expression de toute la force horisontale qui agit sur cette petite surface sera $=$ . . . . $$mc\left(Da\pm\tfrac{1}{6}u\left((D+\tfrac{1}{2}a)^{\frac{3}{2}}-(D-\tfrac{1}{2}a)^{\frac{3}{2}}\right)\sin\theta+\tfrac{1}{64}au^2\sin\theta^2\right)$$: & celle qui agit sur la surface entiere, qui est la somme de toutes ces petites surfaces, sera exprimée par . . . . $$m\!\int c\left(Da\pm\tfrac{1}{6}u\left((D+\tfrac{1}{2}a)^{\frac{3}{2}}-(D-\tfrac{1}{2}a)^{\frac{3}{2}}\right)\sin\theta+\tfrac{1}{64}au^2\sin\theta^2\right).$$

COROLLAIRE I.

(625.) Dans l'une & l'autre dénivellation du Fluide, la force sera $$(595.)=m\!\int c\left(Da-\tfrac{1}{6}u\left((D+\tfrac{1}{2}a)^{\frac{3}{2}}-(D-\tfrac{1}{2}a)^{\frac{3}{2}}\right)\sin\theta+\tfrac{1}{64}au^2\sin\theta^2\right).$$

COROLLAIRE II.

(626.) Réduisant en série la quantité $(D+\tfrac{1}{2}a)^{\frac{3}{2}}-(D-\tfrac{1}{2}a)^{\frac{3}{2}}$, on a $\tfrac{3}{2}D^{\frac{1}{2}}a\left(1-\dfrac{a^2}{96\,D^2}-\dfrac{a^4}{2048\,D^4}-\&c.\right)$: donc, en substituant, on aura la force horisontale qui agit sur un des petits quadrilateres $=$ . . . . $$mc\left(Da\pm\tfrac{1}{4}D^{\frac{1}{2}}au\,\sin\theta\left(1-\dfrac{a^2}{96\,D^2}-\dfrac{a^4}{2048\,D^4}-\&c.\right)+\tfrac{1}{64}au^2\sin\theta^2\right).$$

COROLLAIRE III.

(627.) Si D étoit très-grand par rapport à a, ou fi l'on pouvoit traiter a comme une différencielle par rapport à D, on pourroit négliger tous les termes de la férie, excepté le premier, ce qui réduiroit la force qui agit fur un des petits quadrilateres quelconque, ou choquant, ou choqué, à . . . .

$$mc\left(Da \pm \tfrac{1}{4}D^{\frac{1}{2}}au\,fin\,\theta + \tfrac{1}{64}au^2\,fin\,\theta^2\right) = mca\left(D^{\frac{1}{2}} \pm \tfrac{1}{8}u\,fin\,\theta^2\right)^2.$$

COROLLAIRE IV.

(628.) Le cas dans lequel le rapport $\frac{a}{D}$ peut être le plus grand, eft lorfqu'il s'agit des petits quadrilateres contigus à la fuperficie du Fluide. Comme D exprime la hauteur verticale de la fuperficie du Fluide au-deffus du centre du petit quadrilatere, on aura, en ce cas, $D = \tfrac{1}{2}a$. Subftituant cette valeur dans la férie, elle fe réduit à $1 - \tfrac{1}{24} - \tfrac{1}{128} - \&c.$; d'où l'on voit que, même dans ce cas extrême, tous les termes de la férie font prefque négligeables, excepté le premier.

COROLLAIRE V.

(629.) Comme dans ce cas extrême, où $D = \tfrac{1}{2}a$, la quantité $(D + \tfrac{1}{2}a)^{\frac{3}{2}} - (D - \tfrac{1}{2}a)^{\frac{3}{2}} = a^{\frac{3}{2}}$, la force qui agit fur le petit quadrilatere eft $=$

$$mc\left(\tfrac{1}{2}a^2 \pm \tfrac{1}{6}a^{\frac{3}{2}}u\,fin\,\theta + \tfrac{1}{64}au^2\,fin\,\theta^2\right).$$

COROLLAIRE VI.

(630.) La férie $\tfrac{2}{3}D^{\frac{1}{2}}a\left(1 - \dfrac{a^2}{96\,D^2} - \dfrac{a^4}{2048\,D^4} -, \&c.\right)$ fe réduira donc auffi, dans ce cas, à $\tfrac{2}{3}a\sqrt{\tfrac{1}{2}a}\left(1 - \tfrac{1}{24} - \tfrac{1}{128} - \&c.\right) = a^{\frac{3}{2}};$ ce qui donne $\left(1 - \tfrac{1}{24} - \tfrac{1}{128} - \&c.\right) = \tfrac{3}{2}\sqrt{2} = \sqrt{\tfrac{8}{9}};$ d'où l'on voit encore combien il s'en faut peu que la férie ne fe réduife à fon premier terme, même dans ce cas extrême où les petits quadrilateres font contigus à la fuperficie du Fluide.

COROLLAIRE VII.

(631.) Il fuit de tout ce qu'on vient de dire, que a étant une différencielle par rapport à D, la férie fe réduit toujours au premier terme, même dans les petits quadrilateres contigus à la fuperficie du Fluide.

PROPOSITION XXXI.

(632.) *Trouver la force horifontale qui agit fur la furface d'un corps formé par la révolution d'une ligne, dioite ou courbe, autour d'un axe horifontal, en fuppofant que ce corps fe meuve dans un Fluide, fuivant la direction de ce même axe, & parallélement à l'horifon.*

Soit ACG une courbe qui, en tournant autour de l'axe horifontal AM, forme le corps $ADSM$, & fuppofons que ce corps fe meuve dans la direction de l'axe AM, cet axe confervant toujours fon parallélifme avec l'horifon. Soit mené les deux plans horifontaux $STOPV$, $XYQNZ$, infiniment voifins, & les deux verticaux $BGOQW$, $MCPN$, qui formeront fur la furface du corps le quadrilatere différencio-différenciel $QOPN$, auquel on élevera la perpendiculaire QE, & on tirera la ligne QB, qui fera égale à l'ordonnée $BG = y$. Soit mené de même la verticale QI, & l'horifontale QF parallele à l'axe : cette ligne formera, avec le quadrilatere $QOPN$, un angle égal au complément de FQR, QR étant le prolongement de EQ : mais BEQ eft égal à FQR ; donc l'angle que forme la direction QF du mouvement avec le quadrilatere différencio-différenciel $QOPN$, eft égal au complément de BEQ, ou égal à l'angle EQB, dont le finus fe mefure par la raifon de la fous-perpendiculaire BE à la perpendiculaire EQ. Ce finus fera donc $fin\ \theta = \frac{BE}{EQ}$. Mais, dans quelque courbe que ce foit, la fous-perpendiculaire eft à la perpendiculaire, comme la différencielle de l'ordonnée eft à la différencielle de la courbe * ; faifant donc $AB = x$, $BG = BQ = y$, $BI = c$, & $IQ = a$, on aura . . . .

$fin\ \theta = \frac{dy}{\sqrt{dy^2 + dx^2}}$, & $BQ = y = \sqrt{c^2 + a^2}$; ce qui donne, en fuppofant a conftant, $dc = \sqrt{\frac{ydy}{y^2 - a^2}}$. Ces valeurs étant mifes dans l'expreffion de la force horifontale $m.dc.da\ (\sqrt{D + a} \pm \frac{1}{8} u\, fin\ \theta)^2$, on aura pour l'expreffion de la force horifontale, & fuivant la direction de l'axe, qui agit fur un quadrilatere différencio-différenciel $QOPN$, de quelque furface, plane ou courbe, que ce foit, la quantité $\frac{mday\,dy}{\sqrt{y^2 - a^2}}(\sqrt{D + a} \pm \frac{udv}{8\sqrt{dy^2 + dx^2}})^2$.

En intégrant cette expreffion à l'égard de y, on aura la force qui agit fur une zone, comme $VOQZ = mda\,(D + a)\int \frac{ydv}{\sqrt{y^2 - a^2}} \pm \ldots$

$\frac{1}{4} muda \sqrt{D + a}\int \frac{ydy^2}{\sqrt{y^2 - a^2}\sqrt{dy^2 - dx^2}} + \frac{1}{64} mu^2 da \int \frac{ydy^3}{(dy^2 - dx^2)\sqrt{y^2 - a^2}}$. Enfin, en réintégrant par rapport à a, on aura la force qui agit fur une

---

* On voit cela facilement par les triangles femblables CLI, rIi ; car ils donnent $CL : LI :: ri : Ii$. Donc $\frac{CL}{LI} = \frac{ri}{Ii} = fin\ \theta$.

surface comme $AGQZA = m\int da\,(D+a)\int \dfrac{y\,dy}{\sqrt{y^2-a^2}} \pm \ldots\ldots\ldots\ldots$

$$\tfrac{1}{4}mu\int da\sqrt{D+a}\int \dfrac{v\,dv^2}{\sqrt{y^2-a^2}\sqrt{dy^2+dx^2}} + \tfrac{1}{64}mu^2\int da\int \dfrac{y\,dy^3}{(dy^2+dx^2)\sqrt{y^2-a^2}} + H.$$

COROLLAIRE.

(633.) Si l'on suppose $x = 0$, on réduit la surface à un plan circulaire, qui se meut horisontalement & perpendiculairement à sa surface ; la force qui agit sur cette surface sera donc ......

$$m\int da\left(\sqrt{D+a}\pm\tfrac{1}{8}u\right)^2\int \dfrac{y\,dy}{\sqrt{y^2-a^2}} + H = m\int da\left(\sqrt{D+a}\pm\tfrac{1}{8}u\right)^2\sqrt{y^2+a^2} + H:$$

ou, en substituant r en place de y, & en place du rayon par la rotation duquel le plan circulaire est engendré, cette force se réduira enfin à $m\int da\left(\sqrt{D+a}\pm\tfrac{1}{8}u\right)^2\sqrt{r^2-a^2}+H.$

PROPOSITION XXXII.

(634.) *Trouver la force horisontale qui agit sur la surface d'un cylindre qui flotte sur un Fluide, & qui se meut horisontalement, suivant une direction perpendiculaire à son axe.*

Soit le cylindre $BCQDE$, H son axe, BE un diametre horisontal, GI la superficie du Fluide, & CAL une verticale. La résistance qu'éprouve la différencielle horisontale en C, est (627.) $= mca\left(D^{\frac{1}{2}}\pm\tfrac{1}{8}u\sin\theta\right)^2$; formule dans laquelle nous devons substituer da pour a, & a à la place de $D = CA$; & comme $\sin\theta =$ le sinus de l'angle LCH, en faisant $AL = f$, on aura $\sin\theta = \dfrac{\sqrt{R^2-(a\pm f)^2}}{R}$, R exprimant le rayon du cylindre. Cette substitution faite, la force qui agit sur la différencielle devient $= mcda\left(a^{\frac{1}{2}}+\dfrac{u\sqrt{R^2-(a\pm f)^2}}{8R}\right)^2$; & celle qui agit sur toute la surface $GCQ = mc\int da\left(a^{\frac{1}{2}}\pm\dfrac{u\sqrt{R^2-(a\pm f)^2}}{8R}\right)^2.$

PROPOSITION XXXIII.

(635.) *Trouver la force verticale qui agit sur une surface quelconque qui se meut dans un Fluide immobile.*

Soit divisé la surface du corps qui est dans le Fluide, en de petits quadrilateres sensiblement plans, par des lignes horisontales & verticales. Cherchant ensuite la force verticale, positive ou négative, qui agit sur chacun de ces petits quadrilateres, en prenant la somme de ces forces, on aura la force totale. Ce procédé a déjà été expliqué (624.), pour trouver la force horisontale. On se rappellera que l'expression de la force horifontale fe réduit à celle d'une autre force, fuivant une direction quelconque, en fubftituant feulement (599.) $\frac{b \sin x}{\sin n}$ en place de c; mais, comme, dans le cas préfent, le mouvement fe fait verticalement *, on a (616.) $\sin x = \cos n$; c'eft donc $\frac{b \cos n}{\sin n}$ que nous devons fubftituer dans la formule de l'Art. 624, en place de c, pour avoir l'expreffion de la force verticale qui agit fur une furface quelconque, & cette expreffion fera . . . .

$$mc \int \frac{b \cos n}{\sin n} \left(Da \pm \tfrac{1}{6} u \left((D + \tfrac{1}{2} a)^{\frac{3}{2}} - (D - \tfrac{1}{2} a,^{\frac{3}{2}}) \sin \theta + \tfrac{1}{64} a u^2 \sin \theta^2 \right) \right).$$

COROLLAIRE.

(636.) On aura de la même maniere la force verticale (626.) qui agit fur un quadrilatere infiniment petit, choquant ou choqué, $=$

$$\frac{mb \cos n}{\sin n} \left(Da \pm \tfrac{1}{4} D^{\frac{1}{2}} au \sin \theta \left(1 - \frac{a^2}{96 D^2} - \frac{a^4}{2048 D^4} - \&c. \right) + \tfrac{1}{64} a u^2 \sin \theta^2 \right);$$

mais, comme (614.) $\frac{a \cos n}{\sin n} = e$, ou $a = \frac{e \sin n}{\cos n}$, en fubftituant cette valeur, la même force verticale fera auffi $=$ . . . .

$$mbe \left(D \pm \tfrac{1}{4} D^{\frac{1}{2}} u \sin \theta (1 - \frac{e^2 \sin n^2}{96 L^2 \cos n^2} - \frac{e^4 \sin n^4}{2048 D^4 \cos n^4} - \&c.) + \tfrac{1}{64} u^2 \sin \theta^2 \right);$$

ou enfin en négligeant tous les termes de cette férie, excepté le premier, à caufe qu'ils font fort petits, elle fera encore $=$ . . . . .

$$mbe (D^{\frac{1}{2}} + \tfrac{1}{8} u \sin \theta)^2.$$

PROPOSITION XXXIV.

(637.) *Trouver la force verticale qui agit fur la furface d'un cylindre qui flotte fur un Fluide, & qui fe meut horifontalement dans une direction perpendiculaire à fon axe.*

La force horifontale qui agit fur une différencielle horifontale du cylindre en C, a été trouvée (634.) $= mc.da \left(a^{\frac{1}{2}} \pm \frac{u \sqrt{R^2 - (a \pm f)^2}}{8R} \right)^2$, R exprimant le rayon du cylindre, a étant $= CA$, diftance verticale de la différencielle à la fuperficie du Fluide, & AL étant $= f$. Donc la force verticale fera (635.) $= \frac{m.db.da.\cos n}{\sin n} \left(a^{\frac{1}{2}} \pm \frac{u \sqrt{R^2 - (a \pm f)^2}}{8R} \right)^2$.

Subftituant dans cette formule la valeur de $\frac{\cos n}{\sin n} = \frac{CL}{LH} = \frac{a + f}{\sqrt{R^2 - (a \pm f)^2}}$,

---

* Cette expreffion nous paroît inexacte; il faut dire : » mais comme dans le cas préfent, il s'agit » de la réfiftance verticale, &c. » C'eft fûrement ce que l'Auteur entend; car, fi le mouvement fe faifoit verticalement, il faudroit faire $\sin \theta = \cos n$ (*Art.* 585.).

la force verticale qui agit fur la furface GCQ, fera $= \ldots \ldots$
$mb \int \frac{da\,(a \pm f)}{\sqrt{R^2-(a \pm f)^2}} \left(a^{\frac{1}{2}} \pm \frac{u\sqrt{R^2-(a \pm f)^2}}{8R} \right)^2$, & la force totale qui agit fur
GQI, fera $= 2mb \left(\int \frac{(a \pm f)\,da}{\sqrt{R^2-(a \pm f)^2}} + \int (a \pm f)\,u^2\,da \sqrt{\frac{R^2-(a \pm f)^2}{64\,h^2}} \right)$.

CHAPITRE V.

Des réſiſtances horiſontales qu'éprouvent les Corps, lorſ-qu'ils ſe meuvent dans les Fluides : ou, au contraire, lorſque ce ſont les Fluides qui ſe meuvent, & choquent les corps.

PROPOSITION XXXV.

(638.) *TROUVER* la réſiſtance horiſontale qu'éprouve un corps mu dans un Fluide.

Les réſiſtances qu'éprouvent les corps mus dans les Fluides, ne ſont autre choſe que la réſultante des forces qui agiſſent ſur leurs furfaces ſuivant une direction déterminée; ou celle qui réſulte de la ſomme de toutes les forces, ſuivant cette même direction, en prenant poſitivement celles qui ſont poſitives, & négativement celles qui ſont négatives. Qu'on détermine donc, par les regles établies dans le Chapitre précédent, les forces horiſontales qui agiſſent ſur les furfaces qui terminent le corps, & qu'on en prenne la ſomme, on aura la valeur de la réſiſtance.

PROPOSITION XXXVI.

(639.) *Trouver la réſiſtance horiſontale qu'éprouve un parallélipipede rectangle qui flotte ſur un Fluide, ayant deux de ſes côtés paralleles à l'horiſon, le parallélipipede ſe mouvant, & non le Fluide, ſuivant une direction parallele à ſes deux autres côtés, dans le cas où l'on auroit* a $>$, *ou* $= \frac{u^2 \, \mathit{fin}\, \theta^2}{64 \, \mathit{fin}\, \omega^2}$.

La force qui agit ſur la furface choquante, eſt (602.) $= \ldots$
$mc \left(\frac{1}{2} a^2 + \frac{1}{6} a^{\frac{3}{2}} u \, \mathit{fin}\, \theta + \frac{1}{64} au^2 \, \mathit{fin}\, \theta^2 \right) + mc \left(\frac{1}{2} a^2 - \frac{1}{6} n^{\frac{3}{2}} u \, \mathit{fin}\, \theta + \frac{1}{64} nu^2 \, \mathit{fin}\, \theta^2 \right)$.
Celle qui agit ſur la furface choquée, à cauſe que $\mathit{fin}\, \omega = 1$, eſt (609.)
$= mc \left(\frac{1}{2} a^2 - \frac{1}{6} a^{\frac{3}{2}} u \, \mathit{fin}\, \theta + \frac{1}{64} au^2 \, \mathit{fin}\, \theta^2 - \frac{u^4 \, \mathit{fin}\, \theta^4}{6.64^2} \right)$. Quant à la force qui agit ſur les deux furfaces latérales, elle eſt zéro, parce qu'étant paralleles à la direction du mouvement, on a c $= 0$. La force qui

agit fur la bafe ou furface inférieure, eft auffi zéro, à caufe qu'o
a pour cette furface $da = 0$. Il n'y a donc pas d'autres forces, fuivan
la direction dont il s'agit, que celles qu'éprouvent les deux furface
choquante & choquée. Cette derniere eft négative, parce qu'ell
rgit dans une direction contraire à la premiere ; par conféquent l
aéfiftance horifontale qu'éprouvera le parallélipede fera $= \dots$

$$mc\left(\tfrac{1}{3}a^{\frac{3}{2}} u\,fin\,\theta + \tfrac{1}{2}n^2 - \tfrac{1}{6}a^{\frac{3}{2}} u\,fin\,\theta + \tfrac{1}{64} nu^2 fin\,\theta^2 + \frac{u^4 fin\,\theta^4}{6.64^2} \right).$$

Corollaire I.

(640.) Si le parallélipipede, flottant, comme on le fuppofe
avoit une hauteur fuffifante hors du Fluide, de maniere que le Fluid
ne pût paffer par-deffus ; ou fi fa hauteur étoit égale, ou plus grande
que $\dfrac{u^2 fin\,\theta^2}{64}$, n feroit alors $= \dfrac{u^2 fin\,\theta^2}{64}$, & la réfiftance fe réduiroit à

$$mc\left(\tfrac{1}{3}a^{\frac{3}{2}} u\,fin\,\theta + \frac{u^4 fin\,\theta^4}{3.64^2} \right) = \tfrac{1}{3} mcu\,fin\,\theta\left(a^{\frac{3}{2}} + \frac{u^3 fin\,\theta^3}{64^2} \right).$$

Corollaire II.

(641.) Si, au contraire, le parallélipipede n'avoit aucune hauteu
au-deffus du Fluide, de façon que fa furface fupérieure fût de niveau
avec celle du Fluide, alors $n = 0$, & la réfiftance fe réduiroit à

$$mc\left(\tfrac{1}{3}a^{\frac{3}{2}} u\,fin\,\theta + \frac{u^4 fin\,\theta^4}{6.64^2} \right) = \tfrac{1}{3} mcu\,fin\,\theta\left(a^{\frac{3}{2}} + \frac{u^3 fin\,\theta^3}{2.64^2} \right).$$

Corollaire III.

(642.) En négligeant la dénivellation du Fluide, on doit négliger
tous les termes où a ne fe trouve pas (601.) : donc la réfiftance
qu'éprouve le parallélipipede, en négligeant la dénivellation du
Fluide, fera $= \tfrac{1}{3} mca^{\frac{3}{2}} u\,fin\,\theta$.

Corollaire IV.

(643.) Pour pouvoir négliger la dénivellation du Fluide, il fuffit
feulement que la profondeur a, à laquelle la furface inférieure du
parallélipipede eft fubmergée dans le Fluide, foit très-grande à l'égard
de $\tfrac{1}{64} u^2 fin\,\theta^2$. Le parallélipipede étant donc très-grand, ou la
profondeur à laquelle il s'enfonce dans le Fluide, étant très-grande
à l'égard de la vîteffe $u\,fin\,\theta$, on pourra négliger la dénivellation ; &
la fonction qui exprimera la réfiftance fe réduira à une feule quantité,
qui fera comme les fimples viteffes u.

Scolie.

(644.) Nous avons établi dans cette théorie, que la force avec laquelle

quelle le Fluide agit contre une différencio-différencielle de superficie, est proportionnelle à $(8 \sqrt{a} \pm u \sin \theta)^2$; & le principe qui nous y a conduit est que nous avons trouvé la vîtesse avec laquelle le Fluide jailliroit, par la même différencio-différencielle, s'il avoit un libre passage, $= 8 \sqrt{a} \pm u \sin \theta$. Quelque solide que paroisse ce fondement, on pourroit cependant observer qu'il seroit peut-être également solide de supposer le poids que doit soutenir la différencio-différencielle, le même que celui de la colonne agissante du Fluide qui est au-dessus d'elle, laquelle a pour hauteur $a \pm \frac{1}{64} u^2 \sin \theta^2$, le dernier terme $\frac{1}{64} u^2 \sin \theta^2$ exprimant la hauteur de l'intumescence, ou la profondeur de la cavité. Si l'on fait cette supposition, le poids que supportera la différencielle de la surface choquante, ou choquée, du parallélipipede sera $= \dots \dots$ $mc.\, da(a \pm \frac{1}{64} u^2 \sin \theta^2)$, quantité dont l'intégrale est $mc(\frac{1}{2} a^2 \pm \frac{1}{64} au^2 \sin\theta^2 + H)$, ou $mc\left(\frac{1}{2} a^2 \pm \frac{1}{64} au^2 \sin \theta^2 + \frac{u^4 \sin 64}{2.64}\right)$; car H devient $= \frac{u^4 \sin 64}{2.64}$, en faisant $a = \mp \frac{1}{64} u^2 \sin \theta^2$ (600.). Ainsi cette intégrale exprimeroit le poids que supporte l'une quelconque des deux surfaces, choquante ou choquée, du parallélipipede, & par conséquent la résistance qui résulte des deux seroit $= \frac{1}{32} ncau^2 \sin \theta^2$; quantité qui, comme on le verra ci-après, *Chap. VII*, doit se réduire à la moitié $\frac{1}{64} mcau^2 \sin \theta^2$, lorsque le parallélipipede se réduit à un plan. Cette détermination est réellement conforme à l'opinion généralement reçue, &, ce qui est plus, aux expériences rapportées par M. *Mariotte*, dans le troisieme *Discours* de la *seconde Partie* de son *Traité du mouvement des Eaux*, qu'elle auroit très-bien pu être d'un poids égal pour nous, ou peut-être même suffiroit-elle pour nous faire abandonner notre théorie, si la quantité d'expériences qui la justifient, non seulement de l'espece de celles qu'a faites M. *Mariotte*, mais encore toutes celles que nous avons pu employer à cette vérification, comme on le verra par la suite de ce Traité, ne lui avoient donné le plus grand crédit. Nous n'exposerons, en ce moment, que celles qui contredisent absolument les expériences de M. *Mariotte*.

Cet Auteur, dans la *Regle V* du Discours cité, donne deux expériences qu'il a faites, en exposant perpendiculairement au courant de la *Seine*, une petite planche d'un demi-pied en quarré, en se servant pour cela d'un instrument dont il donne la description. Il dit qu'avec un courant dont la vîtesse étoit de 3 pieds $\frac{1}{4}$ par seconde, la planche soutint un poids de 3 livres $\frac{1}{4}$. La surface de la planche, réduite en mesure Anglaise, est de $\frac{16^2}{4.15^2}$ *, & la vîtesse du

---

* L'Auteur prend ici le rapport de 15 à 16 pour celui du pied anglais au pied français, ce qui

courant eſt de $\frac{52}{15}$ pieds. Pour comparer maintenant cette expérience avec la formule $\frac{1}{64} mcau^2 \sin \theta^2$. obſervons qu'on a $m = 1000$ onces , qui eſt le poids d'un pied cubique d'eau ; $ca = \frac{1}{4} \cdot \frac{16^2}{15^2}$; $\sin \theta = 1$ & $u = \frac{52}{15}$. On aura donc, ſuivant la formule, le poids que devoit ſupporter la planche $= \frac{1}{64} \cdot 1000 \frac{16^2}{4. 15^2} \cdot \frac{52^2}{15^2} = \frac{21632}{405} = 53$ onces$\frac{1}{2}$, ou 3 liv. 5 onces $\frac{1}{2}$, ce qui n'eſt que de 6 onces $\frac{1}{2}$ de moins que ce que dit avoir trouvé M. *Mariotte.* Dans la ſeconde expérience il dit que la planche ſoutint un poids de 9 onces , la vîteſſe du courant étant de 1 pied $\frac{1}{4}$ par ſeconde. Suivant la formule , le poids doit être égal à $\frac{1}{64} \cdot 1000 \cdot \frac{16^2}{4. 15^2} \cdot \frac{16}{9} = 8$ onces ; quantité qui eſt ſeulement moindre d'une once que celle que donne l'Auteur ; & l'on ne peut regarder ces différences comme bien ſenſibles , dans des expériences de cette nature. Mais on va voir combien ces expériences, que l'Auteur regarde comme ſi exactes, s'éloignent de celles que j'ai pratiquées moi-même pour m'aſſurer de leur exactitude. Une planche, de la forme d'un parallélogramme rectangle , d'un pied de large, expoſée perpendiculairement à l'action d'un courant dont la vîteſſe étoit de 2 pieds par ſeconde, a ſupporté un poids de 25 livres $\frac{1}{2}$, étant ſubmergée d'un pied juſte dans le Fluide. Suivant l'opinion généralement reçue, ce poids auroit dû être de $\frac{1}{64} \cdot 1000.4 = 62$ onces$\frac{1}{2}$, ou 3 livres 14 onces $\frac{1}{2}$, quantité bien éloignée de celle qu'a donné l'expérience. La même planche a ſupporté un poids de 26 livres $\frac{1}{4}$, expoſée à un courant de $\frac{7}{}$ pieds de vîteſſe par ſeconde, & étant ſubmergée de 2 pieds juſte dans le Fluide ; ſuivant l'opinion générale, elle auroit dû ſupporter un poids de $\frac{1}{64} \cdot 1000.2. \frac{16}{9} = 56$ onces, ou de 3 livres $\frac{1}{2}$; quantité qui eſt encore extrêmement éloignée de celle qu'a donné l'expérience. Ce qu'il y a de plus remarquable , & ce qui doit, ce me ſemble, faire rejetter abſolument l'opinion généralement reçue, c'eſt que, d'après elle , le ſecond poids auroit dû être moindre que le premier, & , au contraire, il a été trouvé de 10 livres $\frac{1}{4}$ plus grand , ce qui eſt le triple du poids total 3 livres $\frac{1}{2}$ qu'on a cru juſqu'ici qu'elle devoit ſupporter. Au contraire, notre formule eſt (640.) $\frac{1}{3} m c . u \sin \theta \left(a^{\frac{3}{2}} + \frac{u^3 \sin \theta^3}{64.64} \right)$, qui, à cauſe que les viteſſes ſont petites, & que $\sin \theta = 1$, ſe réduit à $mca^{\frac{3}{2}}u$; quantité dont il ne faut prendre que la moitié $\frac{1}{6}mca^3 u$, pour les raiſons qu'on expoſera ci-

eſt très-proche de la vérité , & eſt ſuffiſant pour ſon objet. *Voyez*, pour plus d'exactitude la note de l'*Art.* 51.

après (731.). Le poids que devoit supporter la planche dans la premiere expérience, sera donc $= \frac{1}{6} . 1000.2 = 333$ onces, ou 20 liv. $\frac{1}{2}$, poids qui est seulement de 5 liv. plus fort que celui qu'a donné l'expérience; différence, au reste, qui doit aussi avoir lieu, par ce qui a été exposé, *Art.* 596. Dans la seconde expérience, le poids qu'auroit dû supporter la planche, devoit être $= \frac{1}{6} . 1000(2)^{\frac{2}{2}} . \frac{4}{3} = 628$ onces, ou 39 liv. $\frac{1}{4}$, poids qui est de 13 l. plus grand que l'expérience ne l'a donné; & cet excès devoit effectivement avoir lieu, comme on vient de le dire.

Pour appercevoir & se convaincre de l'accord de l'expérience avec la théorie que nous avons donnée, il n'y a qu'à considérer la raison de 2 à $(2)^{\frac{2}{2}} . \frac{4}{3}$, ou celle de 15 à 28, qui lui est à-peu-près égale, dans laquelle doivent être, suivant cette théorie, les deux poids supportés : car elle s'éloigne très-peu de la raison des poids $15\frac{1}{2}$ & $26\frac{1}{4}$, que l'expérience a donnés. Suivant l'opinion commune, cette raison devroit être celle de 4 à $\frac{2.16}{9}$, ou celle de 9 à 8, qui est la raison des produits des surfaces choquées par les quarrés des vîtesses; raison qui, comme on voit, est excessivement éloignée de celle de $15\frac{1}{2}$ à $26\frac{1}{4}$, qui a été fournie par l'expérience : car, comme on l'a dit, cette raison devoit être de plus grande égalité, tandis qu'elle est de moindre.

Les deux expériences donnent, à peu de différence, la mesure absolue de la résistance moindre d'un tiers que celle qui résulte de la théorie, comme on vient de le voir, & comme nous devions nous y attendre, d'après ce qui a été dit dans l'*Art.* 596 : ensorte que, pour avoir la mesure juste & absolue de cette résistance, nous devons prendre les deux tiers de ce qui résulte de la théorie.

PROPOSITION XXXVII.

(645.) *Trouver la résistance horisontale qu'éprouve le même parallelipipede rectangle, se mouvant, comme on l'a supposé dans la proposition précédente, dans le cas où l'on auroit* a $=$, *ou* $< \frac{u^2 \sin \theta^2}{64}$.

Nous avons dit, *Art.* 610. que, dans ce cas, la surface postérieure n'étoit soumise à l'action d'aucune force; ainsi la résistance se réduira à la force qui agit sur la surface antérieure, & dont l'expression est

$$= mc\left(\tfrac{1}{2}a^2 + \tfrac{1}{6}a^{\frac{3}{2}}u \sin \theta + \tfrac{1}{64}au^2 \sin \theta^2\right) + mc\left(\tfrac{1}{2}n^2 - \tfrac{1}{6}n^{\frac{3}{2}}u \sin \theta + \tfrac{1}{64}nu^2 \sin \theta^2\right).$$

COROLLAIRE I.

(646.) Si le parallélipipede étoit assez élevé au-dessus de la superficie du Fluide pour que celui-ci ne pût passer par-dessus, ou que sa hauteur fût égale, ou plus grande que $\frac{u^2 \sin \theta^2}{64}$, alors on auroit $n = \tfrac{1}{64}u^2 \sin \theta^2$,

& la résistance se réduiroit à $mc\left(\frac{1}{2}v^2 + \frac{1}{6}a^{\frac{3}{2}}u\,\sin\theta + \frac{1}{64}au^2\sin\theta^2 + \frac{u^4\sin\theta^4}{6.64^2}\right)$.

COROLLAIRE. II.

(647.) Si, au contraire, le parallélipipede n'avoit aucune hauteur au-dessus du Fluide ; c'est-à-dire, s'il étoit entiérement submergé ; alors on auroit $n = 0$, & la résistance se réduiroit à $mc\left(\frac{1}{2}a^2 + \frac{1}{6}a^{\frac{3}{2}}u\,\sin\theta + \frac{1}{64}au^2\sin\theta^2\right)$; la même que celle qui a lieu lorsqu'on néglige la dénivellation du Fluide.

PROPOSITION XXXVIII.

(648.) *Trouver la résistance horisontale qu'éprouvera le même parallélipipede rectangle, en se mouvant, comme il a été dit ci-dessus ; & dans le cas où il seroit entiérement submergé dans le Fluide, ayant* $D < \dfrac{u^2\sin\theta^2}{64}$, *&* $D + a =$, *ou* $> \dfrac{u^2\sin\theta^2}{64}$.

La force qui agira sur la surface choquante, sera (611.) $= mc\left(Da + \frac{1}{2}a^2 + \frac{1}{6}u\,\sin\theta((D+a)^{\frac{3}{2}} - D^{\frac{3}{2}}) + \frac{1}{64}au^2\sin\theta^2\right)$; & celle qui agira sur la surface choquée, sera (607) $= \dots\dots\dots$ $mc\left(\frac{1}{2}(D+a)^2 - \frac{1}{6}u\,\sin\theta(D+a)^{\frac{3}{2}} + \frac{1}{64}u^2\sin\theta^2(D+a) - \frac{u^4\sin\theta^4}{6.64^2}\right)$. Soustrayant cette derniere force de la premiere, & réduisant, la résistance deviendra $= \frac{1}{3}mcu\,\sin\theta(D+a)^{\frac{3}{2}} - mc\left(\frac{1}{2}D^2 + \frac{1}{6}D^{\frac{3}{2}}u\,\sin\theta + \frac{1}{64}Du^2\sin\theta^2 - \frac{u^4\sin\theta^4}{6.64^2}\right)$.

COROLLAIRE.

(649.) Si $D = 0$. la résistance se réduira, comme on l'a dit (641.), à $\frac{1}{3}mcu\,\sin\theta\left(u^{\frac{1}{2}} + \frac{u^3\sin\theta^3}{2.64^2}\right)$.

PROPOSITION XXXIX.

(650.) *Trouver la résistance horisontale qu'éprouvera le même parallélipipede rectangle, en supposant toujours qu'il se meuve comme il a été dit ci-dessus ; & dans le cas où il seroit entiérement submergé dans le Fluide, ayant* $D < \dfrac{u^2\sin\theta^2}{64}$, *&* $D + a =$, *ou* $< \dfrac{u^2\sin\theta^2}{64}$.

Dans ce cas, la surface postérieure n'éprouve aucune action (610.), & la résistance se réduit à la force qui agit sur la surface antérieure, laquelle est (611.) $= mc\left(Da + \frac{1}{2}a^2 + \frac{1}{6}u\,\sin\theta((D+a)^{\frac{3}{2}} - D^{\frac{3}{2}}) + \frac{1}{64}au^2\sin\theta^2\right)$.

COROLLAIRE.

(641.) Si l'on avoit $D = 0$, & par conséquent $n = 0$, la résistance se réduiroit à $mc\left(\frac{1}{2}a^2 + \frac{1}{6}a^{\frac{3}{2}}u\,\sin\theta + \frac{1}{64}au^2\sin\theta^2\right)$; la même qu'en négligeant la dénivellation du Fluide.

PROPOSITION XL.

(652.) *Trouver la résistance horisontale qu'éprouvera le même paral-*
lélipipede rectangle, en supposant qu'il se meuve toujours d'après les mêmes
conditions , & dans le cas où il seroit entierement submergé dans le
Fluide , ayant $D =$, ou $> \frac{1}{64}$ u² *sin* θ².

La force qui agira sur la surface choquante, sera (611.) $= \ldots$
$mc \left(Da + \frac{1}{2}a^2 + \frac{1}{6}u \, \sin \theta ((D + a)^{\frac{3}{2}} - L^{\frac{3}{2}}) + \frac{1}{64}au^2 \sin \theta^2 \right)$; & celle qui
agira sur la surface choquée, sera $= \ldots \ldots \ldots \ldots$
$m \left(Da + \frac{1}{2}a^2 - \frac{1}{6}u \, \sin \theta ((D + a)^{\frac{3}{2}} - L^{\frac{3}{2}}) + \frac{1}{64}au^2 \sin \theta^2 \right)$. Souftrayant
cette derniere expreffion de la premiere, & réduifant , on aura la
réfiftance $= \frac{1}{3} mcu \, \sin \theta \left((D + a)^{\frac{3}{2}} - L^{\frac{3}{2}} \right)$.

COROLLAIRE I.

(653.) Réduifant $(D + a)^{\frac{3}{2}}$ en férie , cette réfiftance fera $=$
$\frac{1}{3} mcD^{\frac{1}{2}} au \, \sin \theta \left(1 + \frac{a}{4D} - \frac{a^2}{24D^2} + \mathcal{E}c. \right)$.

COROLLAIRE II.

(654.) Si D étoit très-grand à l'égard de a ; c'eft-à-dire, fi le
parallélipipede étoit fubmergé à une profondeur très-grande, de forte
que fa hauteur a fût très-petite à l'égard de la profondeur D , on
pourroit négliger tous les termes de la férie, excepté le premier ,
& la réfiftance deviendroit $= \frac{1}{3} mcD^{\frac{1}{2}} au \, \sin \theta$.

COROLLAIRE III.

(655.) Comme, pour compléter l'intégrale, tant de la force qui
agit sur la surface choquante, que de celle qui agit sur la surface
choquée , dans le cas où le parallélipipede eft entiérement fubmergé
dans le Fluide, & où l'on a $D =$, ou $> \frac{1}{64} u^2 \sin \theta^2$, on doit fuppofer
$a = o$; on peut, fi l'on veut, fommer, ou fouftraire, d'abord les
forces des différencielles, & trouver ainfi leur réfiftance , laquelle
étant enfuite intégrée d'après la fuppofition que $a = o$, donnera la
réfiftance qu'éprouve le parallélipipede. La force qui agit sur la différencielle choquante, eft (589.), après avoir intégré à l'égard de $c =$
$mc.da((D + a)^{\frac{1}{2}} + \frac{1}{8}u \, \sin \theta)^2$, & celle qui agit sur la surface choquée
eft $= mc.da((D + a)^{\frac{1}{2}} - \frac{1}{8}u \, \sin \theta)^2$. Souftrayant cette derniere de la premiere , on aura la réfiftance qui provient de ces deux différen-

 cielles $= \frac{1}{2} mc.da.u \sin\theta (D+a)^{\frac{1}{2}}$; & en intégrant, on aura la réfistance qu'éprouve le parallélipipede $= \frac{1}{3} mc.u \sin\theta (D+a)^{\frac{3}{2}} + H$. Suppofant maintenant $a = 0$, il vient $\frac{1}{3} mc.D^{\frac{3}{2}} u \sin\theta + H = 0$, ce qui donne $H = -\frac{1}{3} mc.D^{\frac{3}{2}} u \sin\theta$: par conféquent l'intégrale complette, ou la réfistance qu'éprouve le parallélipipede fera $= \dots\dots\dots\dots$ $\frac{1}{3} mc.u \sin\theta ((D+a)^{\frac{3}{2}} - D^{\frac{3}{2}})$, comme ci-deffus (652.).

COROLLAIRE IV.

(656.) Toutes les fois que, pour compléter les intégrales, tant de la furface choquante que de la furface choquée, nous devrons fuppofer $a = 0$, comme dans le cas où l'on a $D =$, ou $> \frac{1}{64} u^2 \sin\theta^2$; ou, ce qui revient au même, dans le cas où l'on peut négliger la dénivellation du Fluide, à caufe que $\frac{1}{64} u^2 \sin\theta^2$ feroit très-petit par rapport à a, on pourra, dans tous ces cas, chercher premiérement la réfistance des différencielles, d'où l'on tirera, en intégrant, celle de tout le corps.

COROLLAIRE V.

(657.) Comme la longueur du parallélipipede fuivant la direction du mouvement, ne fe trouve dans aucune des expreffions des réfistances horifontales qu'éprouve le parallélipipede, dans les différents cas que nous avons examinés, il s'enfuit qu'il éprouvera toujours la même réfistance horifontale, quelle que foit fa longueur dans cette même direction.

COROLLAIRE VI.

(658.) Comme, en faifant cette dimenfion égale à zéro, le parallélipipede devient un plan quadrilatere qui fe meut avec deux de fes côtés paralleles à l'horifon ; il s'enfuit que toutes les expreffions des réfistances horifontales que nous avons trouvées pour le parallélipipede, conviennent auffi pour ce quadrilatere.

PROPOSITION XLI.

 (659.) *Trouver la réfistance horifontale qu'éprouve un parallélipipede reɮangle AB qui flotte fur un Fluide, ayant fes côtés AF & KB inclinés à l'horifon, en fuppofant que ce foit le parallélipipede, & non le Fluide, qui fe meuve horifontalement, & fuivant une direction parallele à AI, dans le cas où a eft $=$, ou $> \frac{1}{64} u^2 \sin\theta^2$, & que le Fluide ne paffe point par-deffus.*

Soit ED la fuperficie du Fluide, AJ une droite qui lui eft parallele, & CH, EG, FQ, des verticales ; faifant $EG = a$, on aura

la force qui agit fur la furface choquante $DJ = \dots\dots\dots$
$mc\left(\frac{1}{2}a^2 + \frac{1}{6}a^{\frac{3}{2}}u\,fin\,\theta + \frac{1}{64}au^2\,fin\,\theta^2 + \frac{u^4\,fin\,\theta^4}{6.64^2}\right)$. Si l'on appelle Δ l'angle que forme la bafe AF avec l'horifontale AJ, le finus de l'angle que forme cette horifontale avec CJ fera $= cof\,\Delta$, & cette valeur fubftituée, dans l'expreffion ci-deffus, en place de $fin\,\theta$, la changera en $mc\left(\frac{1}{2}a^2 + \frac{1}{6}a^{\frac{3}{2}}u\,cof\,\Delta + \frac{1}{64}au^2\,cof\,\Delta^2 + \frac{u^4\,cof\,\Delta^4}{6.64^2}\right)$. Par la même raifon, la force qui agit fur la furface choquée EA eft $= \dots\dots\dots\dots$
$mc\left(\frac{1}{2}a^2 - \frac{1}{6}a^{\frac{3}{2}}u\,cof\,\Delta + \frac{1}{64}au^2\,cof\,\Delta^2 - \frac{u^4\,cof\,\Delta^4}{6.64^2}\right)$. Ainfi la réfiftance qui provient de ces deux forces, fera $= \frac{1}{3}mc.u\,cof\,\Delta\left(a^{\frac{3}{2}} + \frac{u^3\,cof\,\Delta^3}{64^2}\right)$.

La force qui agit fur JF eft $= \dots\dots\dots\dots\dots$
$mc\left(Da + \frac{1}{2}a^2 + \frac{1}{6}u\,fin\,\theta\left((D+a)^{\frac{3}{2}} - D^{\frac{3}{2}}\right) + \frac{1}{64}au^2\,fin\,\theta^2\right)$. Or, en appellant e la bafe AF, FI fera $= e\,fin\,\Delta$. En fubftituant donc $cof\,\Delta$ pour $fin\,\theta$, $e\,fin\,\Delta$ pour a, & a pour D, cette force fera $= \dots$
$mc\left(ae\,fin\,\Delta + \frac{1}{2}e^2\,fin\,\Delta^2 + \frac{1}{6}u\,cof\,\Delta\left((a+e\,fin\,\Delta)^{\frac{3}{2}} - a^{\frac{3}{2}}\right)\right) + \frac{mcu^2e}{64}\,fin\,\Delta.cof\,\Delta^2$. On aura, par la même raifon, celle qui agit fur la bafe $AF = $
$mc\left(ae\,fin\,\Delta + \frac{1}{2}e^2\,fin\,\Delta^2 - \frac{1}{6}u\,fin\,\Delta\left((a+e\,fin\,\Delta)^{\frac{3}{2}} - a^{\frac{3}{2}}\right)\right) + \frac{mcu^2e}{64}\,fin\,\Delta^3$.* Ainfi la réfiftance qui provient des forces qui agiffent fur les deux côtés JF, AF, fera $= \dots\dots\dots\dots\dots\dots\dots$
$mc\left(\frac{1}{6}u(cof\,\Delta + fin\,\Delta)\left((a+e\,fin\,\Delta)^{\frac{3}{2}} - a^{\frac{3}{2}}\right) + \frac{1}{64}u^2e\,fin\,\Delta(cof\,\Delta^2 - fin\,\Delta^2)\right)$, & celle qu'éprouvera tout le parallélipipede, fera $= \dots\dots\dots$
$mc\left(\frac{1}{3}a^{\frac{3}{2}}u\,cof\,\Delta + \frac{u^4\,cof\,\Delta^4}{3.64^2} + \frac{1}{6}u(cof\,\Delta + fin\,\Delta)\left((a+e\,fin\,\Delta)^{\frac{3}{2}} - a^{\frac{3}{2}}\right)\right) + \frac{mc.u^2e}{64}\,fin\,\Delta(cof\,\Delta^2 - fin\,\Delta^2)$.

COROLLAIRE I.

(660.) Réduifant $(a+e\,fin\,\Delta)^{\frac{3}{2}}$ en férie, fubftituant & réduifant, la réfiftance qu'éprouvera le parallélipipede fera encore $= \dots\dots$
$mc\left(\frac{1}{3}a^{\frac{3}{2}}u\,cof\,\Delta + \frac{u^4\,cof\,\Delta^4}{3.64^2} + \frac{1}{64}u^2e\,fin\,\Delta(cof\,\Delta^2 - fin\,\Delta^2)\right) + \dots$
$\frac{1}{4}mca^{\frac{1}{2}}u\,fin\,\Delta(cof\,\Delta + fin\,\Delta)\left(1 + \frac{e\,fin\,\Delta}{4a} - \frac{e^2\,fin\,\Delta^2}{24a^2} + \&c.\right)$.

COROLLAIRE II.

(661.) Dans le cas où l'on négligeroit la dénivellation, il faudroit fupprimer (601.) toutes les quantités dans lefquelles a ne fe

---

* On voit que, dans le cas de la Figure, la bafe ne choque point le Fluide, mais, au contraire, qu'elle en eft choquée ; c'eft ce qui fait que le terme $\frac{1}{6}u\,fin\,\Delta$ &c. a le figne $-$.

trouvé point, ou la quantité $e \sin \Delta$, qui en a fait l'office : donc, pour ce cas, la réfiftance fera $= \cdots \cdots \cdots \cdots \cdots$

$$mc\left(\tfrac{1}{3}a^{\frac{3}{2}}u\,\cos\Delta + \tfrac{1}{64}u^2 e\,\sin\Delta\,(\cos\Delta^2 - \sin\Delta^2)\right) + \cdots \cdots$$

$$\tfrac{u}{4}mca^{\frac{1}{2}}u\,\sin\Delta\,(\cos\Delta + \sin\Delta)\left(1 + \frac{e\,\sin\Delta}{4a} - \frac{e^2\,\sin\Delta^2}{24\,a^2} + \&c.\right).$$

COROLLAIRE III.

(662.) Si l'on fuppofe que u & Δ font infiniment petits, on pourra négliger tous les termes dans lefquels ces grandeurs font élevées à quelque puiffance au-deffus de la première, & la réfiftance deviendra, dans ce cas, $= mc\left(\tfrac{1}{3}a^{\frac{3}{2}}u + a^{\frac{1}{2}}u\,\sin\Delta\right) = mca^{\frac{1}{2}}u\left(\tfrac{1}{3}a + \tfrac{1}{4}\sin\Delta\right)$.

PROPOSITION XLII.

(663.) *Trouver la réfiftance horifontale qu'éprouve un cylindre qui flotte fur un Fluide, & qui fe meut horifontalement fuivant une direction perpendiculaire à fon axe.*

La force horifontale qui agit fur la furface GCQ, ou IDQ du cylindre BQE, a été trouvée (634.) $= mc\int da\left(a^{\frac{1}{2}} \pm \frac{u\sqrt{R^2-(a\pm f)^2}}{8R}\right)^2$, R exprimant le rayon du cylindre, $a = CA$ la profondeur verticale à laquelle une différencielle horifontale en C eft abaiffée au-deffous de la fuperficie GI du Fluide, & f étant $= AL$. Souftrayant donc la force qui agit fur la furface choquée IDQ, de celle qui agit fur la furface choquante GCQ, on aura la réfiftance qu'éprouve le cylindre $= \frac{mcu}{2R}\int a^{\frac{1}{2}}da\sqrt{R^2-(a\pm f)^2}$.

SCOLIE.

(664.) On peut trouver, par une autre méthode particuliere, la réfiftance exacte qu'éprouvent une fphere, un cylindre, où tout autre corps formé par la révolution d'une ligne droite, ou courbe, autour d'un axe horifontal, dans la direction duquel on fuppofe que fe fait le mouvement du corps, lorfque ces corps font tellement fubmergés dans le Fluide, que a peut être négligée par rapport à D. Dans ce cas, on peut exprimer par cda une zone verticale du même corps, c défignant la circonférence entiere de la même zone, & da la différencielle de l'ordonnée*. La formule $mc.da\left(\sqrt{D+a} \pm \tfrac{1}{8}u\sin\theta\right)^2$, fe réduira à $mc\,da\left(\sqrt{D} \pm \tfrac{1}{8}u\frac{da}{\sqrt{da^2+dx^2}}\right)^2$, en fuppofant x l'abfciffe,

---

* On remarquera que ce n'eft point la zone verticale même du corps que l'Auteur repréfente par cda, mais fa projection orthographique fur le plan vertical perpendiculaire à l'axe, ou à

&

la résistance deviendra $= \dfrac{\frac{1}{2}mcuda^2 \sqrt{D}}{\sqrt{da^2+dx^2}}$; ou, si nous supposons que exprime la demi-circonférence d'un cercle dont le rayon est l'uré ; nous n'aurons qu'à substituer $2ca$ pour c seul, & la résistance viendra $= \dfrac{mcuda^2 \sqrt{D}}{\sqrt{da^2+dx^2}}$. Dans la sphere, on a $\dfrac{da}{\sqrt{da^2+dx^2}} = -\dfrac{x}{r}$, tant son rayon, & $ada = -xdx$: donc $\dfrac{ada^2}{\sqrt{da^2+dx^2}} = \dfrac{x^2dx}{r}$, dont l'in- grale est $\frac{x^3}{3r}$; ou, en faisant $x=r$, on aura $\frac{1}{3}r^2 . mcu \sqrt{D}$ pour la résistance éprouve toute la sphere. Dans le cylindre on a $\dfrac{da}{\sqrt{da^2+dx^2}} = 1$. Donc $\dfrac{ada^2}{\sqrt{da^2+dx^2}} = ada$; quantité dont l'intégrale est $\frac{1}{2}a^2 = \frac{1}{2}r^2$, & la résistance $= \frac{1}{2}r^2 . mcu \sqrt{D}$. On voit donc que la résistance de la sphere est les ix tiers de celle du cylindre de même diametre. Si nous met- as $\frac{1}{2}a$ en place de r, a étant le diametre de la sphere, ou du indre, leurs résistances seront $\frac{1}{12}a^2 mcu \sqrt{D}$, & $\frac{1}{8}a^2 mcu \sqrt{D}$.

Proposition XLIII.

665.) *Trouver la résistance horisontale qu'éprouve un corps quel- que, qui se meut dans un Fluide immobile.*

On divisera la surface du corps en de très-petits quadrilateres, me on l'a dit, *Art.* 624, & on cherchera la force positive, ou ative, qui agit sur chacune de ces petites surfaces ; prenant en- e la somme de toutes ces forces, on aura la résistance qu'éprouve t le corps. Autrement, on peut prendre la force qui agit sur une te surface choquante d'un quadrilatere, & l'ajouter avec celle agit sur la petite surface choquée qui lui correspond, ou qui est s la même direction ; & l'on aura la résistance qui provient de

---

rection du mouvement. Il est évident, d'après l'*Art.* 555, que c'est aussi cette projection ntre dans l'expression de la résistance, & qu'on doit prendre pour *cda*. On peut d'ailleurs convaincre, en remarquant que, puisqu'on suppose le corps tellement submergé dans le fluide, puisse négliger *a* à l'égard de D, tous les points de la circonférence de la zone peuvent être dérés comme à égale distance de la superficie du fluide. Ainsi la résistance que cette zone uve est la même que celle qu'elle éprouveroit étant développée, & réduite à une différen- de surface plane, dont la hauteur seroit égale à celle de la zone, & dont la base seroit égale irconférence ; cette différencielle étant d'ailleurs enfoncée à la même profondeur dans le flui- tant supposée se mouvoir dans la même direction que le corps, & l'angle qu'elle forme avec direction étant $= \theta = \dfrac{da}{\sqrt{da^2+dx^2}}$, ou $= -\dfrac{x}{r}$, s'il s'agit d'une sphere (632.). Cette quan- devient $=$ l'unité, s'il s'agit d'un cylindre : car, pour ce dernier corps, la résistance se ré. à celle des bases, & alors θ est de 90 degrés ; . par conséquent *sin* $\theta = 1$.

Tome I. M m

ces deux petits quadrilateres. Ajoutant donc cette réfiftance avec toutes celles qui réfultent des autres quadrilateres, il eft clair qu'on aura la réfiftance totale.

COROLLAIRE I.

(666.) Si θ exprime l'angle que forme la direction horifontale avec le petit quadrilatere choquant , & $\odot$ celui que forme cette même direction avec le quadrilatere choqué correfpondant, ou qui eft dans la même direction que le premier, on aura . . . .
$$m c \left(Da + \tfrac{1}{6} u \operatorname{fin} \theta \left((D + \tfrac{1}{2}a)^{\frac{3}{2}} - (D - \tfrac{1}{2}a)^{\frac{3}{2}}\right) + \tfrac{1}{64} u^2 a \operatorname{fin} \theta^2 \right)$$ pour la force qui agit fur le premier quadrilatere , & . . . .
$$m c \left(Da - \tfrac{1}{6} u \operatorname{fin} \odot \left((D + \tfrac{1}{2}a)^{\frac{3}{2}} - (D - \tfrac{1}{2}a)^{\frac{3}{2}}\right) + \tfrac{1}{64} u^2 a \operatorname{fin} \odot^2 \right)$$ pour celle qui agit fur le fecond. Souftrayant celle-ci de la premiere , il refte
$$\tfrac{1}{6} mcu \left(\operatorname{fin}\theta + \operatorname{fin}\odot\right)\left((D + \tfrac{1}{2}a)^{\frac{3}{2}} - (D - \tfrac{1}{2}a)^{\frac{3}{2}}\right) + \tfrac{1}{64} mcu^2 a \left(\operatorname{fin}\theta^2 - \operatorname{fin}\odot^2\right);$$
c'eft l'expreffion de la réfiftance qu'éprouve le corps , & qui provient de l'action du Fluide fur ces deux petits quadrilateres correfpondants , ou qui fe trouvent dans la même ligne horifontale, parallele à la direction.

COROLLAIRE II.

(667.) La même réfiftance qu'éprouvent deux petits quadrilateres correfpondants quelconques, fera encore exprimée par . . . .
$$\pm \tfrac{1}{4} mcau\, D^{\frac{1}{2}} \left(\operatorname{fin}\theta + \operatorname{fin}\odot\right)\left(1 - \frac{a^2}{96 D^2} - \frac{a^4}{2048 D^4} - \&c.\right) + \frac{mcau^2}{64}\left(\operatorname{fin}\theta^2 - \operatorname{fin}\odot^2\right)^*$$

COROLLAIRE III.

(668.) Si D étoit très-grand par rapport à a, cette expreffion fe réduiroit à $mc \left(\pm \tfrac{1}{4} D^{\frac{1}{2}}.au \left(\operatorname{fin}\theta + \operatorname{fin}\odot\right) + \tfrac{1}{64} au^2 \left(\operatorname{fin}\theta^2 - \operatorname{fin}\odot^2\right)\right).$

COROLLAIRE IV.

(669.) Si la partie antérieure du corps étoit égale & femblable

---

* On voit que la premiere partie de cette expreffion fuit la raifon des fimples vîteffes, & la feconde celle de leurs quarrés; les quantités θ, $\odot$, a, D & c demeurant les mêmes. Cette feconde partie eft pofitive, lorfque $\operatorname{fin}\theta$ eft plus grand que $\operatorname{fin}\odot$, c'eft-à-dire, lorfque la partie antérieure, ou choquante, du corps eft plus aiguë que la partie poftérieure, ou choquée; & elle fera négative, fi l'on a $\theta < \odot$, ou fi la partie antérieure du corps eft moins aiguë que la partie poftérieure. Ce cas a lieu le plus généralement dans les Vaiffeaux, & eft auffi le plus convenable dans la pratique; comme on le verra par la fuite. Ainfi, on fe rappellera que la partie de la réfiftance qui fuit la raifon du quarré des vîteffes, eft négative.

fa partie poftérieure, nous aurions généralement $\theta = \Theta$, pour les etits quadrilateres correfpondants; & l'expreffion de leurs réfiftances fe réduiroit par conféquent à $\frac{1}{3} mcu \sin \theta \left((D + \frac{1}{2}a)^{\frac{3}{2}} - (D - \frac{1}{2}a)^{\frac{3}{2}} \right)$, ou $\frac{1}{2} mcu D^{\frac{1}{2}} a \sin \theta \left(1 - \frac{a^2}{96 D^2} - \frac{a^4}{2048 D^4} - \&c. \right)$; expreffion qui, comme n voit, fuit la raifon des fimples vîteffes.

COROLLAIRE V.

(670.) Si a étoit très-petit par rapport à D, cette expreffion deiendroit $= \frac{1}{2} mcu D^{\frac{1}{2}} a \sin \theta$.

SCOLIE.

(671.) Pour tenir compte de la dénivellation du Fluide, on callera les forces qui agiffent fur les petits quadrilateres antérieurs, i choquants, auxquels parvient l'élévation, ou l'intumefcence, du ême Fluide. On calculera de même celles que ne doivent point rouver les quadrilateres poftérieurs, ou choqués, à caufe du creux, de la cavité, qui fe forme à la partie poftérieure, comme on l'a t, *Art.* 594. Les unes & les autres doivent s'ajouter à la réfiftance terminée ci-deffus : les premieres s'ajoutent, parce qu'elles agiffit effectivement contre la direction du mouvement; & les fecons, parce qu'ayant été fouftraites dans le calcul précédent, il faut ajouter de nouveau : les premieres font . . . .
$$\left(Da - \frac{1}{6} u \sin \theta \left((D + \frac{1}{2}a)^{\frac{3}{2}} - (D - \frac{1}{2}a)^3 \right) + \frac{1}{64} u^2 a \sin \theta^2 \right),$$
& les feides
$$mc \left(Da - \frac{1}{6} u \sin \Theta \left((D + \frac{1}{2}a)^{\frac{3}{2}} - (D - \frac{1}{2}a)^{\frac{3}{2}} \right) + \frac{1}{64} u^2 a \sin \Theta^2 \right).$$

COROLLAIRE VI.

(672.) Les dénivellations n'étant pas exceffives, on peut fuper que tous les petits quadrilateres qui fe trouvent fur la même ticale, font choqués par le Fluide fous le même angle θ, en pofant celui-ci tenir un milieu, entre tous les angles formés par petites furfaces, avec la direction du mouvement. Dans ce cas, réduifant l'expreffion de la force qui agit fur un des petits quaateres à $mcda \left(a - \frac{1}{4} u a^{\frac{1}{2}} \sin \theta + \frac{1}{64} u^2 \sin \theta^2 \right)$, l'intégrale . . . .
$\frac{1}{2} a^2 - \frac{1}{6} u a^{\frac{3}{2}} \sin \theta + \frac{1}{64} u^2 a \sin \theta^2$), exprimera la force qui agit fur tous x qui font fur une même verticale. Faifant enfuite, dans cette exffion, $a^{\frac{1}{2}} = \frac{1}{2} u \sin \theta$, cette quantité fe réduit à $\frac{mcu^4 \sin \theta^4}{6.64^2}$, & par

conféquent la réfiftance horifontale qui réfulte de la dénivellation

fera $= \dfrac{mu4f\cdot \sin\theta4}{6.64^2}$.

Corollaire VII.

(673.) La réfiftance horifontale qui provient de la dénivellation, fera donc généralement, dans cette fuppofition, comme la quatrieme puiffance de la vîteffe.

Corollaire VIII.

(674.) La réfiftance horifontale qui agit fur un corps quelconque, fera donc auffi, en général, comme trois quantités ; une qui eft comme les fimples viteffes, l'autre comme leurs quarrés, & la troifieme comme leurs quatriemes puiffances.

CHAPITRE VI.

Des Réfiftances verticales qu'éprouvent les corps, lorfqu'ils fe meuvent dans des Fluides ; ou au contraire, lorfque ce font les Fluides qui fe meuvent contre les corps qui font en repos.

Proposition XLIV.

(675.) *Trouver la réfiftance verticale qu'éprouve un parallélipipede rectangle, lorfqu'il fe trouve entiérement fubmergé dans le Fluide, en fuppofant que dans fon mouvement il conferve toujours deux côtés paralleles à l'horifon, & que le côté fupérieur foit abaiffé au-deffous de la fuperficie du Fluide, à une profondeur égale ou plus grande que* $\dfrac{u^2 \sin\theta^2}{64 \sin\omega^2}$.

La force qu'éprouveront les deux côtés verticaux devient zéro, parce qu'on a pour eux $\cos n = 0$, ce qui rend l'expreffion de l'*Art.* 616

$$\frac{mb\cos n}{\sin n}\left(Da\sin\omega^2 + \tfrac{1}{2}a^2\sin\omega^2 \pm \tfrac{1}{6}\sin\omega.\sin\theta((D+a)^{\frac{3}{2}} - D^{\frac{3}{2}}) + \tfrac{1}{64}au^2\sin\theta^2\right) = 0.$$

La force qui agit fur les deux côtés horifontaux eft (618.) $=$ $mbe\,(D^{\frac{1}{2}}\sin\omega \pm \tfrac{1}{8}u\sin\theta)^2$; expreffion dans laquelle *be* marque l'aire, ou la furface des côtés, & D la diftance verticale du côté à la fuperficie du Fluide. Comme les deux côtés horifontaux du parallélipipede font à des profondeurs différentes, la valeur de D n'eft pas la même pour les deux ; fuppofons que D foit la profondeur à laquelle eft fubmergé le côté fupérieur, & $D+a$ celle à laquelle eft fubmergé l'inférieur, a marquant ainfi la hauteur du parallélipipede ; nous aurons $mbe((D+a)^{\frac{1}{2}} fin \omega \pm \frac{1}{8} u fin \theta)^2$, pour la force qui agit fur le côté inférieur ; & $mbe(D^{\frac{1}{2}} fin \omega \pm \frac{1}{8} u fin \theta)^2$ pour celle qui agit fur le fupérieur. Souftrayant l'une de ces expreffions de l'autre, la différence $mbe(\pm a fin \omega^2 + \frac{1}{4} u((D+a)^{\frac{1}{2}} + D^{\frac{1}{2}}) fin \omega . fin \theta)$ exprimera la réfiftance verticale qu'éprouve le parallélipipede ; le figne $+$ ayant lieu dans le cas où il fe mouvera de haut en bas, & le figne $-$ dans celui où il fe mouvera vers le haut.

COROLLAIRE I.

(676.) Si c'eft le parallélipipede qui fe meut, & non le fluide, on aura $fin \omega = 1$, & la réfiftance fe réduira à . . . . $mbe(\pm a + \frac{1}{4} u((D+a)^{\frac{1}{2}} + D^{\frac{1}{2}}) fin \theta)$.

COROLLAIRE II.

(677.) Si, outre cette condition, on avoit $a = 0$, ou fi le parallélipipede fe réduifoit à un plan horifontal, la réfiftance verticale qu'éprouveroit ce plan, deviendroit $= \frac{1}{2} mbeu D^{\frac{1}{2}} fin \theta$.

COROLLAIRE. III.

(678.) La même chofe arrivera, fi D eft très-grand à l'égard de a, de forte qu'on puiffe négliger cette quantité fans erreur fenfible, comme il arrive dans les corps qui tombent dans l'air, près de la furface de la terre.

COROLLAIRE IV.

(679.) Si le mouvement eft vertical, on aura $fin \theta = 1$, & la réfiftance fe réduira à $mbe(\pm a + \frac{1}{4} u((D+a)^{\frac{1}{2}} + D^{\frac{1}{2}})$.

COROLLAIRE V.

(680.) Si le mouvement eft horifontal, on aura $fin \theta = 0$: alors la réfiftance verticale fera $= mbea$; quantité qui exprime le poids d'un volume de Fluide égal à celui du parallélipipede.

COROLLAIRE VI.

(681.) La même chofe arrivera encore, fi le parallélipipede ne se meut point, ou si l'on a $u = 0$; car la résistance se réduit également à *mbea*.

COROLLAIRE VII.

(682.) La résistance sera $= 0$, si, le mouvement se faisant vers le haut, on a $u = \dfrac{4a\sin\omega}{\left((D+a)^{\frac{1}{2}}+D^{\frac{1}{2}}\right)\sin\theta}$; & elle sera négative, si l'on a $u < \dfrac{4a\sin\omega}{\left((D+a)^{\frac{1}{2}}+D^{\frac{1}{2}}\right)\sin\theta}$. Dans le cas où c'est le parallélipipede qui qui se meut, & non le Fluide, la résistance sera $= 0$, si l'on a $u = \dfrac{4a}{\left((D+a)^{\frac{1}{2}}+D^{\frac{1}{2}}\right)\sin\theta}$; & elle sera négative, si $u < \dfrac{4a}{\left((D+a)^{\frac{1}{2}}+D^{\frac{1}{2}}\right)\sin\theta}$.

COROLLAIRE VIII.

(683.) Si c'est le Fluide qui se meut, & non le parallélipipede, on aura $\sin\theta = \cos\omega$; & la résistance verticale se réduira à . . . . $mbe\left(\pm a\sin\omega^2 + \tfrac{1}{2}u\left((D+a)^{\frac{1}{2}}+D^{\frac{1}{2}}\right)\sin\omega.\cos\omega\right)$. On remarquera cependant que cette expression n'est légitime que lorsque la vitesse u est la même pour les deux surfaces supérieure & inférieure.

COROLLAIRE IX.

(684.) Comme ce cas exige que le parallélipipede soit entièrement submergé dans le Fluide, comme on l'a supposé dans l'énoncé de la Proposition, il est essentiel de remarquer que la formule ne peut s'étendre que jusqu'au cas dans lequel on a $D^{\frac{1}{2}}\sin\omega - \tfrac{1}{8}u\sin\theta = 0$, lorsque le mouvement se fait de haut en bas; ou jusqu'à celui où l'on a $(D+a)^{\frac{1}{2}}\sin\omega - \tfrac{1}{8}u\sin\theta = 0$, lorsque le mouvement se fait vers le haut. Dans le premier cas, la résistance sera $= \ldots \ldots$

$$mbe\left(a\sin\omega^2 + \tfrac{1}{4}u\left(\left(\frac{u^2\sin\theta^2}{64\sin\omega^2}+a\right)^{\frac{1}{2}}+\frac{u\sin\theta}{8\sin\omega}\right)\sin\omega.\sin\theta\right);$$

& dans le second, elle sera $= mbe\left(-a\sin\omega^2 + \tfrac{1}{4}u\left(\left(\frac{u^2\sin\theta^2}{64\sin\omega^2}-a\right)^{\frac{1}{2}}+\frac{u\sin\theta}{8\sin\omega}\right)\sin\omega.\sin\theta\right)$; c'est-à-dire qu'en renfermant les deux cas dans une seule formule, la résistance sera $= mbe\left(\pm a\sin\omega^2 + \tfrac{1}{4}u\left(\left(\frac{u^2\sin\theta^2}{64\sin\omega^2}\pm a\right)^{\frac{1}{2}}+\frac{u\sin\theta}{8\sin\omega}\right)\sin\omega.\sin\theta\right)$.

COROLLAIRE X.

(685.) Si l'on suppose que le parallélipipede se réduise à un plan, afin d'avoir la même vitesse pour l'une & l'autre surface, ce qui donne $a = 0$, la résistance sera $= \tfrac{1}{4}mbeu\left(\frac{u\sin\theta}{4\sin\omega}\right)\sin\omega.\sin\theta = \tfrac{1}{64}mbeu^2\sin\theta^2$.

PROPOSITION XLV.

(686.) *Trouver la résistance qu'éprouvera le même parallélipipede rectangle qui se meut, comme il a été dit dans la Proposition précédente, lorsque sa surface supérieure est hors du Fluide.*

Dans ce cas, la résistance est égale à la force qui agit sur la surface inférieure, laquelle force $= mbe(a^{\frac{1}{2}} \sin \omega \pm \frac{1}{8} u \sin \theta)^2$, *a* marquant la hauteur verticale, dont le parallélipipede est enfoncé dans le Fluide.

COROLLAIRE I.

(687.) Si c'est le parallélipipede qui se meut, & non le Fluide, on aura $\sin \omega = 1$, & la résistance deviendra $= mbe(a^{\frac{1}{2}} \pm \frac{1}{8} u \sin \theta)^2$.

COROLLAIRE II.

(688.) Si, de plus, le mouvement se fait verticalement, alors $\sin \theta = 1$, & la résistance devient $= mbe(a^{\frac{1}{2}} \pm \frac{1}{8} u)^2$.

COROLLAIRE III.

(689.) Si, dans le cas présent, la vîtesse *u* étoit celle que pourroit acquérir le Fluide en tombant de la hauteur *a*, alors $\sqrt{a} = \frac{1}{8} u$: donc la résistance sera $= mbe(\frac{1}{8} u \pm \frac{1}{8} u)^2 = \frac{1}{64} mbeu^2 (1 \pm 1)^2$; ou $mbe(\sqrt{a} \pm \sqrt{a})^2 = mbea(1 \pm 1)^2$; c'est-à-dire que lorsque le mouvement se fait de haut en bas, la résistance est $= 4mbea$; & dans le cas où il se fait vers le haut, elle est $= 0$.

COROLLAIRE IV.

(690.) Si le parallélipipede ne se meut pas du tout, alors $u = 0$, & la résistance devient $= mbea$.

COROLLAIRE V.

(691.) Si le mouvement est horisontal, alors $\sin \theta = 0$, & la résistance devient pareillement $= mbea$.

COROLLAIRE VI.

(692.) Si c'est le Fluide qui se meut, & non le parallélipipede, on aura $\sin \theta = \cos \omega$; par conséquent la résistance se réduira à $mbe(a^{\frac{1}{2}} \sin \omega \pm \frac{1}{8} u \cos \omega)^2$.

COROLLAIRE VII.

(693.) Si, de plus, on avoit $fin\ \omega = 0$, ou fi le Fluide fe mou‑
voit verticalement, la réfiftance feroit $= \frac{1}{64} mbu^2 e$; ou $= mbea$; à
caufe que $\frac{1}{64} u^2 = a$.

CHAPITRE VII.

*De la quantité dont les dénivellations du Fluide, caufées
par quelques furfaces, alterent la force, & par conféquent
les réfiftances qu'éprouvent d'autres furfaces.*

PROPOSITION XLVI.

(694.) *LA dénivellation d'un Fluide qui provient de l'action d'une
furface quelconque, s'etend tout autour de cette furface, en formant
une parabole égale & femblable.*

Fig. 64.

Soit PF la dénivellation qui provient du mouvement d'une fur‑
face; CD étant la fuperficie du Fluide, & FD la parabole qui le
termine : il faut néceffairement qu'il fe forme une parabole CF égale
& femblable à la premiere, de l'autre côté de PF. Car c'eft de l'élé‑
vation FP, & de la gravité qu'elle commuuique à toutes les parti‑
cules du Fluide, que fe forme la parabole FD; & les particules en
FC devant acquérir une gravité égale, il doit fe former une autre
parabole FC égale & femblable à la premiere. On peut faire le
même raifonnement pour tout le tour de la dénivellation PF : donc
il doit fe former une femblable parabole tout autour de cette déni‑
vellation.

COROLLAIRE I.

(695.) Cette regle eft générale, pour une furface quelconque,
choquante ou choquée, verticale, inclinée, ou horifontale.

COROLLAIRE II.

(696.) Si c'étoit le corps AG qui, par fon mouvement, pro‑
duisît la dénivellation; & fi ce corps eft tel, que PG foit moindre
que $PC = PD$: ce corps n'empêchera point que la dénivellation
CGB n'ait lieu, quoique la dénivellation $BGPF$ ne paroiffe pas, le
corps en occupant la place.

COROLLAIRE III.

COROLLAIRE III.

(697.) Les dénivellations doivent par conséquent produire des forces positives, ou négatives, qui agiſſent ſur les autres ſurfaces qu'elles environnent, ou auxquelles elles atteignent, & modifier les forces dont ces ſurfaces éprouveroient l'action ſans cette circonſtance. Elles altéreront également la vîteſſe avec laquelle le le Fluide jailliroit par un orifice ouvert dans les mêmes ſurfaces.

COROLLAIRE IV.

(698.) Si la ſurface eſt plane, on aura $PC = PD = u \sin \theta$ (597.), θ déſignant l'angle que forme la ſurface avec la direction du mouvement.

PROPOSITION XLVII.

(699.) *Trouver la vîteſſe avec laquelle le Fluide jaillira par un orifice ouvert dans une ſurface, en ayant égard à l'effet que produit ſur elle la dénivellation produite par une autre ſurface.*

La vîteſſe que prend un Fluide qui ſort par un orifice quelconque, a un certain rapport avec la hauteur de la dénivellation, dans la verticale du même orifice. Or $\frac{1}{64} u^2 \sin \theta^2$ étant la hauteur de la dénivellation, toutes les particules du Fluide, placées dans la même verticale, prennent la vîteſſe $u \sin \theta$: donc, en général, ſi l'on connoît la hauteur de la dénivellation au-deſſus d'un orifice, en la multipliant par 64, & extrayant la racine quarrée du produit, on aura la vîteſſe que prendront les particules du Fluide, en vertu de la dénivellation (52 & 564.). Cette vîteſſe étant ajoutée, ou ſouſtraite de celle qui doit réſulter de la hauteur de la ſuperficie du Fluide au-deſſus de l'orifice, on aura la vîteſſe réelle avec laquelle le Fluide jaillira par cet orifice.

PROPOSITION XLVIII.

(700.) *Trouver la force horiſontale qui agit ſur une ſurface plane choquante, qui eſt entiérement ſubmergée dans le Fluide, en ayant égard à la dénivellation que produit une autre ſurface également choquante.*

Soit CL la ſurface choquante qui éprouve l'action de la force qu'on cherche ; CN celle qui cauſe la dénivellation ; OQ la ſuperficie du Fluide ; $OANQ$ la dénivellation qui réſulte du mouvement de la ſurface NC ; & $OFED$ celle qui réſulte du mouvement de LC ;   FIG. 65.

TOME I.   N n

cette derniere dénivellation étant supposée moindre que la premiere, à cause que l'angle formé par CN avec la direction du mouvement, est plus grand que celui formé par LC, avec la même direction. Soit, de plus, dans la verticale BCT, $BC = D$, $CG = x$, l'horisontale GH sera $= \frac{x \cos n}{\sin n}$, la verticale $HK = D + x$, & KI, la dénivellation correspondante au point H, $= \frac{1}{64} OK^2 = \frac{1}{64}(BO - BK)^2 = \frac{1}{64}\left(u \sin \Theta - \frac{x \cos n}{\sin n}\right)^2$; Θ exprimant l'angle que forme la direction du mouvement avec CN : enforte que la vîtesse avec laquelle le Fluide jaillira par l'orifice fait en H, sera $= 8 (D + x)^{\frac{1}{2}} + u \sin \Theta - \frac{x \cos n}{\sin n}$. La force horisontale qui agit sur une différencio-différencielle en H sera donc $= m.dc.dx\left((D + x)^{\frac{1}{2}} + \frac{1}{8}\left(u \sin \Theta - \frac{x \cos n}{\sin n}\right)\right)^2$: ou la quantité c étant constante, la force qui agit sur une différencielle sera $= \ldots$ $m c. dx \left((D + x)^{\frac{1}{2}} + \frac{1}{8}\left(u \sin \Theta - \frac{x \cos n}{\sin n}\right)\right)^2$; quantité dont l'intégrale est $= mc\left(Dx + \frac{1}{2}x^2 + \frac{1}{6}u\left((D + x)^{\frac{3}{2}} - D^{\frac{3}{2}}\right)\sin \Theta\right) + \ldots$ $mc\left(\frac{u^2 x}{64}\sin \Theta^2 - \left(\frac{1}{10}(D + x)^{\frac{5}{2}} - \frac{1}{6}D(D + x)^{\frac{3}{2}} + \frac{1}{15}D^{\frac{5}{2}}\right)\frac{\cos n}{\sin n}\right) - \ldots$ $m c\left(\frac{u x^2 \sin \Theta . \cos n}{64 \sin n} - \frac{x^3 \cos n^2}{3.64 \sin n^2}\right)^*$. Cette intégrale exprimera la force horisontale qui agit sur la surface HC, en supposant que la droite o

---

* Il est très-aisé de trouver cette intégrale ; pour cela il ne faut que développer la quantité différencielle, en effectuant les opérations indiquées, & l'on aura $\ldots$ $m c \left(D dx + x dx + \frac{1}{4}u \sin \Theta\, dx (D + x)^{\frac{1}{2}} - \frac{1}{4}\frac{\cos n}{\sin n} x dx (D + x)^{\frac{1}{2}} + \frac{u^2 \sin \Theta^2}{64} dx \ldots\right.$ $\left. \frac{u \sin \Theta . \cos n}{32 \sin n} x dx + \frac{\cos n^2}{64 \sin n^2} x^2 dx\right)$: quantité qui s'integre comme une suite de monomes excepté le quatrieme terme qui échappe à la regle fondamentale. L'intégrale est donc $mc\left(Dx + \frac{1}{2}x^2 + \frac{1}{6}u(D + x)^{\frac{3}{2}}\sin \Theta\right) + mc\left(\int -\frac{1}{4}\frac{\cos n}{\sin n} x dx (D + x)^{\frac{1}{2}}\right) + \ldots$ $mc\left(\frac{u^2 x}{64}\sin \Theta^2\right) - mc\left(\frac{u x^2 \sin \Theta . \cos n}{64 \sin n} - \frac{x^3 \cos n^2}{3.64 \sin n^2}\right)$. Ainsi, la difficulté, s'il y en avoit ne pourroit tomber que sur l'expression $\int -\frac{1}{4}\frac{\cos n}{\sin n} x dx (D + x)^{\frac{1}{2}}$. Pour avoir cette intégrale, je fais $D + x = v$, & j'en tire $x = y - D$. Considérant que $x dx$ vient, à un multiplicateur constant près, de la différenciation de x^2, je quarre cette équation, & j'ai $x^2 = v^2 - 2Dy + D^2$, d'où je tire, en différenciant, & divisant par 2, $x dx = y dx - D dy$. Substituant cette quantité dans la différencielle, j'ai $-\frac{1}{4}\frac{\cos n}{\sin n} x dx (D + x)^{\frac{1}{2}} = -\frac{1}{4}\frac{\cos n}{\sin n} y^{\frac{3}{2}} dy + \frac{1}{4}\frac{\cos n}{\sin n} D y^{\frac{1}{2}} dy$, dont l'intégrale est $= -\frac{1}{10}\frac{\cos n}{\sin n} y^{\frac{5}{2}} + \frac{1}{6}\frac{\cos n}{\sin n} D y^{\frac{3}{2}}$. Mettant donc pour y sa valeur $D + x$ on a $\int -\frac{1}{4}\frac{\cos n}{\sin n} x dx (D + x)^{\frac{1}{2}} = -\frac{1}{10}\frac{\cos n}{\sin n} (D + x)^{\frac{5}{2}} + \frac{1}{6}\frac{\cos n}{\sin n} D (D + x)^{\frac{3}{2}}$, (Voyez la qu

les deux furfaces fe rencontrent, c'eft-à-dire, leur interfection C, foit horifontale. Si l'on fait maintenant $x = CT = \dfrac{RT \sin n}{\cos n} = \dfrac{EF \sin n}{\cos n} = \dfrac{u \sin n}{\cos n}(\sin\Theta - \sin\theta)$ *, θ exprimant l'angle que fait la direction du mouvement avec la ligne CL, EF étant l'efpace dont une dénivellation s'étend fur l'autre, on aura la force horifontale qui agit fur la furface

$$CR = mc\left(\frac{Du\sin n(\sin\Theta - \sin\theta)}{\cos n} + \frac{u^2\sin n^2(\sin\Theta-\sin\theta)^2}{2\cos n^2}\right) + \dots$$

$$\frac{1}{6}mcu\sin\Theta\left(\left(D + \frac{u\sin n(\sin\Theta - \sin\theta)}{\cos n}\right)^{\frac{3}{2}} - D^{\frac{1}{2}}\right) - \dots$$

$$\frac{mc\cos n}{10\sin n}\left(D + \frac{u\sin n(\sin\Theta - \sin\theta)}{\cos n}\right)^{\frac{5}{2}} + \frac{mcD\cos n}{6\sin n}\left(D + \frac{u\sin n}{\cos n}(\sin\Theta - \sin\theta)\right)^{\frac{3}{2}} -$$

$$\frac{mc\cos n}{15\sin n}D^{\frac{5}{2}} + \frac{mcu^3(\sin\Theta^3 - \sin\theta^3)\sin n}{3.64.\cos n}.$$

COROLLAIRE I.

(701.) La force horifontale qui agira fur la furface CR, & qui réfulte de la dénivellation produite par cette furface, eft (611.) $=$

$$mc\left(Dx + \tfrac{1}{2}x^2 + \tfrac{1}{6}u\left((D+x)^{\frac{3}{2}} - D^{\frac{3}{2}}\right)\sin\theta + \tfrac{1}{64}u^2x\sin\theta^2\right) = \dots$$

$$mc\left(\frac{Du\sin n}{\cos n}(\sin\Theta - \sin\theta) + \frac{u^2\sin n^2(\sin\Theta - \sin\theta)^2}{2\cos n^2}\right) + \dots$$

$$\frac{1}{6}mcu\sin\theta\left(\left(D + \frac{u\sin n}{\cos n}(\sin\Theta - \sin\theta)\right)^{\frac{3}{2}} - D^{\frac{3}{2}}\right) + \frac{mcu^3\sin\theta^2\sin n}{64\cos n}(\sin\Theta - \sin\theta),$$

en mettant pour x fa valeur (700, & *la Note.*). Donc, en fouftrayant cette valeur de la force trouvée ci-deffus, il reftera l'excès de force horifontale que lui communique la dénivellation de l'autre furface;

& cet excès eft $= \dfrac{1}{6}mcu(\sin\Theta - \sin\theta)\left(\left(D + \dfrac{u\sin n}{\cos n}(\sin\Theta - \sin\theta)\right)^{\frac{3}{2}} - D^{\frac{1}{2}}\right) -$

---

trieme partie du *Cours de Mathématiques* de M. Bezout, Art. 91.). Subftituant maintenant cette quantité dans l'intégrale précédente, on aura l'intégrale complette $= \dots$

$$mc\left(Dx + \tfrac{1}{2}x^2 + \tfrac{1}{6}u(D+x)^{\frac{3}{2}}\sin\Theta\right) + mc\left(\frac{u^2x}{64}\sin\Theta^2 - \left(\left(\tfrac{1}{10}(D+x)^{\frac{5}{2}} - \tfrac{1}{6}D(D+x)^{\frac{3}{2}}\right)\frac{\cos n}{\sin n}\right)\right) -$$

$$mc\left(\frac{ux^2\sin\Theta.\cos n}{64\sin n} - \frac{x^3\cos n^2}{3.64\sin n^2}\right) + H;$$

en défignant par H la quantité conftante qui complette l'intégrale. Pour trouver la valeur de cette conftante, je confidere que l'intégrale repréfentant la réfiftance qu'éprouve la furface NCL, elle doit s'évanouir au point C; c'eft-à-dire, lorfque $x = 0$; on aura donc $mc(\tfrac{1}{6}uD^{\frac{3}{2}}) + mc(\tfrac{1}{6}D(D^{\frac{3}{2}}) - \tfrac{1}{10}D^{\frac{5}{2}})\frac{\cos n}{\sin n} + H = 0$; ce qui donne, en tranfpofant & réduifant, $H = m(-\tfrac{1}{6}uD^{\frac{3}{2}}) + mc(-\tfrac{1}{15}D^{\frac{5}{2}})\frac{\cos n}{\sin n}$. Subftituant donc cette valeur de H dans l'intégrale, on a l'expreffion même de l'Auteur.

* Car $BO = u\sin\Theta$, & $BD = OM = u\sin\theta$ (597.): donc $BO - OM = BM = EF = u(\sin\Theta - \sin\theta)$; & par conféquent $x = CT = \dfrac{EF.\sin n}{\cos n} = \dfrac{u\sin n}{\cos n}(\sin\Theta - \sin\theta).$

$$\frac{mc\cos n}{\sin n}\left(\tfrac{1}{10}\left(D+\frac{u\sin n}{\cos n}(\sin\odot-\sin\theta)\right)^{\frac{5}{2}}-\tfrac{1}{6}D\left(D+\frac{u\sin n}{\cos n}(\sin\odot-\sin\theta)\right)^{\frac{3}{2}}-\tfrac{1}{15}D^{\frac{5}{2}}\right)$$
$$+\frac{mcu^{3}\sin n}{3.64\cos n}(\sin\odot-\sin\theta)^{2}(\sin\odot+2\sin\theta).$$

COROLLAIRE II.

(702.) La force horifontale qui agit fur toute la furface CL, en vertu de la dénivellation qu'elle produit elle feule, eft (611.) $=$ $mc\left(Da+\tfrac{1}{2}a^{2}+\tfrac{1}{6}u\sin\theta\left((D+a)^{\frac{3}{2}}-D^{\frac{3}{2}}\right)+\tfrac{1}{64}u^{2}a\sin\theta^{2}\right)$, a exprimant toute la hauteur verticale de la même furface : donc, en ajoutant cette quantité à l'excès de force horifontale que lui communique l'autre furface, toute la force horifontale qui agit fur la furface CL,

fera $=mc\left(Da+\tfrac{1}{2}a^{2}+\tfrac{1}{6}u\sin\theta\left((D+a)^{\frac{3}{2}}-D^{\frac{3}{2}}\right)+\tfrac{1}{64}u^{2}a\sin\theta^{2}\right)+\cdots$

$\tfrac{1}{6}mcu\left(\sin\odot-\sin\theta\right)\left(\left(D+\frac{u\sin n}{\cos n}(\sin\odot-\sin\theta)\right)^{\frac{3}{2}}-D^{\frac{3}{2}}\right)-\cdots$

$$\frac{mc\cos n}{\sin n}\left(\tfrac{1}{10}\left(D+\frac{u\sin n}{\cos n}(\sin\odot-\sin\theta)\right)^{\frac{5}{2}}-\tfrac{1}{6}D\left(D+\frac{u\sin n}{\cos n}(\sin\odot-\sin\theta)\right)^{\frac{3}{2}}-\tfrac{1}{15}D^{\frac{5}{2}}\right)$$
$$+\frac{mcu^{3}\sin n}{3.64\cos n}(\sin\odot-\sin\theta)^{2}(\sin\odot+2\sin\theta).$$

SCOLIE.

(703.) Après l'intégration, nous avons fubftitué $x=\dfrac{u\sin n}{\cos n}(\sin\odot-\sin\theta)$ afin d'avoir la force horifontale qui agit fur la furface CR, comprife entre les points C & R, ce dernier point correfpondant à la verticale FR qui paffe par F, extrêmité de l'efpace auquel s'étend la plus grande élévation au-deffus de la moindre. Mais cela ne doit s'entendre que pour le cas où la verticale FR coupe la furface CL, dans un point comme R : fi CL étoit moindre que CR, alors il ne faudroit fubftituer pour x que fa valeur légitime, laquelle feroit $k\sin n$, k marquant la longueur de la furface CL.

SCOLIE II.

(704.) Si BT eft moindre que BC, ou fi la furface CL tombe dans la partie qui eft au-deffus de l'horifontale du point C, les quantités x, a & $\sin n$ feront négatives ; ainfi il faudra, dans ce cas, avoir attention de faire, dans les formules précédentes, les changements qu'exigent ces circonftances.

PROPOSITION XLIX.

(705.) *Trouver la force horifontale qui agit fur une furface plane* choquée, qui est entièrement submergée dans le Fluide, en ayant égard à la dénivellation produite par une autre surface également choquée.

Cette proposition ne diffère de la précédente, qu'en ce que KI, & par conséquent $\frac{1}{8}\left(u\sin\theta - \frac{x\cos n}{\sin n}\right)$, est négative. Changeant donc les signes des produits correspondants, on aura la force horisontale qui agit sur la surface CR * $= \ldots\ldots\ldots\ldots\ldots$

$$mc\left(\frac{Du\sin n}{\cos n}(\sin\Theta - \sin\theta) + \frac{u^2\sin n^2}{2\cos n^2}(\sin\Theta - \sin\theta)^2\right) - \ldots\ldots\ldots$$

$$\frac{2}{6}mcu\sin\Theta\left(\left(D + \frac{u\sin n}{\cos n}(\sin\Theta - \sin\theta)\right)^{\frac{3}{2}} - D^{\frac{3}{2}}\right) + \ldots\ldots\ldots$$

$$mc\frac{\cos n}{\sin n}\left(\frac{1}{10}\left(D + \frac{u\sin n}{\cos n}(\sin\Theta - \sin\theta)\right)^{\frac{5}{2}} - \frac{1}{6}D\left(D + \frac{u\sin n}{\cos n}(\sin\Theta - \sin\theta)\right)^{\frac{3}{2}} + \frac{1}{16}D^{\frac{5}{2}}\right)$$

$$+\frac{mcu^3\sin n}{3.64\cos n}(\sin\Theta^3 - \sin\theta^3).$$

COROLLAIRE I.

(706.) Par les mêmes raisons, l'excès de force horisontale que lui communiquera la dénivellation de l'autre surface, sera $= \ldots\ldots$

$$mc\left(-\frac{1}{6}u(\sin\Theta - \sin\theta)\left(D + \frac{u\sin n}{\cos n}(\sin\Theta - \sin\theta)\right)^{\frac{3}{2}} - D^{\frac{3}{2}}\right) + \ldots\ldots$$

$$\frac{mc\cos n}{\sin n}\left(\frac{1}{10}\left(D + \frac{u\sin n}{\cos n}(\sin\Theta - \sin\theta)\right)^{\frac{5}{2}} - \frac{1}{6}D\left(D + \frac{u\sin n}{\cos n}(\sin\Theta - \sin\theta)\right)^{\frac{3}{2}} + \frac{1}{15}D^{\frac{5}{2}}\right)$$

$$+\frac{mcu^3\sin n}{3.64\cos n}(\sin\Theta - \sin\theta)^2(\sin\Theta + 2\sin\theta).$$

COROLLAIRE II.

(707.) Par la même raison, la force horisontale qui agira sur la surface CL, sera $= mc\left(Da + \frac{1}{2}a^2 - \frac{1}{6}u\sin\theta\left((D+a)^{\frac{3}{2}} - D^{\frac{3}{2}}\right) + \frac{1}{64}u^2a\sin\theta^2\right) -$

$$\frac{1}{6}mcu(\sin\Theta - \sin\theta)\left(\left(D + \frac{u\sin n}{\cos n}(\sin\Theta - \sin\theta)\right)^{\frac{3}{2}} - D^{\frac{3}{2}}\right) + \ldots\ldots\ldots$$

$$\frac{mc\cos n}{\sin n}\left(\frac{1}{10}\left(D + \frac{u\sin n}{\cos n}(\sin\Theta - \sin\theta)\right)^{\frac{5}{2}} - \frac{1}{6}D\left(D + \frac{u\sin n}{\cos n}(\sin\Theta - \sin\theta)\right)^{\frac{3}{2}} + \frac{2}{15}D^{\frac{5}{2}}\right)$$

$$+\frac{mcu^3\sin n}{3.64\cos n}(\sin\Theta - \sin\theta)^2(\sin\Theta + 2\sin\theta).$$

PROPOSITION L.

(708.(Trouver la force horisontale qui agit sur une surface plane choquée, qui est entièrement submergée dans le Fluide, en ayant égard à la dénivellation que produit une autre surface plane choquante.

La vitesse avec laquelle le Fluide jaillira par l'orifice H, & qui résulte de la dénivellation que produit la surface choquante NC, est, par ce qui a été dit, *Art.* 700, $= 8(D+x)^{\frac{1}{2}} + u\sin\Theta - \frac{x\cos n}{\sin n}$;

---

* Pour plus de facilité dans ce changement de signes, *Voyez* la première note de l'*Art.* 700.

mais en supposant maintenant que la surface CL est choquée, ou qu'elle fuit le Fluide avec la vîtesse $u\,sin\,\theta$, le Fluide aura cette vîtesse de moins, & il en sortira moins par l'orihce H. La vîtesse effective du même Fluide sera donc $=\dots\dots\dots\dots$

$$8(D+x)^{\frac{1}{2}}+u(sin\,\odot-sin\,\theta)-\frac{x\,cos\,n}{sin\,n}\,;$$

expression qui ne differe de la premiere qu'en ce que $sin\,\odot-sin\,\theta$ y tient la place qu'occupe $sin\,\odot$ seul dans la premiere. Ce problême se résoudra donc, en substituant dans l'expression donnée, *Art.* 700, $sin\,\odot-sin\,\theta$ en place de $sin\,\odot$ seul, & la force horisontale qui agit sur la surface CR, sera $=$

$$mc\left(Dx+\tfrac{1}{2}x^2+\tfrac{1}{6}u(sin\,\odot-sin\,\theta)((D+x)^{\frac{3}{2}}-D^{\frac{3}{2}})+\tfrac{1}{64}u^2x(sin\odot-sin\,\theta)^2\right)-$$
$$\frac{mc\,cos\,n}{sin\,n}\left(\tfrac{1}{10}(D+x)^{\frac{5}{2}}-\tfrac{1}{1}D(D+x)^{\frac{3}{2}}+\tfrac{1}{15}D^{\frac{5}{2}}\right)-mc\left(\frac{u\,x^2\,cos\,n}{64\cdot sin\,n}(sin\odot-sin\,\theta)\frac{x^3\,cos\,n^2}{3.64\,sin\,n^2}\right).$$

Substituant maintenant la valeur de $x=CT=\dfrac{RT\,sin\,n}{cos\,n}=\dfrac{BO\,sin\,n}{cos\,n}=\dfrac{u\,sin\,n.sin\,\odot}{cos\,n}$, pour le cas où CL est $=$ ou $>CR$, la force horisontale qui agit sur la surface CR, sera $=\dots\dots\dots\dots$

$$mc\left(\frac{Du\,sin\,n.sin\odot}{cos\,n}+\frac{u^2\,sin\,n^2.sin\odot^2}{2\,cos\,n^2}+\tfrac{1}{6}u(sin\,\odot-sin\theta)\left(\left(D+\frac{u\,sin\,n.sin\,\odot}{cos\,n}\right)^{\frac{3}{2}}-D^{\frac{3}{2}}\right)\right)$$
$$-\frac{mc\,cos\,n}{sin\,n}\left(\tfrac{1}{10}\left(D+\frac{u\,sin\,n.sin\,\odot}{cos\,n}\right)^{\frac{5}{2}}-\tfrac{1}{6}D\left(D+\frac{u\,sin\,n.sin\,\odot}{cos\,n}\right)^{\frac{3}{2}}+\tfrac{1}{15}D^{\frac{5}{2}}\right)+\dots$$
$$\frac{mcu^3\,sin\,n((sin\,\odot-sin\theta)^3-sin\,\theta^3)}{3.64.cos\,n}.$$

COROLLAIRE I.

(709.) La force horisontale qui agit sur la surface CR, & qui résulte de la dénivellation que cette surface produit, est (611.) $=$

$$mc\left(\frac{Du\,sin\,n.sin\,\odot}{cos\,n}+\frac{u^2\,sin\,n^2.sin\,\odot^2}{2\,cos\,n^2}-\tfrac{1}{6}u\,sin\,\theta\left(\left(D+\frac{u\,sin\,n\,sin\,\odot}{cos\,n}\right)^{\frac{3}{2}}-D^{\frac{3}{2}}\right)\right)+\dots$$
$$mc\,\frac{u^3\,sin\,n.sin\,\odot.sin\,\theta^2}{64\,cos\,n}\,:$$

donc, en soustrayant cette valeur de la force trouvée ci-dessus, il restera la force horisontale que lui communique la dénivellation de l'autre surface, laquelle sera $=mc\left(\tfrac{1}{6}u\,sin\,\odot\left(\left(D+\frac{u\,sin\,n.sin\,\odot}{cos\,n}\right)^{\frac{3}{2}}-D^{\frac{3}{2}}\right)\right)$

$$\frac{mc\,cos\,n}{sin\,n}\left(\tfrac{1}{10}\left(D+\frac{u\,sin\,n.sin\,\odot}{cos\,n}\right)^{\frac{5}{2}}-\tfrac{1}{6}D\left(D+\frac{u\,sin\,n.sin\,\odot}{cos\,n}\right)^{\frac{3}{2}}+\tfrac{1}{15}L^{\frac{5}{2}}\right)+\dots\dots$$
$$\frac{mcu^3\,sin\,n.sin\,\odot^2(sin\,\odot-sin\,\theta)}{3.64\,cos\,n}.$$

COROLLAIRE II.

(710.) La force horisontale qui agit sur toute la surface CL, & qui résulte de la dénivellation qu'elle produit elle seule, est (611.) $=$

$$mc\left(Da+\tfrac{1}{2}a^2-\tfrac{1}{6}u\,sin\,\theta((D+a)^{\frac{3}{2}}-L^{\frac{3}{2}})+\tfrac{1}{64}u^2a\,sin\,\theta^2\right),\quad a\ \text{exprimant}$$

toute la hauteur verticale de la même surface : donc, en ajoutant cette quantité à celle que lui communique l'autre surface, la force horisontale entiere qui agit sur cette surface CL, sera $=$ . . . . .

$$mc\left(Da + \tfrac{1}{2}a^2 - \tfrac{1}{6}u\sin\theta\left((D+a)^{\frac{3}{2}} - D^{\frac{3}{2}}\right) + \tfrac{1}{64}u^2 a\sin\theta^2\right) + \ldots\ldots\ldots$$

$$\tfrac{2}{6}mcu\sin\Theta\left(\left(D + \frac{u\sin n\sin\Theta}{\cos n}\right)^{\frac{3}{2}} - L^{\frac{3}{2}}\right) - \ldots\ldots\ldots$$

$$\frac{mc\cos n}{\sin n}\left(\tfrac{1}{10}\left(D + \frac{u\sin n.\sin\Theta}{\cos n}\right)^{\frac{1}{2}} - \tfrac{1}{6}D\left(D + \frac{u\sin n.\sin\Theta}{\cos n}\right)^{\frac{3}{2}} + \tfrac{1}{15}L^{\frac{5}{2}}\right) + \ldots\ldots$$

$$\frac{mcu^3\sin n.\sin\Theta^2}{3.64.\cos n}(\sin\Theta - 3\sin\theta).$$

S c o l i e I.

(711.) Après l'intégration, nous avons substitué, à la place de x, la quantité $\frac{u\sin n.\sin\Theta}{\cos n}$, pour le cas où RC est $=$ ou $< CL$; mais si RC étoit $> CL$, il faudroit substituer pour x sa valeur légitime, qui sera $k\sin n$; k marquant la longueur de CL.

S c o l i e II.

(712.) Si BT étoit moindre que BC, ou si la surface CL tomboit au-dessus de l'horisontale du point C, les quantités x, a & $\sin n$ seroient négatives; par conséquent les signes correspondants doivent être changés dans les formules. On peut se représenter ce cas, en imaginant la surface choquée étendue jusqu'à sortir du Fluide, comme si au lieu de la position CL, elle avoit la position CV.

S c o l i e III.

(713.) Lorsque la surface choquée s'étend jusqu'au dehors du Fluide, il se présente deux cas très-distincts; un lorsqu'elle coupe la droite OR plus bas que le point O, lequel a déjà été résolu dans la *Proposition* précédente & ses *Corollaires* : l'autre cas est celui où cette surface coupe la droite OB, & la dénivellation OA. On résoudra ce cas dans le *Corollaire* suivant.

S c o l i e IV.

(714.) La quantité $\frac{x\cos n}{\sin n}$ qui entre dans l'expression . . . .

$8(D \pm x)^{\frac{3}{2}} + u\sin\Theta - \frac{x\cos n}{\sin n}$ de la vitesse, est zéro, non-seulement lorsque $\sin n = 1$, mais encore lorsque $\cos n$ est négatif, ou que la surface choquée tombe entre AC & NC, parce qu'entre ces deux lignes la dénivellation qui est terminée par la ligne AN parallele

à la ſuperficie OQ, eſt conſtante, étant toujours $=\frac{1}{64}u^2\sin\Theta^2$; de
ſorte que le ſecond terme de la quantité $\frac{1}{64}(u\sin\Theta-\frac{x\cos n}{\sin n})^2$, laquelle donnoit auparavant la valeur de KI, s'évanouit.

COROLLAIRE III.

(715.) Quand la ſurface choquée s'étend juſqu'au dehors du Fluide,
& qu'elle coupe la dénivellation OA, la vîteſſe du Fluide dans le
point le plus élevé, ou dans le point même M où la ſurface ſort du
Fluide, eſt $=0$; c'eſt-à-dire que $8(D\pm x)^{\frac{1}{2}}+u(\sin\Theta-\sin\theta)-\frac{x\cos n}{\sin n}=0$,
laquelle équation donne $x=\cdots\cdots\cdots\cdots\cdots$

$$\frac{u\sin n}{\cos n}(\sin\Theta-\sin\theta)\pm\frac{64\sin n^2}{2\cos n^2}\pm\frac{8\sin n}{\cos n}\left(D\pm\frac{u\sin n}{\cos n}(\sin\Theta-\sin\theta)+\frac{64\sin n^2}{4\cos n^2}\right)^{\frac{1}{2}}$$

c'eſt la valeur qu'on doit ſubſtituer pour x, après avoir intégré.

COROLLAIRE IV.

(716.) Si l'on avoit $\sin n=-1$, il reſteroit $x=D-\frac{1}{64}u^2(\sin\Theta-\sin\theta)^2$;
& la même choſe aura lieu pour tous les cas où la ſurface choquée
tombe entre AC & NC, ſur AC, ou ſur NC.

COROLLAIRE V.

(717.) La même ſurface tombant ſur CN, c'eſt-à-dire, les deux
ſurfaces, choquante & choquée, ſe réduiſant à une ſeule ſurface, on a
$\sin\Theta=\sin\theta$: donc, pour ce cas, on a $x=D$: ce qui montre que le
Fluide ſe terminera à la ſurface OQ, demeurant parfaitement de
niveau, & ſans laiſſer la moindre cavité derriere la ſurface choquée.

COROLLAIRE VI.

(718.) Pour l'un quelconque des cas, dans leſquels la ſurface choquée tombe entre AC & NC, $\cos n$ devant s'évanouir, la force
horiſontale qui agit ſur elle, devient $=\cdots\cdots\cdots\cdots\cdots\cdots$

$$mc\left(-Dx+\frac{1}{2}x^2+\frac{1}{6}u(\sin\Theta-\sin\theta)\left((D+x)^{\frac{3}{2}}-D^{\frac{3}{2}}\right)-\frac{1}{64}u^2x(\sin\Theta-\sin\theta)^2\right).$$

COROLLAIRE VII.

(719.) Si les deux ſurfaces, choquante & choquée, ſe réduiſent
à une ſeule, on vient de voir qu'on aura $x=D$, & $\sin\Theta=\sin\theta$:
donc en ſubſtituant ces valeurs, on aura la force qui agit ſur la
ſurface choquée $=-\frac{1}{2}mcD^2$, le ſigne négatif exprimant que la force
agit dans une direction oppoſée à celle de la force choquante.

COROLLAIRE VIII.

COROLLAIRE VIII.

(720.) Si x étoit négligeable à l'égard de D, la force horifontale qui agiroit fur la furface choquée, feroit $= \ldots\ldots\ldots$
$mc\left(-Dx+\frac{1}{4}u(\mathit{fin}\ \odot -\mathit{fin}\ \theta)D^{\frac{1}{2}}x-\frac{1}{64}u^{2}x(\mathit{fin}\odot-\mathit{fin}\ \theta)^{2}\right)$; expreffion qui devient $=-mcDx$, lorfque $\mathit{fin}\ \odot = \mathit{fin}\ \theta$.

PROPOSITION LI.

(721.) *Trouver les forces horifontales qui agiffent fur une furface cho-quante, ou choquée, en ayant égard à la dénivellation produite par une autre furface, lorfque ces deux furfaces font féparées par quelque diftance.*

Suppofons que NC foit une furface choquante, qui produife la dénivellation AO. Suppofons auffi qu'en C il y ait une autre furface CG unie à la premiere, & à celle-ci une troifieme furface GH, unie avec elle en G : il eft queftion de trouver la force qui agit fur cette furface, en ayant égard à la dénivellation AO. Confidérant que cette force dépend de la hauteur de la dénivellation, & que la hauteur qui correfpond au point G eft FB, & non AE que nous avons employée ci-deffus; il eft vifible qu'il ne s'agit ici que de fubftituer BF en place de AE, & le problême fera réfolu. AE eft égal à $\frac{1}{64}\overline{OE}^{2}=\frac{1}{64}u^{2}\mathit{fin}\ \odot^{2}$, & $BF=\frac{1}{64}\overline{OF}^{2}=\frac{1}{64}(OE-EF)^{2}$: donc il n'y aura qu'à fubftituer $(OE-EF)^{2}$ en place de $\overline{OE}^{2}$, ou $OE-EF$ en place de OE; c'eft-à-dire, $u\ \mathit{fin}\odot - EF$ en place de $u\ \mathit{fin}\ \odot$ feul, pour que les formules précédentes correfpondent au cas préfent. La même chofe aura lieu, quoique ce foit la furface NC qui foit choquée, parce qu'on peut appliquer le même raifonnement à un cas quelconque. Si la diftance horifontale EF comprife entre les deux verticales AC, BG eft $=q$, nous n'aurons qu'à fubftituer $u\ \mathit{fin}\odot - q$, en place de $u\ \mathit{fin}\odot$ feul.

COROLLAIRE I.

(722.) La diftance horifontale q étant $= u\ \mathit{fin}\ \odot$, ou égale à toute l'amplitude de la dénivellation EO, on aura $u\ \mathit{fin}\odot - q = 0$; & par conféquent la dénivellation ne communiquera aucune force qui giffe fur la furface.

COROLLAIRE II.

(723.) Comme la même chofe a lieu, lorfqu'on a $EF > EO = u\ \mathit{fin}\odot$, ou $q > EO = u\ \mathit{fin}\odot$, il s'enfuit que pour le cas où

TOME I.   O o

q eſt $=$ ou $>$ EO $= u$ ſin $\odot$, on doit ſubſtituer dans les formules, q à la place de u ſin $\odot$.

COROLLAIRE III.

(724.) Comme les quantités qui expriment la force que communique la dénivellation produite par l'autre ſurface, ſont toutes affectées de la quantité u (ſin $\odot$ — ſin θ), quand il ſera queſtion de la combinaiſon de ſurfaces choquantes ou choquées entre elles, & qu'il faudra ſubſtituer u ſin $\odot$ — q en place de u ſin $\odot$ ſeul, toutes les quantités ſeront affectées par u (ſin $\odot$ — ſin θ) — q : donc ſi l'on avoit u ſin $\odot$ $= u$ ſin θ $+ q$, il n'y auroit, dans ces cas, aucune force communicante.

COROLLAIRE IV.

(725.) Comme la différence entre les angles $\odot$ & θ eſt très-petite dans les courbes, lorſque les différencielles ſont peu éloignées, & comme dans celles où la diſtance augmente, il eſt néceſſaire de ſouſtraire de la différence des ſinus de ces angles la quantité $\frac{q}{u}$: il s'enſuit que, dans les courbes, on peut négliger la force que les parties de ſurface ſe communiquent les unes aux autres, ce qui ſimplifiera les calculs, & les rendra plus faciles.

PROPOSITION LII.

(726.) *Trouver la réſiſtance horiſontale qu'éprouve un parallélipipede rectangle qui flotte ſur un Fluide, deux de ſes côtés étant paralleles à l'horiſon, en ſuppoſant que c'eſt le parallélipipede qui ſe meut, & non le Fluide, ſuivant une direction parallele à deux de ſes autres côtés, dans le cas où l'on auroit* a $=$ ou $>\frac{1}{64}$ u² ſin θ², *& en ayant égard à la force que la dénivellation produite par la ſurface choquante, communique à la ſurface choquée.*

Puiſque, dans ce cas, ſin $n = 1$, on aura (708.) la force qui agit ſur la ſurface choquée $= \ldots\ldots\ldots\ldots\ldots\ldots\ldots\ldots$

$$mc\left(Dx + \tfrac{1}{2}x^2 + \tfrac{1}{6}u\,(\text{ſin}\,\odot - \text{ſin}\,\theta)\left((D+x)^{\frac{3}{2}} - D^{\frac{3}{2}}\right) + \tfrac{1}{64}n^2x\,(\text{ſin}\,\odot - \text{ſin}\,\theta)^2\right);$$

expreſſion dans laquelle on doit faire x négative, & (716.) $= \ldots$ $D - \tfrac{1}{64}u^2$ (ſin $\odot$ — ſin θ)². Subſtituant maintenant u ſin $\odot$ — q pour u ſin $\odot$, q marquant la longueur du parallélipipede, & obſervant que, dans le cas préſent, ſin $\odot = $ ſin θ, la force deviendra $=$

$$-mc\left(Dx - \tfrac{1}{2}x^2 + \tfrac{1}{6}q\left((D+x)^{\frac{3}{2}} - D^{\frac{3}{2}}\right) + \tfrac{1}{64}q^2x\right), \quad \& \text{ la valeur de } x =$$

$D - \frac{1}{64}q^2$. Subftituant cette valeur de x dans l'expreffion de la force, elle deviendra $- mc\left(\frac{1}{2}D^2 - \frac{1}{6}q D^{\frac{3}{2}} + \frac{1}{64}q^2 D - \frac{1}{6.64^2}q^4\right)$, ou en faifant à préfent $D = a$, qui eft toute la profondeur à laquelle l'une & l'autre extrêmité du parallélipipede eft enfoncée au - deffous de la furface du Fluide, la force qui agit fur la furface choquée, fera $=$ $- mc\left(\frac{1}{2}a^2 - \frac{1}{6}qa^{\frac{3}{2}} + \frac{1}{64}q^2 a - \frac{1}{6.64^2}q^4\right)$. Celle qui agit fur la fuperficie choquante, le Fluide étant fuppofé ne pas paffer par-deffus, eft (600.) $=$ $mc\left(\frac{1}{2}a^2 + \frac{1}{6}ua^{\frac{3}{2}} \, fin \, \theta + \frac{1}{64}u^2 a \, fin \, \theta^2 + \frac{u^4 \, fin \, \theta^4}{6.64^2}\right)$: donc la réfiftance qu'éprouvera le parallélipipede, fera $=$ . . . . $mc\left(\frac{1}{6}a^{\frac{3}{2}}(u \, fin \, \theta + q) + \frac{1}{64}a(u^2 \, fin \, \theta^2 - q^2) + \frac{1}{6.64^2}(u^4 \, fin \, \theta^4 + q^4)\right)$.

COROLLAIRE I.

(727.) Si la longueur du parallélipipede étoit égale, ou plus grande que $u \, fin \, \theta$, on fubftitueroit $u \, fin \, \theta$ au lieu de q, & la réfiftance qu'il éprouveroit feroit $= mc\left(\frac{1}{3}u a^{\frac{3}{2}} \, fin \, \theta + \frac{1}{3.64^2}u^4 \, fin \, \theta^4\right)$; c'eft la même que nous avons trouvée, *Art.* 640.

COROLLAIRE II.

(728.) Si l'on avoit $q = 0$; c'eft-à-dire, fi le parallélipipede fe réduifoit à un plan, la réfiftance qu'il éprouveroit, fe réduiroit à $mc\left(\frac{1}{6}a^{\frac{3}{2}}u \, fin \, \theta + \frac{1}{64}au^2 fin \, \theta^2 + \frac{1}{6.64^2}u^4 fin \, \theta^4\right)$.

COROLLAIRE III.

(729.) La réfiftance qu'éprouvera le parallélipipede (727.) fera plus grande que celle qu'éprouvera le plan de la quantité . . . $mc\left(\frac{1}{6}a^{\frac{3}{2}}u \, fin \, \theta - \frac{1}{64}au^2 fin \, \theta^2 + \frac{1}{6.64^2}u^4 fin \, \theta^4\right)$.

COROLLAIRE IV.

(730.) La réfiftance qu'éprouve le parallélipipede, fera donc double de celle du plan, moins la quantité $\frac{1}{32}mcau^2 fin \, \theta^2$; ou la réfiftance qu'éprouve la plan eft la moitié de celle qu'éprouve le parallélipipede, plus la quantité $\frac{1}{64}mcau^2 fin \, \theta^2$.

COROLLAIRE V.

(731.) Si la viteffe u étoit fort petite, on pourroit négliger le terme $\frac{1}{64}mcau^2 \sin\theta^2$, comme très-petit à l'égard du premier terme $\frac{1}{6}mca^{\frac{3}{2}}u\sin\theta$, & dans ce cas, la résistance du plan se trouveroit précisément égale à la moitié de celle du parallélipipede.

COROLLAIRE VI.

(732.) Si le parallélipipede est tellement enfoncé dans le Fluide, que a soit négligeable à l'égard de D, la force qu'éprouvera la surface choquée, sera (720.) $= mcDa$; & celle qui agit sur la surface choquante étant en ce cas $= mc\,(Da + \frac{1}{4}au\,D^{\frac{1}{2}} + \frac{1}{64}au^2)$, la résistance qu'éprouvera le parallélipipede deviendra $= \frac{1}{4}mcau\,(D^{\frac{1}{2}} + \frac{1}{16}u)$; ou $= \frac{1}{4}mcau\,D^{\frac{1}{2}}$, si u est fort petit à l'égard de D; résistance qui est la moitié de celle qu'il éprouve, en faisant abstraction de la dénivellation (654.).

COROLLAIRE VII.

(733.) La résistance qu'éprouve un parallélipipede dont la hauteur & la largeur sont égales, est (654.) $= \frac{1}{4}ma^2u\,D^{\frac{1}{2}}$, lorsqu'on n'a point égard à la dénivellation, & lorsqu'on peut négliger a par rapport à D. La résistance qu'éprouve une sphere est (664.) $= \frac{1}{12}a^2mcu\,D^{\frac{1}{2}}$. Ces deux résistances sont donc entre elles comme 1 est à $\frac{1}{6}c$: mais la résistance du même parallélipipede, en ayant égard à la dénivellation, est $= \frac{1}{4}ma^2u\,(D^{\frac{1}{2}} + \frac{1}{16}u)$, celle qu'éprouve la sphere sera donc dans les mêmes circonstances, $= \frac{1}{24}mca^2u(D^{\frac{1}{2}} + \frac{1}{16}u)$.

SCOLIE I.

(734.) C'est d'après ce qui est démontré dans le *Corollaire V*, (731.), que, dans le calcul appliqué aux expériences rapportées dans le *Scolie* de la *Proposition XXXVI*, *Art.* 644, on a pris, pour la résistance que devoit éprouver la planche, la moitié de la résistance qui a lieu pour un parallélipipede.

SCOLIE II.

(735.) On peut trouver de la même maniere la résistance qu'éprouvent les autres corps terminés par des surfaces rectilignes, en ayant égard à la dénivellation qui altere les forces; mais ce que nous avons dit suffit d'autant plus pour notre objet, que nous nous réduirons à la considération des surfaces courbes, dans lesquelles cette attention devient superflue.

CHAPITRE VIII.

Des dimensions & de la figure que doivent avoir les lignes & les surfaces, pour qu'étant mues dans un Fluide, elles éprouvent la plus grande ou la moindre résistance.

LEMME II.

(736.) *TROUVER la ligne, ou la surface, qui jouisse d'une certaine propriété dans le plus haut, ou le plus bas, degré; ou celle qui, entre différentes lignes, ou surfaces, qui jouissent d'une certaine propriété dans un degré égal, jouisse aussi d'une autre propriété distincte dans le plus haut, ou le plus bas, degré.*

Ayant divisé la ligne, ou la surface, en différencielles, on peut exprimer par une quantité différencielle la propriété dont chacune d'elles doit jouir; & comme on demande la plus grande, ou plus petite, la différencielle de cette quantité doit être constante : car, dans ce cas, l'expression d'une différencielle ne peut augmenter, qu'une autre ne diminue d'autant, cette condition étant essentielle, & absolument nécessaire, pour que la propriété dont il s'agit ne puisse être ni plus grande ni plus petite. Qu'on différencie donc la quantité, ou l'expression différencielle, qui exprime la propriété, en la divisant par la quantité commune qui multipliera tous les termes, on égalera le quotient à une quantité constante. Cette équation étant réduite, sera celle de la ligne, ou de la surface, qui jouira de la propriété en question dans le plus haut, ou le plus bas, degré.

Dans le cas où il s'agit de trouver une ligne, ou une surface, qui jouisse d'une certaine propriété dans le plus haut, ou le plus bas, degré, sans cesser de jouir d'une autre propriété qu'elle auroit déjà dans le même degré, les différencielles des deux quantités différencielles qui expriment les propriétés, doivent, dans ce cas, être égales entre elles, attendu que l'une ne doit point augmenter au préjudice de l'autre. Cette équation étant réduite, sera celle de la ligne, ou de la surface, qui jouira de la propriété dont il s'agit, dans le degré le plus haut, ou le plus bas, sans avoir rien perdu de celle dont elle jouissoit auparavant dans le même degré.

PROPOSITION LIII.

(737.) *Une furface plane verticale étant donnée de grandeur, & étant fuppofée fe mouvoir horifontalement dans un Fluide immobile, trouver la figure qu'elle doit avoir pour éprouver la plus grande, ou la moindre, refiftance.*

Soit x les abfciffes mefurées verticalement depuis la fuperficie du Fluide, & y les ordonnées horifontales, dont la relation avec les abfciffes exprime l'équation de la ligne qui termine la furface. D'après cela on voit que ydx fera une différencielle horifontale de la même furface, laquelle doit être conftante, par la condition du problême. La réfiftance qu'éprouvera la même différencielle fera (654.) $=$..

$\frac{1}{2}myx^{\frac{1}{2}}dxu \, fin \, \theta$: donc, fuivant le *Lemme* précédent (736.), nous devons égaler la différencielle de cette quantité à celle de ydx ; mais cette derniere expreffion étant conftante, nous pouvons fubftituer q à fa place, & nous aurons $\frac{1}{2} \, mqu \, fin \, \theta \frac{dx}{2\sqrt{x}} = 0 = \frac{mq^2u \, fin \, \theta}{4y\sqrt{x}}$. Donc pour que la furface éprouve la plus grande, ou la plus petite, réfiftance, il faut que x ou y foit infinie, & par conféquent que y, ou x, foit zéro. La furface devra donc être d'une extenfion horifontale infinie, & d'une profondeur infiniment petite, pour qu'elle éprouve la moindre réfiftance poffible.

COROLLAIRE.

(738.) Si la dimenfion de la furface dans le fens horifontal eft déterminée, de façon qu'on ne puiffe nullement l'excéder, la furface qui éprouvera la moindre réfiftance, fera celle d'un rectangle qui fe meut, ayant deux de fes côtés paralleles à l'horifon.

PROPOSITION LIV.

(739.) *Déterminer les dimenfions que doit avoir la même furface verticale, ou le rectangle qui doit éprouver la plus grande, ou la moindre, réfiftance poffible ; dans le cas où l'on a égard à la dénivellation.*

La réfiftance qu'éprouve le rectangle, en ayant égard à la dénivellation, eft (640 & 658.) $= \frac{1}{3}muy \, fin \, \theta \left(x^{\frac{3}{2}} + \frac{u^3 fin \, \theta^3}{64^2} \right)$; & comme on demande que cette réfiftance foit la moindre poffible, fa différencielle fera égale à zéro ; c'eft-à-dire que . . . .

$\frac{1}{2}muyx^{\frac{1}{2}}dx \, fin \, \theta + \frac{1}{3}mux^{\frac{3}{2}}dy \, fin \, \theta + \frac{mu^4dv \, fin \, \theta^4}{3.64^2} = 0$; mais, puifque l'aire du rectangle doit être constante, on a $xy = q^2$, q exprimant une constante : donc $xdy + ydx = 0$, ou $dx = -\frac{xdy}{y}$. Cette valeur étant substituée dans l'équation précédente, donne, après avoir divisé par $mudy\,\sin\theta$, $-\frac{1}{2}x^{\frac{3}{2}} + \frac{1}{3}x^{\frac{3}{2}} + \frac{u^3\sin\theta^3}{3.64^2} = 0$, ou $\frac{2u^3\sin\theta^3}{64^2} = x^{\frac{3}{2}}$; d'où l'on tire $x = \frac{u^2\sin\theta^2(4)^{\frac{1}{3}}}{16^2}$, & $y = \frac{16^2 q^2}{u^2\sin\theta^2(4)^{\frac{2}{3}}}$. Telles sont les dimensions que doit avoir le rectangle pour éprouver la moindre résistance possible.

COROLLAIRE I.

(740.) Les dimensions du rectangle dépendent donc, non-seulement de la vîtesse u avec laquelle il se meut, mais encore de l'angle θ sous lequel le Fluide le frappe. Plus l'une quelconque de ces deux quantités sera grande, plus doit être grande la profondeur x, ou la dimension verticale du rectangle, & plus la largeur y, ou la dimension dans le sens horisontal, doit être petite. Ce sera le contraire lorsque ces quantités diminueront.

COROLLAIRE II.

(741.) La largeur infinie y que nous avons déterminée (737,) ne convient donc au rectangle, que dans le cas où l'on négligeroit la dénivellation, ou lorsqu'on auroit $u\sin\theta = 0$.

COROLLAIRE III.

(742.) Si l'on substitue la valeur de $x = \frac{u^2\sin\theta^2(4)^{\frac{1}{3}}}{16^2}$, & celle de $y = \frac{16^2 q^2}{u^2\sin\theta^2(4)^{\frac{1}{3}}}$ dans l'expression $\frac{1}{3}muy\sin\theta\left(x^{\frac{3}{2}} + \frac{u^3\sin\theta^3}{64^2}\right)$ de la résistance qu'éprouve le rectangle, on aura la moindre résistance que l'aire rectangulaire puisse éprouver $= \frac{mq^2 u^2\sin\theta^2}{16(4)^{\frac{1}{3}}}$.

COROLLAIRE IV.

(743.) Ce qui a été dit dans les deux *Propositions* précédentes & leurs *Corollaires*, convient également à un parallélipipede rectangle, qui flotte ayant sa base parallele à l'horison, lorsqu'on n'a point égard à l'effet que la dénivellation produit sur sa base.

PROPOSITION LV.

(744.) *Trouver la ligne qui doit terminer un plan horisontal, pour qu'étant mu horifontalement dans un Fluide, il éprouve la plus grande, ou la moindre réfiſtance poſſible.*

Soit *ABC* le plan horifontal compofé de deux moitiés égales & femblables, féparées l'une de l'autre par la ligne, ou axe *BD*, dans la direction duquel fe fait le mouvement. Soit pris auſſi les abfciſſes *x* fur *BD*, & les ordonnées *y* fur fes perpendiculaires. Soit fuppofé de plus, que le plan ait une épaiſſeur infiniment petite *da*, & que cette épaiſſeur forme par-tout un angle droit avec l'horifon, on aura la force qu'éprouvera une différencielle de *AB*, ou *BC* =

$$mdady\left(a^{\frac{1}{2}} \pm \frac{udy}{8\sqrt{dx^2+dy^2}}\right)^2,$$

attendu que $\dfrac{dy}{\sqrt{dx^2+dy^2}}$ exprime ici le finus de l'angle fous lequel la différencielle rencontre le Fluide, & *a* la profondeur à laquelle le plan fe trouve abaiſſé au-deſſous de la fuperficie du Fluide. La différencielle de cette expreſſion eſt . . .

$$mdaddy\left(a \pm \frac{a^{\frac{1}{2}}udy}{2\sqrt{dx^2+dy^2}} \mp \frac{a^{\frac{1}{2}}udy^3}{4(dx^2+dy^2)^{\frac{3}{2}}}\right) + \ldots\ldots\ldots\ldots$$

$$mdaddy\left(\frac{3u^2dy^2}{64\cdot(dx^2+dy^2)} - \frac{2u^2dy^4}{64(dx^2+dy^2)^2}\right),$$

en fuppofant *dx* conſtante. Divifant maintenant par *mdaddy*, & faifant $-dy = \dfrac{bdx}{\zeta}$, ζ exprimant une variable, ou une indéterminée quelconque, & *b* une conſtante, on aura (736.)

$$a \mp \frac{a^{\frac{1}{2}}ub}{2\sqrt{b^2+\zeta^2}} \pm \frac{a^{\frac{1}{2}}ub}{4\sqrt{(b^2+\zeta^2)^{\frac{3}{2}}}} + \frac{3u^2b^2}{64(b^2+\zeta^2)} - \frac{2u^2b^4}{64(b^2+\zeta^2)^2} = n,$$

n exprimant une autre conſtante. Connoiſſant donc *a* & *u*, on déterminera ζ par cette équation, par conféquent cette quantité era conſtante dans toute la ligne *ABC*, & dans l'équation $-dy = \dfrac{bdx}{\zeta}$. On aura donc, en intégrant, $b - y = \dfrac{bx}{\zeta}$, équation à la ligne droite; donc les lignes *AB*, *BC*, qui terminent le plan, ou qui couvrent la bafe *AC* doivent être droites.

COROLLAIRE I.

(745.) Ayant fuppofé $-dy = \dfrac{bdx}{\zeta}$, ou que les ordonnées diminuent, tandis que les abfciſſes augmentent, il s'enfuit que l'origine des abfciſſes fe trouvera en *D*.

COROLLAIRE II.

(746.) Faifant $x = 0$, on a $b - y = 0$, ou $y = b$. Donc la demi-ordonnée *DC* correfpondante à l'abfciſſe $x = 0$, fera $= b$.

COROLLAIRE III.

COROLLAIRE III.

(747.) Pour déterminer le point B, dans lequel les droites AB ou CB coupent l'axe DB, nous n'avons qu'à fuppofer $y = 0$; ce qui donnera, pour ce point, $b = \frac{bx}{\zeta}$, & par conféquent $x = DB = \zeta$.

COROLLAIRE IV.

(748.) Comme la quantité $\zeta = DB$ dépend de l'équation ...
$$a \mp \frac{a^{\frac{1}{2}}ub}{2\sqrt{b^2+\zeta^2}} \pm \frac{a^{\frac{1}{2}}ub^3}{4\sqrt{(b^2+\zeta^2)^{\frac{3}{2}}}} + \frac{3u^2b^2}{64(b^2+\zeta^2)} - \frac{2u^2b^4}{64(b^2+\zeta^2)^2} = n,$$
on voit que fans faire varier les quantités a & u, on trouveroit autant de valeurs différentes de cette quantité, qu'on fubftitueroit de quantités différentes pour n : il s'enfuit donc que même, fans faire varier ni a ni u, il y a une infinité de lignes droites différentes qui fatisfont à la queftion.

COROLLAIRE V.

(749.) La force qu'éprouvera l'une quelconque de ces lignes droites, comme CB, qui couvrent la demi-ordonnée CD, fera $= 2da.b\left(a^{\frac{1}{2}} + \frac{bu}{8(b^2+\zeta^2)^{\frac{1}{2}}}\right)^2$: d'où l'on voit que, u étant pofitif, la force fera d'autant plus petite que $\zeta = DB$ fera plus grande, & au contraire : c'eft une connoiffance que nous avions déjà par anticipation.

COROLLAIRE VI.

(750.) Si u eft négatif, plus ζ fera grand, plus la force le fera; & au contraire.

COROLLAIRE VII.

(751.) Si l'on prolonge l'axe BD jufqu'en K, & fi l'on termine plan par les quatre droites AB, BC, CK, KA, la force qui agira fur ABC fera $= 2bmda\left(a^{\frac{1}{2}} + \frac{bu}{8(b^2+\zeta^2)^{\frac{1}{2}}}\right)^2$; & celle qui agira fur CKA fera $= 2bmda\left(a^{\frac{1}{2}} - \frac{bu}{8(b^2+Z^2)^{\frac{1}{2}}}\right)^2$, DB étant $= \zeta$, & $DK = Z$: donc la réfiftance fera $= 2bmda\left(\left(a^{\frac{1}{2}} + \frac{bu}{8(b^2+\zeta^2)^{\frac{1}{2}}}\right)^2 - \left(a^{\frac{1}{2}} - \frac{bu}{8(b^2+Z^2)^{\frac{1}{2}}}\right)^2\right)$; par conféquent plus les axes DB & DK feront grands, plus réfiftance fera petite.

SCOLIE.

(752.) De la folution de ce Problême & de fes Corollaires, nous duifons feulement que les lignes AB, CB doivent être droites, pour qu'elles éprouvent la plus grande, ou la plus petite résistance & que cette résistance devient toujours de plus en plus petite, mesure que le point B s'éloigne. Ce point peut cependant êtr donné, ou déterminé, ou, ce qui revient au même, la longueu du plan peut être déterminée, comme si elle devoit se réduire DE. Il paroît évident que, dans ce cas, le plan doit se termine par les droites AE, CE; & c'est ce qui arrive aussi dans que ques cas : mais dans d'autres il y a moins de résistance, lorsque l terminaison est faite par trois lignes droites AG, GF, & FC, l seconde étant parallele à la base AC, ou perpendiculaire à l'axe & AG étant $= CF$, de même que $GE = EF$; c'est ce qu'on v démontrer dans le Problême suivant.]

PROPOSITION LVI.

(753.) *Etant donnés la demi-base* DC, *& l'axe, ou longueur* DE *du plan horisontal, avec la parallele* EF *à la base; trouver le point* F *par lequel tirant la ligne* CF, *on termine le plan* DEFC, *de manier que ce plan, étant mu horisontalement, suivant la direction de l'axe* DE *, éprouve la plus grande, ou la moindre résistance.*

Ayant tiré FH parallele à l'axe, & faisant $DE = x$, & $EF = DH = y$ la force qui agit sur EF sera $= mda.y(a^{\frac{1}{2}} \pm \frac{1}{8}u)^2$; & celle qui agit sur FC sera $= mda(b-y)\left(a^{\frac{1}{2}} \pm \dfrac{u(b-y)}{8\,(x^2+(b-y)^2)^{\frac{1}{2}}}\right)^2$; & les deux expressions

réunies $= mda\left(ab \pm \frac{1}{4}a^{\frac{1}{2}}uy + \frac{1}{64}u^2y \pm \dfrac{a^{\frac{1}{2}}u(b-y)^2}{4\,(x^2+(b-y)^2)^{\frac{1}{2}}} + \dfrac{u^2(b-v)^3}{64(x^2+(b-y)^2)}\right)$. Cette quantité devant être ou un *maximum*, ou un *minimum*, sa différencielle sera $= 0$; on aura donc . . . .

$$mda\left(\pm \frac{1}{4}a^{\frac{1}{2}}udy + \frac{1}{64}u^2dy \mp \dfrac{2a^{\frac{1}{2}}u(b-y)dy}{4(x^2+(b-y)^2)^{\frac{1}{2}}}\right) \pm \cdots$$

$$mda\left(\dfrac{a^{\frac{1}{2}}u(b-y)^3\,dy}{4(x^2+(b-y)^2)^{\frac{3}{2}}} - \dfrac{3u^2(b-y)^2dy}{64(x^2+(b-y)^2)} + \dfrac{2u^2(b-y)^4dy}{64(x^2+(b-y)^2)^2}\right) = 0\;*;$$ d'où l'on tire, en divisant par $a dymda$, & en substituant t pour $b-y$,

---

* On remarquera dans ce calcul, 1°. que $\sin \theta = \dfrac{(b-y)}{(x^2+(b-y)^2)^{\frac{1}{2}}}$; car $\sin \theta = \sin HFC$, & dans le triangle rectangle HFC, on a $FC : 1 :: HC : \sin HFC = \dfrac{HC}{FC}$: or $HC = CD - EF = b-y$, & $CF = (HF^2 + HC^2)^{\frac{1}{2}} = (x^2+(b-y)^2)^{\frac{1}{2}}$; donc $\sin HFC$, ou $\sin \theta = \dfrac{b-y}{(x^2+(b-y)^2)^{\frac{1}{2}}}$. 2°. Que dans la différenciation on suppose x constante, comme cela doit être, *Art.* 752.

$$\pm a^{\frac{1}{2}}+\tfrac{1}{16}u\mp\frac{2a^{\frac{1}{2}}x^2t+a^{\frac{1}{2}}t^3}{(x^2t+t^2)^{\frac{3}{2}}}-\frac{3ux^2t^2+ut^4}{16(x^2+t^2)^2}=0 \text{, ou} \ldots\ldots\ldots$$

$$\pm 16a^{\frac{1}{2}}(x^2+t^2)^2\mp 16a^{\frac{1}{2}}(2x^2t+t^3)\surd(x^2+t^2)+ux^2(x^2-t^2)=0\,;$$ expression qui donnera, en reduisant & ordonnant, $\ldots\ldots\ldots\ldots$

$$\left.\begin{array}{l}16^2a\ t^6+2.16^2ax^2t^4\ldots * \ldots -16^2a\quad x^6\\[2pt]\pm 32a^{\frac{1}{2}}ut^6\pm 32a^{\frac{1}{2}}ux^2t^4\mp 32a^{\frac{1}{2}}ux^4t^2\mp 32a^{\frac{1}{2}}u\ x^6\\[2pt]\quad -\ u^2x^2t^4+\ 2u^2x^4t^2\ -\qquad u^2x^6\end{array}\right\}=0\,;$$ équation du

troisieme degré, qni contient une racine, ou valeur de t^2, réelle & positive ; c'est cette valeur qui satisfait à la question *.

C O R O L L A I R E   I.

(754.) Si l'on fait, dans cette équation, $t=0$, il en résulte $-x^6(16a^{\frac{1}{2}}\pm u)^2$, quantité négative ; & si l'on fait $t=x$, il en résulte 2.16^2ax^6, quantité positive : donc t est moindre que x, toutes les fois que a a quelque valeur, ou que le plan est submergé à quelque profondeur dans le Fluide. Si l'on avoit $a=0$, ou si le plan coïncidoit avec la superficie du Fluide, on auroit $t=x$: de sorte que la plus grande valeur de l'angle HFC sera alors de $45°$, & cet angle diminue à mesure que le plan doit être submergé à une plus grande profondeur.

C O R O L L A I R E   II.

(755.) Ayant $a=\infty$, l'équation se change en celle-ci $\ldots$ $t^6+2x^2t^4-x^6=0$, ou $t^6+2x^2t^4=x^6$, qui, en ajoutant de part & d'autre x^4t^2, & divisant par t^2+x^2, devient $t^4+x^2t^2=x^4$. Cette équation étant résolue, donne $t=x\surd{\overline{-\tfrac{1}{2}+\tfrac{1}{2}\surd 5}}$; expression de la moindre valeur de t ; & dans ce cas, l'angle HFC est, à fort peu près, de $37° 57'$ **.

C O R O L L A I R E   III.

(756.) La valeur de t varie également, en faisant varier la vitesse u. Le cas dans lequel $u=\infty$, correspond à celui où $a=0$, & l'on a, dans ces deux cas, $t=x$. Lorsque $u=0$, ce qui correspond au cas où $a=\infty$, l'on a, comme ci-dessus, $t=x\surd{\overline{-\tfrac{1}{2}+\tfrac{1}{2}\surd 5}}$.

---

* Ceci est évident, puisque le dernier terme $(16^2a+32a^{\frac{1}{2}}u+u^2)-x^6$, ou $-x^6(16a^{\frac{1}{2}}\pm u)^2$ est négatif. (Voyez la *Troisieme-Partie* du *Cours de Mathématiques* de M. *Bezout*, *Art.* 201.)

** On trouve dans l'original $31° 44'$, mais il est évident que c'est une faute de calcul ; car $\tfrac{1}{2}\surd 5=1,118,\&\ \surd{\overline{-\tfrac{1}{2}+\tfrac{1}{2}\surd 5}}=0,78$. Donc $t=x\,(0,78)$; c'est-à-dire que si $x=100$, t sera $=78$. Faisant la proportion $HF : HC :: 1 : tang\ HFC$, ou $x : t :: 1 : tang\ \theta$, on trouve $\theta=37° 57'$. On voit par-là que t est à peu près $=\tfrac{4}{5}x$.

COROLLAIRE IV.

(757.) Comme t eſt plus petit que x, la quantité . . . .
$\pm 32 a^{\frac{1}{2}} u(t^6 + x^2 t^4 - x^4 t^2 - x^6)$ ſera négative pour la partie choquante
AGFC du plan, & elle ſera poſitive pour la partie choquée *AOLC*;
donc la valeur de t correſpondante à la premiere, & $= CH$, ſera
plus grande que la valeur de t correſpondante à la ſeconde, &
qui eſt $= CM$; de ſorte que, ſuppoſant $DE = DN$, on doit avoir
$GF < OL$, pour que le plan éprouve la moindre réſiſtance.

COROLLAIRE V.

(758.) Le point F tombera ſur l'axe *DB* toutes les fois que la
valeur de t, déduite de l'équation, ſera égale à la demi-baſe *CD*;
& dans ce cas, le demi-plan ſe réduira à un triangle. Mais ſi la
valeur de t étoit plus grande que la demi-baſe, le point F tomberoit de l'autre côté de l'axe ſur *EG*, & la ligne *CF* couperoit
l'axe entre D & E. Dans ce cas, ſi l'on termine le plan par une
droite tirée depuis C juſqu'à E, on aura la Figure ſuſceptible de
la moindre réſiſtance.

COROLLAIRE VI.

(759.) Les lignes *EF* & *NL* ſeront donc nulles dans tous ces
cas, & le demi-plan ſe réduira à un triangle, comme *AEC*, ou
AKC. Tous les cas de cette eſpece ſe préſentent, quelles que ſoient
les valeurs de a & de u, lorſque *DC* eſt égale, ou moindre que
$ED \sqrt{\frac{1}{4} + \sqrt{\ }}$, ou lorſque *DC* eſt à peu près égale, ou moindre que $\frac{4}{7} ED$ (755. *Note.*).

COROLLAIRE VII.

(760.) Puiſque les deux lignes *CF*, *FE* ſont celles qui éprouvent la moindre réſiſtance, elles en éprouveront donc une moindre
que deux autres lignes *CQ*, *QE*; & celles ci une moindre que
deux autres, l'une deſquelles ſeroit plus éloignée de *CF*. C'eſt une
conſéquence néceſſaire de ce que toutes les racines de l'équation
d'où l'on tire la valeur de t ſont imaginaires, excepté celle qui
donne la poſition de *CF*.

COROLLAIRE VIII.

(761.) Si entre les deux paralleles *DC*, *EF*, on prend un point quelconque comme I, & que de ce point on tire aux points C & E deux lignes droites CI & IE, ces droites éprouveront une plus grande réſiſtance que celle qu'éprouvent les droites CF, FE. Car la ligne CI étant prolongée juſqu'en Q, il eſt clair, par le *Corollaire* précédent, que la réſiſtance qu'éprouveront les lignes IQ & QE, ſera moindre que celle qu'éprouvera IE, & par conſéquent CQ & QE éprouveront moins de réſiſtance que CI & IE : donc à plus forte raiſon CF & FE, qui éprouvent moins de réſiſtance que CQ & QE, en éprouveront beaucoup moins que CI & IE.

C O R O L L A I R E   I X.

(762.) De-là on conclut encore qu'avec quelques lignes qu'on termine le plan, qu'elles ſoient droites, courbes ou mixtes, pourvu que ces lignes ſoient compriſes entre les deux paralleles EF, DC qui terminent le plan, elles éprouveront toujours une réſiſtance plus grande que les deux lignes CF & FE.

C O R O L L A I R E   X.

(763.) Plus la longueur du plan, ou de l'axe DE, ſera grande, plus la réſiſtance qu'il éprouvera ſera petite; car FR & RS éprouvent une moindre réſiſtance que FE : donc CR & RS en éprouvent auſſi une moindre que CF & FE.

C O R O L L A I R E   X I.

(764.) Un corps compoſé de deux priſmes triangulaires ABC, AKC, dans lequel BD & DK ſont plus grandes que $\frac{1}{4} DC$, étant mu ſuivant la direction de l'axe horiſontal KB, de façon que les côtés $AB = BC$, & $CK = KA$, ſoient verticaux, éprouvera une moindre réſiſtance que s'il étoit terminé par quelque ſurface courbe que ce ſoit : car on vient de voir, par la *Propoſition* précédente, qu'une ſection quelconque horiſontale, terminée par les droites AB, BC, CK & KA, éprouvera moins de réſiſtance que ſi elle étoit terminée par d'autres lignes, quelles qu'elles fuſſent.

C O R O L L A I R E   X I I.

(765.) On doit entendre la même choſe d'un autre priſme quelconque, quoique ſes côtés AB, BC, CK & KA ne ſoient pas verticaux, pourvu que les ſections, ou différencielles horiſontales, forment un angle conſtant avec l'horiſon : car, en ce cas, la force qu'éprouvera une différencielle quelconque , fera exprimée par $mbda\left(a^{\frac{1}{2}} \pm \frac{ub\,fin\,n}{8(b^2+x^2)^{\frac{1}{2}}}\right)^2$; b exprimant la moitié de la largeur du prifme ; & l'angle n que forme la différencielle horifontale du corps avec l'horifon étant conftant : il eft par conféquent évident que les réfultats qu'a donné la folution du Problême, ne peuvent changer, que ce Problême contient également le cas dont il s'agit ici, & qu'il n'eft queftion que de fubftituer $u\,fin\,n$ à la place de u (584 & 586.).

PROPOSITION LVII.

(766.) *Connoiffant la longueur* BK *du plan horifontal, ainfi que fa largeur* AC, *on demande* BD , *ou le point* D, *où l'on doit placer cette largeur, pour qu'en formant les deux triangles ifocelles,* ABC, CKA *qui terminent le plan, ce plan éprouve la plus grande, ou la moindre réfiftance poffible, étant mu horifontalement dans la direction de l'axe* BK.

Faifant $BK = e$, $DC = b$, & $BD = x$, la force qui agit fur BC fera (753.) $= mda\left(ab + \frac{a^{\frac{1}{2}}ub^2}{4(x^2+b^2)^{\frac{1}{2}}} + \frac{u^2b^3}{64(x^2+b^2)}\right)$; & celle qui agit fur CK fera $= mda\left(ab - \frac{a^{\frac{1}{2}}ub^2}{4((e-x)^2+b^2)^{\frac{1}{2}}} + \frac{u^2b^3}{64((e-x)^2+b^2)}\right)$. La réfiftance qui réfulte de ces deux forces fera donc $=$ . . . .

$$m\,d\,a\left(\frac{a^{\frac{1}{2}}ub^2}{4(x^2+b^2)^{\frac{1}{2}}} + \frac{u^2b^3}{64(x^2+b^2)} + \frac{a^{\frac{1}{2}}ub^2}{4((e-x)^2+b^2)^{\frac{1}{2}}} - \frac{u^3b^3}{64((e-x)^2+b^2)}\right) ;\ \text{or}$$

cette réfiftance devant être la plus grande , ou la plus petite, fa différencielle fera $= 0$. Donc $mda\left(-\frac{a^{\frac{1}{2}}ub^2xdx}{4(x^2+b^2)^{\frac{1}{2}}} - \frac{2u^2b^3xdx}{64(x^2+b^2)^2}\right)$ $+$

$$mda\left(\frac{a^{\frac{1}{2}}ub^2(e-x)dx}{4((e-x)^2+b^2)^{\frac{3}{2}}} - \frac{2u^2b^3(e-x)dx}{64((e-x)^2+b^2)^2}\right) = 0.$$ Divifant cette expreffion par $\frac{1}{4}mda.ub^2dx$, & tranfpofant, on aura . . . . $mda.ub$ . . .

$$\frac{a^{\frac{1}{2}}(e-x)}{((e-x)^2+b^2)^{\frac{3}{2}}} - \frac{ub(e-x)}{8((e-x)^2+b^2)^2} = \frac{a^{\frac{1}{2}}x}{(x^2+b^2)^{\frac{3}{2}}} + \frac{ubx}{8(x^2+b^2)^2}.$$ En réfolvant cette équation , on en déduira la valeur de $x = BD$, & cela pour toutes les différentes valeurs qu'on peut donner aux quantités a & u.

COROLLAIRE I.

(767.) L'équation ne réfout pas le cas dans lequel $a = 0$, ou $\frac{a}{u} = 0$, parce qu'il en réfulteroit $-\frac{ub(e-x)}{8((e-x)^2+b^2)^2} = \frac{ubx}{8(x^2+b^2)^2}$; ce qui eft impoffible.

COROLLAIRE II.

(768.) Au contraire, si l'on avoit $\frac{u}{a}=0$, l'équation deviendroit $\frac{a^{\frac{1}{2}}(e-x)}{((e-x)^2+b^2)^{\frac{1}{2}}}=\frac{a^{\frac{1}{2}}x}{(x^2+b^2)^{\frac{1}{2}}}$: ce qui donne $x=\frac{1}{2}e$; c'est la valeur de x qui produit la moindre résistance.

COROLLAIRE III.

(769.) A mesure que le rapport $\frac{u}{a}$ augmente, la valeur de x, pour produire la moindre résistance, augmente aussi, mais cependant sans jamais parvenir à être $=e$; puisque, dans ce cas, l'équation deviendroit $0=\frac{a^{\frac{1}{2}}e}{(e^2+b^2)^{\frac{1}{2}}}+\frac{ube}{e^2+y^2}$; ce qui est impossible.

COROLLAIRE IV.

(770.) Au contraire, la valeur de x qui produit la plus grande résistance, est moindre que $\frac{1}{2}e$; & l'on a $x=0$, lorsque $a^{\frac{1}{2}}=\frac{ub}{8(e^2+b^2)^{\frac{1}{2}}}$.

PROPOSITION LVIII.

(771.) *Soit un corps ABFA terminé par deux bases horisontales triangulaires & semblables ABC, DEF, reclangles en A & D, & par les trois autres plans ABED, CBEF, & ACFD, l'un desquels ABED est vertical. Soit supposé que ce corps se meuve horisontalement dans un Fluide, & dans la direction de ce même plan vertical ABED ; on propose de trouver la relation entre la profondeur AD, & la largeur DF de la base, pour que, le volume du corps étant constant, ce corps éprouve la moindre résistance possible.*

Supposons que *GHI* soit une section, ou différencielle horisontale du corps, laquelle par conséquent sera un triangle semblable aux bases : soit prolongé *GH*, & tiré la verticale *CK*, qui sera parallele à *AG*, & faisons $AB=e$, $AC=b$, $AG=CK=a$, & $HK=\zeta$. D'après cela on aura $GH=b-\zeta$; le sinus de $GIH=ABC=\frac{b}{(b^2+e^2)^{\frac{1}{2}}}$; & la force qui agira sur la différencielle horisontale (584 & 586.) $=mda(b-\zeta)\left(a^{\frac{1}{2}}+\frac{ubS}{8(b^2+e^2)^{\frac{1}{2}}}\right)^2$; S exprimant le sinus de l'angle qui forme le plan *CBEF* avec le plan horisontal *GHI*. Mais on a $S=\frac{a(b^2+e^2)^{\frac{1}{2}}}{(a^2(b^2+e^2)+e^2\zeta^2)^{\frac{1}{2}}}$ * : donc la force qui agit

---

* Voici le procédé qu'il faut suivre pour trouver cette valeur de *S*. Soit mené par la ligne

sur la différencielle $= mda\,(b-\zeta)\left(a^{\frac{1}{2}}+\dfrac{uba(b^2+e^2)^{\frac{1}{2}}}{8(b^2+e^2)^{\frac{1}{2}}\,u^2(b^2+e^2)+e^2\zeta^2)^{\frac{1}{2}}}\right)^2 =$

$mada\,(b-\zeta)\left(1+\dfrac{ub.a^{\frac{1}{2}}}{8\,(u^2(b^2+e^2)+e^2\zeta^2)^{\frac{1}{2}}}\right)^2.$

Pareillement, les deux triangles ABC, GIH étant semblables, on aura $b:e::b-\zeta:GI=\dfrac{e(b-\zeta)}{b}$: donc l'aire du triangle $GIH=\dfrac{e(b-\zeta)^2}{2b}$; & l'espace qu'occupe la différencielle horisontale $=\dfrac{eda(b-\zeta)^2}{2b}$. Cet espace devant être constant par la condition du problême, on aura $\dfrac{eda(b-\zeta)^2}{2b}=q^3$, & par conséquent $da=\dfrac{2bq^3}{e(b-\zeta)^2}$, q exprimant une constante. Substituant maintenant cette valeur de da dans l'expression de la force, elle se changera en $\dfrac{2mbaq^3}{e(b-\zeta)}\left(1+\dfrac{uba^{\frac{1}{2}}}{8(u^2(b^2+e^2)+e^2\zeta^2)^{\frac{1}{2}}}\right)$. Pour parvenir à la résolution du problême, nous n'avons qu'à égaler la différencielle de cette force à celle de l'espace q^3 ; mais cette derniere étant $=0$, la premiere le sera aussi, & nous aurons par conséquent

$$-\dfrac{d\zeta}{(b-\zeta)^2}-\dfrac{2uba^{\frac{1}{2}}d\zeta}{8(b-\zeta)^2(a^2(b^2+e^2)e^2+\zeta^2)^{\frac{1}{2}}}-\dfrac{2uba^{\frac{1}{2}}e^2\zeta\,d\zeta}{8(b-\zeta)(u^2(b^2+e^2)+e^2\zeta^2)^{\frac{3}{2}}}\cdots$$

$$-\dfrac{u^2b^2ad\zeta}{64(b-\zeta)^2(a^2(b^2+e^2)+e^2\zeta^2)}-\dfrac{2u^2b^2ae^2\zeta\,d\zeta}{64(b-\zeta)(a^2(b^2+e^2)+e^2\zeta^2)^2}=0 \text{ *; or cette équa-}$$

CK le plan vertical CRK, perpendiculaire au plan $CBEF$, lequel coupera ce dernier dans la ligne CR, & le plan horisontal GHI dans la ligne KR. Dans le triangle rectangle BAC, on a $BC=(b^2+e^2)^{\frac{1}{2}}$, & par conséquent $\sin ACB=\sin GHI=\sin RHK=\dfrac{e}{(b^2+e^2)^{\frac{1}{2}}}$.

Dans le triangle HRK rectangle en R, on a $RK=HK\sin RHK=\dfrac{e\zeta}{(b^2+e^2)^{\frac{1}{2}}}$; & dans le triangle CRK rectangle en K, on a $CR=(CK^2+KR^2)^{\frac{1}{2}}=\left(a^2+\dfrac{e^2\zeta^2}{b^2+e^2}\right)^{\frac{1}{2}}=\dfrac{(a^2(b^2+e^2)+e^2\zeta^2)^{\frac{1}{2}}}{(b^2+e^2)^{\frac{1}{2}}}$. Ceci posé, on trouvera le $\sin CRK$, ou S, par cette proportion,

$CR:1::CK:\sin CRK$, ce qui donne $\sin CRK$, ou $S=\dfrac{CK}{CR}=\dfrac{a(b^2+e^2)^{\frac{1}{2}}}{(a^2(b^2+e^2)+e^2\zeta^2)^{\frac{1}{2}}}$.

* Ce passage présente une difficulté qui pourroit embarrasser quelques lecteurs, la voici. La différencielle de $\dfrac{2mbaq^3}{e(b-\zeta)}\left(1+\dfrac{uba^{\frac{1}{2}}}{8(a^2(b^2+e^2)+e^2\zeta^2)^{\frac{1}{2}}}\right)^2$, ou en divisant par la quantité constante $\dfrac{2mbaq^3}{e}$, la différencielle de $\dfrac{1}{b-\zeta}\left(1+\dfrac{uba^{\frac{1}{2}}}{8(a^2(b^2+e^2)+e^2\zeta^2)^{\frac{1}{2}}}\right)^2$, doit être égalée à zéro. Or, d'après les regles générales du calcul, cette différencielle, égalée à zéro, est incontestablement

$$\dfrac{d\zeta}{(b-\zeta)^2}+\dfrac{2ub a^{\frac{1}{2}}d\zeta}{8(b+\zeta)^2(a^2(b^2+e^2)+e^2\zeta^2)^{\frac{1}{2}}}+\dfrac{u^2b^2ad\zeta}{64(b-\zeta)^2(a^2(b^2+e^2)+e^2\zeta^2)}-$$

$$\dfrac{2uba^{\frac{1}{2}}e^2\zeta\,d\zeta}{8(b-\zeta)(a^2(b^2+e^2)+e^2\zeta^2)^{\frac{3}{2}}}-\dfrac{2u^2b^2ae^2\zeta\,d\zeta}{64(b-\zeta)(a^2(b^2+e^2)+e^2\zeta^2)^2}=0 \text{ Divisant ensuite, comme le}$$

tion se divise exactement par $-\dfrac{d\zeta}{b-\zeta}$: ainsi elle devient . . . PLANC. IV.

$$\frac{1}{(b-\zeta)} + \frac{2uba^{\frac{1}{2}}}{8(b-\zeta)(a^2(b^2+e^2)+e^2\zeta^2)^{\frac{1}{2}}} + \frac{2uba^{\frac{1}{2}}e^2\zeta}{8(a^2(b^2+e^2)+e^2\zeta^2)^{\frac{3}{2}}} + \cdots\cdots$$

$$\frac{u^2b^2a}{64(b-\zeta)(a^2(b^2+e^2)+e^2\zeta^2)} + \frac{2u^2b^2ae^2\zeta}{64(a^2(b^2+e^2)+e^2\zeta^2)^2}.$$

Comme en prenant ζ positivement, ou de K vers H, elle ne peut jamais parvenir à être plus grande que b, tous les termes de cette équation sont positifs, & par conséquent on n'en peut tirer aucune valeur pour ζ. Ainsi il nous reste seulement à faire usage de celle qui résulte de la quantité $-\dfrac{d\zeta}{b-\zeta}$, par laquelle on a divisé la premiere équation. Cette quantité égalée à zéro, en supposant ζ négative, donne $\zeta = -\infty$; c'est-à-dire que la base GH de la différencielle horisontale doit être infinie, pour qu'elle éprouve la moindre résistance possible ; & par conséquent tout le corps entier doit se réduire à un plan horisontal de la même étendue, pour qu'il éprouve la moindre résistance possible.

COROLLAIRE I.

(772.) Un double prisme $AFCHA$, dont les deux bases hori- FIG. 70.

---

veut l'Auteur, par $\dfrac{-d\zeta}{b-\zeta}$, on aura $-\dfrac{1}{b-\zeta} - \dfrac{2uba^{\frac{1}{2}}}{8(b-\zeta)(a^2(b^2+e^2)+e^2\zeta^2)^{\frac{1}{2}}} - \dfrac{u^2b^2a}{64(b-\zeta)(a^2(b^2+e^2)+e^2\zeta^2)} +$

$\dfrac{2uba^{\frac{1}{2}}e^2\zeta}{8(a^2(b^2+e^2)+e^2\zeta^2)^{\frac{3}{2}}} + \dfrac{2u^2b^2ae^2\zeta}{64(a^2(b^2+e^2)+e^2\zeta^2)^2} = 0.$ Cette équation est fort différente de celle de l'Auteur, & tous ses termes ne sont point positifs, soit qu'on prenne ζ positivement, soit même qu'on le prenne négativement. Si l'équation donnée par l'Auteur ne pouvoit avoir lieu, l est clair que les conséquences qu'il en tire, tant dans la *Proposition* que dans ses *Corollaires*, tomberoient d'elles-mêmes : mais nous croyons que c'est avec raison que l'Auteur a modifié les regles générales du calcul différenciel, parce que la nature de la question l'exige. La différencielle qu'il donne, differe de celle qu'on trouve directement par le calcul, en ce qu'il a pris pour la différencielle du facteur $\dfrac{1}{b-\zeta}$, la quantité $\dfrac{-d\zeta}{(b-\zeta)^2}$; au lieu que le calcul donne $\dfrac{d\zeta}{(b-\zeta)^2}$, & c'est cette différence qui en produit dans les signes des trois premiers termes de la différencielle. Or cette modification est indiquée par la nature de la question. En effet, AG étant $= a$, hauteur de la surface supérieure au-dessus de la section, ou différencielle, GHI, à mesure que a diminuera, HK ou ζ diminuera : par conséquent $d\zeta$ est l'expression du décrément de la quantité ζ, lequel est égal à l'incrément de $GH = b-\zeta$, qui est celui qu'on doit considérer. Comme la partie variable de cette quantité est négative, ou est exprimée par $-\zeta$, son décrément devra être pris positivement, ainsi pour $d(-\zeta)$ il faudra écrire $d\zeta$. Au reste, on fera attention que la Figure suppose la base inférieure du corps plus petite que la supérieure : si on l'avoit supposée plus grande, ce qui eût été conforme à la conséquence de la *Proposition*, alors le point H ayant tombé de l'autre côté de K, par rapport à G, on auroit eu $GH = b+\zeta$, & la difficulté qui résulte les signes n'auroit plus eu lieu.

TOME I. Qq

fontales font égales, & dont les arrêtes AE, BF, CG & DH font verticales, éprouvera donc moins de réfiftance qu'aucun autre prifme qui lui feroit égal, & dont la bafe inférieure $EFGH$ feroit moindre que la fupérieure $ABCD$.

COROLLAIRE II.

(773.) Ce qu'on vient de dire des prifmes doit s'entendre de même de tout autre corps, dont les bafes, ou fections horifontales, ne feroient pas des triangles, mais des plans terminés par une courbe quelconque comme ABC. Car la différencielle horifontale étant divifée en différents petits quadrilateres fenfiblement plans, on démontrera la même chofe pour chacun en particulier, & par conféquent pour le tout, ou pour toute la différencielle horifontale, ainfi que pour tout le corps.

PROPOSITION LIX.

(774.) *Trouver la ligne qui doit terminer un plan horifontal, pour qu'étant mu horifontalement dans un Fluide, il éprouve la plus grande, ou la moindre, force poffible, & qu'en même temps il renferme l'aire la plus grande, ou la plus petite.*

On a déjà réfolu ce problême, *Art.* 744, quant à la pemiere partie, ou condition ; & nous avons trouvé que la différencielle de la force qui agit fur une différencielle de la ligne cherchée, eft $=$ ...

$$mdaddy \left(a \pm \frac{a^{\frac{1}{2}} u dv}{2(dx^2+dy^2)^{\frac{1}{2}}} \mp \frac{a^{\frac{1}{2}} u dy^3}{4(dx^2+dy^2)^{\frac{3}{2}}} \right) + \dots$$

$$mdaddy \left(\frac{3u^2 dy^2}{64(dx^2+dy^2)} - \frac{2u^2 dv^4}{64(dx^2+dy^2)^2} \right).$$ Cette différencielle doit maintenant être égalée à celle qui réfulte de la différenciation de $mdaxdy$, qui eft la différencielle de l'aire : or cette différencielle eft $mdaxddy$ * : donc, après avoir divifé par $mdaddy$, nous aurons ...

$$a \pm \frac{a^{\frac{1}{2}} u dy}{2(dx^2+dy^2)^{\frac{1}{2}}} \mp \frac{a^{\frac{1}{2}} u dy^3}{4(dx^2+dy^2)^{\frac{3}{2}}} + \frac{3u^2 dy^2}{64(dx^2+dy^2)} - \frac{2u^2 dv^4}{64(dx^2+dy^2)^2} = x.$$

Faifant maintenant $-dy = \frac{\zeta dx}{b}$, ζ exprimant une quantité variable, & b une conftante, on aura ** $x = a \mp \frac{a^{\frac{1}{2}} u\zeta}{4(b^2+\zeta^2)^{\frac{3}{2}}}(2b^2+\zeta^2) +$

$\frac{u^2 \zeta^2}{64(b^2+\zeta^2)^2}(3b^2+\zeta^2)$. Prenant la différencielle de cette équation, on aura

---

* On regarde encore x comme conftante, par les mêmes raifons que ci-deffus.

** Le calcul de l'Auteur paroît ici en défaut. On eft parvenu à l'équation ....

$$x = \pm a \frac{a^{\frac{1}{2}} u dy}{2(dx^2+dy^2)^{\frac{1}{2}}} \mp \frac{a^{\frac{1}{2}} u dy^3}{4(dx^2+dy^2)^{\frac{3}{2}}} + \frac{3u^2 dy^2}{64(dx^2+dy^2)} - \frac{2u^2 dv^4}{64(dx^2+dy^2)^2}:$$ On fuppofe

$$dx = \mp \frac{a^{\frac{1}{2}} u b^2 d\zeta}{4(b^2+\zeta^2)^{\frac{1}{2}}} (2b^2 - \zeta^2) + \frac{2u^2 b^2 \zeta d\zeta}{64(b^2+\zeta^2)^3} (3b^2 - \zeta^2);$$ & cette valeur étant substituée dans l'équation précédente $-dy = \frac{\zeta dx}{b}$, on aura

$$-dy = \mp \frac{a^{\frac{1}{2}} u b \zeta d\zeta}{4(b^2+\zeta^2)^{\frac{1}{2}}} (2b^2 - \zeta^2) + \frac{2u^2 b^2 \zeta d\zeta}{64(b^2+\zeta^2)} (3b^2 - \zeta^2);$$ & en inté‑

grant $$b - y = \mp \frac{a^{\frac{1}{2}} u b \zeta^2}{4(b^2+\zeta^2)_2} + \frac{u^2 b}{32} \int \frac{\zeta^2 d\zeta}{(b^2+\zeta^2)^3} (3b^2 - \zeta^2).$$ En supposant qu'on connoisse la valeur de ζ, on aura par conséquent les valeurs de x & de y, & on pourra décrire la ligne.

COROLLAIRE I.

(775.) Si, au lieu de la plus grande, ou de la plus petite, force, on demandoit la ligne qui doit éprouver la plus grande, ou la moindre, résistance : comme elle est composée de deux parties, l'une choquante, & l'autre choquée, la différencielle de la résistance qui résulte de la somme des forces qui agissent sur les deux différencielles opposées de la ligne cherchée, sera . . . .

$$mdaddy \left(\frac{a^{\frac{1}{2}} u dy}{2(dx^2+dy^2)^{\frac{1}{2}}} + \frac{a^{\frac{1}{2}} u dy}{2(dX^2+dy^2)^{\frac{1}{2}}} - \frac{a^{\frac{1}{2}} u dy^3}{4(ax^2+ay^2)^{\frac{3}{2}}} + \frac{a^{\frac{1}{2}} u dy^3}{4(dX^2+dy^2)^{\frac{3}{2}}} \right) +$$

$$mdaddy \left(\frac{3u^2 dy^2}{64(dx^2+dy^2)} - \frac{3u^2 dy^2}{64(dX^2+dy^2)} - \frac{2u^2 dy^4}{64(dx^2+dy^2)^2} - \frac{2u^2 dy^4}{64(dX^2+dy^2)^2} \right).$$

La différencielle de l'aire est $= mdady (x + X)$, & la différencielle de cette différencielle est $= mdaddy (x + X)$, x exprimant les abscisses de la partie choquante, & X celles de la partie choquée. Or c'est à cette derniere différencielle qu'il faut égaler celle de la résistance : formant donc cette équation, divisant par $mdaddy$, & faisant $-dy = \frac{\zeta dx}{b} = \frac{Z dX}{b}$, on aura . . . . .

$$x + X = - \frac{a^{\frac{1}{2}} u \zeta}{4(b^2+\zeta^2)^{\frac{1}{2}}} (2b^2 + \zeta^2) - \frac{a^{\frac{1}{2}} u Z}{4(b^2+Z^2)^{\frac{1}{2}}} (2b^2 + Z^2) + \dots$$

$$\frac{u^2 \zeta^2}{64(b^2+\zeta^2)^2} (2b^2 + \zeta^2) - \frac{u^2 Z^2}{64(b^2+Z^2)^2} (2b^2 + Z^2) *.$$

$-dy = \frac{\zeta dx}{b}$, ou $dy = \frac{-\zeta dx}{b}$, & l'on substitue, dans l'équation ci-dessus, cette valeur supposée de dy. Or il est évident que la substitution faite, on aura . . . .

$$x = a \mp \frac{a^{\frac{1}{2}} u \zeta}{4(b^2+\zeta^2)^{\frac{1}{2}}} (2b^2 + \zeta^2) + \frac{u^2 \zeta^2}{64(b^2+\zeta^2)^2} (3b^2 + \zeta^2),$$ & non $x = a \pm \frac{a^{\frac{1}{2}} u \zeta}{4(b^2+\zeta^2)^{\frac{3}{2}}} (2b^2 + \zeta^2) + \&c.$ comme on le trouve dans le texte Espagnol. Cette erreur, si elle est réelle, seroit de la plus grande conséquence, si l'on faisoit usage de cette expression générale. Comme la différence n'est que dans les signes, nous avons rétabli ce passage.

* On retrouve ici la même erreur que dans l'*Article* précédent. Ceci nous fait penser que l'Auteur

COROLLAIRE II.

(776.) Si l'on suppose, en outre, qu'on prenne constamment les abscisses x de la partie choquante égales aux abscisses X de la partie choquée, de façon qu'on ait constamment $x = X$, on aura aussi $\zeta = Z$, & l'équation deviendra $x = \dfrac{a^{\frac{1}{2}}u\zeta}{4(b^2+\zeta^2)^{\frac{3}{2}}}(2b^2+\zeta^2)$ * :

& $b - y = \dfrac{a^{\frac{1}{2}}ub\zeta^2}{4(b^2+\zeta^2)^{\frac{3}{2}}}$, ou enfin $y = b - \dfrac{a^{\frac{1}{2}}ub\zeta^2}{4(b^2+\zeta^2)^{\frac{3}{2}}}$.

COROLLAIRE III.

(777.) Multipliant en croix les deux équations précédentes, on aura $\dfrac{(b-y)a^{\frac{1}{2}}u\zeta(2b^2+\zeta^2)}{4(b^2+\zeta^2)^{\frac{3}{2}}} = \dfrac{a^{\frac{1}{2}}ub\zeta^2 x}{4(b^2+\zeta^2)^{\frac{1}{2}}}$; & en divisant par $\dfrac{a^{\frac{1}{2}}u\zeta}{4(b^2+\zeta^2)^{\frac{1}{2}}}$, il vient $(b-y)(2b^2+\zeta^2) = b\zeta x$; ou $b-y = \dfrac{b\zeta x}{2b^2+\zeta^2}$; c'est l'équation de la courbe.

COROLLAIRE IV.

(778.) Si l'on suppose $b-y=0$, on aura $x=0$, & $y=b$: prenant donc C pour l'origine, & menant, perpendiculairement à l'axe CA des abscisses, la droite $CB=b$, le point B sera l'origine de la courbe pour les deux parties choquantes & choquées.

---

n'a pas fait à part les calculs de ce *Corollaire*, & qu'il s'est contenté d'employer le résultat de la *Proposition*, en y faisant les changements de signe convenables. Si nos réflexions sont justes, on ne peut avoir $x+X = \dfrac{a^{\frac{1}{2}}u\zeta}{4(b^2+\zeta^2)^{\frac{3}{2}}}(2b^2+\zeta^2) + \dfrac{a^{\frac{1}{2}}uZ}{4(b^2+Z^2)^{\frac{3}{2}}}(2b^2+Z^2) + \&c.$ comme on le trouve dans le texte. Mais $x+X = - \dfrac{a^{\frac{1}{2}}u\zeta}{4(b^2+\zeta^2)^{\frac{1}{2}}}(2b^2+\zeta^2) - \dfrac{a^{\frac{1}{2}}uZ}{4(b^2+Z^2)^{\frac{1}{2}}}(2b^2+Z^2) + \&c.$

* Par une suite de la même faute, l'expression du *Corollaire* précédent ne donne point $x = \dfrac{a^{\frac{1}{2}}u\zeta}{4(b^2+\zeta^2)^{\frac{1}{2}}}(2b^2+\zeta^2)$; mais $x = - \dfrac{a^{\frac{1}{2}}u\zeta}{4(b^2+\zeta^2)^{\frac{1}{2}}}(2b^2+\zeta^2)$. On doit cependant employer la valeur donnée par l'Auteur, & par conséquent l'erreur dont il est question dans la note des deux *Articles* précédents ne peut altérer les conséquences que l'Auteur tire dans les *Corollaires* suivants ; puisqu'elles dérivent toutes de l'équation particuliere de l'*Article* présent. En effet, l'Auteur supposant ici qu'on a constamment $x = X$, & faisant en conséquence $\dot{x} + X = 2x$, il s'ensuit que, dans cette hypothese, x représente tout à la fois les abscisses de la partie choquante, & celles de la partie choquée, selon qu'on la prendra positivement ou négativement. Le calcul donne directement les abscisses négatives, & si on les prend positivement, comme cela doit être, puisqu'il s'agit de la partie choquante, on trouve pour x & pour y les mêmes valeurs que l'Auteur.

COROLLAIRE V.

(779.) Si nous prenons la différencielle de $x = \dfrac{a^{\frac{1}{2}} u \zeta (2 b^2 + \zeta^2)}{4 (b^2 + \zeta^2)^{\frac{3}{2}}}$, nous trouverons $dx = \frac{1}{4} a^{\frac{1}{2}} u d\zeta \left(\dfrac{2 b^2 + 3 \zeta^2}{(b^2 + \zeta^2)^{\frac{3}{2}}} - \dfrac{6 b^2 \zeta^2 + 3 \zeta^4}{(b^2 + \zeta^2)^{\frac{5}{2}}} \right)$; différencielle qui, étant égalée à zéro, donne, en réduisant, $2 b^2 - \zeta^2 = 0$, ou $\zeta = b \sqrt{2}$. Cette valeur étant substituée dans celle de x, donne . . . . $x = \dfrac{a^{\frac{1}{2}} u b \sqrt{2} (2 b^2 + 2 b^2)}{4 (b^2 + 2 b^2)^{\frac{3}{2}}} = \frac{1}{9} a^{\frac{1}{2}} u \sqrt{6}$. Cette quantité est la valeur de la plus grande x, & par conséquent CA étant égal à $\frac{1}{9} a^{\frac{1}{2}} u \sqrt{6}$, A sera le point jusqu'où doit s'étendre la courbe.

COROLLAIRE VI.

(780.) Si l'on prend de même la différencielle de $y = b - \dfrac{a^{\frac{1}{2}} u b \zeta^2}{4 (b^2 + \zeta^2)^{\frac{1}{2}}}$, on aura $dy = - \frac{1}{4} a^{\frac{1}{2}} u b d\zeta \left(\dfrac{2 \zeta}{(b^2 + \zeta^2)^{\frac{1}{2}}} - \dfrac{3 \zeta^3}{(b^2 + \zeta^2)^{\frac{5}{2}}} \right)$; cette différencielle étant égalée à zéro, donne $\zeta = 0$, & $2 b - \zeta^2 = 0$, ou $\zeta = b \sqrt{2}$, comme dans le *Corollaire* précédent. La premiere valeur, $\zeta = 0$, étant substituée dans celle de y, donne $y = b$; b est donc la valeur d'une des plus grandes ordonnées, & celle qui correspond à l'origine C ; car ayant $\zeta = 0$, on a (777.) $x = 0$. La seconde valeur, $\zeta = b \sqrt{2}$, étant substituée dans celle de y, donne la moindre $y = b - \dfrac{a^{\frac{1}{2}} u}{6 \sqrt{3}}$; & elle correspond au point A de la plus grande x.

COROLLAIRE VII.

(781.) Si l'on a donc $y = b - \dfrac{a^{\frac{1}{2}} u}{6 \sqrt{3}} = 0$, le point A tombera sur l'axe CA ; si l'on a $b > \dfrac{a^{\frac{1}{2}} u}{6 \sqrt{3}}$, la courbe ne s'étendra pas jusqu'à l'axe, & elle ne renfermera pas d'espace ; enfin si l'on a $b < \dfrac{a^{\frac{1}{2}} u}{6 \sqrt{3}}$, la courbe coupera l'axe.

COROLLAIRE VIII.

(782.) Dans le cas où $\dfrac{dy}{dx} = \dfrac{\zeta}{b} = \infty$, on aura $\zeta = \infty$, cette valeur étant substituée dans celle de $y = b - \dfrac{a^{\frac{1}{2}} u b \zeta^2}{4 (b^2 + \zeta^2)^{\frac{1}{2}}}$, donne $y = b - 0$, ou $y = b$: c'est la valeur de l'autre plus grande ordonnée, & celle qui correspond au point F des abscisses.

COROLLAIRE IX.

(783.) Par les *Corollaires V* & *VI*, *Art.* 779 & 780, nous ayons $-\dfrac{dy}{dx} = \dfrac{b\zeta(2(b^2+\zeta^2)-3\zeta^2)}{(2b^2+3\zeta^2)(b^2+\zeta^2)-6b^2\zeta^2-3\zeta^4} = \dfrac{\zeta}{b}$. Dans le point B, où $\zeta = 0$, on a $-\dfrac{dy}{dx} = 0$; ce qui indique que la courbe, en ce point, est parallele à l'axe. De même dans le point D, où $\zeta = \infty$, on a $-\dfrac{dy}{dx} = \infty$; c'est-à-dire que la courbe, en ce point, est perpendiculaire à l'axe. Enfin dans le point A, où $\zeta = b\sqrt{2}$, on a $\dfrac{-dy}{dx} = \dfrac{b\sqrt{2}}{b} = \dfrac{\sqrt{2}}{1}$: donc si AG est supposée une tangente à la courbe en A, on aura $\dfrac{AE}{EG} = \dfrac{\sqrt{2}}{1}$.

COROLLAIRE X.

(784.) En supposant $2b^2\zeta + \zeta^3 = (b^2+\zeta^2)^{\frac{3}{2}}$, on aura $x = \frac{1}{4}a^{\frac{1}{2}}u = CF$. Il résulte de cette équation deux valeurs de ζ, l'une $\zeta = \infty$ *, qui nous a déjà donné $y = FD$; & l'autre $\zeta = b\sqrt{(-\frac{1}{2}+\frac{1}{2}\sqrt{5})}$, qui donne $y = FH = b - \dfrac{a^{\frac{1}{2}}u(-1+\sqrt{5})}{(2+2\sqrt{5})^{\frac{3}{2}}}$.

COROLLAIRE XI.

(785.) On voit, par ce qu'on vient de dire, que la courbe a deux branches : la premiere BHA, est celle qui éprouve la moindre résistance; & la seconde AD, est celle qui éprouve la plus grande.

COROLLAIRE XII.

(786.) L'amplitude ED de cette derniere branche est $= \frac{1}{9}a^{\frac{1}{2}}u\sqrt{6} - \frac{1}{4}a^{\frac{1}{2}}u = \frac{1}{36}a^{\frac{1}{2}}u(4\sqrt{6}-9)$; donc la relation entre son amplitude ED & sa longitude $EA = b$, sera $\dfrac{a^{\frac{1}{2}}u(4\sqrt{6}-9)}{36b}$. Pareillement, la relation entre l'amplitude $CB = b$ de l'autre branche, & sa longitude $AC = \frac{1}{9}a^{\frac{1}{2}}u\sqrt{6} = \dfrac{9b}{a^{\frac{1}{2}}u\sqrt{6}}$. Mais dans le point A, où l'axe est coupé par la courbe, on a (781.) $b = \dfrac{a^{\frac{1}{2}}u}{6\sqrt{3}}$: donc la relation entre l'amplitude & la longitude de la seconde branche, ou la premiere relation ci-dessus, sera $= \dfrac{6\sqrt{3}(4\sqrt{6}-9)}{36} = \dfrac{4\sqrt{2}-3\sqrt{3}}{2}$: & la même rela-

---

* Car $dx = 0$, & par conséquent $\dfrac{\zeta}{b} = -\dfrac{dv}{dx} = \dfrac{-dy}{0} = \infty$.

tion pour la premiere branche eſt pareillement $= \dfrac{9}{\sqrt[6]{3\sqrt{6}}} = \dfrac{1}{2\sqrt{2}}$.

COROLLAIRE XIII.

(787.) Les deux branches de la courbe font donc, comme on le voit, très-diſtinctes ; la branche AD étant beaucoup plus aiguë en EAD, que l'autre branche BHA en BAC.

COROLLAIRE XIV.

(788.) Comme l'abſciſſe $x = \dfrac{a^{\frac{1}{2}}u(2b\zeta^2+\zeta^3)}{4(b^2+\zeta^2)^{\frac{1}{2}}}$, & l'ordonnée ..... $b - y = \dfrac{a^{\frac{1}{2}}ub\zeta^2}{4(b^2+\zeta^2)^{\frac{1}{2}}}$, font chacune multipliées par $a^{\frac{1}{2}}u$, leur rapport demeurera conſtant, quelque valeur qu'on donne aux quantités a & u. Donc ſi la valeur de b eſt la même pour toutes les profondeurs dans le Fluide, comme pour toutes les vîteſſes, la courbe ſera la même pour tous les cas.

COROLLAIRE XV.

(789.) Le corps qui éprouvera le moins de réſiſtance dans le Fluide, en ſuppoſant la même largeur, ou la même relation entre CB & CA, & qui en même temps renfermera le plus grand eſpace, ſera celui dont toutes les ſections horiſontales ſeront comme IBA.

COROLLAIRE XVI.

(790.) Si l'on vouloit prendre une partie de la courbe comme KB, de ſorte que la longueur KL fût à la largeur LB, comme un nombre donné n, eſt à l'unité, l'on auroit $KL = x = \dfrac{a^{\frac{1}{2}}u(2b^2\zeta+\zeta^3)}{4(b^2+\zeta^2)^{\frac{1}{2}}}$, & $LB = b - y = \dfrac{a^{\frac{1}{2}}ul\zeta^2}{4(b^2+\zeta^2)^{\frac{1}{2}}}$, & l'on en déduiroit $2b^2\zeta+\zeta^3 = nb\zeta^2$, ou $2b^2+\zeta^2 = nb\zeta$, ce qui donne $\zeta = \frac{1}{2}b(n\pm\sqrt{(n^2-8)})$. Subſtituant cette valeur de ζ dans celle de $LB = \dfrac{a^{\frac{1}{2}}ul\zeta^2}{4(b^2+\zeta^2)^{\frac{1}{2}}}$, il en réſulte ... $LB = \dfrac{a^{\frac{1}{2}}(\frac{1}{2}+\frac{1}{2}\sqrt{(n^2-8)}-4)}{(4+2(n^2\pm n\sqrt{(n^2-8)}-4))^{\frac{1}{2}}}$, & $a^{\frac{1}{2}}u = \dfrac{LB\,(4+2(n^2\pm n\sqrt{(n^2-8)}-4))^{\frac{1}{2}}}{n^2\pm n\sqrt{(n^2-8)}-4}$.

Cette valeur de $a^{\frac{1}{2}}u$ étant ſubſtituée dans celle de la plus grande abſciſſe CA (779.) $= \frac{1}{3}a^{\frac{1}{2}}u\sqrt{6}$, & dans celle de la plus grande ordonnée CB (781.) $= \dfrac{a^{\frac{1}{2}}u}{6\sqrt{3}}$, on aura les dimenſions CB & CA, au moyen deſquelles on pourra décrire, comme auparavant, la courbe, qui paſſera par le point K.

SCOLIE.

(791.) On trouve dans la Table fuivante les valeurs de x &
de y qui correfpondent aux différentes valeurs de z dans la fuppofition de $b = 1$. La premiere colonne à gauche de cette Table
contient les valeurs de z; la feconde & la troifieme colonne contiennent, pour la premiere branche, les valeurs des abfciffes & des
ordonnées qui leur correfpondent. Les quatrieme, cinquieme &
fixieme colonnes contiennent les mêmes éléments pour la feconde
branche.

*TABLE des Abfciffes & des Ordonnées de la Courbe qui, en
renfermant le plus grand, ou le moindre, efpace, éprouve la moindre,
ou la plus grande, réfiftance.*

Premiere Branche.			Seconde Branche.		
z	x	$b-y$	z	x	$b-y$
0	0	0	$\sqrt{2}$	$2\sqrt{2}$	1
$\frac{1}{10}$	$\dfrac{1809}{102\sqrt{303}}$	$\dfrac{45}{101\sqrt{303}}$	2	$\dfrac{18\sqrt{15}}{25}$	$\dfrac{6\sqrt{15}}{25}$
$\frac{1}{4}$	$\dfrac{99\sqrt{51}}{2.17^2}$	$\dfrac{6\sqrt{51}}{17^2}$	4	$\dfrac{108\sqrt{51}}{17^2}$	$\dfrac{24\sqrt{51}}{17^2}$
$\frac{1}{2}$	$\dfrac{27\sqrt{15}}{50}$	$\dfrac{3\sqrt{15}}{25}$	∞	$\dfrac{3\sqrt{3}}{2}$	0
1	$\dfrac{9\sqrt{6}}{8}$	$\dfrac{3\sqrt{6}}{8}$			
$\sqrt{2}$	$2\sqrt{2}$	1			

* Si, dans les formules qui donnent la valeur de x & de $b-y$, l'on fubftitue pour
$a^{\frac{1}{2}}u$ fa valeur; fi l'on fait $b = 1$, & z fucceffivement égal aux nombres de la premiere colonne,
on aura tous les nombres de cette Table. Or, $a^{\frac{1}{2}}u$ étant conftant, on peut en prendre la
valeur pour n'importe quel point de la courbe. Au point A, où la courbe coupe l'axe, on a

(781) $b = \dfrac{a^{\frac{1}{2}}u}{6\sqrt{3}}$; donc $a^{\frac{1}{2}}u = 6b\sqrt{3} = 6\sqrt{3}$, puifque $b = 1$: c'eft la quantité qu'on a fubftituée
dans les valeurs de x & de $b-y$.

CHAPITRE IX.

Du Mouvement progressif horisontal que prennent les corps flottants, lorsqu'ils sont poussés par une ou par plusieurs puissances.

PROPOSITION LX.

(792.) *Trouver la relation entre le temps & la vîtesse qu'acquiert un corps flottant, lorsqu'il est poussé par une puissance dont la direction est horisontale, & placée dans le centre des resistances, en suppoſant que celui-ci coïncide avec le centre de gravité.*

La direction de la puissance étant horisontale, celle de la résistance le sera pareillement ; & comme elles concourent toutes les deux dans un point, la résultante des forces sera comme une seule puissance qui agit sur le centre de gravité, puisqu'on suppose que ce centre coïncide avec celui des résistances. En conséquence, le corps ne prendra pas de mouvement de rotation, & il se mouvera seulement horisontalement, suivant la direction de la puissance. Cette puissance étant nommée π, & M représentant la masse du corps, nous aurons (19.) $dt\,(\pi - Ru \mp Qu^2 - Nu^4) = Mdu$, la quantité $Ru \pm Qu^2 + Nu^4$ exprimant les résistances qu'éprouve le corps (674.), ou $dt = \dfrac{Mdu}{\pi - Ru \mp Qu^2 - Nu^4}$. Cette équation, étant intégrée, donne $t = M\displaystyle\int \dfrac{du}{\pi - Ru \mp Qu^2 - Nu^4}$, ou, en divisant le numérateur & le dénominateur par N, $t = \dfrac{M}{N}\displaystyle\int \dfrac{du}{\dfrac{\pi}{N} - \dfrac{Ru}{N} \mp \dfrac{Qu^2}{N} - u^4}$. Soit maintenant ......

$$\frac{\pi}{N} - \frac{Ru}{N} \mp \frac{Qu^2}{N} - u^4 = \left. \begin{array}{l} f^2 gh - f^2\,(g-h)\,u - \qquad\quad f^2 u^2 - u^4 \\[2pt] \qquad\quad - gh\,(g-h)\,u + (g-h)^2 u^2 \\[2pt] \qquad\qquad\qquad\quad + \qquad ghu^2 \end{array} \right\} . \text{Dans}$$

cette équation il y a deux racines réelles, l'une positive $u = h$, & l'autre négative $u = -g$, avec deux racines imaginaires contenues dans l'équation $f^2 - (g-h)u + u^2 = 0$. Nous aurons donc ....
$$dt = \frac{(A + Bu)\,du}{f^2 - (g-h)u + u^2} + \frac{C\,du}{g+u} + \frac{D\,du}{h-u} ; \quad D \text{ étant } = \frac{M}{N(g+h)(2h^2 - gh + f^2)} ;$$
$$C = \frac{M}{N(g+h)(2g^2 - gh + f^2)} ; \quad B = D - C, \; \& \; A = C\,(2g-h) - D\,(g-2h).$$

L'équation étant sous cette forme, on en déduit, en intégrant, $t =$
$$\frac{A + \tfrac{1}{2}B\,(g-h)}{f^2 - \tfrac{1}{4}(g-h)^2}\left(Arc\ tang\left(u - \tfrac{1}{2}(g-h)\right) - Arc\ tang\left(V - \tfrac{1}{2}(g-h)\right)\right) +$$
$$\tfrac{1}{2}B\ log\left(\frac{f^2 - (g-h)\,u + u^2}{f^2 - (g-h)V + V^2}\right) + C\ log\left(\frac{g+u}{g+V}\right) + D\ log\left(\frac{h-V}{h-u}\right).$$ On observera que ces arcs appartiennent à un cercle dont le rayon est $= \left(f^2 - \tfrac{1}{4}(g-h)^2\right)^{\frac{1}{2}}$; & que V exprime la vîtesse positive avec laquelle le corps se mouvoit lorsque la puissance π a commencé à agir *.

---

* Nous allons développer les calculs de cette Proposition, qui pourroient embarrasser quelques Lecteurs.

L'Auteur parvient à l'équation $t = \dfrac{M}{N}\displaystyle\int \dfrac{du}{\dfrac{\pi}{N} - \dfrac{Ru}{N} + \dfrac{Qu^2}{N} - u^4}$: ainsi il ne s'agit, pour

avoir t, que de trouver la valeur de l'intégrale $\displaystyle\int \dfrac{du}{\dfrac{\pi}{N} - \dfrac{Ru}{N} + \dfrac{Qu^2}{N} - u^4}$, & de la mul-

tiplier par $\dfrac{M}{N}$. Pour trouver l'intégrale de cette fraction, il faut décomposer son dénomina-

teur en ses facteurs ; en conséquence, on considérera $\dfrac{\pi}{N} - \dfrac{R}{N}u + \dfrac{Q}{N}u^2 - u^4$ comme $= 0$;

& sous cette forme, on voit qu'il s'agit de trouver les racines d'une équation du quatrieme degré, dont le terme qui contient la troisieme puissance de l'inconnue est évanoui, puisque ce sont ces racines qui doivent former les facteurs de cette quantité. (Voyez la *Troisieme Partie* du *Cours de Mathématiques* de M. *Bezout*, *Art.* 178.).

La vîtesse u est une quantité réelle qui peut être positive, ou négative ; ainsi cette équation ne peut avoir ses quatre racines imaginaires : & ce qui suit faisant voir qu'elle ne peut les avoir toutes quatre réelles, il faut conclure qu'il y en a deux réelles & deux imaginaires (ibid. *Art.* 204 & *suiv.*). Dans cette combinaison, l'inposition seule de la proposée, & l'état de la question, sont connoitre que les deux racines réelles ne peuvent être toutes deux positives, ni toutes deux négatives ; car si l'on avoit $u = \pm g$, & $u = \pm h$, on auroit $g \mp u = 0$, & $h \mp u = 0$, & par conséquent $(g \mp u)(h \mp u)$, ou $gh \mp (g+h)u + u^2 = 0$; ce qui fait voir que l'autre facteur du second degré, qui, multiplié par celui-ci, doit produire la proposée délivrée du terme qui contient u^3, & ayant le terme u^4 négatif, est nécessairement de cette forme $f^2 \mp (g+h)u - u^2 = 0$. Or, f^2 étant positif, ce second facteur ne peut avoir ses racines imaginaires, comme on le suppose, & les ayant réelles, alors la proposée auroit ses quatre racines réelles, ce qui ne peut convenir ; car, dans le cas où l'on admet le signe $+$, c'est-à-dire, dans la supposition des racines négatives, le second terme de l'équation qui en résulte n'est pas négatif, comme dans la proposée. A la vérité, en admettant le signe $-$, ou en supposant les racines positives, le second terme de l'équation résultante est négatif ; mais, dans ce cas, comme dans le précédent, le troisieme terme est excessivement positif, ce qui ne peut être admis dans la pratique, ainsi qu'on va le voir. Cette hypothese ne peut donc avoir lieu, & les quatre racines ne peuvent être réelles.

Il faut donc que les deux racines réelles soient, l'une positive, & l'autre négative ; c'est là seule combinaison qui soit compatible avec l'état de la question, puisqu'il s'agit de trouver le rapport entre la vîtesse acquise u, & le temps employé à l'acquérir, & cette vîtesse peut être positive, ou négative. Ainsi cette seule considération suffiroit, indépendamment de toute analyse algébrique, pour exclure toutes les autres combinaisons des racines. Mais poursuivons. Soit $u = -g$, & $u = h$, on aura $(h-u)(g+u)$, ou $gh - (g-h)u - u^2 = 0$; l'autre

COROLLAIRE I.

(793.) Dans le cas où le corps auroit une vîteffe déterminée , & que cette vîteffe viendroit à diminuer, à caufe que la fomme des forces réfiftantes deviendroit plus grande que la puiffance π ; l'équation feroit, en ce cas, $dt (\pi - Ru \mp Qu^2 - Nu^4) = - Mdu$, la même qu'auparavant, avec cette feule différence , que du eft négative. Donc la même équation & les mêmes racines fatisferont

facteur , qui doit concourir avec celui-ci pour produire la propofée, fera de cette forme $f^2 - (g-h) u + u^2 = 0$. On aura donc

$$\left. \begin{array}{c} f^2gh - f^2(g-h)u - \qquad f^2u^2 - u^4 \\ -gh(g-h)u + (g-h)^2u^2 \\ +gh\,u^2 \end{array} \right\} = \frac{\pi}{N} - \frac{Ru}{N} \mp \frac{Qu^2}{N} - u^4 ;$$

équation dont le fecond terme eft négatif, ayant $h < g$, & dont le troifieme terme peut être pofitif, ou négatif, felon la valeur de f^2. Les deux racines de l'équation $f^2 - (g-h)u + u^2 = 0$, peuvent à la vérité être réelles ; mais pour que ce cas extrême arrive, il faut que f^2 foit moindre que $\frac{1}{4}(g-h)^2$, ce qui rend le troifieme terme $u^2(-f^2 + (g-h)^2 + gh)$ exceffivement pofitif, car ayant $f^2 < \frac{1}{4}(g-h)^2$, on aura à plus forte raifon $f^2 < (g-h)^2$, & encore à bien plus forte raifon $f^2 < (g-h)^2 + gh$. Or (666 & 667, *Note*) pour que le troifieme terme qui eft celui qui fuit la raifon du quarré des vîteffes foit ainfi exceffivement pofitif, il faut que la partie choquante du corps foit beaucoup plus aiguë que la partie choquée , ce qui ne convient nullement avec ce que la pratique exige. Venons maintenant à l'intégration dont il s'agit.

En fubftituant dans la valeur de dt, les facteurs dans lefquels nous venons de fuppofer fon dénominateur décompofé, on aura $dt = \dfrac{\frac{M}{N}du}{(h-u)(g+u)(f^2-(g-h)u+u^2)}$. Suppofons que cette valeur de dt foit auffi repréfentée par $\dfrac{(A+Bu)du}{f^2-(g-h)u+u^2} + \dfrac{Cd_u}{g+u} + \dfrac{Ddu}{h-u}$, les Coëfficients A , B , C , D étant indéterminés. Alors en réduifant au même dénominateur les fractions qui compoferont le fecond membre , fupprimant le dénominateur commun , paffant tous les termes dans un membre , & réduifant, on aura $(ghA + f^2hC + f^2gD - \frac{M}{N})u^0 +$ $(A - gA + ghB - ghC + h^2C - f^2C - g^2D + ghD + f^2D)u + (-A + hB - gB + gC + hD)u^2 +$ $(D - B - C)u^3 = 0$. Or, pour que cette équation ait lieu indépendamment de toute valeur de u, il faut que la fomme des quantités qui multiplient chaque puiffance de u foit $= 0$: rempliffant donc cette condition , on aura quatre équations à l'aide defquelles on déterminera, par les regles ordinaires de l'Algebre, les valeurs des coëfficients A, B, C, D. Ces opérations faites, on trouvera $B = D - C$; $A = C(2g - h) - D(g - 2h)$; $D = \dfrac{M}{N(g+h)(2h^2 - gh + f^2)}$;

& $C = \dfrac{M}{N(g+h)(2g^2 - gh + f^2)}$, comme le dit l'Auteur.

Ceci pofé, foit AM un arc de cercle dont AB eft la tangente & CB la fecante ; foit mené la fecante CE infiniment proche de la premiere, & du point C, comme centre, avec le rayon CB, foit décrit l'arc BS, lequel pourra être confidéré comme une petite ligne droite perpendiculaire à CE. Le triangle BSE fera femblable au triangle ACE, puifqu'ils ont chacun un angle droit, & un angle commun, il fera donc auffi femblable au triangle ACB qui en differe infiniment peu. Faifant $AB = x$, l'arc $AM = y$, & le rayon $AC = a$; BE fera $= dx$, $MN = dy$, & $CB = \sqrt{(aa+xx)}$. Les triangles femblables

FIG. 4.

aux deux cas, en obſervant ſeulement que dans celui-ci, à cauſe qu'on a — Mdu, il faut changer le ſigne des termes des inté-

---

ACB, SEB donnent $CB : AC :: BE : BS$, ou $\sqrt{(aa+xx)} : a :: dx : BS = \dfrac{adx}{\sqrt{(aa+xx)}}$. Les ſecteurs ſemblables CBS, CMN donnent auſſi $CB : CM :: BS : MN$, ou $\sqrt{(aa+xx)} : a :: \dfrac{adx}{\sqrt{(aa+xx)}} : dy = \dfrac{aadx}{aa+xx}$: c'eſt l'expreſſion générale de l'élement d'un arc de cercle dont x eſt la tangente & a le rayon.

Reprenons maintenant l'équation $dt = \dfrac{(A+Bu)du}{f^2-(g-h)u+u^2} + \dfrac{Cdu}{g+u} + \dfrac{Ddu}{h-u}$. Je vois d'abord que les deux derniers termes ſont les différencielles du logarithme de $g+u$ & de $h-u$, dont l'une eſt multipliée par C, & l'autre par $-D$, (ibid. *Quatrieme Partie*, *Art.* 27). Ainſi leurs intégrales ſont $C log (g+u)$, & $-D log (h-u)$. Quant au premier terme, je cherche à le ramener à la forme $\dfrac{aadx}{aa+xx}$, dont l'intégrale eſt *Arc tang* x, & pour cela je fais évanouir le ſecond terme du dénominateur, en faiſant $u = x + \frac{1}{2}(g-h)$ (ibid. *Troiſieme Partie*, *Art.* 192); ce qui donne $x = u - \frac{1}{2}(g-h)$, & $dx = du$. Subſtituant donc ces quantités dans le premier terme, en place de leurs correſpondantes, il deviendra. . . . .

$$(A+\tfrac{1}{2}(g-h))\left(\frac{dx}{x^2+f^2-\tfrac{1}{4}(g-h)^2}\right) + \frac{Bxdx}{x^2+f^2-\tfrac{1}{4}(g-h)^2} = \cdots$$

$$\frac{A+\tfrac{1}{2}(g-h)}{f^2-\tfrac{1}{4}(g-h)^2}\left(\frac{(f^2-\tfrac{1}{4}(g-h)^2)dx}{x^2+f^2-\tfrac{1}{4}(g-h)^2}\right) + \frac{Bxdx}{x^2+f^2-\tfrac{1}{4}(g-h)^2} \; ;$$

quantités qui s'integrent facilement : car en faiſant $f^2-\tfrac{1}{4}(g-h)^2 = aa$, ce qui donne $a = (f^2-\tfrac{1}{4}(g-h)^2)^{\frac{1}{2}}$, on voit aiſément que l'intégrale de la premiere partie eſt $\dfrac{A+\tfrac{1}{2}(g-h)}{f^2-\tfrac{1}{4}(g-h)^2}$ (*Arc tang* $(u-\tfrac{1}{2}(g-h))$, & que celle de la ſeconde eſt $\tfrac{1}{2}B log (x^2+f^2-\tfrac{1}{4}(g-h)^2)$, ou $\tfrac{1}{2}B log(f^2-(g-h)u+u^2)$, en mettant pour x ſa valeur. Réuniſſant donc toutes ces intégrales, on aura $t = \cdots$

$$\frac{A+\tfrac{1}{2}(g-h)}{f^2-\tfrac{1}{4}(g-h)^2}(\textit{Arc tang } (u-\tfrac{1}{2}(g-h)) + \tfrac{1}{2}B log (f^2-(g-h)u+u^2) + C log(g+u) - D log (h-u) + K.$$

Pour trouver la conſtante K, je conſidere que l'intégrale doit être égale à zéro au commencement de l'action, ou lorſque $t = 0$; & alors u devient égale à la vîteſſe initiale que l'Auteur déſigne par V : donc on a . . . .

$$0 = \frac{A+\tfrac{1}{2}(g-h)}{f^2-\tfrac{1}{4}(g-h)^2}(\textit{Arc tang } (V-\tfrac{1}{2}(g-h)) + \tfrac{1}{2}B log (f^2-(g-h)V+V^2) + C log (g+V) -$$

$D log (h-V) + K$; d'où l'on tire $K = \dfrac{A+\tfrac{1}{2}(g-h)}{f^2-\tfrac{1}{4}(g-h)^2}(- \textit{Arc tang } (V-\tfrac{1}{2}(g-h)) - \cdots$

$\tfrac{1}{2}B log (f^2-(g-h)V+V^2) - C log (g+V) + D log (h-V)$. Subſtituant cette valeur de K dans celle de t, l'intégrale complette, ou la valeur entiere de t, ſera $= \cdots$

$$\frac{A+\tfrac{1}{2}(g-h)}{f^2-\tfrac{1}{4}(g-h)^2}(\textit{Arc tang } (u-\tfrac{1}{2}(g-h)) - \textit{Arc tang } (V-\tfrac{1}{2}(g-h))) + \tfrac{1}{2}B(log (f^2-(g-h)u+u^2) -$$

$log (f^2-(g-h)V+V^2)) + C(log (g+u) - log (g+V)) - D(log(h-u) + log(h-V))$; ou enfin $t =$

$$\frac{A+\tfrac{1}{2}(g-h)}{f^2-\tfrac{1}{4}(g-h)^2}(\textit{Arc tang } (u-\tfrac{1}{2}(g-h)) - \textit{Arc tang}(V-\tfrac{1}{2}(g-h))) + \tfrac{1}{2}B log \left(\frac{f^2-(g-h)u+u^2}{f^2-(g-h)V+V^2}\right) +$$

$$C log \left(\frac{g+u}{g+V}\right) + D log \left(\frac{h-V}{h-u}\right) : \text{c'eſt l'expreſſion même de l'Auteur.}$$

grales résultantes, pour avoir la véritable valeur qui convient à ce cas. Donc l'intégrale deviendra. . . . .

$$t = \frac{A + \frac{1}{2}B(g-h)}{f^2 - \frac{1}{4}(g-h)^2}\left(Arc\ tang\left(V - \tfrac{1}{2}(g-h)\right) - Arc\ tang\left(u - \tfrac{1}{2}(g-h)\right)\right) +$$

$$\tfrac{1}{2}B\ log\left(\frac{f^2 - (g-h)V + V^2}{f^2 - (g-u)u + u^2}\right) + C\ log\left(\frac{g+V}{g+u}\right) + D\ log\left(\frac{h-u}{h-V}\right).$$

Corollaire II.

(794.) Si l'on vouloit renfermer, dans le cas de la diminution de la vitesse, celui dans lequel on a $\pi = 0$, on auroit $h = 0$, à cause que le terme $f^2 gh$ correspondant à π, doit alors s'évanouir. Substituant donc, dans la derniere valeur de t, celle de $h = 0$, on aura celle qui convient à ce cas.

Corollaire III.

(795.) Dans le cas où le corps a acquis sa plus grande, ou sa moindre vitesse, on a $du = 0$: donc on aura aussi $\pi - Ru \mp Qu^2 - Nu^4 = 0$, & la racine, ou facteur positif, $h - u$, sera aussi $= 0$: donc la plus grande, ou la plus petite, vitesse que puisse acquérir le corps, est $= h$.

Corollaire IV.

(796.) Puisque, dans le cas où le corps acquiert sa plus grande, ou sa plus petite, vitesse h, la quantité $D\ log\left(\frac{h-V}{h-u}\right)$, ou $D\ log\left(\frac{h-u}{h-V}\right)$ devient infinie, il s'ensuit que le temps t sera aussi infini, ou que le corps a besoin d'un temps infini pour acquérir sa plus grande, ou sa moindre, vitesse; ou, ce qui revient au même, il s'ensuit que le corps ne pourra jamais acquérir cette vitesse.

Corollaire V.

(797.) Si le corps avoit ses deux moitiés, choquante & choquée, égales & semblables, on auroit $Q = 0$ (669.); & si, de plus, il étoit très-grand, ou s'il étoit submergé à une grande profondeur dans le Fluide, & que sa plus grande vitesse h ne fût pas excessive, on pourroit négliger la quantité Nu^4, qui provient de la dénivellation (654, 668 & 673), & l'on auroit $t = M\int \frac{du}{\pi - Ru} = \frac{M}{R}\ log\left(\frac{\pi - RV}{\pi - Ru}\right)$*

---

* Car $dt = M\left(\frac{du}{\pi - Ru}\right) = \frac{M}{-R}\left(\frac{-R\,du}{\pi - Ru}\right)$; donc $t = -\frac{M}{R}\ log\ (\pi - Ru) + K$. Mais au commencement de l'action, cette intégrale doit s'évanouir, & alors $u = V$; donc

pour le cas où la vîteſſe va en augmentant; & $t = \frac{M}{R} log \left(\frac{\pi - Ru}{\pi - RV}\right)$, pour le cas où elle va en diminuant.

C O R O L L A I R E   V I.

(798.) D'après les conditions précédentes, la plus grande, ou la moindre, vîteſſe ſera $= \frac{\pi}{R}$ *.

C O R O L L A I R E   V I I.

(799.) On aura donc encore $t = \frac{M}{R} log \left(\frac{\pi - RV}{\pi - Ru}\right) = \infty$, ou $t = \frac{M}{R} log \left(\frac{\pi - Ru}{\pi - RV}\right) = - \infty$ ** , pour le temps dans lequel le corps acquerra la plus grande, ou la moindre, vîteſſe.

C O R O L L A I R E   V I I I.

(800.) Ayant trouvé $t = \frac{M}{R} log \left(\frac{\pi - RV}{\pi - Ru}\right)$, on en conclura $\frac{Rt}{M} = log \left(\frac{\pi - RV}{\pi - Ru}\right)$; & ſuppoſant $log\, q = 1$, on aura $\frac{Rt}{M} log\, q = log \left(\frac{\pi - RV}{\pi - Ru}\right)$, ou $q^{\frac{Rt}{M}} = \frac{\pi - RV}{\pi - Ru}$: ce qui donne la vîteſſe, à quelque inſtant que ce ſoit de la courſe du corps , lorſqu'elle va en augmentant , ou la valeur de $u = \frac{\pi}{R} \left(1 - \frac{1}{q^{\frac{Rt}{M}}}\right) + \frac{V}{q^{\frac{Rt}{M}}}$.

C O R O L L A I R E   I X.

(801.) Dans le cas où la vîteſſe va en diminuant , on aura

$0 = - \frac{M}{R} log\, (\pi - RV) + K$; & par conſéquent $K = \frac{M}{R} log\, (\pi - RV)$. Subſtituant cette valeur de K dans l'intégrale, on a $t = \frac{M}{R} log\, (\pi - RV) - \frac{M}{R} log\, (\pi - Ru) = \frac{M}{R} log \left(\frac{\pi - RV}{\pi - Ru}\right)$.

* Car alors $\pi - Ru = 0$, ce qui donne $u = \frac{\pi}{R}$.

** Il eſt évident qu'il y a ici une faute de calcul dans le texte Eſpagnol. On y trouve encore , pour ce ſecond cas , $t = + \infty$, mais il faut $t = - \infty$, ainſi que le calcul l'indique ; car , puiſque, dans le cas de la vîteſſe décroiſſante, $t = \frac{M}{R} log \left(\frac{\pi - Ru}{\pi - RV}\right)$, lors de la moindre vîteſſe $u = \frac{\pi}{R}$, on a $t = \frac{M}{R} log \left(\frac{0}{\pi - RV}\right) = \frac{M}{R} log\, 0 = - \infty$. On appliquera cette Remarque au *Corollaire IV,* *Art.* 796. Cette faute eſt d'une conſéquence beaucoup plus grande qu'elle ne pourroit le paroître d'abord ; il nous ſemble évident que c'eſt elle qui a donné lieu à une mépriſe bien étrange, qu'on trouve dans le *Corollaire X* , & que nous ferons remarquer.

$\frac{Rt}{M} = log\left(\frac{\pi - Ru}{\pi - RV}\right)$, & $q^{\frac{Rt}{M}} = \frac{\pi - Ru}{\pi - RV}$; ce qui donne la vîteſſe, à quelque inſtant que ce ſoit de la courſe du corps, ou $u = \frac{\pi}{R}\left(1 - q^{\frac{Rt}{M}}\right) + V q^{\frac{Rt}{M}}$.

C O R O L L A I R E X.

(802.) La quantité $\frac{\pi - Ru}{\pi - RV}$ étant de l'eſpece des quantités fractionnaires, q ſera une quantité de la même eſpece : par conſéquent, lorſque $t = \infty$, on a $q^{\frac{Rt}{M}} = 0$: donc on aura dans ce cas, comme auparavant, la même vîteſſe $u = \frac{\pi}{R}$ *.

---

* Nous avons traduit littéralement ce *Corollaire*, quoiqu'il doive paroître au moins étrange. La quantité $\frac{\pi - Ru}{\pi - RV}$ étant, dit l'Auteur, de l'eſpece des quantités fractionnaires, q ſera une quantité de la même eſpece. Cette conſéquence eſt évidemment fautive. L'eſpece de la quantité q eſt déterminée, & ne dépend nullement de celle de $\frac{\pi - Ru}{\pi - RV}$: q eſt le nombre dont le logarithme hyperbolique eſt l'unité. Ce nombre eſt connu, & eſt à fort peu près $= 2,7182818$, comme le ſçavent tous les Géometres. Or, ce nombre élevé à la puiſſance dont l'expoſant eſt $\frac{Rt}{M}$, R & M déſignant des quantités conſtantes & finies, & t une quantité infinie, loin de devenir $= 0$, devient au contraire infini. $\frac{\pi - Ru}{\pi - RV}$ eſt toujours dans le cas préſent une quantité fractionnaire, puiſque dans la vîteſſe décroiſſante, u eſt moindre que V, & que le terme Ru des réſiſtances eſt plus grand que la puiſſance π (793) : mais cela prouve ſeulement que $q^{\frac{Rt}{M}}$ eſt une fraction, ce qui eſt évident, puiſque t eſt négatif. Or, lorſque le corps a atteint ſa plus petite vîteſſe, $t = -\infty$ (799), & alors $q^{\frac{Rt}{M}} = \frac{1}{q^{\frac{Rt}{M}}} = 0$. Cette expreſſion $q^{\frac{Rt}{M}} = 0$, que l'Auteur donne comme générale, étant appliquée au cas de la vîteſſe décroiſſante (801), donne très-bien la plus petite vîteſſe $= \frac{\pi}{R}$; mais s'il eût voulu appliquer la même expreſſion au cas de la vîteſſe croiſſante, il ſe fût trouvé bien embarraſſé, & n'auroit pu que ſoupçonner quelque erreur dans ſes calculs. Il l'eût bientôt découverte dans le *Corollaire VII*, comme nous l'avons fait remarquer dans la note qui l'accompagne. Voici comment nous voudrions rétablir le *Corollaire X*, en raiſonnant toujours d'après les principes de l'Auteur.

» La quantité $\frac{\pi - Ru}{\pi - RV}$ étant de l'eſpece des quantités fractionnaires, $q^{\frac{Rt}{M}}$ ſera une quantité de la même eſpece. Par conſéquent, lorſque $t = -\infty$, on a $q^{\frac{Rt}{M}} = 0$. Donc on aura dans ce cas, comme auparavant, la même vîteſſe $u = \frac{\pi}{R}$.

L'expreſſion $q^{\frac{Rt}{M}} = 0$, que l'Auteur donne comme générale, puiſqu'il dit que q eſt fractionnaire & $t = +\infty$, ne convient point au cas de la vîteſſe croiſſante; au contraire,

COROLLAIRE XI.

(803.) Si dans la valeur $\frac{\pi}{R}$ de la plus grande vîteſſe qu'on a trouvée en négligeant la dénivellation, on ſubſtitue les valeurs de $\pi = N f^2 gh$, & de $R = N (f^2 + gh)(g - h)$, cette plus grande vîteſſe ſera $= \frac{f^2 gh}{(f^2 + gh)(g - h)}$. Cette quantité eſt toujours plus grande que la plus grande vîteſſe h qu'on trouve en ayant égard à la dénivellation, à moins qu'on n'ait $f^2 < g(g - h)$.

COROLLAIRE XII.

(804.) Le cas dans lequel la plus grande vîteſſe, en tenant compte de la dénivellation, eſt égale à la plus grande vîteſſe qui a lieu en la négligeant, eſt celui dans lequel on a $f^2 = g(g - h)$. Si l'on ſubſtitue cette valeur de f^2 dans le troiſieme terme de l'équation ſuppoſée, *Art.* 792, qui eſt $= u^2(-f^2 + (g - h)^2 + gh)$, ce terme ſe réduira à $h^2 u^2$, & ſera par conſéquent poſitif. Donc la plus grande vîteſſe h ne peut être plus grande que $\frac{\pi}{R}$, à moins que la quantité $\mp Q$ ne ſoit poſitive, ou, ce qui revient au même, que la partie choquante du corps ne ſoit pas beaucoup plus aiguë que la partie choquée. (*Voyez* les Notes des *Art.* 667 & 792.).

COROLLAIRE XIII.

(805.) Si nous ſuppoſons $\frac{f^2 gh}{(f^2 + gh)(g - h)} = h + \theta$, θ exprimant la différence entre les deux plus grandes vîteſſes, c'eſt-à-dire, ſi $\theta = \frac{\pi}{R} - h$, cette différence θ ſera $= \frac{f^2 gh}{f^2 + gh)(g - h)} - h = \frac{h^2(f^2 - g(g - h))}{(f^2 + gh)(g - h)}$.

SCOLIE I.

(806.) Nous avons aſſuré dans la *Propoſition* ci-deſſus que $f^2 - (g - h) u + u^2$ contient deux racines imaginaires; cependant

---

dans ce cas, cette quantité eſt infinie. Auſſi en faiſant $q^{\frac{Rt}{M}} = \infty$, dans la formule de la vîteſſe croiſſante, on trouve la plus grande vîteſſe $= \frac{\pi}{R}$ comme cela doit être. En général, il faut obſerver que dans le cas de la vîteſſe décroiſſante, le calcul donne toujours pour t une quantité négative: puiſque (799) $t = \frac{M}{R}$ multiplié par le logarithme de la fraction $\frac{\pi - Ru}{\pi - RV}$; logarithme qui eſt négatif, comme chacun le ſçait.

cette

cette quantité peut en contenir deux réelles, fi l'on a $\frac{1}{4}\,(g - h)^2 > f^2$; mais, pour que cela arrive, il eſt néceſſaire que le troiſieme terme $u^2\left(-f'^2 + (g - h)^2 + gh\right)$ ſoit exceſſivement poſitif, ou que la partie choquante du corps ſoit exceſſivement aiguë, en comparaiſon de la partie choquée ; ce qui ne convient pas dans la pratique. *Voyez* les Notes des *Art.* 667 & 792.

S C O L I E I I.

(807.) Pour faciliter le calcul, nous avons ſuppoſé, dans la *Propoſition* , que la puiſſance étoit placée au centre de gravité, & que le centre des réſiſtances coïncidoit avec celui de gravité ; mais cette ſuppoſition eſt impoſſible, à moins que le centre de gravité ne ſuive les variations du centre des réſiſtances ; variations qui ſont très réelles, comme on le verra par la ſuite, & comme on peut facilement le préſumer dès-à-préſent, en conſidérant ſeulement combien varient les réſiſtances qui réſultent de la dénivellation. Cependant, lorſque ces réſiſtances ne ſeront pas exceſſives, ou que le corps n'aura pas une inclinaiſon aſſez conſidérable pour que les deux centres ſe ſéparent, on pourra avec ſûreté négliger la différence qui en réſulte.

S C O L I E I I I.

(808.) Quoiqu'on ait fait voir (796.) que le temps dont un corps a beſoin pour acquérir ſa plus grande, ou ſa moindre, vîteſſe, eſt infini, cependant il ne laiſſe pas, pour cela, de l'acquérir preſque toute dans un temps très-court. Car ſoit T le temps néceſſaire pour acquérir cette vîteſſe depuis le repos, & t celui qui eſt néceſſaire pour l'acquérir, en commençant à ſe mouvoir avec la vîteſſe primitive V : on aura $T = \frac{M}{R}\,log\left(\frac{\pi}{\pi - Ru}\right)$, & $t = \frac{M}{R}\,log\left(\frac{\pi - RV}{\pi - Ru}\right)$. Donc le temps qu'il faut au corps pour acquérir la vîteſſe V, ſera . . . . $T - t = \frac{M}{R}\,log\left(\frac{\pi}{\pi - Ru}\right) - \frac{M}{R}\,log\left(\frac{\pi - RV}{\pi - Ru}\right) = \frac{M}{R}\,log\left(\frac{\pi}{\pi - RV}\right)$. Suppoſons maintenant que V ſoit une vîteſſe un peu moindre que la plus grande vîteſſe $\frac{\pi}{R}$; ſoit, par exemple, $V = \frac{\pi}{R} - \frac{\pi}{100R} = \frac{\pi}{R}\left(1 - \frac{1}{100}\right)$, on aura $T - t = \frac{M}{R}\,log\left(\frac{\pi}{\pi - \pi\left(1 - \frac{1}{100}\right)}\right) = \frac{M}{R}\,log\,100 = \frac{M}{R}\,(4, 6)$: de ſorte que ſi $M = R$, on aura $T - t = 4'' 36'''$; c'eſt le temps qu'emploîra le corps, depuis le repos, pour acquérir une vîteſſe qui n'eſt moindre que la plus grande que de $\frac{1}{100}$. Si l'on a $M = 2R$, le temps fera double ; il fera triple, fi $M = 3R$, & ainfi de fuite : de forte que fi M étoit cent fois plus grand que R, le temps ne feroit que de $460''$, ou $7'\,40''$. Pour un parallélipipede rectangle qui flotte, ayant fa bafe parallele à l'horifon, on a $M = mbae$, e exprimant la longueur du parallélipipede, & $R = \frac{1}{3}mba^{\frac{3}{2}}$ (642.) : donc $\frac{M}{R} = \frac{3e}{a^{\frac{1}{2}}}$, & $T - t = \frac{3e}{a^{\frac{1}{2}}}$ ($4''\,36'''$). Si donc on avoit $a = 1$, & $e = 20$, le temps $T - t$ que le parallélipipede emploîroit à acquérir une vîteffe moindre feulement de $\frac{1}{100}$ que la plus grande, feroit $= 4'\,36''$. D'où l'on voit que, dans très-peu de temps, les corps acquierent une vîteffe qu'on peut fuppofer fans erreur fenfible, égale à la plus grande. On dira la même chofe de l'expreffion $D\,log\left(\frac{h-V}{h-u}\right)$, qui donne le temps infini, dans le cas où l'on tient compte de la dénivellation.

PROPOSITION LXI.

(809.) *Trouver la relation entre la vîteffe & l'efpace que parcourt un corps flottant, pouffé par une puiffance dont la direction eft horifontale, & qui eft placée dans le centre des réfiftances, en fuppofant que ce centre coïncide avec celui de gravité.*

On a, par la *Propofition* précédente (792.), $dt = \frac{Mdu}{1-Ru\mp Qu^2-Nu^4}$, & par *l'Art.* 29, $dt = \frac{de}{u}$, e exprimant l'efpace parcouru. Cette valeur de dt étant donc fubftituée, donnera $de = \frac{Mudu}{1-Ru\mp Qu^2-Nu^4}$, l'on aura donc auffi, comme dans la *Propofition* précédente , ...

$$de = \frac{(A+Bu)\,du}{f^2-(g-h)u+u^2} + \frac{Cdu}{g+u} + \frac{Ddu}{h-u}\,;\quad D \text{ étant} = \frac{Mh}{N(g+h)(2h^2-gh+f^2)}\,;$$

$$C = \frac{-Mg}{N(g+h)(2g^2-gh+f^2)}\,*\,;\quad B = D-C\,;\quad \& \quad A = C(2g-h)-D(g-2h);$$

d'où l'on tirera, en intégrant, (*Voyez* la Note de *l'Article* 792.) $e =$

$$\frac{A+\frac{1}{2}B(g-h)}{f^2-\frac{1}{4}(g-h)^2}\left(\text{Arc tang}\left(u-\tfrac{1}{2}(g-h)\right) - \text{Arc tang}\left(V-\tfrac{1}{2}(g-h)\right)\right) +$$

$$\tfrac{1}{2}B\,log\left(\frac{f^2-(g-h)u+u^2}{f^2-(g-h)V+V^2}\right) + C\,log\left(\frac{g+u}{g+V}\right) + D\,log\left(\frac{h-V}{h-u}\right).$$

COROLLAIRE I.

(810.) Les intégrales avec lefquelles on trouve la valeur de l'efpace parcouru e, font donc les mêmes que celles avec lefquelles on

---

* Les valeurs de D & de C doivent être telles qu'on les voit ici ; elles font très-fautives dans l'original.

trouve la valeur du temps t, dans lequel il eſt parcouru ; elles ne diffèrent que par les coëfficients conſtants A, B, C, D *.

COROLLAIRE II.

(811.) Le corps ne pourra donc acquérir ſa plus grande, ou ſa moindre, viteſſe, qu'après avoir parcouru un eſpace infini.

COROLLAIRE III.

(812.) Si le corps avoit ſes deux moitiés, choquante & choquée, égales & ſemblables, & ſi l'on négligeoit l'effet de la dénivellation exprimé par Nu^4, on auroit $de = \frac{Mu\,du}{\pi - Ru}$, & par conféquent $e = \frac{M}{R^2}\left(R(V - u) + \pi \log\left(\frac{\pi - RV}{\pi - Ru}\right)\right)$ **.

COROLLAIRE IV.

(813.) Si la marche du corps commençoit depuis le repos pour parcourir l'eſpace e, on auroit $V = 0$; donc alors $e = \frac{M}{R^2}\left(- Ru + \pi \log\left(\frac{\pi}{\pi - Ru}\right)\right)$.

COROLLAIRE V.

(814.) Si nous ſubſtituons à la place de u ſa valeur $\frac{\pi}{R}\left(1 - \frac{1}{100}\right)$, nous aurons $e = \frac{M}{R^2}\left(- \pi\left(1 - \frac{1}{100}\right) + \pi\,(4,6)\right) = \frac{M\pi}{R^2}\,(3,61)$.

COROLLAIRE VI.

(815.) L'eſpace parcouru ſera donc en raiſon directe de la puiſſance & de la maſſe, & en raiſon inverſe doublée de la conſtante R qui multiplie les réſiſtances.

---

* L'Auteur dit qu'elles ne différent que par les trois coëfficients conſtants A, B & C ; mais cette conféquence eſt une ſuite de la faute de calcul que nous venons de faire remarquer.

** Pour trouver cette intégrale, il faut employer une méthode analogue à celle que nous avons développée dans la note de l'Art. 792. Soit $\frac{Mu\,du}{\pi - Ru} = A\,du + \frac{B\,du}{\pi - Ru}$. En réduiſant le ſecond membre en fraction, diviſant par du, ſupprimant le dénominateur commun, & paſſant tous les termes d'un côté, on aura $\pi A + B - RAu - Mu = 0$. Cette équation devant avoir lieu indépendamment de toute valeur de u, on aura $\pi A + B = 0$, & $-RA - M = 0$, d'où l'on tire $A = - \frac{M}{R}$, & $B = \frac{\pi M}{R}$. Subſtituant ces quantités, on aura $\frac{Mu\,du}{\pi - Ru}$, ou $de = - \frac{M}{R}\,du + \ldots$

$\frac{\frac{\pi M}{R}\cdot du}{\pi - Ru}$, ou $= - \frac{M}{R}\,du + \frac{\pi M}{R^2}\left(\frac{- R\,du}{\pi - Ru}\right)$; quantité dont le premier terme s'intègre exactement, & dont le ſecond s'intègre par les logarithmes. Intégrant donc, on aura . . . . . . $e = - \frac{M}{R}u - \frac{M\pi}{R^2}\log(\pi - Ru) + K$. Or cette intégrale doit être zéro au commencement de l'action, temps auquel la vîteſſe u eſt égale à la viteſſe initiale V. Donc $K = \frac{M}{R}V + \frac{\pi M}{R^2}\log(\pi - V)$ & par conféquent $e = \frac{M}{R^2}\left(R(V - u) + \pi \log\left(\frac{\pi - RV}{\pi - Ru}\right)\right)$.

PROPOSITION LXII.

(816.) *Trouver la vîteffe des Lames.*

La puiffance qui agit dans les Lames , eft la gravité de la Lame même. Si une partie de la fuperficie d'un Fluide s'éleve par quelque caufe que ce foit, après qu'elle a acquis fa plus grande élevation , fa gravité l'oblige de defcendre , & lui fait prendre une difpofition & une figure vers le bas , qui eft égale à celle qu'elle avoit prife vers le haut; puifque l'action & la réaction font égales; c'eft-à-dire, qu'elle forme au-deffous de la fuperficie du Fluide un enfoncement dont la figure eft abfolument la même que celle de l'élevation : d'où il s'enfuit que dans les Lames $ABCDEFG$, la partie ABC qui s'éleve au-deffus du niveau AG , eft égale & femblable à la partie CDE , celle - ci à EFG , & ainfi des autres. Le mouvement de la Lame confifte donc en ce que le point D s'éleve en H, auquel cas on dit que la Lame a parcouru l'efpace de B en H, ou de I en D ; & cette élevation dépend du poids de la colonne BI, qui doit mettre en mouvement la maffe BID. Soit donc la hauteur $BI = a$; la moitié ID de l'amplitude de la Lame $= b$; la partie dont cette Lame eft déjà abaiffée; c'eft-à-dire, $BK = DL = x$; t le temps , & u la vîteffe des points K ou L. Cela pofé , nous aurons (19 & 47.) $32 (a - 2x) \, dt = (a + b) \, du$, &, en fubftituant à la place de dt fa valeur $\frac{dx}{u}$, $32 (a - 2x) \, dx = (a + b) \, u\,du$, d'où l'on tirera , en intégrant , $64 (ax - x^2) = (a + b) u^2$, ou $u = \frac{dx}{dt} = \frac{8(ax - x^2)^{\frac{1}{2}}}{(a+b)^{\frac{1}{2}}}$. Cette derniere équation donne $dt = \frac{(a+b)^{\frac{1}{2}} \, dx}{8(ax - x^2)^{\frac{1}{2}}}$,

&, en intégrant , $t = \frac{(a+b)^{\frac{1}{2}}}{8.\frac{1}{2}.t} Arc \, BM *$, BMI étant un demi-cercle décrit fur le diametre $BI = a$. Lorfque le point K s'abaiffe en I, & que le point L s'éleve en H, l'Arc BM devient tout le demi-cercle BMI, & dans ce cas le rapport $\frac{Arc \, MB}{\frac{1}{2}.t}$ eft celui de la demi-circonférence au rayon. Ce rapport étant donc repréfenté par c, on aura $\frac{1}{8} (a + b)^{\frac{1}{2}} c$, pour l'expreffion de tout le temps dans le-

---

* En mettant la valeur de dt fous cette forme $\frac{(a + b)^{\frac{1}{2}}}{8.\frac{1}{2}.t} . \frac{\frac{1}{2} \, dx}{(ax - xx)^{\frac{1}{2}}}$, on voit que le fecond facteur eft l'élément d'un Arc de cercle dont a eft le diametre , & x le finus verfe. (*Voyez* la premiere Note de l'*Art.* 365.).

quel le point B s'abaisse en I, & dans lequel le point B s'éleve en H, ou pour celui dans lequel B passe en H. Ce temps est le même que celui qu'un pendule de la longueur $\frac{a+b}{2}$ emploie à faire une oscillation (369.). Ce temps $\frac{1}{8}(a+b)^{\frac{1}{2}}c$, est à une seconde, comme la longueur, ou l'espace $ID=b$ que la Lame parcourt dans ce temps, est à $\dfrac{8b}{(a+b)^{\frac{1}{2}}c}$; espace que parcourra la Lame dans une seconde de temps, & qui indique par conséquent sa véritable vîtesse (28.).

C O R O L L A I R E   I.

(817.) Le temps $\frac{1}{8}(a+b)^{\frac{1}{2}}c$, est à un autre temps quelconque $\dfrac{(a+b)^{\frac{1}{2}}}{8.\frac{1}{2}a}$ *Arc BM*, que le point B emploie à passer de B en N, comme l'espace b que parcourt la Lame pendant ce temps, est à l'espace $BN=\dfrac{b.Arc\,BM}{c.\frac{1}{2}a}$; de sorte que si nous faisons $BN=y$, nous aurons $y=\dfrac{b.Arc\,BM}{c.\frac{1}{2}a}$; équation de la Lame, ou de la courbe BOC, qui est une espece de cycloïde.

S C O L I E   I.

(818.) La relation entre a & b est différente dans les Lames, selon qu'elles vont en augmentant, ou en diminuant. La force du vent fait toujours augmenter les premieres, & le rapport $\frac{a}{b}$ est plus grand que dans les secondes, qui sont celles qui subsistent après que le vent a diminué, ou qu'il a cessé entiérement *. Dans ces dernieres Lames la quantité b peut être beaucoup de fois plus grande que a, parce que b demeurant constante, a diminue continuellement jusqu'à devenir égale à zéro. Si, dans les premieres Lames, ou dans celles qui sont parvenues à tout l'accroissement possible, à l'égard du vent qui les occasionne, on suppose que le mouvement du point B vers H, se réduise à l'application continuelle, ou à la rotation, du cercle BMI sur la droite ID, nous aurons $PC=\frac{1}{2}BPI=\frac{1}{4}ac$ (365., *Note I*^re.), & $ID=b=a+\frac{1}{2}ac$ $=a(1+\frac{1}{2}c)$. Le plus grand rapport $\frac{a}{b}$ sera donc, dans cette

---

* Les Marins Espagnols appellent *Picadas*, ou *Olas Picadas*, les Lames qui vont en augmentant, par l'augmentation de la vîtesse du vent; & ils nomment *Olas de Leva*, ou *Mares de Leva*, celles qui subsistent après que le vent qui les a produites est diminué, ou même après qu'il s'est entiérement calmé. Il est visible que ces dernieres sont de la seconde espece, & vont toujours en diminuant.

fuppofition, $\dfrac{a}{a(1+\frac{1}{2}c)} = \dfrac{1}{1+\frac{1}{2}c} = \dfrac{1}{2,57}$: tous les autres rapports feront moindres, & iront en diminuant jufqu'à l'infini, dans toutes
les autres Lames.

S C O L I E   I I.

(819.) *Newton*, dans fa *Philofophie Naturelle*, *Liv. II*, *Propofition XLVI*, néglige la valeur de a; or, en négligeant d'avoir égard à
cette quantité, la vîteffe de la Lame eft $= \dfrac{8b^{\frac{1}{2}}}{c}$, & fuit la raifon
des racines quarrées de fes amplitudes, comme le dit cet illuftre Auteur.

CHAPITRE X.

*Des Moments que les corps éprouvent dans leur mouvement
progreffif horifontal.*

P R O P O S I T I O N   LXIII.

(820.) *TROUVER les moments qu'éprouve un Corps qui fe meut
horifontalement dans un Fluide.*

La réfiftance eft une action, ou force, par laquelle le Fluide
agit fur le corps; on peut par conféquent la regarder comme une
puiffance. Donc fi l'on multiplie les différentes actions, ou réfiftances, que le Fluide exerce fur chaque différencielle de la furface
du corps, fuivant des directions perpendiculaires aux plans qui,
paffant par ces différencielles, coïncident avec l'axe de rotation;
fi l'on multiplie, dis-je, ces différentes actions par leurs diftances
à ce même axe, la fomme des produits fera celle des moments.

S C O L I E.

(821.) Les moments peuvent être confidérés, ou peuvent être
calculés, par rapport à trois axes, deux horifontaux perpendiculaires
entre eux, & le troifieme vertical; les deux premiers peuvent même
être pris arbitrairement. Nous nous bornerons cependant dans nos recherches à trouver les moments qui ont lieu à l'égard d'un axe horifontal perpendiculaire à la direction du mouvement, parce que,
quelle que puiffe être cette direction, on peut toujours la décompofer
en deux autres perpendiculaires à deux axes donnés.

PROPOSITION LXIV.

(822.) *Trouver les moments qu'éprouve un corps flottant quelconque qui se meut horisontalement dans un Fluide immobile.*

Soit divisé la surface du corps, par des plans horisontaux & verticaux, en petits quadrilateres sensiblement plans; & soit calculé la force qui agit sur chacun dans une direction perpendiculaire au plan qui, passant par le même petit quadrilatere, coïncide avec l'axe horisontal de rotation. Multipliant ensuite cette force par la distance du petit quadrilatere à l'axe, le produit sera le moment qu'éprouve ce petit quadrilatere. Sommant donc tous les moments qui proviennent de tous les petits quadrilateres, on aura celui qu'éprouve tout le corps.

La force horisontale qui agit sur un petit quadrilatere a été trouvée (624.) $= mc\left(Da \pm \frac{1}{6}u \sin \theta \left((D+\frac{1}{2}a)^{\frac{3}{2}} - (D-\frac{1}{2}a)^{\frac{3}{2}}\right) + \frac{1}{64}u^2 a \sin\theta^2\right)$: donc (613.) celle qu'il éprouve dans une direction perpendiculaire au plan qui, passant par le même petit quadrilatere, coïncide avec l'axe, sera $= \frac{mb \sin x}{\sin n}\left(Da \pm \frac{1}{6}u \sin \theta \left((D+\frac{1}{2}a)^{\frac{3}{2}} - (D-\frac{1}{2}a)^{\frac{3}{2}}\right) + \frac{1}{64}u^2 a \sin\theta^2\right)$: x exprimant le complément de l'angle que forme le petit quadrilatere avec le plan qui, passant par ce quadrilatere, coïncide avec l'axe *; u étant la vîtesse horisontale, & θ l'angle que forme le petit quadrilatere avec la direction du mouvement. Multipliant cette force par r, distance du petit quadrilatere à l'axe, le moment qu'il éprouvera, sera exprimé par · · · · · · · · · · · · · · · · ·

$$\frac{mb\, r \sin x}{\sin n}\left(Da \pm \frac{1}{6} u \sin \theta \left((D+\frac{1}{2}a)^{\frac{3}{2}} - (D-\frac{1}{2}a)^{\frac{3}{2}}\right) + \frac{1}{64} u^2 a \sin \theta_2\right).$$

COROLLAIRE I.

(823.) Les moments qu'éprouvent les petits quadrilateres, & qui sont produits par les deux dénivellations, seront (625.) $= \frac{mb r \sin x}{\sin n}\left(Da - \frac{1}{6} u \sin \theta \left((D+\frac{1}{2}a)^{\frac{3}{2}} - (D-\frac{1}{2}a)^{\frac{3}{2}}\right) + \frac{1}{64}u^2 a \sin \theta^2\right)$, & tous les deux sont positifs **. Donc, pour avoir égard à la dénivellation

---

*L'angle x que la direction suivant laquelle on a décomposé la force, forme avec le petit quadrilatere sur lequel elle agit (571.), est le complément de celui que forme le petit quadrilatere, avec le plan qui, passant par ce quadrilatere, coïncide avec l'axe; car la direction de la force faisant un angle droit avec ce dernier plan (820.), les deux autres angles ne doivent valoir ensemble qu'un angle droit. Donc, &c.

** Car si, par exemple, l'augmentation de force, dans la partie choquante, qui provient de la dénivellation, tend à faire tourner le corps, en lui élevant son extrémité choquante, il est évident

du Fluide, il faudra les ajouter à ceux qu'on a déterminés ci-deſſus.

COROLLAIRE II.

(824.) En décompoſant les forces, & par conſéquent les momens relatifs à un axe horiſontal, on peut les diſtinguer en momens horiſontaux & en momens verticaux. Les moments horiſontaux feront le produit des forces horiſontales qui agiſſent ſur les petits quadrilateres, par leur diſtance verticale au plan horiſontal qui paſſe par le centre de gravité ; & les moments verticaux feront le produit des forces verticales, qui agiſſent ſur les mêmes petits quadrilateres, par leur diſtance horiſontale au plan vertical qui paſſe par le centre de gravité.

COROLLAIRE III.

(825.) En décompoſant de même les forces, & par conſéquent les moments qui en réſultent relativement à un axe vertical, on peut réduire ces moments à deux autres, avec des directions perpendiculaires entre elles, & toutes deux par rapport au même axe.

COROLLAIRE IV.

(826.) Si le plan vertical coïncidant avec l'une de ces directions, coupoit le corps en deux parties égales & ſemblables, les moments qui réſulteroient par rapport à cette direction, ſe détruiroient réciproquement, parce que les moments poſitifs d'un côté ſe trouveroient égaux aux moments négatifs de l'autre.

PROPOSITION LXV.

(827.) *Trouver les moments relatifs à un axe vertical, qu'éprouve un corps flottant quelconque, qui ſe meut horiſontalement dans une direction perpendiculaire au plan vertical qui partage le corps en deux parties égales & ſemblables.*

La force horiſontale qui agit ſur un petit quadrilatere quelconque, ou ſur une des différencio - différencielles, dans leſquelles on

---

que la diminution de force dans la partie choquée, qui provient de la même cauſe, tend à abaiſſer l'extrémité choquée ; puiſque le moment de la force qui agit ſur la partie choquée, eſt négatif, & que la diminution d'une quantité négative produit le même effet que l'augmentation d'une quantité poſitive. L'extrémité choquante s'élevera donc encore, en vertu de la dénivellation dans la partie choquée : donc les moments qui proviennent des deux dénivellations font conſpirants, c'eſt-à-dire, font tous deux poſitifs. On raiſonnera de même pour tous les autres cas.

divie

divife la furface du corps, eft (624.) $= \ldots\ldots\ldots\ldots\ldots$
$mc\left(Da \pm \frac{1}{6}u\,fin\,\theta\left((D+\frac{1}{2}a)^{\frac{3}{2}} - (D-\frac{1}{2}a)^{\frac{3}{2}}\right) + \frac{1}{64}u^2 a\,fin\,\theta^2\right)$; ou , en fubftituant x pour D, & dx pour a, en fuppofant que x défigne la diftance verticale du petit quadrilatere à la fuperficie du Fluide, ou la profondeur à laquelle il eft enfoncé dans le Fluide, & dx la hauteur de ce petit quadrilatere ; cette expreffion deviendra $=$ $mcdx(x^{\frac{1}{2}} \pm \frac{1}{8}u\,fin\,\theta)^2$, (626 & 627.) : ou bien parce qu'on fuppofe la partie choquante du corps égale & femblable à la partie choquée, la réfiftance des deux petits quadrilateres correfpondants fera (655.) $= \frac{1}{2}mcux^{\frac{1}{2}}dx\,fin\,\theta$. Si donc y défigne la diftance horifontale de l'axe à la ligne qui joint les deux petits quadrilateres , le moment qu'ils éprouveront fera $= \frac{1}{2}mcuyx^{\frac{1}{2}}dx\,fin\,\theta$; quantité dont l'intégrale $\frac{1}{2}mufcyx^{\frac{1}{2}}dx\,fin\,\theta$ exprimera le moment qu'éprouve tout le corps.

C O R O L L A I R E.

(828.) Les momens qu'éprouvent les petits quadrilateres , & qui proviennent des deux dénivellations, feront $= mcydx(x^{\frac{1}{2}} - \frac{1}{8}u\,fin\,\theta)^2$.

D É F I N I T I O N I I I.

(829.) On appelle *Stabilité* les moments qu'éprouve un corps à l'égard d'un axe horifontal ; parce que ce font ces moments qui agiffent pour maintenir le corps dans l'état où il fe trouvoit auparavant.

P R O P O S I T I O N L X V I.

(830.) *Trouver la Stabilité d'un corps flottant quelconque, ou les moments qu'il éprouve, lorfqu'il fe meut horifontalement dans une direction perpendiculaire à l'axe horifontal de rotation.*

La force horifontale qui agit fur un petit quadrilatere quelconque, eft, par ce qu'on vient de voir, $= mcdx(x^{\frac{1}{2}} \pm \frac{1}{8}u\,fin\,\theta)^2$. Suppofons maintenant que k repréfente la profondeur verticale à laquelle le centre de gravité du corps eft abaiffé au-deffous de la fuperficie du Fluide, il eft clair que $k - x$ fera la diftance verticale du même centre de gravité au plan horifontal qui paffe par le petit quadrilatere *. Donc $mcdx(k-x)(x^{\frac{1}{2}} \pm \frac{1}{8}u\,fin\,\theta)^2$ fera l'expreffion du moment horifontal qu'éprouvera ce petit quadrilatere. Pareillement fi l'on nomme y

---

* Cette expreffion paroît fuppofer k plus-grand que x, ou que le petit quadrilatere eft plus proche de la fuperficie du Fluide que le centre de gravité du corps; mais elle n'en convient pas moins au cas, où il en feroit plus éloigné ; car alors $k-x$ eft négatif , ce qui eft concevable, puifque le moment horifontal doit auffi l'être.

l'ordonnée du corps, ou la distance horisontale du petit quadrilatere au plan vertical qui coïncide avec l'axe de rotation, on aura $mcdy\left(x^{\frac{1}{2}}\pm\frac{1}{8}u\,\sin\theta\right)^{2}$ pour l'expression de la force verticale qui agit sur ce quadrilatere (556.), & par conséquent son moment vertical sera $=$ $mcydy\left(x^{\frac{1}{2}}\pm\frac{1}{8}u\,\sin\theta\right)^{2}$: donc la totalité des moments qu'éprouvera le corps sera $=mfcydy\left(x^{\frac{1}{2}}\pm\frac{1}{8}u\,\sin\theta\right)^{2}+mfcdx\left(k-x\right)\left(x^{\frac{1}{2}}\pm\frac{1}{8}u\,\sin\theta\right)^{2}$.

COROLLAIRE I.

(831.) Les moments qui résultent des dénivellations seront par conséquent $mfcydy\left(x^{\frac{1}{2}}-\frac{1}{8}u\,\sin\theta\right)^{2}+mfcdx\left(k\pm x\right)\left(x^{\frac{1}{2}}-\frac{1}{8}u\,\sin\theta\right)^{2}$, le signe $+$ ayant lieu pour la partie choquante, & le signe $-$ pour la partie choquée *.

COROLLAIRE II.

(832.) Si le plan vertical qui coïncide avec l'axe, partage le corps en deux moitiés égales & semblables, la somme des moments de deux petits quadrilateres correspondants dans l'une & l'autre moitié sera $=\frac{1}{2}mfcux^{\frac{1}{2}}ydy\,\sin\theta+\frac{1}{2}mfcu\left(k-x\right)x^{\frac{1}{2}}dx\,\sin\theta$.

COROLLAIRE III.

(833.) Si y exprime l'ordonnée de la partie choquante, & Y celle de la partie choquée ; les moments de cette derniere étant négatifs, on aura l'expression suivante pour les moments qu'éprouve le corps ;
$$mcydy\left(x^{\frac{1}{2}}+\frac{1}{8}u\,\sin\theta\right)^{2}\quad mcYdY\left(x^{\frac{1}{2}}-\frac{1}{8}u\,\sin\Theta\right)^{2}\ldots\ldots\ldots$$
$$+mcdx(k-x)\left(\frac{1}{4}x^{\frac{1}{2}}u(\sin\theta+\sin\Theta)\right)+\frac{1}{64}u^{2}\left(\sin\theta^{2}-\sin\Theta^{2}\right),\ \theta\ \&\ \Theta$$
exprimant les angles que forment les petits quadrilateres avec la direction du mouvement, tant dans la partie choquante que dans la partie choquée.

COROLLAIRE IV.

(834.) Si l'on a $u=0$, ou si le corps n'a point de mouvement horisontal, les moments se réduiront aux seuls moments verticaux $\int mcyxdy-\int mcYxdY=\int mcx\left(ydy-YdY\right)$.

---

* Il est essentiel de se rappeller ici que la quantité x est seulement relative à la hauteur de la dénivellation, $\&=\frac{1}{64}u^{2}\sin\theta^{2}$, (594.) ; ainsi cette lettre n'exprime point la même grandeur que dans l'expression des moments du corps qui proviennent des résistances. On appliquera cette remarque aux *Articles* 823 & 828.

COROLLAIRE V.

(835.) La quantité $m\!\int\!cx\,(ydy - YdY)$, eſt égale au produit du
poids de tout le corps, par la diſtance horiſontale du centre de
gravité à la verticale qui paſſe par le centre du volume *. Donc
ſi nous appellons P le poids de tout le corps, & h la diſtance
horiſontale du centre de gravité à la verticale qui paſſe par celui
du volume, on aura $m\!\int\!cx\,(ydy - YdY) = hP$.

PLANC. III.

COROLLAIRE VI.

(836.) Ces moments verticaux $m\!\int\!cx\,(ydy - YdY) = hP$ peuvent être poſitifs, ou négatifs, ſelon que $\int\!cxydy$ ſera plus grand,
ou plus petit que $\int\!cx\,YdY$; ou ſelon que la verticale qui paſſe par
le centre du volume, paſſera entre le centre de gravité & la partie
choquante, ou entre ce même centre & la partie choquée.

COROLLAIRE VII.

(837.) Si donc on avoit $\int\!cxydy = \int\!cx\,YdY$, les moments verticaux ſeroient zéro.

COROLLAIRE VIII.

(838.) Dans les corps formés par la révolution d'un plan quelconque autour d'un axe horiſontal H, la verticale QH, qui paſſe
par le centre du volume, paſſe auſſi par ce même axe : donc, en
nommant K la diſtance HO du centre de volume au centre de gravité O, & Δ l'angle QHO, la diſtance de O à la verticale QH
ſera $= h = K \sin \Delta$, & $hP = KP \sin \Delta$.

FIG. 62.

COROLLAIRE IX.

(839.) Dans les corps qui ne ſont point formés par la révolution d'un plan quelconque autour d'un axe horiſontal, on ne laiſſera
pas d'avoir $hP = KP \sin \Delta$; mais K ſera variable ſuivant les différentes inclinaiſons Δ que peut prendre le corps.

COROLLAIRE X.

(840.) Si le centre de volume H étoit plus bas que le centre

---

* Car le moment qui réſulte de la ſomme des moments verticaux, ou le moment vertical
total, eſt égal à la réſultante des forces verticales, ou à la force verticale totale, multipliée
par la diſtance horiſontale de ſa direction à la verticale qui paſſe par le centre de gravité
du corps. Or la force verticale totale eſt (561.) égale au poids du volume de Fluide que
le corps déplace, ou (562.) égale au poids de tout le corps; & elle paſſe par le centre
du volume déplacé : donc, &c.

de gravité, K seroit alors négatif, & par conséquent le moment KP *fin* Δ le seroit aussi.

SCOLIE.

(841.) Il est nécessaire de ne pas perdre de vue, que les moments qui proviennent du poids du corps doivent être pris dans leur entier, parce que le poids est réel & positif; ils different par conséquent des moments qui proviennent des résistances, parce que celles-ci doivent être réduites aux deux tiers (644.). Ainsi, dans le cas où il sera question de combiner ces moments les uns avec les autres, on aura attention de réduire aux deux tiers toute quantité qui sera multipliée par la vîtesse u.

PROPOSITION LXVII.

(842.) *Trouver en général le moment qu'éprouve un corps quelconque qui est sans mouvement, & est composé de deux moitiés égales & semblables, séparées l'une de l'autre par un plan qui coïncide avec l'axe horisontal.*

Soit ABD le corps composé de deux moitiés égales & semblables ABE, DBE; & C son centre de gravité. Soit de plus BCE perpendiculaire à la droite AD, cette ligne AD étant supposée coïncider avec la superficie du Fluide, lorsque le corps est droit, ou que la ligne BCE est verticale. Supposons maintenant que le corps soit dans une situation inclinée, GL étant la superficie du Fluide; & soit tiré les verticales MC, FN, la premiere passant par le centre de gravité C, & la seconde par le centre F, qui est celui du volume du corps, lorsqu'il se trouve dans une situation droite. Cela posé, faisant $AD = e$, $CE = k$, $CF = \pm H$, & l'angle de l'inclinaison $MCE = CFN = LED = \Delta$; l'horisontale CN sera $= H$ *fin* Δ; $EM = k$ *fin* Δ; & l'aire du triangle DEL, ou AEG, sera $= \frac{1}{8} e^2$ *fin* Δ *, DL, ou AG étant sensiblement des lignes droites. Le moment qu'éprouvera toute la partie ABD du corps, le poids de cette partie étant P, sera $\pm CN.P = \pm HP$ *fin* Δ : & celui qu'éprouvera le triangle LED sera $= m(\frac{1}{3}EL + EM)\frac{1}{8} e^2$ *fin* $\Delta =$

---

* Car, en abaissant la perpendiculaire DS sur la ligne EL, on aura $1 : ED :: $ *fin* $LED : DS$, ou $1 : \frac{1}{2}e :: $ *fin* $\Delta : DS = \frac{1}{2} e$ *fin* Δ. Donc le triangle $DEL = \dfrac{EL.DS}{2} = \dfrac{\frac{1}{2}e.\frac{1}{2} e \, fin \, \Delta}{2} = \frac{1}{8} e^2 fin \Delta$ Dans les inclinaisons infiniment petites, le point S est sensiblement confondu avec le point L.

$m(\frac{1}{3}e + k \sin \Delta)\frac{1}{8}e^2 \sin \Delta$ * ; enfin celui qu'éprouvera le triangle AEG sera $= m(\frac{2}{3}EG - EM)\frac{1}{8}e^2 \sin \Delta = m(\frac{1}{3}e - k \sin \Delta)\frac{1}{8}e^2 \sin \Delta$. Ainsi la somme de tous les moments qu'éprouvent les triangles tels que LED dans toute la longueur du corps, sera $= \frac{m}{8}\int ce^2 \sin \Delta (\frac{1}{3}e + k \sin \Delta)$: & la somme de tous ceux qui correspondent aux triangles tels que AEG, sera $= \frac{m}{8}\int ce^2 \sin \Delta (\frac{1}{3}e - k \sin \Delta)$. Or la somme de tous ces moments étant jointe au moment $\pm HP \sin \Delta$, est le moment total qu'éprouve le corps ** : donc ce moment sera $= \pm HP \sin \Delta + m\int \frac{1}{8}ce^2 \sin \Delta (\frac{1}{3}e + k \sin \Delta) + m\int \frac{1}{8}ce^2 \sin \Delta (\frac{1}{3}e - k \sin \Delta) = \dots \dots$ $(\pm HP + \frac{m}{12}\int e^3 c) \sin \Delta$ ***.

---

* Car la distance Eg du centre de gravité g du triangle LED au point E, est égale à $\frac{2}{3}EL$; mais, puisqu'on suppose l'inclinaison infiniment petite, $Eg = En$; donc la distance du centre de gravité g du triangle LED à la verticale CM qui passe par le centre de gravité, est égal à $En + EM = \frac{2}{3}EL + EM$, &c.

** Pour voir clairement la raison pour laquelle l'Auteur ajoute les moments des deux triangles LED, AEG, au moment $\pm HP \sin \Delta$ qu'éprouve la partie ABD, qui étoit submergée lorsque le corps étoit dans une situation droite, on décomposera le volume actuellement submergé GBL, de maniere qu'il comprenne le volume ABD, ce qui donnera $GBL = ABD + LED - AEG$; d'où l'on voit que, pour avoir le moment qui agit sur GBL, il faut ajouter ensemble les moments qui agissent sur ABD & sur LED, & retrancher de leur somme le moment qui agit sur AEG. Mais on vient de voir que le moment de $ABD = \pm HP \sin \Delta$, le signe $+$ ayant lieu lorsque le centre de volume est plus haut que celui de gravité, comme on le suppose dans la Figure, parce que la force verticale du Fluide, passant par le point F (562.), tend à redresser le corps (836.) avec une énergie, ou un moment représenté par $HP \sin \Delta$. Au contraire le signe $-$ a lieu lorsque le centre de volume est plus bas que celui de gravité, parce qu'alors la quantité H est négative (840.), & que la force verticale de l'eau tend à renverser le corps ; & elle le renverseroit en effet, s'il n'étoit retenu par l'action d'autres moments qui agissent pour le rétablir dans la situation droite, lesquels doivent être plus puissants que le moment $HP \sin \Delta$, pour que le corps ait de la stabilité. Le moment du triangle LED qui est submergé par l'inclinaison $= m(\frac{1}{3}e + k \sin \Delta)\frac{1}{8}e^2 \sin \Delta$; & ce moment est toujours positif, parce que l'action verticale de l'eau agissant de bas en haut sur le centre de gravité g de ce triangle, tend à redresser le corps, ou à diminuer son inclinaison. Enfin le moment qui correspond au triangle AEG qui est sorti du Fluide, est $= m(\frac{1}{3}e - k \sin \Delta)\frac{1}{8}e^2 \sin \Delta$. Ce moment est toujours négatif, puisque le centre de gravité de ce triangle est situé de l'autre côté de l'axe de rotation ; mais, comme on vient de le voir, ce moment est à retrancher de la somme des deux moments qu'on vient de considérer, il s'ensuit qu'il agira encore positivement, c'est-à-dire, qu'il concourra avec celui du triangle LED, pour rétablir le corps dans la situation droite. Donc la somme des moments qui agissent sur $GBL = \pm HP \sin \Delta + m(\frac{1}{3}e + k \sin \Delta)\frac{1}{8}e^2 \sin \Delta + m(\frac{1}{3}e - k \sin \Delta)\frac{1}{8}e^2 \sin \Delta$. Donc, &c.

On voit, d'après ce que nous venons de dire, que le corps a toujours de la stabilité, lorsque le centre de gravité tombe au-dessous du centre de volume, c'est-à-dire, qu'il ne peut manquer de revenir dans une situation droite, lorsqu'ayant reçu une inclinaison infiniment petite, il est abandonné à lui-même. Mais lorsque le centre de gravité est au-dessus de celui de volume, ce qui ne peut gueres manquer d'avoir lieu dans les Vaisseaux, le corps peut manquer de stabilité, selon la valeur du moment $- HP \sin \Delta$.

*** La lettre c représente l'intervalle entre un triangle & le suivant, ou la hauteur des petits prismes triangulaires compris entre deux triangles consécutifs.

S C O L I E I.

(843.) On a supposé dans le calcul que les deux lignes AD, GL, se coupent sur la ligne BE, ce qui, pour l'ordinaire, n'arrivera pas ; mais, en supposant que l'inclinaison soit infiniment petite, on pourra faire cette supposition sans erreur sensible ; & il est nécessaire que l'inclinaison soit telle, pour qu'en général on puisse prendre AG & DL pour des lignes droites.

C O R O L L A I R E I.

(844.) Puisqu'on vient de voir que, dans des inclinaisons infiniment petites, le corps étant arrêté, le moment est $= (HP + \frac{m}{12} \int e^3 c) \sin \Delta$: & ayant vu pareillement (835.) que ce moment est dans le même cas $= m \int c x (y dy - Y dY) = hP$; on aura, par conséquent, dans les inclinaisons infiniment petites, $(HP + \frac{1}{12} \int e^3 c) \sin \Delta = m \int c x (y dy - Y dY) = hP = KP \sin \Delta$.

C O R O L L A I R E I I.

(845.) Substituant cette valeur de $m \int c x (y dy - Y dY)$ dans l'expression du moment, lorsque le corps est en mouvement, ce moment sera encore exprimé dans le cas des inclinaisons infiniment petites, par $(PH + \frac{1}{12} \int e^3 c) \sin \Delta + \frac{1}{4} m u \int c \, x^{\frac{1}{2}} (y dy \sin \theta + Y dY \sin \odot) + \frac{1}{64} m u^2 \int c \, (y dy \sin \theta^2 - Y dY \sin \odot^2) + \frac{1}{4} m u \int c x^{\frac{1}{2}} dx (k - x)(\sin \theta + \sin \odot) + \frac{1}{64} m u^2 \int c dx (k - x)(\sin \theta^2 - \sin \odot^2)$.

C O R O L L A I R E I I I.

(846.) Comme on suppose le corps composé de deux moitiés égales & semblables, & que les inclinaisons sont infiniment petites ; le troisieme & le cinquieme terme de l'équation ci-dessus peuvent être supposés égaux à zéro, sans qu'il en résulte aucune erreur sensible * ; ce qui réduira le moment à $(HP + \frac{1}{12} m \int e^3 c) \sin \Delta + \frac{1}{2} m u \int c x^{\frac{1}{2}} y dy \sin \theta + \frac{1}{2} m u \int c x^{\frac{1}{2}} dx (k - x) \sin \theta$; les moments qu'éprouve le corps étant exprimés par la quantité $\frac{1}{2} m u \int c x^{\frac{1}{2}} y dy \sin \theta$, & . . . $\frac{1}{2} m u \int c x^{\frac{1}{2}} dx (k - x) \sin \theta$, exprimant les moments horisontaux.

---

* Ceci seroit rigoureusement vrai, s'il n'y avoit point d'inclinaison, parce qu'alors $\sin \theta = \sin \odot$ (669.) ; mais on voit que ces sinus doivent différer très-peu, puisqu'on suppose l'inclinaison infiniment petite.

S C O L I E   I I.

(847.) On doit ajouter à ces moments ceux qui résultent de la dé-nivellation, à moins qu'ils ne soient susceptibles d'être négligés. Il en est de même de ceux qui pourroient résulter de l'action des surfaces les unes sur les autres.

S C O L I E   I I I.

(848.) MM. *Léonard Euler* & *Bouguer*, qui sont les Auteurs qui ont traité ce sujet avec le plus d'étendue, n'ont cependant calculé que les moments qui ont lieu dans le cas où le corps est en repos, ou lorsque $u = 0$. Les formules ci-dessus manifestent la diffé-rence qu'il peut y avoir d'un cas à l'autre. Dans le cas où le corps est en repos, le moment est seulement $= (HP + \frac{1}{12} m \int e^2 c) \sin \Delta$, & dans celui où le corps est en mouvement, il est $= \ldots\ldots$

$$(PH + \tfrac{1}{12} m \int e^3 c) \sin \Delta + \tfrac{1}{2} m u \int c x^{\frac{1}{2}} y\, dy \sin \theta + \tfrac{1}{2} m u \int c x^{\frac{1}{2}} dx (k - x) \sin \theta \; ;$$

u ayant une valeur un peu considérable, la différence entre ces deux expressions est très-grande.

P R O P O S I T I O N   L X V I I I.

(849.) *Trouver les moments qu'éprouve un parallélipipede rectangle qui flotte sur un Fluide, ayant deux de ses côtés paralleles à l'hori-son, le parallélipipede se mouvant horisontalement, dans une direc-tion parallele à deux de ses côtés verticaux.*

Le moment vertical qu'éprouvent les côtés verticaux est zéro, à cause que pour eux $dy = 0$. Le moment horisontal $\ldots\ldots$

$$m \int c\, dx\, (k - x) \left(\tfrac{1}{4} x^{\frac{1}{2}} u (\sin \theta + \sin \odot) + \tfrac{1}{64} u^2 (\sin \theta^2 - \sin \odot^2) \right)$$

se réduit à $m \int c\, dx\, (k - x) \tfrac{1}{2} x^{\frac{1}{2}} u = m c u (\tfrac{1}{3} k x^{\frac{3}{2}} - \tfrac{1}{5} x^{\frac{5}{2}})$, à cause que $\sin \theta = \sin \odot = 1$. Les moments qu'éprouve la base sont zéro, parce que pour elle on a $dx = 0$, $\sin \theta = \sin \odot = 0$, $y = Y$, & $dy = dY$. Enfin ceux qui proviennent de la dénivellation, sont, à cause de $dy = 0$, & de $\sin \theta = \sin \odot = 1$, sont, dis-je, dans l'une & l'autre surface $= m \int c\, dx\, (k \pm x)(x^{\frac{1}{2}} - \tfrac{1}{8} u)^2$, & pour toutes les deux réunies, $= 2 . m \int c\, dx\, k\, (x^{\frac{1}{2}} - \tfrac{1}{8} u)^2 = 2 m c k (\tfrac{1}{2} x^2 - \tfrac{1}{6} x^{\frac{3}{2}} u + \tfrac{1}{64} u^2 x)$; expression qui se réduit à $\frac{m c k u^4}{3 . 64^2}$, en substituant $\tfrac{1}{8} u$ pour $x^{\frac{1}{2}}$ (594 & 831, *Note*); de sorte que tous les moments qu'éprouve le parallélipipede, sont $=$ $m c (\tfrac{1}{3} k (x^{\frac{1}{2}} u + \tfrac{u^4}{64^2}) - \tfrac{1}{5} x^{\frac{5}{2}} u)$, ou, en mettant a pour toute la hauteur

verticale submergée dans le Fluide, ces moments seront = ...
$mc\left(\frac{1}{3}k(a^{\frac{3}{2}}u+\frac{u^4}{64^2})-\frac{1}{5}a^{\frac{5}{2}}u\right)$.

COROLLAIRE I.

(850.) Puisque $mc\left(\frac{1}{3}k(a^{\frac{3}{2}}u+\frac{u^4}{64^2})-\frac{1}{5}a^{\frac{5}{2}}u\right)$ exprime les moments horisontaux, en les divisant par les résistances horisontales (640.) $\frac{1}{3}mc\left(a^{\frac{3}{2}}u+\frac{u^4}{64^2}\right)$, on aura la distance du centre de gravité à celui des résistances horisontales $= k - \dfrac{3a^{\frac{5}{2}}}{5\left(a^{\frac{3}{2}}+\frac{u^3}{64^2}\right)}$, & par conséquent la distance de ce dernier centre à la superficie du Fluide $= \dfrac{3a^{\frac{5}{2}}}{5\left(a^{\frac{3}{2}}+\frac{u^3}{64^2}\right)}$.

COROLLAIRE II.

(851.) Ces moments seront positifs, & obligeront le parallélipipede à tourner, en élevant son extrêmité choquante, si l'on a $k >$ $\dfrac{3a^{\frac{5}{2}}}{5\left(a^{\frac{3}{2}}+\frac{u^3}{64^2}\right)}$; au contraire, ils seront négatifs, & obligeront le parallélipipede à tourner, en abaissant son extrêmité choquante, si l'on a $k < \dfrac{3a^{\frac{5}{2}}}{5\left(a^{\frac{3}{2}}+\frac{u^3}{64^2}\right)}$; enfin ces moments seront zéro, ou le parallélipipede demeurera dans la situation horisontale, si $k = \dfrac{3a^{\frac{5}{2}}}{5\left(a^{\frac{3}{2}}+\frac{u^3}{64^2}\right)}$.

SCOLIE.

(852.) La dénivellation des deux côtés, choquant & choqué, altere les forces qui agissent sur la base du parallélipipede, & par conséquent la dénivellation produit des moments qui agissent sur cette base.

PROPOSITION LXIX.

(853.) *Trouver les moments qu'éprouve la base du même parallélipipede rectangle, & qui résultent des forces que lui communiquent les deux dénivellations.*

La force horisontale qui agit sur une différencielle de surface plane choquante, submergée dans le Fluide, cette force étant produite par la dénivellation d'une autre surface également choquante,

a été trouvée (700.) $= mcdx\left(\left(D + x\right)^{\frac{1}{2}} + \frac{1}{8}\left(u\sin\odot - \frac{x\cos n}{\sin n}\right)\right)^{2}$,
$D + x$ exprimant la distance verticale de la différencielle à la superficie du Fluide, laquelle est $= a$ dans le cas présent ; $\sin\odot$ étant le sinus de l'angle que forme la direction du mouvement avec la surface qui cause la dénivellation, lequel sinus est, dans notre cas, $= 1$; & $\frac{x\cos n}{\sin n}$ la distance horisontale de la différencielle à l'extrémité de la surface ; distance que nous pouvons appeller y, de sorte qu'on aura $y = \frac{x\cos n}{\sin n}$, & $dx = \frac{dy\sin n}{\cos n}$. Substituant donc toutes ces valeurs dans l'expression ci-dessus, on la réduit à $\frac{mcdy\sin n}{\cos n}\left(a^{\frac{1}{2}} + \frac{1}{8}(u - y)\right)^{2}$. Multipliant ensuite cette force horisontale par $\frac{\cos n}{\sin n}$ (580 & 613.) *, elle se transforme dans la force verticale, qui est par conséquent $= mcdy\left(a^{\frac{1}{2}} + \frac{1}{8}(u - y)\right)^{2}$. Nommant maintenant e la longueur du parallélipipede, on aura $\frac{1}{2}e - y$, pour la distance de son centre à la verticale qui passe par la différencielle ; & par conséquent le moment que la différencielle éprouve sera $= mc(\frac{1}{2}e - y)dy\left(a^{\frac{1}{2}} + \frac{1}{8}(u - y)\right)^{2}$. Par la même raison, le moment qu'éprouvera une autre différencielle également éloignée de l'autre extrêmité de la base, à raison de la dénivellation sur la surface choquée, sera $= \ldots\ldots\ldots$ $mc(\frac{1}{2}e - y)dy\left(a^{\frac{1}{2}} - \frac{1}{8}(u - y)\right)^{2}$. Or ce moment étant soustractif, tandis que l'autre est additif, le moment qui résulte des deux sera par conséquent $= \frac{1}{4}mca^{\frac{1}{2}}(\frac{1}{2}e - y)(u - y)dy$; quantité dont l'intégrale est $= \frac{1}{2}mca^{\frac{1}{2}}y(\frac{1}{2}u - \frac{1}{4}ey - \frac{1}{2}uy + \frac{1}{3}y^{2})$; ou, en faisant $y = u$ (597.), l'espace jusqu'où atteint la dénivellation n'étant pas plus grand que e, les moments qu'éprouve la base entiere, seront $= \frac{1}{4}mca^{\frac{1}{2}}u^{2}(\frac{1}{2}e - \frac{1}{3}u)$.

COROLLAIRE I.

(854.) Ayant $u > e$, on doit faire, dans l'intégrale, $y = e$, & les moments qu'éprouve la base, deviendront $= \frac{1}{24}mca^{\frac{1}{2}}e^{3}$.

COROLLAIRE II.

(855.) Comme la vîtesse u n'entre pas dans l'expression de ces

---

* L'application des *Art.* cités au cas présent, paroîtra évidente, si l'on remarque, pour *l'Art.* 580, que $\sin\lambda = 1$ dans le cas dont il s'agit ici ; & pour *l'Art.* 613, que $dc = db$, & par conséquent $c = b$.

moments, il s'enfuit que u étant $= e$, les moments qu'éprouve la bafe ne peuvent pas augmenter, quelque augmentation qui furvienne dans la vîteffe du parallélipipede.

COROLLAIRE III.

(856.) La quantité e étant pofitive, auffi bien que $\frac{1}{2}e - \frac{1}{3}u$, il s'enfuit que les moments qu'éprouve la bafe, dans un temps quelconque, feront pofitifs.

COROLLAIRE IV.

(857.) Les moments qu'éprouve tout le parallélipipede feront donc exprimés par $mc\left(\frac{1}{3}k \left(a^{\frac{3}{2}}u + \frac{1}{64^2}u^4 \right) - \frac{1}{3} a^{\frac{5}{2}}u + \frac{1}{4}a^{\frac{1}{2}}\left(\frac{1}{2}eu^2 - \frac{1}{3}u^3 \right)\right)$.

COROLLAIRE V.

(858.) Ces moments feront pofitifs , & obligeront le parallélipipede à tourner , en élevant fon extrêmité choquante , fi l'on a

$$k > \frac{12a^{\frac{5}{2}} - 15a^{\frac{1}{2}}\left(\frac{1}{2}eu - \frac{1}{3}u^2 \right)}{20\left(a^{\frac{3}{2}} + \frac{1}{64^2}u^3 \right)} \; ; \&$$

au contraire , ils feront négatifs, &obligeront le parallélipipede à tourner en abaiffant fon extrêmité choquante, fi l'on a

$$k < \frac{12a^{\frac{5}{2}} - 15a^{\frac{1}{2}}\left(\frac{1}{2}eu - \frac{1}{3}u^2 \right)}{20\left(a^{\frac{3}{2}} + \frac{1}{64^2}u^3 \right)} \; *.$$

COROLLAIRE VI.

(859.) On voit que la quantité u venant à varier, les moments varient auffi , que le parallélipipede doit tourner , & que par conféquent les réfiftances varieront. Ainfi les réfiftances ne dépendront pas feulement de la vîteffe , mais encore de la difpofition, ou de l'inclinaifon que prend le parallélipipede.

SCOLIE I.

(860.) Tout ce qui précede fuffit pour faire voir combien il eft différent de confidérer le corps fans mouvement horifontal , ou de le confidérer quand ce mouvement exifte. Dans le premier cas, le parallélipipede n'éprouve aucun moment , ou, pour en éprouver , il eft néceffaire qu'il s'incline , en abaiffant fa furface cho-

---

* On trouve ces expreffions en divifant la fomme des moments donnés dans *l'Art.* 857, par la fomme des réfiftances , laquelle eft toujours la même que celle qu'on a employée dans *l'Art.* 850, ainfi qu'on l'a démontré *Art.* 727 ; & on raifonnera d'ailleurs, comme on l'a fait dans *l'Art.* 851, pour diftinguer le cas où ces moments font pofitifs, ou négatifs.

quante. Dans le second cas, au contraire, non feulement le corps
éprouve des moments, fans qu'il foit néceffaire qu'il s'incline, mais
ces moments peuvent le faire tourner, en l'obligeant d'élever fa
furface choquante, principalement lorfque k eft $> \frac{2}{3} a$.

S C O L I E I I.

(861.) Par ce que nous venons de dire, on voit encore clairement la vérité de la remarque que nous avons faite, en paffant,
dans *l'Art.* 807. Le corps varie fa difpofition, fes réfiflances variant pendant le mouvement ; & par conféquent les réfiflances ne
demeurent pas conftamment les mêmes que celles fur lefquelles nous
avons fondé notre calcul, pour démontrer qu'il falloit au corps un
temps infini pour acquérir fa plus grande vîteffe : ainfi cette démonftration ne peut point fubfifter en rigueur, & ce que nous avons
établi à ce fujet n'eft vrai qu'à peu près dans les petites vîteffes.

L E M M E I I I.

(862.) *Si l'on éleve une perpendiculaire fur un petit quadrilatere
parallele à l'axe horifontal de rotation, & fi l'on prolonge cette perpendiculaire jufqu'à ce qu'elle rencontre le plan vertical qui coïncide
avec l'axe, l'expreffion* $\frac{r \sin x}{\sin n}$ *fera égale à la verticale comprife entre la
perpendiculaire & l'axe.*

Que C foit un petit quadrilateré fur lequel on éleve la perpendiculaire CK, laquelle rencontre en K le plan vertical KO, qui

coïncide avec l'axe O. Cela pofé, il eft clair que l'angle CKO eft
égal à celui que forme le petit quadrilatere avec l'horifon, angle
dont le finus eft *fin n*, (569.). Pareillement *fin x* eft le finus de l'angle
OCK, complément de celui que forme CO avec le petit quadrilatere (822, *Note*). Ainfi nous aurons le finus de $CKO = fin\,n$,
eft au finus de $OCK = fin\,x$, comme $r = CO$, eft à $KO = \frac{r\,fin\,x}{fin\,n}$.

P R O P O S I T I O N LXX.

(863.) *Trouver les moments qu'éprouve le même parallélipipede rectangle, flottant comme on l'a dit ci-deffus, mais ayant fa bafe inclinée à l'horifon, & les deux côtés de cette bafe qui font perpendiculaires à la direction du mouvement, étant paralleles au même horifon.*

Soit $AKBF$ le parallélipipede, O fon centre de gravité, & ED
la fuperficie du Fluide. Soit mené LOM parallele aux côtés KA,

BF, l'horifontale AJ, & les verticales FQ, EG, & RON. Soit enfin $AF = e$, $AM = g$, $OM = n$, $EG = a$, l'angle de l'inclinaifon $JAF = \Delta$, & $FQ = a + e \sin \Delta$.

Le moment qu'éprouve une différencielle de la furface choquante eft $= \frac{mbr dx \sin x}{\sin n}(x + \frac{1}{4}ux^{\frac{1}{2}} \cos \Delta + \frac{1}{64}u^2 \cos \Delta^2)$ *. Or puifque $HC = x$, & que CS eft perpendiculaire à DF, on aura (862.) $OS = \frac{r \sin x}{\sin n}$; $DC = \frac{x}{\cos \Delta}$; $FD = \frac{a + e \sin \Delta}{\cos \Delta}$; $FC = \frac{a + e \sin \Delta - x}{\cos \Delta}$; $FC - OM = OV = \frac{a + e \sin \Delta - x}{\cos \Delta} - n$; & $OS = \frac{r \sin x}{\sin n} = \frac{a + e \sin \Delta - x}{\cos \Delta^2} - \frac{n}{\cos \Delta}$. Subftituant cette derniere valeur de OS dans l'expreffion du moment, elle devient $mbdx (\frac{a + e \sin \Delta - x}{\cos \Delta^2} - \frac{n}{\cos \Delta})(x + \frac{1}{4}ux^{\frac{1}{2}} \cos \Delta + \frac{1}{64}u^2 \cos \Delta^2)$; d'où l'on tire, en intégrant, & fubftituant, après l'intégration, $a + e \sin \Delta$ à la place de x,

$$\frac{mb(a + e \sin \Delta)^2}{\cos \Delta^2}(\tfrac{1}{6}(a + e \sin \Delta) + \tfrac{1}{15}u (a + e \sin \Delta)^{\frac{1}{2}} \cos \Delta + \frac{1}{2.64}u^2 \cos \Delta^2)$$

$$- \frac{mbn(a + e \sin \Delta)}{\cos \Delta}(\tfrac{1}{2}(a + e \sin \Delta) + \tfrac{1}{6}u (a + e \sin \Delta)^{\frac{1}{2}} \cos \Delta + \frac{1}{64}u^2 \cos \Delta^2):$$

c'eft l'expreffion des moments qu'éprouve toute la furface choquante.

Les moments qu'éprouve la furface choquée, font les mêmes en changeant le figne de u, & fuppofant $e \sin \Delta = 0$: ces moments feront donc $= \frac{mba^2}{\cos \Delta^2}(\tfrac{1}{6}a - \tfrac{1}{15}a^{\frac{1}{2}}u \cos \Delta + \frac{1}{2.64}u^2 \cos \Delta^2) - \ldots \frac{mbnz}{\cos \Delta}(\tfrac{1}{2}a - \tfrac{1}{6}ua^{\frac{1}{2}} \cos \Delta + \frac{1}{64} \cos \Delta^2)$.

Le moment qu'éprouve une différencielle de la bafe eft $= \ldots \frac{mbr \sin x dx}{\sin n} (a + x - \frac{1}{4}u \sin \Delta (a + x)^{\frac{1}{2}} + \frac{1}{64} u^2 \sin \Delta^2)$ (*Voyez* la Note de *l'Art.* 659.). Or, puifque $ZY = x$, & que YW eft perpendiculaire à AF, on aura (862.) $OW = \frac{r \sin x}{\sin n}$; $AY = \frac{x}{\sin \Delta}$; $\ldots \ldots$ $MY = g - \frac{x}{\sin \Delta}$; & $OW = \frac{r \sin x}{\sin n} = \frac{g}{\sin \Delta} - \frac{x}{\sin \Delta^2}$; ce qui réduit le moment à $mbdx(\frac{g}{\sin \Delta} - \frac{x}{\sin \Delta^2})(a + x - \frac{1}{4}u \sin \Delta (a + x)^{\frac{1}{2}} + \frac{1}{64}u^2 \sin \Delta^2)$; quantité dont l'intégrale, après avoir fubftitué $e \sin \Delta$ pour x, eft $=$

$$\frac{mhg}{\sin \Delta}(ae \sin \Delta + \tfrac{1}{2} e^2 \sin \Delta^2 - \tfrac{1}{6}u \sin \Delta((a + e \sin \Delta)^{\frac{3}{2}} - a^{\frac{3}{2}}) + \frac{1}{64}u^2 e \sin \Delta^3) -$$

$$\frac{mb}{\sin \Delta^2}(\tfrac{1}{2}ae^2 \sin \Delta^2 + \tfrac{1}{3}e^3 \sin \Delta^3 - \tfrac{1}{2}u \sin \Delta(a + e \sin \Delta)^{\frac{3}{2}}(\tfrac{1}{5}(a + e \sin \Delta) - \tfrac{1}{3}a))$$

$$+ \frac{mb}{\sin \Delta^2} (\tfrac{1}{15}ua^{\frac{1}{2}} \sin \Delta - \frac{1}{2.64} u^2 e^2 \sin \Delta^4).$$

---

* Car $\sin \theta = \cos \Delta$.

Les moments qu'éprouve une différencielle de la furface choquante, en vertu de la dénivellation, font . . . .

$$mbdx\left(\frac{a+e\,fin\,\Delta-x}{cof\,\Delta^2}-\frac{n}{cof\,\Delta}\right)\left(x-\tfrac{1}{4}ux^{\frac{1}{2}}cof\,\Delta+\tfrac{1}{64}u^2\,cof\,\Delta^2\right)\,;$$

& ceux qu'éprouve une différencielle de la furface choquée, font $=$ . . .

$$mbdx\left(\frac{a-x}{cof\,\Delta^2}-\frac{n}{cof\,\Delta}\right)\left(x-\tfrac{1}{4}ux^{\frac{1}{2}}cof\,\Delta+\tfrac{1}{64}u^2\,cof\,\Delta^2\right):$$

ces deux moments réunis feront donc $=$ . . . .

$$mbdx\left(\frac{2a+e\,fin\,\Delta}{cof\,\Delta^2}-\frac{2n}{cof\,\Delta}\right)\left(x-\tfrac{1}{4}ux^{\frac{1}{2}}cof\,\Delta+\tfrac{1}{64}u^2\,cof\,\Delta^2\right)^{*}:$$

quantité dont l'intégrale, après avoir fubftitué $\tfrac{1}{64}u^2\,cof\,\Delta^2$ pour x, eft $=$ . . . . .

$$\frac{mbu^4\,cof\,\Delta^4}{6.64^2}\left(\frac{2a+e\,fin\,\Delta}{cof\,\Delta^2}-\frac{2n}{cof\,\Delta}\right);$$

c'eft l'expreffion des moments provenants des deux dénivellations.

Si l'on ajoute maintenant ces moments avec ceux qu'éprouve la furface choquante, & fi l'on fouftrait de la fomme ceux qu'éprouve la furface choquée, & ceux de la bafe, les moments qu'éprouvera tout le parallélipipede, feront exprimés par . . . .

$$mb\begin{cases}\dfrac{(a+e\,fin\,\Delta)^3-a^3}{6.cof\,\Delta^2}+\dfrac{u\big((a+e\,fin\,\Delta)^{\frac{5}{2}}+a^{\frac{5}{2}}\big)}{15\,cof\,\Delta}+\dfrac{u^2\big((a+e\,fin\,\Delta)^2-a^2\big)}{2.64}+\dfrac{u^4(2a+e\,fin\,\Delta)cof\,\Delta^2}{6.64^2}\\[3mm]-\dfrac{n\big((a+e\,fin\,\Delta)^2-a^2\big)}{2\,cof\,\Delta}-\tfrac{1}{6}nu\big((a+e\,fin\,\Delta)^{\frac{3}{2}}+a^{\frac{3}{2}}\big)-\tfrac{1}{64}nu^2e\,fin\,\Delta\cdot cof\,\Delta-\dfrac{2nu^4cof\,\Delta^3}{6.64^2}\\[3mm]-ge\,(a+\tfrac{1}{2}e\,fin\,\Delta)+\tfrac{1}{6}gu\big((a+e\,fin\,\Delta)^{\frac{3}{2}}-a^{\frac{3}{2}}\big)-\tfrac{1}{64}gu^2e\,fin\,\Delta^2\\[3mm]+\tfrac{1}{2}e^2(a+\tfrac{2}{3}e\,fin\,\Delta)-\dfrac{u(a+e\,fin\,\Delta)^{\frac{3}{2}}}{2\,fin\,\Delta}\big(\tfrac{1}{5}(a+e\,fin\,\Delta)-\tfrac{1}{3}a\big)-\dfrac{ua^{\frac{5}{2}}}{15\,fin\,\Delta}+\dfrac{u^2e^2\,fin\,\Delta^2}{2.64}{**}.\end{cases}$$

C O R O L L A I R E I.

. (864.) Comme tous les termes qui font affectés de n font négatifs, il s'enfuit que moins cette quantité fera grande, ou plus le centre de gravité fera bas, plus les moments feront pofitifs, & par conféquent plus le parallélipipede élevera avec force fon extrêmité choquante.

C O R O L L A I R E I I.

(865.) Les moments feront pofitifs , ou négatifs , fuivant la

---

* Il faut obferver que dans l'expreffion des moments caufés par la dénivellation , fi l'on prend x pofitivement pour la furface choquante, il faut la prendre négativement pour la furface choquée , & réciproquement.

** Nous n'avons point développé les intégrations & les autres calculs que renferme cette *Prapofition* , parce que nous fommes déjà entrés dans ces détails pour des calculs analogues. Les Commençants pourront s'exercer fur ceux-ci , qui n'ont d'autres difficultés que leur longueur. Nous nous contentons d'avoir corrigé quelques négligences typographiques qui fe trouvent en cet endroit dans l'original.

relation qui aura lieu entre les trois quantités, a, $\sin \Delta$, & u, lesquelles sont variables, & dépendent les unes des autres.

Corollaire III.

(866.) Comme la quantité n ne se trouve dans aucun des moments qui proviennent de la base, il s'ensuit que, quoique le centre de gravité soit plus ou moins élevé, cela ne peut altérer aucunement ces moments.

Corollaire IV.

(867.) Dans le premier instant de l'action, ou du mouvement du parallélipipede, $u = o$, & les moments deviennent par conséquent $=$

$$mb\left(\frac{(a+e\sin\Delta)^3-a^3}{6\cos\Delta^2} - \frac{n((a+e\sin\Delta)^2-a^2)}{2\cos\Delta} - ge(a+\tfrac{1}{2}e\sin\Delta)+\tfrac{1}{2}e^2(a+\tfrac{2}{3}e\sin\Delta)\right)$$

Donc, pour que, dès ce premier instant, les moments soient positifs, il est nécessaire qu'on ait

$$n < \frac{(a+e\sin\Delta)^3-a^3+ea(3e-6g)\cos\Delta^2+e^2(2e-3g)\sin\Delta.\cos\Delta^2}{3((a+e\sin\Delta)^2-a^2)\cos\Delta}.$$

Scolie.

(868.) De même qu'on a calculé les effets que les dénivellations produisent dans la base du parallélipipede, dans le cas où on le supposoit horisontal, on peut pareillement les calculer, dans le cas où le corps seroit incliné; mais comme le calcul est long & pénible, & que d'ailleurs il n'est pas nécessaire pour remplir notre objet, nous avons cru pouvoir nous dispenser de le donner ici.

Proposition LXXI.

(869.) *Trouver les moments qu'éprouve un cylindre qui flotte, & qui se meut horisontalement suivant une direction perpendiculaire à son axe.*

Soit $BQDE$ le cylindre, H son axe, & O son centre de gravité. Soit GI la superficie du Fluide, BE un diametre horisontal, & les lignes CL, HQ & OK, des droites verticales. Soit tiré la ligne HOD, & faisant $CH = R$, $OH = K$, $CA = x$, $AL = f$, & l'angle $HOK = \Delta$, on aura $CL = x+f$; $HL = \sqrt{R^2-(x+f)^2}$; $FO = K\cos\Delta$; $NO = k = K\cos\Delta - f$; $HF = K\sin\Delta$;

$$KF = \frac{K\sin\Delta(x+f)}{\sqrt{R^2-(x+f)^2}}; \frac{dy}{dx} = \frac{KF}{HF} = \frac{x+f}{\sqrt{R^2-(x+f)^2}}; \frac{dx}{\sqrt{dx^2+dy^2}} = \frac{\sqrt{R^2-(x+f)^2}}{R};$$

& $LH + HF = y = \sqrt{R^2-(x+f)^2} + K\sin\Delta$: ce qui donne

$$\frac{ydy}{dx} = x+f+\frac{K\sin\Delta(x+f)}{\sqrt{R^2-(x+f)^2}}.$$

Ces valeurs étant substituées dans la formule des moments qui (830.) eſt $mc\left(\dfrac{y\,dy}{}+k-x\right)\left(x^{\frac{1}{2}}\pm\dfrac{u\,dx}{8\sqrt{dx^{2}+dy^{2}}}\right)^{2}dx$,

elle deviendra $mc\,K\left(cof\,\Delta\pm\dfrac{(x+f)\,fin\,\Delta}{\sqrt{R^{2}-(x+f)^{2}}}\right)\left(x^{\frac{1}{2}}\pm\dfrac{u\sqrt{R^{2}-(x+f)^{2}}}{8\,R}\right)^{2}dx$;

le ſigne — ayant lieu pour la partie choquée, puiſque, pour cette par-
tie, la quantité $KF=\dfrac{K\,(\,x+f\,)\,fin\,\Delta}{\sqrt{R^{2}-(\,x+f\,)^{2}}}$ eſt négative. Souſtrayant maintenant le moment de la partie choquée, de celui de la partie choquante,
& intégrant, on trouvera, pour l'expreſſion des moments qu'éprouve
tout le cylindre, la quantité $\dfrac{mc\,Ku\,cof\,\Delta}{2R}\int x^{\frac{1}{2}}dx\,\sqrt{R^{2}-(\,x+f\,)^{2}}+\ldots$

$2mc\,K\,fin\,\Delta\left(\displaystyle\int\dfrac{(\,x+f\,)\,x\,dx}{\sqrt{R^{2}-(x+f)^{2}}}+\dfrac{u^{2}}{64\,R^{2}}\int(x+f)\,dx\,\sqrt{R^{2}-(x+f)^{2}}\right).$

COROLLAIRE I.

(870.) La quantité $\dfrac{mcu}{2R}\int x^{\frac{1}{2}}dx\,\sqrt{R^{2}-(\,x\pm f\,)^{2}}$ eſt (663.) l'expreſſion de la réſiſtance horiſontale qu'éprouve le cylindre ; &
$2mc\left(\displaystyle\int\dfrac{(\,x+f\,)\,x\,dx}{\sqrt{R^{2}-(\,x\pm f\,)^{2}}}+\dfrac{u^{2}}{64\,R^{2}}\int(x\pm f)\,dx\,\sqrt{R^{2}-(\,x\pm f\,)^{2}}\right)$, (637.),
eſt l'expreſſion de la force, ou réſiſtance verticale : ſi nous appel-
lons N la première de ces réſiſtances, & Q la ſeconde, les moments
qu'éprouve le cylindre deviendront $=NK\,cof\,\Delta+QK\,fin\,\Delta=K\,(\,N\,cof\,\Delta+Q\,fin\,\Delta\,)$.

COROLLAIRE II.

(871.) Si l'on avoit $u=0$, le moment qu'éprouveroit tout le
cylindre, ſeroit $=2mc\,K\,fin\,\Delta\displaystyle\int\dfrac{(\,x\pm f\,)\,x\,dx}{\sqrt{R^{2}-(\,x\pm f\,)^{2}}}$, ou, parce que $\ldots$
$2\,mc\displaystyle\int\dfrac{(\,x\pm f\,)\,x\,dx}{\sqrt{R^{2}-(\,x\pm f\,)^{2}}}$ exprime, dans ce cas, la force verticale qu'é-
prouve le même cylindre, laquelle force eſt égale à ſon poids (561
& 562.), ſi nous appellons P le poids du cylindre, le moment que
ce corps éprouvera, lorſque $u=0$, ſera $=PK\,fin\,\Delta$, comme on
l'a dit ci-deſſus, *Art.* 838.

SCOLIE.

(872.) Quoique dans le calcul qu'on vient de faire des moments
qu'éprouve le cylindre, on n'ait pas fait mention de ceux qui proviennent de la dénivellation, ils ne laiſſent pas pour cela d'être
compris dans l'expreſſion $K\,(\,N\,cof\,\Delta+Q\,fin\,\Delta\,)$. La formule de ces
moments eſt $mc\displaystyle\int\dfrac{r\,fin\,x}{fin\,n}\,dx\left(x-\tfrac{1}{4}ux^{\frac{1}{2}}\,fin\,n+\tfrac{1}{64}u^{2}\,fin\,n^{2}\right)$ * , tant pour

---

* Car $fin\,\theta=fin\,n$ dans le cas dont il eſt ici queſtion (584 & 586.).

ceux de la furface choquante que pour ceux de la furface choquée, parce qu'ils font pofitifs dans les deux furfaces (823 , *Note.*). Subftituant dans cette formule, à la place de $\dfrac{r\,fin\,x}{fin\,n} = KO$ (862.) $= FO \pm$ *FK*, fa valeur $K\,cof\,\Delta \pm \dfrac{K\,fin\,\Delta\,(\,x \pm f\,)}{\sqrt{K^2 - (\,x \pm f)^2}}$; & prenant la fomme des moments pour les deux furfaces, les moments effectifs feront $= \ldots$

$2mcK\,cof\,\Delta \int dx\,(x - \tfrac{1}{4}ux^{\frac{1}{2}}\,fin\,n + \tfrac{1}{64}u^2\,fin\,n^2\,)$: mais la réfiftance horifontale que produit la dénivellation, eft auffi $= \ldots \ldots$

$2mc\int dx\,(x - \tfrac{1}{4}ux^{\frac{1}{2}}\,fin\,n + \tfrac{1}{64}u^2\,fin\,n^2)$: donc la réfiftance horifontale N n'eft pas feulement égale à la premiere quantité $\dfrac{mcu}{2R}\int x^{\frac{1}{2}}dx\,\sqrt{K^2 - (x \pm f)^2}$;

mais à cette quantité plus $2mc\int dx\,(x - \tfrac{1}{4}ux^{\frac{1}{2}}\,fin\,n + \tfrac{1}{64}u^2\,fin\,n^2\,)$. Par conféquent, N exprimant la réfiftance horifontale totale qu'éprouve le cylindre, les moments qui réfultent de la dénivellation feront compris dans l'expreffion $K\,(\,N\,cof\,\Delta + Q\,fin\,\Delta\,)$.

CHAPITRE XI.

De l'inclinaifon que prennent les corps flottants fur des Fluides, lorfqu'ils font pouffés par une, ou par plufieurs puiffances.

PROPOSITION LXXII.

(873.) *TROUVER l'inclinaifon que prennent les corps flottants fur des Fluides, lorfqu'ils font pouffés par une, ou par plufieurs puiffances.*

L'inclinaifon n'eft autre chofe que la fituation dans laquelle fe trouve le corps à l'égard de la verticale, lorfqu'il ceffe déjà de tourner fur un axe horifontal, étant pouffé par une, ou par plufieurs puiffances, à caufe que, dans cette fituation, les moments des puiffances font équilibre à ceux des réfiftances du Fluide. Il n'eft donc queftion que de trouver les uns & les autres moments, par ce qu'on a dit dans les *Chapitres* précédents, ou par les *Propofitions* qui fuivent ; égalant enfuite leur fomme à zéro, on déduira, de l'équation qui en réfultera, l'inclinaifon que prendra le corps.

PROPOSITION LXXIII.

(874.) *Trouver le moment avec lequel agit un poids qu'on ajoute*

à

à un corps flottant, ce poids étant placé dans un point déterminé du plan vertical perpendiculaire à l'axe de rotation qui passe par le centre de gravité.

Que π soit le poids qu'on suppose placé dans le plan vertical perpendiculaire à l'axe de rotation qui passe par le centre de gravité O. Que p soit la perpendiculaire πX au plan qui coïncide avec l'axe, & avec les centres de gravité & de volume ; & soit enfin $OX = q$. Cela posé, πR, perpendiculaire au plan vertical qui coïncide avec l'axe, sera $= q \, sin \, \Delta + p \, cos \, \Delta$, Δ exprimant l'angle de l'inclinaison ROX que prend le corps, & le moment du poids sera par conséquent $= \pi \, (q \, sin \, \Delta + p \, cos \, \Delta)$*.

S C O L I E.

(875.) On suppose que l'axe de rotation est horisontal, & que le corps a toute la régularité nécessaire, pour qu'après s'être incliné, l'axe se conserve de la même maniere, c'est-à-dire, dans sa situation horisontale ; sans cela, il faut avoir égard à une nouvelle inclinaison perpendiculaire à la premiere.

C O R O L L A I R E I.

(876.) Si l'on ajoutoit au corps différents poids π, chacun d'eux en particulier produiroit le moment $\pi(q \, sin \, \Delta + p \, cos \, \Delta)$; & la somme de tous ces moments seroit le moment total qui agit sur le corps.

C O R O L L A I R E I I.

(877.) Si, au lieu d'ajouter un poids π, on le retranchoit, alors π seroit négatif, & son moment seroit $= - \pi \, (q \, sin \, \Delta + p \, cos \, \Delta)$.

C O R O L L A I R E I I I.

(878.) Si en même temps on retranchoit un poids π de la partie opposée à l'axe de rotation, p seroit négatif, & le moment seroit $= - \pi \, (q \, sin \, \Delta - p \, cos \, \Delta) = \pi \, (p \, cos \, \Delta - q \, sin \, \Delta)$, moment qui est positif dans le cas où $p \, cos \, \Delta > q \, sin \, \Delta$.

---

* Car l'angle $Xn\pi$ est le complément de l'angle d'inclinaison ROX : ainsi la ligne $\pi n = \dfrac{p}{cos \, \Delta}$, & $Xn = \dfrac{p \, sin \, \Delta}{cos \, \Delta}$. Retranchant Xn de OX, il reste $On = q - \dfrac{p \, sin \, \Delta}{cos \, \Delta}$, & par conséquent $Rn = q \, sin \, \Delta - \dfrac{p \, sin \, \Delta^2}{cos \, \Delta}$. Donc $\pi R = Rn + \pi n = q \, sin \, \Delta - \dfrac{p \, sin \, \Delta^2}{cos \, \Delta} + \dfrac{p}{cos \, \Delta} = \dfrac{q \, sin \, \Delta \cdot cos \, \Delta + p \, (1 - sin \, \Delta^2)}{cos \, \Delta}$; mais $1 - sin \, \Delta^2 = cos \, \Delta^2$; substituant donc cette valeur, on aura $\pi R = q \, sin \, \Delta + p \, cos \, \Delta$.

Corollaire IV.

(879.) Si le poids qu'on retranche d'un côté, étoit tranfporté au côté oppofé, & placé à une même diftance q de l'axe, les moments feroient $\pi\,(q\,\mathit{fin}\,\Delta + p\,\mathit{cof}\,\Delta) - \pi\,(q\,\mathit{fin}\,\Delta - \Pi\,\mathit{cof}\,\Delta) = (p + \Pi)\,\pi\,\mathit{cof}\,\Delta$; c'eft-à-dire que le moment feroit égal au produit du poids π par le cofinus de l'inclinaifon, & par la diftance horifontale $p + \Pi$, du point d'où l'on a ôté le poids jufqu'à celui où on l'a placé.

Corollaire V.

(880.) Si l'inclinaifon étoit très-petite, le même moment feroit $= \pi\,(p + \Pi)$; c'eft-à-dire qu'il feroit égal au produit du poids π, par la diftance $p + \Pi$ à laquelle on l'auroit tranfporté.

Corollaire VI.

(881.) Si p & π demeurant pofitifs, on avoit q négatif ; c'eft-à-dire, fi on plaçoit le poids π au-deffous du plan horifontal qui coïncide avec l'axe, le moment feroit $= \pi\,(p\,\mathit{cof}\,\Delta - q\,\mathit{fin}\,\Delta)$.

Corollaire VII.

(882.) Si, de plus, on avoit $p = 0$, le moment fe réduiroit à $- \pi\,q\,\mathit{fin}\,\Delta$: donc tout poids placé au-deffous du centre de gravité, dans le plan qui paffe par l'axe & par les centres de gravité & de grandeur, réfifte à l'inclinaifon dans la raifon de $\pi\,q\,\mathit{fin}\,\Delta$.

Corollaire VIII.

(883.) Si au contraire on ôtoit le poids, le moment feroit $= \pi\,q\,\mathit{fin}\,\Delta$, & il contribueroit à l'accroiffement de l'inclinaifon dans la raifon de $\pi\,q\,\mathit{fin}\,\Delta$.

Proposition LXXIV.

(884.) *Trouver l'inclinaifon que prendra un parallélipipede rectangle, flottant fur un Fluide avec fa bafe parallele à l'horifon, auquel on ajoute un nouveau poids dans un point déterminé du plan vertical perpendiculaire à deux de fes côtés, & qui paffe par le centre de gravité.*

Puifqu'on fuppofe, dans ce cas, que le parallélipipede eft fans mouvement, on a $u = 0$. Les moments fe réduiront donc (867.) à

$$mb\left(\frac{(a + e\,\mathit{fin}\,\Delta)^3 - a^3}{6\,\mathit{cof}\,\Delta^2} - \frac{n\big((a + e\,\mathit{fin}\,\Delta)^2 - a^2\big)}{2\,\mathit{cof}\,\Delta} - ge\,(a + \tfrac{1}{2}e\,\mathit{fin}\,\Delta) + \tfrac{1}{2}e^2\,(a + \tfrac{2}{3}e\,\mathit{fin}\,\Delta)\right),$$

& l'on aura $\pi\,(q\,\mathit{fin}\,\Delta + p\,\mathit{cof}\,\Delta) = \ldots\ldots\ldots\ldots\ldots\ldots\ldots$

$$mb\left(\frac{(a+e\,fin\,\Delta)^3-a^3}{6\,cof\,\Delta^2} - \frac{n((a+e\,fin\,\Delta)^2-a^2)}{2\,cof\,\Delta} - ge(a+\tfrac12 e\,fin\,\Delta)+\tfrac12 e^2(a+\tfrac23 e\,fin\,\Delta)\right);$$

ou, parce que, dans ce cas, $g=\tfrac12 e$, $\pi\,(q\,fin\,\Delta+p\,cof\,\Delta)=$

$$mb\left(\frac{(a+e\,fin\,\Delta)^3-a^3}{6\,cof\,\Delta^2} - \frac{n((a+e\,fin\,\Delta)^2-a^2)}{2\,cof\,\Delta} + \tfrac{1}{12} e^3\,fin\,\Delta\right).$$ La force ver-

ticale qui agit fur le parallélipipede eft (561.) $= mbe\left(\frac{a+\frac12 e\,fin\,\Delta}{cof\,\Delta}\right)$ *,

qui, en fuppofant que P exprime le poids total du parallélipipede,

fera $P+\pi=mbe\left(\frac{a+\frac12 e\,fin\,\Delta}{cof\,\Delta}\right)$, qui donne $a=\frac{(P+\pi)\,cof\,\Delta}{mbe} - \tfrac12 e\,fin\,\Delta$.

Subftituant cette valeur dans l'équation précédente, elle fe réduit

à $\pi(q\,fin\,\Delta+p\,cof\,\Delta)=mbe\,fin\,\Delta\left(\frac{P^2}{2\,m^2b^2e^2} - \frac{nP}{mbe} + \tfrac{1}{12} e^2 + \frac{e^2\,fin\,\Delta^2}{24\,cof\,\Delta^2}\right)$**.

Si l'on fuppofe que a foit la hauteur verticale dont le parallélipipede étoit enfoncé dans le Fluide, avant qu'on y ajoutât le poids π ***,
ou lorfque fa bafe étoit dans une fituation horifontale; comme,
dans ce cas, $P=mbea$, on aura . . . .
$\pi\,(q\,fin\,\Delta+p\,cof\,\Delta)=mbe\,fin\,\Delta\left(\tfrac12 a^2-na+\tfrac{1}{12} e^2+\frac{e^2\,fin\,\Delta^2}{24\,cof\,\Delta^2}\right)$, ou

$\frac{\pi p\,cof\,\Delta}{mbe\,fin\,\Delta} - \frac{e^2\,fin\,\Delta^2}{24\,cof\,\Delta^2}=\tfrac12 a^2-na+\tfrac{1}{12} e^2-\frac{\pi q}{mbe}$. Si l'on fait maintenant

$\tfrac12 a^2-na+\tfrac{1}{12} e^2-\frac{\pi q}{mbe}=\pm A^2$, & $x=\frac{e\,fin\,\Delta}{cof\,\Delta}=FJ$, on aura $\frac{\pi p}{mb\,x} -$

$\tfrac{1}{24} x^2=\pm A^2$; ce qui donne $x^3\pm 24 A^2 x-\frac{24\,\pi p}{mb}=0$. Cette équation étant

réfolue par les regles de l'algebre commune, donnera la valeur de x,
& par conféquent de l'inclinaifon que prendra le parallélipipede ****.

---

* Car le poids du volume de Fluide que déplace le parallélipipede eft $= mb.\left(\frac{AE+FD}{2}\right)\,AF$;
quantité qui devient celle de l'Auteur, en fubftituant pour AE, FD & AF leur valeur (863.).

** On remarquera que l'Auteur n'a pas fubftitué la valeur entiere de a; mais feulement
$a=\frac{P\,cof\,\Delta}{mbe} - \tfrac12 e\,fin\,\Delta$, en négligeant le terme $\frac{\pi\,cof\,\Delta}{mbe}$, qui contient le poids additionnel π
multiplié par le cofinus de l'inclinaifon, & divifé par mbe, comme étant très-petit par rapport
aux autres. Au refte, toute difficulté difparoîtra, fi l'on conçoit que P repréfente non feulement le poids total primitif du parallélipipede, mais ce poids augmenté de π: car alors
$a=\frac{P\,cof\,\Delta}{mbe} - \tfrac12 e\,fin\,\Delta$, comme l'Auteur l'a fait dans la fubftitution. Il nous paroît que c'eft
ainfi qu'on doit confidérer P.

*** Conformément à la Note précédente, a doit repréfenter la hauteur verticale dont le parallélipipede feroit fubmergé, même après l'addition du poids π, en fuppofant la bafe du parallélipipede horifontale, & par conféquent π placé au centre de gravité, ou dans la verticale qui paffe
par ce centre. Cette diftance a ne peut être fuppofée égale à celle qui auroit lieu avant l'addition
de π, qu'en confidérant π comme une différencielle du poids total du parallélipipede.

**** Car $x=\frac{e\,fin\,\Delta}{cof\,\Delta}=e\,tang\,\Delta$: donc $tang\,\Delta=\frac{x}{e}$.

COROLLAIRE I.

(885.) Si A^2 étoit positif, ou si, étant négatif, on avoit $(8A^2)^3$ moindre que $\left(\frac{12\,\pi p}{mb}\right)^2$, l'équation auroit deux racines imaginaires , & par conséquent une seule réelle, qui seroit $=$ . . . .

$$\left(\frac{12\,\pi p}{mb}+\left(\left(\frac{12\,\pi p}{mb}\right)^2\pm(8A^2)^3\right)^{\frac{1}{2}}\right)^{\frac{1}{3}}\mp\frac{8A^2}{\left(\frac{12\,\pi p}{mb}+\left(\left(\frac{12\,\pi p}{mb}\right)^2\pm(8A^2)^3\right)^{\frac{1}{2}}\right)^{\frac{1}{3}}}\;^{*};$$

racine qui indique la disposition unique du parallélipipede , ou l'inclinaison qu'il doit prendre ; le signe supérieur ayant lieu lorsque A^2 est positif, & l'inférieur lorsqu'il est négatif.

COROLLAIRE II.

(886.) Lorsque A^2 est négatif, si l'on avoit en même temps $(8A^2)^3$ plus grand que $\left(\frac{12\,\pi p}{mb}\right)^2$, l'équation auroit ses trois racines réelles **; & par conséquent le parallélipipede pourroit prendre trois dispositions, ou inclinaisons différentes.

SCOLIE I.

(887.) Comme la formule $x^3 \pm 24A^2x - \frac{24\,\pi p}{mb}$, est l'expression de la somme des moments, toutes les fois que ces moments sont positifs, leur effet se dirige pour soutenir, pour redresser, ou pour s'opposer à l'inclinaison du parallélipipede ; en un mot, leur effet est alors de le rendre plus stable. Au contraire, lorsque ces moments sont négatifs, ils tendent à le faire tomber davantage, ou à l'incliner de plus en plus. Les racines de l'équation sont donc les limites de ces moments positifs ou négatifs ; & par conséquent toutes les fois que le parallélipipede ira en s'inclinant, & qu'on passera d'une racine à une autre, on passera également des moments positifs aux négatifs, ou, au contraire, des négatifs aux positifs. Si les moments sont négatifs, lorsque le parallélipipede va en s'inclinant, pour prendre la situation correspondante à la premiere racine ; ils deviendront positifs, lorsque le parallélipipede passera à la situation correspondante à la seconde racine, & ainsi de suite.

---

* *Voyez*, pour la démonstration , la Troisieme Partie du *Cours de Mathématiques* de M. *Bezout*, *Art.* 195 & 197. Avec une légere habitude du calcul, on verra facilement l'identité de la seconde partie de cette racine, avec celle qu'on trouve à *l'Art.* 195 de l'Ouvrage cité.

** Voyez la Troisieme Partie du *Cours de Mathématiques* de M. *Bezout*, *Art.* 198.

COROLLAIRE III.

(888.) Avant que le parallélipipede s'établisse dans la situation cor-respondante à la premiere racine, les moments font négatifs ; car, en faisant $x = 0$ dans la formule qui exprime ces moments, elle fe trouve réduite à — $\frac{24\,\pi p}{mb}$.

COROLLAIRE IV.

(889.) Le parallélipipede doit donc s'incliner jufqu'à ce qu'il ait pris la fituation correfpondante à la premiere racine ; & il ne peut paffer à la fituation qui correfpond à la feconde, fans qu'une autre force étrangere, quelle qu'elle foit, ne détruife & furmonte l'effet des moments pofitifs qui s'y oppofent, & ne les rende par confé-quent négatifs.

SCOLIE II.

(890.) Le parallélipipede ne peut fe rétablir dans la fituation correfpondante à la feconde racine, s'il en eft tiré par l'action de quelque force étrangere. Car fi cette force l'oblige à fe mettre plus vertical, les moments deviendront pofitifs, & par conféquent il continuera à fe mettre de plus en plus vertical jufqu'à ce qu'il ait atteint la fituation qui correfpond à la premiere racine : & fi elle l'oblige, au contraire, à fe mettre moins vertical, les moments deviendront négatifs, & conféquemment le parallélipipede conti-nuera de s'incliner de plus en plus.

COROLLAIRE V.

(891.) La ftabilité, ou la confervation des forces du parallélipi-pede pour fe maintenir fans tomber entiérement, confifte en ce qu'aucune force étrangere ne foit capable de l'incliner jufqu'à le faire paffer au-delà de la fituation correfpondante à la feconde racine.

COROLLAIRE VI.

(892.) Si l'on avoit π, ou $p = 0$, l'équation deviendroit $x^3 \pm 24 A^2 x = 0$, dont la premiere racine eft $x = 0$: donc le paral-lélipipede doit fe maintenir droit, ou vertical, fur le Fluide, à moins que quelque force étrangere ne furmonte les moments po-fitifs dont l'effet fe manifefteroit dans l'inclinaifon.

COROLLAIRE VII.

(893.) Les deux autres racines de l'équation $x^3 \pm 24 A^2 x = 0$, font $x = 2A \sqrt{\mp 6}$, qui font imaginaires, lorfque A^2 eft pofitif : d'où il paroît qu'on devroit inférer que, dans ce cas, les moments qu'éprouvera le parallélipipede dans fon inclinaifon, à quelque degré qu'elle parvienne, feront toujours pofitifs.

SCOLIE III.

(894.) Ce *Corollaire* feroit généralement vrai, fi le cas où l'angle A de la bafe fort du Fluide, ne pouvoit pas arriver : dans ce cas, les moments, ainfi que la force verticale qui agit fur le parallélipipede, ne font plus les mêmes ; & par conféquent il en réfulte une équation différente, & particuliere à ce cas ; équation qui, comme on le verra, produit plus de racines que celle que nous avons premiérement trouvée. Comme M. *Bouguer*, dans fon *Traité du Navire*, n'examine la ftabilité que dans les inclinaifons infiniment petites, il pourroit paroître qu'il admet la généralité du *Corollaire*, puifqu'il recommande qu'on ait foin que le figne du fecond terme ne foit pas négatif, afin que les moments foient toujours pofitifs, & qu'à leur moyen, le parallélipipede fe redreffe, ou foit ftable. Nous n'infifterons pas fur ce que ces moments ne peuvent être négatifs que lorfque la totalité de la formule $x^3 \pm 24 A^2 x$ eft négative, & non pas feulement lorfque fon fecond terme eft négatif ; parce que l'Auteur fe bornant à la confidération des inclinaifons infiniment petites, regarde comme négligeable le premier terme x^3. Or, pour que le fecond terme $24 A^2 x$ ne foit pas négatif, il fuffit que A^2, ou fa valeur $\frac{1}{2} a^2 - na + \frac{1}{12} e^2 - \frac{\pi q}{mbe}$ ne le foit pas, ou à caufe que M. *Bouguer* fuppofe $\pi = 0$, il fuffit que la quantité $\frac{1}{2} a^2 - na + \frac{1}{12} e^2$ ne foit pas négative. De là il déduit que toutes les fois qu'on n'aura pas $n > \frac{1}{2} a + \frac{e^2}{12a}$, ou qu'on aura foin que le centre de gravité ne foit pas plus haut que $\frac{1}{2} a^2 + \frac{e^2}{12a}$, on pourra être affuré de la ftabilité du parallélipipede. Il ajoute, en même temps, que cette quantité exprimant la hauteur à laquelle le centre de gravité peut être placé fans rifque, on peut, avec raifon, donner le nom de *Métacentre* au point qui la termine.

L'erreur à laquelle peut conduire cette conclufion de M. *Bouguer*, en ne confidérant pas les chofes avec le foin qu'il recommande, eft palpable ; car l'expreffion $\frac{e^2}{12a}$ fait voir clairement que plus a fera petit, plus la hauteur du Métacentre fera grande, & par conféquent la ftabilité du parallélipipede : de forte que fi *a* devenoit infiniment petite, on pourroit placer le centre de gravité à une hauteur infinie, fans que le parallélipipede perdît rien de fa ftabilité ; conféquence dont chacun peut appercevoir l'abfurdité à la premiere vue. Cependant la conféquence dont il s'agit ici eft certaine, lorfque les angles de la bafe ne fortent pas du Fluide , & c'eft fur cette fuppofition que l'Auteur a fondé fon raifonnement. Mais lorfque *a* eft fort petite, il eft fi facile que les angles de la bafe fortent du Fluide, quoiqu'on fuppofe l'inclinaifon infiniment petite, qu'on reconnoît clairement l'erreur dans laquelle on peut tomber.

Cette erreur n'a pas feulement lieu dans le cas du parallélipipede, elle s'étend aux autres corps, parce que le défaut vient de la fuppofition qu'on fait en fe bornant à l'examen des feules inclinaifons infiniment petites, qui eft que la fection de la fuperficie du Fluide, ainfi que le plan qui coïncide avec l'axe, & divife le corps en deux parties égales, font toujours les mêmes ; ce qui eft très-éloigné d'être certain, lorfque le corps occupe peu d'efpace dans le Fluide, & que la puiffance π qui agit fur lui, eft très-confidérable ; car la même puiffance qui ne produit qu'une inclinaifon infiniment petite, quand le corps occupe beaucoup d'efpace dans le Fluide, en produira une très-fenfible, lorfqu'il en occupe peu ; & dans ce cas, la fuppofition qu'on fait, que l'inclinaifon eft infiniment petite, eft fauffe, quelque petite qu'on fuppofe la puiffance. A tout cela on doit ajouter que le poids du corps varie de la quantité π, & cette différence, à laquelle on n'a jamais fait attention, eft d'autant plus confidérable, que le poids du corps eft plus petit.

PROPOSITION LXXV.

(895.) *Trouver l'inclinaifon que prendra le même parallélipipede rectangle, lorfque quelqu'un de fes angles de la bafe fortira du Fluide.*

Les moments qu'éprouve le parallélipipede font (867.) $=$

$$mb\left(\frac{(a+e\,fin\,\Delta)^3-a^3}{6\,cof\,\Delta^2}-\frac{n((a+e\,fin\,\Delta)^2-a^2)}{2\,cof\,\Delta}\right)+\ldots\ldots\ldots\ldots\ldots$$

$mb\left(e(g-e)(a+\tfrac{1}{2}c\,fin\,\Delta)+\tfrac{1}{2}e^2(a+\tfrac{5}{3}e\,fin\,\Delta)\right)*$; mais, à caufe que, dans ce cas, $e=EF$, $g=FM$, & $a=0$, ces moments fe réduifent à $mb\left(\frac{e^3\,fin\,\Delta^3}{6\,cof\,\Delta^2}-\frac{ne^2\,fin\,\Delta^2}{2\,cof\,\Delta}+\tfrac{1}{2}ge^2\,fin\,\Delta-\tfrac{1}{6}e^3\,fin\,\Delta\right)$. La

---

* Voyez le *Scolie* fuivant, *Art.* 896, & la *Note* qui l'accompagne.

force verticale qui agit sur le parallélipipede, est (561.) $=\,.\,.$ $\frac{1}{2}mbe.DF = P + \pi$, ou, en nommant ζ la ligne DF, $\frac{1}{2}mbe\zeta = P + \pi$; ce qui donne $e = \dfrac{P+\pi}{\frac{1}{2}mb\zeta}$, & $\dfrac{\text{\textit{fin}}\ \Delta}{\text{\textit{cof}}\ \Delta} = \dfrac{\zeta}{e} = \dfrac{\frac{1}{2}mb\zeta^2}{P+\pi}$. Nous aurons donc

$$\pi(q\,\text{\textit{fin}}\,\Delta + p\,\text{\textit{cof}}\,\Delta) = mb\left(\frac{e^3\,\text{\textit{fin}}\,\Delta^3}{6\,\text{\textit{cof}}\,\Delta^2} - \frac{n\,e^2\,\text{\textit{fin}}\,\Delta^2}{2\,\text{\textit{cof}}\,\Delta} + \tfrac{1}{2}ge^2\,\text{\textit{fin}}\,\Delta + \tfrac{1}{6}e^3\,\text{\textit{fin}}\,\Delta\right),$$

ou, en divisant par $\text{\textit{fin}}\ \Delta$, & substituant les valeurs de e & de $\dfrac{\text{\textit{fin}}\ \Delta}{\text{\textit{cof}}\ \Delta}$,

$$\pi\left(q + \frac{p(P+\pi)}{\frac{1}{2}mb\zeta^2}\right) = mb\left(\frac{(P+\pi)\zeta}{\frac{1}{3}mb} - \frac{n(P+\pi)}{mb} + \frac{g\,(P+\pi)^2}{\frac{1}{2}\,m^2b^2\zeta^2} - \frac{(P+\pi)^3}{\frac{3}{4}m^3b^3\zeta^3}\right) : \text{équa-}$$

tion qui donne en réduisant

$$\left.\begin{array}{l} \zeta^4 - 3n\zeta^3 + \dfrac{6g(P+\pi)\zeta}{mb} - \dfrac{4(R+\pi)^2}{m^2b^2} \\[2ex] \qquad - \dfrac{3\pi q\zeta^3}{P+\pi} - \dfrac{6p\pi\zeta}{mb} \end{array}\right\} = 0.$$

Ayant trouvé la valeur de ζ par cette équation, on aura celle de $e = \dfrac{P+\pi}{\frac{1}{2}mb\zeta}$, & par conséquent les deux points D & E, qui donnent la position de la superficie du Fluide, & par conséquent l'inclinaison du parallélipipede.

SCOLIE I.

(896.) Les moments que la base éprouve dans le cas présent, ne font pas les mêmes que ceux qu'elle éprouve dans le précédent. Pour les moments du cas précédent, on a (863.) $r\,\text{\textit{fin}}\,x = g - \dfrac{x}{\text{\textit{fin}}\ \Delta}$ & pour ceux dont il est ici question, à cause de $e < 2g$, on a $r\,\text{\textit{fin}}\,x = g - \dfrac{x}{\text{\textit{fin}}\ \Delta} - (2g - e) = e - g - \dfrac{x}{\text{\textit{fin}}\ \Delta}$ *. Mettant donc dans la formule $mb\left(ge\left(a + \frac{1}{2}e\,\text{\textit{fin}}\,\Delta\right) - \frac{1}{2}e^2\left(a + \frac{2}{3}e\,\text{\textit{fin}}\,\Delta\right)\right)$, qui exprime les moments du cas précédent, $e - g$ pour g seul, nous aurons l'expression des moments pour le cas présent $=\,.\,.\,.\,.\,.\,.\,.$ $mb\left(e(e-g)\left(a + \frac{1}{2}e\,\text{\textit{fin}}\,\Delta\right) - \frac{1}{2}e^2\left(a + \frac{2}{3}e\,\text{\textit{fin}}\,\Delta\right)\right)$; ou, à cause qu'ils font négatifs, $mb\left(e(g-e)\left(a + \frac{1}{2}e\,\text{\textit{fin}}\,\Delta\right) + \frac{1}{2}e^2\left(a + \frac{2}{3}e\,\text{\textit{fin}}\,\Delta\right)\right)$, comme nous l'avons supposé (895.).

---

* Car $EY = \dfrac{x}{\text{\textit{fin}}\ \Delta}$, & par conséquent $YM = AM - EY - AE = g - \dfrac{x}{\text{\textit{fin}}\ \Delta} - AE$: or $AE = AF - EF = 2g - e$, donc $YM = g - \dfrac{x}{\text{\textit{fin}}\ \Delta} - (2g - e) = e - g - \dfrac{x}{\text{\textit{fin}}\ \Delta}$: donc enfin OW, ou $\dfrac{r\,\text{\textit{fin}}\,x}{\text{\textit{fin}}\,x} = \dfrac{e-g}{\text{\textit{fin}}\,\Delta} - \dfrac{x}{\text{\textit{fin}}\,\Delta^2}$; d'où l'on tire $r\,\text{\textit{fin}}\,x = e - g - \dfrac{x}{\text{\textit{fin}}\,\Delta}$, à cause que $\text{\textit{fin}}\,x = \text{\textit{fin}}\,\Delta$.

COROLLAIRE.

COROLLAIRE.

(897.) Si l'on avoit $\pi = 0$, l'équation se réduiroit à $z^4 - 3nz^3 + \frac{6gPz}{mb} - \frac{4P^2}{m^2b^2} = 0$; ou en substituant pour P sa valeur $2mbga$, & mettant, comme ci-dessus, e pour toute la longueur $2g$ de la base, on aura $z^4 - 3nz^3 + 3e^2az - 4e^2a^2 = 0$ *.

SCOLIE II.

(898.) Supposant que la stabilité du parallélipipede doive se conserver lorsqu'on a $n < \frac{1}{2}a + \frac{e^2}{12a}$, faisons $n = \frac{e^2}{12a}$; & , pour simplifier l'équation, faisons $e = 12a$, elle se réduira à $z^4 - 36az^3 + 432a^3z - 576a^4 = 0$. La plus petite racine de cette équation est moindre que $2a$ ** ; & comme il faut que z devienne $= 2a$, pour que l'angle de la base commence à sortir du Fluide, il est clair que cette plus petite racine ne peut être d'aucune utilité pour notre objet ***. La seconde racine est à très-peu-près, $z = \frac{24}{10}a$, & encore cette quantité $\frac{24}{10}a$ est un peu moindre que la vraie racine ; de sorte qu'en la substituant dans l'équation à la place de z, l'expression qui en résulte est négative. Ceci prouve que si quelque force étrangere oblige le parallélipipede à s'incliner de façon qu'un de ses côtés soit submergé de $\frac{24}{10}a$, ou, ce qui est équivalent, de façon qu'elle l'oblige à s'incliner de $13°\frac{1}{2}$ ****, le parallélipipede tombera tout-à-coup, en continuant de s'incliner jusqu'à ce qu'il ait atteint la position qui correspond à la quatrieme racine, parce que la troisieme étant négative, elle ne peut nullement servir pour ce cas. Cette quatrieme racine est à peu près $z = 35a$, & équivaut à une

---

* En suivant toujours l'esprit de la deuxieme & troisieme note de l'*Art.* 884, il ne seroit pas nécessaire d'anéantir le poids π pour parvenir à la même équation, il suffiroit de le supposer placé au centre de gravité ; car alors les quantités p & q sont chacune $= 0$, & $P + \pi = 2mbg$, ou $= mbe$. On voit, sans peine, que a exprime ici la profondeur verticale dont le parallélipipede est submergé dans le Fluide, lorsqu'il est dans une situation horisontale. (884.)

** Les plus legeres notions de l'Algebre commune suffisent pour trouver ces racines. On suivra la méthode d'approximation qui est exposée à l'*Art.* 226 de la troisieme partie du *Cours de Mathématiques* de M. *Bezout*.

*** Car, lorsque l'angle de la base commence à sortir du Fluide, on a, dans la supposition présente de $e = 12a$, $z = 12a\frac{\sin\Delta}{\cos\Delta}$; mais $\cos\Delta : \sin\Delta :: 6 : 1$, donc $\frac{\sin\Delta}{\cos\Delta} = \frac{1}{6}$, & par conséquent $z = 2a$.

**** Pour trouver cette inclinaison, il faut se rappeller que l'angle de la base étant hors du Fluide, la quantité $e = EF$, n'est plus $= 2g = 12a$. Pour en trouver la valeur, il faut avoir

inclinaifon de plus de 88° à peu près : donc, quand une puiffance étrangere fera incliner le parallélipipede de 13°$\frac{1}{2}$, il tombera tout-à-coup jufqu'à l'inclinaifon de 88°. On voit donc par-là combien ce corps eft éloigné de conferver fa ftabilité. On trouveroit encore de plus grandes différences, en fuppofant *a* plus petite ; mais il fuffit, pour notre objet, de comprendre que la fureté, ou la confervation de la ftabilité ne peut être fondée que fur la fuppofition que les puiffances étrangeres ne puiffent donner au corps une inclinaifon plus grande que celle qui correfpond à la feconde racine : cette limite étant paffée, la ftabilité fe perd entiérement, & le corps prend une inclinaifon prefque totale.

Proposition LXXVI.

(899.) *Trouver l'inclinaifon que prendra un corps quelconque, flottant fur un Fluide, fi on lui ajoute un nouveau poid dans un point déterminé du plan vertical, perpendiculaire à l'axe de rotation, qui paffe par le centre de gravité.*

Comme dans ce cas, on a encore $u = 0$, le moment qui agit fur le corps eft (830.) $= m\int cxdx \left(\frac{ydy}{dx} + k - x \right) = m\int cxydy - m\int cxdx (k - x)$. Mais le fecond terme de cette expreffion s'évanouit, à caufe que les moments négatifs de la partie choquée font égaux aux moments pofitifs de la partie choquante ; ainfi cette expreffion fe réduit à $m\int cxydy$. Or le moment du poids eft $= \pi (q \fin \Delta + p \cof \Delta)$, on aura donc également . . . . $\pi (q \fin \Delta + p \cof \Delta) = m\int cxydy$. Subftituant dans le fecond membre de cette queftion, la valeur de y & celle de dy, en x

---

recours à l'équation $e = \dfrac{P + \pi}{\frac{1}{2}mb\chi}$, (895.), laquelle devient $e = \dfrac{24a^2}{\chi}$, en y fubftituant pour $P + \pi$, fa valeur $2mbga$, & enfuite pour g fa valeur $6a$. Cette équation donnera $e = 10a$, en mettant pour χ fa valeur $\frac{24}{10}a$. Ayant donc les valeurs de χ & de e, on aura facilement celle de Δ, par l'équation $\dfrac{\fin \Delta}{\cof \Delta} = \dfrac{\chi}{e}$, ou, ce qui eft la même chofe, en confidérant le triangle *DEF*, qui donne $EF : DF :: 1 : Tang\ FED$, ou $e : \chi :: 1 : Tang\ \Delta$, ou enfin, $10 : \frac{24}{10}$ $:: 1 : Tang\ \Delta = \dfrac{6}{25}$. L'angle d'inclinaifon eft donc celui dont la tangente eft les $\frac{6}{25}$ du rayon ; c'eft-à-dire, $= 24000$ (le rayon des tables ordinaires étant $= 100000$), & cette tangente répond à 13° 30' à peu près. En procédant ainfi pour la quatrieme racine $\chi = 35a$, on trouvera $e = \frac{24}{35}a$, $Tang\ \Delta = \dfrac{1225}{24}$ du rayon, c'eft-à-dire $= 5104166$, ce qui répond à 88° 53'.

& *dx*, qu'on tirera de l'équation qui réfulte de la figure & de la difpofition du corps; intégrant enfuite, & fubftituant la plus grande valeur de *x*, déduite de l'équation $P + \pi = m \int cxdy$ qui a lieu entre le poids $P + \pi$ & la force verticale $m\int cxdy$, qui agit fur le corps, on aura une nouvelle équation, de laquelle on tirera la valeur de *fin* Δ.

C O R O L L A I R E I.

(900.) Si l'inclinaifon étoit infiniment petite, on pourroit fubftituer à la place de $m\int cxydy$, la quantité $\left(\pm HP + \frac{m}{12}\int ce^3\right) fin\ \Delta$, qui alors lui eft égale (844.); & l'on auroit $\pi\left(q\,fin\ \Delta + p\right) =$ $\left(\pm HP + \frac{m}{12}\int ce^3\right) fin\ \Delta$; ce qui donne $fin\ \Delta = \dfrac{p\pi}{\pm HP + \frac{m}{12}\int ce^3 - q\pi}$ *.

C O R O L L A I R E I I.

(901.) Dans les corps formés par la révolution d'une ligne quelconque autour de l'axe horifontal de rotation, le moment eft (838.) $PK\,fin\ \Delta$, P exprimant le poids total du corps, qui, dans le cas préfent, eft $P + \pi$. Subftituant donc dans cette formule le poids $P + \pi$, à la place de P feul, on aura le moment $K\left(P + \pi\right)fin\ \Delta$, & par conféquent $\pi\left(q\,fin\ \Delta + p\,cof\,\Delta\right) = K\left(P + \pi\right)fin\ \Delta$, équation qui donne le finus de l'inclinaifon, ou

$$fin\ \Delta = \frac{\pm p\pi}{\left(\left(K(P+\pi)-q\pi\right)^2 + p^2\pi^2\right)^{\frac{1}{2}}}\ **.$$

C O R O L L A I R E I I I.

(902.) Ayant exprimé par *q* la diftance du centre de gravité O, au plan qui, paffant par le poids additionnel π, eft perpendiculaire à *DOH*. Si nous fuppofons maintenant que *q* n'exprime plus que la diftance de l'axe H au même plan, nous n'aurons qu'à fubftituer $K \pm q$, en place de *q* feul, & l'on aura le finus de l'inclinaifon, ou $fin\ \Delta = \dfrac{\pm p\pi}{\left(\left(KP \mp q\pi\right)^2 + p^2\pi^2\right)^{\frac{1}{2}}}$, ce finus étant celui d'un angle plus grand que 90 degrés, fi à $P - q\pi$ eft négatif.

C O R O L L A I R E I V.

(903.) L'expreffion $fin\ \Delta = \dfrac{\pm p\pi}{\left(\left(KP \mp q\pi\right)^2 + p^2\pi^2\right)^{\frac{1}{2}}}$ ne donnant qu'une

---

* On fuppofe $cof\ \Delta = 1$, comme il convient, puifque l'inclinaifon eft infiniment petite.

** Pour avoir *fin* Δ, il faut fubftituer, en place de $cof\ \Delta$, fa valeur $\left(1 - fin\ \Delta^2\right)^{\frac{1}{2}}$, faire évanouir le radical, & dégager enfuite *fin* Δ.

feule racine, ou valeur de $fin \Delta$, attendu que la valeur négative
ne fert que pour le côté oppofé, lorfque p eft négatif ; il s'enfuit que les moments feront toujours pofitifs depuis l'inclinaifon
correfpondante à cette premiere racine, ou valeur de $fin \Delta$,
qu'on incline comme on voudra un corps formé par la révolution
d'une ligne quelconque autour d'une axe horifontal.

COROLLAIRE V.

(904.) Comme KP ne fe trouve que dans le dénominateur,
plus cette quantité fera grande, plus la valeur de $fin \Delta$ fera petite.

PROPOSITION LXXVII.

(905.) *Trouver l'inclinaifon que prendra un corps quelconque,
qui, flottant fur un Fluide, eft pouffé par une Puiffance conftante
horifontale, & perpendiculaire à l'axe de rotation, qu'on fuppofe
également horifontal ; cette puiffance étant placée dans la verticale qui
paffe par le centre de gravité.*

Les moments qui agiffent fur le corps font (830.) $= \ldots \ldots$
$m\int cy dy (x^{\frac{1}{2}} \pm \frac{1}{6} u fin \theta)^2 + m\int cdx (k - x)(x^{\frac{1}{2}} \pm \frac{1}{6} u fin \theta)^2$. Suppofant maintenant que O eft fon centre de gravité, & que l'angle $AOB = \Delta$
eft l'inclinaifon qu'il auroit prife à l'égard de la verticale BO, fi la
puiffance π, dont la direction eft l'horifontale CA, agiffoit au point A ;
& fi l'on fait de plus $AO = q$, il eft clair qu'on aura le moment
avec lequel la puiffance π agit fuivant $CD = q\pi\, cof\, \Delta$. Cela pofé,
nous aurons les trois équations fuivantes $\ldots \ldots \ldots \ldots \ldots$

$$q\pi\, cof\, \Delta = m\int cy dy (x^{\frac{1}{2}} \pm \frac{1}{6} u fin \theta)^2 + m\int cdx (k - x) (x^{\frac{1}{2}} \pm \frac{1}{6} u fin \theta)^2.$$
$$P + \pi\, fin\, \Delta . cof\, \Delta = m\int cdy (x^{\frac{1}{2}} \pm \frac{1}{6} u fin \theta)^2 \ldots \ldots \ldots \ldots$$
$$\pi\, cof\, \Delta^2 = m\int cdx (x^{\frac{1}{2}} \pm \frac{1}{6} u fin \theta)^2\, *.$$

Subftituant, dans ces équations, les valeurs de $fin \theta$, de y &

---

* Car la force π qui agit fuivant l'horifontale CA, peut être décompofée en deux autres, l'une
perpendiculaire à AO, repréfentée par CD, & l'autre dirigée fuivant OA, qui eft exprimée par
AD. La confidération de cette derniere force eft inutile, puifque fa direction paffant par le centre
de gravité, elle ne peut produire aucune rotation (138.). Quant à la force CD, elle eft $= \pi\, cof\, \Delta$, &
par conféquent fon moment $= q\pi\, cof\, \Delta$; or ce moment eft égal à la fomme des moments qu'é-
prouve le corps de la part du Fluide, puifqu'il doit leur faire équilibre dans l'inclinaifon ; c'eft
ce qui donne la premiere équation. La force perpendiculaire CD peut également être décompofée en deux autres, l'une verticale, repréfentée par $DE = \pi\, cof\, \Delta . fin\, \Delta$, & l'autre horifontale, repréfentée par $CE = \pi\, cof\, \Delta^2$. La premiere étant ajoutée au poids P, équivaut à la
fomme des forces verticales qui agiffent fur le corps (561.) ; & la force horifontale $\pi\, cof\, \Delta^2$
eft égale la fomme des forces horifontales, c'eft ce qui fournit la feconde & la troifieme équation.

de dy, exprimées en x & dx, déduites de l'équation que donnera
la figure & la difposition du corps, & intégrant réellement, on aura
trois autres équations, par lefquelles on trouvera les valeurs de x,
de u, & de Δ.

PROPOSITION LXXVIII.

(906.) *Trouver l'inclinaifon que prendra un cylindre qui flotte
horifontalement, ce cylindre étant pouffé par une puiffance conftante π,
horifontale, & perpendiculaire à l'axe ; & cette puiffance étant placée
dans le plan vertical qui paffe par le centre de gravité.*

Les moments qui agiffent fur le cylindre, lorfqu'il n'eft foumis
à l'action d'aucune puiffance, font (870.) $= K (N \cos \Delta + Q \sin \Delta)$,
N exprimant la réfiftance horifontale, & Q les forces verticales. Or
lorfque ce cylindre a acquis fa plus grande vîteffe, on a $N = \pi \cos \Delta^2$,
& $Q = P + \pi \sin \Delta . \cos \Delta$ (*Voyez la Note de l'Art. précédent*) : donc,
en fubftituant ces valeurs, nous aurons . . . .
$K (\pi \cos \Delta^3 + P \sin \Delta + \pi \sin \Delta^2 . \cos \Delta) = q \pi \cos \Delta$, ou en divifant par
$K \cos \Delta$, & mettant l'unité en place de $\cos \Delta^2 + \sin \Delta^2$, $\pi + \frac{P \sin \Delta}{\cos \Delta} = \frac{q \pi}{K}$:
ou enfin $\frac{P \sin \Delta}{\cos \Delta} = \frac{q \pi - K \pi}{K} = \frac{\pi (q - K)}{K}$: mais $\frac{\sin \Delta}{\cos \Delta}$ eft l'expreffion de la
tangente de l'angle de l'inclinaifon que prendra le cylindre, ou
$Tang \Delta$: donc on aura $Tang \Delta = \frac{\pi (q - K)}{KP}$.

COROLLAIRE I.

(907.) Si l'on vouloit une folution pour le cas particulier dans
lequel la vîteffe du cylindre eft zero, ou dans lequel un axe horifontal fixe, qui paffe par le centre de gravité, affujettit le cylindre, de façon à empêcher fon mouvement horifontal & vertical, & à lui laiffer feulement le mouvement de rotation autour de
cet axe ; il n'y auroit qu'à retrancher les quantités qui dépendent de ces mouvements empêchés, laiffant feulement le mo-
ment $KP \sin \Delta$ (871.), & l'on auroit $KP \sin \Delta = q \pi \cos \Delta$, ce qui
donne $Tang \Delta = \frac{q \pi}{KP}$.

COROLLAIRE II.

(908) La tangente de l'inclinaifon, le cylindre étant libre,
eft à la même tangente, le cylindre tournant fur un axe fixe, comme
$q - K$ eft à q, ou comme la diftance de la puiffance à l'axe du

cylindre, eſt à la diſtance de la même puiſſance, au centre de gravité.

COROLLAIRE III.

(909.) Ces mêmes moments $KP \sin \Delta$, qui ont été trouvés pour le cylindre, ont également lieu pour tout corps formé par la révolution d'une ligne quelconque, autour d'un axe horiſontal. On aura donc pour tous ces corps, dans le cas où l'on ſuppoſe l'axe fixe, la ſtabilité, ou la tangente de l'inclinaiſon $= Tang \, \Delta = \frac{q\pi}{KP}$, cette Tangente étant plus grande que celle qui a lieu lorſque ces corps ſont libres, ou avec leur mouvement horiſontal.

COROLLAIRE IV.

(910.) La même choſe arrive dans un corps quelconque, quoiqu'il ne ſoit pas formé par la révolution d'une ligne autour d'un axe horiſontal, avec cette ſeule différence que la quantité K eſt variable, ſelon les différentes inclinaiſons.

COROLLAIRE V.

(911) Nous avons trouvé (838.) $K \sin \Delta = h$, h exprimant la diſtance horiſontale du centre de gravité à la verticale, qui paſſe par le centre de volume. Donc on aura $K = \frac{h}{\sin \Delta}$; & cette valeur étant ſubſtituée dans l'équation $Tang \, \Delta = \frac{q\pi}{KP}$, donne $Tang \, \Delta = \frac{q\pi \sin \Delta}{hP} = \frac{\sin \Delta}{\cos \Delta}$. Donc $\cos \Delta = \frac{hP}{q\pi}$; & par conſéquent $\sin \Delta^2 = \frac{q^2\pi^2 - h^2 P^2}{q^2\pi^2}$.

CHAPITRE XII.

Des Moments qui agiſſent ſur les corps, lorſqu'ils tournent librement dans des Fluides, ſur un axe quelconque qui paſſe par leur centre de gravité.

PROPOSITION LXXIX.

(912.) *TROUVER les moments qui agiſſent ſur un corps quelconque, tournant ſur un axe qui paſſe par ſon centre de gravité.*

Soit diviſé la ſurface du corps en petits quadrilateres, ſenſiblement plans, par des plans horifontaux & verticaux, & cherchant la force pofitive ou négative qui agit fur chacun de ces petits quadrilateres, fuivant la direction de fon mouvement, on la multipliera par la diftance perpendiculaire du petit quadrilatere à l'axe de rotation. Prenant enfuite la fomme de tous les produits, on aura les moments totaux qu'on cherche.

La force horifontale, qui agit fur un petit quadrilatere, choquant, ou choqué, eft (624.) $=$ . . . .
$$mc\left(Da\pm\tfrac{1}{6}u\,fin\,\theta((D+\tfrac{1}{2}a)^{\frac{3}{2}}-(D-\tfrac{1}{2}a)^{\frac{3}{2}})+\tfrac{1}{64}u^2a\,fin\,\theta^2\right),$$
laquelle étant réduite à une direction quelconque devient $=$ . . . .
$$\frac{mb\,fin\,x}{fin\,n}\left(Da\pm\tfrac{1}{6}u\,fin\,\theta((D+\tfrac{1}{2}a)^{\frac{3}{2}}-(D-\tfrac{1}{2}a)^{\frac{3}{2}})+\tfrac{1}{64}u^2a\,fin\,\theta^2\right).$$

Suppofons maintenant que r exprime la diftance perpendiculaire du petit quadrilatere à l'axe, le moment qui agit fur cette petite furface fera $=\dfrac{mbr\,fin\,x}{fin\,n}\left(Da\pm\tfrac{1}{6}u\,fin\,\theta((D+\tfrac{1}{2}a)^{\frac{3}{2}}-(D-\tfrac{1}{2}a)^{\frac{3}{2}}+\tfrac{1}{64}u^2a\,fin\,\theta^2\right)$; & le moment total, c'eft-à-dire, celui qui agit fur tout le corps fera $=m\displaystyle\int\frac{br\,fin\,x}{fin\,n}\left(Da\pm\tfrac{1}{6}u\,fin\,\theta((D+\tfrac{1}{2}a)^{\frac{3}{2}}-(D-\tfrac{1}{2}a)^{\frac{3}{2}})+\tfrac{1}{64}u^2a\,fin\,\theta^2\right).$

COROLLAIRE I.

(913.) Les moments de l'une & de l'autre dénivellation feront par conféquent $=$ . . . .
$$m\int\frac{br\,fin\,x}{fin\,n}\left(Da-\tfrac{1}{6}u\,fin\,\theta((D+\tfrac{1}{2}a)^{\frac{3}{2}}-(D-\tfrac{1}{2}a)^{\frac{3}{2}})+\tfrac{1}{64}u^2a\,fin\,\theta^2\right).$$

COROLLAIRE II.

(914.) Si, une des moitiés du corps eft égale & femblable à l'autre moitié, de forte que les quantités r, $fin\,\theta$, $fin\,n$, D & a, de l'une des moitiés, foient égales aux mêmes quantités correfpondantes de l'autre moitié, en fommant les moments qui agiffent fur chaque paire de petits quadrilateres correfpondants dans l'une & dans l'autre moitié, on trouvera le moment qui agit fur tout le corps $=\tfrac{1}{3}m\displaystyle\int\frac{bru\,fin\,x\,.fin\,\theta}{fin\,n}\left((D+\tfrac{1}{2}a)^{\frac{3}{2}}-(D-\tfrac{1}{2}a)^{\frac{3}{2}}\right)=$ . . . .
$$\tfrac{1}{2}m\int\frac{bruD^{\frac{1}{2}}a\,fin\,x\,.fin\,\theta}{fin\,n}\left(1-\frac{a^2}{96D^2}-\frac{a^4}{2048\,D^4}-\&c.\right);$$
ou fi l'on néglige tous les termes de la férie excepté le premier, $=$ . . . .
$$\tfrac{1}{2}m\int\frac{bru\,D^{\frac{1}{2}}a\,fin\,x\,.fin\,\theta}{fin\,n}.$$

COROLLAIRE III.

(915.) Si l'on appelle V la vîtesse angulaire avec laquelle tourne le corps, on aura (131.) $V = \frac{udt}{r}$, & $u = \frac{rV}{dt}$, substituant cette valeur de u dans l'expression des moments ; ils seront encore exprimés par . . . .

$$m \int \frac{br \sin x}{\sin n} \left(Da \pm \frac{rV \sin \theta}{6\,dt} \left((D + \tfrac{1}{2}a)^{\frac{3}{2}} - (D - \tfrac{1}{2}a)^{\frac{3}{2}} \right) + \frac{r^2 V^2 a \sin \theta^2}{64\,dt^2} \right).$$

COROLLAIRE IV.

(916.) Les moments de l'une & de l'autre dénivellation seront par conséquent = ...

$$m \int \frac{br \sin x}{\sin n} \left(Da - \frac{rV \sin \theta}{6\,dt} \left((D + \tfrac{1}{2}a)^{\frac{3}{2}} - (D - \tfrac{1}{2}a)^{\frac{3}{2}} \right) + \frac{r^2 V^2 \sin \theta^2}{64\,dt^2} \right).$$

COROLLAIRE V.

(917.) Si l'une des moitiés du corps étoit égale & semblable à l'autre moitié, de sorte que les quantités r, $\sin \theta$, $\sin x$, $\sin n$, D & a d'une moitié, fussent égales aux mêmes quantités correspondantes de l'autre moitié, en sommant les moments qui agissent sur deux petits quadrilateres correspondants dans l'une & dans l'autre moitié ; on trouvera que le moment total, ou celui qui agit sur tout le corps sera $= \tfrac{1}{3} m \int \frac{br^2 V \sin x . \sin \theta}{dt \sin n} \left((D + \tfrac{1}{2}a)^{\frac{3}{2}} - (D - \tfrac{1}{2}a)^{\frac{3}{2}} \right) =$

$$\tfrac{1}{2} m \int \frac{br^2 V \sin x . \sin \theta\, D^{\frac{1}{2}} a}{dt \sin n} \left(1 - \frac{a^2}{96\,D^2} - \frac{a^4}{2048\,D^4} - \&c. \right).$$

COROLLAIRE VI.

(918.) Si l'on exprimoit les surfaces du corps par une équation algébrique, on pourroit substituer $D + x$ à la place de D, & dx à la place de a : par cette substitution les moments deviendroient $= m \int \frac{br \sin x}{\sin n} dx \left(D + x \pm \frac{rV \sin \theta}{4\,dt} (D + x)^{\frac{1}{2}} + \frac{r^2 V^2 \sin \theta^2}{64\,dt^2} \right)$; ou si le corps flotte, ils seroient $= m \int \frac{br \sin x\, dx}{\sin n} \left(x^{\frac{1}{2}} \pm \frac{rV \sin \theta}{8\,dt} \right)^2 *$.

COROLLAIRE VII.

(919.) Si l'une des moitiés du corps étoit égale & semblable à l'autre moitié, de sorte que les quantités r, $\sin \theta$, $\sin x$, $\sin n$,

---

* Car alors $D = 0$ (587.).

D & a

D & a d'une des moitiés, fuſſent égales aux mêmes quantités, correſpondantes de l'autre moitié, l'expreſſion des moments ſeroit $=$ $\frac{1}{2}mV\int\frac{br^2(D+x)^{\frac{1}{2}}dx\,ſin\,x.\,ſin\,\theta}{dt\,ſin\,n}$; & ſi le corps étoit flottant, cette expreſſion deviendroit $=\frac{1}{2}mV\int\frac{br^2x^{\frac{1}{2}}dx\,ſin\,x.\,ſin\,\theta}{dt\,ſin\,n}$.

COROLLAIRE VIII.

(920.) Les moments qui agiſſent ſur le corps ſeront donc, proportionnels à $\frac{V}{dt}$, ou ſeront égaux à une quantité conſtante quelconque, multipliée par $\frac{V}{dt}$ *.

COROLLAIRE IX.

(921.) Si le corps étoit formé par la révolution d'une ligne quelconque, autour de l'axe même qui paſſe par ſon centre de gravité, & ſur lequel tourneroit le corps, on auroit $ſin\,x=0$, & par conſéquent les moments ſeront auſſi égaux à zero.

PROPOSITION LXXX.

(922.) *Décompoſer les moments qui agiſſent ſur un corps, dont les moitiés ſont égales & ſemblables, & qui tourne ſur un axe horiſontal, en moments horiſontaux & verticaux.*

Si l'on diviſe par r le moment $\frac{mbruD^{\frac{1}{2}}a\,ſin\,x.\,ſin\,\theta}{2\,ſin\,n}=\frac{mbrux^{\frac{1}{2}}dx\,ſin\,x.\,ſin\,\theta}{2\,ſin\,n}$, qui agit ſur deux petits quadrilateres quelconques correſpondants, la force que ces deux petites ſurfaces exerceront, ſera $=\frac{mbux^{\frac{1}{2}}dx\,ſin\,x.\,ſin\,\theta}{2\,ſin\,n}$. Or la vîteſſe u peut être décompoſée dans la vîteſſe horiſontale $\frac{u(k-x)}{r}$, & dans la verticale $\frac{uy}{r}$; k exprimant la diſtance du centre de gravité à la ſuperficie du Fluide ; x la diſtance verticale du petit quadrilatere à la même ſuperficie ; & y la diſtance horiſontale du même petit quadrilatere au plan vertical qui coïncide avec l'axe. Subſtituant donc ſucceſſivement ces valeurs à la place de u ſeul dans l'expreſſion de la force, cette derniere ſe trouvera compoſée de deux autres, comme il ſuit : $\frac{mbux^{\frac{1}{2}}dx(k-x)\,ſin\,x.\,ſin\,\theta+mbuyx^{\frac{1}{2}}dx\,ſin\,x\,ſin\,\theta}{2\,r\,ſin\,n}$. Mais

---

* Cela eſt évident ; car, après l'intégration faite, la quantité qui multiplie $\frac{V}{dt}$ dans l'expreſſion des moments, eſt conſtante pour le même corps.

la premiere de ces forces provenant d'un mouvement horifontal, on a, pour ce cas (584.), $\sin\theta = \sin\lambda.\sin n$; & la feconde provenant d'un mouvement vertical, on aura (585.), $\sin\theta = \cos n$; la force dont il s'agit fera donc compofée de ces deux . . . .

$$\frac{mbux^{\frac{1}{2}}dx}{2\,r\sin n}\left(\sin x.\sin\lambda.\sin n(k-x) + y\sin x.\cos n\right).$$ Chacune de ces parties peut encore être décompofée en deux autres, l'une horifontale, & l'autre verticale, en faifant, dans le premier cas (572 , 573 , 577 & 580.) $\sin x = \sin\lambda.\sin n$; & dans le fecond, $\sin x = \cos n$; ainfi les quatre parties dans lefquelles la force fera divifée, feront =

$$\frac{mbux^{\frac{1}{2}}dx}{2\,r\sin n}\left(\sin\lambda^2.\sin n^2(k-x) + \sin\lambda.\sin n.\cos n(k-x) + y\sin\lambda.\sin n.\cos n + y\cos n^2\right)$$

Pour avoir maintenant les moments horifontaux & verticaux de cette force, on doit multiplier les parties $\sin\lambda^2.\sin n^2(k-x) + y\sin\lambda.\sin n.\cos n$, par $k-x$, diftance verticale du petit quadrilatere au plan horifontal qui paffe par le centre de gravité ; & les parties $\sin\lambda.\sin n.\cos n(k-x) + y\cos n^2$, par y, diftance horifontale du même petit quadrilatere au plan vertical qui coïncide avec l'axe. Les moments qui agiffent fur les deux petits quadrilateres correfpondants feront donc = ...

$$\frac{mbux^{\frac{1}{2}}dx}{2\,r\sin n}\left(\sin\lambda^2.\sin n^2(k-x)^2 + 2\sin\lambda.\sin n.\cos n.(k-x)\,y + y^2\cos n^2\right) =$$

$$\frac{mbux^{\frac{1}{2}}dx}{2\,r\sin n}\left(\sin\lambda.\sin n\,(k-x) + y\cos n\right)^2,$$ ou, en faifant $\frac{udt}{r} = V$, ce qui donne $u = \frac{Vr}{dt}$, ces moments feront = ...

$$\frac{mbVx^{\frac{1}{2}}dx}{2\,dt\sin n}\left(\sin\lambda.\sin n(k-x) + y\cos n\right)^2.$$ Enfin la fomme de tous les moments qui agiffent fur le corps entier fera = ...

$$\frac{\frac{1}{2}mV}{dt}\int\frac{bx^{\frac{1}{2}}dx}{\sin n}\left(\sin\lambda.\sin n\,(k-x) + y\cos n\right)^2 = \ldots\ldots\ldots\ldots$$

$$\frac{\frac{1}{2}mV}{dt}\int cx^{\frac{1}{2}}dx\left(\sin\lambda.\sin n(k-x)^2 + 2y(k-x)\cos n + \frac{y^2\cos n^2}{\sin\lambda.\sin n}\right)*.$$

PROPOSITION LXXXI.

(923.) *Réduire les moments qui agiffent fur un corps dont les moitiés font égales & femblables, & qui tourne, fur un axe vertical, à deux moments horifontaux perpendiculaires entre eux.*

---

* Car $b = \dfrac{c}{\sin\lambda}$, Art. 575.

Soit fuppofé deux plans verticaux perpendiculaires entre eux, & coïncidant avec l'axe ; fuppofant enfuite que la diftance horifontale d'un petit quadrilatere à l'un de ces plans foit nommée ζ, & que la diftance à l'autre foit nommée y ; on décompofera la vîteffe u en deux autres paralleles aux mêmes plans, lefquelles vîteffes feront $\frac{u\zeta}{r}$ & $\frac{uy}{r}$. Si l'on fubftitue maintenant ces expreffions

de la vîteffe, en place de u feul, dans l'expreffion $\dfrac{m\,bu\,x^{\frac{1}{2}}\,dx\,\textit{fin}\,\varkappa\,.\textit{fin}\,\theta}{2\,\textit{fin}\,n}$

qui (922.) eft celle de la force qui agit fur deux petits quadrilateres correfpondants ; cette force fera divifée en deux autres,

$$\& = \frac{m\,bu\,x^{\frac{1}{2}}\,dx\,\textit{fin}\,\varkappa\,.\textit{fin}\,\theta}{2\,r\,\textit{fin}\,n}\,(\,\zeta + y\,).$$ Comme ces forces proviennent toutes deux d'un mouvement horifontal, & qu'on demande qu'elles exercent leur action dans la même direction, on a pour toutes les deux $\textit{fin}\,\varkappa$, ainfi que $\textit{fin}\,\theta = \textit{fin}\,\lambda\,.\textit{fin}\,n$ (572 & 584) ; donc

ces forces feront $\dfrac{m\,bu\,x^{\frac{1}{2}}\,dx\,\textit{fin}\,\lambda^{2}\,\textit{fin}\,n^{2}}{2\,r\,\textit{fin}\,n}\,(\,\zeta + y\,) = \dfrac{\frac{1}{2}\,mcV\,x^{\frac{1}{2}}\,dx\,\textit{fin}\,\lambda\,.\textit{fin}\,n}{dt}\,(\,\zeta + y\,).$

Multipliant maintenant chacune de ces forces par la diftance horifontale ζ & y de l'axe à leurs directions, & mettant $d\zeta$ & dy à la place de c, on aura, pour l'expreffion des moments, ...

$$\frac{\frac{1}{2}\,mV\,x^{\frac{1}{2}}\,dx\,\textit{fin}\,\lambda\,.\textit{fin}\,n}{dt}\,(\,\zeta^{2}d\zeta + y^{2}dy\,).$$

S C O L I E   I.

(924.) On a fuppofé, comme on le voit, dans le calcul, non-feulement que les moitiés du corps, prifes de part & d'autre d'un des plans verticaux, font égales & femblables ; mais encore que le fecond plan vertical divife auffi le corps en deux moitiés égales & femblables. C'eft ce qu'on doit avoir préfent à l'efprit, pour ne pas confondre les corps dont il s'agit ici, avec ceux qui ne peuvent être divifés en deux moitiés égales & femblables que par un feul plan vertical.

S C O L I E   I I.

(925.) Quoique la rotation puiffe, fans contredit, fe faire fur un axe quelconque, & fous quelque inclinaifon que ce foit, cependant toutes les rotations poffibles peuvent fe réduire à trois, l'une fur un axe vertical, & les deux autres fur deux axes horifontaux perpendiculaires entr'eux ; nous nous bornerons, pour plus de facilité, à confidérer la rotation feulement fur ces trois axes.

Nous ne la confidérerons même que fur deux axes, l'un vertical &
l'autre horifontal, attendu que tout ce qu'on dira de la rotation
fur ce dernier, s'appliquera également à la rotation fur l'autre axe
horifontal.

PROPOSITION LXXXII.

(926) *Trouver les moments qui agiffent fur un cylindre qui flotte
horifontalement fur un Fluide, & qui tourne fur un axe horifontal parallele à fes côtés, & paffant par le centre de gravité.*

Soit $ABFD$ le cylindre, C fon centre de volume, & CGE une
verticale dans laquelle fe trouve le centre de gravité G. Soit tiré
l'horifontale BF, ainfi que les droites CB, GB, & foit fait $CG
= k$, $CB = R$, $CE = x$, & $BE = y$. Le moment provenant des
forces qui agiffent fur une différencielle horifontale en B, & fur fa
correfpondante en F, eft (919.) $= \dfrac{\frac{1}{2} mbr^2 V x^{\frac{1}{2}} dx \, fin \, x \cdot fin \, \theta}{dt \, fin \, n}$; b exprimant la longueur du cylindre ; $r = GB$; $x = \theta =$ l'angle GBC ;
$fin \, n = fin \, BCE = \dfrac{y}{R}$. Par conféquent on aura $K : fin \, \theta :: r : \dfrac{y}{R}$;
ce qui donne $r \, fin \, \theta = \dfrac{ky}{R}$. Ces valeurs étant fubftituées dans l'expref-
fion des moments, elle deviendra $\dfrac{\frac{1}{2} mb V k^2 y x^{\frac{1}{2}} dx}{R dt} = \dfrac{mb V k^2}{2 R dt} x^{\frac{1}{2}} dx \sqrt{R^2 - x^2}.$

La fomme des moments qui agiffent fur tout le cylindre depuis
l'horifontale BF jufqu'au diametre auffi horifontal AD, fera donc
$= \dfrac{mb V k^2}{2 R dt} \int x^{\frac{1}{2}} dx \sqrt{R^2 - x^2}$; ou, en réduifant $\sqrt{R^2 - x^2}$ en férie, & In-
tégrant, $= \dfrac{mb V k^2}{dt} \left(\frac{1}{3} x^{\frac{3}{2}} - \dfrac{x^{\frac{7}{2}}}{7.2 R^2} - \dfrac{x^{\frac{11}{2}}}{11.8 R^4} - \dfrac{x^{\frac{15}{2}}}{15.16 R^6} - \dfrac{5 x^{\frac{19}{2}}}{19.128 R^8} - \dfrac{7 x^{\frac{23}{2}}}{23.256 R^{10}} - \mathscr{S}c \right)$,
Faifant maintenant $x = R$, les moments qui agiffent fur tout le
demi-cylindre $ABHFD$ feront $= \cdot \cdot \cdot \cdot \cdot \cdot \cdot \cdot \cdot \cdot \cdot \cdot$
$\dfrac{mb V k^2 R^{\frac{3}{2}}}{dt} \left(\frac{1}{3} - \dfrac{1}{7.2} - \dfrac{1}{11.8} - \dfrac{1}{15.16} - \dfrac{5}{19.128} - \dfrac{7}{23.256} - \mathit{\&c.} \right)$, ou, $= \dfrac{6}{25} \cdot \dfrac{mb V k^2 R^{\frac{3}{2}}}{dt}$,
à très-peu près.

COROLLAIRE I.

(927.) Les moments de la dénivellation font négligeables, par
ce qu'on a dit dans la Propofition précédente.

COROLLAIRE II.

(928.) Tous les moments s'évanouiffent lorfqu'on a $k = 0$; c'eft-
à-dire, lorfque le centre de gravité coïncide avec l'axe du cylindre.

CHAPITRE XIII.

De la Vîtesse angulaire avec laquelle les corps flottants tournent sur un axe quelconque.

PROPOSITION LXXXIII.

(929.) *TROUVER la vîtesse angulaire avec laquelle un corps flottant tourne sur un axe quelconque, étant animé par une, ou par plusieurs puissances.*

La vîtesse angulaire est (179.) $V = \frac{dt\int p\,dt}{S}$; $p\pi$ exprimant la somme des moments des puissances qui agissent; t le temps de leur action; & S la somme des moments d'inertie. Substituant donc en place de $p\pi$ les moments qui agissent sur le corps, & qui proviennent des résistances & de l'action des puissances. On aura une équation, de laquelle on tirera la valeur de la vîtesse angulaire V dans quelque instant de l'action que ce soit.

COROLLAIRE I.

(930.) Plus les moments d'inertie seront grands, plus il faudra de temps au corps pour acquérir une vîtesse angulaire donnée.

SCOLIE.

(931.) Les moments $p\pi$, ou leur somme, peuvent provenir de différentes puissances, & ces puissances peuvent être constantes; c'est-à-dire, indépendantes de la vîtesse angulaire V, ou elles peuvent dépendre absolument de cette vîtesse; comme en effet, elles en dépendent lorsqu'elles proviennent de la résistance du Fluide, ainsi que nous l'avons vu dans le *Chapitre* précédent. M. *Bouguer* (*Traité du Navire, liv.* II, *section* III , *Chap. I*, § 3.), & *Léonard Euler*, ont fait abstraction de cette derniere espece de puissance, & même M. *Bouguer* ajoute qu'il néglige ces résistances, à cause que le corps divise très-peu de Fluide; & qu'il en est de la résistance qu'il éprouve, comme de celle que l'air oppose au mouvement des pendules; résistance qui est presque insensible, à cause que la vîtesse angulaire V est très-petite. Mais le cas dont il s'agit ici est très-différent; car les pendules oscilleroient encore avec plus de régularité sans la résistance, au lieu que sans la résistance, les corps ne pourroient pas fe foutenir, dans leur rotation, fur les Fluides. Le feul cas où ceci ait quelque fondement, eft celui où le corps eft formé par la révolution d'un plan quelconque, autour d'un axe qui paffe par le centre de gravité. Dans ce cas, en fuppofant que la rotation, ou ofcillation, fe faffe fur un axe horifontal, fi l'on incline un peu le corps, le moment qui l'obligera à tourner, lorfqu'on l'aura abandonné à lui-même, fera (838.), celui qui réfulte de l'action du Fluide verticalement, lequel eft $= KP\, fin\, \Delta$, expreffion qui devient zero lorfque $K = 0$; mais cette condition de $K = 0$ eft néceffaire pour que les moments réfiftants s'évanouiffent : donc ces moments ne s'évanouiffent, même dans ce cas, que lorfque le corps n'eft animé par aucune action qui le faffe tourner ; c'eft-à-dire, lorfqu'il perd entiérement la ftabilité, & qu'il eft impoffible, dans la pratique, qu'il fe foutienne. La réfiftance des Fluides eft donc, par conféquent, néceffaire dans la rotation des corps. On fera voir dans la fuite que, dans quelques cas, cette réfiftance n'eft pas auffi peu confidérable que l'a cru M. *Bouguer.*

COROLLAIRE II.

(932.) Si l'on avoit $p\pi = 32\, KP\, fin\, \Delta - \dfrac{GV}{dt}$, * K, P & G, étant conftants, on auroit $V = \dfrac{dt \int (32\, KP\, dt\, fin\, \Delta - GV)}{s}$: ou parce

---

*Voici le fondement de cette égalité. Lorfqu'on incline le corps d'une quantité infiniment petite, ou même d'une quantité finie, & qu'on l'abandonne enfuite à lui-même, le moment $p\pi$ qui l'oblige à tourner, eft celui qui réfulte de l'action verticale du Fluide, en faifant abftraction de la réfiftance que le Fluide oppofe à ce mouvement. Or, dans cette expreffion, π repréfente la puiffance, ou la réfultante des puiffances qui animent le corps, ainfi elle eft $= 32\, P$, (52.) ; P exprimant le poids du corps : & la quantité p, eft la diftance horifontale de la direction de la puiffance au plan vertical qui paffe par l'axe de rotation, c'eft-à-dire, au plan *directeur* (167 & 168.), laquelle diftance eft $= K\, fin\, \Delta$ (838 & 839.). Donc le moment $p\pi = 32\, KP\, fin\, \Delta$, abftraction faite du moment des réfiftances qui proviennent de la rotation.

Mais lorfque le corps eft abandonné à lui-même, & qu'il tend à fe rétablir dans fa premiere fituation, il éprouve, de la part du Fluide, une réfiftance qui s'oppofe à fon mouvement, avec une énergie d'autant plus grande, qu'il fe meut, ou tend à fe mouvoir, avec une plus grande vîteffe angulaire. Or (920.) le moment de cette réfiftance eft proportionnel à $\dfrac{V}{dt}$, ou eft égal à $\dfrac{V}{dt}$ multiplié par une quantité conftante ; ainfi en appellant G cette conftante, le moment de la réfiftance fera $= \dfrac{GV}{dt}$.

Cela pofé, il eft évident que le moment total $p\pi$ qui agit fur le corps, tant en vertu de l'action des puiffances que de celle des réfiftances fera $= 32\, KP\, fin\, \Delta - \dfrac{GV}{dt}$.

que (131.) $V = \frac{udt}{K}$, u exprimant la vîtesse d'un point éloigné

de l'axe de la quantité K, on auroit $\frac{udt}{K} = \frac{d\int\left(32\,KP\,dt\,\sin\Delta - \frac{Gadt}{K}\right)}{S}$, &

par conséquent $Su = 32\,K^2\,P\int dt\,\sin\Delta - G\int u\,dt$.

COROLLAIRE III.

(933.) Si l'on suppose $G = 0$, ou, ce qui est la même chose, si l'on fait abstraction des résistances, comme l'ont fait les Auteurs cités ci-dessus, il viendra $V = \frac{dt\int 32\,KP\,dt\,\sin\Delta}{S} = \frac{32\,dt\,KP}{S}\int dt\,\sin\Delta$.

PROPOSITION LXXXIV.

(934.) *Trouver la longueur d'un pendule simple isochrone avec le corps flottant qui oscille sur un axe horisontal.*

Soit L la longueur du pendule simple, on aura (184.) $V = \frac{\xi dt\int dt\,\sin\Delta}{L} = \frac{\omega\,dt}{L}$, en supposant que ω représente la vîtesse du corps dans le pendule : donc $\int dt\,\sin\Delta = \frac{\omega}{\xi}$; mais comme on suppose que les corps décrivent des arcs semblables en temps égaux, on a $\omega : u :: L : K$, & $\omega = \frac{Lu}{K}$; par conséquent on a aussi $\int dt\,\sin\Delta = \frac{Lu}{\xi K} = \frac{Lu}{32\,K}$. Cette valeur étant substituée dans l'équation $Su = 32\,K^2\,P\int dt\,\sin\Delta - G\int u\,dt$, il en résulte $Su = KPLu - G\int u\,dt$. Supposant maintenant que les oscillations soient très-courtes, ou infiniment petites, on pourra supposer l'arc que décrivent les corps égal à son sinus, lequel dans le corps flottant est $= K\sin\Delta$, & par conséquent on aura $udt = Kd\sin\Delta$, & $\int u\,dt = K\sin\Delta$, ce qui donnera $Su = KPLu - GK\sin\Delta$; mais la vîtesse ω au milieu de l'oscillation, est (359.) $= 8\left(\frac{L^2\sin\Delta^2}{2L}\right)^{\frac{1}{2}} = 8\sin\Delta\sqrt{\tfrac{1}{2}L} = \frac{Lu}{K}$,

donc $u = \frac{8K\sin\Delta}{\sqrt{2L}}$. Cette valeur de u étant substituée, donne $\frac{8KS\sin\Delta}{\sqrt{2L}} = \frac{8K^2P\sin\Delta\sqrt{L}}{\sqrt{2}} - GK\sin\Delta$; ou $\tfrac{1}{8}G\sqrt{2L} = KPL - S$; & en quarrant $\frac{1}{32}G^2L = K^2P^2L^2 - 2KPLS + S^2$, d'où l'on tirera

$$L = \frac{S}{KP} - \frac{G^2}{64\,K^2\,P^2} \pm \sqrt{\left(\frac{S}{KP} + \frac{G^2}{64\,K^2\,P^2}\right)^2 - \frac{S^2}{K^2\,P^2}}.$$

S c o l i e I.

(935.) L'analogie $\omega : u :: L : K$, n'eft pas rigoureufement exacte; mais à caufe de la petiteffe des arcs décrits, on peut la prendre pour telle.

C o r o l l a i r e I.

(936.) Si l'on fuppofe $G = 0$, ou fi l'on fait abftraction des réfiftances, on aura $L = \dfrac{S}{KP}$: expreffion qui ne differe pas de celle que nous avons trouvée (189.) pour la longueur du pendule fimple ifochrone à un pendule compofé. Donc le corps flottant ofcile comme un pendule.

C o r o l l a i r e I I.

(937.) Si nous nommons l la longueur du pendule fimple qui bat les fecondes de temps moyen, & t le temps, en fecondes, de la durée d'une ofcillation du corps flottant, ou du pendule L : puifque les quarrés des temps de la durée des ofcillations, font comme les longueurs des pendules (372.), on aura $l : L :: 1 : t^2$, & $L = l\, t^2$. Subftituant cette valeur de L, dans l'équation $L = \dfrac{S}{KP} + \dfrac{G^2}{64\,K^2 P^2} \pm \sqrt{\left(\dfrac{S}{KP} + \dfrac{G^2}{64\,K^2 P^2}\right)^2 - \left(\dfrac{S}{KP}\right)^2}$, on en déduira

$$t = \sqrt{\dfrac{S}{KPl} + \dfrac{G^2}{64\,K^2 P^2 l} \pm \dfrac{1}{l}\sqrt{\left(\dfrac{S}{KP} + \dfrac{G^2}{64\,K^2 P^2}\right)^2 - \left(\dfrac{S}{KP}\right)^2}}\,.$$

C o r o l l a i r e I I I.

(938.) Si l'on fuppofe $G = 0$, il en réfulte $t = \sqrt{\left(\dfrac{S}{KP l}\right)}$.

S c o l i e I I.

(939.) Maintenant, pour fatisfaire à l'engagement que nous avons pris dans l'*Art.* 931, nous pouvons comparer les moments des réfiftances $\dfrac{6\,mb\,V k^2 R^{\frac{3}{2}}}{25\,dt}$, (926.) qui agiffent fur un cylindre pendant fa rotation, avec les moments $k P \mathit{fin}\, \Delta$, qui conftituent fa ftabilité. Suppofons d'abord $\dfrac{6\,mb\,V k^2 R^{\frac{3}{2}}}{25\,dt} = k P \mathit{fin}\, \Delta$, & fubftituons (131.) à la place de $\dfrac{V}{dt}$, fa valeur $\dfrac{u}{k}$, en fuppofant que u exprime la vîteffe avec laquelle fe meut l'axe du cylindre, & k la

diftance

diſtance de cet axe au centre de gravité; & nous aurons $\dfrac{6\,mb\,VR^{\frac{3}{2}}}{25} =$ $P\,\sin\delta$. Suppoſons encore que le cylindre eſt ſubmergé dans le Fluide juſqu'à ſa plus grande largeur, comme on l'a ſuppoſé, *Art.* 926 ; alors ſon poids P ſera $=\frac{1}{2}R^2 cbm$, c exprimant la circonférence d'un cercle dont le diametre eſt l'unité, & nous aurons $\frac{6}{25}mbu\,R^{\frac{1}{2}}=\frac{1}{2}R^2 cbm\,\sin\delta$, ou $12\,u=25\,R^{\frac{1}{2}}c\,\sin\delta$. Soit ſuppoſé, de même, qu'ayant incliné le cylindre de l'angle Δ, & le laiſſant en liberté, il prenne la vîteſſe u en ſe rétabliſſant dans la ſituation verticale, l'on aura $u=\dfrac{8\,k\,\sin\Delta}{\sqrt{2L}}$; ou en faiſant $k=\frac{1}{2}R$, $u=\dfrac{4R\,\sin\Delta}{\sqrt{2L}}$: ce qui donne $\dfrac{48\,R\,\sin\Delta}{\sqrt{2L}}=25\,R^{\frac{1}{2}}c\,\sin\delta$, & $\sin\delta=\dfrac{48R^{\frac{1}{2}}\sin\Delta}{25\,c\sqrt{2L}}$. On aura donc, d'après la ſuppoſition de $k=\frac{1}{2}R$, & de $P=\frac{1}{2}R^2 cbm$, $..$ $\dfrac{6mbVk^2R^{\frac{3}{2}}}{25\,dt}=kP\,\sin\delta=\dfrac{24\,R^{\frac{3}{2}}P\,\sin\Delta}{25\,c\sqrt{2L}}$. Ainſi la force de la ſtabilité, ou le moment $kP\,\sin\Delta=\frac{1}{2}RP\,\sin\Delta$, ſera au moment de la réſiſtance que la même inclinaiſon Δ produit dans la rotation, comme $\frac{1}{2}RP\sin\Delta$ eſt à $\dfrac{24\,R^{\frac{3}{2}}P\,\sin\Delta}{25\,c\sqrt{2L}}$, ou comme $25\,c\sqrt{2L}$ eſt à $48\,R^{\frac{1}{2}}$. Si nous ſuppoſons maintenant (936.) $L=\dfrac{S}{kP}$, & de plus $S=\frac{1}{4}k^2 P$, on aura $L=\frac{1}{4}k=\frac{1}{8}R$: & l'un des moments ſera à l'autre, comme $25\,c$ eſt à 96.

S C O L I E   I I I.

(940.) On peut encore, dans le même cas du cylindre, conſidérer la valeur de L, en ayant égard à celle de G. Les moments des réſiſtances ſont (926 & 932.) $\dfrac{6mbVk^2R^{\frac{3}{2}}}{25\,dt}=\dfrac{GV}{dt}$: donc $G=...$ $\frac{6}{25}mbk^2R^{\frac{3}{2}}$, ou, en faiſant $k=\frac{1}{2}R$, ce qui donne $G=\frac{6}{100}mbR^{\frac{7}{2}}$, & $\dfrac{G^2}{64\,k^2 P^2}=\dfrac{36\,m^2 b^2 R^5}{P^2(100)^2(4)^2}$*, ou bien, en ſubſtituant $P=\frac{1}{2}R^2 cbm$, $\dfrac{G^2}{64\,k^2 P^2}=\dfrac{36\,R}{(25\,c)^2(8)^2}$. Subſtituant pareillement dans la quantité $\dfrac{S}{KP}$ les valeurs de

---

* Il y a dans cet endroit une faute de calcul qui influe ſur le réſultat de cette Propoſition. On trouve dans l'original $\dfrac{G^2}{64K^2 P^2}=\dfrac{36\,m^2 b^2 R^5}{P^2(100)^2(32)^2}$; c'eſt cette différence qui en occaſionne dans toute la ſuite du calcul.

K & de P, avec $S = \frac{1}{4} K^2 P$, on aura $\frac{S}{KP} = \frac{K^2 P}{4 KP} = \frac{1}{4} K = \frac{1}{8} R$: ce qui donnera par conséquent

$$L = \frac{1}{8} R + \frac{36 R}{(25 c)^2 (8)^2} + \sqrt{\left(\frac{1}{8} R + \frac{36 R}{(25 c)^2 (8)^2} \right)^2 - \frac{1}{64} R^2}$$

$$= \frac{1}{8} R + \frac{36 R}{(25 c)^2 (8)^2} + \frac{1}{8} R \sqrt{\left(1 + \frac{36}{(25 c)^2 (8)} \right)^2 - 1} = \; . \; . \; . \; . \; . \; . \; .$$

$$\frac{1}{8} R + \frac{36 R}{(25 c)^2 (8)^2} + \frac{3 R}{25 c . 8} \sqrt{1 + \frac{9}{(25 c)^2 . (4)}} \; ; \text{ ou enfin, } L = \frac{1}{8} R \left(1 + \frac{1}{26} \right),$$

à peu de chofe près : de forte que la valeur de G introduite dans le calcul, rend la longueur du pendule fimple ifochrone avec le cylindre de $\frac{1}{208} R$ plus grande.

C O R O L L A I R E   IV.

(941.) Si nous fubftituons la valeur de $L = \frac{1}{8} R$ dans l'équation (937.) $L = l t^2$, nous aurons $l t^2 = \frac{1}{8} R$: ce qui donne le temps dans lequel le cylindre achevera une ofcillation, c'eft-à-dire, $t = \dfrac{R^{\frac{1}{2}}}{(8 l)^{\frac{1}{2}}}$.

S c o l i e   IV.

(942.) La longueur du pendule fimple qui bat les fecondes de temps moyen fur le bord de la mer en Efpagne, eft, comme nous l'avons déjà dit, *Article* 373, de 440 lignes du pied de *Paris*, ou de $\frac{440 . 16}{15}$ du pied Anglais : on aura donc $l = \frac{440 . 16}{15 . 144} = 3 \frac{7}{27}$; laquelle valeur étant fubftituée dans l'équation $t = \dfrac{R^{\frac{1}{2}}}{(8 l)^{\frac{1}{2}}}$, on aura $t = \frac{1}{2} R^{\frac{1}{2}} \sqrt{\frac{27}{11}}$, ou, à peu près, $t = \frac{63}{320} R^{\frac{1}{2}}$. Si nous faifons donc le cylindre de 32 pieds de diametre, on aura $R = 16$, & le temps dans lequel il achevera une ofcillation fera d'environ $\frac{63}{80}$ de feconde.

P R O P O S I T I O N   LXXXV.

(943.) *Trouver la plus grande & la moindre vîteffe, avec laquelle tournent les corps flottants.*

D'après la fuppofition de $p \pi = 32 KP \operatorname{fin} \Delta - \frac{GV}{dt}$, on trouve (932.) $Su = 32 K^2 P \int dt \operatorname{fin} \Delta - G \int u \, dt$. Différenciant cette équation, on a $Sdu = 32 K^2 P dt \operatorname{fin} \Delta - Gu \, dt$, ou $\frac{du}{dt} = \frac{32 K^2 P \operatorname{fin} \Delta - Gu}{S}$. Or, dans la plus grande vîteſſe u, l'on a $du = 0$, nous aurons donc $32 K^2 P \textit{ſin} \Delta - Gu = 0$; équation qui donne la plus grande vîteſſe $u = \dfrac{32 K^2 P \textit{ſin} \Delta}{G}$. Pareillement, la moindre vîteſſe u a lieu lorſque du, ou $\dfrac{32 K^2 P \textit{ſin} \Delta - Gu}{S}$, a ſa plus grande valeur. Donc la moindre vîteſſe $u = 0$.

COROLLAIRE I.

(944.) On a trouvé, dans l'*Article* 210, que l'action, qui a lieu ſur les fibres du levier, relativement au mouvement, eſt proportionnelle à Sdu. Conſidérant donc le corps flottant, qui tourne, comme un levier, l'action qui s'exercera ſur ſes fibres, ſera comme Sdu, ou comme la quantité $32 K^2 P \, dt \, \textit{ſin} \Delta - Gudt$ qui lui eſt égale : & la plus grande action qu'elles éprouveront dans toute l'oſcillation, laquelle a lieu dans l'inſtant où elle commence & dans l'inſtant où elle finit, ſera comme $32 K^2 P dt \textit{ſin} \Delta$.

COROLLAIRE II.

(945.) Donc la plus grande action qui s'exerce ſur les fibres d'un corps dans l'acte de la rotation, ne dépend nullement de G, ou de la réſiſtance du Fluide; mais elle provient ſeulement de la quantité $K^2 P dt \textit{ſin} \Delta$, ou $32 K^2 P \textit{ſin} \Delta$: c'eſt-à-dire, du produit de la ſtabilité $KP \textit{ſin} \Delta$ par $32 K$.

COROLLAIRE III.

(946.) Un levier uni au corps qui tourne, éprouvera une action proportionnelle à $S'du$, S' exprimant les moments d'inertie du levier ſeul; mais on a $du = \dfrac{32 K^2 P dt \textit{ſin} \Delta - Gudt}{S}$: donc l'action qu'éprouvera le levier ſera proportionnelle à $\dfrac{S' dt (32 K^2 P \textit{ſin} \Delta - Gu)}{S}$: & la plus grande de toute, ſera proportionnelle à $\dfrac{S' K^2 P \textit{ſin} \Delta}{S}$.

APPENDICE I.

Sur la théorie des Cometes, ou Cerf-volants, pour vérifier la Loi de la réfiſtance des Fluides.

LE moyen de vérifier une théorie qui feroit fufceptible de quelques difficultés, eſt de l'appliquer à différentes expériences. Or de toutes les expériences, relatives à la réfiſtance des Fluides, qui fe préfentent journellement à la vue, il n'en eſt pas de plus commune que le vol des Cometes, ou Cerf-volants, dont les enfants font ufage. La force avec laquelle le vent agit fur ces machines, eſt ou comme le quarré de fa vîteſſe, multiplié par le quarré du finus de fon angle d'incidence, comme le croient généralement tous les Auteurs modernes, ou elle eſt comme la fimple vîteſſe multipliée par le même finus, felon que nous l'avons établi ci-deſſus. C'eſt en donnant une vraie théorie des Cerf-volants, qu'on peut prouver lequel des deux fyſtêmes convient avec la pratique, & par conféquent fçavoir lequel eſt le véritable.

Albert Euler, fils de *Léonard Euler*, a donné cette théorie, dans les Mémoires de l'Académie Royale de *Berlin*, *Tome XII*, *page 322*; mais il l'a fondée fur le premier fyſtême, ou fur le principe que les réfiſtances fuivent la raifon doublée de la vîteſſe & du finus d'incidence. Il diſtingue trois cas dans fon Mémoire. Il fuppofe dans le premier, que le Cerf-volant avec fa ficelle eſt un corps roïde, incapable d'altération; & dans le fecond & le troifieme cas, il fuppofe que la ficelle n'eſt attachée au Cerf-volant que par un feul point déterminé, autour duquel il peut tourner librement. Le premier cas n'eſt, comme on voit, nullement applicable à la pratique; & comme nous cherchons à nous procurer les lumieres de l'expérience, toute fpéculation fur ce cas feroit abfolument inutile. Dans le fecond cas, l'Auteur a égard aux deux mouvements de rotation que doit avoir le Cerf-volant, l'un fur l'extrêmité fupérieure de la ficelle, & l'autre fur l'extrêmité inférieure. Cette derniere rotation, dit-il, eſt le réfultat de trois forces : la premiere eſt la force du vent, réunie au centre de grandeur du Cerf-volant; la feconde eſt fon poids réuni à fon centre de gravité; & la troifieme eſt le poids de la ficelle pareillement réuni à fon centre particulier de gravité. Les deux premieres forces produifent réellement le mouvement de rotation dont il s'agit : mais la troifieme ne peut contribuer à ce mouvement que dans le cas où la ficelle feroit abfolument fans flexibilité, comme l'eft un levier. Lorfqu'elle eft d'une flexibilité parfaite, comme nous la fuppoferons dans la fuite, fa pefanteur n'agit en rien pour produire une telle rotation, parce que la force unique qu'elle exerce, agit feulement fuivant la direction de fa longueur, & n'agit en aucune maniere dans une direction oblique à cette longueur, qui cependant eft l'unique circonftance qui peut contribuer à la rotation effective. Nous devons donc inférer de là que *Albert Euler* a confidéré la ficelle comme un corps roide, en fuppofant cependant que le Cerf-volant puiffe tourner librement fur fes deux extrêmités, ce qui rend ce cas autant inapplicable à la pratique que le premier. En outre, cet Auteur s'eft affujetti, dans cette théorie, à attacher la ficelle feulement dans un point déterminé du Cerf-volant, ce qui, dans la pratique, ne produiroit jamais aucun bon effet. L'ufage ordinaire eft d'attacher au Cerf-volant deux, trois ou quatre ficelles qui fe réuniffent à une petite diftance, pour n'en former enfuite qu'une feule. Par cette difpofition le Cerf-volant fe maintient dans fa pofition, fans pouvoir fe mouvoir, ou tourner fur aucun de fes diametres ; au lieu que fi l'on néglige cette précaution, il fe dérange facilement au moindre accident, & fe précipite vers la terre. Cette circonftance n'a point échappé à *Euler* ; mais, pour y apporter le remede néceffaire, ayant trouvé que le calcul étoit extrêmement compliqué, il a jugé à propos de le fupprimer, & de fe reftreindre au cas unique d'une feule ficelle.

Le calcul eft en effet bien embarraffant ; mais c'eft feulement dans la fuppofition que les forces du vent font en raifon compofée doublée de fes vîteffes, & des finus de fes angles d'incidence ; mais il n'en eft pas ainfi dans la fuppofition que ces forces font dans la raifon compofée des fimples vîteffes, & des fimples finus d'incidence, felon que notre théorie l'indique ; le calcul devient même extrêmement facile. Nous ne pouvons donc nous difpenfer d'avoir égard à la circonftance des différentes ficelles, en réfolvant le problême dans toute fa généralité ; & pour comparer les forces du vent, afin de voir fi, en effet, elles ne correfpondroient pas à la fuppofition de la raifon doublée, nous pafferons enfuite au cas particulier d'une feule ficelle, comme l'a fait *Euler*.

Cet Auteur, dans fon troifieme cas, confidere le Cerf-volant avec une queue ; mais il suppose que cette queue est un autre plan , ou Cerf-volant, qui tourne librement à l'extrêmité inférieure du premier ; supposition qui n'est pas d'une application moins difficile dans la pratique que les premieres. La queue est nécessaire dans le Cerf-volant, pour abaisser son centre de gravité , de maniere qu'il soit plus bas que le centre de grandeur , & prévenir par-là le mouvement gyratoire latéral qui pourroit avoir lieu ; mais, pour la pratique & pour la théorie , un corps roide quelconque, long & mince, comme un fil d'archal , ou même le prolongement du roseau, ou de la baguette, qui va de l'extrêmité supérieure du Cerf-volant jusqu'à l'inférieure , en formant son diametre principal, convient beaucoup mieux qu'un plan. D'après cela, il est évident que nous pourrons nous dispenser d'avoir égard à cette queue ; il suffira, pour en supposer l'existence, d'établir le centre de gravité plus bas que celui de grandeur. Un contrepoids quelconque, placé à l'extremité inférieure du Cerf-volant, pourroit produire le même effet que la queue, & par conséquent y suppléer. Il faut cependant observer que, dans ce cas, si le contrepoids étoit d'une même pesanteur que la queue, il n'abaisseroit pas autant le centre de gravité que le feroit la queue; ce qui importe beaucoup pour éviter la rotation latérale. Ainsi la queue, telle que les enfants l'attachent à leurs Cerf-volants, est beaucoup plus convenable que le contrepoids d'une même pesanteur; parce que, sans augmenter le poids, elle prévient beaucoup plus efficacement tout mouvement latéral de rotation. Mais comme il faut avoir égard à l'angle qu'elle formeroit avec le diametre du Cerf-volant, nous ne pouvons la considérer, telle qu'elle est , sans nous jetter dans des calculs fort longs & fort compliqués, attendu que son centre de gravité se trouveroit hors du corps du Cerf-volant. Ainsi nous nous réduisons à considérer la queue comme un corps roide, qui soit le prolongement du diametre du Cerf-volant; & cette supposition n'est, comme on le voit, nullement éloignée de pouvoir s'appliquer à la pratique.

Ceci supposé, soit *AB* le Cerf-volant, ou plutôt son diametre, en le considérant coupé par un plan vertical qui coïncide avec ce diametre, avec la ficelle *GOV*, & même avec la queue *BX*. Soient de plus *AG*, *DG*, les deux ficelles qui étant attachées au haut & au bas de ce diametre, & réunies en *G* à la ficelle unique *GOV*, assujettissent le Cerf-volant. Soit aussi *C* son centre de grandeur, & *P* celui de gravité. Soit tiré la ligne *GE* perpendiculaire au diametre *BA*, les verticales *PK* & *EML*, la ligne *GK* parallele à l'horisontale VFL, & la ligne IGF tangente à la ficelle dans le point G. Enfin ſoit $PC = b$; $CE = e$; $GE = g$; $P =$ le poids du Cerf-volant avec ſa queue; $u =$ la vîteſſe du vent; $\varphi =$ l'angle GEL, $\theta =$ l'angle IGE; $Ru\,ſin\,\varphi =$ la force du vent ſur le Cerf-volant, ſuivant une direction perpendiculaire à ſon plan, & conformément au ſyſtême expoſé précédemment ſur la meſure de ces forces, ou réſiſtances. On voit d'après cela que l'angle $IHE = \varphi + \theta$.

Trouver les ſinus & coſinus des angles φ, θ, & $\varphi + \theta$.

(1.) Le Cerf-volant pouvant tourner librement ſur le point G, les moments à l'égard de ce point doivent ſe faire équilibre. Les forces qui agiſſent ſont le poids P du Cerf-volant, qui eſt dirigé ſuivant la verticale PK, & la force du vent $Ru\,ſin\,\varphi$, qui eſt dirigée ſuivant la perpendiculaire au diametre BA. Les moments de ces forces ſont $P.GK = P(KM + MG) = P(b + e)\,coſ\,\varphi + Pg\,ſin\,\varphi$, & $Ru\,ſin\,\varphi.CE = Rue\,ſin\,\varphi$. On aura donc, pour l'équilibre de ces moments, $Rue\,ſin\,\varphi = P(b + e)\,coſ\,\varphi + Pg\,ſin\,\varphi$; ce qui donne $\frac{ſin\,\varphi}{coſ\,\varphi} = tang\,\varphi = \frac{P(b+e)}{Rue - Pg}$: & par conſéquent $ſin\,\varphi = \frac{P(b+e)}{((Rue - Pg)^2 + P^2(b+e)^2)^{\frac{1}{2}}}$, & $coſ\,\varphi = \frac{Rue - Pg}{((Rue - Pg)^2 + P^2(b+e)^2)^{\frac{1}{2}}}$ *.

(2.) Pour trouver le ſinus de l'angle θ que forme la tangente IGF avec la ligne GE, conſidérons, que dans le triangle GEH les trois côtés GE, EH, HG, ou les ſinus de leurs angles oppoſés, peuvent être pris pour exprimer les forces qui agiſſent; ſçavoir: GE pour exprimer la force $Ru\,ſin\,\varphi$, à cauſe qu'elle eſt dirigée ſuivant cette même ligne GE perpendiculaire au diametre BA; EH pour exprimer la force P, qui agit ſuivant la direction de cette même verticale: & enfin GH dont la direction eſt la même que celle de la ficelle GH, pour exprimer la réſultante de ces deux forces. Cela poſé, on aura $ſin\,(\varphi + \theta) : ſin\,\theta :: Ru\,ſin\,\varphi : P$: donc, $Ru\,ſin\,\varphi.ſin\,\theta = P\,ſin\,(\varphi + \theta) = P\,ſin\,\varphi.coſ\,\theta + P\,ſin\,\theta.coſ\,\varphi$: ce qui donne $\frac{ſin\,\varphi}{coſ\,\varphi} = tang\,\varphi = \frac{P\,ſin\,\theta}{Ru\,ſin\,\theta - P\,coſ\,\theta}$, pour une ſeconde expreſſion de la valeur de tangente φ. Egalant donc

---

* Ces formules ſont faciles à trouver, il ne faut que ſe rappeller des expreſſions trigonométriques $ſec\,\varphi = (1 + tang\,\varphi^2)^{\frac{1}{2}}$; $coſ\,\varphi = \frac{1}{ſec\,\varphi} = \frac{1}{(1 + tang\,\varphi^2)^{\frac{1}{2}}}$; & $ſin\,\varphi = \frac{tang\,\varphi}{ſec\,\varphi} = \frac{tang\,\varphi}{(1 + tang\,\varphi^2)^{\frac{1}{2}}}$. En ſubſtituant dans ces expreſſions de $coſ\,\varphi$ & de $ſin\,\varphi$ la valeur de $tang\,\varphi$ qu'on vient de trouver; on aura les expreſſions mêmes de l'Auteur.

ces deux valeurs, on aura $\dfrac{P(b+e)}{Rue - Pg} = \dfrac{P \sin\theta}{Ru \sin\theta - P \cos\theta}$: d'où l'on tire, $\dfrac{\sin\theta}{\cos\theta} =$ tang $\theta = \dfrac{P(b+e)}{Rub+Pg}$, & par conséquent $\sin\theta = \dfrac{P(b+e)}{((Rub+Pg)^2 + P^2(b+e)^2)^{\frac{1}{2}}}$, & $\cos\theta = \dfrac{Rub+Pg}{((Rub+Pg)^2 + P^2(b+e)^2)^{\frac{1}{2}}}$.

(3.) Subſtituant maintenant dans les équations $\sin(\varphi+\theta) = \sin\varphi . \cos\theta + \sin\theta . \cos\varphi$, & $\cos(\varphi+\theta) = \cos\varphi . \cos\theta - \sin\varphi . \sin\theta$, les valeurs trouvées de $\sin\varphi$, $\cos\varphi$, $\sin\theta$, & $\cos\theta$, on aura . . . .

$$\sin(\varphi+\theta) = \frac{RuP(b+e)^2}{\left(((Rue - Pg)^2 + P^2(b+e)^2)((Rub+Pg)^2 + P^2(b+e)^2)\right)^{\frac{1}{2}}} \quad \cdots$$

$$\cos(\varphi+\theta) = \frac{(Rue - Pg)(Rub+Pg) - P^2(b+e)^2}{\left(((Rue - Pg)^2 + P^2(b+e)^2)((Rub+Pg)^2 + P^2(b+e)^2)\right)^{\frac{1}{2}}}.$$

(4.) Soit ſuppoſé $u = o$, on aura $\sin(\varphi+\theta) = o$, & $\cos(\varphi+\theta) = -1$; ce qui indique que la tangente *FH* tombera de l'autre côté & au-deſſous de l'horiſontale *FL*, & qu'elle coïncidera avec la verticale *HL* : c'eſt-à-dire, que le Cerf-volant ſera ſuſpendu à la ficelle. On aura de même $\sin\varphi = \sin\theta = \dfrac{b+e}{(g^2 + (b+e)^2)^{\frac{1}{2}}} = \sin IGE$; mais $\dfrac{b+e}{(g^2 + (b+e)^2)^{\frac{1}{2}}} = \sin PGE$ * : donc le point *I* concourt avec le point *P* ; c'eſt-à dire que le prolongement de la ficelle *FG* paſſe par le centre de gravité. Cette remarque eſt commune, il eſt vrai, mais elle juſtifie la ſuppoſition qu'on a faite.

(5.) Soit $Rue = Pg$, on aura $\cos\varphi = o$, & $\sin\varphi = 1$; ce qui indique que, dans ce cas, le Cerf-volant *AB* ſera vertical. On aura de même $\cos(\varphi+\theta) = \dfrac{-P}{(R^2u^2 + P^2)^{\frac{1}{2}}} = \dfrac{-e}{(e^2 + g^2)^{\frac{1}{2}}}$ ** $= \sin EGI$; mais $\dfrac{-e}{(e^2 + g^2)^{\frac{1}{2}}} = \sin EGC$: donc le point *I* concourt avec le point *C* ; c'eſt-à-dire que le prolongement de la ficelle paſſe par le centre de grandeur *C*.

(6.) Soit $u = \infty$, on aura $\sin\varphi = o$, ce qui indique que le Cerf-volant ſe trouvera horiſontal. On aura également $\sin(\varphi+\theta) = o$; & par conſéquent la tangente *HF* ſe trouvera verticale.

Trouver la force que le vent exerce ſur le Cerf-volant.

(7.) Cette force eſt $= Ru \sin\varphi$: en ſubſtituant, dans cette expreſſion, la valeur de $\sin\varphi = \dfrac{P(b+e)}{((Rue - Pg)^2 + P^2(b+e)^2)^{\frac{1}{2}}}$, on aura . . . . $$Ru \sin\varphi = \frac{Ru P(b+e)}{((Rue - Pg)^2 + P^2(b+e)^2)^{\frac{1}{2}}}.$$

---

* Car $GI : 1 :: PE : \sin PGE$: or $GI = (g^2 + (b+e)^2)^{\frac{1}{2}}$, & $PE = b+e$. Donc, &c.

** En ſubſtituant pour P ſa valeur $\dfrac{Rue}{g}$, & réduiſant.

(8.) Soit

(8) Soit $u = 0$, l'on aura $Ru \, fin \, \varphi = 0$.

(9.) Soit $Rue = Pg$, l'on aura $Ru \, fin \, \varphi = \frac{Pg}{e}$.

(10.) Soit $u = \infty$, l'on aura $Ru \, fin \, \varphi = \frac{P(b+e)}{e}$.

(11.) Soit fuppofé en général $(Rue - Pg)^2 = (n^2 - 1)P^2(b+e)^2$, n exprimant un nombre quelconque, l'on aura $Ru \, fin \, \varphi = \, \ldots \, \frac{P(b+e)(n^2-1)^{\frac{1}{2}}}{ne} + \frac{Pg}{ne}$.

(12.) Cette valeur manifefte que le Cerf-volant n'éprouve pas la plus grande action quand $u = \infty$; car quoique dans ce cas le premier terme $\frac{P(b+e)(n^2-1)^{\frac{1}{2}}}{ne}$ ait fa plus grande valeur, il eft évident que le fecond $\frac{Pg}{ne}$ a alors fa plus petite. Pour trouver cette plus grande action $Ru \, fin \, \varphi$, on différenciera fa valeur, & l'on aura $\dfrac{RF(b+e)\,du}{((Rue-Pg)^2+P^2(b+e)^2)^{\frac{1}{2}}}$ —

$\dfrac{(Rue-Pg)(b+e)?^2 P e u \, du}{((Rue-Pg)^2+P^2(b+e)^2)^{\frac{3}{2}}}$, ce qui donne $u = \dfrac{P(b+e)^2+g^2)}{Rge}$. Subftituant cette valeur de u dans celle de $Ru \, fin \, \varphi$, on aura la plus grande action du vent

$$Ru \, fin \, \varphi = \frac{\left(\frac{P}{ge}(b+e)^2+\frac{Pg}{e}\right)P(b+e)}{\left(\frac{P^2}{g^2}(b+e)^4+P^2(b+e)^2\right)^{\frac{1}{2}}} = \frac{P}{e}\left((b+e)^2+g^2\right)^{\frac{1}{2}}.$$

Trouver la force avec laquelle la ficelle eft tendue.

(13.) Nous avons déjà dit (2.) que, dans le triangle GEH, GE exprimant la force $Ru \, fin \, \varphi$ du vent, & EH le poids P du Cerf-volant, GH exprimera la force réfultante qui agit fur la ficelle, c'eft-à-dire, la force par laquelle elle eft tendue. Cette force eft donc dans le point $G = \dfrac{P \, fin \, \varphi}{fin \, \theta} = \dfrac{P((Rub+Pg)^2+P^2(b+e)^2)^{\frac{1}{2}}}{((Rue-Pg)^2+P^2(b+e)^2)^{\frac{1}{2}}}$.

(14.) Pour trouver la même force, ou tenfion, dans quelque autre point de la ficelle, on la regardera comme un polygone, d'un nombre infini de côtés infiniment petits. Soit AB, BC deux de ces côtés, & foit tiré la verticale BF, avec la ligne CF parallele à AB ; CF exprimera la force, ou tenfion, fuivant BA, BC celle qui agit fuivant la ligne même BC, & BF la force réfultante des deux premieres, laquelle doit faire équilibre au poids de la ficelle. La tenfion fuivant BA fera donc à la tenfion fuivant BC, comme le finus de FBC eft au finus de CFB, ou de fon égal ABF ; c'eft-à-dire, que les deux tenfions fuivant les côtés BA & BC, font réciproquement comme les finus de *ABF* & *FBC*. On démontrera la même chofe de la tenfion fuivant *CB* avec celle du côté fuivant *CD*, & ainfi de fuite pour toutes les différencielles : donc en général la tenfion de la ficelle en un point quelconque de fa longueur, eft réciproquement comme le finus de l'angle que la ficelle forme en ce point avec la verticale.

(15.) Soit *ABCDE* la ficelle, & fuppofons-la divifée en parties infiniment petites *AB*, *BC*, *CD*, *DE &c.* ; des points *B*, *C*, *D*, *E*, *&c*, foit élevé les verticales *BF*, *CG*, *DH*, *&c.*, & foit tiré *CF* parallele à *BA*, *DG* parallele à *CB*, *EH* parallele à *DG*, *&c.* Enfin, en nommant α, β, γ, δ, *&c.* les angles *FBA*, *GCB*, *HDC*, *&c.*, fi, dans le triangle *FBC*, *CF* exprime la force, ou tenfion, qu'éprouve *BA* ; *CB* exprimera celle qu'éprouve *BC*, & ces deux forces feront entr'elles comme *fin* β eft à *fin* α ; c'eft-à-dire, que fi nous appellons *A* la force que fouffre *AB*, *B* celle que fouffre *BC*, *C* celle que fouffre *CD*, *&c.*, on aura $A : B :: fin\ \beta : fin\ \alpha$: on aura pareillement $B : C :: fin\ \gamma : fin\ \beta$, & $C : D :: fin\ \delta : fin\ \gamma$, d'où on déduit les équations $A\ fin\ \alpha = B\ fin\ \beta = C\ fin\ \gamma = D\ fin\ \delta = \&c.$; & par là $A : D :: fin\ \delta : fin\ \alpha$: c'eft-à-dire, que la force, ou tenfion, qu'éprouve la ficelle en *AB*, eft à celle qu'elle éprouve en *DE*, réciproquement comme le finus de l'angle α, eft au finus de l'angle δ.

(16.) On doit obferver que dans ce qui vient d'être dit on n'a point eu égard à la force que peut produire le vent fur la ficelle, qu'on peut en effet négliger. Cependant fi l'on vouloit y avoir égard, il feroit néceffaire de prendre, au lieu de la verticale *FB*, la direction réfultante des deux forces, la gravité, & l'action du vent.

(17.) Si l'on prend maintenant les abfciffes fur une verticale *AB*, & les ordonnées fur une horifontale, en nommant *x* les abfciffes, *y* les ordonnées, & *dh* les différencielles *FA*, ou *AD* de la ficelle ; *AE* & *AC* feront les *dx*, & *EF* & *CD* les *dy*. Dans ces fuppofitions le finus de l'angle que forme la ficelle avec la verticale fera

généralement $= \dfrac{dy}{dh}$: mais commé le finus de l'angle que forme la ficelle avec la verticale, à fon extrémité fupérieure *G* eft $= fin\ (\varphi + \theta)$, & que la tenfion dans le même point eft $= \dfrac{P\ fin\ \varphi}{fin\ \theta}$, nous aurons

$$\frac{1}{fin\ (\varphi + \theta)} : \frac{dh}{dy} :: \frac{P\ fin\ \varphi}{fin\ \theta} : \frac{P\ fin\ \varphi . fin\ (\varphi + \theta)\,dh}{fin\ \theta\ dy}$$

; expreffion de la force, ou tenfion, qu'éprouve la ficelle dans un point quelconque de fa longueur ; ou en fubftituant, dans cette expreffion, à la place de $P\ fin\ (\varphi + \theta)$ fa valeur $Ru\ fin\ \varphi . fin\ \theta$, (2.) cette même tenfion fera $= \dfrac{dh}{dy}\ Ru\ fin\ \varphi^{2}$.

(18) Pour trouver maintenant cette tenſion en quantités connues & dégagées des différencielles, on égalera les forces oppoſées qui agiſſent ſur le point A, en les réduiſant à la direction verticale. La force qui agit ſuivant AF étant $= \frac{P \sin \varphi . \sin (\varphi+\theta) dh}{\sin \theta \, dy}$, celle qui en réſulte ſuivant AE ſera $= \frac{P \sin \varphi . \sin (\varphi+\theta) dx}{\sin \theta \, dy}$. Par la même raiſon, la force ſuivant CA, réſultante de la tenſion de la ficelle ſuivant DA, ſera $= \frac{P \sin \varphi . \sin (\varphi+\theta)(dx - ddx)}{\sin \theta \, dy}$, en ſuppoſant dy conſtante. En outre, h étant la longueur de la ficelle, que nous ſuppoſons d'une denſité & d'une groſſeur uniforme dans toute ſon étendue, nous pouvons repréſenter par kh le poids total de la ficelle, & par conſéquent le poids total d'une de ſes différencielles ſera exprimé par kdh. Or ce poids joint à la force ſuivant CA doit faire équilibre à la force ſuivant AE: donc

$$\frac{P \sin \varphi . \sin (\varphi+\theta) dx}{\sin \theta \, dy} = \frac{P \sin \varphi . \sin (\varphi+\theta)(dx - ddx)}{\sin \theta \, dy} + kdh,$$

d'où il réſulte $\frac{dy dh}{ddx} = \frac{P \sin \varphi . \sin (\varphi+\theta)}{k \sin \theta}$; quantité conſtante. Faiſant, donc, $\frac{P \sin \varphi . \sin (\varphi+\theta)}{k \sin \theta} = A$, on aura $\frac{dy dh}{ddx} = A$, ou $dy dh = A ddx$: en intégrant, on trouvera $(B+h) dy = A dx = A(dh^2 - dy^2)^{\frac{1}{2}}$; & en quarrant $(B+h)^2 dy^2 = A^2 (dh^2 - dy^2)$, ce qui donne $\frac{dh}{dy} = \frac{((B+h)^2 + A^2)^{\frac{1}{2}}}{A}$. En introduiſant cette valeur dans l'expreſſion trouvée de la tenſion de la ficelle $\frac{P \sin \varphi . \sin (\varphi+\theta) dh}{\sin \theta \, dy}$, elle deviendra $\frac{P \sin \varphi . \sin (\varphi+\theta)((B+h)^2 + A^2)^{\frac{1}{2}}}{A \sin \theta} = k((B+h)^2 + A^2)^{\frac{1}{2}}$.

(19.) Pour trouver maintenant la valeur de la conſtante B qui complette l'intégrale, conſidérons qu'à l'extrémité ſupérieure G de la ficelle on a $\frac{dh}{dy} = \frac{1}{\sin (\varphi+\theta)}$; mais de l'équation $\frac{P \sin \varphi . \sin (\varphi+\theta)}{k \sin \theta} = A$, on tire $\frac{1}{\sin (\varphi+\theta)} = \frac{P \sin \varphi}{A k \sin \theta}$: donc on aura pour l'extrémité ſupérieure de la ficelle $\frac{P \sin \varphi}{A k \sin \theta} = \frac{((B+h)^2 + A^2)^{\frac{1}{2}}}{A}$, h marquant la longueur totale de la ficelle. On aura donc auſſi $\frac{P^2 \sin \varphi^2}{k^2 \sin \theta^2} = (B+h)^2 + A^2 = (B+h)^2 + \frac{P^2 \sin \varphi^2 . \sin (\varphi+\theta)^2}{k^2 \sin \theta^2}$, d'où il réſulte $(B+h)^2 = \frac{P^2 \sin \varphi^2}{k^2 \sin \theta^2}(1 - \sin (\varphi+\theta)^2) = \frac{P^2 \sin \varphi^2 . \cos (\varphi+\theta)^2}{k^2 \sin \theta^2}$: donc $B = \frac{P \sin \varphi . \cos (\varphi+\theta)}{k \sin \theta} - h$.

(20.) Si l'on ſubſtitue cette valeur de B dans l'expreſſion de la tenſion de la ficelle qu'on a trouvée, *Art.* 18, on aura cette tenſion dans

un point quelconque éloigné de l'origine de la quantité, $H =$
$$\tfrac{1}{\sin\theta}\big((P\sin\varphi.\cos(\varphi+\theta)-k\sin\theta(h-H))^2+P^2\sin\varphi^2.\sin(\varphi+\theta)^2\big)^{\frac{1}{2}}.$$

(21.) A l'origine de la ficelle, ou dans le point V le plus bas, on a $H = 0$: donc la tension dans le point V est $= \ldots\ldots\ldots$
$$\tfrac{1}{\sin\theta}\big((P\sin\varphi.\cos(\varphi+\theta)-kh\sin\theta)^2+P^2\sin\varphi^2.\sin(\varphi+\theta)^2\big)^{\frac{1}{2}} = \ldots\ldots$$
$$\left(\left(\frac{P(Rue-Pg)\,(Rub+Pg)-P^3(b+c)^2}{(Rue-Pg)^2+P^2(b+c)^2}-kh\right)^2+\frac{R^2u^2P^4(b+c)^4}{((Rue-Pg)^2+P^2(b+c)^2)^2}\right)^{\frac{1}{2}}.$$

(22.) Soit supposé $u = 0$, la force, ou tension, de la ficelle dans le point V deviendra $= \dfrac{-P(P^2g^2+P^2(b+c)^2)}{P^2g^2+P^2(b+c)^2}-kh = -(P+kh)$; poids du Cerf-volant & de la ficelle.

(23.) Soit $Rue = Pg$, la tension deviendra $= \ldots\ldots\ldots\ldots$
$$\left((-P-kh)^2+\frac{P^2g^2}{c^2}\right)^{\frac{1}{2}} = \left(\frac{P^2(g^2+c^2)}{c^2}+kh(2P+kh)\right)^{\frac{1}{2}}.$$

(24.) Soit $u = \infty$, la tension sera $= \dfrac{Pb}{c}-kh.$

(25.) On déduit clairement de l'analyse de tous ces cas, que la tension de la ficelle varie, à mesure que la vîtesse u du vent varie ; & que cette tension n'arrive pas à être la plus grande lorsque cette vîtesse $u = \infty$. Car, quoique l'inspection seule de la formule fasse voir que le premier terme augmente à mesure que la vîtesse u augmente, elle manifeste aussi que le second diminue en même temps. On apperçoit cette vérité encore plus clairement, en réduisant en série la quantité $\dfrac{P(Rue-Pg)(Rub+Pg)-P^3(b+c)^2}{(Rue-Pg)^2+P^2(b+c)^2}$: car la tension devient alors $= \ldots$
$$\left(\left(\frac{P(Rub+Pg)}{Rue-Pg}-\frac{P^3(b+c)^3Ru}{(Rue-Pg)^3}+\frac{P^5(b+c)^5Ru}{(Rue-Pg)^5}-\&c.-kh\right)^2+\frac{R^2u^2P^4(b+c)^4}{((Rue-Pg)^2+P^2(b+c)^2)^2}\right)^{\frac{1}{2}}.$$
Cette expression fait voir qu'aussi-tôt que Pg est négligeable par rapport à Rue, la tension demeure sensiblement constante, $\& = \dfrac{Pb}{c}-kh,$ quelque augmentation que reçoive la vîtesse u.

(26.) L'expression $\dfrac{Pb}{c}$ manifeste aussi, que plus b sera grand par rapport à e, plus la tension augmentera ; c'est-à-dire que plus la queue du Cerf-volant sera longue & pesante, plus la tension ou la force qui agit sur la ficelle augmentera.

Trouver la hauteur verticale que prendra le Cerf-volant.

(27.) De l'équation $(B+H)\,dy = A\,dx$, on déduit aussi $\ldots\ldots$
$$(B+H)^2(dH^2-dx^2) = A^2dx^2,\text{ce qui donne } dx = \frac{(B+H)\,dH}{((B+H)^2+A^2)^{2}} : \&$$

en intégrant $x = ((B+H)^2 + A^2)^{\frac{1}{2}}$, ou, $x^2 = (B+H)^2 + A^2$; équation d'une hyperbole équilatere, dont le demi-axe eſt $= A$, les abſciſſes comptés du centre $= x$, & les ordonnées $= B+H$ *. Si donc, avec le demi-axe $A = \dfrac{P \, \mathit{fin} \, \varphi . \mathit{fin} (\varphi+\theta)}{k \, \mathit{fin} \, \theta} = CD$, on décrit l'hyperbole équilatere DEF, les ordonnées donneront les longueurs de la ficelle, & les abſciſſes, les hauteurs verticales du Cerf-volant.

(28.) Soit ſuppoſé F le point correſpondant au Cerf-volant, on aura, pour ce point, $H = h$, & (19.), $(B+h)^2 + A^2 = \dfrac{P^2 \mathit{fin} \, \varphi^2}{k^2 \, \mathit{fin} \, \theta^2} = x^2$: donc $x = FL = \dfrac{P \, \mathit{fin} \, \varphi}{k \, \mathit{fin} \, \theta}$.

(29.) EM eſt l'abſciſſe qui correſpond au cas où l'on auroit $EH = B$, & $H = 0$: faiſant donc dans l'équation $x^2 = (B+H)^2 + A^2$, $H = 0$, & ſubſtituant à la place de B ſa valeur $\dfrac{P \, \mathit{fin} \, \varphi . \mathit{cof} (\varphi+\theta)}{k \, \mathit{fin} \, \theta} - h$, (19.), on aura $x^2 = (EM)^2 = \left(\dfrac{P \, \mathit{fin} \, \varphi . \mathit{cof} (\varphi+\theta)}{k \, \mathit{fin} \, \theta} - h \right)^2 + \dfrac{P^2 \, \mathit{fin} \, \varphi^2 . \mathit{fin} (\varphi+\theta)^2}{k^2 \, \mathit{fin} \, \theta^2}$, d'où l'on tire $EM = \dfrac{\left((P \, \mathit{fin} \, \varphi . \mathit{cof} (\varphi+\theta) - kh \, \mathit{fin} \, \theta)^2 + P^2 \, \mathit{fin} \, \varphi^2 . \mathit{fin} (\varphi+\theta)^2 \right)^{\frac{1}{2}}}{k \, \mathit{fin} \, \theta}$.

(30.) On aura donc la hauteur verticale EK du Cerf-volant, (*Fig.* 83), ou HL (*Fig.* 78.) $= \ldots \ldots \ldots \ldots$
$\dfrac{P \, \mathit{fin} \, \varphi}{k \, \mathit{fin} \, \theta} - \dfrac{1}{k \, \mathit{fin} \, \theta} \left((P \, \mathit{fin} \, \varphi . \mathit{cof} (\varphi+\theta) - hk \, \mathit{fin} \, \theta)^2 + P^2 \, \mathit{fin} \, \varphi^2 . \mathit{fin} (\varphi+\theta)^2 \right)^{\frac{1}{2}}$, laquelle quantité eſt la différence des tenſions de la ficelle à ſes deux extrêmités, diviſée par k, (13 & 20.).

(31.) Si cette différence étoit donc zéro, la différence de la hauteur verticale des deux extrêmités de la ficelle, ſeroit auſſi zéro ; c'eſt-à-dire que ſi les deux tenſions des extrêmités étoient égales, ces extrêmités ſe trouveroient dans une même ligne horiſontale. Ce principe eſt bien connu dans la Méchanique.

(32.) Nous avons trouvé (13.) la tenſion à l'extrêmité ſupérieure de la ficelle du Cerf-volant $= \dfrac{P ((Rub+Pg)^2 + P^2 (b+e)^2)^{\frac{1}{2}}}{((Ruc-Pg)^2 + P^2 (b+e)^2)^{\frac{1}{2}}}$, & (21.) celle à l'extrêmité inférieure V, $= \ldots \ldots \ldots \ldots \ldots \ldots$
$\left(\left(\dfrac{P (Ruc-Pg)(Rub+Pg) - P^3 (b+e)^2}{(Ruc-Pg)^2 + P^2 (b+e)^2} - kh \right)^2 + \dfrac{R^2 u^2 P^4 (b+e)^4}{((Ruc-Pg)^2 - P^2 (b+e)^2)^2} \right)^{\frac{1}{2}}$, donc la hauteur verticale à laquelle parviendra le Cerf volant au-deſſus de

---

* *Voyez* la Troiſieme Partie du *Cours de Mathématiques* de M. *Bezout*, Art. 324 & 336.

l'horifon fera $= \dfrac{P((Rub+Pg)^2+P^2(b+e)^2)^{\frac{1}{2}}}{k((Ruc-Pg)^2+P^2(b+e)^2)^{\frac{1}{2}}} - \ldots \ldots \ldots$

$$\left(\left(\frac{P((Rue-Pg)(Rub+Pg)-P^2(b+e)^2)}{k((Ruc-Pg)^2+P^2(b+e)^2)}-h\right)^2+\frac{R^2u^2P^4(b+e)^4}{k^2((Rue-Pg)^2+P^2(b+e)^2)}\right)^{\frac{1}{2}}.$$

(33.) Soit fuppofé $u=0$, la hauteur verticale du Cerf-volant fera $=\dfrac{P}{k}-\dfrac{P}{k}-h=-h$, longueur négative de la ficelle; ce qui eft bien connu.

(34.) Soit $u=\infty$, la hauteur verticale fera $=\dfrac{Pb}{ke}-\dfrac{Pb}{ke}+h=+h$ longueur de la ficelle.

(35.) Pour trouver maintenant le cas dans lequel la hauteur verticale fera zéro, ou, ce qui revient au même, dans lequel le Cerf-volant fe maintiendra dans la même horifontale que le point V, on égalera l'expreffion de cette hauteur à zéro. En prenant celle de *l'Art.* 30, on aura $\ldots \ldots \ldots \ldots \ldots \ldots$

$$\frac{P\,fin\,\varphi}{k\,fin\,\theta}-\frac{1}{k\,fin\,\theta}\left((P\,fin\,\varphi.co\!f(\varphi+\theta)-kh\,fin\,\theta)^2+P^2\,fin\,\varphi^2.fin(\varphi+\theta)^2\right)^{\frac{1}{2}}=0;$$

ou en multipliant par $k\,fin\,\theta$, & en quarrant $P^2\,fin\,\varphi^2=P^2\,fin\,\varphi^2-2Pkh\,fin\,\varphi.fin\,\theta.co\!f(\varphi+\theta)+k^2h^2\,fin\,\theta^2$; expreffion qui fe réduit à $\dfrac{2P\,fin\,\varphi.co\!f(\varphi+\theta)}{k\,fin\,\theta}-h=0$. Mais (19.) $B=\dfrac{P\,fin\,\varphi.co\!f(\varphi+\theta)}{k\,fin\,\theta}-h$, ou..

$B+h=\dfrac{P\,fin\,\varphi.co\!f(\varphi+\theta)}{k\,fin\,\theta}$: donc pour que la hauteur verticale foit zéro, on doit avoir $2B+h=0$, ou $B=-\frac{1}{2}h$: c'eft-à-dire, que les deux extrêmités de la ficelle doivent être également diftantes, de part & d'autre de l'axe de l'hyperbole, conféquence qui eft bien conforme aux principes connus.

(36.) En fubftituant les valeurs des finus & cofinus, dans $\ldots$

$\dfrac{2P\,fin\,\varphi.co\!f(\varphi+\theta)}{k\,fin\,\varphi}-h$, il en réfulte $\dfrac{2P((Rue-Pg)(Rub+Pg)-P^2(b+e)^2)}{(Rue-Pg)^2+P^2(b+e)^2}=kh$;

équation qui doit avoir lieu pour que le Cerf-volant demeure dans la ligne horifontale du point V.

(37.) Si l'on fuppofe maintenant la vîteffe du vent conftante, en laiffant variable la longueur h de la ficelle, la hauteur verticale du Cerf-volant fera auffi variable. Mais comme le fecond terme de l'expreffion de cette hauteur eft négatif, plus ce terme fera petit, plus la hauteur verticale fera grande: or en ne fuppofant variable que la longueur h, ce terme aura la moindre valeur qu'il eft poffible lorfque $\dfrac{P((Rue-Pg)(Rub+Pg)-P^2(b+e)^2)}{k((Rue-Pg)^2+P^2(b+e)^2)}-h=0$; ou ce qui eft la même chofe,

lorſqu'on a $B = 0$ (19.): donc la plus grande hauteur du Cerf-volant au-deſſus de l'horiſon, a lieu lorſque $h = \dots \dots \dots \dots$

$$\frac{P\left((Ruc-Pg)(Rub+Pg)-P^2(b+e)^2\right)}{k\left((Ruc-Pg)^2+P^2(b+e)^2\right)}, \quad \text{\& cette même plus grande hauteur}$$

$$\text{ſera} = \frac{P\left((Rub+Pg)^2+P^2(b+e)^2\right)^{\frac{1}{2}}}{k\left((Ruc-Pg)+P^2(b+e)^2\right)^{\frac{1}{2}}} - \frac{RuP^2(b+e)^2}{k\left((Ruc-Pg)^2+P^2(b+e)^2\right)}.$$

(38.) Comme la valeur de h dans ce dernier cas, n'eſt que la moitié de celle qu'on a trouvée dans le précédent, il s'enſuit que la longueur de la ficelle qui fait que le Cerf-volant s'éleve à la plus grande hauteur, n'eſt que la moitié de celle qui l'oblige à ſe maintenir dans la même horiſontale que le point V.

(39.) Comme la hauteur verticale du Cerf-volant dépend de la différence des tenſions aux deux extrêmités de la ficelle, il s'enſuit qu'il s'élevera à ſa plus grande hauteur, lorſque la tenſion à l'extrêmité inférieure V de la ficelle ſera la moindre poſſible. Pour ſçavoir donc quand le Cerf-volant acquerra ſa plus grande hauteur, il ſuffit d'avoir attention que la ficelle faſſe en ce point la moindre force poſſible.

(40.) Le ſinus de l'angle que forme la ficelle avec la verticale dans un point quelconque, a été trouvé, *Art.* 17 & 18, $\dots, \dots$

$$= \frac{dh}{dy} = \frac{\left((B+H)^2+A^2\right)^{\frac{1}{2}}}{A} :$$ mais pour l'extrêmité inférieure V, on a $H = 0$; & l'on a pareillement $B = 0$ pour le cas où le Cerf-volant acquerra ſa plus grande hauteur : donc le ſinus de l'angle que formera la ficelle avec la verticale, à ſon extrêmité inférieure V, eſt $= \frac{A}{A} = 1$: donc cet angle ſera droit. Ainſi, pour ſçavoir quand le Cerf-volant acquerra ſa plus grande hauteur, il ſuffit d'obſerver quand la ficelle ſe trouve horiſontale à ſon extrêmité inférieure V.

Trouver la valeur de l'horiſontale VL.

(41.) Des deux équations $(B+H)\,dy = A\,dx$, & $x^2 = (B+H)^2 + A^2$, on tire $dy = \dfrac{A\,dx}{(x^2-A^2)^{\frac{1}{2}}}$ * ; mais $\displaystyle\int \frac{A^2\,dx}{2\,(x^2-A^2)^{\frac{1}{2}}}$ eſt l'expreſſion d'un ſec-

---

* C'eſt l'équation de la *Chaînette*, telle que l'a trouvée *Jean Bernoulli*, Journal des Sçavants année 1692. Pluſieurs autres, après lui, ont auſſi trouvé l'équation de cette courbe. *Voyez* le *Tome III de ſes Œuvres, page* 491. *Voyez* auſſi la Quatrieme Partie du *Cours de Mathématiques* de M. *Bezout, Article* 561 & *ſuiv.*

PLANC. V.

FIG. 83.

teur de l'hyperbole * : donc on aura la valeur de y en divifant le fecteur de l'hyperbole par $\frac{1}{2} A$.

(42.) Pour trouver la valeur d'un fecteur hyperbolique FDC, EDC, eDC, &c., nommons z les abfciffes de l'afymptote CQ, & faifons les ordonnées perpendiculaires $FQ = v$. L'équation à cette afymptote fera $vz = \frac{1}{2} A^2$ **, & la différencielle de l'aire $QFDP$ fera $vdz = \frac{A^2 dz}{2z}$, dont l'intégrale eft $\frac{1}{2} A^2 \, log \, z$; mais, pour que cette intégrale défigne feulement l'aire $QFDP$, il faut qu'elle devienne égale à zéro, lorfque $z = CP = A \sqrt{\frac{1}{2}}$: donc l'aire $QFDP = \frac{1}{2} A^2 . log \frac{z}{A\sqrt{\frac{1}{2}}}$. Or cette aire eft égale au fecteur CFD, parce que $QFDC = QFDP + PDC = QFC + FDC$, & $PDC = QFC$, donc $QFDP = FDC$: donc le fecteur $FDC = \frac{1}{2} A^2 . log \frac{z}{A\sqrt{\frac{1}{2}}}$: donc enfin $y = A . log \frac{z}{A\sqrt{\frac{1}{2}}}$.

(43.) La valeur de z fe trouve en confidérant que $CF^2 = v^2 + z^2 = 2x^2 - A^2$, équation d'où l'on tire $z^2 = x^2 - \frac{1}{2} A^2 \pm \sqrt{(x^2 - \frac{1}{2} A^2)^2 - \frac{1}{4} A^4}$, & par conféquent on aura $y = A . log \frac{((B+H)^2 + \frac{1}{2} A^2 \pm \sqrt{((B+H)^2 + \frac{1}{2} A^2)^2 - \frac{1}{4} A^4})^{\frac{1}{2}}}{A\sqrt{\frac{1}{2}}}$ ***

Donc on aura, pour l'extrêmité de la ficelle où eft attaché le Cerf-

PLANC. A.

FIG. 1.

* Pour le démontrer, foit PCA un fecteur d'hyperbole équilatere, dont on veut avoir l'expref-fion, foit C le centre de la courbe; $CA = A$ fon demi-axe; $CM = x$ une abfciffe ; & $PM = y$ l'or-donnée correfpondante. Menons la ligne Cp infiniment proche de CR, & le petit triangle diffé-renciel CpP, fera l'élément du fecteur PCA. Pour trouver l'expreffion de cet élément, décrivons du point C, comme centre, un petit arc Po, qu'on pourra regarder comme une petite ligne droite perpendiculaire fur Cp, faifons $CP = t$; $Po = dz$, nous aurons $po = dt$, $Cp = t + dt$, & par con-féquent le triangle $CpP = \frac{1}{2} Cp . Po$ fera $= \frac{1}{2}(t+dt)dz = \frac{1}{2} tdz + \frac{1}{2} dtdz = \frac{1}{2} tdz$, à caufe que $\frac{1}{2} dtdz$ eft un infiniment petit du fecond ordre: donc le fecteur PCA a pour expreffion $\int \frac{1}{2} tdz$.

Pour trouver la valeur de cette quantité en x, dx & conftantes, foit mené l'ordonnée pm, & la perpendiculaire Pr fur cette ordonnée, on aura $pr = dy$, $Rr = dx$, & $Pp = \sqrt{(dx^2 + dy^2)}$: donc Po ou $dz = \sqrt{(Pp^2 - po^2)} = \sqrt{(dx^2 + dy^2 - dt^2)}$. Maintenant l'équation de la courbe donne $yy = xx - A^2$; en fubftituant cette valeur de yy dans celle de $t = \sqrt{(xx+yy)}$, on aura $t = \sqrt{(2xx - A^2)}$. De plus, en différenciant les valeurs de y & de t, on en déduira $dy^2 = \frac{xxdx^2}{xx - A^2}$; & $dt^2 = \frac{4xxdx^2}{2xx - A^2}$; & par conféquent $dz = \sqrt{\left(dx^2 + \frac{xxdx^2}{xx - A^2} - \frac{4xxdx^2}{2xx - A^2} \right)} = \ldots \ldots \frac{A^2 dx}{\sqrt{(xx - A^2)}\sqrt{(2xx - A^2)}}$. Donc enfin $\int \frac{1}{2} tdz = \int \frac{1}{2} \sqrt{(2xx - A^2)} \frac{A^2 dx}{\sqrt{(xx - A^2)}\sqrt{(2xx - A^2)}}$ $\int \frac{A^2 dx}{2\sqrt{(xx - A^2)}}$.

** *Voyez* la Troifieme Partie du *Cours de Mathématiques* de M. *Bezout*, *Article* 347. En faifant attention qu'il s'agit ici de l'hyperbole équilatere.

*** Car $xx - \frac{1}{2} A^2 = xx - A^2 + \frac{1}{2} A^2 = yy + \frac{1}{2} A^2 = (B+H)^2 + \frac{1}{2} A^2$. Voyez d'ailleurs la note *.

volant

volant, & à laquelle $H = h$, ...

$$y = A.\log \frac{\left((B+h)^2+\tfrac{1}{2}A^2\pm\sqrt{((B+h)^2+\tfrac{1}{2}A^2)^2-\tfrac{1}{4}A^4}\right)^{\frac{1}{2}}}{A\sqrt{\tfrac{1}{2}}}, \quad \text{\& à l'autre extrê-}$$

mité, ou $H = o$, $y = A.\log \frac{\left(B^2+\tfrac{1}{2}A^2\pm\sqrt{(B^2+\tfrac{1}{2}A^2)^2-\tfrac{1}{4}A^4}\right)^{\frac{1}{2}}}{A\sqrt{\tfrac{1}{2}}}$. Souftrayant

cette deuxieme quantité de la premiere, on aura l'horifontale $VL =$

$$\tfrac{1}{2}A.\log \frac{(B+h)^2+\tfrac{1}{2}A^2\pm\sqrt{((B+h)^2+\tfrac{1}{2}A^2)^2-\tfrac{1}{4}A^4}}{B^2+\tfrac{1}{2}A^2\pm\sqrt{(B^2+\tfrac{1}{2}A^2)^2-\tfrac{1}{4}A^4}}; \quad \text{ou, en regardant ce lo-}$$

garithme comme un logarithme des Tables ordinaires, & le réduifant en logarithme hyperbolique, afin de conferver la même valeur à l'expreffion, $VL =$ . . . .

$$\tfrac{1}{2}A\,(2,3025851)\,\log \frac{(B+h)^2+\tfrac{1}{2}A^2\pm\sqrt{((B+h)^2+\tfrac{1}{2}A^2)^2-\tfrac{1}{4}A^4}}{B^2+\tfrac{1}{2}A^2\pm\sqrt{(B^2+\tfrac{1}{2}A^2)^2-\tfrac{1}{4}A^4}} \; \text{*}. \quad \text{On fubfti-}$$

tuera enfuite dans cette expreffion la valeur de $B =$ . . . .

$$\frac{P((Rue-Pg)(Rub+Pg)-P^2(b+e)^2)}{k((Rue-Pg)^2+P^2(b+e)^2)} - h, \quad \text{\& de } A = \frac{RuP^2(b+e)^2}{k((Rue-Pg)^2+P^2(b+e)^2)}; \text{ en}$$

prenant le figne pofitif, tant au numérateur qu'au dénominateur, fi B eft pofitif : on le prendra pofitif au numérateur, & négatif au dénominateur, fi B eft négatif & $h > B$: enfin on prendra le figne négatif, tant au numérateur qu'au dénominateur, fi B eft négatif, & $h < B$.

(44.) Si l'on fuppofe $u = o$, alors $A = o$, & par conféquent $VL = o$.

(45.) Si $u = \infty$, on aura $A = o$, & par conféquent $VL = o$, comme auparavant.

(46.) Dans le cas où les deux extrêmités de la ficelle fe trouvent dans la même horifontale, on a (35.) $B = -\tfrac{1}{2}h$, on aura donc,

$$\text{dans ce cas,}\; VL = \tfrac{1}{2}A(2,3025851)\log \frac{\tfrac{1}{4}h^2+\tfrac{1}{2}A^2+\sqrt{(\tfrac{1}{4}h^2+\tfrac{1}{2}A^2)^2-\tfrac{1}{4}A^4}}{\tfrac{1}{4}h^2+\tfrac{1}{2}A^2-\sqrt{(\tfrac{1}{4}h^2+\tfrac{1}{2}A^2)^2-\tfrac{1}{4}A^4}}; \; \text{ex-}$$

preffion qui fe réduit à $VL = A\,(2,3025851)\,\log \frac{1+cof\,(\varphi+\theta)}{1-cof\,(\varphi+\theta)}$ **, à caufe

$$\text{de } B = \frac{P\,fin\,\varphi.cof\,(\varphi+\theta)}{k\,fin\,\theta} - h = -\tfrac{1}{2}h, \; (19.)\,, \; \text{d'où l'on tire } (11.)$$

$$A = \frac{P\,fin\,\varphi.fin\,(\varphi+\theta)}{k\,fin\,\theta} = \frac{h\,fin\,(\varphi+\theta)}{2\,cof\,(\varphi+\theta)}.$$

---

* Voyez la Quatrieme Partie du *Cours de Mathématiques* de M. *Bezout*, *Art.* 113.

** Car de la valeur de B, on tire $P = \dfrac{kh\,fin\,\theta}{2.fin\,\varphi.cof\,(\varphi+\theta)}$. Et cette valeur étant fubftituée dans celle de A, donne l'expreffion que l'Auteur indique.

Réduire les formules à un cas facile pour la pratique.

(47.) Nous pouvons fuppofer pour cela $e = b$, & $g = 2e$: car cette détermination de valeurs dépend feulement de la longueur des ficelles AG, GD, & de la pofition du point D, deux chofes qui font abfolument arbitraires. La diftance PC étant donc tranfportée de C en E, on fera $AG = (4b^2 + (CA - b)^2)^{\frac{1}{2}}$, & prenant enfuite le point D à volonté, l'on aura $e = b$, & $g = 2e$.

(48.) Suivant la théorie des Voiles, qu'on verra développée dans le *Tome II, Art.* 261 de cet Ouvrage, la force du Cerf-volant eft $= \frac{1}{20} mua^2 fin\, \varphi$; ou en prenant les deux tiers de cette quantité, à caufe de ce qu'on a dit (644.), elle fera $= \frac{1}{30} mua^2 fin\, \varphi$: donc $R = \frac{1}{10} ma^2$, a^2 défignant l'aire du Cerf-volant, que nous fuppoferons de 9 pieds, & m le poids d'un pied cube d'eau de mer, que nous verrons dans le *Tome II, Art.* 109, être de 64 liv. $\frac{1}{8}$ *. On aura donc $R = \frac{64\frac{1}{8} \cdot 9}{30}$, ou $= 19$ à peu près.

(49.) Suppofons, en outre, que le poids du Cerf-volant avec fa queue foit d'une demi-livre, ou que $P = \frac{1}{2}$, & que 2000 pieds de ficelle pefent une livre, on aura $2000\, k = 1$, ou $k = \frac{1}{2000}$.

Toutes ces valeurs étant fubftituées dans les formules, les réduifent à un cas très-facile pour la pratique.

(50.) Les valeurs des finus & cofinus des angles φ, θ, & $\varphi + \theta$, deviennent, d'après ces fubftitutions, telles qu'il fuit : . . . .

$$fin\, \varphi = \frac{1}{((19u - 1)^2 + 1)^{\frac{1}{2}}} \cdots\cdots cof\, \varphi = \frac{19u - 1}{((19u - 1)^2 + 1)^{\frac{1}{2}}}.$$

$$fin\, \theta = \frac{1}{((19u + 1)^2 + 1)^{\frac{1}{2}}} \cdots\cdots cof\, \theta = \frac{19u + 1}{((19u + 1)^2 + 1)^{\frac{1}{2}}}.$$

$$fin\, (\varphi + \theta) = \frac{19u}{(((19u - 1)^2 + 1)((19u + 1)^2 + 1))^{\frac{1}{2}}}$$

$$cof\, (\varphi + \theta) = \frac{(19u - 1)(19u + 1) - 1}{(((19u - 1)^2 + 1)((19u + 1)^2 + 1))^{\frac{1}{2}}}$$

(51.) Ces valeurs font voir clairement combien il faut peu de vîteffe au vent, pour que la tangente HF s'éleve ae-deffus de l'horifon. Cette tangente doit demeurer horifontale, lorfque $cof\, (\varphi + \theta) = 0$: donc, pour que ce cas arrive, on doit avoir $(19u - 1)(19u + 1) = 1$, ou $u = \frac{1}{19} \sqrt{2}$; de forte qu'il faut que le vent ne parcoure pas

---

* Il s'agit ici du pied cube Anglais, qui pefe 1030 onces, *Averdupois*, ou 64 liv. $\frac{3}{8}$, à l'endroit cité.

même 11 lignes par seconde, pour que la tangente *HF* demeure horifontale.

(52.) Les mêmes valeurs manifeftent également, que, pour peu que la vîteffe *u* du vent foit fenfible, déjà le Cerf-volant fe met prefque horifontal: il fuffit, pour cela, que *fin* $\varphi = \frac{1}{((19u-1)^2+1)^{\frac{1}{2}}}$ foit négligeable. Suppofons donc que $\frac{1}{((19u-1)^2+1)^{\frac{1}{2}}} = \frac{1}{38}$, finus dun angle moindre qu'un degré, on aura à très-peu près $\frac{1}{19u} = \frac{1}{38}$, ce qui donne donne $u = 2$; c'eft à-dire que le vent ayant feulement 2 pieds de vîteffe par feconde, cela fuffit pour faire prendre au Cerf-volant une fituation horifontale, à moins d'un degré près.

(53.) Nous avons trouvé la tenfion de la ficelle à fon extrêmité *V*
$$(21.) = \left(\left(\frac{P(Rue-Pg)(Rub+Pg)-P^3(b+e)^2}{(Rue-Pg)^2+P^2(b+e)^2} - kh\right)^2 + \frac{R^2u^2P^4(b+e)^4}{((Rue-Pg)^2+P^2(b+e)^2)^2}\right)^{\frac{1}{2}}$$
donc, dans le cas préfent, cette tenfion fera $=$ . . . .
$$\left(\left(\frac{\frac{1}{2}(19u-1)(19u+1)-\frac{1}{2}}{(19u-1)^2+1} - \frac{h}{2000}\right) + \frac{19^2u^2}{((19u-1)^2+1)^2}\right)^{\frac{1}{2}}.$$

(54.) Cette expreffion fe réduit à $\frac{1}{2} - \frac{h}{2000}$, lorfque *u* a une valeur un peu confidérable : d'où l'on voit que la tenfion de la ficelle fe maintient prefque fenfiblement conftante, quelque augmentation qui furvienne dans la vîteffe du vent.

(55.) Nous avons trouvé (32.) la hauteur à laquelle s'éleve le Cerf-volant $= \frac{P((Rub+Pg)^2+P^2(b+e)^2)^{\frac{1}{2}}}{k((Rue-Pg)^2+P^2(b+e)^2)^{\frac{1}{2}}}$ . . . .
$$\left(\left(\frac{P(Rue-Pg)(Rub+Pg)-P^3(b+e)^2}{k((Rue-Pg)^2+P^2(b+e)^2)} - h\right) + \frac{R^2u^2P^4(b+e)^4}{k^2((Rue-Pg)^2+P^2(b+e)^2)^2}\right)^{\frac{1}{2}}.$$ Donc dans le cas préfent, cette hauteur fera $= \dfrac{\frac{1}{2}((19u+1)^2+1)^{\frac{1}{2}}}{\frac{1}{2000}((19u-1)^2+1)^2} = $ . . . . .
$$\left(\left(\frac{\frac{1}{2}(19u-1)(19u+1)-\frac{1}{2}}{\frac{1}{2000}((19u-1)^2+1)} - h\right)^2 + \frac{19^2u^2}{(\frac{1}{2000})^2((19u-1)^2+1)^2}\right)^{\frac{1}{2}}.$$ On a de même (37.) la plus grande hauteur $= \dfrac{1000((19u+1)^2+1)^{\frac{1}{2}}}{((19u-1)^2+1)^{\frac{1}{2}}} - \dfrac{2000.19u}{(19u-1)^2+1}$; expreffion qui fe réduit à $1000 - \dfrac{2000}{19u}$, lorfque *u* a une valeur un peu confidérable ; par conféquent plus la vîteffe du vent fera grande, plus la plus grande hauteur à laquelle s'élevera le Cerf-volant fera confidérable.

(56.) La longueur de la ficelle propre à obtenir cette plus grande

hauteur verticale du Cerf-volant a été trouvée (37.) $=$ . . . .
$\frac{P((Rue-Pg)(Rub+Pg)-P^2(b+e)^2)}{k((Rue-Pg)^2+P^2(b+e)^2)}$: donc elle fera, dans la fuppofition préfente,
$\frac{\frac{1}{2}((19u-1)(19u+1)-1)}{\frac{1}{2000}((19u-1)^2+1)}$; expreffion qui fe réduit à $1000(1+\frac{2}{19u})$, u ayant
une valeur un peu confidérable. Si l'on avoit $u=2$, elle feroit $=1052,6$.

(57.) Une autre longueur de ficelle, quelle qu'elle foit, moindre, ou plus grande que celle-ci, donnera une moindre hauteur verticale au Cerf-volant. 1000 pieds de longueur de ficelle, en fuppofant
$u=2$, ne donnent que $925,7$ pieds de hauteur au Cerf-volant,
tandis que la plus grande hauteur pour cette vîteffe eft de $947,4$:
1500 pieds de longueur de ficelle ne donnent que $549,6$ de hauteur verticale. Enfin fi l'on donne à la ficelle une longueur double
des $1052,6$, qui donnent la plus grande élévarion ; c'eft-à-dire,
fi l'on donne $2105,2$ pieds de ficelle, on tombe dans le cas où le
Cerf-volant demeure dans l'horifontale du point V, (38.).

(58.) Nous avons trouvé (43.) la diftance horifontale $VL=$
$\frac{1}{2}A(2,3025851)\ log\ \frac{(B+h)^2+\frac{1}{2}A^2\pm\sqrt{((B+h)^2+\frac{1}{2}A^2)^2-\frac{1}{4}A}}{B^2+\frac{1}{2}A^2\pm\sqrt{(B^2+\frac{1}{2}A^2)^2+\frac{1}{4}A^4}}$; & dans le cas
de la plus grande hauteur verticale du Cerf-volant, où l'on a $B=0$,
(37.) elle devient $=\frac{1}{2}A(2,3025851)log\ \frac{h^2+\frac{1}{2}A^2+\sqrt{(h^2+\frac{1}{2}A^2)^2-\frac{1}{4}A^4}}{\frac{1}{2}A^2}$.

Mais nous avons trouvé ci-deffus (56.), $h=1000(1+\frac{2}{19u})$, & (43.)
$A=\frac{RuP^2(b+e)^2}{k((Rue-Pg)^2+P^2(b+e)^2)}$, & lorfque u a une valeur un peu confidérable, cette valeur de A fe réduit à $\frac{2000.19u}{19^2u^2-2.19u}$, ou à $1000\frac{2}{19u}$
$(1+\frac{2}{19u})=\frac{2h}{19u}$. Donc, en fubftituant cette valeur de A dans
l'expreffion de l'horifontale VL pour le cas de la plus grande hauteur, elle deviendra $=$ . . . .

$\frac{1000}{19^2u^2}(19u+2)(2,3025851)\ log\ \dfrac{1+\frac{2}{19^2u^2}+((1+\frac{2}{19^2.u^2})^2-\frac{4}{19^4.u^4})^{\frac{1}{2}}}{\frac{2}{19^2u^2}}=$

$\frac{1000}{19^2.u^2}(19u+2)(2,3025851)\ log\ \frac{19^2u^2+2+19u\sqrt{19^2u^2+4}}{2}$; ou à peu près
$=\frac{2000}{19^2.u^2}(19u+2)(2,3025851)\ log\ 19u$. Faifant maintenant $u=2$,
nous aurons $VL=\frac{1000}{19^2}(20)(2,3025851)\ log\ 38=201,5$ pieds.

(59.) Ceci donne l'angle $LVG = 78°$, & la distance directe $VG = 969,3$; de sorte que la courbure de la ficelle emploie $83,3$ pieds.

Réduire les formules au cas considéré par Euler, dans lequel $g = o$, *ayant aussi* $e = b$.

(60.) Dans ce cas, on aura (3.) $\sin(\varphi + \theta) = \ldots\ldots\ldots$ $\frac{4PRu}{R^2u^2 + 4P^2}$, & $\cos(\varphi + \theta) = \frac{R^2u^2 - 4P^2}{R^2u^2 + 4P^2}$.

(61.) Soit $u = o$, on aura $\sin(\varphi + \theta) = o$, & $\cos(\varphi + \theta) = -1$; ce qui s'accorde avec ce qu'on a dit, *Art.* 4, & avec les principes connus de Méchanique.

(62.) La force que le vent exerce sur le Cerf-volant, se réduit dans ce cas, à $\frac{2PRu}{(R^2u^2 + 4P^2)^{\frac{1}{2}}}$, (7.).

(63.) La force, ou tension à l'extrêmité V de la ficelle, se réduit pareillement, en ce cas (21.), à $\left(\left(\frac{PR^2u^2 - 4P^3}{R^2u^2 + 4P^2} - kh\right)^2 + \frac{16R^2u^2P^4}{(R^2u^2 + 4P^2)^2}\right)^{\frac{1}{2}}$.

(64.) Si $u = o$, cette force, ou tension, sera $= -P - kh$, poids du Cerf-volant & de la ficelle.

(65.) La hauteur verticale du Cerf-volant se réduit, dans ce cas (32.), à $\frac{P(R^2u^2 + 4P^2)^{\frac{1}{2}}}{k^2(R^2u^2 + 4P^2)^{\frac{1}{2}}} - \left(\left(\frac{P(R^2u^2 - 4P^2)}{k(R^2u^2 + 4P^2)} - h\right)^2 + \frac{16R^2u^2P^4}{k^2(R^2u^2 + 4P^2)^2}\right)^{\frac{1}{2}} = \frac{P}{k} - \left(\left(\frac{P(R^2u^2 - 4P^2)}{k(R^2u^2 + 4P^2)}\right)^2 + \frac{16R^2u^2P^4}{k^2(R^2u^2 + 4P^2)^2}\right)^{\frac{1}{2}}$.

(66.) Si $u = o$, la hauteur verticale deviendra $= \frac{P}{k} - \frac{P}{k} - h = -h$; longueur de la ficelle.

(67.) La quantité h étant variable, l'expression de la plus grande hauteur se réduit à $\frac{P(Ru - 2P)^2}{k(R^2u^2 + 4P^2)}$: & celle de la longueur h de la ficelle qui donne cette plus grande hauteur devient $= \frac{P(R^2u^2 - 4P^2)}{k(R^2u^2 + 4P^2)}$.

(68). Cette longueur de la ficelle qui donne la plus grande hauteur sera donc à cette plus grande hauteur, comme $Ru + 2P$, est à $Ru - 2P$.

(69.) La longueur de la ficelle nécessaire pour que le Cerf-volant demeure dans l'horisontale du point V, se réduit (36.) à $h = \frac{2P(R^2u^2 - 4P^2)}{k(R^2u^2 + 4P^2)}$.

Tous ces résultats conviennent parfaitement avec ce qu'on observe dans la pratique. Examinons maintenant s'il en est de même dans le fyſtême où l'on fuppofe que les forces du vent font en raifon com‑poſée doublée de fes vîteſſes & de fes finus d'incidence.

Théorie des Cerf-volants , ou Cometes , en fuppofant la réfiſtance des Fluides en raifon compoſée doublée de leurs vîteſſes & des finus des angles d'incidence.

(70.) L'expreſſion de la force du vent fur le Cerf-volant, fera préfentement $ru^2 \sin \varphi^2$. Cette quantité fubſtituée dans l'équation de l'*Art.* 1, en place de $Ru \sin \varphi$, qui exprimoit la même force , & faifant $e = b$, & $g = 0$, on aura $ru^2 \sin \varphi^2 = 2P \cos \varphi$.

(71.) On aura donc , $\sin \varphi^2 = \dfrac{2P}{ru^2} \cos \varphi$: & $1 - \sin \varphi^2 = \cos \varphi^2 = 1 - \dfrac{2P}{ru^2} \cos \varphi$: d'où l'on déduit $\cos \varphi = -\dfrac{P}{ru^2} \pm \left(1 + \dfrac{P^2}{r^2 u^4}\right)^{\frac{1}{2}}$: ....

& $\sin \varphi = \left(-\dfrac{2P^2}{r^2 u^4} \pm \dfrac{2P}{ru^2} \left(1 + \dfrac{P^2}{r^2 u^4}\right)^{\frac{1}{2}} \right)^{\frac{1}{2}}$.

(72.) L'équation de l'*Art.* 2 devient $ru^2 \sin \varphi^2 \sin \theta = P \sin (\varphi+\theta) = P (\sin \varphi . \cos \theta + \sin \theta . \cos \varphi)$; & en fubſtituant , d'après ce qui précede , $2P \cos \varphi$, à la place de $ru^2 \sin \varphi^2$, l'on aura $2P \sin \theta . \cos \varphi = P (\sin \varphi . \cos \theta + \sin \theta . \cos \varphi)$, ou $\sin \theta \cos \varphi = \sin \varphi . \cos \theta$: donc $\varphi = \theta$.

(73.) Nous aurons donc $\sin (\varphi+\theta) = 2 \sin \varphi . \cos \varphi$, & $\cos (\varphi+\theta) = \cos \varphi^2 - \sin \varphi^2 = 2 \cos \varphi^2 - 1$; ce qui donne $\sin (\varphi+\theta) = \left(\dfrac{8P}{ru^2}\right)^{\frac{1}{2}} \left(-\dfrac{P}{ru^2} \pm \left(1 + \dfrac{P^2}{r^2 u^4}\right)^{\frac{1}{2}} \right)^{\frac{3}{2}}$: & $\cos (\varphi+\theta) = 1 + \dfrac{4P^2}{r^2 u^4} \mp \dfrac{4P}{ru^2} \left(1 + \dfrac{P^2}{r^2 u^4}\right)^{\frac{1}{2}}$.

(74.) pour rendre ces expreſſions plus traitables , & en même temps plus intelligibles , fuppofons $\dfrac{r^2 u^4}{P^2} = n^2 - 1$ *, alors nous aurons $\sin (\varphi+\theta) = \dfrac{2}{(n+1)} \sqrt{2(n-1)}$, & $\cos (\varphi+\theta) = 1 - \dfrac{4}{n+1}$.

(75.) Soit fuppofé $u = 0$, l'on aura $n = 1$, $\sin (\varphi + \theta) = 0$, & $\cos (\varphi + \theta) = -1$.

(76.) Soit $\dfrac{r^2 u^4}{P^2} = 8$, l'on aura $n = 3$, $\sin (\varphi+\theta) = 1$, & $\cos (\varphi+\theta) = 0$.

(77.) Soit $u = \infty$, l'on aura $n = \infty$, $\sin(\varphi+\theta) = 0$, & $\cos (\varphi+\theta) = 1$.

(78.) La force que le vent exerce fur le Cerf-volant eſt ....

$$ru^2 \sin \varphi^2 = 2P \cos \varphi = -\dfrac{2P^2}{ru^2} \pm 2 P \left(1 + \dfrac{P^2}{ru^2}\right)^{\frac{1}{2}} = 2P \left(\dfrac{n-1}{n+1}\right)^{\frac{1}{2}}.$$

---

* On trouve dans l'original $r^2 u^4 = n^2 - 1$; mais il nous paroît évident que c'eſt une méprife de l'Auteur : car en fubſtituant cette quantité , on ne parviendroit pas aux valeurs qu'il indique pour $\sin (\varphi + \theta)$, & $\cos(\varphi+\theta)$; mais on les trouve en faifant $\dfrac{r^2 u^4}{P^2} = n^2 - 1$. Nous avons réta‑bli ce paſſage & les fuivants qui en dépendent.

(79.) Soit $u=0$, l'on aura $n=1$; ce qui donne $ru^2 \sin \varphi^2 = 0$.

(80.) Soit $\frac{r^2 u^4}{P^2} = 8$, l'on aura $n=3$, ce qui donne $ru^2 \sin \varphi^2 = P \sqrt{2}$.

(81.) Soit $u=\infty$, l'on aura $n=\infty$; ce qui donne $r^2 u^2 \sin \varphi^2 = 2P$.

(82.) La théorie de la tenſion, ou force, qui agit ſur la ficelle, eſt la même dans ce ſyſtême de réſiſtance que dans l'autre; il eſt ſeulement néceſſaire de ſubſtituer dans les formules les valeurs correſpondantes des ſinus & coſinus des angles φ, θ, & $\varphi+\theta$.

L'expreſſion de *l'Art.* 20 eſt . . . .

$\frac{1}{\sin \theta}((P \sin \varphi . \cos (\varphi+\theta) - kh \sin \theta)^2 + P^2 \sin \varphi^2 . \sin (\varphi+\theta)^2)^{\frac{1}{2}}$: en faiſant $\varphi=\theta$, elle devient $(P^2 + k^2 h^2 - 2Pkh \cos (\varphi+\theta))^{\frac{1}{2}} = ((P-kh)^2 + \frac{8Pkh}{n+1})^{\frac{1}{2}}$, en mettant pour $\cos (\varphi+\theta)$ ſa valeur. Quant à l'expreſſion de *l'Art.* 13, elle devient $=P$.

(83.) Soit maintenant $u=0$, l'on aura $n=1$; ce qui donne la tenſion de la ficelle $= P+kh$, poids du cerf-volant & de la ficelle.

(84.) Soit $\frac{r^2 u^4}{P^2} = 8$, l'on aura $n=3$; ce qui donne la tenſion $= (P^2 + k^2 h^2)^{\frac{1}{2}}$.

(85.) Soit $u=\infty$, l'on aura $n=\infty$; ce qui donne la tenſion $= P-kh =$ le poids du Cerf-volant, moins celui de la ficelle.

(86.) Comme la hauteur verticale du Cerf-volant dépend des mêmes éléments que la tenſion, elle ſera la même que dans l'autre ſyſtême ; c'eſt-à-dire qu'elle ſera égale à la différence des tenſions aux extrêmités de la ficelle diviſée par k : elle ſera donc $= \frac{P}{k} - \frac{1}{k}((P-kh)^2 + \frac{8Pkh}{n+1})^{\frac{1}{2}}$.

(87.) Soit $u=0$, ou $n=1$, & la hauteur verticale ſera $= \frac{P}{k} - \frac{P}{k} - h = -h$.

(88.) Soit $\frac{r^2 u^4}{P^2} = 8$, ou $n=3$, la hauteur verticale ſera $= \frac{P}{k} - \frac{1}{k}(P^2 + k^2 h^2)^{\frac{1}{2}}$.

(89.) Soit $u=\infty$, ou $n=\infty$, la hauteur verticale ſera $= \frac{P}{k} - \frac{P}{k} + h = +h$.

(90.) Pour le cas où le Cerf-volant doit ſe maintenir dans l'horiſontale V, nous aurons $(35.)$ $\frac{P}{k} = \frac{1}{k}((P+kh)^2 + \frac{8Pkh}{n+1})^{\frac{1}{2}}$, ou $2P-kh = \frac{8P}{n+1}$; ce qui donne $n = \frac{6P+kh}{2P-kh}$, & $\frac{r^2 u^4}{P^2} = \frac{16P(2P+kh)}{(2P-kh)^2}$.

(91.) Juſqu'ici ce ſyſtême de réſiſtance ne nous a manifeſté aucun défaut qui autorise à le rejetter ; mais ils se manifestent aussi-tôt qu'on examine avec un peu d'attention les expressions de ces hauteurs verticales. Ayant $\frac{r^2 u^4}{P^2} = 8$, la hauteur verticale du Cerf-volant est $= \frac{P}{k} - \frac{1}{k}(P^2 + k^2 h^2)^{\frac{1}{2}}$, quantité constante négative, quelles que soient les valeurs de h, de k, & même de P : de sorte que d'après ce système, le Cerf-volant ne peut pas même s'élever jusqu'à l'horisontale du point V, avec la seule vîtesse du vent $u = \left(\frac{8P^2}{r^2}\right)^{\frac{1}{4}}$. Or, dans ce système (644.), $ru^2 = \frac{ma^2}{64} u^2$: donc $r = \frac{ma^2}{64}$, ou en faisant la densité de l'air $= m = \frac{64}{29.29}$, & $a^2 = 9$, on aura $r = \frac{9}{29^2}$, & $r^2 = \frac{81}{29^4}$. Le Cerf-volant ne pourra donc pas même s'élever jusqu'à l'horisontale du point V, ayant $u = \frac{29}{3}(8)^{\frac{1}{4}} P^{\frac{1}{2}}$: c'est-à-dire, lorsque la vîtesse du vent est de $12\frac{1}{2}$ pieds à peu près * par seconde ; ce qui est évidemment contraire à l'expérience, qui fait voir que cette vîtesse est capable, non-seulement d'élever le Cerf-volant jusqu'à l'horisontale du point V, mais de le mettre presque vertical à ce point, principalement lorsque kh est une petite quantité. En effet, dans l'autre système de résistance, lorsque u a une valeur aussi grande, on peut négliger toutes les quantités dans lesquelles u ne se trouve pas ; ce qui réduit la hauteur verticale à $\frac{P}{k} - \frac{P}{k} + h = h$. longueur de la ficelle.

(92.) On a vu ci-dessus que l'équation $\frac{r^2 u^4}{P^2} = \frac{16 P (2P + kh)}{(2P - kh)^{\frac{3}{2}}}$ doit avoir lieu, pour que le Cerf-volant demeure dans l'horisontale du point V. Substituant dans cette expression $P = \frac{1}{2}$, $k = 2000$, $h = 1000$, on aura $r^2 u^4 = 12$, ou $u = \frac{29}{3}(12)^{\frac{1}{4}}$, ce qui donne la vîtesse u de plus de 18 pieds par seconde ** ; vîtesse excessive, qui est capable de mettre le Cerf-volant en pieces, bien loin de ne pouvoir l'élever

---

* Par une suite de la faute que nous avons fait remarquer dans la note de l'*Article* 74, l'Auteur trouve 16 p. $\frac{1}{4}$, au lieu de 12 p. $\frac{1}{2}$ que nous trouvons. Cette vîtesse 16 p. $\frac{1}{4}$ auroit effectivement lieu, en supposant $P = 1$; mais, pour conserver l'analogie dans la comparaison des deux systêmes, nous faisons $P = \frac{1}{2}$, quoique l'Auteur n'en avertisse pas. Au surplus, on trouve cette derniere supposition dans l'article suivant.

** Dans l'original, on trouve $r^2 u^4 = 48$, ce qui donne u de plus de 25 pieds ; mais nous avons déjà indiqué l'origine de cette différence. Au reste, cela n'est, comme on voit, d'aucune importance pour les conséquences que l'Auteur déduit de ses calculs.

jufqu'à

jufqu'à l'horifontale du point *V.* Dans l'autre fyftême, cette même vîteffe élevera le Cerf-volant jufqu'à le mettre fenfiblement vertical au point *V.*

Ceci fuffit, pour convaincre de la fauffeté du fyftême qui fuppofe la réfiftance des Fluides en raifon compofée doublée des vîteffes & des finus des angles d'incidence.

APPENDICE II.

L'IMPRESSION de cet ouvrage étoit prefque finie, lorfque je reçus d'Angleterre le refte des tranfactions Philofophiques de la Société Royale, qui étoient nouvellement imprimées. Dans le Volume 51, *Part.* 1, *page* 100, on trouve quelques expériences faites par M. *J. Smeaton*, fous le titre, *An experimental inquiry concerning the natural powers of water and wind to turn mills, and other machines depending on a circular motion.* L'Auteur donne la defcription d'une petite machine de fon invention, dont il a fait ufage pour déterminer, par des expériences répétées, la force qu'exerce l'eau, qui, en fortant d'un réfervoir par une ouverture, choque les aubes d'une roue verticale, difpofée comme celle d'un moulin. Sur l'axe de cette roue s'enveloppe une corde, à laquelle eft fufpendu un poids qui fert pour mefurer l'effet de la machine. L'Auteur en foumettant ces matieres à un nouvel examen, prouve clairement le peu de confiance qu'il avoit dans les déterminations données jufqu'alors fur les forces, ou réfiftances, de l'eau. Avant de commencer, il examine les différences qui doivent réfulter de faire les expériences avec des modeles, ou de les faire avec des machines en grand, à caufe du frottement, qui, comme nous l'avons vu, doit être différent, fuivant les différentes dimenfions & pefanteurs des pieces qui compofent la machine. Pour éviter cette difficulté, il donne une méthode très-ingénieufe pour déterminer les frottemens, & en corriger les effets dans les expériences, afin qu'on puiffe avoir confiance dans leurs réfultats autant qu'il eft poffible, ou au moins, fuffifamment pour connoître la loi fuivant laquelle l'eau produit fon action.

Nous ne nous arrêterons pas à l'examen, ou à la détermination des forces abfolues; nous nous contenterons de faire voir combien

les réfultats de ces expériences s'accordent avec la Théorie que nous
avons donnée, & combien elles s'éloignent de celle qu'on a enfeignée jufqu'ici. Pour cela il fuffit de dire que l'effet d'une machine doit fe mefurer par le produit du poids qu'elle éleve, par
la vîteffe avec laquelle il eft élevé : parce que fi la vîteffe eft zéro,
l'effet l'eft également, & ce feroit la même chofe fi le poids étoit
zéro. Par-là on voit clairement que fi depuis un poids fort petit,
on alloit en augmentant graduellement, l'effet de la machine qui
éleve ce poids deviendroit de plus en plus grand jufqu'à un certain
terme, au de-là duquel il doit diminuer, parce que le poids devenant exceffif, la machine ne pourra le mouvoir, & l'effet deviendra zéro. Ce terme où l'effet ceffe d'augmenter, eft par conféquent le *maximum*, & c'eft celui qu'on a toujours cherché pour
obtenir le plus grand avantage dans l'ufage des machines. La maniere de le trouver, eft de calculer premiérement la valeur du poids
élevé en fonctions de la puiffance, ou de la force motrice; de multiplier
cette valeur par la vîteffe du même poids, & de chercher enfuite
le *maximum* de cette expreffion. Cela pofé, foit fuppofé, dans le
cas de notre Auteur,

V la vîteffe avec laquelle fe meut l'eau choquante;

u la vîteffe des aubes de la roue, & celle du poids;

P le poids;

R le rayon de la roue;

r le rayon de l'axe fur lequel fe roule la corde;

F la quantité du frottement réfultant du poids de toute la machine.

Il fuit de ces dénominations que $V-u$ fera la vîteffe avec laquelle l'eau choque les aubes; & fuivant la Théorie qu'on a enfeignée jufqu'ici, on peut exprimer la force de l'eau par $A(V-u)^2$,
A étant une quantité conftante, & fon moment par $RA(V-u)^2$.
Ce moment doit être égal à celui rP du poids, plus ceux des
frottemens. Le frottement qui provient du poids peut s'exprimer
par nP, n étant un nombre conftant quelconque : & celui qui réfulte du poids total de la machine par fF, f étant un autre nombre conftant quelconque. Nous aurons donc, $RA(V-u)^2=rP+nP$
$+fF$; d'où nous tirerons $P=\dfrac{RA(V-u)^2-fF}{r+n}$; & $Pu=\dfrac{RAu(V-u)^2-fFu}{r+n}$.
Pour trouver maintenant le *maximum* de cette quantité, nous devons
la différencier, & égaler la différencielle à zéro. On aura par conféquent $RAdu(V^2-4Vu+3u^2)-fFdu=0$, ce qui donne $u=\frac{2}{3}V-$
$\left(\dfrac{fF}{3RA}+\dfrac{1}{9}V^2\right)^{\frac{1}{2}}$: c'eft l'expreffion de la vîteffe que doivent prendre

les aubes de la roue, & le poids, pour que la machine produise le plus grand effet possible. De sorte qu'on doit proportionner le poids pour obtenir cette vîtesse. Si l'on suppose $F=0$: c'est-à-dire, le frottement nul, on aura $u=\frac{1}{3}V$: c'est ce que nous ont enseigné jusqu'ici tous les Auteurs. La vîtesse V de l'eau devroit donc, suivant cette Théorie, être à la vîtesse u des aubes, abstraction faite du frottement, comme 3 est à 1 : & en ayant égard au frottement, cette raison devroit être encore plus grande; enforte que, suivant ce système, la vîtesse des aubes doit être encore moindre que le tiers de la vîtesse de l'eau: or c'est ce que les expériences de M. *Smeaton* contredisent manifestement. Pour s'en convaincre, il ne faut que jetter les yeux sur la *page 115, colonne 12.* On y verra clairement la fausseté de ce système: car on ne trouve pas même une seule expérience parmi les 27 qu'il expose, qui ne donne la vîtesse des aubes plus grande que le tiers de la vîtesse de l'eau: il y en a même quelques unes dans lesquelles la vîtesse des aubes va jusqu'à être la moitié de celle de l'eau.

Pour résoudre maintenant le même cas suivant notre Théorie, nous n'avons qu'à exprimer la force avec laquelle l'eau choque les aubes par $A(V-u)$: ce qui réduira la premiere équation à $RA(V-u)=rP+nP+fF$, & donnera $P=\dfrac{RA(V-u)-fF}{r+n}$, & $Pu=\dfrac{RAu(V-u)-fFu}{r+n}$; expression dont la différencielle étant égalée à zéro, donne $RA(V-2u)-fF=0$, & par conséquent $u=\frac{1}{2}V-\dfrac{fF}{2RA}$: d'où l'on voit que la vîtesse des aubes doit être un peu moindre que la moitié de la vîtesse de l'eau qui les choque: c'est aussi ce qu'on a trouvé par l'expérience, & ce qui est exprimé à très-peu près dans la *colonne 12* de la *page 115* de notre Auteur. Mais ce n'est pas seulement cet accord, qui confirme d'avantage notre Théorie. La quantité A est la constante, qui, multipliée par la vîtesse exprime la résistance, ou la force, du Fluide. Or, cette force (642.) est $=\frac{1}{3}mca^{\frac{1}{2}}u\sin\theta$, ou, à cause de $\sin\theta=1$, $=\frac{1}{3}mca^{\frac{1}{2}}u$: on aura donc $A=\frac{1}{3}mca^{\frac{1}{2}}$; expression dans laquelle ca désigne la section verticale de l'eau dans le canal, ou dans l'orifice par lequel elle sort. Ainsi on voit que plus cette ouverture sera grande, plus la quantité $\dfrac{fF}{2RA}$ sera petite, & plus la vîtesse u des aubes, & du poids P sera grande. Or, rien n'est plus conforme aux expériences de l'Auteur. Dans la même *page 115*, on voit qu'il a fait fes expériences avec fix orifices différents, les uns plus grands que les autres. Les dix premieres faites avec le plus petit orifice, donnent, en prenant un milieu entr'elles, & fuppofant $V = 10$, donnent, dis-je, $u = 3, 548$, & $\frac{fF}{2RA} = 1, 452$. Les fept fecondes faites avec un plus grand orifice donnent $u = 3,89$, & $\frac{fF}{2RA} = 1, 11$. Les quatre troifiemes, avec un autre orifice plus grand, donnent $u = 4,3$, & $\frac{fF}{2RA} = 0, 7$. Les trois quatriemes, avec un orifice encore plus grand, donnent $u = 4, 53$, & $\frac{fF}{2RA} = 0, 47$. Les deux cinquiemes, faites avec un orifice plus grand, donnent $u = 4, 775$, & $\frac{fF}{2RA} = 0,225$: & enfin la fixieme, faite avec le plus grand orifice, donne $u = 5, 2$: quantité qui exède de quelque chofe, la plus grande valeur que puiffe avoir u qui eft $= 5$, mais cette différence eft bien petite, en comparaifon de celles que donnent les autres expériences. La même théorie ne fera pas moins accréditée, & recevra encore un nouveau dégré de certitude, lorfque, dans le *Tome II*, on l'appliquera à tous les phénomenes que préfentent les mouvements du Navire.

Fin du Tome premier.

sista

FIN DE LA TABLE DES MATIERES.

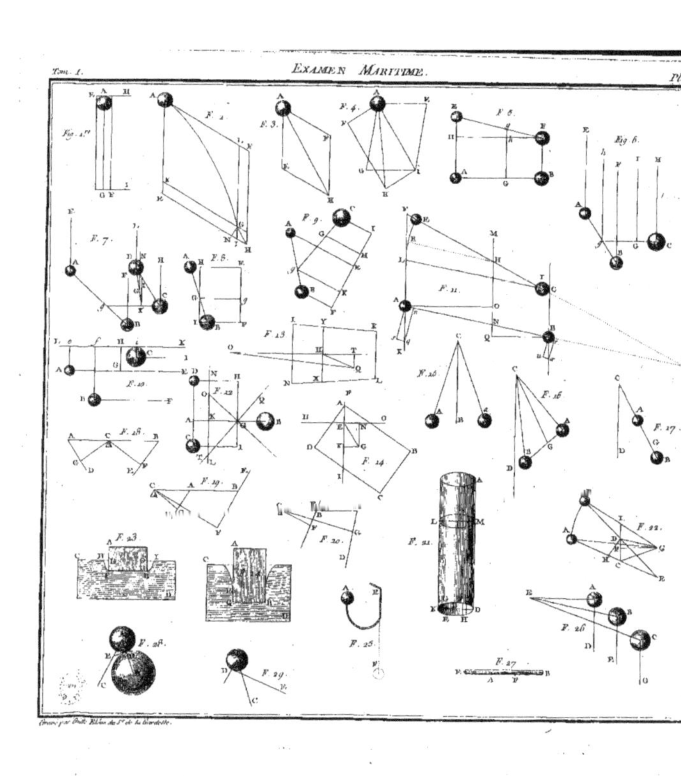

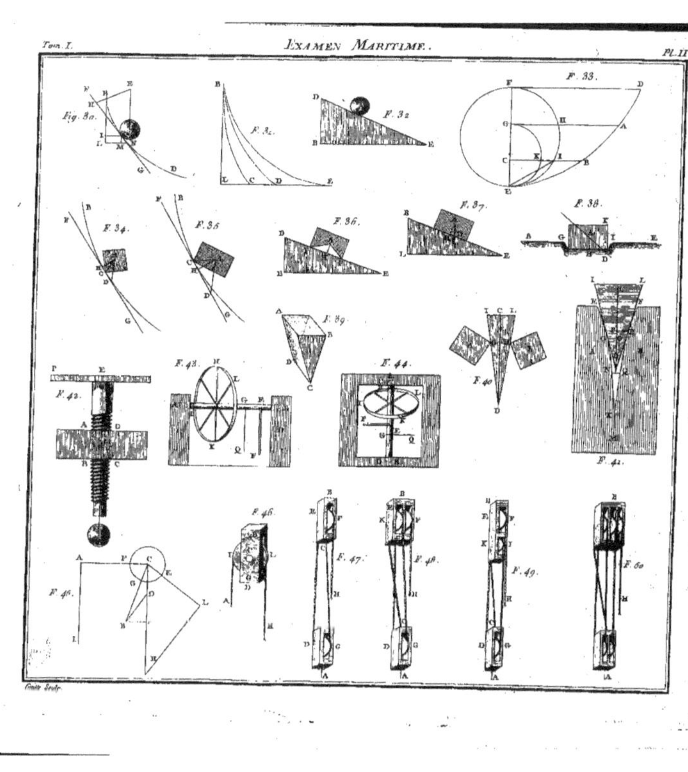
Fig. 30.
F. 31.
F. 32.
F. 33.
F. 34.
F. 35.
F. 36.
F. 37.
F. 38.
F. 39.
F. 40.
F. 41.
F. 42.
F. 43.
F. 44.
F. 45.
F. 46.
F. 47.
F. 48.
F. 49.
F. 50.

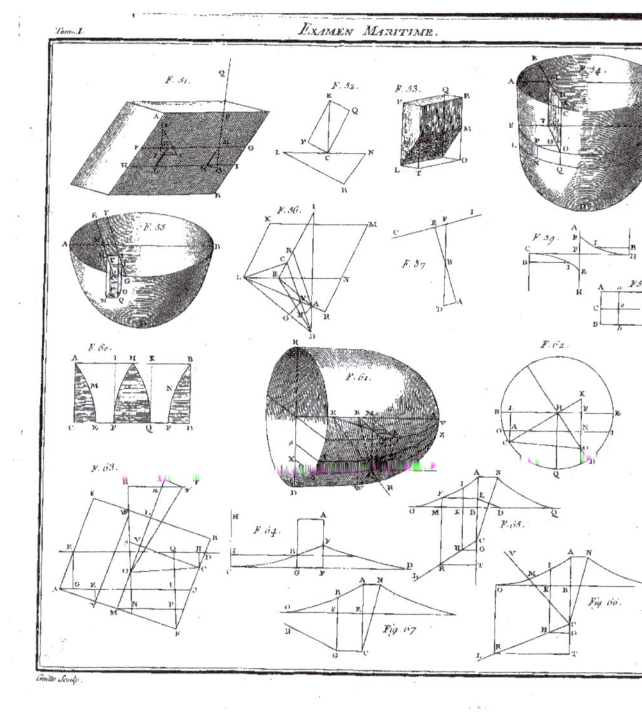

F. 51.
F. 52.
F. 53.
F. 54.
F. 55.
F. 56.
F. 57.
F. 59.
F. 60.
F. 61.
F. 62.
F. 63.
F. 64.
F. 65.
Fig. 66.
Fig. 67.

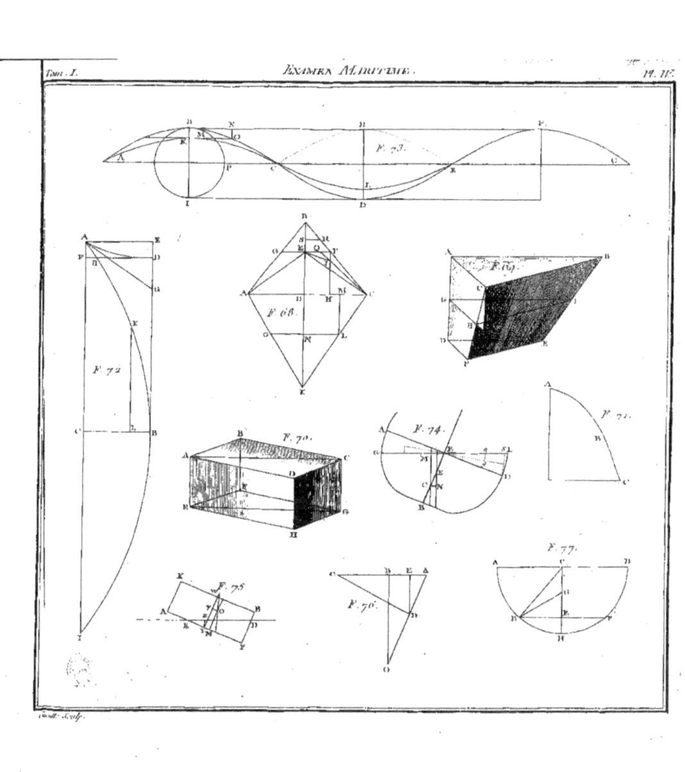
F. 73.
F. 68.
F. 69.
F. 72.
F. 70.
F. 74.
F. 71.
F. 75.
F. 76.
F. 77.

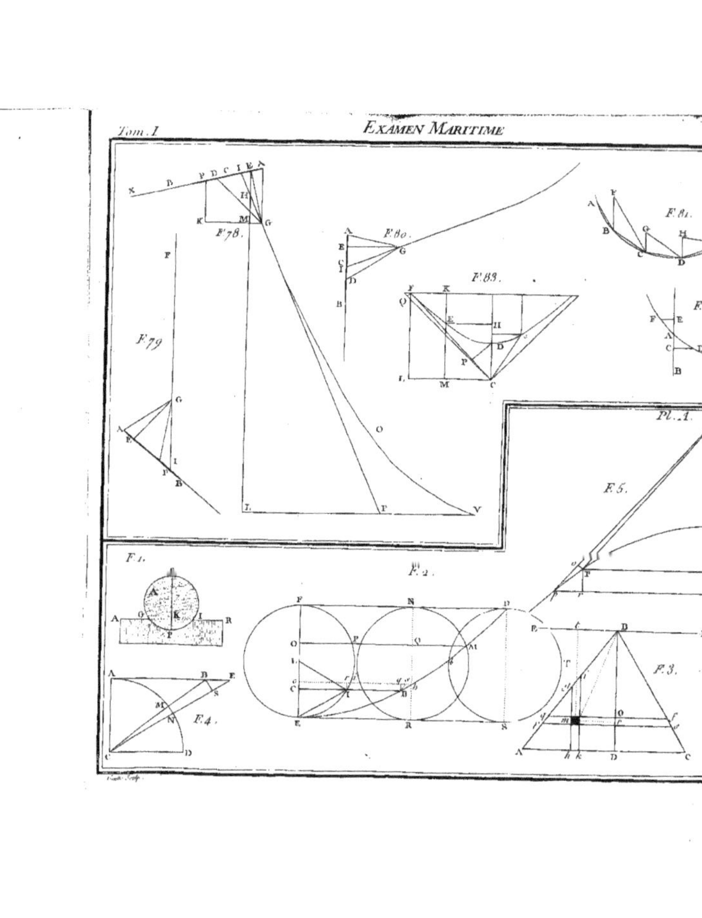
F.78.
F.79
F.80.
F.81.
F.82.
F.83.
Pl. 1.
F.5.
F.1.
F.2.
F.3.
F.4.